"十三五"国家重点出版物出版规划项

名校名家基础学科系列
Textbooks of Base Disciplines from Top Universities and Experts

U0175200

化学：中心科学——化学应用篇

（翻译版·原书第 14 版）

西奥多·L.布朗（Theodore L.Brown）

H.尤金·勒梅（H.Eugene LeMay，Jr.）

布鲁斯·E.巴斯滕（Bruce E.Bursten）

[美] 凯瑟琳·J.墨菲（Catherine J.Murphy） 著

帕特里克·M.伍德沃德（Patrick M.Woodward）

马修·W.斯托尔茨福斯（Matthew W.Stoltzfus）

迈克尔·W.露法斯（Michael W.Lufaso）

赵 震 于学华 范晓强 孔 莲 肖 霞 译

机 械 工 业 出 版 社

本书入选"十三五"国家重点出版物出版规划项目，属于《化学：中心科学》套书（共三册）中的第三册，主要介绍化学应用方面的内容。其他两册为《化学：中心科学——物质结构篇》和《化学：中心科学——化学平衡篇》。本书英文版原书于1977年首次出版，在国外畅销多年，目前的第14版为原书最新版。

本书内容包括第18章环境化学、第19章化学热力学、第20章电化学、第21章核化学、第22章非金属化学、第23章过渡金属配位化学、第24章生命化学：有机化学和生物化学，共7章。本书架构新颖，结构完整，按照环境化学、化学热力学、电化学、核化学、非金属化学、过渡金属配位化学和生命化学：有机化学和生物化学等顺序安排章节，向读者介绍了化学在整个自然科学与人类社会生活中的中心地位。

本书可作为我国化学通识教育的教材，也可作为相关研究人员的参考书。

图书在版编目（CIP）数据

化学：中心科学.化学应用篇：翻译版：原书第14版/（美）西奥多·L.布朗（Theodore L. Brown）等著；赵震等译.—北京：机械工业出版社，2021.12（2024.10重印）

（名校名家基础学科系列）

书名原文：Chemistry: The Central Science,14th Edition

"十三五"国家重点出版物出版规划项目

ISBN 978-7-111-71350-0

Ⅰ.①化…　Ⅱ.①西…②赵…　Ⅲ.①化学—高等学校—教材　Ⅳ.① O6

中国版本图书馆 CIP 数据核字（2022）第138738号

机械工业出版社（北京市百万庄大街22号　邮政编码100037）
策划编辑：汤　嘉　　　　　责任编辑：汤　嘉
责任校对：王明欣　贾立萍　　封面设计：鞠　杨
责任印制：常天培
固安县铭成印刷有限公司印刷
2024年10月第1版第3次印刷
184mm×260mm·22.75印张·695千字
标准书号：ISBN 978-7-111-71350-0
定价：138.00元

电话服务　　　　　　　网络服务
客服电话：010-88361066　机 工 官 网：www.cmpbook.com
　　　　　010-88379833　机 工 官 博：weibo.com/cmp1952
　　　　　010-68326294　金 书 网：www.golden-book.com
封底无防伪标均为盗版　机工教育服务网：www.cmpedu.com

译者的话

本套书根据美国伊利诺伊大学西奥多·L.布朗、内华达大学H.尤金·勒梅、伍斯特理工学院布鲁斯·E.巴斯滕等人合著的 *Chemistry：The Central Science，14th Edition* 的英文版翻译而来。该英文版于1977年首次出版，在国外畅销多年，第14版是最新版。

机械工业出版社曾经出版过这本书英文版的原书第10版与第13版的影印版，为我国读者带来过原汁原味的阅读体验。为了更好地服务读者，特组织团队翻译第14版，相信翻译版的问世必将给我国化学通识教育带来新的思路和素材。

本套书是将 *Chemistry：The Central Science, 14th Edition* 一书按照物质结构、化学平衡以及化学应用三个方面拆分成了三本书进行翻译的，书名分别为：《化学：中心科学——物质结构篇（翻译版·原书第14版）》《化学：中心科学——化学平衡篇（翻译版·原书第14版）》《化学：中心科学——化学应用篇（翻译版·原书第14版）》。

100多年前，德国大化学家李比希（Justus von Liebig）就曾经说过"化学是一门基础或中心的科学"，并提出"一切都是化学"（Alles ist Chemie），让人们相信化学与自然界的每一种现象都息息相关。进入20世纪以来，化学得到了极大的发展，与物理学、生命科学、材料科学、能源科学、环境科学等学科的交叉与融合进一步加强。埃林汉姆（H. J. T. Ellingham）曾经制作了一张自然科学分支关系图，在此图上化学位于物理学、地质学、动物学等学科的正中间。诺贝尔奖得主科恩伯格（Arthur Kornberg）也将化学定义为"医学与生物学的通用语言"。

目前，科学界普遍认为，正是 *Chemistry：The Central Science* 1977年的首次出版和其后的不断修订，促进了人们对化学在自然科学中地位的认同以及"中心科学"这个词的流行。1993年在北京召开的国际纯粹与应用化学联合会第34届学术大会(34th IUPAC Congress)的主题便是"化学——21世纪的中心科学"。美国化学会（ACS）也在2015年推出了一本新的期刊（*ACS Central Science*）《ACS中心科学》，主要刊发化学在其他领域中发挥关键作用的论文。

Chemistry：The Central Science，14th Edition 于2017年出版，是最新版，这个版本对第13版内容进行了一定程度的调整，改进了美术设计风格与插图，并根据学生与教师的意见反馈修改了部分练习题。第14版最大的特点就是建有基于云和网络的在线内容，与纸版内容无缝衔接，实现教材的立体化。

本套书架构新颖，结构完整，按照对化学的宏观认识、原子分子结构、物质状态、化学在不同领域中作用的顺序安排章节，向读者讲述了化学的基本概念和基本理论，介绍了化学在整个自然科学与人类社会生产生活中的中心地位，强调了化学的重要性。与前版相比，第14版在保留了内容准确、科学性强的同时增加了许多联系实际的内容，增强了各章节内容之间的关联性与一致性，并将高质量的图像与照片贯穿全文，具有极高的可读性。本套书在每章后都留有数量大、质量高的习题，非常适合各专业学生练习。另外，本套书在一些内容的呈现上与国内惯用方式不同，请读者注意。例如：国内教材中常用"ⅠA、ⅡA、ⅢB"等表示元素周期表的族号，而本套书采用国际纯粹与应用化学联合会（IUPAC）推荐的"第1族"到"第18族"的编号方式；原版中使用英制或美制单位，本套书在给出单位换算关系的基础上进行了直译，未作修改。

　　本书为《化学：中心科学——化学应用篇（翻译版·原书第 14 版）》，内容包括第 18 章环境化学、第 19 章化学热力学、第 20 章电化学、第 21 章核化学、第 22 章非金属化学、第 23 章过渡金属配位化学、第 24 章生命化学：有机化学和生物化学，共 7 章。

　　经过两年的艰辛翻译，本套书终于得以面世。在此，我们衷心感谢机械工业出版社在出版过程中所给予的信任、合作与支持，这是本套书得以顺利出版的保证。

　　参与本套书翻译工作的人员有：周丽景（第 1 章～第 3 章）、于湛（第 4 章～第 6 章）、刘丽艳（第 7 章～第 9 章）、孙秋菊（第 10 章～第 12 章）、田冬梅（第 13 章、第 14 章）、王莹（第 15 章～第 17 章）、赵震（第 18 章）、于学华（第 19 章）、肖霞（第 20 章、第 21 章）、孔莲（第 22 章、第 23 章）和范晓强（第 24 章及章末练习题答案）。全书的统稿校对工作由王莹、于湛和赵震完成。感谢刘珂帆、魏艳梅、谷笑雨在校对方面的支持与帮助。

　　他山之石，可以攻玉！我们希望本套书对国内普通化学教材国际化进程的加快有所帮助，并促进更多的国外优秀化学教材引入国内课堂。由于时间仓促、译者水平有限，书中可能会有不当甚至错误之处，望读者批评指正。

译　者

前 言

致教师

本书的理念

我们是《化学：中心科学》的作者。对于您选择本书作为您的普通化学课的教学伙伴，我们感到非常高兴和荣幸。我们已经为多届学生教授过普通化学课程，因此我们了解为如此多的学生上课所面临的挑战和机遇。同时，我们也是活跃的科学研究人员，对于化学科学的学习和发现都富有兴趣。作为共同作者，我们各自所独有的、广泛的经验构成了密切协作的基础。在编写本书时，我们的重点是面向学生。我们努力确保全书内容不仅是准确的、最新的，而且是清晰的、可读的，并且努力传播化学的广泛应用以及科学家在做出有助于我们理解真实世界的新发现时所经历的兴奋的过程。我们希望学生明白，化学不是一个独立于现代生活诸多方面的专业知识体系，而是可再生能源、环境可持续性和人类健康提升等一系列社会问题解决方案的核心。

本书第 14 版的出版可以看作是一个教科书保持长期更新的成功案例。我们感谢广大读者多年以来对本书的信任与支持，并努力使每一个新版本更加具有新颖性。在每一个新版本的编写过程中，我们都会再次进行深入地思考，问自己一些深刻的问题，而这些问题是我们在进行写作前必须回答的。进行新版本写作的必要性是什么？不仅在化学教育方面，而且在整个科学教育领域和我们所教授的学生的素质方面有了哪些新的变化？我们如何帮助您的学生不仅学习化学原理，而且乐意成为更像化学家的批判性思考者？上述问题的答案只有部分源自不断变化的化学本身。许多新技术的引入已经改变了各个层次科学教育的面貌。互联网在获取信息和展示学习内容方面的应用，深刻地改变了作为学生学习工具之一的教科书的作用。作为作者，我们面临的挑战是如何保持书籍作为化学知识和实践的主要来源，同时将其与新技术带来的新的学习方式相结合。这个版本中融入了许多新的计算机技术，包括使用一个基于云的主动学习分析和评估系统 Learning Catalytics™，以及基于网络的工具如 MasteringChemistry™。经过不断完善与发展，MasteringChemistry™ 目前可以更有效地测试和评估学生的表现，同时给予学生即时和有益的反馈。

MasteringChemistry™ 不仅提供基于问题的反馈，而且使用 Knewton 增强的自适应后续作业和动态学习模块，现在可以不断地适应每个学生，提供个性化的学习体验。

作为作者，我们希望本书能够成为学生重要的、不可缺少的学习工具。无论是以纸质书还是以电子书形式，它都可以随身携带并随时使用。本书是学生在课堂之外获取知识、发展技能、学习参考和准备考试等信息的最佳载体，比其他任何工具书都能更有效地为具有化学兴趣的学生提供现代化学的知识脉络和应用领域，并为更高级的化学课程做准备。

如果一本书可以有效地支持身为教师的您，那么它必须是针对学生而写作的。在本书中，我们已经尽最大努力确保写作风格清晰并有趣，确保本书具有足够的吸引力而且更加图文并茂。本书为学生提供了大量的学习辅助内容，包括精心安排的解题思路与过程。我们希望广大读者可以从内容安排、例题的选择以及所采用的学习辅助和激励内容中看出我们作为教师所积累的经验。我们相信，当学生看到化学对他们自己的学习目标和兴趣的重要性时，他们会更加热爱学习化学，因此我们在本书中强化了化学在日常生活中的许多重要应用的介绍。我们希望您能充分利用这些材料。

作为作者，我们的理念是书中的文字内容和支持其使用的补充资料必须与身为教师的您一道协同工作。一本教材只有在得到教师认可的情况下才会对学生有用。本书具有帮助学生学习的功能，可以指导他们理解概念和提高解题技能。本书内容极为丰富，学生很难在一年的课程时间内学习掌握全部内容。您的指导将是本书的最佳使用指南。只有在您的积极帮助下，学生们才能最有效地利用本书及其补充材料。诚然，学生们关心成绩，但是如果在学习中得到鼓励，他们也会对化学这门科学感兴趣并关注所学到的知识。建议您在教学中强调本书的特色内容，以提高学生对化学的兴趣，如章节中的"化学应用"和"化学与生活"这两部分内容，展示了化学如何影响现代生活及其与健康和生命过程的关系。此外，建议您在教学中强化概念理解并降低简单操作和计算解题等内容的教学重要性，鼓励学生使用丰富的在线资源。

本书的架构与内容

本书前五章主要对化学进行了宏观的、现象层面的概述，所介绍的基本概念如命名法、化学计量法和热化学等，都是在进行普通化学实验前所必须掌握的背景知识。我们认为在普通化学课程的早期介绍热化学是可行的，因为我们对化学过程的理解很多是基于能量变化的。本书在热化学一章中加入键焓，旨在强调物质的宏观特性与原子和化学键层面的亚微观世界之间的联系。我们相信本书已经为普通化学课程中的热力学教学提供了一个有效的、平衡的方法，同时也向学生介绍了一些涉及能源生产和消费等全球性问题的内容。在非常高的水平上向学生教授非常多的内容，同时还要求这个过程越简单越好，行走在这两者之间的狭窄道路上并非一件易事。本书从头至尾都贯彻如下的理念：重点在于传授对概念的理解，而不是让学生只学会如何把数字代进方程里。

接下来的四章（第6章~第9章）是关于电子结构和化学键的。第6章和第9章的"深入探究"栏目为一些学有余力学生提供了径向概率函数和轨道相位内容。我们将后一个讨论放在第9章"深入探究"栏目中，主要针对那些对此内容感兴趣的学生。在第7章和第9章中处理这部分内容及其他内容时，我们对插图进行了重大改进，使其能够更有效地传递其核心信息。

在第10章~第13章中，本书的重点转向物质组成的下一个层次——物质的状态。第10章和第11章讲述气体、液体和分子间作用力，而第12章则专门讨论固体，讲述关于固体状态的现代观点以及学生们可以接触到的一些现代材料。本章提供了一个例子，展示了抽象的化学键概念如何影响现实世界中的事物。这一部分的模块化结构风格使您具有良好的内容选择自主权，您可以将时间与精力集中于您和您的学生最感兴趣的内容，如半导体、聚合物、纳米材料等。本书的这一部分以第13章为结尾，这一章的内容包括溶液的形成和性质。

后续几个章节主要研究了决定化学反应速度和程度的因素，包括动力学（第14章）、化学平衡（第15章~第17章）、热力学（第19章）和电化学（第20章）。这一部分还有一章是关于环境化学（第18章）。第18章将前面章节中所介绍的概念应用于对大气和水圈的讨论，并强调了绿色化学以及人类活动对地球上水和大气的影响。

第21章核化学之后是3个内容介绍性的章节。第22章讨论了非金属，第23章讨论了过渡金属化学包括配位化合物等，第24章涉及有机化学和初步的生物化学内容。最后这四章都是以独立的、模块化的方式展开的，在讲授时可以按任何顺序进行。

本书的各个章节是按照一个被广为接受的顺序安排的，但是我们也意识到，不是每位教师都会按照本书的章节顺序来讲授所有的内容。因此，我们认为教师们可以在不影响学生理解力的情况下对教学顺序进行调整。特别是许多教师喜欢在化学计量法（第3章）之后讲授气体（第10章），而不是将其与物质状态一起讲授。为此，我们编写了气体这一章，方便教师进行教学顺序调整而不影响教材的使用。教师们也可以在第4.4节氧化还原反应之后，提前讲授氧化还原方程及配平问题（第20.1节和第20.2节）。最后，有些教师喜欢在讲授第8章和第9章之后立即讲授有机化学内容（第24章），这几章内容在很大程度上是可以实现无缝衔接的。

我们通过在全书中设置实例，让学生可以更多地接触到有机化学和无机化学的细节。您会发现在所有章节中都有相关的"真实"化学实例来说明化学的原理和应用。当然，有些章节更直接地涉及元素及其化合物的细节性质，特别是第4、7、11、18章和第22章~第24章。我们还在章末练习中加入了有机化学和无机化学练习题。

本版的新内容

与每一个新版本的《化学：中心科学》一样，本版经历了许多变化。身为作者，我们努力保持本书内容的时效性，并使文字、插图和练习题更加清晰和有针对性。在书中诸多变化中，有一些是我们重点用来组织和指导修订过程的。我们主要围绕以下几点开展第 14 版的修订工作：

- 我们对涉及能量和热化学的内容进行了重大修订。能量的概念在当前版本的第 1 章就出现了，而此前的版本中直到第 5 章才会出现。这个变化会使得教师在讲授课程内容次序上面拥有更大的自由度。例如，能量概念的引入有利于在第 2 章之后立即讲授第 6 章和第 7 章，这样的教学次序符合原子理论优先的普通化学教学方法。我们认为更重要的是第 5 章中加入了键焓的概念，用来强调宏观物理量（如反应焓）与原子和化学键为代表的亚微观世界之间的联系。我们相信这个变化会使热化学概念与其他章节更好地结合起来。学生在对化学键有了更深刻的认识后，可以在学习第 8 章时重新讨论键焓。

- 在本版中，我们做出了非常大的努力，只为了给学生们提供更清晰的讨论、更好的练习题，以及更好的实时反馈，使我们能够知道他们对书中内容的理解程度。作者团队使用一个具有互动功能的电子书平台，查看学生们阅读本书时遇到不理解的地方时所做标记的段落以及注释和问题。为此，我们将书中许多段落的内容修改得更加清晰。

- 第 14 版《化学：中心科学》还提供了具有许多新功能的内容增强的在线 eText 版本。这个版本不仅仅是纸质书籍的电子拷贝，它的新的智能图例从书中提取关键插图，并通过动画和语音使它们变得生动。同样新的智能实例解析将书中关键实例通过解析制成动画，为学生提供比印刷文字更深入和详细的讨论。互动功能还包括可在 MasteringChemistry™ 中分配的后续问题。

- 我们利用 MasteringChemistry™ 提供的元数据为本版修订工作提供有用的信息。本版在第 13 版基础上，每个实例解析部分后面都增加了实践练习单元。几乎所有的实践练习都是选择题，并明确给出错误答案的干扰因素，帮助学生明确错误的概念和一些常见错误。在 MasteringChemistry™ 中，每个错误答案都可以提供反馈，用来帮助学生认识到他们的错误观念。在本版中，我们仔细检查了

MasteringChemistry™ 的元数据，以确定那些对学生来说是没有挑战性或很少被使用的练习题。这些练习题要么被修改，要么被替换。对于书中"想一想"和"图例解析"栏目，我们也做了类似的修改工作以使它们更有效并更适合在 MasteringChemistry™ 中使用。最后，我们大大增加了 MasteringChemistry™ 中带有错误答案反馈的章末练习题的数量，一些过时的或很少使用的章末练习（每章约 10 题）也被替换了。

- 最后，我们做了一些细微但却非常重要的改动，可以帮助学生快速参考重要的概念并评估他们学习的知识。这些关键点使用斜体字标示，并在上面和下面留有空格，以便于突出显示。新增加的技能提升模块"如何……"为解决特定类型的问题提供了循序渐进的指导，如绘制路易斯结构、氧化还原方程式配平以及给酸命名等。这些模块包括一系列带有数字标号的操作步骤，在书中很容易找到。最后，每个学习目标都与具体的章末练习题相关联，可以帮助学生准备小测验和正式的考试，测试他们对每个学习目标的掌握情况。

本版的变化之处

前面的"本版的新内容"部分详细介绍了本版中的一些变化之处，然而，除了上述内容之外，我们在编纂这一新版本时提出的总体目标也需要额外向读者阐述。《化学：中心科学》历来以其清晰的文字、内容的科学准确性和时效性、数量庞大的章末练习题以及可满足不同层面读者需求而受到好评。在进行第 14 版修改时，我们在坚持这些特点的基础上，将全书布局继续采用开放、简洁的设计。

第 14 版的美术设计方案延续了前两版的设计，更多、更有效地利用图像作为学习工具，将读者更直接地吸引到图像中来。我们修订了全书的美术设计风格，提高了图像的清晰度并采用更简洁的现代式外观。这包括采用新的白色背景注解框，清晰、简洁的指向符，更丰富、更饱和的颜色，增加了 3D 渲染图像的比例。为了提高图像的简洁性，本版对书中每张图都进行了编辑审查，对图像及图内文字标记都进行了许多小的修改。本版对"图例解析"进行了仔细的审查，并使用 MasteringChemistry™ 中的

统计数据，修改或替换了许多内容，吸引并激发学生对每个图中蕴含的概念进行批判性思考。本版对"想一想"栏目进行了类似的修订，激发学生对书中内容进行更深层次的阅读，培养其批判性思维。

每1章第1页的"导读"栏目提供了对每一章内容的概述。概念链接（∞）继续提供易于察觉的交叉引用，便于查阅书中已经介绍了的相关内容。为学生提供了解决实际问题建议的"化学策略"和"像化学家一样思考"栏目现已更名为"成功策略"更好地体现了对学生学习的帮助。

本版继续强化章末练习题中的概念性练习。在每一章的章末练习题都是以广受好评的"图例解析"开始的。这些练习题在每一章常规的章末练习题之前，并都标有相关章节的编号。这些练习题旨在通过使用模型、图表、插图和其他可视化的素材来帮助学生对概念的理解。每一章的末尾都附有数量较多的"综合练习"，让学生有机会解决本章的概念与前几章的概念相结合的一些问题。从第4章开始的每一章末尾都有"综合实例解析"，这突出了解决综合问题的重要性。总体来看，本版在章末练习题中加入了更多的概念性习题，并确保其中一部分具有一定难度，同时实现了习题内容和难度的平衡。在MasteringChemistry™中，许多习题被重新调整以方便使用。我们广泛利用学生们使用MasteringChemistry™的元数据来分析章末练习题，并对部分练习题进行适当的修改，本版也为每章总结了"学习成果"。

本版继续在书中加入广受好评的"化学应用"和"化学与生活"系列栏目，栏目中的新文章强化了与每一章主题相关的世界事件、科学发现和医学突破等内容。本书在保持对化学的积极方面关注的同时，也没有忽视在日益科技化的世界中可能出现的各种各样的问题。本书的目标是帮助学生熟悉化学世界，并了解化学如何影响我们的生活方式。

化学教材页码随着版本的增加而增加，这也许是一种理所当然的趋势，但是作为作者的我们并不认可这种趋势。本版中新增的大部分内容都是替换以前版本中关联度不强的内容。下面列出了本版内容上的几个重大变化：

第1章，及其后的每一章都以一个新的章节起始照片和对应的背景故事开始，为后续内容提供一个现实世界的背景。第1章增加了一个关于能源本质的新节（第1.4节）。本版将能源纳入第1章，为后面各章的学习顺序提供了更大的灵活性。第1章"新闻中的化学"的"化学应用"栏目已经完全重写，其中的内容描述了化学与现代社会事务交织的各种方式。

在第2章中，我们改进了用于描述发现原子结构的关键实验——密立根油滴实验和卢瑟福金箔实验的插图。在第2章中第一次出现的元素周期表已更新，增加了113号元素（钦，Nihonium）、115号元素（镆，Moscovium）、117号元素（础，Tennessine）和118号元素（氫,Oganesson）等元素。

第5章是全书中修订最多的章节。我们修订了第5章的开始部分，用于与第1章中介绍的能源基本概念相呼应。本章新增了两个插图，图5.3给出了静电势能与离子固体的成键变化之间的联系，图5.16提供了一个现实世界的类比，帮助学生理解自发反应和反应焓之间的关系。用于说明放热反应和吸热反应的图5.8修改为显示反应前后变化的情况。新增加了第5.8节键焓，给出如何从原子层面理解反应焓。

第6章增加了一个新的"实例解析"，分析了玻尔模型中主量子数是如何决定氢原子的轨道半径的，以及当发射或吸收光子时，电子会发生哪些变化。

第8章中关于键焓的内容已移至第5章，并在第5章得到了充分讨论。在第11章中，我们对各种分子间作用力的内容进行了集中修改，用来明确化学家通常以能量单位而不是力的单位来考虑这些作用力。与前版不同，第14版中图11.14采用表格形式，清楚地表明分子间相互作用的能量是可以叠加的。

第12章加入了一个新的标题为"汽车中的现代材料"的"化学应用"栏目，讨论了混合动力汽车中使用的各种材料，包括半导体、离子固体、合金、聚合物等。以及新增加一个标题为"微孔和介孔材料"的"化学应用"栏目，探讨了不同孔径材料及其在离子交换和催化转化中的应用。

第15章新加入一个关于温度变化和勒夏特列原理的"深入探究"栏目，解释了放热反应和吸热反应中温度变化影响平衡常数规律的基础理论。

第16章新加入一个"深入探究"栏目，表明多元酸各型体与pH值的关系。

第17章新加入一个标题为"饮用水中的铅污染"的"深入探究"栏目，探讨了美国密歇根州弗林特市的水质危机背后的化学问题。

本版对第18章部分内容进行修订，给出了大气中二氧化碳含量和臭氧层空洞的最新数据。图18.4显示了臭氧的紫外吸收光谱图，使学生能够了解这种物质在过滤来自太阳的有害紫外辐射方面的作用。新加入的一个实例解析（18.3）可以帮助学生掌握计算碳氢化合物燃烧产生的二氧化碳量时所需的步骤。

我们对第19章的前一部分内容进行了大幅度的改写，帮助学生更好地理解自发、非自发、可逆和不可逆过程的概念及其关系。这些改进使得熵的定义更加清晰。

致学生

《化学：中心科学》第14版是为了向你介绍现代化学而编写的。实际上，身为作者的我们是受你的化学老师委托来帮助你学习化学的。根据学生和教师在使用本书前几版后所给出的反馈意见，我们认为自己已经很好地完成了这项工作。当然，我们希望本书在未来的版本中能够继续得到发展，因此我们邀请你写信告诉我们你喜欢本书的哪些方面，这样我们就会知道这个版本在哪些方面对你的帮助最大。同时，我们也希望了解本书的任何不足之处，以便于在后续版本中进一步改进这些方面。我们的地址与联系方式在本前言的最后处。

对学习和研究化学的建议

学习化学既需要掌握许多概念，又需要具备分析能力。本书为你提供了许多工具来帮助你在这两点上取得成功。如果你想要在化学课程中取得成功，那么你就必须养成良好的学习习惯。科学课程特别是化学课程是不同于其他类型课程的，对你的学习方法也有不同的要求。为此，本书提供以下提示，帮助你在化学学习中取得成功：

不要掉队！ 随着课程的进展，新的内容将建立在已经学过的内容基础上。如果你的学习进度和解题能力落后于其他同学，你会发现很难跟上正在学习的内容以及对当前内容的课堂讨论。有经验的教师知道，如果学生在上课前预习课本中相关章节，就能从课堂上学到更多东西，同时记忆也更加深刻。你知道吗，考试前"填鸭式"的学习方式已被证明是学习包括化学在内所有学科的无效方法。在这个竞争激烈的世界里，好的化学成绩对任何人来说都是十分重要的。

集中精力学习。 尽管你需要学习的内容看起来令人难以承受，但是掌握那些特别重要的概念和技能才是至关重要的，因此请注意你的老师所强调的那些内容。当你完成"实例解析"和家庭作业时，请回顾一下解答这些内容涉及哪些原理和解题技巧。请充分利用每一章开头的"导读"栏目，它能够帮助你了解每一章的重要内容。通常情况下，依靠仅仅阅读一章是不足以成功地学习本章的概念和掌握解决问题的能力的，你往往需要多次阅读书中一些特定内容。请不要忽略"想一想""图例解析""实例解析""实践练习"栏目，这些都是你了解自己是否掌握知识的指南，掌握这些内容也是对考试的良好准备。章末的"学习成果"和"主要公式"也会帮助你集中精力学习。

课上做好笔记。 你的课堂笔记可以为你提供一个清晰而简明的记录，指明你的老师认为什么是最重要的学习内容。将你的课堂笔记与教材结合起来，是确定需要学习哪些内容的最好方法。

课前做好预习。 在上课前预习会使你更容易做好笔记。首先阅读前面的"导读"和章末的"总结"，然后快速阅读本次课的内容，并跳过"实例解析"和补充内容。你需要注意节标题和分节标题，这可以让你快速了解本次课的授课内容。千万不要认为在课前预习中你需要立刻学习和掌握所有内容。

做好准备来上课。 现在，教师们比以往任何时候都会更充分地利用课堂时间，而不是将其简单地作为师生之间的单向交流渠道。相反，他们希望学生们上课时就已经做好了在课堂上解决问题和进行批判性思维的准备。在任何授课环境中，如果你想在课程中取得好成绩但是没有准备好就来上课，这一定不是一个好主意，这样的课堂当然也不是主动学习课堂。

课后做好复习。 课后当你复习时，你需要注意概念以及这些概念如何在"实例解析"中应用。一旦你觉得自己理解了"实例解析"中的内容，就可以通过相应的"实践练习"模块来检验你的学习效果。

学习化学语言。学习化学的过程中你会遇到许多新的术语。注意这些术语并了解其含义或其所代表的事物是非常重要的。掌握如何根据化合物的名称来鉴别它们是一项重要的技能，可以帮助你在考试中避免错误，例如，氯元素和氯化物的含义差别极大。

需要做作业。你的老师会为你布置一些作业题，做这些作业题为你回忆和掌握书中的基本观点提供必要的练习。你不能仅仅通过用眼睛看来学习，你还需要动笔做题来参与。当你真心地努力解题之前，请尽量不要查看"答案手册"（如果你有的话）。如果在练习中你卡在某道题上，请向你的老师、助教或其他学生求助。在一道练习题上花费超过20min的时间是很少有效果的，除非你知道这道题具有特别的挑战性。

学习像科学家一样思考。本书是由热爱化学的科学家撰写的。我们鼓励你利用本书中的一些特点来提升你的批判性思维能力，如偏重概念学习的练习题和"设计实验"练习题。

利用在线资源。有些事物很容易通过观察来学习，而另外一些事物以三维方式展现才能获得最佳的学习效果。如果你的老师将MasteringChemistry™与你的教科书相关联，请利用这个在线平台所提供的独特工具，它可让你在化学学习中取得更多的收获。

说一千道一万，最根本的还是要努力学习、有效学习，并充分利用包括本书在内的所有工具。我们希望帮助你更多地了解化学世界，以及为什么化学是中心科学。如果你真的学好了化学，你就能成为聚会的主角，给你的朋友和父母留下深刻印象，并且也能以优异的成绩通过课程考试。

致谢

一本教材的出版发行是一个团队的成功。除了作者之外，许多人也参与其中并贡献了他们辛勤的劳动和才能，以保证这个版本呈现在读者面前。虽然他们的名字没有出现在本书的封面上，但他们的创造力、时间和支持在本书的编写和制作的各个阶段都发挥了作用。

每位作者都从与同事的讨论以及同国内外教师和学生的通信中获益良多。作者的同事们也提供了巨大的帮助，他们审阅了我们的书稿，分享他们的见解并提供改进建议。在第14版中，还有一些审阅人帮助我们，他们通读书稿，寻找书稿中存在的技术上的不准确之处和印刷错误。我们为拥有这些出色的审阅人而由衷地感到幸运。

第 14 版审阅人

Carribeth Bliem，北卡罗来纳大学教堂山分校
Stephen Block，威斯康星大学麦迪逊分校
William Butler，罗切斯特理工大学
Rachel Campbell，佛罗里达湾岸大学
Ted Clark，俄亥俄州立大学

Michelle Dean，肯尼索州立大学
John Gorden，奥本大学
Tom Greenbowe，俄勒冈大学
Nathan Grove，北卡罗来纳大学威尔明顿分校
Brian Gute，明尼苏达大学德卢斯分校
Amanda Howell，阿巴拉契亚州立大学
Angela King，维克森林大学
Russ Larsen，爱荷华大学

Joe Lazafame，罗切斯特理工大学
Rosemary Loza，俄亥俄州立大学
Kresimir Rupnik，路易斯安那州立大学
Stacy Sendler，亚利桑那州立大学
Jerry Suits，北科罗拉多大学
Troy Wood，纽约州立大学水牛城分校
Bob Zelmer，俄亥俄州立大学

第 14 版准确性审阅人

Ted Clark，俄亥俄州立大学
Jordan Fantini，丹尼森大学

Amanda Howell，阿巴拉契亚州立大学

第 14 版焦点小组参与人

Christine Barnes，田纳西大学诺克斯维尔分校
Marian DeWane，加利福尼亚大学尔湾分校

Emmanue Ewane，休斯顿社区大学
Tom Greenbowe，俄勒冈大学
Jeffrey Rahn，东华盛顿大学

Bhavna Rawal，休斯顿社区大学
Jerry Suits，北科罗拉多大学

MasteringChemistry™ 峰会参与人

Phil Bennett，圣达菲社区学院
Jo Blackburn，里奇兰德学院
John Bookstaver，圣查尔斯社区学院
David Carter，安吉洛州立大学
Doug Cody，那桑社区学院
Tom Dowd，哈珀学院
Palmer Graves，佛罗里达国际大学
Margie Haak，俄勒冈州立大学

Brad Herrick，科罗拉多矿业学院
Jeff Jenson，芬利大学
Jeff McVey，德克萨斯州立大学圣马科斯分校
Gary Michels，克瑞顿大学
Bob Pribush，巴特勒大学
Al Rives，维克森林大学
Joel Russell，奥克兰大学
Greg Szulczewski，阿拉巴马大学塔斯卡卢萨分校

Matt Tarr，新奥尔良大学
Dennis Taylor，克莱姆森大学
Harold Trimm，布鲁姆社区学院
Emanuel Waddell，阿拉巴马大学亨茨维尔分校
Kurt Winklemann，佛罗里达理工大学
Klaus Woelk，密苏里大学罗拉分校
Steve Wood，杨百翰大学

《化学：中心科学》历次版本审阅人

S.K. Airee，田纳西大学
John J. Alexander，辛辛那提大学
Robert Allendoerfer，纽约州立大学布法罗分校
Patricia Amateis，弗吉尼亚理工大学
Sandra Anderson，威斯康星大学
John Arnold，加州大学
Socorro Arteaga，埃尔帕索社区大学
Margaret Asirvatham，科罗拉多大学
Todd L. Austell，北卡罗来纳大学教堂山分校
Yiyan Bai，休斯顿社区大学
Melita Balch，伊利诺伊大学芝加哥分校
Rebecca Barlag，俄亥俄大学
Rosemary Bartoszek-Loza，俄亥俄州立大学
Hafed Bascal，芬利大学
Boyd Beck，斯诺学院
Kelly Beefus，阿诺卡拉姆齐社区学院
Amy Beilstein，中心学院
Donald Bellew，新墨西哥大学

Victor Berner，新墨西哥初级学院
Narayan Bhat，德克萨斯大学泛美分校
Merrill Blackman，西点军校
Salah M. Blaih，肯特州立大学
James A. Boiani，纽约州立大学杰纳苏分校
Leon Borowski，戴波罗谷社区大学
Simon Bott，休斯顿大学
Kevin L. Bray，华盛顿州立大学
Daeg Scott Brenner，克拉克大学
Gregory Alan Brewer，美国天主教大学
Karen Brewer，弗吉尼亚理工大学
Ron Briggs，亚利桑那州立大学
Edward Brown，田纳西州李大学
Gary Buckley，卡梅隆大学
Scott Bunge，肯特州立大学
Carmela Byrnes，德州农工大学
B. Edward Cain，罗切斯特理工学院
Kim Calvo，阿克伦大学

Donald L. Campbell，威斯康辛大学
Gene O. Carlisle，德州农工大学
Elaine Carter，洛杉矶城市学院
Robert Carter，马萨诸塞大学波士顿港分校
Ann Cartwright，圣哈辛托中央学院
David L. Cedeño，伊利诺伊伊利诺州立大学
Dana Chatellier，特拉华大学
Stanton Ching，康涅狄格学院
Paul Chirik，康奈尔大学
Ted Clark，俄亥俄州立大学
Tom Clayton，诺克斯学院
William Cleaver，佛蒙特大学
Beverly Clement，博林学院
Robert D. Cloney，福特汉姆大学
John Collins，布劳沃德社区大学
Edward Werner Cook，通克西斯社区学院
Elzbieta Cook，路易斯安那州立大学
Enriqueta Cortez，南德克萨斯大学
Jason Coym，南阿拉巴马大学
Thomas Edgar Crumm，宾州印第安纳大学

Dwaine Davis，佛塞斯社区学院

Ramón López de la Vega，佛罗里达国际大学

Nancy De Luca，马萨诸塞大学洛厄尔北校区

Angel de Dios，乔治城大学

John M. DeKorte，格兰德勒社区学院

Michael Denniston，乔治亚大学

Daniel Domin，田纳西州立大学

James Donaldson，多伦多大学

Patrick Donoghue，阿帕拉契州立大学

Bill Donovan，阿克伦大学

Stephen Drucker，威斯康星大学欧克莱尔分校

Ronald Duchovic，印第安纳大学 - 普渡大学韦恩堡分校

Robert Dunn，堪萨斯大学

David Easter，西南德州州立大学

Joseph Ellison，西点军校

George O. Evans II，东卡罗来纳州立大学

James M. Farrar，罗切斯特大学

Debra Feakes，德克萨斯州立大学圣马科斯分校

Gregory M. Ferrence，伊利诺伊州立大学

Clark L. Fields，北科罗拉多大学

Jennifer Firestine，林登伍德大学

Jan M. Fleischner，新泽西学院

Paul A. Flowers，北卡罗来纳州彭布鲁克分校

Michelle Fossum，莱尼学院

Roger Frampton，潮水社区学院

Joe Franek，明尼苏达大学大卫分校

Frank，加州州立大学

Cheryl B. Frech，中央俄克拉荷马大学

Ewa Fredette，冰碛谷学院

Kenneth A. French，布林学院

Karen Frindell，圣罗莎初级学院

John I. Gelder，俄克拉荷马州立大学

Robert Gellert，格兰德勒社区学院

Luther Giddings，盐湖社区学院

Paul Gilletti，梅萨社区学院

Peter Gold，宾州州立大学

Eric Goll，布鲁克代尔社区学院

James Gordon，中央卫理公会大学

John Gorden，奥本大学

Thomas J. Greenbowe，俄勒冈大学

Michael Greenlief，密苏里大学

Eric P. Grimsrud，蒙大拿州立大学

John Hagadorn，科罗拉多大学

Randy Hall，路易斯安那州立大学

John M. Halpin，纽约大学

Marie Hankins，南印第安纳大学

Robert M. Hanson，圣奥拉夫学院

Daniel Haworth，马凯特大学

Michael Hay，宾夕法尼亚州立大学

Inna Hefley，布林学院

David Henderson，三一学院

Paul Higgs，贝瑞大学

Carl A. Hoeger，加州大学圣地亚哥分校

Gary G. Hoffman，佛罗里达国际大学

Deborah Hokien，玛丽伍德大学

Robin Horner，费耶特维尔社区技术学院

Roger K. House，莫瑞谷社区学院

Michael O. Hurst，乔治亚南方大学

William Jensen，南达科他州立大学

Janet Johannessen，莫里斯郡学院

Milton D. Johnston, Jr.，南佛罗里达大学

Andrew Jones，南阿尔伯塔理工学院

Booker Juma，费耶特维尔州立大学

Ismail Kady，东田纳西州立大学

Siam Kahmis，匹兹堡大学

Steven Keller，密苏里大学

John W. Kenney，东部新墨西哥州立大学

Neil Kestner，路易斯安那州立大学

Carl Hoeger，加州大学圣地亚哥分校

Leslie Kinsland，路易斯安那州立大学

Jesudoss Kingston，爱荷华州立大学

Louis J. Kirschenbaum，罗德岛大学

Donald Kleinfelter，田纳西大学诺克斯维尔分校

Daniela Kohen，卡尔顿大学

David Kort，乔治梅森大学

Jeffrey Kovac，田纳西大学

George P. Kreishman，辛辛那提大学

Paul Kreiss，安妮阿伦德尔社区学院

Manickham Krishnamurthy，霍华德大学

Sergiy Kryatov，塔夫斯大学

Brian D. Kybett，里贾纳大学

William R. Lammela，拿撒勒学院

John T. Landrum，佛罗里达国际大学

Richard Langley，奥斯汀州立大学

N. Dale Ledford，南阿拉巴马大学

Ernestine Lee，犹他州立大学

David Lehmpuhl，南科罗拉多大学

Robley J. Light，佛罗里达州立大学

Donald E. Linn, Jr.，印第安纳大学 - 普渡大学印第安纳波利斯分校

David Lippmann，德克萨斯理工大学

Patrick Lloyd，布碌仑社区学院

Encarnacion Lopez，迈阿密戴德学院沃尔夫森分校

Michael Lufaso，北佛罗里达大学

Charity Lovett，西雅图大学

Arthur Low，塔尔顿州立大学

Gary L. Lyon，路易斯安那州立大学

Preston J. MacDougall，中田纳西州立大学

Jeffrey Madura，杜肯大学

Larry Manno，特里顿学院

Asoka Marasinghe，莫海德州立大学

Earl L. Mark，艾梯理工学院

Pamela Marks，亚利桑那州立大学

Albert H. Martin，摩拉维亚学院

Przemyslaw Maslak，宾州州立大学

Hilary L. Maybaum，ThinkQuest 公司

Armin Mayr，埃尔帕索社区学院

Marcus T. McEllistrem，威斯康星大学

Craig McLauchlan，伊利诺斯州立大学

Jeff McVey，德克萨斯州立大学圣马科斯分校

William A. Meena，山谷社区学院

Joseph Merola，弗吉尼亚理工大学

Stephen Mezyk，加州州立大学

Diane Miller，马凯特大学

Eric Miller，圣胡安学院

Gordon Miller，爱荷华州立大学

Shelley Minteer，圣路易斯大学

Massoud (Matt) Miri，罗彻斯特理工学院

Mohammad Moharerrzadeh，鲍伊州立大学

Tracy Morkin，埃默里大学

Barbara Mowery，纽约大学

Kathleen E. Murphy，德门大学

Kathy Nabona，奥斯汀社区学院

Robert Nelson，乔治亚南方大学

Al Nichols，杰克逊维尔州立大学

Ross Nord，东密歇根大学

Jessica Orvis，乔治亚南方大学

Mark Ott，杰克逊社区学院

Jason Overby，查尔斯顿学院

Robert H. Paine，罗彻斯特理工学院

Robert T. Paine，新墨西哥大学　　Theodore Sakano，罗克兰社区学院　　James Tyrell，南伊利诺伊大学

Sandra Patrick，马拉斯比纳大学学院　　Michael J. Sanger，北爱荷华大学　　Michael J. Van Stipdonk，卫奇塔州立大学

Mary Jane Patterson，布拉佐斯波特学院　　Jerry L. Sarquis，迈阿密大学　　Philip Verhalen，帕诺拉学院

Tammi Pavelec，林登沃德大学　　James P. Schneider，波特兰社区学院　　Ann Verner，多伦多大学斯卡伯勒分校

Albert Payton，布劳沃德社区学院　　Mark Schraf，西弗吉尼亚大学　　Edward Vickner，格洛斯特郡社区学院

Lee Pedersen，北卡罗来纳大学　　Melissa Schultz，伍斯特学院　　John Vincent，阿拉巴马大学

Christopher J. Peeples，塔尔萨大学　　Gray Scrimgeour，多伦多大学　　Maria Vogt，布卢姆菲尔德学院

Kim Percell，费尔角社区学院　　Paula Secondo，西康涅狄格州立大学　　Tony Wallner，贝瑞大学

Gita Perkins，埃斯特雷拉山社区学院　　Michael Seymour，霍普学院　　Lichang Wang，南伊利诺伊大学

Richard Perkins，路易斯安那州立大学　　Kathy Thrush Shaginaw，维拉诺瓦大学　　Thomas R. Webb，奥本大学

Nancy Peterson，中北学院　　Susan M. Shih，杜佩奇学院　　Clyde Webster，加州大学河滨分校

Robert C. Pfaff，圣约瑟夫大学　　David Shinn，夏威夷州立大学希罗分校　　Karen Weichelman，路易斯安那大学拉菲特分校

John Pfeffer，海莱社区学院　　Lewis Silverman，密苏里大学哥伦比亚分校　　Paul G. Wenthold，普渡大学

Lou Pignolet，明尼苏达大学　　Vince Sollimo，伯灵顿社区学院　　Laurence Werbelow，新墨西哥矿业与技术学院

Bernard Powell，德克萨斯大学　　Richard Spinney，俄亥俄州立大学　　Wayne Wesolowski，亚利桑那大学

Jeffrey A. Rahn，东华盛顿大学　　David Soriano，匹兹堡大学布拉德福德分校　　Sarah West，圣母大学

Steve Rathbone，布林学院　　Eugene Stevens，宾汉姆顿大学　　Linda M. Wilkes，南科罗拉多大学

Scott Reeve，阿肯色州立大学　　Matthew Stoltzfus，俄亥俄州立大学　　Charles A. Wilkie，马凯特大学

John Reissner，Helen Richter，Thomas Ridgway，　　James Symes，科森尼斯河学院　　Darren L. Williams，西德克萨斯农工大学

北卡罗来纳大学，阿克伦大学，辛辛那提大学　　Iwao Teraoka，纽约科技大学　　Troy Wood，纽约州立大学水牛城分校

Gregory Robinson，乔治亚大学　　Domenic J. Tiani，北卡罗来纳大学教堂山分校　　Kimberly Woznack，加州宾夕法尼亚大学

Mark G. Rockley，俄克拉荷马州立大学　　Edmund Tisko，内布拉斯加大学奥马哈分校　　Thao Yang，威斯康星大学

Lenore Rodicio，迈阿密戴德学院　　Richard S. Treptow，芝加哥州立大学　　David Zax，康奈尔大学

Amy L. Rogers，查尔斯顿学院　　Michael Tubergen，肯特州立大学　　Dr. Susan M. Zirpoli，宾州滑石大学

Jimmy R. Rogers，德克萨斯大学阿灵顿分校　　Claudia Turro，俄亥俄州立大学　　Edward Zovinka，圣弗朗西斯大学

Kathryn Rowberg，普渡大学盖莱默分校

Steven Rowley，米德尔塞克斯社区学院

James E. Russo，惠特曼大学

我们还想对培生出版集团的许多团队成员表示感谢，他们的辛勤工作、想象力和合作精神为这个版本的最终出版做出了巨大贡献。化学编辑 Chris Hess 为我们提供了许多全新的想法以及持续的热情和对我们的鼓励和支持；开发部主任 Jennifer Har 用她的经验和洞察力来负责整个项目；开发部编辑 Matt Walker，他丰富的经验、良好的判断力和对细节的仔细关注程度对本版修订是非常宝贵的，特别是在保持我们写作的一致性和帮助学生理解方面。培生公司团队在这方面是一流的。

我们还特别感谢以下人员：制作编辑 Mary Tindle，她巧妙地保证了整个出版过程的进展，使我们保持在正确的写作方向上；伊利诺伊大学的 Roxy Wilson，她很好地完成了制作章末练习题答案这项困难的工作。最后，我们要感谢我们的家人和朋友，感谢他们的爱、支持、鼓励和耐心，帮助我们完成了本书第 14 版的写作与出版。

西奥多·L.布朗
化学系
伊利诺伊大学厄巴纳-
香槟分校
Urbana，IL 61801
tlbrown@illinois.edu or
tlbrown1@earthlink.net

H.尤金·勒梅
化学系
内华达大学
Reno，NV 89557
lemay@unr.edu

布鲁斯·E.巴斯滕
化学与生物化学系
伍斯特理工学院
Worcester，MA 01609
bbursten@wpi.edu

凯瑟琳·J.墨菲
化学系
伊利诺伊大学厄巴纳-
香槟分校
Urbana，IL 61801
murphycj@illinois.edu

帕特里克·M.伍德沃德
化学与生物化学系
俄亥俄州立大学
Columbus，OH 43210
woodward.55@osu.edu

马修·W.斯托尔茨福斯
化学与生物化学系
俄亥俄州立大学
Columbus，OH 43210
stoltzfus.5@osu.edu

目 录

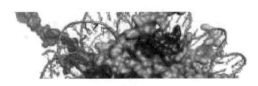

第 23 章　过渡金属配位化学　221

**第 24 章　生命化学：有机化学和
　　　　　生物化学　265**

附录 A　数学运算　314

第 **18** 章

环境化学

地球上丰富的生命，如开篇照片所示，是由地球上存在的气体、太阳辐射的能量和充足的水资源产生的。这些都是生命所必需的标志性的环境特征。

随着科技的进步和人口的增加，人类给环境施加了新的、更大的压力。自相矛盾的是，促使人口增长的技术也以有益的方式提供了有助于了解和管理环境的工具。化学常常是环境问题的核心。发达国家和发展中国家的经济增长主要取决于从水处理到化石燃料开采等各种化学过程，其中一些工艺生产的产物或副产物对环境有害。

现在我们可以运用在前几章学到的原理来理解生态环境如何运行以及人类活动如何影响它。为了了解和保护我们生活的环境，我们必须了解人类制造的化合物和天然的化合物是如何在陆地、海洋和天空中相互作用的。作为消费者，我们的日常行为与主要专家和政府领导人做出的选择是相同的：每个决定都应该反映出我们选择的成本与收益。不幸的是，我们的决定对环境的影响往往是微妙的，并不是很明显。

导读

18.1 ▶ **地球的大气圈** 研究地球大气的温度、压力和化学成分。检测*光电离*、*光解离*及太阳辐射大气层引起的反应。

18.2 ▶ **人类活动与地球大气圈** 人类活动对大气的影响，包括人类制造的气体如何消耗大气中的臭氧，以及酸雨和烟雾是如何产生的。

18.3 ▶ **水圈** 研究全球的水循环，它描述了水是如何从地面到大气表面再回到地面的过程。还比较了*海水*、*淡水*和*地下水*的化学组成。

18.4 ▶ **人类活动与水质** 考虑到地球的水和气候之间的关系，研究一种水质测量方法：溶解氧浓度。饮用水和灌溉水必须不含盐类和污染物。

18.5 ▶ **绿色化学** 熟悉*绿色化学*，这是一项国际倡议，旨在使工业产品、工艺和化学反应与可持续的社会和环境兼容。

◀ 博茨瓦纳的奥卡万戈三角洲是因奥卡万戈河洪水淹没喀拉哈里沙漠的大片区域形成的。在博茨瓦纳的冬季，三角洲的面积可以扩大到正常大小的三倍以上，吸引了各种各样的动物。

18.1 | 地球的大气圈

因为我们大多数人从未远离过地球表面，所以我们经常理所当然地认为大气决定我们生活环境的许多方式。本节我们将研究地球大气圈的一些重要特征。

大气温度随海拔高度而变化（见图 18.1），根据该温度剖面将大气分为四个区域。在地表以上的对流层，温度通常随海拔的升高而降低，大约 10km 温度最低下降 215K。我们所有人几乎一生都生活在平流层中。呼啸的风、亲和的微风、下雨和晴朗的天空都是我们通常认为的"天气"，都发生在这个地区。商用喷气式飞机通常在地球表面上空约 10km（33000ft）飞行，这个高度定义了对流层的上限，我们称之为对流顶。

对流层顶以上，气温随海拔升高而升高，在 50km 处最高可达 275K 左右。从 10km 到 50km 的区域是平流层，其上是中间层和热层。注意，在图 18.1 中，形成相邻区域边界的极端温度用后缀 *-pause* 表示。边界很重要，因为气体在它们之间的混合相对缓慢。例如，对流层产生的污染气体通过对流层顶进入平流层的速度非常缓慢。

大气压力随着海拔高度的增加而降低（见图 18.1）。由于大气的可压缩性，压力在海拔较低的地方比在海拔较高的地方下降得更快。因此，压力从海平面平均值为 760torr 下降到 100km 时只有 2.3×10^{-3}torr，而到 200km 处仅 1.0×10^{-6}torr。

 图例解析　大气温度最低在什么高度？

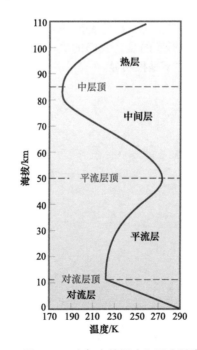

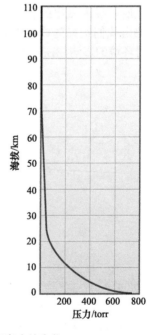

▲ 图 18.1　大气中的温度和压力随海拔高度的变化

对流层和平流层共占大气质量的 99.9%，其中对流层占 75%。然而，稀薄的上层大气在决定地表生命条件方面起着重要的作用。

大气组成

地球的大气层不断受到来自太阳的辐射和高能粒子的轰击。太阳，这种能量的冲击具有极大的化学和物理效应，特别是在 80km 以上的大气层上部区域（见图 18.2）。此外，由于地球的引力场，较重的原子和分子倾向于在大气中下沉，而较轻的原子和分子则留在大气顶部（如前所述，这就是为什么大气质量的 75% 在对流层）。由于以上因素使得大气的组成并不均匀。

表 18.1 显示了海平面附近干燥空气的组成。需要注意的是尽管有许多痕量物质的存在，但 N_2 和 O_2 约占海平面空气的 99%，其余大部分是惰性气体和 CO_2。

> **想一想**
>
> 你认为在对流层和中间层，哪个大气中的氦氩比会更大？

当物质溶解在水中时，浓度单位百万分之一（ppm）是指每百万克溶液中的物质克数（见 13.4 节）。但是，当处理气体时，1ppm 指的是一百万体积中的一体积。根据理想气体方程（$PV=nRT$），体积分数与气体物质的量成正比，因此体积分数和物质的量分数是相同的。1ppm 的大气微量组分表示 1 百万物质的量空气中该组分为 1mol。也就是说，百万分之一的浓度等于物质的量分数乘以 10^6。例如，表 18.1 中列出了大气中 CO_2 的物质的量分数为 0.000400，这意味着其百万分之一浓度为 $0.000400 \times 10^6 = 400$ppm。

表 18.1 海平面附近干燥空气的主要成分

成分[①]	含量 /（物质的量分数）	摩尔质量 /（g/mol）
氮气	0.78084	28.013
氧气	0.20948	31.998
氩气	0.00934	39.948
二氧化碳	0.000400	44.0099
氖气	0.00001818	20.183
氦气	0.0000524	4.003
甲烷	0.000002	16.043
氪气	0.00000114	83.80
氢气	0.0000005	2.0159
氧化亚氮	0.0000005	44.0128
氙气	0.000000087	131.30

①海平面附近干燥空气中还存在痕量的臭氧，二氧化硫，二氧化氮，氨气和一氧化碳气体。

来自太阳的高能粒子产生激发的N和O原子，当这些原子中的电子从激发态跃迁到较低能态时就会产生可见光

▲ 图 18.2 北极光

对流层中除 CO_2 外，其他次要成分也列于表 18.2 中。

表 18.2 大气中一些次要成分的来源和典型浓度

组分	来源	典型浓度
二氧化碳，CO_2	有机物分解，海洋释放，化石燃料燃烧	整个对流层为 400ppm
一氧化碳，CO	有机物分解，工业过程，化石燃料燃烧	未污染空气中为 0.05ppm；城市地区为 1-50ppm
甲烷，CH_4	有机物分解，天然气渗漏，牲畜排放	整个对流层为 1.82ppm
一氧化氮，NO	大气放电、内燃机、有机物燃烧	未污染空气中为 0.01ppm；烟雾中为 0.2ppm
臭氧，O_3	大气放电，平流层扩散，光化学烟雾	未污染空气中为 0-0.01ppm；光化学烟雾中为 0.5ppm
二氧化硫，SO_2	火山气体、森林火灾、细菌作用、化石燃料燃烧、工业过程	未污染空气中为 0-0.01ppm；污染城市地区为 0.1-2ppm

在我们考虑大气中发生的化学反应之前，让我们回顾一下两个主要成分 N_2 和 O_2 的一些性质。回想一下，N_2 分子在氮原子之间有一个三键（见 8.3 节）。这种强键（键能 941kJ/mol）在很大程度上决定了 N_2 反应活性非常低。O_2 中的键能仅为 495kJ/mol，使 O_2 比 N_2 更具反应活性。例如，O_2 可以与许多物质反应形成氧化物。

实例解析 18.1
根据分压计算浓度

如果水的分压为 0.80torr，而空气的总压为 735torr，那么空气样品中水蒸气的浓度（百万分之一）是多少？

解析

分析 已知水蒸气的分压和空气样品的总压，要求确定水蒸气的浓度。

思路 回想一下，气体混合物中成分的分压由其物质的量分数乘以混合物总压力得出（见 10.6 节）

$$P_{H_2O} = X_{H_2O} P_t$$

解答 求解混合物中的水蒸气物质的量分数

$$X_{H_2O} = \frac{P_{H_2O}}{P_t} = \frac{0.80torr}{735torr} = 0.0011$$

以 ppm 为单位的浓度是物质的量分数乘以 10^6：

$$0.0011 \times 10^6 = 1100ppm$$

▶ **实践练习 1**
根据表 18.1 中的数据，在 668mm Hg 的大气压下，干燥空气中氩的分压为：
（a）3.12mm Hg，（b）7.09mm Hg，
（c）6.24mm Hg，（d）9.34 mm Hg，
（e）39.9 mm Hg.

▶ **实践练习 2**
空气样品中的 CO 浓度为 4.3ppm。如果总气压为 695torr，那么 CO 的分压是多少？

大气中的光化学反应

虽然平流层以上的大气只包含大气质量的一小部分，但它形成了对辐射和持续轰击地球的高能粒子的外部防御层。当这些辐射能通过上层大气时，会引起两种化学变化：光解离和光电离。在辐射到达对流层之前，上述反应吸收了大部分辐射，从而保护我们免受高能辐射的伤害。如果不是这些光化学反应，那么我们所知道的动植物生命就不可能存在于地球上了。

图例解析 为什么海平面的太阳光谱与大气外的太阳光谱不完全匹配?

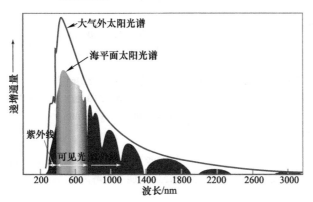

▲ 图 18.3 海平面太阳光谱与地球大气层外太阳光谱对比图 海平面上更具结构的曲线是由于大气中的气体吸收特定波长的光。"通量",纵轴上的单位,是单位时间内单位面积上的光能

太阳发出的辐射能范围很广（见图 18.3）。为了理解辐射波长及其对原子和分子的影响,回想一下电磁辐射可以被描绘成光子流（见 6.2 节）。每个光子的能量由 $E=h\nu$ 给出,其中,h 是普朗克常数,ν 是辐射频率。当辐射照射到原子或分子时,要发生化学变化,必须满足两个条件:首先,入射光子必须有足够的能量来破坏化学键或从原子或分子中移除电子;其次,被轰击的原子或分子必须吸收这些光子。当满足这些要求时,光子的能量发挥作用,会产生一些化学变化。

光解离 由分子吸收光子而导致的化学键断裂称为**光解离**。光解离导致两个原子之间的键裂开时不会形成离子。相反,成键电子的一半与其中一个原子在一起,一半与另一个原子在一起。结果产生两个电中性粒子。

海拔 120km 以上存在的最重要的反应过程之一是氧分子的光解离:

$$\ddot{\text{O}}=\ddot{\text{O}}: + h\nu \longrightarrow :\ddot{\text{O}}\cdot + \cdot\ddot{\text{O}}: \qquad (18.1)$$

引起这种变化所需的最小能量由 O_2 的键能（或*解离能*）决定,即 495kJ/mol。

实例解析 18.2
计算断键所需的波长

能够使光子具有足够的能量来解离 O_2 分子的光的最大波长是多少（以 nm 计）?

解析

分析 要求确定一个光子的波长,它的能量刚好足以破坏 O_2 中的 O═O 双键。

思路 我们首先需要计算破坏一个分子中 O═O 双键所需的能量,然后求出这个能量的光子的波长。

解答

O_2 的解离能为 495kJ/mol,利用这个值和阿伏伽德罗常数,我们可以计算出破坏单个 O_2 中键所需的能量:

$$\left(495\times10^3\ \frac{\text{J}}{\text{mol}}\right)\left(\frac{1\text{mol}}{6.022\times10^{23}\text{分子}}\right)$$
$$= 8.22\times10^{-19}\ \frac{\text{J}}{\text{分子}}$$

接下来，我们使用普朗克公式，$E = h\nu$，（见式 6.2）来计算具有这种能量的光子的频率 ν：

$$\nu = \frac{E}{h} = \frac{8.22 \times 10^{-19}\,J}{6.626 \times 10^{-34}\,J-s} = 1.24 \times 10^{15}\,s^{-1}$$

最后，我们使用频率和波长之间的关系（见 6.1 节）来计算光的波长：

$$\lambda = \frac{c}{\nu} = \left(\frac{3.00 \times 10^8\,m/s}{1.24 \times 10^{15}/s} \right) \left(\frac{10^9\,nm}{1\,m} \right) = 242nm$$

注解 因此，波长 242nm 的光，位于电磁光谱的紫外区域，每光子有足够的能量来光解离 O_2 分子。由于光子能量随着波长的减小而增加，任何波长小于 242nm 的光子都有足够的能量解离 O_2。

▶ **实践练习 1**

Br-Br 键的解离能为 193kJ/mol。什么波长的光刚好有足够的能量引起 Br-Br 键解离？

（a）620nm （b）310nm （c）148nm （d）6200nm （e）563nm

▶ **实践练习 2**

N_2 的键能为 941kJ/mol。最长波长是多少的光子仍然有足够的能量来解离 N_2？

幸运的是，在辐射到达低层大气之前，O_2 吸收了太阳光谱中的大部分高能短波辐射，形成原子形式的氧。在高海拔地区，O_2 的解离非常广泛。例如，在 400km 处，只有 1% 的氧以 O_2 的形式存在，99% 是原子氧；在 130km 处，O_2 和原子氧的含量几乎相等；在 130km 以下，O_2 比原子氧更丰富，这是因为大部分太阳能都被上层大气吸收了。

N_2 的解离能非常高，为 941kJ/mol。正如在实例解析 18.2 实践练习 2 中看到的，只有波长小于 127nm 的光子才有足够的能量解离 N_2。此外，即使光子具有足够的能量，N_2 也不容易吸收光子。结果在上层大气中，N_2 的光解离形成的原子氮非常少。

光电离 除了光解离以外，其他的光化学反应也发生在上层大气中，尽管它们的发现经历了许多曲折。1901 年，伽利尔摩·马可尼（Guglielmo Marconi）在纽芬兰的圣约翰接收到一个无线电信号，该信号是从 2900km 外的英格兰陆地端传送过来的。因为当时人们认为无线电波是直线传播的，所以他们认为地球表面的曲率使远距离的无线电通信不可能实现。马可尼的成功实验表明，地球大气在某种程度上对无线电波的传播产生了实质性的影响。他的发现引发了对上层大气的深入研究。1924 年左右，通过实验研究确定了上层大气中电子的存在。

上层大气中的电子主要来自**光电离**，当上层大气中的分子吸收太阳辐射，吸收的能量使电子从分子中分离出来时，就会发生光电离。分子变成带正电的离子。因此，要发生光电离，分子必须吸收光子，而光子必须有足够的能量来移除电子（见 7.4 节）。请注意，这是一个与光解离非常不同的过程。

表 18.3 显示了大约 90km 以上大气中发生的四个重要的光电离过程。任何波长小于表中给出的最大波长的光子都有足够的能量来引起光电离。回顾图 18.3，会发现几乎所有这些高能光子都被从到达地球的辐射中过滤掉，因为它们被上层大气吸收了。

 想一想

光电离会导致阳离子或阴离子的形成吗？光电离会导致键断裂吗？

表 18.3　大气四组分的光电离反应

过程	电离能 / (kJ/mol)	λ_{max}/nm
$N_2 + h\nu \longrightarrow N_2^+ + e^-$	1495	80.1
$O_2 + h\nu \longrightarrow O_2^+ + e^-$	1205	99.3
$O + h\nu \longrightarrow O^+ + e^-$	1313	91.2
$NO + h\nu \longrightarrow NO^+ + e^-$	890	134.5

平流层的臭氧

N₂、O₂ 和原子氧吸收波长小于 240nm 的光子，但臭氧 O₃ 是电磁波谱紫外区域波长范围 240nm ~ 310nm 光子的主要吸收体，如图 18.4 所示。上层大气中的臭氧保护我们免受这些有害高能光子的伤害，否则这些光子将穿透到达地球表面。让我们思考一下上层大气中臭氧是如何形成的，以及它是如何吸收光子的。

当太阳辐射到达地球表面以上 90km 的高度时，大部分能够引起光电离的短波辐射都被吸收了。然而，能够解离 O₂ 分子的辐射在下降至 30km 的高度时仍足够强烈，能够满足 O₂ 的解离（见式（18.1））。在 30km ~ 90km 之间的区域内，O₂ 的浓度远大于原子氧的浓度。因此，在该区域中，由 O₂ 光解离形成的氧原子与 O₂ 分子频繁碰撞，形成臭氧：

$$\ddot{\overset{..}{O}} + O_2 \longrightarrow O_3^*(g) \qquad (18.2)$$

O₃ 上的星号表示产物含有过量的能量，这是因为反应是放热的。释放的 105kJ/mol 能量必须快速从 O₃* 分子中转移，否则该分子将分解为 O₂ 和原子 Oₐ，这是形成 O₃* 反应的逆反应。

一个高能量的 O₃* 分子通过与其他原子或分子碰撞，并将多余能量传递给它们。我们用 M 来表示与 O₃* 碰撞的原子或分子。（通常，M 是 N₂ 或 O₂，因为它们是大气中最丰富的分子）。O₃* 的形成及其多余能量向 M 的转移通过方程式总结如下

$$O(g) + O_2 \rightleftharpoons O_3^*(g) \qquad (18.3)$$

$$\underline{O_3^*(g) + M(g) \longrightarrow O_3(g) + M^*(g)} \qquad (18.4)$$

$$O(g) + O_2(g) + M(g) \longrightarrow O_3(g) + M^*(g) \qquad (18.5)$$

式 18.3 和式 18.4 的反应速度取决于两个因素，这两个因素随高度的增加而在相反方向上变化。首先，O₃* 的形成（见式 18.3）取决于 O 原子的存在。在低海拔地区，大部分足以将 O₂ 分子分解成 O 原子的辐射能都被吸收了，因此，O 原子在低海拔地区并不丰富。第二，式（18.3）和式（18.4）都依赖于分子碰撞（见 14.5 节）。低海拔地区的分子浓度更高，因此两种反应的速率在低海拔地区更高。由于这两种效应以相反的方向随高度的变化而变化，因此臭氧形成的最高速率出现在平流层顶附近约 50km 的层中（见图 18.1）。总的来说，地球上大约 90% 的臭氧是在平流层中发现的。

臭氧的光解离与形成臭氧的反应相反。因此，有一个臭氧形成和分解的循环，总结在下一页：

▼ 图例解析

在电磁光谱的哪个区域，臭氧有最强烈地吸收：(a) 红外区 (b) 可见区 (c) 紫外区？

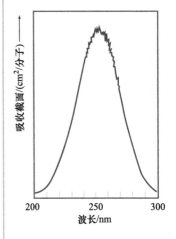

▲ 图 18.4　臭氧的吸收光谱

▽ 图例解析

根据图中的峰值估计臭氧浓度，单位为 mol/L。

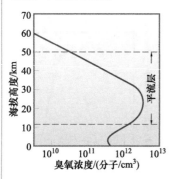

▲ 图 18.5 大气中臭氧浓度随高度的变化

$$O_2(g) + hv \longrightarrow O(g) + O(g)$$

$$O(g) + O_2(g) + M(g) \longrightarrow O_3(g) + M^*(g) \quad 放热$$

$$O_3(g) + hv \longrightarrow O_2(g) + O(g)$$

$$O(g) + O(g) + M(g) \longrightarrow O_2(g) + M^*(g) \quad 放热$$

第一个和第三个是光化学反应，它们利用太阳光子来引发化学反应。第二个和第四个是放热化学反应。这四个反应是太阳辐射能转化为热能的一个循环。平流层中的臭氧循环导致温度的上升，在平流层顶达到最高温度（见图 18.1）。

△ 想一想

根据其路易斯结构，哪种分子会有更强的 O—O 键，氧气还是臭氧？

臭氧循环的反应解释了关于臭氧层的一些事实，但不是全部事实。许多化学反应的发生都涉及氧以外的物质。我们还必须考虑湍流和风对平流层的影响。这是一个复杂的图像结果。臭氧形成和消除反应加上大气湍流和其他因素的总体结果，将产生图 18.5 所示的上层大气臭氧分布，最大臭氧浓度出现在大约 25km 的海拔高度。这种臭氧浓度相对较高的带称为"臭氧层"或"臭氧屏蔽层"。

波长小于 300nm 的光子能量足以破坏多种单一化学键。因此，"臭氧屏蔽层"对于我们的持续健康至关重要。然而，形成这种防止高能量辐射的臭氧分子只代表平流层中存在的氧原子的一小部分，因为这些分子即使形成也会被不断破坏。

18.2 | 人类活动与地球大气圈

自然事件和人为事件都可以改变地球的大气层。一个令人印象深刻的自然事件是 1991 年 6 月皮纳图博火山爆发（见图 18.6）。火山将大约 10km³ 的物质喷射到平流层中，导致接下来的 2 年内到达地球表面的阳光量下降了 10%。阳光的减少导致地球表面温度暂时下降 0.5℃。到达平流层的火山颗粒在那里停留了大约 3 年，由于光的吸收，平流层的温度升高了几度。对平流层臭氧浓度的测量显示，在这 3 年期间臭氧分解率显著增加。

臭氧层及其损耗

臭氧层保护地球表面免受破坏性紫外线辐射的伤害。因此，如果平流层臭氧浓度大幅降低，更多的紫外线辐射将到达地球表面，引起不必要的光化学反应，包括与皮肤癌相关的反应。1978 年开始的臭氧卫星监测揭示了平流层臭氧的消耗，特别是在南极洲上空，出现了一种被称为臭氧空洞的现象（见图 18.7）。关于这一现象的第一篇科学论文发表于 1985 年，美国国家航空航天局（NASA）建立了一个"臭氧空洞观察"网站，从 1999 年至今每天都有更新和数据。

▲ 图 18.6 1991 年 6 月皮纳图博火山爆发

1995 年，诺贝尔化学奖授予 F.Sherwood Rowland、Mario Molina 和 Paul Crutzen，表彰他们对臭氧损耗的研究。1970 年，Crutzen 发现自然产生的氮氧化合物催化破坏臭氧。Rowland 和 Molina 在 1974 年认识到氯氟烃（CFCs）中的氯可能会耗尽臭氧层。这些物质，主要是 $CFCl_3$ 和 CF_2Cl_2，在自然界中不存在，但是被广泛地用作喷雾罐中的推进剂、制冷剂、空调气体，以及塑料的发泡剂。它们在低层大气中实际上是不活跃的。而且，它们相对不溶于水，因此不会因降雨或海洋溶解而从大气中去除。不幸的是，低反应性使它们在商业上具有广泛应用，也使它们能够在大气中存在并扩散到平流层。据估计，大气中现在有几百万吨氟氯烃。

当 CFCs 扩散到平流层时，它们会暴露在高能辐射下，这会导致光解离。由于 C-Cl 键比 C-F 键弱得多，因此在波长 190nm ~ 225nm 范围内的光存在下很容易形成游离氯原子，典型反应如下所示：

$$CF_2Cl_2(g) + h\nu \longrightarrow CF_2Cl(g) + Cl(g) \qquad (18.6)$$

计算表明，在臭氧浓度最高的海拔 30km 高度，氯原子的形成速度最快。

原子氯与臭氧迅速反应形成一氧化氯和分子氧：

$$Cl(g) + O_3(g) \longrightarrow ClO(g) + O_2(g) \qquad (18.7)$$

这个反应遵循二阶速率定律，速率常数非常大：

$$速率 = k[Cl][O_3] \quad k = 7.2 \times 10^9 M^{-1}s^{-1} \ (298K) \quad (18.8)$$

在一定条件下，式（18.7）中生成的 ClO 可以反应生成游离的 Cl 原子。其中一种方式是通过光解离 ClO：

$$ClO(g) + h\nu \longrightarrow Cl(g) + O(g) \qquad (18.9)$$

根据式（18.7），在式（18.6）和式（18.9）中生成的 Cl 原子可与更多的 O_3 反应。结果是一系列反应，完成了氯催化分解 O_3 到 O_2：

$$2Cl(g) + 2O_3(g) \longrightarrow 2ClO(g) + 2O_2(g)$$
$$2ClO(g) + h\nu \longrightarrow 2Cl(g) + 2O(g)$$
$$O(g) + O(g) \longrightarrow O_2(g)$$

$$\overline{2Cl(g) + 2O_3(g) + 2ClO(g) + 2O(g) \longrightarrow 2Cl(g) + 2ClO(g) + 3O_2(g) + 2O(g)}$$

该方程可以通过从两边分别消除相似的物种来简化，从而得出

$$2O_3(g) \xrightarrow{\ Cl\ } 3O_2(g) \qquad (18.10)$$

由于式（18.7）的速率与 [Cl] 呈线性增加，臭氧被破坏的速率随着 Cl 原子数量的增加而增加。因此，平流层中 CFCs 的浓度越高，臭氧层的破坏就越快。尽管对流层到平流层的扩散速度很慢，但南极上空的臭氧层已经明显变薄，特别是在 9 月和 10 月期间（见图 18.7）。

臭氧总量(多布森单位)

110   220   330   440   550

▲ 图 18.7 2006 年 9 月 24 日南半球的臭氧状态 这些数据是从轨道卫星上获取的。这一天的平流层臭氧浓度是有记录以来最低的。一个"多布森单位"对应于 $1cm^2$ 大气柱中的 2.69×10^{16} 个臭氧分子

想一想

由于臭氧破坏率取决于 [Cl]，Cl 能否被视为式（18.10）反应的催化剂？

由于（CFCs）的环境问题，政府已采取措施限制其制造和使用。一个主要措施是 1987 年签署了《关于消耗臭氧层物质的蒙特利尔议定书》，在该议定书中，参与国同意减少 CFCs 的生产。1992 年，约 100 个国家的代表同意到 1996 年禁止生产和使用 CFCs，但"必要应用"除外。此后，CFCs 的产量确实急剧下降。如图 18.7 所示，每年拍摄的图像显示臭氧空洞的深度和大小已经开始缓慢下降。然而，由于 CFCs 是不活泼的，而且扩散到平流层的速度很慢，科学家估计平流层的臭氧浓度需要几十年才能恢复到 1980 年以前的水平。哪些物质取代了 CFCs？目前，主要的替代品是氢氟碳化物（HFCs），其中 C—H 键取代了 CFCs 的 C—Cl 键。目前使用的一种化合物是 CH_2FCF_3，称为 HFC-134a。虽然 HFCs 比 CFCs 有很大的改进，它们不含 C—Cl 键，但事实证明它们是温室气体，我们很快就会介绍到。

没有天然产生的 CFCs，但是一些自然来源会向大气中贡献氯和溴，而且，就像 CFCs 中的卤素一样，这些天然产生的 Cl 和 Br 原子可以参与破坏臭氧层的反应。主要的自然资源是溴甲烷和氯甲烷，它们是从海洋中排放出来的。据估计，这些分子占大气中所含的 Cl 和 Br 总量的不足三分之一，剩下的三分之二是人类活动的结果。

火山是 HCl 的来源，但一般来说，它们释放的 HCl 与对流层的水发生反应，不会进入上层大气。

含硫化合物和酸雨

含硫化合物在某种程度上存在于天然、未污染的大气中。它们来源于有机物的细菌衰变、火山气体以及表 18.2 中列出的其他来源。这些化合物从自然资源释放到全球大气中的量约为每年 24×10^{12}g，低于人类活动释放的量，约为每年 80×10^{12}g（主要与燃料燃烧有关）。

硫化合物，例如二氧化硫（SO_2），是常见的有害污染气体之一。表 18.4 显示了*典型*城市环境中几种污染物气体的浓度（*典型*情况下，我们指的是不受烟雾影响的气体）。根据这些数据，二氧化硫含量为 0.08ppm 或有一半的时间更高。这个浓度远远低于其他污染物，特别是一氧化碳。但是 SO_2 被认为是所显示的污染物中对健康危害最严重的，特别是对呼吸困难的人。

煤炭燃烧占美国每年 SO_2 排放量的 65%，石油燃烧占 20%。其中大部分来自燃煤发电厂，发电量约占电量的 50%。煤燃烧时 SO_2 排放的程度取决于煤中硫的含量。由于 SO_2 的污染，低硫煤的需求量更大，因此价格更高。来自密西西比州东部煤的硫含量相对较高，高达 6%（按质量计）。来自美国西部各州的大部分煤的硫含量较低，但单位质量的热含量也较低，因此每单位产热的硫含量差异并不像通常假设的那么大。

2010 年，美国环境保护署制定了新的标准来减少 SO_2 的排放。过去的标准是每十亿分之 140（24 小时内测量），现在已经被每十亿分之 75（1 小时内测量）的标准所取代。然而，SO_2 排放的影响并不局限于美国。中国约 70% 的能源来自煤炭，是世界上最大的 SO_2 生产国（约每年 30×10^{12}g，来自煤炭和其他来源）。因此，中

表 18.4　典型城市环境中大气污染物的中值浓度

污染物	浓度 /ppm
CO	10
CH_x	3
SO_2	0.08
NO_x	0.05
总氧化物（臭氧和其他）	0.02

为什么美国东半部的淡水资源的 pH 值明显低于西半部的?

▲ 图 18.8 2008 年美国淡水地区的水 pH 值编号的点表示监测站的位置

国也存在着 SO_2 污染的问题，并成功制定了一些减排措施。尽管中国的 SO_2 排放量居世界前列，但以煤炭为主要能源的印度的 SO_2 排放量正在迅速赶上。中国的 SO_2 排放量在 2007 年达到峰值，但印度的大气 SO_2 排放量在 2005 年至 2014 年间翻了一倍。各国需要共同努力，真正解决全球性问题。

二氧化硫对人体健康和居住环境都有害，此外，大气中的 SO_2 可以通过几种途径（如与 O_2 或 O_3 的反应）氧化成 SO_3。当 SO_3 溶于水时，会产生硫酸：

$$SO_3(g)+H_2O(l) \longrightarrow H_2SO_4(aq)$$

SO_2 造成的许多环境影响实际上是由 H_2SO_4 导致的。

大气中 SO_2 的存在及其产生的硫酸导致**酸雨**现象（形成硝酸的氮氧化物也是酸雨的主要成因）。未受污染雨水的 pH 值一般约为 5.6。这种天然酸度的主要来源是 CO_2，它与水反应生成碳酸 H_2CO_3，酸雨的 pH 值通常在 4 左右。这种向更高酸度的转变影响了北欧、美国北部和加拿大的许多湖泊，减少了鱼类的数量，并影响了湖泊与周围森林生态网络的其他环节。

大多数含有生物体的天然水的 pH 值在 6.5～8.5 之间，但如图 18.8 所示，在美国大陆的许多地方，淡水的 pH 值远低于 6.5。当 pH 值低于 4.0 时，所有脊椎动物、大多数无脊椎动物和许多微生物都会被破坏。最容易受到破坏的湖泊是那些碱性离子浓度较低的湖泊，如 HCO_3^- 可以起到缓冲作用，从而尽量减少 pH 值的变化。因为化石燃料燃烧产生的硫排放减少，以及《清洁空气法》的实施，其中一些湖泊正在恢复。1980～2014 年期间，美国 SO_2 的平均环境空气浓度下降了 80%。

由于酸与金属和碳酸盐反应，酸雨对金属和石材建筑材料都具有腐蚀性。例如，大理石和石灰石的主要成分是 $CaCO_3$，很容易受到酸雨的侵蚀（见图 18.9）。由于 SO_2 污染造成的腐蚀，每年损失数十亿美元。

▶ 图 18.9 酸雨造成的损坏
最近拍摄的这张照片显示这座雕
像的雕刻图案变得模糊

减少 SO_2 排放量的一个方法是在燃烧前除去煤和油中的硫。虽然难度大成本高，但目前已开发出多种方法。例如，石灰粉（$CaCO_3$）可以注入发电厂的熔炉中，分解成石灰（CaO）和二氧化碳。

$$CaCO_3(s) \longrightarrow CaO(s) + CO_2(g)$$

然后，CaO 与 SO_2 反应生成亚硫酸钙：

$$CaO(s) + SO_2(g) \longrightarrow CaSO_3(s)$$

$CaSO_3$ 固体颗粒以及大部分未反应的 SO_2 可以通过 CaO 水悬浮液从炉气中去除（见图 18.10）。然而，并不是所有的 SO_2 都被去除，而且考虑到全世界燃烧的大量煤炭和石油，SO_2 的污染可能在一段时间内仍然是一个问题。

图例解析 从炉气中脱除 SO_2 的主要固体产物是什么？

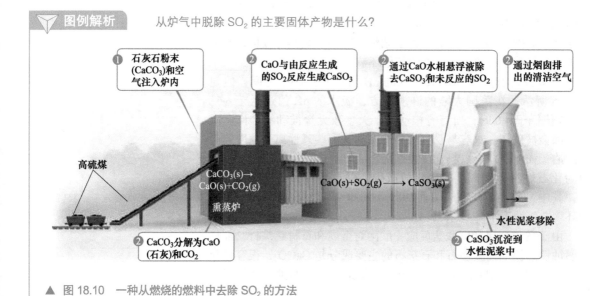

▲ 图 18.10 一种从燃烧的燃料中去除 SO_2 的方法

想一想

哪种硫化物与水反应形成硫酸？

▲ 图 18.11 光化学烟雾主要是由阳光对车辆废气的作用产生的，如这张照片所示

氮氧化物和光化学烟雾

氮氧化物是烟雾的主要成分，城市居民对这一现象非常熟悉。*烟雾*一词是指在某些城市环境中，当天气条件形成相对静止的气团时所发生的污染环境。洛杉矶的烟雾虽然出名，但现在在许多其他城市地区也很常见，被准确地描述成**光化学烟雾**，因为光化学过程在烟雾的形成中起着重要作用（见图 18.11）。

氮氧化合物的大部分排放（约50%）来自汽车、公共汽车和其他交通工具。在反应过程中，内燃机气缸内形成少量的一氧化氮（NO）。

$$N_2(g) + O_2(g) \rightleftharpoons 2NO(g) \quad \Delta H = 180.8kJ \quad (18.11)$$

如第 15.7 节"化学应用"中所述，此反应的平衡常数从 300K 时的约 10^{-15} 增加到 2400K（燃烧期间发动机气缸内的近似温度）时的约 0.05。因此，高温对反应更有利。实际上，在任何高温燃烧过程中都会形成一些 NO。因此，发电厂也是造成氮氧化物污染的主要原因。

在汽车污染控制装置安装之前，典型的 NO_x 排放水平为 4g/mi（x 是 1 或 2，因为 NO 和 NO_2 都形成了，尽管 NO 占主导地位）。从 2004 年开始到 2009 年，NO_x 的汽车排放标准要求逐步降低到 0.07g/mi，这一点已经实现。

在空气中，一氧化氮迅速氧化成二氧化氮：

$$2NO(g) + O_2(g) \rightleftharpoons 2NO_2(g) \quad \Delta H = -113.1kJ \quad (18.12)$$

这个反应的平衡常数从 300K 时的 10^{12} 下降到 2400K 时的 10^{-5}。

NO_2 的光解离引发与光化学烟雾有关的反应。NO_2 的解离需要 304kJ/mol，相当于 393nm 的光子波长。因此，在阳光下 NO_2 分解为 NO 和 O：

$$NO_2(g)+h\nu \longrightarrow NO(g) +O(g) \quad (18.13)$$

形成的原子氧经历了几个反应，其中一个反应产生臭氧，如前所述：

$$O(g) + O_2(g) + M(g) \longrightarrow O_3(g) +M^*(g) \quad (18.14)$$

尽管臭氧可以屏蔽上层大气中有害的紫外线辐射，但是臭氧在对流层中是不受欢迎的污染物之一。它具有极强的反应性和毒性，呼吸含有大量臭氧的空气对哮喘患者、运动者和老年人尤其危险。因此，我们有两个臭氧问题：在许多城市环境中过量的臭氧是有害的，而在平流层中消耗臭氧是至关重要的。

除了氮氧化物和一氧化碳，汽车发动机排放的未燃烧的还有*碳氢化合物污染物*。这些有机化合物是汽油和许多作为燃料的化合物（例如丙烷 C_3H_8 和丁烷 C_4H_{10}）的主要成分，也是光化学烟雾的主要成分。没有有效排放控制的典型发动机每英里排放大约 10～15g 碳氢化合物。现行标准要求碳氢化合物排放量小于 0.075g/mi。活的有机体也会自然排放碳氢化合物（请参阅本节后面的深入探究）。

减少或消除光化学烟雾需要从汽车尾气中去除形成烟雾的必要成分。催化转换器降低了 NO_x 和碳氢化合物的含量，这是光化学烟雾的两个主要成分（请参见第 14.7 节中的"化学应用：催化转换器"）。

 想一想

涉及氮氧化物的哪些光化学反应引发光化学烟雾的形成？

温室气体：水蒸气、二氧化碳和气候

除了屏蔽有害的短波辐射外，大气层对于维持地球表面适宜的温度至关重要。地球与其周围环境处于整体热平衡状态。这意味着行星向太空辐射能量的速率等于它从太阳吸收能量的速率。图 18.12 显示了进出地球的能量流，以及图 18.13 显示了被大气中水蒸气和二氧化碳吸收的离开表面的红外辐射的比例。在吸收这种辐射的过程中，这两种气体通过吸收红外线辐射，帮助维持表面的宜居均匀温度。红外辐射能使我们感觉到热。

图例解析 地球表面吸收的总能量是多少？这些能量的哪一部分以红外辐射的形式向上发射？

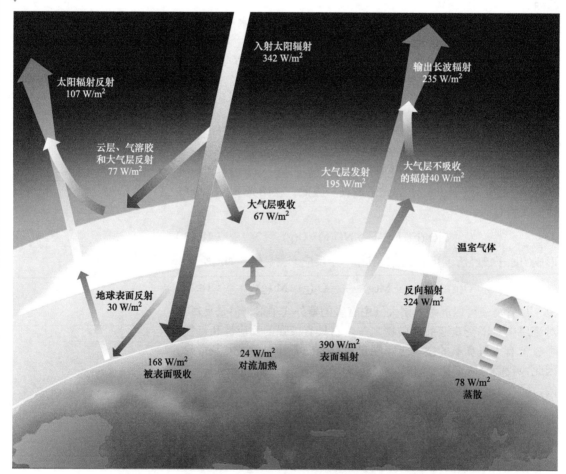

▲ 图 18.12 **地球热平衡** 到达行星表面的辐射量等于辐射回太空的辐射量

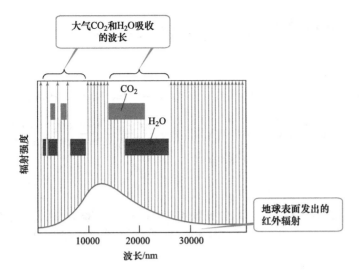

大气CO_2和H_2O吸收的波长

CO_2

H_2O

辐射强度

波长/nm

地球表面发出的红外辐射

▲ 图 18.13　地球表面发射的红外辐射中被大气 CO_2 和 H_2O 吸收的部分

H_2O、CO_2 和某些其他大气气体对地球温度的影响被称为*温室效应*，因为在捕获红外辐射时，这些气体的作用很像温室的玻璃。这些气体本身被称为**温室气体**。

水蒸气对温室效应的贡献最大。大气中水蒸气的分压随地点和时间的不同而变化很大，但一般在地表附近最高，随海拔的升高而下降。由于水蒸气吸收红外辐射的能力很强，当在地球表面向空间辐射，且在不接收太阳能量的夜间时，它在维持大气温度方面起着主要作用。在非常干燥的沙漠气候中，水蒸气浓度很低，白天可能非常热，但晚上却非常冷。在没有一层水蒸气吸收红外辐射并将其部分辐射回地球的情况下，该辐射将从地球表面进入太空导致地球表面温度迅速降低。

二氧化碳在维持表面温度方面起着次要但非常重要的作用。当今世界范围内，化石燃料（主要是煤和石油）的大规模燃烧，使大气中的二氧化碳含量急剧上升。以丁烷（C_4H_{10}）的燃烧为例了解 CO_2 的产生量——例如碳氢化合物和其他含碳物质（化石燃料的成分）的燃烧。燃烧 1.00g 的 C_4H_{10} 产生 3.03g 的 CO_2。（见 3.6 节）。化石燃料的燃烧每年向大气中释放大约 2.2×10^{16}g（240 亿吨）的 CO_2，其中最大的来源是运输车辆。

> **实例解析 18.3**
> **估算汽油燃烧释放的 CO_2 量**

当 1.0gal 汽油燃烧时，会产生多少质量的二氧化碳？汽油近似密度和组成分别为 0.70g/mL 和 C_8H_{18}。

解析

　分析　需要计算 1.0gal C_8H_{18} 与氧气反应生成二氧化碳和水时产生的 CO_2 的质量。

　思路　我们首先必须确定 1.0gal 汽油中 C_8H_{18} 的质量，单位为 g。然后我们写出 C_8H_{18} 燃烧的平衡化学方程式，并用它来测定 CO_2 的理论产量。

解答

首先，将体积从 gal 转换为 mL。

$$(1.0\,\text{gallon})\left(\frac{3.785\text{L}}{1\,\text{gallon}}\right)\left(\frac{1000\text{mL}}{1\text{L}}\right) = 3.79 \times 10^3\,\text{mL}$$

接下来，用汽油的密度来计算它的质量，单位是 g。	$(3.79 \times 10^3 \, \text{mL}) \left(\dfrac{0.70 \text{g}}{\text{mL}} \right) = 2.65 \times 10^3 \, \text{g}$
为了计算二氧化碳的理论产量，我们必须写出 C_8H_{18}（辛烷）燃烧的平衡化学方程式：	$2C_8H_{18}(l) + 25O_2(g) \longrightarrow 16CO_2(g) + 18H_2O(g)$
利用平衡方程和 C_8H_{18} 的质量，可以计算出 CO_2 的理论产量。所以我们看到每 gal 汽油燃烧产生 8.2kg 的 CO_2。	$(2.65 \times 10^3 \, \text{g } C_8H_{18}) \left(\dfrac{1\text{mol } C_8H_{18}}{114.2\text{g } C_8H_{18}} \right) \left(\dfrac{16\text{mol } CO_2}{2\text{mol } C_8H_{18}} \right) \left(\dfrac{44\text{g } CO_2}{1\text{mol } CO_2} \right)$ $= 8.2 \times 10^3 \, \text{g } CO_2$

▶ 实践练习 1

许多汽车可以使用汽油和乙醇的混合物，C_2H_5OH（密度 =0.789g/mL）做燃料。燃烧 1.0gal 乙醇会产生多少质量的 CO_2？

(a) 2.9kg (b) 5.7kg (c) 6.0kg
(d) 8.6kg (e) 9.2kg

▶ 实践练习 2

户外烧烤罐含有 15 磅的丙烷（C_3H_8）。在这样一个储罐中燃烧丙烷会产生多少质量的 CO_2？

许多 CO_2 被海洋吸收或被植物利用。然而，我们现在产生的 CO_2 比吸收或使用 CO_2 多得多。对南极洲和格陵兰岛冰芯中获取的空气进行分析，可以确定过去 16 万年中的大气 CO_2 含量。这些测量结果表明，从上一个冰河时期（大约 10000 年前）到大约 300 年前的工业革命开始，CO_2 含量一直保持相当稳定。从工业革命时起，CO_2 的浓度增加了约 30%，达到目前的最高值约 400ppm（见图 18.14）。气候科学家认为，300 万 ~ 500 万年前，CO_2 的含量从没有这么高。

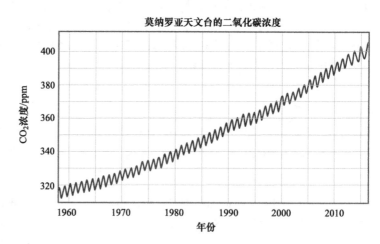

▼ 图例解析   随着时间的推移，这条曲线的斜率稳步增加的原因是什么？

▲ 图 18.14   上升的 CO_2 含量   图中锯齿状的形状是由于每年 CO_2 浓度有规律的季节性变化造成的

气候科学家的共识是，大气中 CO_2 的增加正在扰乱地球的气候，很可能在过去一个世纪观测到的全球平均气温上升 0.3～0.6℃ 中起到作用。科学家们经常用气候变化这个词而不是全球变暖来指代这种效应，因为随着地球温度的升高，风和洋流会以某些地区降温而其他地区升温的方式受到影响。

根据目前和预期的化石燃料使用率，大气 CO_2 含量预计将在 2050 年～2100 年期间以现有水平增加 1 倍。计算机模型预测显示，这一增长将导致全球平均气温上升 1℃～3℃。由于决定气候的因素太多，我们无法确切预测由于气候变暖将发生什么变化。然而很明显，由于人类活动，大气中 CO_2 和其他吸热气体的含量正在上升。这些变化对气候的影响已经被感受到了，如果不加以控制，它们有可能很大程度改变地球的气候。

大气 CO_2 造成的气候变化引发了大量的研究，例如研究如何在最大的燃烧源捕获气体并将其储存在地下或海底。开发利用 CO_2 作为化学原料的新方法也引起人们的兴趣。然而，全球化学工业每年使用的大约 1.15 亿吨 CO_2 只是每年大约 240 亿吨 CO_2 排放量的一小部分。使用 CO_2 作为原料可能永远都不足以显著降低其大气浓度。

想一想

解释为什么在湿度较高的地方夜间温度较高。

深入探究 **其他温室气体**

尽管 CO_2 引起了很多关注，但其他气体也会导致温室效应，包括甲烷（CH_4）、氢氟碳化物（HFCs）和氯氟烃（CFCs）。

HFCs 已经在许多应用领域取代了 CFCs，包括制冷剂和空调气体。尽管 HFCs 不会导致臭氧层的消耗，但它仍然是温室气体。例如，商业上使用的 HFCs 生产过程中产生的一种副产物分子 HCFs，预计也具有全球变暖的潜力，而且是 CO_2 的 14000 倍多（以质量比计）。大气中 HFCs 的总浓度每年增加约 10%。因此，这些物质正日益成为温室效应的重要贡献者。甲烷已经对温室效应做出了重大贡献，对在格陵兰岛和南极冰原中捕获的很久以前的大气气体的研究表明，大气甲烷浓度已经从工业前的 0.3～0.7ppm 增加到现在的 1.8ppm 左右。甲烷的主要来源与农业和化石燃料的使用有关。

甲烷是在低氧环境中发生的生物反应中形成的。在沼泽和垃圾填埋场、水稻根部附近以及奶牛和其他反刍动物的消化系统中流动的厌氧细菌产生甲烷（见图 18.15）。天然气开采和运输过程中甲烷也会泄漏到大气中。据估计，目前约三分之二的甲烷排放量（每年增加约 1%）与人类活动有关。

甲烷在大气中的半衰期约为 10 年，而 CO_2 的寿命更长。这似乎是件好事，但也有一些间接影响需要考虑。甲烷在平流层中被氧化，产生水蒸气，这

▲ 图 18.15 **甲烷产生** 反刍动物，如牛和绵羊，会在消化系统中产生甲烷

是一种强烈的温室气体，在平流层中几乎不存在。在对流层，甲烷会受到活性物种的攻击，如 OH 自由基或氮氧化物，最终会产生其他温室气体，如 O_3。据估计，在每分子水平上，CH_4 的全球变暖潜力约为 CO_2 的 21 倍。考虑到这一巨大贡献，通过减少甲烷排放或捕获排放物作为燃料，可以实现温室效应的大幅降低。

相关练习：18.65，18.67

18.3 | 水圈

　　水覆盖了地球表面的 72%，对生命至关重要。我们的身体质量大约有 65% 是水。由于大量氢键的作用，水具有异常高的熔点和沸点以及高的热容（见 11.2）。水的极性是其溶解各种离子和极性共价物质的特殊能力的原因。许多反应发生在水中，包括水本身是反应物的反应。例如，回想一下，水可以作为质子供体或质子受体参与酸碱反应（见 16.3）。所有这些特性都在我们的环境中发挥作用。

全球水循环

　　地球上所有的水都以全球水循环的形式连接在一起（见图 18.16），这里描述的大多数过程依赖于水的相变化。例如，在太阳的作用下，海洋中的液态水以水蒸气的形式蒸发到大气中，凝结成液态水滴，我们将其视为云。云中的水滴可以结晶成冰，可以形成冰雹或雪。一旦落在地面上，冰雹或雪就会融化成液态水，液态水会渗入地面。如果条件合适，地面上的冰也可能升华为大气中的水蒸气。因为发生在表面上的过程（蒸发、升华）是吸热的，而发生在大气中的过程（冷凝、结晶）是放热的，它们将地球表面吸收的热量传递到大气中。

> ⚠ **想一想**
>
> 　　根据图 11.28 所示水的相图。为了使 $H_2O(s)$ 升华为 $H_2O(g)$，H_2O 必须存在于什么压力和温度范围内？

> ▽ **图例解析**　图中所示的哪些过程涉及 $H_2O(l) \longrightarrow H_2O(g)$ 的相变？

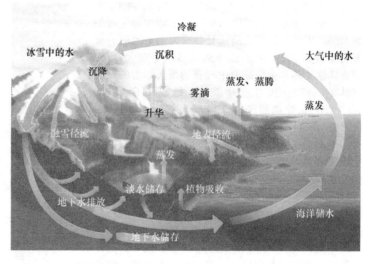

▲ 图 18.16　全球水循环

盐水：地球上的海洋

覆盖地球大部分地区的广阔盐水层实际上是一个巨大的相连体，其组成通常是恒定的。因此，海洋学家所谈论的是一个*海洋世界*，而不是我们在地理书中所了解到的单独的海洋。

海洋世界是巨大的，体积为 $1.35 \times 10^9 km^3$，占地球上所有水的 97.2%。在剩下的 2.8% 中，2.1% 以冰盖和冰川的形式存在。湖泊、河流和地下的所有淡水含量仅为 0.6%。剩下的 0.1% 大部分为微盐水，比如美国犹他州的大盐湖。

海水通常称为盐水。海水**盐度**是指 1kg 海水中的干盐质量（单位：g）。在世界海洋中，平均盐度约为 35。换句话说，海水中溶解盐的质量含量约为 3.5%。海水中存在的元素种类很多。但是，大多数浓度非常低。表 18.5 列出了海水中最丰富的 11 种离子物种。

海水温度随深度变化（见图 18.17），盐度和密度也随深度变化。阳光仅能穿透 200m 深的水域；200m ~ 1000m 深的区域是"微光区"，那里可见光很微弱。在 1000m 以下，海洋是漆黑和寒冷的，温度约 4℃。热量、盐和其他化学物质在整个海洋中的运输受这些海水物理性质变化的影响，而热量和物质运输方式的变化反过来影响洋流和全球气候。

海洋非常辽阔，如果海水中某种物质的浓度是十亿分之一（1×10^{-6} g/kg 水），那么海洋世界中就有 1×10^{12} kg 的这种物质。然而，由于提取成本高，从海水中只能获得三种具有重要商业价值的物质：氯化钠、溴（来自溴化物盐）和镁（来自其盐）。

海洋对 CO_2 的吸收在全球气候中起着重要作用，由于二氧化碳和水形成碳酸，海洋中的 H_2CO_3 浓度随着水吸收大气中的 CO_2 而增加。然而，海洋中的大部分碳以 HCO_3^- 和 CO_3^{2-} 离子的形式存在，形成一个缓冲系统，使海洋的酸碱度保持在 8.0 ~ 8.3 之间。如"化学与生活"海洋酸化栏中所述，海洋的酸碱度预计会随着大气中 CO_2 浓度的增加而降低。

表 18.5 浓度大于 0.001g/kg（1ppm）的海水离子成分

离子组分	盐度	浓度 /M
Cl^-	19.35	0.55
Na^+	10.76	0.47
SO_4^{2-}	2.71	0.028
Mg^{2+}	1.29	0.054
Ca^{2+}	0.412	0.010
K^+	0.40	0.010
CO_2^*	0.106	2.3×10^{-3}
Br^-	0.067	8.3×10^{-4}
H_3BO_3	0.027	4.3×10^{-4}
Sr^{2+}	0.0079	9.1×10^{-5}
F^-	0.0013	7.0×10^{-5}

注：海水中 CO_2 以 HCO_3^- 和 CO_3^{2-} 的形式存在。

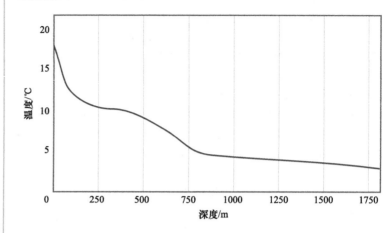

▶ 图例解析

根据这里的温度变化，你预计海水密度会随着深度的增加而增加还是减少？

▲ 图 18.17   中纬度海水的典型平均温度随深度的变化

淡水和地下水

淡水是指溶解盐和固体浓度较低（低于 500ppm）的天然水。淡水包括湖泊、河流、池塘和溪流。美国天然拥有丰富的淡水资源：约 1.7×10^{15}L（660 万亿 gal）的淡水储量，该储量会通过降雨得以更新。据估计，美国每天使用 9×10^{11} L 淡水，其中大部分用于农业（41%）和水力发电（39%），少量用于工业（6%）、家庭需求（6%）和饮用水（1%）。一个成年人每天喝 2L 水。在美国，人均每日用水远远超过了这一最低生活水平，个人消费和卫生用水平均每天约 300L。做饭和喝酒使用约 8L/ 人，清洁（洗澡、洗衣服和打扫房间）约 120L/ 人，冲洗厕所 80L/ 人，浇灌草坪 80L/ 人。

地球上的淡水总量占总水量一小部分。事实上，淡水是我们最宝贵的资源之一。它是通过海洋和陆地的蒸发而形成的。积聚在大气中的水蒸气通过全球大气循环输送，最终以雨、雪和其他形式的降水返回地球（见图 18.16）。

当水从陆地流向海洋时，它会溶解各种阳离子（主要是 Na^+、K^+、Mg^{2+}、Ca^{2+} 和 Fe^{2+}）、阴离子（主要是 Cl^-、SO_4^{2-} 和 HCO_3^-）和气体（主要是 O_2、N_2 和 CO_2）。当我们用水时，它会溶解其他的可溶物质，包括人类社会的废弃物。随着美国环境污染物的种类和产量的增加，必须投入越来越多的资金和资源来保证淡水的供应。

不同国家维持日常生活的淡水供应量和成本差异很大。举例来说，美国每天的淡水使用量接近 600L/ 人，而撒哈拉以南非洲相对不发达国家的淡水使用量仅为 30L 左右。更糟的是，对许多人来说，水不仅稀缺，而且污染严重，是疾病的主要来源之一。

奥加拉拉地下蓄水层，也被称为高平原蓄水层，是一个巨大的地下水体，位于美国大平原之下。作为世界上最大的蓄水层之一，它的面积约为450000km²（1170000mi²），包括8个州：南达科他州、内布拉斯加州、怀俄明州、科罗拉多州、堪萨斯州、俄克拉荷马州、新墨西哥州和德克萨斯州（见图18.18）。地下蓄水层的水饱和深度在1m～300m之间，其蓄水总量大于休伦湖。

任何穿越过大平原的人都熟悉中心支点灌溉器制造的巨大圆圈的景象，几乎覆盖了这片土地。二战后发展起来的中心后灌溉系统允许将水应用到大片地区。因此，大平原成为世界上生产力最高的农业区之一。不幸的是，蓄水层是取之不尽、用之不竭的淡水来源被证明是错误的。从地表水中补给蓄水层的速度缓慢，需要几百年，也许几千年。在过去70年里，蓄水层南半部分地区的水位下降了50m以上，这使得将水带到地面的成本高得令人望而却步。随着蓄水层水位的继续下降，可用于满足城市、住宅和企业需要的水将减少。

相关练习：18.44

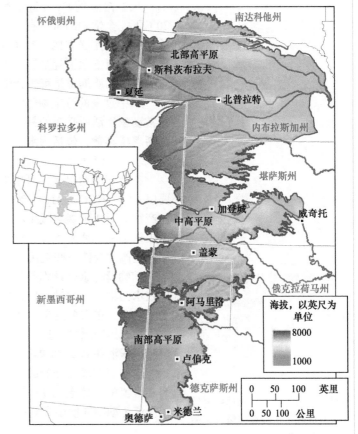

▲ 图18.18 显示奥加拉拉地下蓄水层（高平原）范围的地图
注意，地面的海拔变化很大。蓄水层遵循该区域下方地层的地形

世界上大约20%的淡水以*地下水*的形式存在于土壤之下。地下水存在于*蓄水层*中，蓄水层是一层多孔岩石，可容纳水。蓄水层中的水非常纯净，如果靠近地表，那么人们可以饮用。由于致密的地下岩层不允许水轻易渗透，所以可以将地下水保存多年甚至几千年。当通过钻探和抽水去除这些含水层时，这些蓄水层可以通过地表水的扩散缓慢地进行补给。

含有地下水岩石的性质对水的化学成分有很大的影响。如果岩石中的矿物在某种程度上是水溶性的，那么离子会从岩石中渗出，并溶解在地下水中。砷以 $HAsO_4^{2-}$、$H_2AsO_4^-$ 与 H_3AsO_3 的形式存在于世界各地的许多地下水资源中，最严重的是孟加拉国，其浓度达到对人类有害的程度。

18.4 | 人类活动与水质

地球上的所有生命都取决于是否有合适的水及其可利用性。许多人类活动不经任何处理就将废物排入自然水域，这些做法导致水被污染，对动植物水生生物都有害。不幸的是，世界上许多地方的人们无法接触到经过处理去除有害污染物（包括致病细菌）的水。

溶解氧和水质

水中溶解的 O_2 含量是衡量水质的重要指标。空气在 1atm 和 20℃下完全饱和的水含有约 9ppm 的 O_2。氧气对于鱼类和大多数其他水生生物是必需的。冷水鱼需要含有至少 5ppm 溶解氧的水才能生存。好氧细菌消耗溶解氧来氧化有机物以获取能量,细菌能够氧化的有机物质据说是**可生物降解的**。

水中过量的可生物降解有机物是有害的,因为它们会消耗维持正常动物生活所必需的氧气。这些可生物降解材料的典型来源一般为耗氧废弃物,包括污水、食品加工厂和造纸厂的工业废物以及肉类包装厂的液体废物。

在有氧的情况下,可生物降解材料中的碳、氢、氮、硫和磷主要以 CO_2、HCO_3^-、H_2O、NO_3^-、SO_4^{2-} 和磷酸盐的形式存在。这些氧化产物的形成可能会减少溶解氧的量,使好氧细菌无法再存活,然后厌氧细菌继续分解,形成 CH_4、NH_3、H_2S、PH_3 和其他产物,其中一些产物会使一些受污染水域产生难闻气味。

植物营养素,特别是氮和磷,通过刺激水生植物的过度生长而导致水污染。植物过度生长最明显的结果是产生浮游藻类和浑浊的水。然而,更重要的是,随着植物的过度生长,死亡和腐烂的植物物质数量迅速增加,这一过程称为*富营养化*(见图 18.19)。植物腐烂的过程消耗 O_2,如果没有足够的氧,水就不能维持动物的生命。

水中氮和磷化合物的最重要来源是生活污水(含磷酸盐的洗涤剂和含氮的身体废物)、农田径流(化肥同时含有氮和磷)和牲畜区径流(动物粪便中含有氮)。

▲ 图 18.19 **富营养化** 死的和腐烂的植物物质在水体中的快速积累消耗了水的氧气供应,使水不适合水生动物

> **想一想**
>
> 淡水富营养化主要由哪两个因素引起?

水的净化:海水淡化

由于海水含盐量高,不适合人类饮用,也不适合我们用水的大部分用途。在美国,城市供水的含盐量受到卫生法规的限制,以质量计不超过 0.05%。这远远低于海水中 3.5% 的溶解盐和一些地区地下的微咸水中 0.5% 左右的溶解盐含量。从海水或微咸水中除去盐分以使水可用,称为**海水淡化**。

水可以通过蒸馏从溶解的盐中分离出来,因为水是挥发性物质,盐是不挥发的(见 1.3 节,"混合物分离")。蒸馏原理非常简单,但大规模进行该过程也会出现许多问题。例如,当水从海水中蒸馏出来时,盐就变得越来越浓缩,最终沉淀出来。蒸馏也是一个高能耗工艺过程。

海水也可以用**反渗透**法脱盐。回忆一下,渗透作用是溶剂分子(而不是溶质分子)通过半透膜的净运动(见 13.5)。在渗透过程中,溶剂从较稀的溶液进入较浓的溶液。但是,如果施加足够的外部压力,渗透可以停止,在更高的压力下,可以发生反渗透。当发生反渗透时,溶剂从浓度较高的溶液进入浓度较低的溶液。在现代反渗透设备中，中空纤维用作半透膜（见图18.20）。将盐水（含大量盐的水）在压力下注入纤维中，可回收淡水。

世界上最大的海水淡化厂，位于沙特阿拉伯朱拜尔，通过反渗透法将波斯湾的海水淡化，提供该国50%的饮用水。2018年沙特阿拉伯计划建造一个更大的工厂，将生产6亿升/天（1.6亿加仑）的饮用水。这类计划在美国越来越普遍。最大的一家海水淡化厂于2015年底在加利福尼亚州卡尔斯巴德附近开业，每天可生产5000万加仑的饮用水。为了满负荷运行，它使用了大约38兆瓦的电力，这足以为38500户家庭供电。生产一加仑淡水需要两加仑海水。

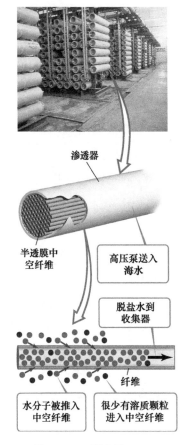

渗透器

半透膜中空纤维

高压泵送入海水

脱盐水到收集器

纤维

水分子被推入中空纤维

很少有溶质颗粒进入中空纤维

▲ 图18.20　反渗透

水净化：市政处理措施

生活、农业和工业用水需要从湖泊、河流和地下水源或水库中获取。大部分进入城市供水系统的水都是"使用过"的水，这意味着它已经通过了一个或多个污水处理系统或工业工厂。因此，这些水在分配到我们的水龙头之前必须经过处理。

城市水处理通常包括五个步骤（见图18.21）。

1. 通过筛网进行粗滤后，水留在大型沉淀池中，在那里沙子和其他微小颗粒沉淀出来。为了有助于去除非常小的颗粒，水可以先用少许的氧化钙调成碱性。

2. 然后加入 $Al_2(SO_4)_3$ 与 OH^- 反应，形成 $Al(OH)_3$（$K_{sp} = 1.3 \times 10^{-33}$）海绵状凝胶沉淀。这种沉淀物沉降缓慢，携带着悬浮颗粒，从而除去几乎所有细微的物质和大多数细菌。

3. 然后水通过砂床过滤。

4. 过滤后，水被喷入空气（曝气），以加速溶解的铁和锰无机离子的氧化，降低可能存在的 H_2S 或 NH_3 的浓度，并降低细菌浓度。

图例解析

曝气这一步骤在水处理中的主要作用是什么？

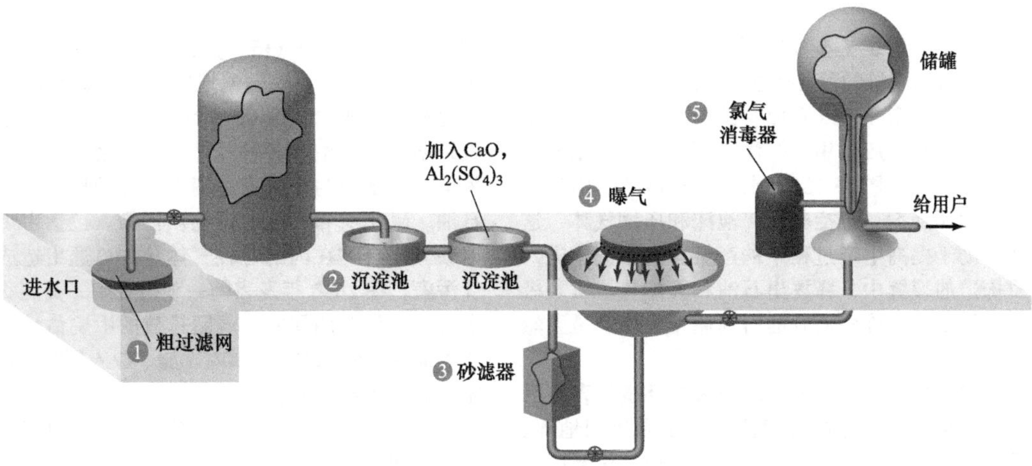

储罐

❺ 氯气消毒器

加入CaO，$Al_2(SO_4)_3$

❹ 曝气

给用户

进水口

❶ 粗过滤网

❷ 沉淀池　沉淀池

❸ 砂滤器

▲ 图18.21　公共水系统处理水的一般步骤

碳去除碘味
和寄生虫

含碘的珠子能杀
死细菌、病毒和
寄生虫

15μm织物过滤
器清除碎屑

100μm织物过滤
器去除碎屑

▲ 图 18.22　饮水时"生命吸管"净水器净化过程

5. 最后一步通常是用化学试剂处理水，以确保细菌被破坏。臭氧更有效，但氯更便宜，液化氯通过计量装置直接从罐中分配到供水系统中。使用量取决于氯可能与之反应的其他物质以及要去除的细菌和病毒的浓度。

氯的杀菌作用不是由于氯本身，而是由于氯与水反应时形成的次氯酸。

$$Cl_2(aq) + H_2O(l) \longrightarrow HClO(aq) + H^+(aq) + Cl^-(aq)\ (18.15)$$

据估计，全世界约有 8 亿人无法获得清洁的水。根据联合国的数据，世界 95% 的城市仍将未经处理的污水排入供水系统。因此，毫无疑问，发展中国家 80% 的健康疾病都与不卫生水有关的水传播疾病有关。

一个有前景的开发是一种叫作生命吸管的装置（见图 18.22），当一个人通过吸管吸水时，水首先遇到一个网眼开口为 100μm 的织物过滤器，然后是第二个网眼开口为 15μm 的织物过滤器。这些过滤器可以清除杂物，甚至是细菌簇。接下来，水会通过一个充满碘珠的腔室，细菌、病毒和寄生虫会被杀死。最后，水通过颗粒状活性炭，除去碘的气味以及那些没有被过滤器过滤或被碘杀死的寄生虫。目前，"生命吸管"过于昂贵，无法在不发达国家广泛使用，但人们也有希望大大降低它的成本。

水消毒是人类最伟大的公共卫生革新之一。它大大降低了水传播细菌疾病的发生率，如霍乱和斑疹伤寒。然而，这种巨大的好处是有代价的。1974 年，欧洲和美国的科学家发现，水的氯化产生了一些以前未被发现的副产物。这些副产物被称为三卤甲烷（THMs），因为它们都有一个碳原子和三个卤素原子：$CHCl_3$、$CHCl_2Br$、$CHClBr_2$ 和 $CHBr_3$。这些物质以及许多其他含有氯和溴的有机物质，是由溶解的氯与几乎所有天然水中存在的有机物质以及人类活动的副产物反应而产生的。回想一下，氯溶解在水中形成氧化剂 HClO，如式（18.15）所示。

深入探究　压裂和水质

近年来，**压裂**（水力压裂的简称）已被广泛应用于提高石油储量的可利用性，在水力压裂过程中，大量的水，通常是 200 万加仑甚至更多，与各种添加剂混合后在高压作用下被注入到水平延伸至岩层中的钻孔内（见图 18.23）。水中含有沙子、陶瓷材料和其他添加剂，包括凝胶、泡沫和压缩气体，这些都有助于提高生产过程中的产量。高压流体进入地质构造的裂缝中，释放出石油和天然气。压裂极大地增加了世界许多地方的石油储量，特别是天然气储量。

不幸的是，水力压裂造成的潜在环境损害是巨大的。产生油井所需的大量压裂液必须返回地面。如果不净化，压裂液就不适合其他用途，这会成为一个大规模的环境问题。废水通常可以放在露天的污水坑里。2005 年《能源政策法》和其他联邦立法

豁免水力压裂作业遵守《安全饮用水法》和其他法规的某些规定。一些国家地区已经面临水资源短缺，因此有限的水供应又有一个巨大的需求。由于岩层破裂增加了石油和各种气体流动的通道，一些地方为市政供水或为个别家庭提供水井的地下水体已被石油、硫化氢和其他有毒物质污染。包括甲烷和其他碳氢化合物在内的各种气体从井口逸出造成了空气污染。在 2013 年发表的一项研究中，美国犹他州水力压裂作业期间向大气圈排放的甲烷估计在甲烷产生量的 6% ~ 12% 范围内。如"深入探究"栏中所述，甲烷是温室气体。

围绕水力压裂实践的许多环境问题引起了广泛的关注和负面的宣传。水力压裂又是提倡低成本能源利用的人与更注重长期维持环境质量的人之间冲突的一个例子。

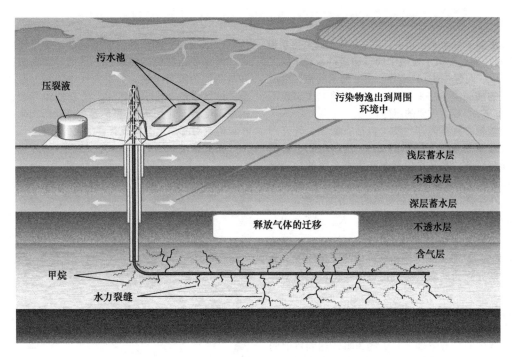

▲ 图 18.23　采用水力压裂的井场示意图　黄色箭头表示污染物进入环境的途径

　　HClO 依次与有机物质反应形成 THMs。溴通过 HClO 与溶解溴离子的反应进入：

$$HClO(aq) + Br^-(aq) \longrightarrow HBrO(aq) + Cl^-(aq) \quad （18.16）$$

然后，HBrO(aq) 和 HClO(aq) 都能卤化有机物形成 THMs。

　　一些 THMs 和其他卤化有机物质被怀疑是致癌物，另一些则会干扰人体的内分泌系统。因此，世界卫生组织和美国环境保护署对饮用水中的 THMs 总量设定了 $80\mu g/L$（80ppb）的浓度限制。目的是降低饮用水供应中的 THMs 和其他消毒副产物的含量，同时保留水处理的抗菌效果。在某些情况下，在达到完全消毒的情况下，适当降低氯的浓度，同时减少形成 THMs 的浓度。替代氧化剂，如臭氧或二氧化氯，产生较少的卤化物质，但有其自身的缺点，例如，每种氧化剂都有氧化溶解溴化物的能力，如下所示：

$$O_3(aq) + Br^-(aq) + H_2O(l) \longrightarrow HBrO(aq) + O_2(aq) + OH^-(aq) \quad （18.17）$$

$$HBrO(aq) + 2O_3(aq) \longrightarrow BrO_3^-(aq) + 2O_2(aq) + H^+(aq) \quad （18.18）$$

溴酸根离子（BrO_3^-）。在动物实验中被证明会致癌。

　　目前，如果我们考虑效果和污染，风险似乎没有完全令人满意的氯气氧化的替代品。在这种情况下，与霍乱、斑疹伤寒和胃肠道疾病的风险相比，城市水中的 THMs 和相关物质的癌症风险非常低。当供水开始变得清洁时，需要的消毒剂变少，THMs 的风险降低。由于 THMs 与水相比挥发性更强，因此一旦形成 THMs，其在供水中的浓度会通过曝气降低，或者它们可以通过吸附在活性炭或其他吸附剂上去除。

海水是一种弱碱性溶液，其 pH 值通常在 8.0 和 8.3 之间。通过类似于血液中的碳酸缓冲系统 [见式（17.10）]，可维持该 pH 范围。由于海水的酸碱度高于血液的酸碱度（7.35 ～ 7.45），碳酸的二次解离不能忽略，CO_3^{2-} 成为重要的组分。

碳酸根在许多海洋生物（包括石珊瑚）外壳形成中起着重要作用（见图 18.24）。这些生物，被称为海洋*钙化剂*，在几乎所有海洋生态系统的食物链中起着重要作用，依赖于溶解的 Ca^{2+} 和 CO_3^{2-} 来形成外壳和外骨骼。$CaCO_3$ 的相对低的溶解度常数，

$$CaCO_3(s) \rightleftharpoons Ca^{2+}(aq) + CO_3^{2-}(aq) \quad K_{sp} = 4.5 \times 10^{-9}$$

以及海洋中含有饱和 Ca^{2+} 和 CO_3^{2-} 的事实意味着 $CaCO_3$ 一旦形成通常是相当稳定的。事实上，数百万年前死亡的动物的碳酸钙骨骼在化石记录中并不罕见。

海洋中溶解的 CO_2 浓度对大气中的 CO_2 含量变化很敏感。如第 18.2 节所述，在过去的三个世纪里，大气中的 CO_2 浓度上升了约 30%，达到目前的 400ppm 水平。人类活动在这一增长中发挥了主导作用。科学家估计，地球海洋吸收了人类活动产生的 CO_2 的三分之一到二分之一，而这种吸收有助于缓解 CO_2 的温室气体效应。海洋中多余的 CO_2 产生碳酸，从而降低了酸碱度，因为 CO_3^{2-} 是弱酸 HCO_3^-（碳酸根）的共轭碱。因而碳酸根离子容易与氢离子结合：

$$CO_3^{2-}(aq) + H^+(aq) \rightleftharpoons HCO_3^-(aq)$$

碳酸根离子的消耗使碳酸钙的溶解平衡向右移动，增加了碳酸钙的溶解性，从而导致碳酸钙外壳和外骨骼的部分溶解。如果大气中的 CO_2 继续以目前的速度增加，科学家估计，在未来 50 年内，海水的酸碱度将下降到 7.9。虽然这一变化听起来可能很小，但它对海洋生态系统有着巨大的影响。

相关练习：18.7，18.10，18.71

▲ 图 18.24 海洋钙化剂 许多海洋生物利用 $CaCO_3$ 作为外壳和外骨骼。例如石珊瑚、一些甲壳类、浮游植物和棘皮动物，如海胆和海星

18.5 | 绿色化学

我们生活的星球在很大程度上是一个与周围环境交换能量但不交换物质的封闭系统。如果人类要在未来发展壮大，那么我们进行的所有进程都应该与地球的自然进程和物质资源保持平衡。这一目标要求不向环境排放任何有毒物质，我们的需求与可再生资源匹配，消耗尽可能少的能源。虽然化学工业只是人类活动的一小部分，但化学过程几乎涉及现代生活的方方面面。因此，化学是实现这些目标的核心。

绿色化学是促进化学产品、工艺的设计、应用符合人类健康和保护环境的一项倡议。绿色化学基于 12 个原则：

1. 预防 与其在废物产生后加以清理，不如防止废物的产生。

2. 原子经济性 制造化合物的方法应设计为最大限度地将所有起始原子纳入最终产物中。

3. 减少有害化学合成 在可行的情况下，合成方法应被设计为使用和产生对人类健康和环境几乎没有或根本没有毒性的物质。

4. 安全化学品设计 化学产品应被设计为尽量减少毒性，同时保证其预期功能。

5. 安全溶剂和助剂 应尽可能少地使用辅助物质（例如溶剂、分离剂等），应尽可能无毒。

6. 节能设计 化工过程的能量需求应考虑其对环境和经济的影响，并尽量减少能耗。如果可能，化学反应应在室温常压下进行。

7. 使用可再生原料 在技术上和经济上可行的情况下，原料应是可再生的。

8. 减少衍生物 应尽可能减少或避免衍生化（中间化合物的形成、物理／化学过程的短暂性修饰），因为这些步骤需要额外的试剂，并且可能产生废物。

9. 催化 与非催化工艺相比，催化剂（选择性高）在给定时间内以较低的能量消耗提高产物产量。因此优于非催化过程。

10. 可降解设计 化学过程的最终产物在其使用寿命结束前应分解为不在环境中持续存在的无害降解产物。

11. 污染防治实时分析 需要开发分析方法，以便在有害物质形成之前进行实时分析、过程监测和控制。

12. 事故预防安全化学 化学过程中使用的试剂和溶剂应尽量选择减少化学事故的可能性，包括泄露、爆炸和火灾。[⊖]

▲ **想一想**

解释使用催化剂的化学反应如何比没有使用催化剂的相同反应更"绿色"。

通过苯乙烯的生产来说明绿色化学是如何工作的。苯乙烯是许多聚合物的重要组成部分，其中包括用来包装鸡蛋和餐厅外卖食品的发泡聚苯乙烯包装。全球苯乙烯的需求量每年超过 250 亿千克。多年来，苯乙烯的生产是分两步进行的：苯和乙烯反应生成乙苯，然后乙苯与高温蒸汽混合，经过氧化铁催化剂生成苯乙烯：

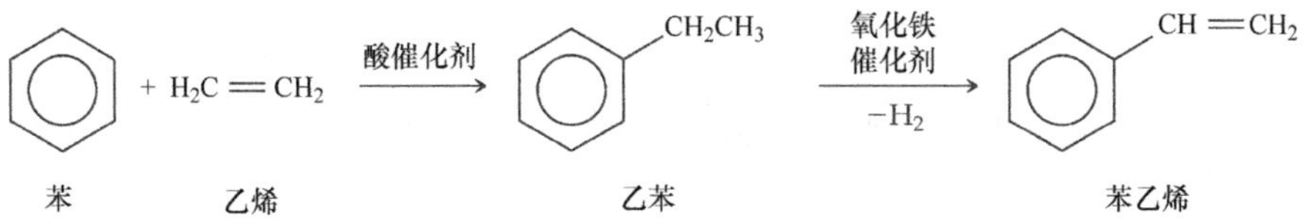

苯　　　乙烯 $\xrightarrow{\text{酸催化剂}}$ 乙苯 $\xrightarrow[-H_2]{\text{氧化铁催化剂}}$ 苯乙烯

这一工艺有几个缺点，首先，苯和乙烯分别是由原油和天然气形成的，都是一种低价商品的高价原料。另外，苯是已知的致癌物。但最近开发的工艺中绕过这些缺点，两步工艺被一个一步工艺所取代，在这个工艺中，甲苯在 425℃时在特定的催化剂作用下与甲醇反应。

⊖ 改编自 P.T. 阿纳斯塔斯和 J.C. 华纳《绿色化学：理论与实践》. 纽约，牛津大学出版社，1998 年，第 30 页。参见迈克·兰弗斯特，《绿色化学：一个介绍性文本》，英国剑桥：RSC 出版，2010 年，第 2 版，第一章。

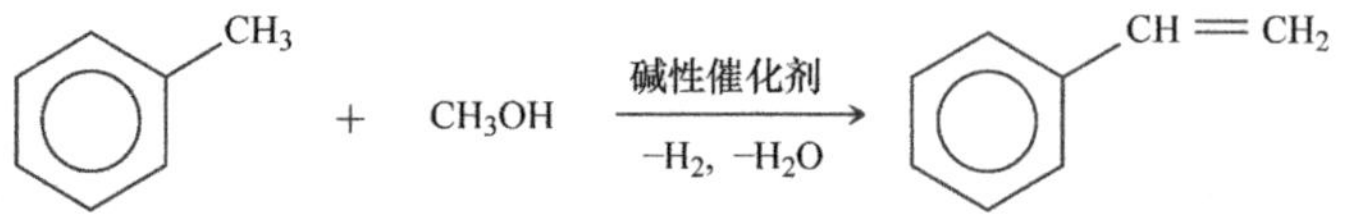

因为甲苯和甲醇比苯和乙烯便宜，而且反应所需的能量更少，使得一步法节省了成本。另外的好处是，甲醇可以通过生物质生产，而苯被毒性较小的甲苯所取代。反应中形成的氢可以作为一种能源循环利用。这个例子说明在开发新工艺的过程中合适催化剂的开发是关键。

让我们考虑一些其他的绿色化学可以提高环境质量例子。

超临界溶剂

化学过程中值得关注的一个重要领域是使用挥发性有机化合物作为溶剂。通常，在反应过程中不消耗溶剂。然而，即使在大多数严格控制的过程中，溶剂也不可避免地被释放到大气中。此外，溶剂可能是有毒的或在反应过程中有一定程度的分解，从而产生废物。

超临界流体的使用代表了一种替代传统溶剂的方法。回想一下，超临界流体是一种非常规物质状态，兼具气体和液体的特性（见 11.4 节）。水和二氧化碳是两种最常见的超临界流体溶剂。例如，最近开发的一种工业工艺，在生产聚四氟乙烯 $[(CF_2CF_2)_n$，以特氟龙（Teflon）的形式销售] 过程中，用液体或超临界二氧化碳代替氯氟烃溶剂，尽管 CO_2 是一种温室气体，但作为超临界流体，不会产生新的 CO_2。

又如，对二甲苯被氧化形成对苯二甲酸，用于制造聚对苯二甲酸乙二醇酯（PET）塑料和聚酯纤维（见 12.8 节，表 12.5）

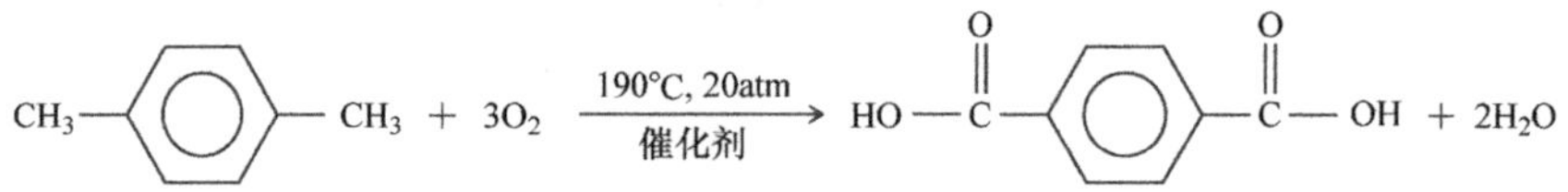

这个商业过程需要加压和相对较高的温度。O_2 是氧化剂，乙酸（CH_3COOH）是溶剂。替代方法以超临界水为溶剂，过氧化氢为氧化剂，该过程具有许多潜在的优点，最主要的是不需要以乙酸为溶剂。

绿色试剂和工艺

让我们再看两个绿色化学的例子。

对苯二酚 $HO—C_6H_4—OH$，是制造聚合物常用的中间体，一直使用的对苯二酚的标准工业路线，产生许多副产物，这些副产物被当作废物处理。

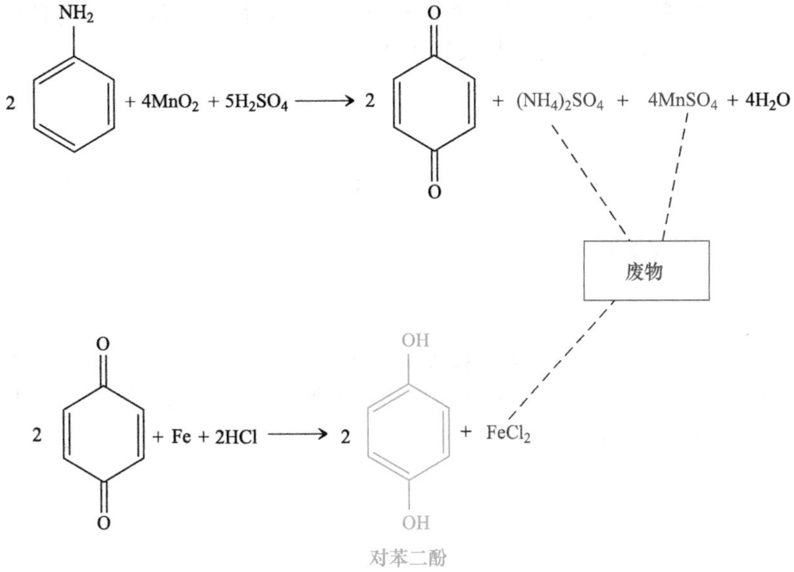

$$2\ \text{(苯胺)} + 4MnO_2 + 5H_2SO_4 \longrightarrow 2\ \text{(对苯醌)} + (NH_4)_2SO_4 + 4MnSO_4 + 4H_2O$$

废物

$$2\ \text{(对苯醌)} + Fe + 2HCl \longrightarrow 2\ \text{(对苯二酚)} + FeCl_2$$

对苯二酚

利用绿色化学原则，研究人员改进了这一工艺，生产对苯二酚的新工艺使用了一种新的初始原料。新反应的两种产物（如绿色所示）可以被分离出来并用于制备新原料。

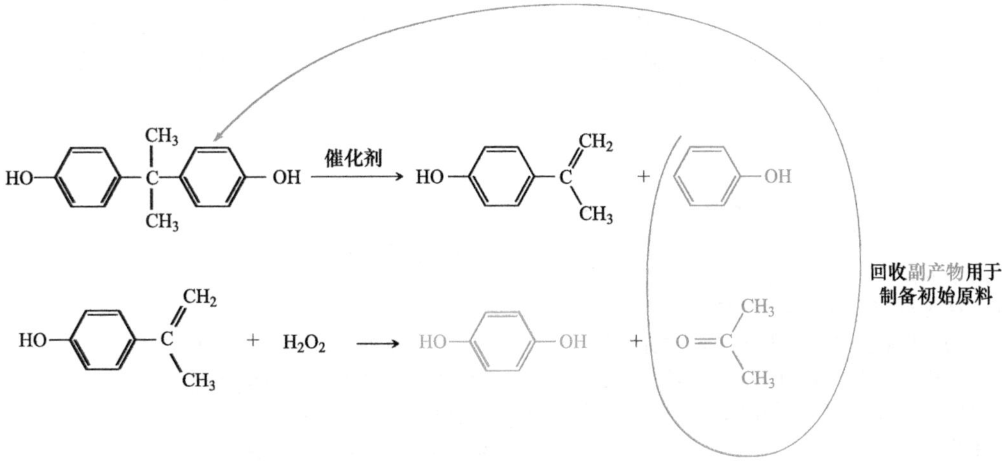

$$\text{(双酚A)} \xrightarrow{\text{催化剂}} \text{(异丙烯基苯酚)} + \text{苯酚}$$

$$\text{(异丙烯基苯酚)} + H_2O_2 \longrightarrow \text{对苯二酚} + \text{丙酮}$$

回收副产物用于制备初始原料

新工艺是体现"原子经济"的一个例子，这一短语意味着初始原料中的高比例原子进入到产品中。

想一想

假设绿色部分所示的副产物（苯酚和丙酮）用于循环，那么在制造对苯二酚的新工艺中使用的哪些原子（如果有的话）最终不会出现在最终产品中？

体现原子经济的另一个例子是，在室温下，在 Cu(I) 催化剂的存在下，叠氮化物和炔烃反应生成产物分子：

这种反应通常称为链接反应。不仅理论产量为 100%，实际产量也接近 100%，而且没有副产物。根据开始使用的叠氮化物和炔烃的类型，这种非常有效的链接反应可以用来制造任何数目有价值的产物分子。

> **想一想**
>
> 两个炔烃 C 原子在链接反应前后的杂化方式是什么？

综合实例解析

概念综合

（a）在岩石为石灰石（碳酸钙）的地区，酸雨对湖泊没有威胁，碳酸钙可以中和酸性物质。但是，在岩石为花岗岩的地区，不会发生中和作用。石灰石如何中和酸？（b）酸性水可以用碱性物质处理以提高 pH 值，尽管这种方法通常只是暂时的缓解。计算将小湖泊（$V = 4 \times 10^9$L）pH 值从 5.0 调整到 6.5 所需的石灰 CaO 的最小质量。为什么需要更多的石灰？

解析

分析 我们需要记住什么是中和反应，并计算出影响到 pH 变化的物质的数量。

思路 对于问题（a），我们需要考虑酸如何与碳酸钙反应，这种反应显然不会发生在酸和花岗岩之间。对于（b），我们需要考虑酸和 CaO 之间可能发生的反应，并进行化学计量计算。根据所建议的 pH 变化，我们可以计算出所需质子浓度的变化，然后计算出需要多少 CaO。

解答

（a）碳酸根是弱酸的阴离子，是碱性的（见 16.2 节和 16.7 节），因此与 H^+(aq) 反应。当 H^+(aq) 浓度较低时，主要产物为碳酸氢根（HCO_3^-）。当 H^+(aq) 浓度较高时，H_2CO_3 形成并分解为 CO_2 和 H_2O。（见 4.3 节）

（b）湖中 H^+(aq) 的初始和最终浓度由其 pH 值得出：

$$[H^+]_{初始} = 10^{-5.0} = 1 \times 10^{-5} M$$

$$[H^+]_{最终} = 10^{-6.5} = 3 \times 10^{-7} M$$

利用湖泊体积，我们可以计算两个 pH 值下 H^+(aq) 的物质的量：

$$(1 \times 10^{-5} \, mol/L)(4.0 \times 10^9 \, L) = 4 \times 10^4 \, mol$$

$$(3 \times 10^{-7} \, mol/L)(4.0 \times 10^9 \, L) = 1 \times 10^3 \, mol$$

因此，H^+(aq) 的变化量为

$$4 \times 10^4 \, mol - 1 \times 10^3 \, mol \approx 4 \times 10^4 \, mol$$

假设湖中所有的酸都是完全电离的，所以只需要中和贡献于 pH 的游离 H^+(aq)。我们需要中和这些酸，尽管湖里的酸可能比这个量还要多。

氧化钙的氧化物离子是碱性的（见 16.5 节）。在中和反应中，1mol CaO 与 2mol H^+ 反应形成 H_2O 和 Ca^{2+}。因此，4×10^4mol 的 H^+ 需要

$$(4 \times 10^4 \, mol \, H^+)\left(\frac{1 mol \, CaO}{2 mol \, H^+}\right)\left(\frac{56.1 g \, CaO}{1 mol \, CaO}\right) = 1 \times 10^6 \, g \, CaO$$

需要略高于 1 吨 CaO。这不会很昂贵，因为 CaO 价格低廉，当大量购买时，每吨售价低于 100 美元。但是，由于水中可能存在弱酸，因此这是需要的 CaO 的最低量。

这一过程使一些小湖泊的 pH 适于鱼类生存。在这个例子中，这个湖大约半英里长，半英里宽，平均深度为 20 英尺。

本章小结和关键术语

地球的大气圈（见 18.1 节）

在本节中，我们介绍了地球大气层的物理和化学性质。大气中复杂的温度变化产生了四个区域，每个区域都具有特征性。其中最低的区域，对流层，从地球表面一直延伸到大约 12km 的高度。对流层以上，随着海拔的增加，是**平流层**、中间层和热层。在大气层的上层，只有最简单的化学物质才能在高能粒子和太阳辐射的轰击中幸存下来。由于最轻的原子和分子向上扩散，也由于**光解离**，高海拔大气的平均分子量低于地球表面的平均分子量。光解离是由于光的吸收，分子中键的断裂。辐射的吸收也可能导致离子通过**光电离**形成。

人类活动与地球大气圈（见 18.2 节）

臭氧是由原子氧与 O_2 在上层大气中反应产生的。臭氧本身通过吸收光子或与活性物质（如 Cl）反应而分解。**氯氟烃**在平流层中可发生光解离，从而产生能够催化破坏臭氧的氯原子。上层大气中臭氧水平的显著降低会产生严重的不利后果，因为臭氧层过滤掉某些波长的有害紫外线，而这些紫外线不会被任何其他大气成分所去除。在对流层中，微量大气成分的化学作用非常重要。其中许多少量成分是污染物。二氧化硫是一个毒性最大最普遍的例子。在空气中氧化形成三氧化硫，溶于水形成硫酸。硫氧化物是**酸雨**的主要成因。防止 SO_2 从工业操作中逸出的一种方法是将其与 CaO 反应生成亚硫酸钙（$CaSO_3$）。

光化学烟雾是由氮氧化物和臭氧共同作用的复杂混合物。烟雾成分主要在汽车发动机中产生，烟雾控制是控制汽车排放的重要组成部分。

二氧化碳和水蒸气是大气中的主要成分，它们强烈吸收红外线辐射。因此，CO_2 和 H_2O 对于维持地表温度至关重要。大气中 CO_2 和其他所谓的**温室气体**对于决定全球气候至关重要。由于燃烧大量各种各样的燃料（煤、石油和天然气），大气中二氧化碳的浓度在逐步上升，这似乎是地球平均温度上升的原因之一。

水圈（见 18.3 节）

地球上的水主要存在于海洋中：只有一小部分是淡水，海水中溶解的盐的质量约为 3.5%，用**盐度**表示（每千克海水中的干盐克数）为 35。海水密度和盐度随深度而变化。因为世界上大部分的水都在海洋中，人类最终可能需要从海水中得到淡水。全球水循环涉及水的持续相变化。

人类活动与水质（见 18.4 节）

淡水中含有许多溶解物质，包括鱼类和其他水生生物所必需的溶解氧。可以被细菌分解的物质称为**可生物降解物质**。由于好氧细菌氧化可生物降解物质消耗溶解的氧，这些物质称为耗氧废物，水中过量的耗氧废物可大量消耗溶解氧，杀死鱼类并产生有害气味。植物营养素通过刺激植物的生长导致这个问题，这些植物在死亡时会变成需要氧气的废物。**脱盐**是将溶解的盐从海水或咸水中除去，使之适合人类使用。脱盐可以通过蒸馏或**反渗透**来完成。

淡水资源中的水可能需要经过处理才能使用。城市污水处理中常用的几个步骤包括粗滤、沉淀、砂滤、曝气和消毒。

绿色化学（见 18.5 节）

绿色化学倡议促进与人类健康相容和环境友好的化学产品、工艺的设计和应用。绿色化学原则可用于改善环境质量，其领域包括化学反应溶剂和试剂的选择、开发替代工艺以及现有系统和实验的改进。

学习成果　学习本章后，应该掌握：

- 用温度随高度的变化来描述地球大气层的区域（见 18.1 节）
  相关练习：18.11、18.12
- 用海平面干燥空气中的主要成分描述大气组成（见 18.1 节）
  相关练习：18.14、18.16
- 计算气体浓度，单位为百万分之几（ppm）（见 18.1 节）
  相关练习：18.13、18.15
- 描述光解离和光电离的过程及其在高层大气中的作用（见 18.1 节）
  相关练习：18.19、18.20
- 计算引起光解离或光电离所需的最小频率或最大波长（见 18.1 节）
  相关练习：18.17、18.18、18.21

- 解释上层大气中的臭氧是如何过滤短波太阳辐射的，以及氯氟烃（CFCs）是如何导致臭氧层损耗的（见 18.1 节和 18.2 节）
  相关练习：18.22、18.25、18.27、18.28
- 描述硫氧化物和氮氧化物作为空气污染物的来源和行为，包括酸雨和光化学烟雾的产生（见 18.2 节）
  相关练习：18.29、18.30、18.33、18.34
- 描述水和二氧化碳是如何导致地球表面附近大气温度升高的（见 18.2 节）
  相关练习：18.35、18.36
- 描述全球水循环（见 18.3 节）
  相关练习：18.39、18.40
- 解释什么是水的盐度，并描述反渗透作为一种脱盐手段的过程（见 18.4 节）

本章练习

图例解析

18.1 在 273K 和 1atm 下，1mol 理想气体占 22.4L（见 10.4 节）。（a）如图 18.1 所示，预测平流层中部的 1mol 大气所占体积大于或小于 22.4L；（b）如图 18.1 可见 85km 高处的温度低于 50km 高处的温度。这是否意味着 1mol 理想气体在 85km 处的体积比 50km 处的体积小？请解释。（c）你认为在大气的哪个部分气体最接近理想气体（忽略任何光化学反应）？（见 18.1 节）

18.2 上层大气中的分子往往含有双键和三键，而不是单键，请解释。（见 18.1 节）

18.3 下图显示了地球大气圈的三个最低区域。（a）分别命名，并指出边界出现的大致高度；（b）在哪个区臭氧被认为是污染物？它在哪个区域过滤紫外线太阳辐射？（c）地球表面的红外辐射在哪个区域反射最强烈？（d）极光是由于地球表面以上 55～95km 大气中原子和分子的激发，图中的哪个区域与北极光有关？（e）比较这三个区域中水蒸气和二氧化碳相对浓度随海拔上升的变化。（见 18.1 节）

C

B

A

18.4 你正在和一位艺术家合作，他被授权为美国东部的一个大城市制作雕塑。这位艺术家想知道用什么材料制作雕塑，因为他听说在美国东南部随着时间的推移酸雨可能会损坏雕塑。你采集了花岗岩、大理石、青铜和其他材料的样品，并将它们长期放在城市的户外。定期检查外观并测量样品的质量。（a）什么样的观察结果会让你得出这样的结论：哪种或哪些材料非常适合做雕塑？（b）什么化学反应最有可能对这些材料的变化起作用？（见 18.2 节）

18.5 如图所示，每年从海洋中蒸发 425000km³ 水的能量来自何处？（见 18.3 节）

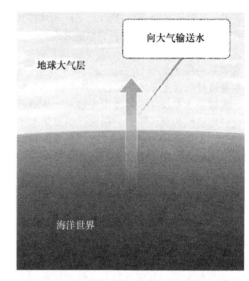

向大气输送水

地球大气层

海洋世界

18.6 地球海洋的盐度为 35。当以 ppm 表示时，海水中溶解盐的浓度是多少？在海水被视为淡水（溶解盐 < 500ppm）之前，必须从海水中去除多少盐（以 % 计）？（见 18.3 节）

18.7 如图所示，描述当大气 CO_2 与世界海洋相互作用时会发生什么变化。（见 18.3 节）

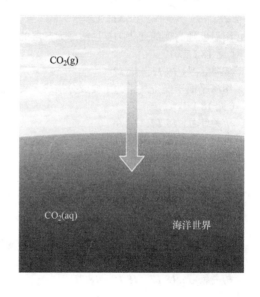

$CO_2(g)$

$CO_2(aq)$　海洋世界

18.8　加利福尼亚州卡尔斯巴德的反渗透处理厂的第一阶段处理是将水通过岩石砂和砾石，如图所示。这个步骤能去除颗粒物质吗？这个步骤能去除溶解盐吗？（见 18.4 节）

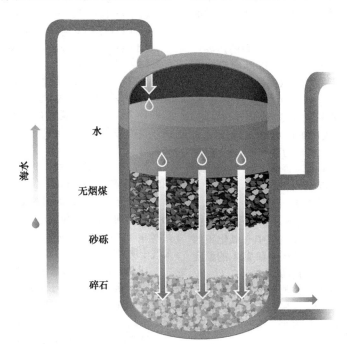

18.9　根据图 18.23 的研究，描述压裂井场作业可能导致环境污染的各种方式。

18.10　环境科学的一个谜团是"二氧化碳预算"不平衡。仅考虑人类活动，科学家们估计每一次砍伐森林都会使大气中 CO_2 排放量增加 16 亿公吨（植物利用 CO_2，较少的植物会在大气中留下更多的 CO_2）。每年还有 550 万吨 CO_2 由于化石燃料燃烧而进入大气层。据进一步估计（同样，仅考虑人类活动），大气每年实际消耗约 33 亿吨 CO_2，而海洋每年消耗约 20 亿吨 CO_2，每年剩余约 18 亿吨 CO_2。描述 CO_2 从大气中脱除并最终到达地表以下的机理（提示：化石燃料的来源是什么？）。（见 18.1 节 ~ 18.3 节）

地球的大气圈（见 18.1 节）

18.11 （a）将大气圈分为不同区域的主要依据是什么？（b）命名大气圈各区域，指出每个区域的高度间隔。

18.12 （a）如何确定大气各区域之间的边界？（b）平流层厚度大约 35km，而对流层厚度只有约 12km，解释为什么平流层总质量比对流层小？

18.13 墨西哥城区的空气污染是世界上最严重的。墨西哥城的臭氧浓度测量值为 441ppb（0.441ppm），墨西哥城海拔 7400ft，这意味着大气压力仅为 0.67atm。（a）如果大气压力为 0.67atm，计算 441ppb 时的臭氧分压。（b）墨西哥城 1.0L 空气中有多少臭氧分子？假设 $T = 25$℃。

18.14 根据表 18.1 中的数据，计算总大气压力为 1.05bar 时二氧化碳和氩气的分压。

18.15 2006 年俄亥俄州城市空气中一氧化碳的平均浓度是 3.5ppm。在 759torr 的压力和 22℃的温度下，计算 1.0L 空气中 CO 分子的数量。

18.16 （a）根据表 18.1 中的数据，大气中氪的浓度是多少 ppm？（b）假设大气压力为 730torr，温度为 296K，大气中氪的浓度是多少，单位为分子每升？

18.17 碳—溴键的解离能通常约为 276kJ/mol（a）能引起碳—溴键解离的光子的最大波长是多少？（b）在（a）中计算的波长对应于哪种电磁辐射——紫外线、可见光还是红外线？

18.18 在 CF_3Cl 中的 C—Cl 键解离能为 339kJ/mol，而 CCl_4 中 C—Cl 键解离能为 293kJ/mol。能够使一个分子中的 C—Cl 键断裂而另一个分子中 C—Cl 键不断裂的光子的波长范围是多少？

18.19 （a）区分光解离和光电离；（b）利用这两个过程的能量需求来解释为什么在海拔 90km 以下氧的光解离比氧的光电离更重要。

18.20 为什么大气中 N_2 的光解离不如 O_2 的光解离重要？

18.21 O_2 分子吸收光最强的波长约为 145nm。（a）该光落在电磁波谱的哪个区域？（b）波长为 145nm 的光子是否有足够的能量来解离键能为 495kJ/mol 的 O_2？它是否有足够的能量来电离 O_2？

18.22 根据波长，紫外光谱可分为三个区域：UV-A（315-400nm）、UV-B（280-315nm）和 UV-C（100-280nm）。（a）哪个区域的光子具有最高的能量，从而对活体组织危害最大？（b）在没有臭氧的情况下，这三个区域中的哪一个（如有的话）被大气吸收了？（c）当平流层中有适当浓度的臭氧时，到达地球表面之前是否吸收了所有的紫外线？如果没有，那么哪些区间没有被过滤掉？

人类活动与地球大气圈（见 18.2 节）

18.23 臭氧消耗所涉及的反应是否涉及 O 原子氧化状态的变化？请解释。

18.24 下列哪种反应会导致平流层温度升高？

（a）$O(g) + O_2(g) \longrightarrow O_3^*(g)$

（b）$O_3^*(g) + M(g) \longrightarrow O_3(g) + M^*(g)$

（c）$O_2(g) + h\nu \longrightarrow 2 O(g)$

（d）$O(g) + N_2(g) \longrightarrow NO(g) + N(g)$

（e）以上全部

18.25 （a）氯氟烃和氢氟碳化物有什么区别？（b）为什么氢氟碳化物对臭氧层的危害比氯氟烃小？

18.26 画出氯氟烃 CFC-11，$CFCl_3$ 的路易斯结构。这种物质的什么化学特性使它能有效地消耗平流层臭氧？

18.27 C—F 键和 C—Cl 键的平均键焓分别为 485kJ/mol 和 328kJ/mol。（a）最大波长分别为多少时产生的光子具有的能量能断裂 C—F 和 C—Cl 键？（b）考虑到 O_2、N_2 和上层大气中的 O 吸收波长小于 240nm 的大部分光，你认为 C—F 键的光解离在低层大气中明显吗？

18.28 （a）当氯原子与大气臭氧反应时，反应产物是什么？（b）基于平均键焓，你认为一个能够解离 C—Cl 键的光子有足够的能量解离 C—Br 键吗？（c）你认为 $CFBr_3$ 会加速臭氧层的消耗吗？

18.29 氮氧化物如 NO_2 和 NO 是酸雨的重要来源。写出这两种分子与水形成酸的方程式。

18.30 即使没有像 SO_2 这样的污染气体，雨水仍是天然酸性的，为什么？

18.31 （a）用化学方程式描述酸雨对石灰石 $CaCO_3$ 的侵蚀；（b）如果石灰石雕塑表层处理成硫酸钙，这会有助于减缓酸雨的影响吗？请解释。

18.32 暴露于空气中铁的腐蚀第一步是氧化为 Fe^{2+}。（a）写出铁与酸雨中的氧和质子反应的平衡方程式；（b）你认为银表面也会发生同样的反应吗？请解释。

18.33 汽车用醇基燃料导致废气中甲醛（CH_2O）的产生。甲醛发生光解离，导致光化学烟雾：

$$CH_2O + h\nu \longrightarrow CHO + H$$

引发这种反应的光的最大波长是 335nm。（a）该波长的光在电磁波谱的哪一部分？（b）吸收 335nm 波长光的光子能够断裂的最大键强是多少（kJ/mol）？（c）将（b）部分的答案与表 8.3 中的合适值进行比较。在甲醛中你对 C—H 键能有什么结论？（d）写出甲醛光解离反应，显示 Lewis 点结构。

18.34 形成光化学烟雾的一个重要反应是 NO_2 的光解离：

$$NO_2 + h\nu \longrightarrow NO(g) + O(g)$$

引发这种反应的光的最大波长是 420 nm。（a）具有该波长的光在电磁波谱的哪一部分？（b）吸收 420nm 波长光的光子能够断裂的最大键强是多少（kJ/mol）？（c）写出显示 Lewis 点结构的光解离反应。

18.35 考虑到图 18.12 所示的地球能量守恒，（a）有多少不同的能量源将能量转移到大气中？哪一个贡献最大？以 W/m^2 表示，传输到大气中的总能量是多少？（b）为了保持平衡，大气必须通过向空间或向地球表面发出辐射而输出相等的能量。哪一部分被辐射回地球表面？

18.36 火星的大气 96% 的是 CO_2，压力约为 $6 \times 10^{-3}atm$，根据罗孚环境监测站（REMS）多年的测量，火星上 REMS 位置的白天平均温度为 $-5.7℃$（$22℉$），而夜间平均温度为 $-79℃$（$-109℉$）。温度的变化比我们在地球上所经历的要大得多。在这种大温差变化中，什么因素起最大作用，大气组成还是密度？

水圈（见 18.3 节）

18.37 如果溶液密度为 $1.03g/mL$，那么当 NaCl 溶液盐度为 5.6 时，钠离子的物质的量浓度是多少？

18.38 海水中磷的质量浓度为 0.07ppm。假设磷以磷酸二氢根（$H_2PO_4^-$）的形式存在，计算海水中 $H_2PO_4^-$ 相应的物质的量浓度。

18.39 水的蒸发焓为 40.67kJ/mol，阳光照射到地球表面，每平方米提供 168W（$1W=1watt=1J/s$）能量。（a）假设水的蒸发仅仅是由于太阳的能量输入，计算 12h 内 $1.00m^2$ 的海洋能蒸发多少 g 水？（b）液态水的比热容为 4.184J/g℃。如果 $1.00m^2$ 海洋的初始表面温度为 26℃，那么在阳光照射 12h 后的最终温度是多少？假设没有相变化，阳光均匀穿透到 10.0cm 的深度。

18.40 水的熔化焓为 6.01kJ/mol。阳光照射到地球表面，每平方米提供 168W（$1W=1watt=1J/s$）能量。（a）假设冰的融化仅仅是由于太阳的能量输入，计算一块 $1.00m^2$ 的冰经过 12h 能融化多少 g。（b）冰的比热容为 2.032J/g℃，如果 $1.00m^2$ 冰块的初始温度为 $-5.0℃$，那么在阳光照射 12h 后，其最终温度是多少？假设无相变化，阳光均匀穿透到 1.00cm 的深度。

18.41 从海水中回收镁的第一阶段是用 CaO 沉淀成 $Mg(OH)_2$：

$$Mg^{2+}(aq) + CaO(s) + H_2O(l) \longrightarrow Mg(OH)_2(s) + Ca^{2+}(aq)$$

沉淀 1000lb $Mg(OH)_2$ 需要多少质量的 CaO（单位：g）？

18.42 海水中的黄金含量非常低，按质量计算约为 0.05ppb。假设黄金每盎司价值约 1300 美元，你需要处理多少 L 海水才能获得价值 10 万美元的黄金？假设海水密度为 $1.03g/mL$，黄金回收过程的效率为 50%。

18.43 尽管海水中有许多离子，但溶解的阳离子和阴离子的总电荷必须保持中性。仅考虑表 18.5 中列出的海水中六种最丰富的离子（Cl^-、Na^+、SO_4^{2-}、Mg^{2+}、Ca^{2+} 和 K^+），计算 1.0L 海水中阳离子的总电荷。计算 1.0L 海水中阴离子的总电荷（C）。这两个数值的有效数字是多少？

18.44 第 18.3 节"深入探究"栏中描述的奥加拉拉蓄水层为该地区的居民提供了 82% 的饮用水，

尽管从该蓄水层抽取的 75% 以上的水用于灌溉。灌溉用水量约为每天 180 亿 gal。（a）假设 $600000km^2$ 范围内的 2% 降雨补给蓄水层，平均每年需要多少降雨量才能补充灌溉用水量？（b）什么过程或工艺导致井水中砷的存在？

人类活动与水质（见 18.4 节）

18.45 假设我们希望使用反渗透将含 0.22M 总盐浓度的微咸水含盐量降低到 0.01M，从而使其可供人类使用。为实现这一目标，需要在渗透器（见图 18.20）中施加的最小压力是多少？假设操作发生在 298K（提示：见 13.5 节。）

18.46 假设便携式反渗透装置在海水上运行，海水组成离子浓度如表 18.5 所示。脱盐水的有效物质的量浓度约为 0.02M，在 297K 的压力下，必须手动施加的最小压力是多少才能使反渗透发生？（提示：见 13.5 节）。

18.47 列出含有碳、氢、氧、硫和氮元素的有机物质在（a）有氧条件下分解（b）厌氧条件下分解时形成的常见产物。

18.48 （a）解释为什么淡水中的溶解氧浓度是水质的重要指标。（b）在本书中找出显示气体溶解度随温度变化的图文数据，并将 O_2 在 30℃ 时在水中的溶解度与在 20℃ 时的溶解度进行比较，保留两位有效数字。这些数据如何与天然水的质量相关？

18.49 有机阴离子

在大多数洗涤剂中都有。假设阴离子按以下方式进行好氧分解：

$$2 \, C_{18}H_{29}SO_3^-(aq) + 51 \, O_2(aq) \longrightarrow$$
$$36 \, CO_2(aq) + 28 \, H_2O(l) + 2 \, H^+(aq) + 2 \, SO_4^{2-}(aq)$$

生物降解 10.0g 这种物质所需的氧气总质量是多少？

18.50 在美国，污水排放所消耗的氧气量为平均每人 59g。如果污水中 O_2 可消耗至原浓度的 50%，那么 120 万人一天将消耗多少 L 含有 9ppm O_2 的水？

18.51 在水处理中，镁离子通过添加熟石灰 $Ca(OH)_2$ 去除。用平衡方程式来描述该过程。

18.52 碱石灰工艺是曾经大规模用于水软化的过程，由石灰和碳酸钠制备的氢氧化钙来沉淀 Ca^{2+} 和 Mg^{2+}，使其成为 $CaCO_3(s)$ 和 $Mg(OH)_2(s)$：

$$Ca^{2+}(aq) + CO_3^{2-}(aq) \longrightarrow CaCO_3(s)$$

$$Mg^{2+}(aq) + 2 \, OH^-(aq) \longrightarrow MgOH_2(aq)$$

需要加入多少物质的量的 $Ca(OH)_2$ 和 Na_2CO_3 以软化（除去 Ca^{2+} 和 Mg^{2+}）1200L 的水，其中

$$[Ca^{2+}] = 5.0 \times 10^{-4} M \text{ 和}$$

$$[Mg^{2+}] = 7.0 \times 10^{-4} M$$

18.53 （a）三卤甲烷（THMs）是什么？（b）画出两个 THMs Lewis 结构的示例图。

18.54 （a）假设对市政供水系统的检测显示溴酸根 BrO_3^- 的存在。这种离子的来源可能是什么？（b）溴酸根是氧化剂还是还原剂？

绿色化学（见 18.5 节）

18.55 绿色化学的一个原则是，在合成新化学品时，步骤尽可能少。遵循这一规则将如何推进绿色化学的目标？这一原则与能源效率有什么关系？

18.56 讨论催化剂如何使工艺更节能。

18.57 将酮转化为内酯的反应，称为 Baeyer-Villiger 反应，用于制造塑料和药品。3-氯苯甲酸具有

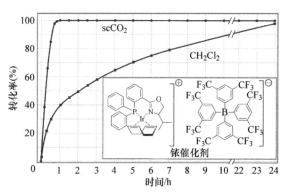

冲击敏感性，容易爆炸。另外，3-氯苯甲酸是一种废物。正在开发的另一种方法是用过氧化氢和一种负载型锡催化剂。催化剂可以很容易的从反应混合物中回收。（a）你预测过氧化氢将酮氧化为内酯的另一个产物是什么？（b）新提出的过程遵循绿色化学的哪个基本原则？

18.58 如下所示的加氢反应是用铱催化剂在超临界 CO_2（$scCO_2$）和氯化溶剂 CH_2Cl_2 中进行的。图中绘出了两种溶剂中的反应动力学数据。使用 $scCO_2$ 作溶剂符合绿色化学的哪个基本原则？

18.59 在以下三个例子中，哪一种是更环保的？请解释。（a）苯作为溶剂或水作为溶剂；（b）反应温度为 500K 或 1000K；（c）副产物为氯化钠或副氯仿（$CHCl_3$）。

18.60 在下面的三个例子中，哪一种选择在化学反应中更环保？请解释。（a）在 350K 没有催化剂的情况下运行 12h 的反应，在 300K 使用催化剂运行 1h 的反应，催化剂可重复使用；（b）参与反应的试剂来源于玉米壳，参与反应的试剂来源于石油；（c）不产生副产物的反应，副产物回收可用于另一过程的反应。

附加练习

18.61 一个朋友在报纸上的文章中看到了以下术语，他想要一个解释：（a）酸雨；（b）温室气体；（c）光化学烟雾；（d）臭氧损耗。对每个术语作简要解释，并确定与每个术语相关的一种或两种化合物。

18.62 假设在另一个行星上，大气由 17% Kr、38% CH_4 和 45% O_2 组成。行星表面上大气的平均摩尔质量是多少？所有 O_2 都被光解离的高度上大气的平均摩尔质量是多少？

18.63 在平流层中，如果一个 O_3 分子在解离前平均寿命为 100～200 秒，那么 O_3 如何防止紫外线辐射呢？

18.64 说明式 18.7 和式 18.9 如何得到式（18.10）。

18.65 CFCs 的哪些特性使其成为各种商业应用的理想选择，同时也使其成为平流层中的一个长期问题？

18.66 哈龙是含溴的碳氟化合物，如 $CBrF_3$。它们被广泛用作灭火的发泡剂，如 CFCs 一样，哈龙非常不活跃，且最终可以扩散到平流层。（a）根据表 8.3 中的数据，您预测在平流层中会发生 Br 原子的光解离吗？（b）提出一种机理解释平流层中存在的哈龙可导致臭氧的消耗。

18.67 （a）CFC 和 HFC 有什么区别？（b）据估计，平流层中 HFCs 的寿命为 2～7 年。为什么这

个数字很重要？（c）为什么用 HFCs 取代 CFCs？（d）作为 CFCs 替代品的 HFCs 的主要缺点是什么？

18.68　用勒夏特列原理解释为什么 N_2 和 O_2 形成 NO 的平衡常数随温度的升高而增加，而从 NO 和 O_2 形成的 NO_2 的平衡常数随温度的升高而降低。

18.69　天然气主要由甲烷组成，$CH_4(g)$。（a）写出甲烷完全燃烧产物只有 $CO_2(g)$ 的化学方程式；（b）写出甲烷不完全燃烧产物只有 $CO(g)$ 的化学方程式；（c）在 25℃和 1.0atm 压力下，将 1.0L $CH_4(g)$ 完全燃烧为 $CO_2(g)$ 所需的最小干燥空气量是多少？

18.70　据估计，皮纳图博火山的喷发导致大气中产生 2000 万公吨的 SO_2。大多数 SO_2 氧化成 SO_3，与大气中的水反应形成气溶胶。（a）写出形成气溶胶反应的化学方程式；（b）气溶胶导致北半球表面温度下降 0.5～0.6℃，发生这种情况的机制是什么？（c）硫酸盐气溶胶也会导致平流层臭氧的损失，这可能是怎么发生的？

18.71　气候变化的一个可能后果是海水温度的升高。海洋通过溶解大量的 CO_2 起到 CO_2 "下沉"的作用（a）下图显示了水中 CO_2 的溶解度随温度的变化关系，在这方面，CO_2 的行为与其他气体或多或少相似吗？（b）该图对气候变化问题的影响是什么？

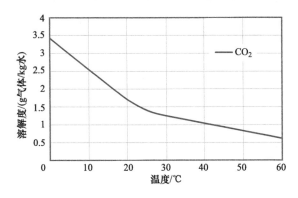

18.72　太阳能照射地球的平均速度为 168W/m^2。地球表面辐射能量的平均速率为 390W/m^2。对比这些数字可能会认为地球会很快变冷，但事实并非如此。为什么？

18.73　每天照射到地球的太阳能平均为 168W/m^2。2013 年，纽约市创造了有史以来用电量最高的记录 13200MW。考虑到目前太阳能转换技术的效率约为 10%，那么为了提供这种峰值功率，必须收集多少 m^2 的阳光？（相比之下，纽约市总面积为 830km^2）。

18.74　写出下列反应的平衡方程式：（a）在上层大气中，一氧化氮分子发生光解离；（b）一氧化氮分子在上层大气中发生光电离；（c）一氧化氮在平流层中被臭氧氧化；（d）二氧化氮在水中溶解形成硝酸和一氧化氮。

18.75　（a）解释为什么当 CO_3^{2-} 加入到含有 Mg^{2+} 的溶液中时会有 $Mg(OH)_2$ 沉淀。（b）当 4.0g Na_2CO_3 加入到 1.00L 含有 125ppm Mg^{2+} 的溶液中时，会产生 $Mg(OH)_2$ 沉淀吗？

18.76　（a）水中可接受铅离子水平的 EPA（美国环保署）阈值小于 15ppb。浓度为 15ppb 的水溶液的物质的量浓度是多少？（b）血液中铅的浓度通常以 μg/dL 为单位，2008 年全国血液中铅的平均浓度为 1.6μg/dL，将该浓度用 ppb 表示。

18.77　截至本文撰写之时，EPA 标准将城市环境中的臭氧浓度限制在 84 ppb。如果臭氧浓度达到这个标准，那么洛杉矶上空（面积约 4000 平方英里：考虑地面以上 100m 的高度）的空气中会有多少物质的量臭氧？

综合练习

18.78　2006 年美国空气中 NO_2 的预计平均浓度为 0.016ppm。（a）当大气压力为 755torr（99.1kPa）时，计算该空气样品中 NO_2 的实际压力。（b）在 20℃下，在一个 15×14×8ft 的房间中，有多少 NO_2 分子？

18.79　1986 年，乔治州泰勒斯维尔的一家发电厂，燃烧了 8376726 吨煤，这是当时的全国记录。（a）假设含 83% 碳和 2.5% 硫的煤完全燃烧，计算该工厂当年产生的二氧化碳和二氧化硫的吨数。（b）如果通过与 CaO 反应形成 $CaSO_3$ 去除 55% 的 SO_2，将产生多少吨 $CaSO_3$？

18.80　中西部城市的供水含有以下杂质：粗砂、细颗粒、硝酸盐离子、三卤甲烷、以磷酸盐形式溶解的磷、潜在有害的细菌菌株和溶解有机物质。以下

哪种工艺或药剂（如有）可有效去除上述杂质：粗砂过滤、活性炭过滤、曝气、臭氧化、氢氧化铝沉淀？

18.81　水中杂质在 280 nm 的消光系数为 $3.45 \times 10^3\ M^{-1}cm^{-1}$，消光系数指其最大吸收（见仔细观察）低于 50ppb，杂质对人体健康没有影响。鉴于大多数分光计检测小于 0.0001 的吸光度时可靠性差，那么在波长为 280nm 时测量该水样的吸光度是否能作为检测 50ppb 阈值以上杂质浓度的好方法？

18.82　平流层中的 H_2O 浓度约为 5ppm。根据以下条件进行光解离：

$$H_2O(g) \longrightarrow H(g) + OH(g)$$

（a）写出产物和反应物的路易斯（Lewis）结构；（b）使用表 8.3，计算引发解离所需的波长；

（c）羟基自由基（OH）可与臭氧反应，产生以下反应：

$$OH(g) + O_3(g) \longrightarrow HO_2(g) + O_2(g)$$

$$HO_2(g) + O(g) \longrightarrow OH(g) + O_2(g)$$

这两个基本反应的总反应是什么？整个反应中的催化剂是什么？请解释。

18.83 生物降解是一种细菌修复其环境的过程，例如，对石油泄漏的反应。细菌"食用"碳氢化合物的效率取决于系统中的氧气量、pH、温度和许多其他因素。在某次溢油事故中，油中的碳氢化合物以 $2 \times 10^{-6} s^{-1}$ 的一级速率常数消失，按这个速率，碳氢化合物要减少到初始值的 10% 需要多少天？

18.84 ClO 和 ClO₂ 的标准生成焓分别为 101kJ/mol 和 102kJ/mol。利用这些数据和附录 C 中的热力学数据，计算下列催化循环中每个步骤的总焓变化：

$$ClO(g) + O_3(g) \longrightarrow ClO_2(g) + O_2(g)$$

$$ClO_2(g) + O(g) \longrightarrow ClO(g) + O_2(g)$$

这两个步骤的总反应的焓变是多少？

18.85 蒸馏是一种昂贵的水净化方法，主要是因为加热和蒸发水需要较高的能量。（a）使用附录 B 中的水的密度、比热和汽化热，计算在 20℃下汽化 1.00gal 水所需的能量。（b）如果用电提供能量，消耗 0.085 美元 /kWh，计算其成本。（c）如果蒸馏水在杂货店以每加仑 1.26 美元的价格出售，那么能源成本占销售价格的百分比是多少？

18.86 导致平流层臭氧损耗的反应是氧原子与臭氧的直接反应：

$$O(g) + O_3(g) \longrightarrow 2O_2(g)$$

在 298K 时，该反应的速率常数是 $4.8 \times 10^5 M^{-1}s^{-1}$（a）根据速率常数的单位，写出这个反应的速率方程；（b）你认为这个反应会通过一个单一的基元反应发生吗？解释为什么；（c）使用附录 C 中的 ΔH_f 值来估算该反应的焓变。该反应会导致大气温度升高或降低吗？

18.87 极低浓度下通过（$O_3 + H \longrightarrow O_2 + OH$）方式消耗 O_3 的数据如下：

	[O₃]/M	[H]/M	初始速率 /（M/s）
1	5.17×10^{-33}	3.22×10^{-26}	1.88×10^{-14}
2	2.59×10^{-33}	3.25×10^{-26}	9.44×10^{-15}
3	5.19×10^{-33}	6.46×10^{-26}	3.77×10^{-14}

（a）写出反应的速率方程；

（b）计算速率常数。

18.88 对流层中—OH 自由基对 CF_3CH_2F（HFC）的降解是每种反应物的一级降解，在 4℃时速率常数 $k = 1.6 \times 10^8 M^{-1}s^{-1}$。如果对流层—OH 和 CF_3CH_2F 的浓度分别为 8.1×10^5 分子 /cm³ 和 6.3×10^8 分子 /cm³，那么该温度下，以 M/s 为单位的反应速率是多少？

18.89 25℃时水中 CO_2 的亨利定律常数是 $3.1 \times 10^{-2} M \ atm^{-1}$。（a）如果溶液在常压下与空气接触，那么在此温度下，CO_2 在水中的溶解度是多少？（b）假设所有的 CO_2 都和 H_2O 反应生成 H_2CO_3。

$$CO_2(aq) + H_2O(l) \longrightarrow H_2CO_3(aq)$$

这个溶液的 pH 是多少？

18.90 $Al(OH)_3$（$K_{sp}=1.3 \times 10^{-33}$）的沉淀有时用于净化水。（a）如果将 5.01lb 的 $Al_2(SO_4)_3$ 添加到 2000gal 水中，估计 $Al(OH)_3$ 开始沉淀时的 pH 值。（b）必须向水中添加大约多少磅的 CaO 才能达到此 pH 值？

18.91 有价值的聚合物聚氨酯是由醇类（ROH）与含有异氰酸酯基（RNCO）的化合物发生缩合反应制成的。图中显示了生成聚氨酯单体的两个反应：

（a）i 或 ii，哪种工艺更环保？请解释。

（b）每个反应中每个含碳化合物中碳原子的杂化方式和几何结构是什么？

（c）如果想在每个反应中促进异氰酸酯中间产物的形成，利用勒夏特列原理，你能做什么？

18.92 一个特定雨滴的 pH 值为 5.6。（a）假设雨滴中的主要物种为 $H_2CO_3(aq)$、$HCO_3^-(aq)$ 和 $CO_3^{2-}(aq)$，计算雨滴中这些组分的浓度，假设总碳酸盐浓度为 $1.0 \times 10^{-5}M$。表 16.3 给出了相应的 K_a 值。（b）你能做些什么实验来检验雨水中也含有对 pH 值有贡献的硫元素？假设有大量的雨水样本用于测试。

设计实验

近年来，在一些特定的农村地区，有相当一部分油井/天然气井采用了压裂技术（见18.4节中的深入探究）。居民们抱怨说，为生活用水服务的水井中的水被压裂作业中的化学物质污染了。钻井操作人员回应说，投诉中所涉及的化学品是自然产生的，不是钻井活动的结果。

对居民用水井中的水进行实验以帮助确定油井污染物是否是由于压裂作业造成的，以及在多大程度上是由压裂作业造成的。其中压裂作业中可能用到的化学品有盐酸、氯化钠、乙二醇、硼酸盐、水溶性胶凝剂（如瓜尔胶）、柠檬酸、甲醇和其他醇（如异丙醇）、甲烷。假设你已经掌握了测量居民井中这些物质浓度的技术，你将进行什么实验，将对结果进行什么分析，以解决压裂作业是否导致井水污染的问题？仅仅测量井水中部分或全部物质的浓度就足以解决这个问题吗？

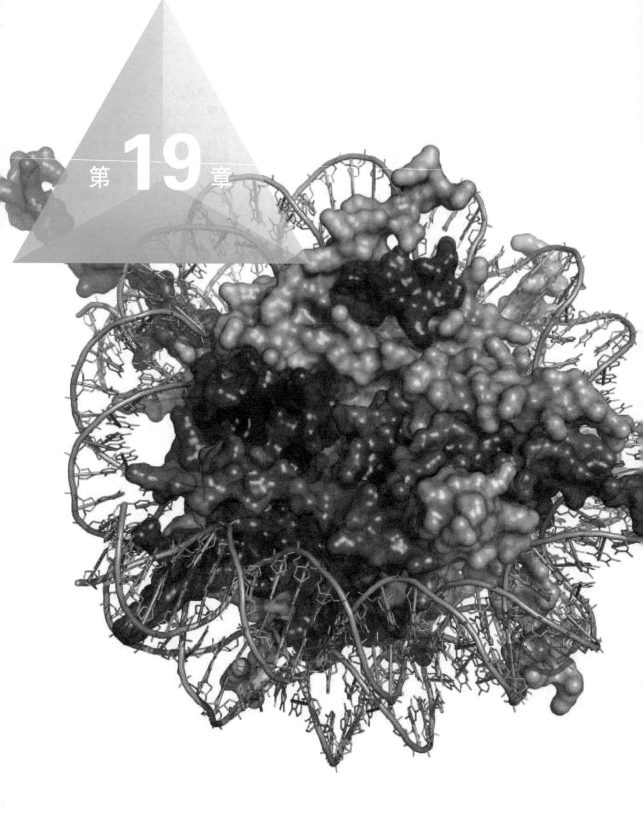

第 19 章

化学热力学

生命系统具有神奇的组织方式，从具有复杂结构的分子，如核小体，到细胞，再到组织，最后到整个植物和动物，对于研究它们的科学家来说是无尽的惊喜和喜悦的来源。能量必须以某种方式消耗来形成和维护这些有组织的系统。但这些能量是如何完成这些任务的呢？我们是无法通过仅将必要的原子放入一个容器中，然后加入一些能量的方式就得到了类似核小体这样的东西的。

了解自然过程，无论是 DNA 复制、光合作用，还是仅仅是钉子生锈，都依赖于对控制化学反应的一般规律的了解。化学家在研究反应时会问两个基本问题："反应有多快？""它能进行到哪种程度？"第一个问题涉及化学动力学，我们在第 14 章中讨论过。第二个问题涉及平衡常数，是第 15 章的重点。

任何反应速率都主要由反应的活化能控制（见 14.5 节）。当给定的反应及其逆反应以相同速率进行时达到化学平衡（见 15.1 节）。

在本章中，我们探讨能量和反应程度之间的关系。要做到这一点，需要更深入地研究*化学热力学*，即处理能量关系的化学。在第 5 章中，我们讨论了能量的本质、热力学第一定律、焓的概念。在本章中，我们讨论热力学第二定律和*熵*的概念。熵是一个热力学量，我们在第 13 章中简要介绍过（见 13.1 节）。

◀ 核小体 在活细胞的细胞核内，DNA（灰色外双螺旋部分）围绕着 8 个蛋白质分子（彩色分子模型）。总的 DNA/ 蛋白质结构，称为核小体，是我们细胞的细胞核中染色体的基本单位。这些结构是高度有序的，但在基因表达时也必须解开。核小体中 DNA 的包装和解包都涉及系统能量的变化。由于反应速率取决于活化能，因此合理推断平衡在某种程度上也取决于能量。

导读

19.1 ▶ **自发过程** 注意自然界发生的变化具有方向性。它们*自发地*向一个方向移动，但不能逆向移动。

19.2 ▶ **熵与热力学第二定律** *熵*是一个热力学状态函数，对决定一个过程是否自发很重要。*热力学第二定律*告诉我们，任何自发过程都使整体（系统加环境）的熵增加。

19.3 ▶ **熵的分子解释与热力学第三定律** 在分子水平上，考虑系统的熵与可达到的*微观状态*数有关。系统的熵随着系统无序性的增加而增加。*热力学第三定律*指出，在 0K 时，完美晶体的熵为零。

19.4 ▶ **化学反应的熵变** 使用表中的*标准摩尔熵*计算反应系统的标准熵变。

19.5 ▶ **吉布斯自由能** 了解另一个热力学状态函数，*吉布斯自由能*（或*自由能*），是衡量系统离平衡状态的距离标准。自由能的变化衡量从一个过程中获得的最大有用功，并告诉我们化学反应的自发方向。

19.6 ▶ **自由能与温度** 考虑自由能变化、焓变和熵变之间的关系，可以帮助我们深入了解温度如何影响过程的自发性。

19.7 ▶ **自由能与平衡常数** 研究如何用化学反应的标准自由能变化来计算反应的平衡常数。

鸡蛋的势能在这个过程中会改变吗？

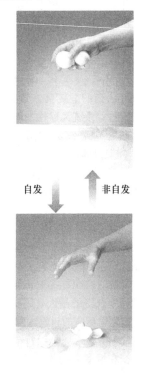

自发   非自发

▲ 图 19.1 自发过程

19.1 | 自发过程

如果拿着砖的手松开，砖就会掉落。不管你等多久，它都不会再返回到你的手里。同样，如果你将钉子置于雨中，那么它最终会生锈。生锈的钉子即使在阳光照射和时间流逝的情况下也不会恢复到原来的状态。这两个例子只是说明事件具有方向性。也就是说砖掉落和钉子生锈这样的事件是自发的。**自发的过程**是指在没有任何外部帮助的情况下独自发生的过程。

自发过程只在一个方向上发生，而任何自发过程的逆过程总是*非自发的*。例如，把一个鸡蛋掉在坚硬的地板上，它会受到撞击而破裂（见图 19.1）。现在想象一下，当你看到一个视频：一个破裂的鸡蛋从地板上升起，重新组合起来，最后落到某人手里。你会得出这样的结论：视频是倒放的，因为你知道破裂的鸡蛋不会升起来重新组装好。鸡蛋的下落和破碎是一个自发过程，而蛋的上升和重组本身是一个非自发的过程。

在一个方向上的自发过程在相反的方向上是非自发的。

实验条件，如温度和压力，往往是决定一个过程是否自发的重要因素。例如冰的融化，当周围环境温度高于 $0℃$ 时，冰在大气压力下自然融化，而当周围环境温度低于 $0℃$ 时，液态水自然结冰。如图 19.2 所示，反向过程（熔化）也是自发的。

哪个方向是放热过程？

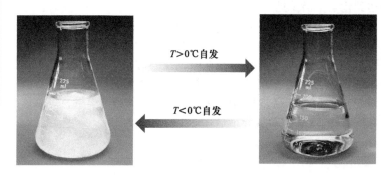

$T>0℃$ 自发

$T<0℃$ 自发

▲ 图 19.2 自发取决于温度 当温度 $T>0℃$ 时，冰会自动融化成液态水。当 $T<0℃$ 时，水冻结成冰的反向过程也是自发的。在 $T=0℃$ 时，两种状态处于平衡状态

我们不能把一个过程的*自发*和*速率*混为一谈。因为过程自发并不一定意味着以可观察的速率发生。一个自发过程可以是快速的，（如酸碱中和），也可以是缓慢的，（如铁生锈）。热力学告诉我们反应的*方向*和*程度*，但与速率无关。

同样重要的是要理解非自发并不意味着不可能，例如，虽然食盐 NaCl 在普通条件下分解为钠和氯是非自发的，但通过从外部供应能量分解熔融的 NaCl 是可能的。自发过程是在没有外界干预的情况下进行的。

实例解析 19.1
识别自发过程

预测下列所述过程是自发过程、反方向自发还是处在平衡状态：（a）当一块加热到 150℃的金属放到 40℃的水中，水变得更热；（b）室温下的水分解成 $H_2(g)$ 和 $O_2(g)$；（c）苯蒸汽 [$C_6H_6(g)$]，在 1atm 压力下冷凝成液态苯，苯的熔点为 80.1℃。

解析

分析　要求判断每一个过程在以下方向是否是自发的，即指示的方向、相反的方向，或两个方向都没有。

思路　需要考虑每一个过程是否与我们对事件在自然方向或者反方向发生的经验一致。

解答　（a）这个过程是自发的，当两个不同温度的物体接触时，热量从热物体传递到冷物体（见 5.1 节）。热量从热金属传递到温度更低的水中。金属和水达到相同温度（热平衡）后，最终温度将介于金属和水的初始温度之间。

（b）经验告诉我们，这个过程不是自发的，我们肯定从来没有见过氢气和氧气从水中自发地冒出来！然而，其相反的过程——H_2 和 O_2 反应形成 H_2O——是自发的。

（c）标准沸点是指在 1atm 时气液平衡的温度。

因此，这是一种平衡状态。如果温度低于 80.1℃，冷凝将是自发的。

▶ **实践练习 1**
铁被氧化成氧化铁（铁锈）的过程是自发的。关于这个过程的陈述中，哪些是正确的？（a）氧化铁（Ⅲ）还原为铁也是自发的；（b）由于该过程是自发的，铁的氧化必须快；（c）铁的氧化是吸热的；（d）在封闭系统中，当铁氧化速率等于氧化铁（Ⅲ）还原速率时，达到平衡；（e）当铁被氧化生锈时，整体的能量就会减少。

▶ **实践练习 2**
1atm 时，$CO_2(s)$ 在 −78℃下升华，这一过程在 −100℃、1atm 下是自发的吗？

寻找自发性的标准

从斜坡上滚下来的大理石或从手上掉落的砖块会损失势能。某种形式的能量损失是机械系统中自发变化的一个常见特征。19 世纪 70 年代，马塞兰·贝尔托莱 [Marcellin Bertholet（1827—1907）] 提出，化学系统自发的方向变化是由能量损失决定的，他提出所有自发的物理和化学变化都是放热的。然而，只需几分钟就可以找到这种概括的例外。例如，在室温下冰的融化是自发的而且是吸热的。同样，许多自发的溶解过程，如 NH_4NO_3 的溶解也是吸热过程，我们在第 13.1 节讨论过。虽然大多数自发行为是放热的，但也有吸热的。显然，必定有某些因素在决定过程的自发方向上起作用。

为了理解为什么某些过程是自发的，我们需要更仔细地考虑能够改变系统状态的途径。回顾 5.2 节，物理量如温度、内能和焓等是状态函数。状态函数是指确定状态的性质只与状态有关，与如何到达这一状态无关。系统与其周围环境之间的热传递 q，对体系做的功或者体系对外做的功 w，都不是状态函数——它们的值取决于变化发生的具体方式。也就是说，它们的值取决于状态之间的*路径*。理解两种路径，即*可逆路径*和*不可逆路径*，是理解自发性的关键。

可逆和不可逆过程

对于任何过程，我们都可以想象一个假设的、理想的路径，它的逆过程可以使系统及其周围环境恢复到原始状态。这意味着经过一个逆过程后，系统和环境都保持不变。这一过程称为可逆过程。

- **可逆过程**是在不改变周围环境的情况下将系统恢复到初始状态的过程。
- **不可逆过程**是指当系统恢复到其初始状态时，周围环境发生某种变化的过程。有时，这些过程被称为*热力学可逆*或*热力学不可逆*，以增加其含义的清晰度。

> ▲ **想一想**
>
> 假设你有一个只由水组成的系统，容器和其他一切都为环境。考虑一个过程，在这个过程中，水首先被蒸发，然后通过冷凝回到原来的容器。这两步过程必然是可逆的吗？

让我们考虑一个涉及热传递过程的例子。当两个不同温度的物体接触时，热量自发地从高温物体流向低温物体。因为热不可能以相反的方向从低温物体流向高温物体，因此这是一个不可逆的过程。基于这一事实，在任何能想象出的可以假设的条件下，热传递可以是可逆的吗？答案是肯定的，但只有当温度变化是无穷小的时候才可以。

假设系统及其周围环境的温度基本相同，它们之间只有极小的温差 δT（见图 19.3）。如果环境温度为 T，系统温度为 $T+\delta T$，系统以极小的热量向环境流动。通过在相反的方向给一个无限小的温度

▼ **图例解析** 如果进出系统的热量是可逆的，那么 δT 必须满足什么条件？

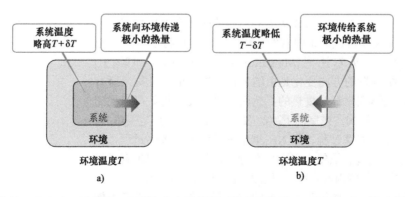

▲ **图 19.3 热的可逆流动** 只有当一个系统和它的周围环境的温度差 δT 无穷小时，热才能可逆地在两个系统之间流动。（a）当系统温度比环境温度略高 δT 时，热量从较热的系统流向较冷的环境。（b）当系统温度比环境温度略低 δT 时，热量从较热的环境流向较冷的系统

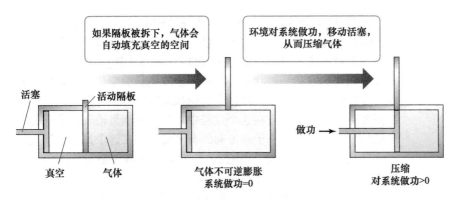

▲ 图 19.4 一个不可逆过程 最初，理想气体被限制在气缸的右半部分。当隔板被拆下时，气体自然膨胀，充满整个气缸。在此膨胀期间，系统不做功。使用活塞将气体压缩回原始状态需要周围环境对系统做功

变化，使系统的温度降为 $T - \delta T$，热量的传递方向改变。此时，热量的流动方向是从环境到系统。因此，对于可逆过程，热量差必须无限小，热量传递必须无限缓慢。

> *逆过程是指当系统的某些性质发生极小的变化时，*
> *就会发生可逆方向的过程。*

现在让我们考虑另一个例子，理想气体在恒定温度下的膨胀（称为**等温**过程）。在图 19.4 中的气缸活塞装置中，当拆下隔板时，气体会自发膨胀以填充真空空间。我们能确定这个特定的等温膨胀是可逆的还是不可逆的吗？因为气体在没有外部压力的情况下膨胀到真空中，所以它对周围环境 P—V 不起作用（见 5.3 节）。因此，对于该膨胀过程，$w = 0$。我们使用活塞将气体压缩回其原始状态，但这样做要求周围环境对系统做功，这意味着压缩时 $w > 0$。换句话说，将系统恢复到其原始状态的路径需要的 w 值（并且，根据第一定律，q 的值不同）与系统发生的第一个路径不同。不能按照相同的路径将系统恢复到其原始状态，说明该过程是不可逆的。

理想气体的等温可逆膨胀是怎样的？当气体被限制在气缸的一半体积时，只有当初始作用在活塞上的外部压力恰好等于气体作用在活塞上的压力时这种过程才会发生。如果将外部压力无限缓慢地降低，活塞将向外移动，使受限气体的压力重新调整以保持压力平衡。这种内外压始终处于平衡状态的无限慢的过程是可逆的。如果我们以同样的无限慢的方式逆转过程和压缩气体，我们就可以把气体恢复到原来的体积。此外，在这个假设过程中，膨胀和压缩的完整循环是在周围环境没有任何变化的情况下完成的。

通过上述例子并结合其他例子，我们了解到两个重要事实：

- 因为实际过程充其量只能近似于与可逆过程相关的微小变化，所以所有实际过程都是不可逆的。
- 因为自发过程是真实的过程，所有自发过程都是不可逆的。

因此，对于任何自发的变化，将系统恢复到初始状态都会导致周围环境的变化。那么会发生了什么样的变化呢？

回顾热力学第一定律，能量是守恒的，用数学式表达：$\Delta E = q + w$。也就是说，系统的内能变化等于系统吸收（或释放）的热量加上对系统（或由系统）所做的功（见 5.2 节）。如果我们将一个系统恢复到它的初始状态，能量不会发生量的变化，但是能量的本质会发生变化。将系统恢复到初始状态需要我们对系统做功。做功需要更集中的能量。在这个过程中，集中的能量被转换成一种被分散的形式（做功是分子有方向的有序运动，在这个过程中，规则运动转化为无规则运动）。因此，环境的变化涉及能量的本质，变得更加分散和无序，因此不能做功。

我们观察到的能量变化是*能量有一种扩散的趋势*。想象一杯热茶，当它冷却时，能量从小体积的茶中扩散（或分散）到周围环境的大体积中，在分子水平上，粒子的随机无序运动（热运动）通过分子碰撞将能量从较高温度的地方（较高的平均动能）传递到较低温度的地方（较低的平均动能），直到茶与其周围环境达到相同的温度。这种能量从一个集中的形式扩散到一个不集中的形式的自然趋势，使得一些能量无法做功。有趣的是，可逆过程消耗了系统对环境所能做的最大功。

19.2 | 熵与热力学第二定律

为了将我们对不可逆过程所学的知识用于预测一个不熟悉的过程是否是自发的，我们必须研究一个热力学函数——熵。（见 13.1 节）

熵是衡量能量扩散或分散的趋势，从而降低其做功能力。一般来说，它反映了携带能量粒子的*随机性或混乱程度*。

在这一部分中，我们考虑熵的变化如何与热传递和温度相关。这将使我们对熵的变化和热力学第二定律的自发性有一个深刻的认识。

熵与热的关系

系统的熵 S 是一个状态函数，就像内能 E 和焓 H 一样。和其他量一样，S 是系统状态的一个特征（见 5.2 节）。因此，系统中熵变 ΔS 仅取决于系统的初始状态和最终状态，而不取决于从一个状态到另一个状态的路径：

$$\Delta S = S_{终态} - S_{初态} \qquad (19.1)$$

对于一个等温过程，如果该过程是可逆的，ΔS 等于传递的热量 $q_{可逆}$ 除以该过程发生时的绝对温度：

$$\Delta S = \frac{q_{可逆}}{T} \quad (T \text{为常数}) \qquad (19.2)$$

虽然使系统从一个状态到达另一个状态可能有许多的路径，但只有一个路径与可逆过程相关联。因此，$q_{可逆}$ 的值对于系统的任何两个状态都是唯一确定的。因为 S 是一个状态函数，因此可以用式（19.2）计算任何等温过程的 ΔS，而不仅仅是可逆过程。

 想一想

当 ΔS 取决于非状态函数 q 时，S 如何成为状态函数？

相变过程的 ΔS

物质在熔点处的熔化和在沸点处的蒸发是等温过程（见 11.4 节）。考虑冰的融化。在 1atm 的压力下，冰和液态水在 0℃处于平衡状态。想象在 0℃和 1atm 下融化 1mol 的冰形成 1mol 液态水（同样为 0℃和 1atm）。我们可以通过环境向系统中增加热量来实现这一变化：$q = \Delta H_{融化}$，其中 $\Delta H_{融化}$ 是熔化热。想象一下，无限缓慢地增加热量，将周围环境的温度无限小地高于 0℃以上。当我们以这种方式融化冰时，这个过程是可逆的，因为我们可以通过使周围环境温度无限小的低于 0℃，无限缓慢地将等量的热量 $\Delta H_{融化}$ 从系统中移除。因此，$T = 0℃ = 273K$ 时冰层融化的 $q_{可逆} = \Delta H_{融化}$。

冰的融化摩尔焓为 $\Delta H_{融化} = 6.01kJ/mol$（正值，因为吸热过程）。因此，我们可以用式（19.2）计算出 273K 下 1mol 冰的 $\Delta S_{融化}$：

$$\Delta S_{熔化} = \frac{q_{可逆}}{T} = \frac{\Delta H_{熔化}}{T} = \frac{(1mol)(6.01 \times 10^3 J/mol)}{273K} = 22.0 J/K$$

注意：（1）方程（19.2）中的温度必须使用绝对温度，（2）ΔS 的单位 J/K 由能量除以绝对温度获得，正如我们从式（19.2）中所看到的。

实例解析 19.2
计算相变过程的 ΔS

元素汞在室温下是银色的液体。其标准凝固点为 −38.9℃，其熔化摩尔焓为 $\Delta H_{熔化} = 2.29kJ/mol$。当 50.0g Hg(l) 在标准凝固点凝固时，系统的熵变是多少？

解析

分析 首先我们认识到，凝固是一个放热过程，这意味着热量从系统传递到周围环境 $q < 0$。由于凝固是熔化的逆过程，因此 1mol Hg 凝固时的焓变为 $-\Delta H_{熔化} = -2.29kJ/mol$。

思路 我们可以用 $-\Delta H_{熔化}$ 和 Hg 的原子量来计算凝固 50.0g Hg 时的 q。然后，我们用式（19.2）中 q 作为 $q_{可逆}$ 的值来确定系统的 $\Delta S_{系统}$。

解答
对于 $q_{可逆}$

$$q_{可逆} = (50.0g\ Hg)\left(\frac{1mol\ Hg}{200.59g\ Hg}\right)\left(\frac{-2.29kJ}{1mol\ Hg}\right)\left(\frac{1000J}{1kJ}\right) = -571J$$

使用式（19.2）前，首先将给定的摄氏温度转换为开尔文温度：

$$-38.9℃ = (-38.9 + 273.15)K = 234.3K$$

计算 $\Delta S_{系统}$

$$\Delta S_{系统} = \frac{q_{可逆}}{T} = \frac{-571J}{234.3K} = -2.44J/K$$

检验 熵变是负的，因为 $q_{可逆}$ 值是负值，这表明放热过程中热量从系统中释放。

注解 该过程可用于计算其他等温相变的 ΔS，例如液体在沸点温度下的汽化。

▶ **实践练习 1**
所有放热相变过程系统的熵变都是负值吗？（a）是，因为从系统传递的热量有一个负号。（b）是，因为温度在相变过程中降低。（c）否，因为熵变取决于系统释放或吸收热量的符号。（d）否，因为传给系统的热量有一个正的符号。（e）上述答案中有不只一个是正确的。

▶ **实践练习 2**
乙醇（C_2H_5OH）的标准沸点为 78.3℃，其蒸发摩尔焓为 38.56kJ/mol。当 68.3g $C_2H_5OH(g)$ 在 1atm 标准沸点下冷凝为液体时，系统的熵变是多少？

一般来说，任何系统的熵随着系统混乱度增加而增加。因此，我们预测气体的自发膨胀会导致熵的增加。为了了解如何计算熵的增加，必须受到活塞约束的理想气体的膨胀，如图 19.4 最右侧所示。假设我们通过无限小地降低活塞上的外部压力，使气体经历可逆的等温膨胀。系统可逆膨胀通过活塞对周围环境做功，可以借助微积分来计算（未给出推导过程）。

$$w_{可逆} = -nRT \ln \frac{V_2}{V_1}$$

该方程中，n 是气体物质的量，R 是理想气体常数（见 10.4 节），T 是绝对温度，V_1 是初始体积，V_2 是最终体积。注意，如果 $V_2 > V_1$，就像我们的膨胀过程一样，那么 $w_{可逆} < 0$，这意味着膨胀气体对周围环境做功。

理想气体的一个特点是它的内能只取决于温度，与压力无关。因此，当理想气体等温膨胀时，$\Delta E = 0$。因为 $\Delta E = q_{可逆} + w_{可逆} = 0$，所以 $q_{可逆} = -w_{可逆} = nRT\ln \frac{V_2}{V_1}$。然后，利用式（19.2），我们可以计算出系统熵变。

$$\Delta S_{系统} = \frac{q_{可逆}}{T} = \frac{nRT \ln \frac{V_2}{V_1}}{T} = nR \ln \frac{V_2}{V_1} \quad （19.3）$$

计算 1.00L 理想气体在 1.00atm、0℃下膨胀到 2.00L 的熵变。根据理想气体方程，我们可以计算 1.00atm 和 0℃ 条件下 1.00L 理想气体的物质的量，如第 10 章所述：

$$n = \frac{PV}{RT} = \frac{(1.00\text{atm})(1.00\text{L})}{(0.08206\text{L} \cdot \text{atm} / \text{mol} \cdot \text{K})(273\text{K})} = 4.46 \times 10^{-2}\text{mol}$$

气体常数 R 也可以表示为 8.314J/mol·K（见表 10.2），这是式（19.3）中必须用到的值，因为我们希望答案单位用 J 而不是 L·atm 来表示。因此，对于气体从 1.00L 膨胀到 2.00L，有

$$\Delta S_{系统} = (4.46 \times 10^{-2}\text{mol})\left(8.314 \frac{J}{\text{mol} \cdot \text{K}}\right)\left(\ln \frac{2.00\text{L}}{1.00\text{L}}\right)$$
$$= 0.26\text{J/K}$$

在第 19.3 节中，我们将看到熵的增加是对由于膨胀而使分子随机性增加的衡量。

相关练习：19.27、19.28

热力学第二定律

热力学第一定律的核心思想是能量在任何过程中都是守恒的（见 5.2 节）。熵在自发过程中是否也以热力学第一定律的方式守恒呢？

让我们试着通过计算一个系统和周围环境的熵变来回答这个问题，当 1mol 冰（形状大约为立方体的一块冰块）在你的手掌中融化时，手作为环境。这个过程是不可逆的，因为系统和周围环境的温度不同。然而，ΔS 状态函数的值与过程是否可逆无关。在实例解析 19.2 我们计算了该系统的熵变：

$$\Delta S_{系统} = \frac{q_{可逆}}{T} = \frac{(1\text{mol})(6.01 \times 10^3 \text{J/mol})}{273\text{K}} = 22.0\text{J/K}$$

与冰直接接触的环境是你的手掌，我们假设它处于人体温度 37℃ =310K，并将其作为周围环境的温度。你手掌失去的热量是 -6.01×10^3J/mol，这与冰获得的热量大小相等，但符号相反。因此，周围环境的熵变为：

$$\Delta S_{环境} = \frac{q_{可逆}}{T} = \frac{(1\text{mol})(-6.01 \times 10^3 \text{J/mol})}{310\text{K}} = -19.4\text{J/K}$$

我们可以认为宇宙中的一切都是由系统及其周围环境组成的，即 $\Delta S_{整体} = \Delta S_{系统} + \Delta S_{环境}$。因此，在此例中，整体的总熵变化是正的：

$$\Delta S_{整体} = \Delta S_{系统} + \Delta S_{环境} = (22.0\text{J/K}) + (-19.4\text{J/K}) = 2.6\text{J/K}$$

如果周围环境的温度不是 310K，而是一个无限小地高于 273K 的温度，那么此时冰的融化将是可逆的。在这种情况下，周围环境的熵变等于 -22.0J/K，$\Delta S_{整体}$ 为零。

一般来说，任何不可逆过程都会导致整体熵的增加，而任何可

逆过程都不会导致整体熵的变化：

可逆过程：$\Delta S_{整体} = \Delta S_{系统} + \Delta S_{环境} = 0$

不可逆过程：$\Delta S_{整体} = \Delta S_{系统} + \Delta S_{环境} > 0$ （19.4）

这些方程概括了**热力学第二定律**。因为自发过程是不可逆的，热力学第二定律也可以这样表达：

对于任何自发过程，整体的熵值都会增加。

▲ **想一想**

铁的生锈是自发的，并伴随着系统（铁和氧）熵的降低。那么关于周围环境的熵变，我们能得出什么结论？

热力学第二定律告诉我们任何自发变化的本质特征——总是伴随着整体熵的增加。我们可以用这个定律作为一个标准来预测一个给定的过程是否是自发的。然而，在了解如何做到这一点之前，我们发现从分子的角度来探索熵是有用的。

在我们继续之前，先做一个说明：在本章余下的大部分内容中，我们关注的是系统而不是环境。为了简化符号，通常将系统的熵变称为 ΔS，而不再用 $\Delta S_{系统}$ 表示。

19.3 | 熵的分子解释与热力学第三定律

作为化学家，我们对分子感兴趣。熵与分子及其变体有什么关系？熵反映了分子的什么性质？路德维希·玻尔兹曼 [Ludwig-Boltzmann（1844—1906）] 对熵的理解给出了另一种概念上的意义，为了了解他的贡献，我们需要在分子水平上研究解释熵的方法。

在分子水平上的气体膨胀

考虑一个简单的自发过程，即气体膨胀到真空中，如图 19.5 所示。虽然我们已经知道整体的熵随着膨胀而增加，但我们如何在分子水平上解释这个过程的自发性呢？我们可以把气体想象成不断运动的粒子的集合，正如在讨论分子运动理论时所做的那样（见 10.7 节），以此来理解是什么导致了这种膨胀的自发性。当图 19.5 中的旋塞打开时，我们可以将气体膨胀视为气体分子在较大体积中随机运动的最终结果。

通过跟踪两个气体分子的运动轨迹，让我们更仔细地思考这个想法。在打开旋塞之前，两个分子被限制在左侧烧瓶中，如图 19.6a 所示。当旋塞打开后，分子在整个装置中自由运动，如图

如果烧瓶 B 比烧瓶 A 小，打开旋塞后的最终压力是大于、等于还是小于 0.5atm？

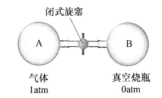

闭式旋塞

气体 1atm   真空烧瓶 0atm

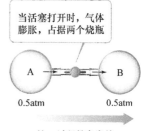

当活塞打开时，气体膨胀，占据两个烧瓶

0.5atm   0.5atm

这一过程是自发的

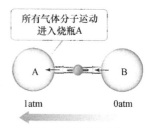

所有气体分子运动进入烧瓶A

1atm   0atm

这一过程是非自发的

▲ 图 19.5 气体膨胀到真空中是一个自发的过程 反向过程即最初均匀分布在两个烧瓶中的气体分子都进入到一个烧瓶中不是自发的

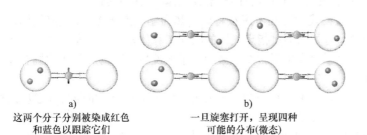

a)
这两个分子分别被染成红色和蓝色以跟踪它们

b)
一旦旋塞打开，呈现四种可能的分布(微态)

◄ 图 19.6 两个烧瓶中两个气体分子的可能排列 （a）在打开活塞之前，两个分子都在左烧瓶中。（b）打开旋塞后，两个分子有四种可能的排列

19.6b 所示。一旦两个烧瓶都可进入，这两个分子就有四种可能的排列方式。由于分子运动是随机的，四种排列的可能性相同。注意，现在只有一种排列对应于旋塞打开之前的情况：两个分子都在左侧烧瓶中。

图 19.6b 显示，在两个烧瓶都可供分子进入的情况下，红色分子在左侧烧瓶中的概率为四分之二（右上和左下排列），与蓝色分子在左侧烧瓶中的概率相同（左下和左上排列）。因为左侧烧瓶中每个分子的概率是 2/4=1/2，所以*两者都存在*的概率是（1/2）^{2}=1/4。如果我们对 *3* 个气体分子进行同样的分析，就会发现这 3 个分子同时在左侧烧瓶中的概率是（1/2）^{3}=1/8。

现在让我们考虑 1mol 气体。所有分子同时在左侧烧瓶中的概率为（1/2）^{N}，其中 N=6.02 × 10^{23}。这是一个非常小的数字！因此，所有气体分子同时出现在左侧烧瓶中基本是不可能的。这种对气体分子微观行为的分析导致了预期的宏观行为：气体自发膨胀充满左右两个烧瓶，而不能自发地全部回到左侧烧瓶中。

气体膨胀的这种分子观点显示了分子在它们可以采取的不同排列中呈现"扩散"的趋势。在打开旋塞之前，只有一种可能的排列：所有分子都在左侧烧瓶中。当旋塞打开时，所有分子都在左侧烧瓶中的排列仅仅是大量排列方式的一种。到目前为止，最可能的排列是两个烧瓶中分子数量基本相等的排列。当气体在整个仪器中扩散时，任何给定的分子都可以在任何一个烧瓶中，而不是局限在左侧烧瓶中。我们说，当旋塞打开时，气体分子的排列比所有分子都被限制在左侧烧瓶中时更分散。

我们看到分散度增加的概念有助于在分子水平上理解熵。

玻耳兹曼方程与微观状态

热力学的科学发展是一种不考虑微观结构的描述宏观世界中物质性质的方法。事实上，在现代原子和分子结构的观点还不为人们所知之前，热力学是一个发展很好的领域。例如，在不考虑单个 H_2O 分子的情况下，解决了不同相态的水（冰或水蒸气）的热力学行为。

为了联系物质的微观和宏观描述，科学家们开发了*统计热力学*领域，该领域使用统计和概率工具将微观世界和宏观世界联系起来。在这里，我们展示了熵这种物质性质是如何与分子原子的行为联系起来的。由于统计热力学的数学表达是复杂的，我们将主要讨论概念上的统计热力学。

在对图 19.6 中两个烧瓶系统的两个气体分子的讨论中，我们发现可能的排列数量有助于解释气体膨胀的原因。

假设我们现在考虑在特定的热力学状态下 1mol 理想气体，热力学状态可以通过指定气体的温度 T 和体积 V 来定义。这种气体在微观水平上发生了什么，微观水平上发生的事情与气体的熵有什么关系？

想象一下，在一个给定的瞬间拍摄所有分子的位置和速度的快照。每个分子的速度与其动能有关。这个约由 6×10^{23} 个位置和单个气体分子的动能组成的特殊集合，我们称之为系统的*微观状态*。

一个**微观状态**是分子处于特定热力学状态时分子位置和动能的单一可能排列。我们可以设想继续对系统进行拍照，以查看其它可能的微观状态。

正如所看到的，有如此惊人的大量的微观状态，以至于拍摄所有微观状态的单个快照是不可行的。但是，因为我们正在研究如此大量的粒子，所以可以使用统计和概率工具来确定热力学状态的微观状态总数（即指**统计热力学**这个名称的统计部分）。每个热力学状态都有一个与之相关的微观状态特征数，我们用符号 W 来表示。

有时很难区分系统的状态和与状态相关的微观状态。

- *状态*描述了系统的宏观特征，例如气体样本的压力和温度。
- *微观状态*是与给定状态相对应的系统中原子或分子的特定的微观排列。

我们所拍摄的每一个快照都是一个微观状态，它是一个微观状态——单个气体分子的位置和动能，随着每个快照变化，但每一个都是对应于单一状态的分子集合的可能排列。对于宏观尺度系统，如 1mol 气体，对于每个状态有大量的微观状态——也就是说，W 通常是一个非常大的数字。

系统的微观状态特征数（W）和系统的熵（S）之间的关系可用一个非常好的简单的方程来表示，该方程由 Boltzmann 提出并刻在他的墓碑上（见图 19.7）：

$$S = k \ln W \qquad (19.5)$$

在这个方程中，k 是玻耳兹曼常数，$k = 1.38 \times 10^{-23}$J/K。我们可以从方程中了解到：

熵是衡量有多少微观状态与特定的宏观状态相关联的方法。

▲ 图 19.7　路德维希·玻耳兹曼（Ludwig Boltzmann）的墓碑　在维也纳玻耳兹曼的墓碑上刻着他提出的著名的状态熵（S）和可能的微观状态特征数（W）之间的关系（在玻耳兹曼的时代，"log"被用来表示自然对数）

想一想

只有一个微观状态的系统的熵是多少?

从式（19.5）中，我们可以看到伴随着任何过程的熵变是：

$$\Delta S = k \ln W_{终态} - k \ln W_{初态} = k \ln \frac{W_{终态}}{W_{初态}} \qquad (19.6)$$

系统中任何导致微观状态数量增加（$W_{终态} > W_{初态}$）的变化都会导致 ΔS 为正值：

熵随着系统的微观状态数目的增加而增加。

让我们考虑对理想气体样本进行两次修正，看看熵在每种情况下是如何变化的。第一次，假设我们增加系统的体积，这类似于让气体等温膨胀。更大的体积意味着气体原子可到的位置更多，因此有更多的微观状态，因此熵随着体积的增加而增加，正如在第 19.2 节的"深入探究"中看到的那样。

第二次，假设我们保持体积不变，升高温度。这种变化如何影响系统的熵？回顾图 10.13a 中的分子速率分布，温度的升高增加了分子的最大速率，也拓宽了速率的分布，分子有更多可能的动能，微观状态的数量增加。因此，系统的熵随着温度的升高而增加。

分子运动与能量

在第 10.7 节中，当物质被加热时我们发现理想气体分子的平均动能与气体的绝对温度成正比。这意味着温度越高，分子移动得越快，它们具有的动能就越多。此外，如图 10.12a 所示，高温系统的分子速率范围*更广*。

理想气体的粒子是理想化的点，没有体积也没有键，我们把它们想象成在空间中飞行。任何真实分子都可以有三种更复杂的运动。整个分子可以朝一个方向运动，这是我们想象的理想粒子在宏观物体中的简单运动，比如一个被投掷出去的棒球。我们称这种运动为**平移运动**。气体中的分子比液体中的分子有更多的自由平移分配，液体中的分子比固体分子有更多的自由平移运动。

一个真实的分子也可以经历**振动运动**，即分子中的原子周期性地相互靠近和远离，以及**旋转运动**，即分子绕一个轴旋转，图 19.8 显示了水分子的振动运动和一种可能的旋转运动。这些不同的运动形式是分子储存能量的方式。

想一想

氩原子能够发生振动运动吗？

在实际分子中，振动和旋转运动可能导致的排列是单原子所没有的。因此，真实分子与同样数量的理想气体粒子相比具有更多可能的微观状态。*一般来说，一个系统可能的微观状态的数量随着体积的增大、温度的升高或分子数量的增加而增加*，因为任何这些变化都会增加组成该系统的分子的可能的位置和动能。我们还将看到，随着分子复杂性的增加，微观状态数也会增加，因为有更多的振动运动。

图例解析　描述这个分子的另一种可能的旋转运动。

└────────── 振动 ──────────┘　　　└── 旋转 ──┘

▲ 图 19.8　水分子中的振动和旋转运动

化学家有几种方法来描述一个系统可能增加的微观状态数量，从而增加该系统的熵。每一种方法都试图去建立一种观点：运动自由度增加会导致分子在不受物理屏障或化学键约束的情况下扩散。

描述熵增加的最常见的方法是系统的*随机性*或*无序性*的增加。另一种方法是将熵的增加比作*能量的分散（扩散）*，这是因为分子的位置和能量在整个系统中分布的方式越来越多。如果正确使用，每个描述（随机性或能量分散）在概念上都是有用的。

对 ΔS 进行定性预测

在一个简单的过程中，定性地估计系统的熵是如何变化的通常并不困难。如前所述，系统温度或体积的增加导致微观状态数的增加，进而使熵增加。另一个与微观状态数相关的因素是独立运动粒子的数量。

我们通常可以通过关注这些因素对熵的变化进行定性预测。例如，当水蒸发时，分子扩散到更大的空间。由于它们占据了更大的空间，它们运动的自由度增加，从而产生更多可能的微观状态，因而熵增加。

现在考虑水的相态，在冰中，氢键导致了图 19.9 所示的刚性结构。冰中的每一个分子都可以自由振动，但它的平移和旋转运动比液态水受到的限制要大得多。尽管在液态水中存在氢键，但分子可以更容易地相对移动（平移）和向周围翻转（旋转）。因此，在冰的融化过程中，可能的微观状态数增加，熵也增加，在水蒸气中，分子本质上是相互独立的，分子有其全部的平移、振动和旋转运动，水蒸气有更多的微观状态，因此熵比液态水和冰高。

▼ **图例解析**　在哪个阶段，水分子最不可能有旋转运动？

熵增 →

冰　　　　　　　　　液态水　　　　　　　　水蒸气

 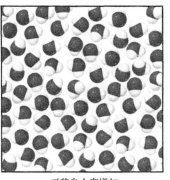 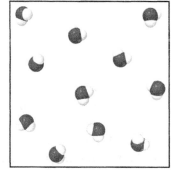

刚性晶体结构
运动仅限于振动
微观状态数最少

平移自由度增加
可自由振动和旋转
更多的微观状态

分子扩散，彼此独立
完全自由的平移、振动和旋转
微观状态数最多

▲ 图 19.9　**熵和水的相态**　可能的微观状态数越大，系统的熵就越高

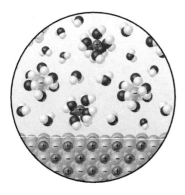

▲ 图 19.10　当离子固体溶解在水中时，熵发生变化　离子变得分散和无序，但水合离子的水分子无序性降低

图例解析

当反应发生时，导致熵降低的主要因素是什么？

2NO(g)+O₂(g)　　　2NO₂(g)

▲ 图 19.11　当 NO(g) 被 O₂(g) 氧化成 NO₂(g) 时，熵减小　气体分子数量的减少导致系统的熵降低

当离子固体溶解在水中时，水和离子的混合物取代了纯固体和纯水，如图 19.10 所示的 KCl。离子在液体中的运动空间大于它们在晶格中运动的空间，从而产生会更多的运动。增加的运动可能会导致我们得出这样的结论：系统的熵增加了。然而，这时我们必须小心，一些水分子已经失去了一些运动的自由。这是由于它们与离子之间水合作用的缘故，被固定在离子周围。（见 13.1 节）。这些水分子比以前处于更有序的状态，它们被限制在离子的邻近环境中。因此，盐的溶解既涉及无序过程（离子受限减少），也涉及有序过程（某些水分子受限增加）。大多数盐溶解在水中时，无序过程通常占主导地位，因此，总体效果是系统的随机性增加。

现在，想象一下，把生物分子放到一个高度有序的生化系统中，比如在章首图中的核小体，我们预测这个有序结构的产生会导致系统熵的降低。但事实并非如此。当两个大的生物分子相互作用时，水合作用的水和抗衡离子可以从界面排出。因此，如果认为水和抗衡离子是系统的一部分，那么实际上系统的熵会增加。

同样的思想也适用于化学反应。考虑一氧化氮气体与氧气反应生成二氧化氮气体：

$$2\,NO(g) + O_2(g) \longrightarrow 2\,NO_2(g) \qquad (19.7)$$

这导致分子数量减少——3 个气体反应物分子形成 2 个气体产物分子（见图 19.11）。新的 N—O 键的形成减少了系统中原子的运动，减少了原子可能的*自由度的数目*或运动形式。也就是说，由于新键的形成，原子随机运动的自由度降低了。分子数量的减少和运动的减少导致可能的微观状态减少，因此系统的熵降低。

总的来说，对于下列过程，我们通常预测系统的熵增加：

1. 固体或液体形成气体；
2. 由固体形成液体或溶液；
3. 气体分子数增加的化学反应。

　实例解析 19.3

预测 ΔS 的符号

假设下列每个过程都在恒定温度下发生，预测每个过程的 ΔS 是正值还是负值：

（a）$H_2O(l) \longrightarrow H_2O(g)$；
（b）$Ag^+(aq) + Cl^-(aq) \longrightarrow AgCl(s)$；
（c）$4\,Fe(s) + 3\,O_2(g) \longrightarrow 2\,Fe_2O_3(s)$；
（d）$N_2(g) + O_2(g) \longrightarrow 2\,NO(g)$。

解析

分析　给出 4 个反应方程式，要求预测每个反应的 ΔS 符号。

思路　如果温度升高、体积增加或气体分子数增加，我们预测 ΔS 为正。已知温度是恒定的，所以我们需要关心粒子的体积和数量。

解答

（a）随着液体变成气体，蒸发使体积大幅度增加。1mol 水（18g）作为液体占据约 18mL，如果在标准状态下以气体的形式存在，它将占据 22.4L。由于分子在气态时分布在更大的空间中，伴随着蒸发运动的自由度增加，因而 ΔS 是正的。

（b）在这个过程中，整个溶液中自由移动的离子形成固体。在固体中，离子被限定在较小的空间，更严格地被限制。因此，ΔS 为负。

（c）与气体分子相比，固体粒子被固定在特定的位置，同时运动的方式也更少（微观状态也更少）。由于 O_2 转化为固体产物 Fe_2O_3 的一部分，因此 ΔS 为负值。

（d）反应气体的物质的量与产物气体的物质的量相同，因此熵变很小。根据我们目前的讨论，不可能预测 ΔS 的符号，但可以预测 ΔS 将接近于零。

▶ 实践练习1

指出每个过程系统的熵是增加还是减少：

（a）$CO_2(s) \longrightarrow CO_2(g)$

（b）$CaO(s) + CO_2(g) \longrightarrow CaCO_3(s)$

（c）$HCl(g) + NH_3(g) \longrightarrow NH_4Cl(s)$

（d）$2\,SO_2(g) + O_2(g) \longrightarrow 2\,SO_3(g)$

▶ 实践练习2

由于自发过程整个体系的熵会增加，这是否意味着非自发过程的熵会减少？

 实例解析 19.4

预测相对熵

在每一对中，选择熵更大的系统，并解释原因：（a）25℃时 1mol NaCl(s) 与 1mol HCl(g)；（b）25℃时 2mol HCl(g) 与 1mol HCl(g)；（c）298K 时 1mol HCl(g) 与 1mol Ar(g)。

解析

分析　我们需要选择每对系统中熵较大的一个。

思路　检查每个系统的状态和它所包含的分子的复杂性。

解答　（a）HCl(g) 具有更高的熵，因为气体中的粒子比固体中的粒子更无序，具有更大的运动自由度。（b）当这两个系统处于同一压力时，含有 2mol HCl 的系统的分子数是含有 1mol 系统的 2 倍。因此，2mol 系统的微观状态数是 1mol 系统的 2 倍，熵也是两倍。（c）HCl 系统具有更高的熵，因为 HCl 分子储存能量的方式比 Ar 原子储存能量的方式多（分子可以旋转和振动，原子不能）。

▶ 实践练习1

哪个系统的熵最大？（a）标准状态下 1mol $H_2(g)$；（b）100℃，0.5atm 下 1mol $H_2(g)$；（c）0℃下 1mol $H_2O(s)$；（d）25℃下 1mol $H_2O(l)$。

▶ 实践练习2

在每种情况下选择熵较大的系统：

（a）标准状态下 1mol $H_2(g)$ 与 1mol $SO_2(g)$；（b）标准状态下 1mol $N_2O_4(g)$ 与 2mol $NO_2(g)$。

热力学第三定律

如果我们通过降低温度来降低系统的热能，那么储存在平移、振动和旋转中的能量就会减少。随着储存能量的减少，系统的熵会减小，因为它的微观状态越来越少。如果我们继续降低温度，是否能达到一个状态？在这个状态下，这些运动本质上是停止的，只有单一的微观状态。这个问题由**热力学第三定律**来解决：

在绝对零度时，纯的、完美的晶体物质的熵是零：$S(0K)=0$。

考虑一种纯的、完美的晶体，在绝对零度时，晶格中的单个原子或分子将完全有序地排列在固定位置上。因为它们都没有热运动，所以只有一种可能的微观状态。结果，式（19.5）变为 $S = k\ln W = k\ln 1 = 0$。当温度从绝对零度升高时，晶体中的原子或分子以晶格上的振动的形式获得能量。这意味着自由度和熵都会增加。然而，当继续加热晶体时，熵会发生什么变化呢？我们将在下一节讨论这个重要问题。

化学与生活 **熵与人类社会**

任何生物都是一个复杂的、高度组织的、有序的系统，甚至在分子水平上也是，就像我们在本章开头看到的核小体。如果我们完全被分解成二氧化碳、水和其他几种简单的化学物质，我们的熵含量会低很多。这是否意味着生命违反了热力学第二定律？答案是否定的，因为产生和维持生命所必需的数千种化学反应已经导致整体中其余部分的熵大幅度增加，因此，正如热力学第二定律，人类或任何其他生命系统在一生中的总体熵变是正值。

热力学第二定律也适用于我们人类对周围环境的控制方式。除了我们自己是一个复杂的生命系统外，我们还是周围世界产生有序性的主导者。我们在纳米尺度上对物质进行操纵和排序，以产生在 21 世纪已经司空见惯的技术突破。我们使用大量的原材料来生产高度有序的材料。在这样做的过程中，我们实质上消耗了大量的能量来对抗热力学第二定律。

然而，相对于我们实现每一点有序性，我们产生的无序性更大。石油、煤炭和天然气燃烧以提供我们实现高度有序结构所需的能量，但它们的燃烧通过释放 $CO_2(g)$、$H_2O(g)$ 和热量增加了体系的熵。因此，即使我们努力在社会中创造令人印象深刻的发明和更多的有序性，我们也像第二定律所说的那样，把整体的熵变得更高。

事实上，我们人类正在消耗能量丰富的材料宝库来创造有序性和促进技术进步。如第 5 章所述，我们必须学会利用太阳能等新能源，从而减少对不可再生能源的依赖。

19.4 │ 化学反应的熵变

在第 5.5 节中，我们讨论了量热法如何用来测量化学反应的 ΔH。对于反应的 ΔS 没有类似的测量方法。然而，由于第三定律为熵建立了一个零点，我们可以通过实验来确定*熵的绝对值* S。为了说明这是如何做到的，让我们仔细回顾一种物质的熵随温度的变化。

熵的温度变化

我们知道，一个纯的、完美的晶体在 0 K 时的熵是零，并且熵随着晶体温度的升高而增加。图 19.12 显示了固体的熵随着温度的升高而稳步增加，直到固体的熔点。当固体熔化时，原子或分子可以自由移动，充满整个样品体积。增加的自由度增加了物质的随机性，从而增加了熵。因此，我们看到在熔点处熵急剧增加。当所有的固体都熔化后，温度升高，熵也随之升高。

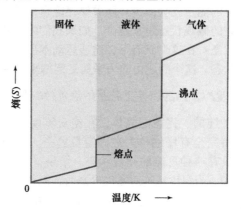

▽ 图例解析

为什么图中显示的熔点和沸点处有垂直跳跃？

▲ 图 19.12　熵随温度升高而增大

在液体的温度达到沸点时，熵又突然增加。我们可以理解这种增加是由于原子或分子进入气态时体积增加所致。当进一步加热气体时，熵随着气体原子或分子平移时储存的能量的增加而平稳增加。

在更高温度下发生的另一个变化是分子速度向更高值倾斜（见图 10.13a）。速度范围的扩大导致动能的增加和无序度的增加，从而导致熵的增加。在图 10.13 中得出的结论与我们之前提到的一致：熵通常随着温度的升高而增加，因为动能的增加会导致更多可能的微观状态。

熵与温度的关系如图 19.12 所示，可以通过仔细测量物质的热容（见 5.5 节）随温度的变化而得到，我们可以利用这些数据获得不同温度下的绝对熵（用于这些测量和计算的理论和方法超出了本书的范围）。1mol 物质的熵为摩尔熵单位为焦耳每摩尔开尔文 [J/(mol·K)]。

标准摩尔熵

物质在其标准状态下的摩尔熵称为**标准摩尔熵**，表示为 $S°$。任何物质的标准状态定义为 1atm 下的纯物质。$^{\ominus}$ 表 19.1 列出了 298K 下许多物质的 $S°$ 值。附录 C 给出了更多物质的列表。

我们可以对表 19.1 中的 $S°$ 值做一些观察：

1. 与生成焓不同，参考温度为 298K 时，元素的标准摩尔熵不是零。

2. 气体的标准摩尔熵大于液体和固体的摩尔熵，这与我们对实验观察的解释一致，如图 19.12 所示。

3. 标准摩尔熵一般随摩尔质量的增加而增加。

4. 标准摩尔熵通常随着物质分子式中原子数的增加而增加。

第 4 点与第 19.3 节讨论的分子运动有关。一般来说，随着原子数的增加，可能的微观状态的数量也会增加。图 19.13 比较了气相中三种碳氢化合物的标准摩尔熵。注意观察熵是如何随着分子中原子数的增加而增加的。

表 19.1 298K 时所选物质的标准摩尔熵

物质	$S°$/[J/(mol·K)]
$H_2(g)$	130.6
$N_2(g)$	191.5
$O_2(g)$	205.0
$H_2O(g)$	188.8
$NH_3(g)$	192.5
$CH_3OH(g)$	237.6
$C_6H_6(g)$	269.2
$H_2O(l)$	69.9
$CH_3OH(l)$	126.8
$C_6H_6(l)$	172.8
$Li(s)$	29.1
$Na(s)$	51.4
$K(s)$	64.7
$Fe(s)$	27.23
$FeCl_3(s)$	142.3
$NaCl(s)$	72.3

▼ 图例解析

预测丁烷（C_4H_{10}）的 $S°$ 值会是多少？

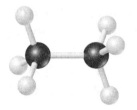

甲烷，CH_4
$S°$=186.3 J/(mol·K)
a)

乙烷，C_2H_6
$S°$=229.6 J/(mol·K)
b)

丙烷，C_3H_8
$S°$=270.3 J/(mol·K)
c)

▲ 图 19.13 熵随着分子复杂性的增加而增加

$\ominus$ 热力学中使用的压力单位不再是 atm，而是国际单位制，帕斯卡（pa）。压力 10^5Pa 为 1bar（bar 亦非国际单位）；1bar =10^5 Pa=0.987atm。由于 1bar 与 1atm 的差值仅为 1.3%，本书将继续将标准压力定为 1atm。

计算反应的熵变

化学反应的熵变等于产物的熵之和减去反应物的熵之和：

$$\Delta S^\circ = \sum n S^\circ（产物）- \sum m S^\circ（反应物） \tag{19.8}$$

如式（5.31）所示，系数 n 和 m 是平衡化学方程式中的系数。

 实例解析 19.5

根据表中的熵计算 ΔS°

计算 298K 下 $N_2(g)$ 和 $H_2(g)$ 合成氨的系统标准熵变化 ΔS°：

$$N_2(g) + 3H_2(g) \longrightarrow 2NH_3(g)$$

解析

分析 要求从组成元素计算合成 $NH_3(g)$ 的标准熵变。

思路 我们可以使用式（19.8）和表 19.1 及附录 C 中的标准摩尔熵进行计算。

解答

利用式（19.8），我们得到：

$$\Delta S^\circ = 2 S^\circ(NH_3) - [S^\circ(N_2) + 3 S^\circ(H_2)]$$

将表 19.1 中的对应的 S° 值代入：

$$\Delta S^\circ = (2mol)(192.5J/mol \cdot K) - [(1mol)(191.5J/mol \cdot K)$$
$$+ (3mol)(130.6J/mol \cdot K)]$$
$$= -198.3J/K$$

检验 与反应过程中气体分子数量减少的定性预测一致，ΔS° 的值为负值。

（a）326.3J/K （b）265.7J/K （c）163.2J/K
（d）88.5J/K （e）-326.3J/K

▶ **实践练习 1**

使用附录 C 中的标准摩尔熵，计算 298K 下"水分解"反应的标准熵变 ΔS°：

$$2H_2O(l) \longrightarrow 2H_2(g) + O_2(g)$$

▶ **实践练习 2**

使用附录 C 中的标准摩尔熵，计算 298K 时以下反应的标准熵变 ΔS°：

$$Al_2O_3(s) + 3H_2(g) \longrightarrow 2Al(s) + 3H_2O(g)$$

环境熵变

我们可以使用表中的绝对熵值来计算系统中的标准熵变，如上面所描述的化学反应。但是环境熵会发生什么变化呢？我们在第 19.2 节中遇到了这种情况，在研究化学反应时，最好回顾一下。

我们应该认识到，任何系统的周围环境基本上都是一个大的、恒温热源（如果热量从系统流向周围环境，则是冷源）。环境熵变取决于系统吸收或释放了多少热量。

对于一个等温过程，环境熵变由下式得出：

$$\Delta S_{环境} = \frac{q_{环境}}{T} = \frac{-q_{系统}}{T}$$

因为在恒压过程中，$q_{系统}$ 简化为反应的焓变 ΔH，我们可以写为：

$$\Delta S_{环境} = \frac{-\Delta H_{系统}}{T}（恒压条件下） \tag{19.9}$$

对于实例解析 19.5 中的合成氨反应，$q_{系统}$是标准条件下反应的焓变，为 $\Delta H°$，因此熵的变化为标准熵变 $\Delta S°$。

因此，根据第 5.7 节所述的过程，我们得出：

$$\Delta H°_{rxn} = 2 \Delta H_f°[NH_3(g)] - 3 \Delta H_f°[H_2(g)] - \Delta H_f°[N_2(g)]$$
$$= 2 \times (-46.19kJ) - 3 \times (0kJ) - (0kJ) = -92.38kJ$$

结果为负值告诉我们，在 298K 时，$H_2(g)$ 和 $N_2(g)$ 生成氨是放热过程。周围环境吸收系统散发的热量，这意味着周围环境的熵增加：

$$\Delta S°_{环境} = \frac{92.38kJ}{298K} = 0.310kJ/K = 310J/K$$

值得注意的是周围环境获得的熵大于系统损失的熵，在实例解析 19.5 中计算为 $-198.3J/K$。

反应的总熵变是：

$$\Delta S°_{整体} = \Delta S°_{系统} + \Delta S°_{环境} = -198.3J/K + 310J/K = 112J/K$$

由于对任何自发反应 $\Delta S°_{整体}$ 都是正的，计算表明，当 $NH_3(g)$、$H_2(g)$ 和 $N_2(g)$ 在 298K 的标准状态下（每种物质所受压力均为 1atm）混合存在时，反应会自发地向形成 $NH_3(g)$ 的方向移动。

需要记住的是虽然热力学计算表明氨的形成是自发的，但并不能告诉我们氨形成的速率。如第 15.7 节所述，要想在合适的时间内达到系统的平衡需要催化剂。

▲ **想一想**

如果一个过程是放热的，那么环境的熵（a）总是增加，（b）总是减少，（c）有时增加有时减少，取决于过程吗？

19.5 | 吉布斯自由能

我们已经看到一些自发的吸热过程的例子，例如硝酸铵在水中的溶解（见 13.1 节）。在对溶液形成过程的讨论中我们了解到，吸热的自发过程必然伴随着系统熵的增加。然而，我们也遇到一些自发过程，系统的熵却在减少，例如由其组成元素形成氯化钠的强放热过程（见 8.2 节）。导致系统熵降低的自发过程总是放热的。因此，反应的自发性似乎涉及两个热力学概念，即焓和熵。

怎么样用 ΔH 和 ΔS 预测一个给定的反应在恒温恒压下是否是自发的？方法最早由美国数学家约西亚威拉德吉布斯 [J.Willard Gibbs，（1839—1903）] 提出。他提出了一个新的状态函数 G，称为**吉布斯自由能**（或简称**自由能**），定义为

$$G = H - TS \qquad (19.10)$$

式中，T 是绝对温度。对于等温过程，系统自由能的变化 ΔG 为

$$\Delta G = \Delta H - T\Delta S \qquad (19.11)$$

▼ 图例解析

使系统趋向平衡的过程是自发的还是非自发的？

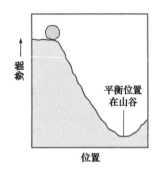

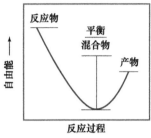

▲ 图 19.14 势能和自由能
将滚下山的巨石的重力势能变化与自发过程中的自由能变化进行了类比。当压力和温度保持恒定时，自由能总是在自发过程中降低

标准状态下，式（19.11）可以写成

$$\Delta G^\circ = \Delta H^\circ - T\Delta S^\circ \qquad (19.12)$$

为了了解状态函数 G 与反应自发性的关系，回想一下在恒温恒压下发生的反应

$$\Delta S_{整体} = \Delta S_{系统} + \Delta S_{环境}$$

将式（19.9）代入 $\Delta S_{整体}$，两边乘以 $-T$ 得到

$$\Delta S_{整体} = \Delta S_{系统} + \frac{-\Delta H_{系统}}{T}$$

$$-T\Delta S_{整体} = \Delta H_{系统} - T\Delta S_{系统} \qquad (19.13)$$

比较式（19.11）和式（19.13），发现在恒温恒压的过程中，自由能变化 ΔG 等于 $-T\Delta S_{整体}$。我们知道，对于自发过程，$\Delta S_{整体}$ 总是正的，因此，$T\Delta S_{整体}$ 总是负的。因此，ΔG 的符号为我们提供了有关在恒定温度和压力下发生的过程自发性的极有价值的信息。如果 T 和 P 都是常数，则 ΔG 符号与反应自发性之间的关系为：

- 如果 $\Delta G < 0$，则反应在正向上是自发的。
- 如果 $\Delta G = 0$，则反应处于平衡状态。
- 如果 $\Delta G > 0$，则正向的反应是非自发的（必须采取措施使其发生），但逆向反应是自发的。

使用 ΔG 作为自发性的标准比使用 $\Delta S_{整体}$ 更方便，因为 ΔG 仅与系统有关，不必考虑周围环境的复杂性。

在自发过程中的自由能变化和巨石从山上滚下时的势能变化之间经常有一个类比（见图 19.14）。重力场中的势能"驱动"巨石，直到它达到山谷中势能最小的状态。同样，化学系统的自由能也会降低，直到达到最小值。当达到这个最小值时，就存在一个平衡状态。*在恒温恒压下任何自发过程的自由能总是减少。*

为了证明这些思想，让我们回顾 Haber 的氮气和氢气合成氨过程，我们在第 15 章中进行了讨论：

$$N_2(g) + 3H_2(g) \rightleftharpoons 2NH_3(g)$$

假设有能保持恒定温度和压力的反应容器，以及能有以合理的速度进行反应的催化剂。当我们把一定物质的量的 N_2 和 $N_2$3 倍物质的量的 H_2 装入容器时，会发生什么？如图 15.4 所示，N_2 和 H_2 自发反应形成 NH_3，直到达到平衡。同样地，图 15.4 显示，如果我们向容器加入纯 NH_3，它会自发分解为 N_2 和 H_2，直到达到平衡。在每种情况下，随着反应向平衡移动，系统的自由能都逐渐降低，这代表平衡时自由能的值最小。我们将在图 19.15 中进行说明。

 想一想

对于（a）熵，（b）自由能，自发性的标准是什么？

这提醒我们对于一个未达到平衡状态的系统而言，反应熵，Q 的重要性（见 15.6 节）。回想一下，当 $Q < K$ 时，反应物相对于产物过量，并且反应向正向自发进行以达到平衡，如图 19.15 所示。当 $Q > K$ 时，反应自发地向相反的方向进行。平衡时，$Q = K$。

图例解析 为什么自发过程有时被称为自由能的"下坡"？

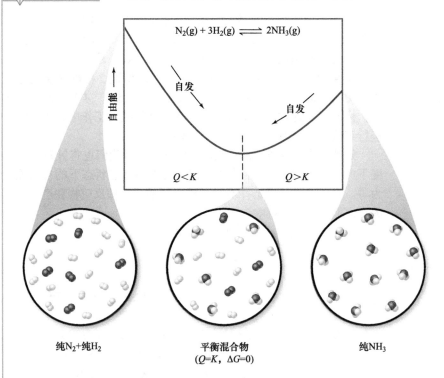

▲ 图 19.15 **自由能和趋于平衡** 在反应 $N_2(g) + 3\,H_2(g) \rightleftharpoons 2\,NH_3(g)$ 中，如果反应混合物相对于 NH_3 含有过多的 N_2 和 H_2（左），$Q < K$，NH_3 自发形成。如果混合物中相对于反应物 N_2 和 H_2 有更多的 NH_3（右），$Q > K$，NH_3 会自发分解成 N_2 和 H_2

实例解析 19.6

由 $\Delta H°$、T 和 $\Delta S°$ 计算标准自由能变化（$\Delta G°$）

计算 298K 时，$N_2(g)$ 和 $O_2(g)$ 生成 $2NO(g)$ 的标准自由能变化：

$$N_2(g) + O_2(g) \longrightarrow 2\,NO(g)$$

基于 $\Delta H° = 180.7kJ$ 和 $\Delta S° = 24.7J/K$，在上述条件下的反应是自发的吗？

解析

分析 需要计算所示反应的 $\Delta G°$（给定 $\Delta H°$、$\Delta S°$ 和 T），并预测在 298K 标准状态下反应是否自发。

思路 为了计算 $\Delta G°$，使用式（19.12），$\Delta G° = \Delta H° - T\Delta S°$。为了确定在标准状态下反应是否自发，须观察 $\Delta G°$ 的符号。

解答

$\Delta G° = \Delta H° - T\Delta S°$

$= 180.7kJ - (298K)(24.7J/K)\left(\dfrac{1kJ}{10^3 J}\right)$

$= 180.7kJ - 7.4kJ$

$= 173.3kJ$

因为 $\Delta G°$ 是正的，所以在 298K 的标准状态下反应不是自发的。

结论 请注意，我们将 $T\Delta S°$ 项的单位转换为 kJ，以便与单位为 kJ 的 $\Delta H°$ 项相结合。

▶ **实践练习 1**

下列说法中哪一个是正确的？（a）所有自发反应焓变都为负；（b）所有自发反应熵变都为正；（c）所有自发反应自由能变化都为正；（d）所有自发反应自由能变化都为负；（e）所有自发反应熵变都为负。

▶ **实践练习 2**

有一个反应，在 298K 时 $\Delta H° = 24.6kJ$，$\Delta S° = 132J/K$，计算该反应的 $\Delta G°$，此条件下反应是自发的吗？

表 19.2　建立标准自由能的规定

物质状态	标准状态
固体	纯固体
液体	纯液体
气体	压力 1atm
溶液	浓度 1M
元素	元素标准态为 $\Delta G_f° = 0$

标准生成自由能

回想一下，*标准生成焓* $\Delta H_f°$ 定义为物质在规定的标准条件下由其元素生成时焓的变化（见 5.7 节）。我们可以用类似的方式定义**标准生成自由能**，即 $\Delta G_f°$，一种物质的 $\Delta G_f°$ 是在标准条件下由其元素生成时的自由能的变化。如表 19.2 所述，标准状态是指气体压力为 1atm，固体为纯固体，液体为纯液体。对于溶液中的物质，标准状态通常为 1M 的浓度（在非常精确的工作中，可能需要进行某些修正，但我们不必担心这些）。

通常为制表数据选择的温度为 25℃，但我们也将计算其他温度下的 ΔG。就像标准生成热一样，元素在标准状态下的自由能设为零。参考点的任意选择对我们感兴趣的量（即反应物和产物之间的自由能差）没有影响。

附录 C 列出了一些标准生成自由能。

 想一想

当与热力学量（如 $\Delta H°$、$\Delta S°$ 或 $\Delta G°$）相关时，上标 ° 表示什么？

标准生成自由能可用于计算化学反应中的*标准自由能变化*。该反应类似于 $\Delta H°$[式（5.31）] 和 $\Delta S°$[式（19.8）] 的计算：

$$\Delta G° = \sum n\, \Delta G_f°（产物）- \sum m\, \Delta G_f°（反应物）\qquad（19.14）$$

实例解析 19.7
从生成自由能计算标准自由能变化

（a）使用附录 C 中的数据计算 298K 时 $P_4(g) + 6Cl_2(g) \longrightarrow 4PCl_3(g)$ 反应的标准自由能变化。（b）该反应的逆反应的 $\Delta G°$ 是多少？

解析

分析　要求计算一个反应的自由能变化，然后确定逆向反应的自由能变化。

思路　我们查到产物和反应物的自由能值，用式（19.14）计算。我们将物质的量乘以平衡化学方程式中的系数，然后用产物的总和减去反应物的总和。

解答　（a）$Cl_2(g)$ 处于其标准状态，因此该反应物的 $\Delta G_f°$ 为零。然而，$P_4(g)$ 为非标准状态，因此对于该反应物，$\Delta G_f°$ 不是零。根据平衡化学方程式和附录 C 中的值，我们得到

$\Delta G°_{rxn} = 4\,\Delta G_f°[PCl_3(g)] - \Delta G_f°[P_4(g)] - 6\,\Delta G_f°[Cl_2(g)]$

$= (4mol) \cdot (-269.6kJ/mol) - (1mol) \cdot (24.4kJ/mol) - 0$

$= -1102.8kJ$

从 $\Delta G°$ 为负可知：$P_4(g)$、$Cl_2(g)$、$PCl_3(g)$ 的混合物在 25℃ 下，每个分压为 1atm 的条件下自发地向着生成更多 PCl_3 的正向进行。然而，请记住，$\Delta G°$ 的值并不能表示反应发生的速率。

（b）当考虑逆反应时，我们颠倒反应物和产物的位置。因此，逆反应会改变式（19.14）中 $\Delta G°$ 的符号，正如逆反应会改变 ΔH 的符号一样（见 5.4 节）。因此，利用（a）部分的结果，我们得出

$$4PCl_3(g) \longrightarrow P_4(g) + 6Cl_2(g) \quad \Delta G° = +1102.8kJ$$

▶ 实践练习 1

以下两个化学方程式描述了相同的化学反应，这两个化学反应的自由能大小如何？

（1）$2H_2O(l) \longrightarrow 2H_2(g) + O_2(g)$

（2）$H_2O(l) \longrightarrow H_2(g) + 1/2\,O_2(g)$

（a）$\Delta G_1° = \Delta G_2°$ （b）$\Delta G_1° = 2\Delta G_2°$

（c）$2\Delta G_1° = \Delta G_2°$ （d）以上都不对

▶ 实践练习 2

使用附录 C 中的数据计算 298K 下甲烷燃烧的 $\Delta G°$ 值：

$$CH_4(g) + 2O_2(g) \longrightarrow CO_2(g) + 2H_2O(g)$$

实例解析 19.8
预测和计算 $\Delta G°$

在第 5.7 节中，我们使用盖斯（Hess）定律计算了 298K 下丙烷气体燃烧的 $\Delta H°$：

$$C_3H_8(g) + 5\,O_2(g) \longrightarrow 3\,CO_2(g) + 4H_2O(l) \quad \Delta H° = -2220kJ$$

（a）在不使用附录 C 中数据的情况下，预测该反应的 $\Delta G°$ 和 $\Delta H°$ 哪个更负；

（b）使用附录 C 中的数据计算 298K 时反应的 $\Delta G°$，检查（a）中预测是否正确？

解析

分析 在（a）中，我们必须根据反应的平衡化学方程式预测 $\Delta G°$ 与 $\Delta H°$ 的相对大小。在（b）中，我们必须计算 $\Delta G°$ 的值，并将该值与定性预测进行比较。

思路 自由能的变化包含了反应的焓变和熵变 [式（19.11）]，因此在标准条件下：

$$\Delta G° = \Delta H° - T\Delta S°$$

为了确定 $\Delta G°$ 和 $\Delta H°$ 的大小，我们需要确定 $T\Delta S°$ 的符号。因为 T 是绝对温度，298K，总为正数，我们可以通过观察反应来预测 $\Delta S°$ 的符号。

解答

（a）反应物是 6 个气体分子，产物是 3 个气体分子和 4 个液体分子。因此，在反应过程中气体分子的数量显著减少。利用第 19.3 节中讨论的一般规则，我们预计气体分子数量的减少会导致系统熵的降低。产物的可能微观状态数比反应物少。因此，我们预计 $\Delta S°$ 和 $T\Delta S°$ 为负。因为要减去 $T\Delta S°$，这是一个负数，所以预测 $\Delta G°$ 小于 $\Delta H°$。

（b）利用式（19.14）和附录 C 中的值，得出：

$$\Delta G° = 3\,\Delta G_f°[CO_2(g)] + 4\,\Delta G_f°[H_2O(l)]$$
$$- \Delta G_f°[C_3H_8(g)] - 5\,\Delta G_f°[O_2(g)]$$

$$= 3mol \times (-394.4kJ/mol) + 4mol \times (-237.13kJ/mol) -$$
$$1mol \times (-23.47kJ/mol) - 5mol \times (0kJ/mol) = -2108kJ$$

注意，运用 $H_2O(l)$ 的 $\Delta G_f°$ 值要仔细。在计算 $\Delta H°$ 值时，反应物和产物的相态很重要。正如我们所预测的那样，由于反应过程中熵的减少，因此 $\Delta G°$ 比 $\Delta H°$ 小。

▶ **实践练习 1**
如果一个反应是放热的，它的熵变是正的，那么下列哪个说法是正确的？（a）该反应在所有温度下都是自发的；（b）该反应在所有温度下都是非自发的；（c）反应只在较高温度下是自发的；（d）反应只在较低温度下是自发的。

▶ **实践练习 2**
对于丁烷在 298K 下的燃烧，$2C_4H_{10}(g) + 13O_2(g) \longrightarrow 8CO_2(g) + 10H_2O(g)$，你认为 $\Delta G°$ 与 $\Delta H°$ 比，哪个更负？

深入探究 自由能的"自由"是什么意思？

吉布斯自由能是一个著名的热力学量。由于许多化学反应是在接近恒定的压力和温度的条件下进行，因此化学家、生物化学家和工程师将 ΔG 的符号和量值视为设计化学反应和生物化学反应时非常有用的工具。在本章和本书的其余部分，我们将看到 ΔG 的有用性示例。

当第一次学习 ΔG 时，经常会出现两个常见的问题：为什么 ΔG 的符号是反应自发性的指标？自由能的"自由"是什么意思？

在第 19.2 节中，我们看到热力学第二定律决定了反应的自发性。然而，为了应用热力学第二定律 [式（19.4）]，我们必须确定 $\Delta S_{整体}$，这通常很难估计。然而，当 T 和 P 为常数时，我们可以用式（19.9）的表达式代替式（19.4）中的 $\Delta S_{环境}$，将 $\Delta S_{整体}$ 与系统的熵和焓的变化关联起来：

$$\Delta S_{整体} = \Delta S_{系统} + \Delta S_{环境} = \Delta S_{系统} + \frac{-\Delta H_{系统}}{T} \quad (19.15)$$

因此，在恒定的温度和压力下，热力学第二律变成：

$$可逆过程：\Delta S_{整体} = \Delta S_{系统} - \frac{\Delta H_{系统}}{T} = 0$$

$$不可逆过程：\Delta S_{整体} = \Delta S_{系统} - \frac{\Delta H_{系统}}{T} > 0 \quad (19.16)$$
$$(T, P\ 是常数)$$

现在我们可以看到 $\Delta G_{系统}$（我们称之为 ΔG）和热力学第二定律之间的关系。从式（19.11）中我们知道 $\Delta G = \Delta H_{系统} - T\Delta S_{系统}$。如果将式（19.16）乘以 $-T$ 并进行重排，我们得出以下结论：

$$可逆过程：\Delta G = \Delta H_{系统} - T\Delta S_{系统} = 0$$

$$不可逆过程：\Delta G = \Delta H_{系统} - T\Delta S_{系统} < 0 \quad (19.17)$$
$$(T, P\ 是常数)$$

式（19.17）使我们能够运用 ΔG 的符号来推断一个反应是自发的、非自发的还是平衡的。当 $\Delta G < 0$ 时，反应是不可逆的，因此是自发的。当 $\Delta G = 0$ 时，反应是可逆的，因此处于平衡状态。如果一个反应的 $\Delta G > 0$，那么逆反应将有 $\Delta G < 0$。因此，该反应

是非自发的，但它的逆反应是不可逆的且是自发的。

ΔG 的大小也很重要。与 ΔG 较小且为负值的反应（如室温下的冰融化）相比，ΔG 较大且为负值的反应（如汽油燃烧）对周围环境做功能力更强。事实上，热力学告诉我们，一个过程的自由能变化 ΔG，等于在恒定温度和压力下自发过程中系统对周围环境所能做的最大有用功：

$$\Delta G = -w_{max} \qquad (19.18)$$

（请记住表 5.1 中的符号惯例：系统做功为负）。换句话说，ΔG 给出了一个过程可以做功的理论极限。

式（19.18）中的关系解释了为什么 ΔG 被称为 *自由能变化*——它是自发反应能量变化的一部分，可以自由地做有用功。剩余的能量以热量进入环境。例如，汽油燃烧的理论最大功由燃烧反应的 ΔG 值得出。平均而言，标准内燃机在利用这一潜在功方面效率低下，在将汽油的化学能转换为机械能以推动车辆时，超过 60% 的潜在功会损失（主要是作为热能）。当考虑其他损失——空转时间、刹车、空气阻力等时，来源于汽油的只有约 15% 的潜在功被用来推动汽车。汽车设计的进步——如混合动力技术和新型轻质材料——有可能增加从汽油中获得有用功的百分比。

19.6 | 自由能与温度

如附录 C 所示的 ΔG_f° 表格可以计算 25°C 标准温度下反应的 $\Delta G°$，但我们通常对其他温度也感兴趣。为了了解 ΔG 是如何受温度影响的，让我们再看一下式（19.11）：

$$\Delta G = \Delta H - T\Delta S = \underset{\text{焓项}}{\Delta H} + \underset{\text{熵项}}{(-T\Delta S)}$$

请注意，我们已经将 ΔG 的表达式写成两个有贡献项之和的形式，一个是焓项 ΔH，另一个是熵项 $-T\Delta S$。因为 $-T\Delta S$ 的值直接取决于绝对温度 T，因此，ΔG 随温度变化。我们知道，焓项 ΔH 可以是正的，也可以是负的，在除绝对零度以外的所有温度下，T 都是正的。熵项 $-T\Delta S$ 也可以是正的或负的。当 ΔS 为正时，这意味着最终状态比初始状态具有更大的随机性（更多的微观状态），此时 $-T\Delta S$ 为负。当 ΔS 为负时，$-T\Delta S$ 为正。

反应是否是自发的，ΔG 符号取决于 ΔH 和 $-T\Delta S$ 的符号和大小。表 19.3 给出了 ΔH 和 $-T\Delta S$ 符号的各种组合。

注：表 19.3 中，当 ΔH 和 $-T\Delta S$ 有相反的符号时，ΔG 的符号取决于这两个项的大小。在这些情况下，温度是一个重要的考虑因素。一般来说，ΔH 和 ΔS 随温度变化很小。然而，T 的值直接影响 $-T\Delta S$ 的值。随着温度的升高，$-T\Delta S$ 的值增加，此项在确定 ΔG 的符号和大小时变得相对更重要。

举个例子，让我们再看一下在 1atm 下冰融化成液态水的过程：

$$H_2O(s) \longrightarrow H_2O(l) \qquad \Delta H > 0, \ \Delta S > 0$$

这个过程是吸热的，这意味着 ΔH 是正的。因为在这个过程中熵增加，所以 ΔS 是正的，这使得 $-T\Delta S$ 是负的。在低于 0°C（273K）的温度下，ΔH 的值大于 $-T\Delta S$ 的量值。因此，正焓项占主导地位，

表 19.3　ΔH 和 ΔS 的符号影响反应的自发性

ΔH	ΔS	$-T\Delta S$	$\Delta G = \Delta H - T\Delta S$	反应特点	例子
−	+	−	−	所有温度下都是自发的	$2O_3(g) \rightarrow 3O_2(g)$
+	−	+	+	所有温度下都是非自发的	$3O_2(g) \rightarrow 2O_3(g)$
−	−	+	+ 或 −	低温时自发；高温时非自发	$H_2O(l) \rightarrow H_2O(s)$
+	+	−	+ 或 −	高温时自发；低温时非自发	$H_2O(s) \rightarrow H_2O(l)$

因此 ΔG 为正。ΔG 正意味着，在 $T < 0°C$ 时，冰不会自发融化，正如日常经验告诉我们的那样；相反，在该温度下，逆过程液态水冻结成冰是自发的。

温度高于 $0°C$ 时会发生什么？随着 T 的增加，$-T\Delta S$ 的值也会增加。当 $T > 0°C$ 时，$-T\Delta S$ 的值大于 ΔH 的值，这意味着 $-T\Delta S$ 项占主导地位，因而 ΔG 为负。ΔG 负值告诉我们，在 $T > 0°C$ 时，冰是自发融化的。

在水的标准熔点 $T = 0°C$ 时，两相处于平衡状态。回想一下，在平衡状态下 $\Delta G = 0$；在 $T = 0°C$ 时，ΔH 和 $-T\Delta S$ 的大小相等，符号相反，因此相互抵消得 $\Delta G = 0$。

 想一想

苯的标准沸点是 80°C。在 100°C 和 1atm 时，对于苯的蒸发过程，ΔH 与 $-T\Delta S$ 哪项更大？

ΔG 对温度的依赖关系也与标准自由能变化有关。我们可以根据附录 C 中的数据计算 298K 时的 $\Delta H°$ 和 $\Delta S°$ 值。如果假设这些值不会随温度变化，那么可以使用式（19.12）来估计 298K 以外的温度下的 ΔG。

实例解析 19.9

确定温度对自发性的影响

生产氨的 Haber 反应涉及平衡

$$N_2(g) + 3H_2(g) \rightleftharpoons 2NH_3(g)$$

对于该反应，$\Delta H° = -92.38kJ$，$\Delta S° = -198.3J/K$。假设这个反应的 $\Delta H°$ 和 $\Delta S°$ 不会随温度变化。（a）预测反应的 ΔG 随温度升高的变化方向。（b）计算 25°C 和 500°C 时的 ΔG。

解析

分析 在（a）中，要求预测 ΔG 随温度升高的变化方向。在（b）中，我们需要确定两个温度下反应的 ΔG。

思路 我们可以通过确定反应的 ΔS 符号来回答（a），然后利用该信息分析式（19.12）。在（b）中，对于反应，我们使用已知的 $\Delta H°$ 和 $\Delta S°$ 值以及式（19.12）计算 ΔG。

解答

（a）ΔG 的温度依赖关系来自式（19.12），$\Delta G = \Delta H - T\Delta S$ 中的熵项。因为产物中气体分子的数量较小，我们预测此反应的 ΔS 为负。因为 ΔS 为负，$-T\Delta S$ 为正，随温度升高而增加。因此，随着温度的升高，ΔG 的负向变小（或正向变大）。因此，随着温度的升高，生成 NH_3 的驱动力变小。

（b）如果我们假设 $\Delta H°$ 和 $\Delta S°$ 的值不随温度变化，我们可以用式（19.12）计算任何温度下的 $\Delta G°$。

当 $T = 25°C = 298K$ 时，我们有：

$$\Delta G° = -92.38kJ - (298K) \cdot (-198.3J/K) \cdot \left(\frac{1kJ}{1000J}\right)$$

$$= -92.38kJ + 59.1kJ = -33.3kJ$$

当 $T = 500°C = 773K$ 时：

$$\Delta G = -92.38kJ - (773K) \cdot (-198.3J/K) \cdot \left(\frac{1kJ}{1000J}\right)$$

$$= -92.38kJ + 153kJ = 61kJ$$

注意，在两种计算中，我们都必须将 $-T\Delta S°$ 的单位转换为 kJ，以便与单位为 kJ 的 $\Delta H°$ 项相结合。

注解 将温度从 298K 升高到 773K，会使 ΔG 从 $-33.3kJ$ 变为 $+61kJ$。当然，773K 下的结果是假设 $\Delta H°$ 和 $\Delta S°$ 不随温度变化。虽然这些值确实随温度略有变化，但 773K 下的结果应该是一个合理的近似值。

随着 T 的增加 ΔG 的正增长与我们在（a）中的预测一致。结果表明，在 $N_2(g)$、$H_2(g)$ 和 $NH_3(g)$ 的混合物中，每种混合物的分压均为 1atm 时，$N_2(g)$ 和 $H_2(g)$ 在 298K 下自发反应生成更多的 $NH_3(g)$。在 773K 时，ΔG 的正值告诉我们逆反应是自发的。因此，当这些气体的混合物（每个气体的分压为 1atm）加热到 773K 时，一些 $NH_3(g)$ 会自发分解成 $N_2(g)$ 和 $H_2(g)$。

▶ 实践练习 1

　　当温度高于多少时，Haber 合成氨过程变成非自发的？

　　（a）25℃ （b）47℃ （c）61℃

　　（d）193℃ （e）500℃

▶ 实践练习 2

　　（a）使用附录 C 中的标准生成焓和标准生成熵，计算 298K 时，反应 $2SO_2(g) + O_2(g) \longrightarrow 2SO_3(g)$ 的 $\Delta H°$ 和 $\Delta S°$。（b）根据（a）中的值估算 400K 时的 $\Delta G°$。

19.7 | 自由能与平衡常数

在第 19.5 节中，我们看到了 ΔG 与平衡之间的特殊关系：对于处于平衡状态的系统，$\Delta G = 0$。我们还了解了如何使用表中热力学数据来计算标准自由能变化 $\Delta G°$ 的值。在最后一节中，我们学习另外两种利用自由能分析化学反应的方法：在非标准条件下用 $\Delta G°$ 计算 ΔG，以及关联反应的 $\Delta G°$ 和 K 值。

非标准状态下的自由能

表 19.2 给出了 $\Delta G°$ 值所对应的一些标准状态。大多数化学反应在非标准状态下发生。对于任何化学过程，标准状态下的自由能变化与任何其他条件下的自由能变化之间的关系，用下式给出：

$$\Delta G = \Delta G° + RT \ln Q \qquad (19.19)$$

式中，R 是理想气体常数（8.314J/mol·K）；T 是绝对温度；Q 是相关反应混合物的反应熵（见 15.6 节）。记住，反应熵 Q 的计算类似于平衡常数，但在反应的任意点时使用浓度；如果 $Q = K$，则反应处于平衡状态。在标准状态下，所有反应物和产物的浓度均等于 $1M$。因此，在标准条件下 $Q = 1$，$\ln Q = 0$，式（19.19）在标准状态下简化为 $\Delta G = \Delta G°$，事实也是如此。

实例解析 19.10

关联平衡时相变与 ΔG

（a）写出定义液态四氯化碳 [$CCl_4(l)$] 标准沸点的化学方程式;（b）对于（a），平衡时 $\Delta G°$ 的值是多少？（c）使用附录 C 和式（19.12）中的数据估算 CCl_4 的标准沸点。

解析

　　分析（a）必须写一个化学方程式，描述在标准沸点时液体和气体 CCl_4 之间的物理平衡。（b）必须确定标准沸点下达到平衡时的 $\Delta G°$ 值。（c）必须根据可用的热力学数据来估计 CCl_4 的标准沸点。

　　思路（a）化学方程式表达了从液体到气体的状态变化。对于（b），我们需要分析平衡（$\Delta G = 0$）时的式（19.19）。对于（c），在 $\Delta G = 0$ 情况下，我们可以使用方程计算 T。

　　解答

　　（a）标准沸点是纯液体与其蒸汽在 1atm 压力下达到平衡时的温度：

$$CCl_4(l) \rightleftharpoons CCl_4(g) \quad P = 1atm$$

　　（b）平衡时，$\Delta G = 0$。在任何标准沸点平衡中，液体及其蒸汽处于其标准状态时，液体为纯液体，蒸汽压力为 1atm（见表 19.2）。因此，对于这个过程，$Q = 1$，$\ln Q = 0$，因此，该过程的 $\Delta G = \Delta G°$。我们得出的结论是，对于代表任何液体标准沸点的平衡点，$\Delta G° = 0$。（我们还将得出标准熔点和标准升华点的相应平衡点 $\Delta G° = 0$）。

$$\Delta G° = 0$$

（c）结合式（19.12）和（b）中的结果，我们发现 $CCl_4(l)$（或任何其他纯液体）的标准沸点 T_b 的等式为：

$$\Delta G° = \Delta H° - T_b\,\Delta S° = 0$$

求解方程，得到 T_b：

$$T_b = \Delta H°/\Delta S°$$

严格地说，我们需要标准沸点下的 $CCl_4(l)$/$CCl_4(g)$ 平衡的 $\Delta H°$ 和 $\Delta S°$ 值来进行计算。但是，我们根据附录 C 和式（5.31）和式（19.8）中得到的 298K 下 CCl_4 相的 $\Delta H°$ 和 $\Delta S°$ 值来*估计*沸点：

$$\Delta H° = (1mol)\cdot(-106.7kJ/mol)-(1mol)\cdot(-139.3kJ/mol)=+32.6kJ$$
$$\Delta S° = (1mol)\cdot[309.4(J/mol\cdot K)]-(1mol)\cdot[214.4(J/mol\cdot K)]=+95.0J/K$$

如预期的那样，该过程是吸热的（$\Delta H > 0$），产生气体，从而导致熵增加（$\Delta S > 0$）。现在我们使用这些值来估计 $CCl_4(l)$ 的 T_b：

$$T_b = \frac{\Delta H°}{\Delta S°} = \left(\frac{32.6kJ}{95.0J/K}\right)\left(\frac{1000J}{1kJ}\right)=343K=70℃$$

注意，使用了 J 和 kJ 之间的换算系数，使 $\Delta H°$ 和 $\Delta S°$ 的单位相匹配。

检验　$CCl_4(l)$ 的实验标准沸点为 76.5℃。估计值与实验值的小的偏差是由于假设 $\Delta H°$ 和 $\Delta S°$ 不会随温度变化。

摩尔焓变：

（a）+6700J　（b）-6700J　（c）+34000J
（d）-34000J

 实践练习 1

如果液体的标准沸点为 67℃，并且沸腾过程的标准摩尔熵变为 +100J/K，估计沸腾过程的标准

▶ **实践练习 2**

使用附录 C 中的数据估算溴 $Br_2(l)$ 的标准沸点，单位为 K。（实验值如图 11.5 所示。）

当反应物和产物的浓度为标准状态时，我们必须计算 Q 以确定 ΔG。在实例解析 19.11 中已经说明了这个计算过程。所以，在我们讨论的这个阶段，当使用式（19.19）时，注意用于计算 Q 的单位是很重要的。应用此式，在确定 Q 值时，使用标准状态的规定：气体的浓度要用表示气体的分压，而溶质则用它们的物质的量浓度。

实例解析 19.11
计算非标准状态下自由能变化

Haber 合成氨过程的条件为 1.0atm N_2、3.0atm H_2 和 0.50atm NH_3 的混合物，计算在 298K 下的 ΔG。
$$N_2(g) + 3H_2(g) \rightleftharpoons 2NH_3(g)$$

解析
分析　需要在非标准状态下计算 ΔG。
思路　我们可以用式（19.19）计算 ΔG。这需要我们在规定的分压条件下计算反应熵 Q 的值，可

使用式（15.24）（平衡常数表达式）的分压形式，然后用标准自由能表来计算 $\Delta G°$。

解答
由式（15.24）的分压形式得出：

$$Q = \frac{P_{NH_3}^2}{R_{N_2}P_{H_2}^3}=\frac{0.50^2}{1.0\times3.0^3}=9.3\times10^{-3}$$

在实例解析 19.9 中，我们计算出这个反应的 $\Delta G° = -33.3kJ$。然而，在应用式（19.19）时，我们必须改变这个量的单位。对于式（19.19）中的单位，我们将使用 kJ/mol 作为 $\Delta G°$ 的单位，其中"1mol"表示"1mol 的反应"。因此，$\Delta G° = -33.3kJ/mol$ 表示为 1mol N_2、3mol H_2 和 2mol NH_3 反应的标准自由能。

我们现在使用式（19.19）计算这些非标准状态下的 ΔG：

$$\Delta G = \Delta G° + RT\ln Q$$
$$= (-33.3kJ/mol)+$$
$$[8.314J/(mol\cdot K)]\cdot(298K)\cdot(1kJ/1000J)\cdot\ln(9.3\times10^{-3})$$
$$= (-33.3kJ/mol)+(-11.6kJ/mol)=-44.9kJ/mol$$

结论 我们发现，当 N_2、H_2 和 NH_3 的压力分别从 1.0atm（标准状态，$\Delta G°$）变为 1.0atm、3.0atm 和 0.50atm 时，ΔG 变得更负。ΔG 的负值越大，表示生成 NH_3 的"驱动力"越大。

我们根据 La chatelier 原理做出相同的预测（见 15.7 节）。相对于标准状态，我们增加了反应物（H_2）的压力，降低了产物（NH_3）的压力。La chatelier 原理预测两种变化都会使反应向生成产物方向移动，从而生成更多的 NH_3。

▶ **实践练习 1**

以下哪项陈述是正确的？（a）Q 值越大，$\Delta G°$ 值越大；（b）如果 $Q = 0$，系统处于平衡状态；（c）如果在标准状态下反应是自发的，则在所有状态下都是自发的；（d）反应的自由能变化与温度无关；（e）如果 $Q > 1$，$\Delta G > \Delta G°$。

▶ **实践练习 2**

如果反应混合物由 0.50atm N_2、0.75atm H_2 和 2.0atm NH_3 组成，则计算 298K 下 Haber 反应的 ΔG。

$\Delta G°$ 和 K 之间的关系

现在，我们可以使用式（19.19）来推导 $\Delta G°$ 与平衡常数 K 之间的关系。平衡时，$\Delta G = 0$，$Q = K$。因此，平衡时式（19.19）转换如下：

$$\Delta G = \Delta G° + RT \ln Q$$
$$0 = \Delta G° + RT \ln K$$
$$\Delta G° = -RT \ln K \tag{19.20}$$

式（19.20）是一个非常重要的方程，在化学中具有重要的意义。通过 K 与 $\Delta G°$ 的关联，我们还可以将 K 与反应的熵和焓的变化联系起来。

我们也可以解式（19.20），得到一个表达式，如果知道 $\Delta G°$ 的值，则可以计算 K：

$$\ln K = \frac{\Delta G°}{-RT} \tag{19.21}$$
$$K = e^{-\Delta G°/RT}$$

同样地，在选择单位时必须谨慎。在式（19.20）和式（19.21）中，用 kJ/mol 为单位表示 $\Delta G°$。在平衡常数表达式中，用大气压表示气体压力，用物质的量浓度表示溶液；固体、液体和溶剂不出现在表达式中。（见 15.4 节）因此，气相反应的平衡常数为 K_p，液相反应的平衡常数为 K_c（见 15.2 节）。从式（19.20）我们可以看出，如果 $\Delta G°$ 为负，则 $\ln K$ 必为正，即 $K > 1$。因此，$\Delta G°$ 值越负，K 越大。相反，如果 $\Delta G°$ 为正，则 $\ln K$ 为负，即 $K < 1$。最后，如果 $\Delta G°$ 为零，则 $K = 1$。

 想一想

平衡常数 K 能等于 0 吗？

实例解析 19.12
由 $\Delta G°$ 计算平衡常数

在实例解析 19.9 中获得了 25℃ 下 Haber 反应的标准自由能变化：

$$N_2(g) + 3 H_2(g) \rightleftharpoons 2 NH_3(g) \qquad \Delta G° = -33.3kJ/mol = -33300J/mol$$

利用 $\Delta G°$ 值计算 25℃ 下该过程的平衡常数。

解析

分析 给定 $\Delta G°$，要求计算反应的 K。

思路 我们可以用式（19.21）计算 K。

解答 记住，在式（19.21）中，用绝对温度 T 以及与单位相匹配的 R 的形式，得

$$K = e^{-\Delta G°/RT} = e^{-(-33,300J/mol)/[8.314J/(mol·K)](298K)} = e^{13.4} = 7 \times 10^5$$

注解 该平衡常数很大，表明在 25℃ 下，对产物 NH_3 的平衡反应是非常有利的。表 15.2 中给出了 $300 \sim 600℃$ 温度范围内 Haber 反应的平衡常数比 25℃ 的值小得多。显然，低温平衡比高温平衡更有利于氨的生产。然而, Haber 过程是在高温下进行的，这是因为在室温下反应非常缓慢。

记住热力学可以告诉我们一个反应的方向和程度，但却不能告诉我们它发生的速率。如果一种催化剂可以使反应在室温下快速进行，则不需要高压使平衡向生成 NH_3 方向移动。

▶ **实践练习 1**

在 298K 时，不溶性盐的 K_{sp} 为 4.2×10^{-47}。盐在水中溶解的 $\Delta G°$ 是多少？

（a）−265kJ/mol （b）−115kJ/mol

（c）−2.61kJ/mol （d）+115kJ/mol

（e）+265kJ/mol

▶ **实践练习 2**

在 298K 时，使用附录 C 中的数据计算反应 $H_2(g) + Br_2(l) \rightleftharpoons 2HBr(g)$ 的 $\Delta G°$ 和 K。

化学与生活 驱动非自发反应：偶合反应

许多理想的化学反应，包括对生命系统至关重要的大量化学反应，都是非自发反应。例如，从含有 Cu_2S 的矿物辉铜矿中提取铜金属。Cu_2S 降解为其元素的过程是非自发的：

$$Cu_2S(s) \longrightarrow 2\,Cu(s) + S(s) \quad \Delta G° = +86.2kJ$$

因为 $\Delta G°$ 是非常大的正值，我们不能通过这个反应直接得到 $Cu(s)$。相反，我们希望找到一些使其对反应"起作用"的方法，迫使它发生。我们可以通过将反应耦合到另一个反应使总反应自发来做到这一点。例如，我们可以设想 $S(s)$ 与 $O_2(g)$ 反应形成 $SO_2(g)$：

$$S(s) + O_2(g) \longrightarrow SO_2(g) \quad \Delta G° = -300.4kJ$$

通过偶合（将反应相加）这些反应，我们可以通过自发反应提取大部分铜金属：

$$Cu_2S(s) + O_2(g) \longrightarrow 2\,Cu(s) + SO_2(g)$$
$$\Delta G° = (+86.2kJ) + (-300.4kJ) = -214.2kJ$$

本质上，我们是利用 $S(s)$ 与 $O_2(g)$ 的自发反应提供从矿石中提取铜金属所需的自由能。

生物系统采用同样的原理，即利用自发反应驱动非自发反应。许多对形成和维持高度有序生物结构至关重要的生化反应是非自发的。这些必要的反应是通过与释放能量的自发反应偶合而发生的。食物的新陈代谢通常是维持生物系统所需的自由能的来源。例如，葡萄糖（$C_6H_{12}O_6$）完全氧化为 CO_2 和 H_2O 可产生大量自由能：

$$C_6H_{12}O_6(s) + 6\,O_2(g) \longrightarrow 6\,CO_2(g) + 6\,H_2O(l)$$
$$\Delta G° = -2880kJ$$

这种能量可以用来驱动身体中的非自发反应。然而，必须有一种方法将葡萄糖代谢释放的能量输送到需要能量的反应中。图 19.16 所示的方法涉及三磷酸腺苷（ATP）和二磷酸腺苷（ADP）的相互转化，后者是与核酸构建相关的分子。ATP 转化为 ADP 释放自由能 ($\Delta G° = -30.5kJ$)，可用于驱动其他反应。

在人体内，葡萄糖的代谢是通过一系列复杂的反应发生的，其中大部分释放自由能。这些过程中释放的自由能部分用于将较低能量的 ADP 转化为较高能量的 ATP。因此，ATP—ADP 相互转换被用来在新陈代谢过程中储存能量，并在需要时释放能量，以驱动体内的非自发反应。如果你上了普通生物学或生物化学的课程，将有机会更多地了解用于人体内传输自由能的一系列系统的反应。

相关练习：19.100、19.101

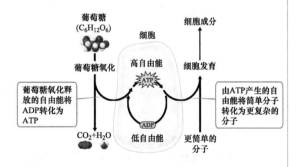

▲ 图 19.16 细胞代谢过程中自由能变化的示意图葡萄糖氧化成 CO_2 和 H_2O 产生自由能，然后用于把 ADP 转化成能量更大的 ATP。然后，根据需要，利用 ATP 作为能量源来驱动非自发反应，例如将简单分子转化为更复杂的细胞成分

> **综合实例解析**
> **概念综合**

思考简单盐 NaCl（s）和 AgCl（s）。我们将研究这些盐在水中溶解形成离子溶液的平衡：

$$NaCl(s) \rightleftharpoons Na^+(aq) + Cl^-(aq)$$
$$AgCl(s) \rightleftharpoons Ag^+(aq) + Cl^-(aq)$$

（a）对于前面的每个反应，计算 298K 时的 $\Delta G°$ 值；（b）（a）中的两个值差别很大，这种差异主要是由于标准自由能变化的焓项还是熵项引起的？（c）使用 $\Delta G°$ 值计算两种盐在 298K 时的 K_{sp} 值；（d）氯化钠被视为可溶盐，而氯化银被视为不可溶盐。这些描述是否与（c）的答案一致？（e）随着 T 的增加，这些盐溶解过程的 $\Delta G°$ 将如何变化？这种变化对盐的溶解性有什么影响？

解析

（a）我们将使用式（19.14）以及附录 C 中的 $\Delta G_f°$ 值来计算每个平衡的 $\Delta G°_{溶液}$ 值。（正如我们在 13.1 节中所做的，我们使用下标"溶液"来表示这些是溶液形成的热力学量。）我们发现

$$\Delta G°_{溶液}(NaCl) = (-261.9kJ/mol) + (-131.2kJ/mol) -$$
$$(-384.0kJ/mol)$$
$$= -9.1 \ kJ/mol$$

$$\Delta G°_{溶液}(AgCl) = (+77.11 kJ/mol) + (-131.2 \ kJ/mol) -$$
$$(-109.70kJ/mol)$$
$$= +55.6kJ/mol$$

（b）我们可以将 $\Delta G°_{溶液}$ 写为一个焓项（$\Delta H°_{溶液}$）和一个熵项（$-T\Delta S°_{溶液}$）的和：$\Delta G°_{溶液} = \Delta H°_{溶液} + (-T\Delta S°_{溶液})$。利用式（5.31）和式（19.8）计算 $\Delta H°_{溶液}$ 和 $\Delta S°_{溶液}$ 的值。然后，我们可以计算 $T=298K$ 时的 $-T\Delta S°_{溶液}$。结果汇总在下表中：

盐	$\Delta H°_{溶液}$	$\Delta S°_{溶液}$	$T\Delta S°_{溶液}$
NaCl	+3.6kJ/mol	+43.2[J/(mol · K)]	-12.9kJ/mol
AgCl	+65.7kJ/mol	+34.3[J/(mol · K)]	-10.2kJ/mol

这两种盐溶液的熵项非常相近。这是合理的，因为每一个溶解过程都会导致溶解时盐随机性地增加，形成水合离子。（见 13.1 节）相比之下，我们发现两种盐溶液的焓项差别很大。$\Delta G°_{溶液}$ 值的差异主要由 $\Delta H°_{溶液}$ 值的差异决定。

（c）溶度积 K_{sp} 是溶解过程的平衡常数（见 17.4 节）。因此，使用式（19.21）将 K_{sp} 与 $\Delta G°_{溶液}$ 直接关联起来：

$$K_{sp} = e^{-\Delta G°_{溶液}/RT}$$

我们可以用在实例解析 19.12 中用到的式（19.21）以同样的方法计算 K_{sp} 值。$\Delta G°_{溶液}$ 值从（a）中得到，记住将其单位从 kJ/mol 转换为 J/mol：

$$NaCl: K_{sp} = [Na^+][Cl^-] = e^{-(-9100)/[(8.314)(298)]}$$
$$= e^{+3.7} = 40$$

$$AgCl: K_{sp} = [Ag^+][Cl^-] = e^{-(+55,600)/[(8.314)(298)]}$$
$$= e^{-22.4}$$
$$= 1.9 \times 10^{-10}$$

AgCl 的 K_{sp} 计算值与附录 D 中列出的非常接近。

（d）可溶盐是一种能在水中明显溶解的盐（见 4.2 节）。NaCl 的 K_{sp} 值大于 1，表明 NaCl 的溶解度很大。AgCl 的 K_{sp} 值很小，表明很少的 AgCl 溶于水。实际上氯化银被视为不溶性盐。

（e）如我们所料，两种盐溶解过程的 ΔS 均为正值（见 b 中表格）。因此，自由能变化的熵项 $-T\Delta S°_{溶液}$ 为负。如果我们假设 $\Delta H°_{溶液}$ 和 $\Delta S°_{溶液}$ 随温度变化不大，则 T 的增加将使 $\Delta G°_{溶液}$ 更负。因此，盐溶解的驱动力将随着 T 的增加而增加，我们预测盐的溶解度随着 T 的增加而增加。在图 13.18 中，我们看到 NaCl（以及几乎其他任何盐）的溶解度随着温度的升高而增加（见 13.3 节）。

本章小结和关键术语

自发过程（见 19.1 节）

大多数反应和化学过程都具有固有的方向性：它们在一个方向上是**自发**的，在相反方向是非自发的。过程的自发性与系统从初始状态到最终状态的热力学路径有关。在**可逆过程**中，系统及其周围环境都可以通过精确地逆向变化而恢复到初始状态。在一个**不可逆过程**中，如果周围环境没有发生永久的变化，系统就不能回到初始状态。任何自发的过程都是不可逆的。在恒定温度下发生的过程称为**等温**过程。

熵与热力学第二定律（见 19.2 节）

过程的自发性质与称为熵（S）的热力学状态函数有关。对于在恒温下发生的过程，系统的熵变由系统沿可逆路径吸收的热量除以温度得出：$\Delta S = q_{可逆}/T$。对于任何过程，整体的熵变等于系统的熵变加上周围环境的熵变：$\Delta S_{整体} = \Delta S_{系统} + \Delta S_{环境}$。熵控制过程自发性的方式由**热力学第二定律**给出，该定律指出在不可逆（自发）过程中 $\Delta S_{整体} > 0$。熵值通常用单位焦耳每开尔文（J/K）表示。

熵的分子解释与热力学第三定律（见 19.3 节）

系统中原子和分子在特定时刻的运动和位置的特定组合称为**微观状态**。系统的熵是其随机性或无序性的度量。熵与对应系统状态的微观状态数 W 有关：$S = k \ln W$。分子有三种运动：在**平移运动**中，整个分子在空间中运动。分子也可以**振动运动**，其中分子的原子以周期性的方式相互靠近和远离，以及**旋转运动**，其中整个分子像陀螺一样旋转。当分子体积、温度或运动增加时，由于任何这些变化都会增加分子可能的运动和位置，因此微观状态数以及熵也随之增加。因此，当固体转化为液体或溶液时，固体或液体形成气体时，或化学反应过程中气体分子数增加时，熵通常会增加。**热力学第三定律**指出，纯晶体在 0K 时的熵为零。

化学反应的熵变（见 19.4 节）

热力学第三定律允许我们为不同温度下的物质分配熵值。在标准状态下，1mol 物质的熵称为其**标准摩尔熵**，用 $S°$ 表示。根据表中 $S°$ 的值，我们可以计算标准状态下任何过程的熵变。对于一个等温过程，环境中熵变等于 $-\Delta H/T$。

吉布斯自由能（见 19.5 节）

吉布斯自由能（或自由能）G，是一个热力学状态函数，它结合了两个状态函数：焓和熵，$G = H - TS$。对于在恒温下发生的过程，$\Delta G = \Delta H - T\Delta S$。对于在恒温和恒压下发生的过程，$\Delta G$ 的符号与过程的自发性相关。当 ΔG 为负时，过程是自发的。当 ΔG 为正时，该过程是非自发的，但逆过程是自发的。在平衡时，过程是可逆的，且 ΔG 为零。自由能也是系统在自发过程中所能完成的最大有用功的度量。任何过程的标准自由能变化 $\Delta G°$ 可根据**标准生成自由能** $\Delta G_f°$ 表计算，$\Delta G_f°$ 的定义类似于标准生成焓（$\Delta H_f°$）的定义方式。纯元素在标准状态下的 $\Delta G_f°$ 值被定义为零。

自由能、温度和平衡常数（见 19.6 节和 19.7 节）

化学过程的 ΔH 和 ΔS 值通常随温度变化不大。因此，ΔG 与温度的依赖关系主要由表达式 $\Delta G = \Delta H - T\Delta S$ 中 T 的值控制。熵项 $-T\Delta S$ 对 ΔG 的温度依赖关系影响较大，因此对过程的自发性影响较大。例如，对于 $\Delta H > 0$ 和 $\Delta S > 0$ 的过程，像冰的融化，在低温下是非自发的（$\Delta G > 0$），在高温下是自发的（$\Delta G < 0$）。在非标准状态下，ΔG 与 $\Delta G°$ 和反应商 Q 的值有关：$\Delta G = \Delta G° + RT \ln Q$。平衡时，（$\Delta G = 0$，$Q = K$），$\Delta G° = -RT \ln K$，因此，标准自由能变化与反应的平衡常数直接相关。该关系表达了平衡常数与温度的关系。

学习成果　学习本章后，应该掌握：

- 解释和应用下列术语：自发过程、可逆过程、不可逆过程、等温过程。（见 19.1 节）
相关练习：19.11-19.14
- 熵和热力学第二定律的定义。（见 19.2 节）
相关练习：19.21、19.22
- 计算相变的 ΔS。（见 19.2 节）
相关练习：19.23、19.24
- 解释系统的熵如何与可能的微观状态数相关。（见 19.3 节）
相关练习：19.30、19.31
- 描述分子具有的分子运动的类型。（见 19.3 节）
相关练习：19.37
- 预测物理和化学过程 ΔS 的符号。（见 19.3 节）
相关练习：19.35、19.36、19.41、19.42
- 陈述热力学第三定律。（见 19.3 节）
相关练习：19.37
- 比较标准摩尔熵的值。（见 19.4 节）
相关练习：19.45-19.48
- 根据标准摩尔熵计算系统的标准熵变。（见 19.4 节）
相关练习：19.53、19.54
- 根据给定温度下的焓变和熵变计算吉布斯自由能。（见 19.5 节）
相关练习：19.55-19.58
- 利用自由能变化来预测反应是否自发。（见 19.5 节）
相关练习：19.55、19.56
- 用标准生成自由能计算标准自由能的变化。（见 19.5 节）
相关练习：19.59、19.60
- 根据 ΔH 和 ΔS 预测温度对自发性的影响。（见 19.6 节）
相关练习：19.63、19.64、19.69、19.70
- 计算非标准状态下的 ΔG。（见 19.7 节）
相关练习：19.77、19.78
- 关联 $\Delta G°$ 与平衡常数。（见 19.7 节）
相关练习：19.79-19.82

主要方程式

- $\Delta S = \dfrac{q_{可逆}}{T}$（$T$ 为常数）　　　　（19.2）　　　将熵变与可逆过程中吸收或释放的热量关联

- 可逆过程: $\Delta S_{整体} = \Delta S_{系统} + \Delta S_{环境} = 0$
- 不可逆过程: $\Delta S_{整体} = \Delta S_{系统} + \Delta S_{环境} > 0$ (19.4)　热力学第二定律

- $S = k \ln W$ (19.5)　将熵与微观状态数关联

- $\Delta S° = \sum nS°(产物) - \sum mS°(反应物)$ (19.8)　由标准摩尔熵计算标准熵变

- $\Delta S_{环境} = \dfrac{-\Delta H_{系统}}{T}$ (恒压条件下) (19.9)　恒温恒压过程中周围环境的熵变

- $\Delta G = \Delta H - T\Delta S$ (19.11)　恒温下由焓变和熵变计算吉布斯自由能变化

- $\Delta G° = \sum n\Delta G_f°(产物) - \sum m\Delta G_f°(反应物)$ (19.14)　由标准生成自由能计算标准自由能变化

- 可逆过程: $\Delta G = \Delta H_{系统} - T\Delta S_{系统} = 0$
- 不可逆过程: $\Delta G = \Delta H_{系统} - T\Delta S_{系统} < 0$ (19.17)　将自由能变化与恒温恒压过程的可逆性关联

　(T, P 是常数)

- $\Delta G = -w_{max}$ (19.18)　将自由能变化与系统能完成的最大功关联

- $\Delta G = \Delta G° + RT \ln Q$ (19.19)　非标准条件下计算自由能变化

- $\Delta G° = -RT \ln K$ (19.20)　将标准自由能变化与平衡常数关联

本章练习

图例解析

19.1 两种不同的气体占据了如下所示的两个灯泡。假设气体为理想气体，考虑当旋塞打开时发生的过程。(a) 画出最终的 (平衡) 状态。(b) 预测该过程 ΔH 和 ΔS 的符号。(c) 打开旋塞时发生的过程是可逆的吗？(d) 该过程如何影响周围环境的熵？(见 19.1 节和 19.2 节)

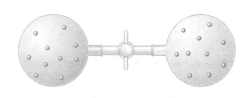

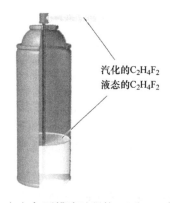

汽化的 $C_2H_4F_2$
液态的 $C_2H_4F_2$

19.3 (a) 如下描述过程的 ΔS 和 ΔH 的符号是什么？(b) 如果在该过程中能量能进出系统以维持恒定温度，由该过程引起的周围环境的熵变，你能得出什么结论？(见 19.2 节和 19.5 节)

19.2 如图所示，一种计算机键盘清洁剂含有液化 1, 1- 二氟乙烷 ($C_2H_4F_2$)，该物质在大气压下为气体。当喷嘴被挤压时，1,1- 二氟乙烷在高压下从喷嘴中蒸发，将灰尘吹出。(a) 根据经验，在室温下蒸发是自发过程吗？(b) 将 1,1- 二氟乙烷定义为系统，你认为该过程的 $q_{系统}$ 是正值还是负值？(c) 预测此过程的 ΔS 是正值还是负值。(d) 根据你对 (a)、(b) 和 (c) 的回答，你认为该操作更多地依赖于焓还是熵？(见 19.1 节和 19.2 节)

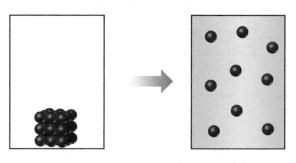

19.4　预测下列反应的 ΔH 及 ΔS 的符号。并解释之。（见 19.3 节）

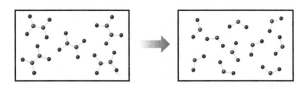

19.5　下图显示了一种物质的熵随温度变化的趋势，该物质在如下所示最高温度下为气体。（a）对应于标记为 1 和 2 处熵垂直上升的过程是什么？（b）为什么 2 处的熵变大于 1 处的熵变？（c）如果该物质在 $T = 0\ K$ 时为完美晶体，那么该温度下的 S 值是多少？（见 19.3 节）

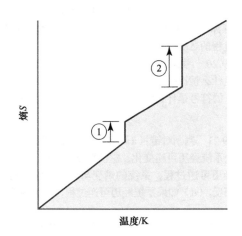

19.6　同分异构体是具有相同化学式但原子排列不同的分子，如图所示为戊烷（C_5H_{12}）的两个同分异构体。（a）你认为两种异构体的燃烧焓会有显著差异吗？请解释；（b）你预测哪种异构体具有更高的标准摩尔熵？请解释。（见 19.4 节）

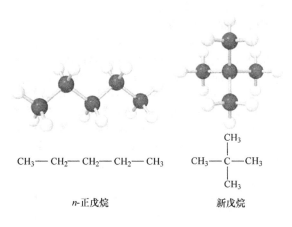

$CH_3—CH_2—CH_2—CH_2—CH_3$

$$CH_3—\underset{\underset{CH_3}{|}}{\overset{\overset{CH_3}{|}}{C}}—CH_3$$

n-正戊烷　　　　　　新戊烷

19.7　对某一假定反应，下图显示了 ΔH（红线）和 $T\Delta S$（蓝线）随温度的变化。（a）ΔH 和 $T\Delta S$ 相等的 300K 的点有什么意义？（b）在哪个温度范围内，该反应是自发的？（见 19.6 节）

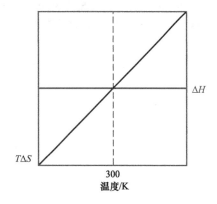

19.8　对某一假设反应，下图显示了 ΔG 随温度的变化。（a）系统在什么温度下处于平衡状态？（b）反应在哪个温度范围内是自发的？（c）ΔH 是正的还是负的？（d）ΔS 是正的还是负的？（见 19.5 节和 19.6 节）

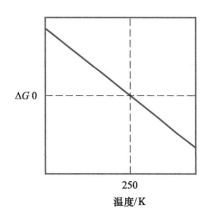

19.9　反应 $A_2(g) + B_2(g) \rightleftharpoons 2\,AB(g)$，图中 A 原子为红色，B 原子为蓝色。a）如果 $K_c = 1$，哪个方框代表平衡状态下的系统？b）如果 $K_c = 1$，哪个方框代表 $Q < K_c$ 时的系统？c）按照反应 ΔG 增加的顺序排列方框。（见 19.5 节和 19.7 节）

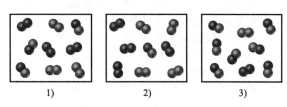

1)　　　　2)　　　　3)

19.10　假设反应 $A(g) + B(g) \longrightarrow C(g)$，下图显

示了反应过程中自由能 G 的变化。左边是纯反应物 A 和 B，压力均为 1atm，右边是纯产物 C，压力也为 1atm。指出下列陈述是否正确。（a）图中最小值对应于该反应的反应物和产物的平衡混合物；（b）在平衡时，所有 A 和 B 反应得到纯 C；（c）该反应的熵变是正值；（d）图上的"x"对应于反应的 ΔG；（e）反应的 ΔG 对应于曲线左上角和曲线底部之间的差。（见 19.7 节）

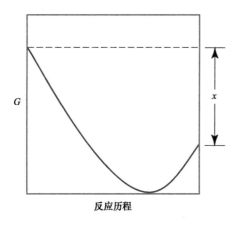

反应历程

自发过程（见 19.1 节）

19.11 下列哪些过程是自发的，哪些是非自发的：（a）香蕉的成熟；（b）糖在热咖啡中的溶解；（c）在 25°C 和 1atm 下，氮原子反应形成 N_2 分子；（d）闪电；（e）在室温和 1atm 压力下由 CO_2 和 H_2O 生成 CH_4 和 O_2 分子？

19.12 下列哪些过程是自发的：（a）在 -10°C 和 1atm 下冰块融化；（b）将 N_2 和 O_2 的混合物分成，一个是纯 N_2，另一个是纯 O_2；（c）磁场中铁屑的排列；（d）室温下氢气与氧气反应形成水蒸气；（e）HCl(g) 在水中溶解形成浓盐酸？

19.13 判断对错：（a）在相同的反应条件下，在一个方向上自发的反应在逆方向上是非自发的；（b）所有自发过程都很快；（c）大多数自发过程是可逆的；（d）等温过程是指系统不损失热量的过程；（e）最大功可通过不可逆过程而非可逆过程实现。

19.14 （a）吸热的化学反应能否自发？（b）一个过程在某一温度下是自发的，在其他温度下它是非自发的吗？（c）水可以分解成氢和氧，氢和氧可以重组形成水。这是否意味着过程是热力学可逆的？（d）系统对环境做功的量是否取决于过程的路径？

19.15 思考在 1atm 下将液态水汽化为蒸汽。（a）这个过程是吸热的还是放热的？（b）在什么温度范围内这是一个自发过程？（c）在什么温度范围内，这是一个非自发过程？（d）在什么温度下，两相处于平衡状态？

19.16 正辛烷（C_8H_{18}）的标准凝固点为 -57°C。（a）正辛烷的凝固是吸热过程还是放热过程？（b）

在什么温度范围内正辛烷的凝固是一个自发过程？（c）在什么温度范围内是一个非自发过程？（d）是否存在一个温度下液态正辛烷和固态正辛烷处于平衡状态？请解释。

19.17 考虑理想气体从状态 1 变为状态 2 的过程，其温度从 300K 变为 200K。（a）温度变化取决于过程是否是可逆的，还是不可逆的？（b）这是等温过程吗？（c）内能的变化 ΔE 是否取决于进行这种状态变化所采取的特定途径？

19.18 系统从状态 1 变为状态 2 然后回到状态 1。（a）正向和反向过程的 ΔE 大小是否相同？（b）没有进一步信息的情况下，你能得出这样的结论吗：从状态 1 到状态 2，传递到系统的热量与从状态 2 回到状态 1 时的热量相同或不同？（c）假设状态变化是可逆过程。系统从状态 1 到状态 2 所做的功与从状态 2 回到状态 1 所做的功相同的还是不同的？

19.19 思考一个由冰块组成的系统：（a）在什么条件下冰块融化是可逆的？（b）如果冰块可逆地融化，过程的 ΔH 为零吗？

19.20 考虑在大气压力下引爆炸药 TNT 样品时会发生什么情况。（a）爆炸是可逆过程吗？（b）此过程的 q 的符号是什么？（c）w 是正值、负值还是零？

熵与热力学第二定律（见 19.2 节）

19.21 判断对错：（a）ΔS 是一个状态函数。（b）如果一个系统经历可逆变化，它的熵就会增加。（c）如果系统经历可逆过程，系统的熵变与环境的熵变相等且符号相反。（d）如果系统经历可逆过程，系统的熵变必为零。

19.22 判断对错：（a）对于任何自发过程，整体的熵都会增加。（b）对于任何不可逆过程，系统的熵变与环境的熵变相等且符号相反。（c）任何自发过程系统的熵必定增加。（d）等温过程的熵变取决于绝对温度和可逆过程传递的热量。

19.23 $Br_2(l)$ 的标准沸点为 58.8°C，其摩尔蒸发焓为 $\Delta H_{蒸发}=29.6kJ/mol$。（a）当 $Br_2(l)$ 在其标准沸点沸腾时，其熵是增加还是减少？（b）当 1.00mol 的 $Br_2(l)$ 在 58.8°C 下蒸发时，计算 ΔS 的值。

19.24 元素镓（Ga）在 29.8°C 下凝固，其摩尔熔化焓为 $\Delta H_{熔化}=5.59kJ/mol$。（a）当熔化的镓在其标准熔点处凝固为 Ga(s) 时，其 ΔS 是正值还是负值？（b）当 60.0g Ga(l) 在 29.8°C 下凝固时，计算 ΔS 的值。

19.25 判断对错：（a）热力学第二定律认为熵是守恒的；（b）如果在可逆过程中系统的熵增加，环境的熵必定减少相同的量；（c）在一个特定的自发过程中，系统熵变为 4.2J/K，那么环境的熵变必须为 -4.2J/K。

19.26 （a）自发过程中环境的熵是否增加？（b）在特定的自发过程中，系统的熵减小。关于 $\Delta S_{环境}$ 的符号和大小，你能得出什么结论？（c）在一个可逆过程中，环境发生熵变，$\Delta S_{环境}=-78J/K$。这个过程中系统的熵变是什么?

19.27 (a) 27℃ 下 0.200mol 理想气体在等温过程中体积从初始的 10.0L 增加时,你预测 ΔS 的符号是什么?(b)如果最终体积为 18.5L,计算过程的熵变;(c)是否需要指定温度来计算熵变化?

19.28 (a) 350K 下 0.600mol 的理想气体在等温过程中压力从初始压力 0.750atm 增加时,你预测 ΔS 的符号是什么?(b)如果气体的最终压力为 1.20atm,计算过程的熵变;(c)是否需要指定温度来计算熵变?

熵的分子解释与热力学第三定律(见 19.3 节)

19.29 对于气体在真空中的等温膨胀,ΔE = 0,q = 0,w = 0。(a)这是一个自发过程吗?(b)解释为什么系统在此过程中不做功;(c)气体膨胀的"驱动力"是什么:焓还是熵?

19.30 (a)系统的*状态*和*微观状态*有什么区别?(b)当系统从 A 状态变为 B 状态时,其熵减小。对于每个状态对应的微观状态数,你能得出什么?(c)在特定的自发过程中,系统微观状态数减少。关于 ΔS 环境 的符号,你能得出什么结论?

19.31 下列每种变化会增加、减少或对系统微观状态数量没有影响吗:(a)温度升高;(b)体积减小;(c)状态从液体变为气体?

19.32 (a)使用附录 B 中的汽化热,计算 25℃ 和 100℃ 下水蒸发的熵变;(b)根据你对微观状态和液态水结构的了解,解释这两个值的差异。

19.33 (a)在 2mol 气体反应物转化为 3mol 气体产物的化学反应中,ΔS 的符号是什么?(b)练习 19.11 中的哪个过程的系统熵增加了?

19.34 (a)在化学反应中,两种气体结合形成固体。你预测 ΔS 符号是什么?(b)在练习 19.12 中描述的过程中,系统的熵是如何变化的?

19.35 当(a)固体熔化,(b)气体液化,(c)固体升华时,系统的熵是增加、减少还是保持不变?

19.36 当(a)系统温度升高,(b)气体体积增加,(c)将等量的乙醇和水混合形成溶液时,系统的熵是增加、减少还是保持不变?

19.37 判断对错:(a)热力学第三定律认为,在绝对零度时,完美纯晶体的熵随晶体质量的增加而增加;(b)分子的"平移运动"是指它们在空间位置上随时间的变化;(c)"旋转"和"振动"运动对原子气体如 He 和 Xe 的熵有贡献;(d)分子中原子的数目越大,其转动和振动运动的自由度就越大。

19.38 判断对错:(a)对 H 我们只能知道焓变。与焓不同,我们可以知道 S 的绝对值;(b)如果你加热一种气体,如 CO_2,你会增加它的平移、旋转和振动的程度;(c)$CO_2(g)$ 和 $Ar(g)$ 的摩尔质量几乎相同,在给定的温度下,它们将具有相同数量的微观状态。

19.39 以下每对物质,预测在给定温度下摩尔熵更高的物质:(a)$Ar(g)$ 或 $Ar(l)$,(b)3atm 下的

He(g)或 1.5atm 下的 He(g),(c)1mol Ne(g)在 15.0L 中或 1mol Ne(g)在 1.50L 中,(d)$CO_2(g)$ 或 $CO_2(s)$。

19.40 以下每对物质,预测摩尔熵更大的物质:(a)300℃,0.01atm 的 1mol $O_2(g)$ 或 1mol $O_3(g)$;(b)100℃,1atm 的 1mol $H_2O(g)$ 或 1mol $H_2O(l)$;(c)298K,20L 的 0.5mol $N_2(g)$ 或 0.5mol $CH_4(g)$;(d)30℃ 下 100g $Na_2SO_4(s)$ 或 100g $Na_2SO_4(aq)$。

19.41 预测下列反应系统的熵变的符号:

(a)$N_2(g) + 3 H_2(g) \longrightarrow 2 NH_3(g)$

(b)$CaCO_3(s) \longrightarrow CaO(s) + CO_2(g)$

(c)$3 C_2H_2(g) \longrightarrow C_6H_6(g)$

(d)$Al_2O_3(s) + 3 H_2(g) \longrightarrow 2 Al(s) + 3 H_2O(g)$

19.42 预测下列过程的 ΔS 系统 符号:(a)熔融金凝固;(b)气态 Cl_2 在平流层中分解形成气态 Cl 原子;(c)气态 CO 与气态 H_2 反应形成液态甲醇(CH_3OH);(d)在混合 $Ca(NO_3)_2(aq)$ 和 $(NH_4)_3PO_4(aq)$ 时,产生磷酸钙沉淀。

化学反应的熵变(见 19.4 节)

19.43 (a)以图 19.12 为模型,描绘在海平面将水从 −50℃ 加热到 110℃ 时,熵是如何变化的,给出熵垂直增加时的温度;(b)哪个过程的熵变更大:冰的融化还是水的沸腾?并解释。

19.44 丙醇(C_3H_7OH)在 −126.5℃ 下熔化,在 97.4℃ 下沸腾。描绘出当丙醇在 1atm 下从 −150℃ 加热到 150℃ 时熵的变化(使用图 19.12 作为模型)。

19.45 以下每对中,哪种化合物具有更高的标准摩尔熵:(a)$C_2H_2(g)$ 或 $C_2H_6(g)$、(b)$CO_2(g)$ 或 CO(g)

19.46 环丙烷和丙烯是分子式为 C_3H_6 的异构体。根据所示的分子结构,在 25℃ 时,你认为哪种异构体具有更高的标准摩尔熵?

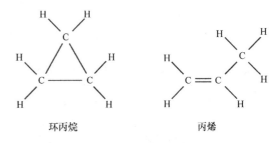

环丙烷   丙烯

19.47 预测 25℃ 时以下每对中的哪一个具有更大的标准熵:(a)SC(s)或 SC(g);(b)$NH_3(g)$ 或 $NH_3(aq)$;(c)$O_2(g)$ 或 $O_3(g)$;(d)C(石墨)或 C(金刚石)。利用附录 C 求出每种物质的标准熵。

19.48 预测 25℃ 时以下每对中的哪一个具有更大的标准熵:(a)$C_6H_6(l)$ 或 $C_6H_6(g)$;(b)CO(g)或 $CO_2(g)$;(c)1mol $N_2O_4(g)$ 或 2mol $NO_2(g)$;(d)HCl(g)或 HCl(aq)。利用附录 C 求出每种物质的

标准熵。

19.49 298K 时，4A 主族元素的标准熵分别为：C(s，金刚石) = 2.43J/mol·K，Si(s)=18.81 J/mol·K，Ge(s) = 31.09J/mol·K，Sn(s) = 51.818J/mol·K。除了 Sn 之外，其他元素都具有相同的金刚石结构。如何解释 $S°$ 值的趋势？

19.50 碳元素的三种形式是石墨、钻石和巴克敏斯特富勒烯。附录 C（a）列出了 298K 时石墨和金刚石的熵，（a）从结构的观点（见图 12.29）说明石墨和金刚石的 $S°$ 值之间的差异。（b）相对于石墨和金刚石的 $S°$ 值，预测巴克敏斯特富勒烯的 $S°$ 值（见图 12.49）是怎样的？并解释。

19.51 使用附录 C 中的 $S°$ 值，计算下列反应的 $\Delta S°$ 值。在每种情况下，说明 $\Delta S°$ 的符号。

（a）$C_2H_4(g) + H_2(g) \longrightarrow C_2H_6(g)$

（b）$N_2O_4(g) \longrightarrow 2\ NO_2(g)$

（c）$Be(OH)_2(s) \longrightarrow BeO(s) + H_2O(g)$

（d）$2\ CH_3OH(g) + 3\ O_2(g) \longrightarrow 2\ CO_2(g) + 4\ H_2O(g)$

19.52 使用附录 C 中的表列 $S°$ 值计算下列反应的 $\Delta S°$ 值。在每种情况下，说明 $\Delta S°$ 的符号。

（a）$HNO_3(g) + NH_3(g) \longrightarrow NH_4NO_3(s)$

（b）$2\ Fe_2O_3(s) \longrightarrow 4\ Fe(s) + 3\ O_2(g)$

（c）$CaCO_3(s，方解石) + 2\ HCl(g) \longrightarrow CaCl_2(s) + CO_2(g) + H_2O(l)$

（d）$3\ C_2H_6(g) \longrightarrow C_6H_6(l) + 6\ H_2(g)$

吉布斯自由能和自由能与温度（见 19.5 节和 19.6 节）

19.53 （a）对于在恒温下发生的过程，吉布斯自由能的变化是否取决于系统的焓和熵的变化？（b）对于在恒温恒压下发生的某个过程，ΔG 值为正。这个过程是自发的吗？（c）如果一个过程的 ΔG 很大，该过程发生的速率是否很快？

19.54 （a）标准自由能变化 $\Delta G°$ 总是大于 ΔG 吗？（b）对于在恒温恒压下发生的任何过程，$\Delta G=0$ 的意义是什么？（c）对于某一过程，ΔG 很大且为负。这是否意味着该过程的有一个低的活化能？

19.55 对于某一化学反应，$\Delta H° = -35.4kJ$，$\Delta S° = -85.5J/K$（a）反应是放热的还是吸热的？（b）该反应会导致系统的随机性或无序性的增加还是减少？（c）计算 298K 下的反应 $\Delta G°$；（d）298K 时该反应在标准状态下是自发的吗？

19.56 对于某一化学反应，$\Delta H° = +23.7kJ$，$\Delta S° = +52.4J/K$。（a）反应是放热的还是吸热的？（b）该反应会导致系统的随机性或无序性的增加还是减少？（c）计算 298K 下的反应 $\Delta G°$；（d）298K 时该反应在标准状态下是自发的吗？

19.57 使用附录 C 中的数据，计算 298K 时下列反应的 $\Delta H°$、$\Delta S°$ 和 $\Delta G°$。

（a）$H_2(g) + F_2(g) \longrightarrow 2\ HF(g)$

（b）$C(s，石墨) + 2\ Cl_2(g) \longrightarrow CCl_4(g)$

（c）$2\ PCl_3(g) + O_2(g) \longrightarrow 2\ POCl_3(g)$

（d）$2\ CH_3OH(g) + H_2(g) \longrightarrow C_2H_6(g) + 2\ H_2O(g)$

19.58 使用附录 C 中的数据，计算 25℃ 时下列反应的 $\Delta H°$、$\Delta S°$ 和 $\Delta G°$。

（a）$4\ Cr(s) + 3\ O_2(g) \longrightarrow 2\ Cr_2O_3(s)$

（b）$BaCO_3(s) \longrightarrow BaO(s) + CO_2(g)$

（c）$2\ P(s) + 10\ HF(g) \longrightarrow 2\ PF_5(g) + 5\ H_2(g)$

（d）$K(s) + O_2(g) \longrightarrow KO_2(s)$

19.59 使用附录 C 中的数据，计算下列反应的 $\Delta G°$。说明在标准状态下，每个反应在 298K 时是否自发。

（a）$2\ SO_2(g) + O_2(g) \longrightarrow 2\ SO_3(g)$

（b）$NO_2(g) + N_2O(g) \longrightarrow 3\ NO(g)$

（c）$6\ Cl_2(g) + 2\ Fe_2O_3(s) \longrightarrow 4\ FeCl_3(s) + 3\ O_2(g)$

（d）$SO_2(g) + 2\ H_2(g) \longrightarrow S(s) + 2\ H_2O(g)$

19.60 使用附录 C 中的数据，计算下列反应的吉布斯自由能变化。说明在标准状态下，每个反应在 298K 时是否自发。

（a）$2\ Ag(s) + Cl_2(g) \longrightarrow 2\ AgCl(s)$

（b）$P_4O_{10}(s) + 16\ H_2(g) \longrightarrow 4\ PH_3(g) + 10\ H_2O(g)$

（c）$CH_4(g) + 4\ F_2(g) \longrightarrow CF_4(g) + 4\ HF(g)$

（d）$2\ H_2O_2(l) \longrightarrow 2\ H_2O(l) + O_2(g)$

19.61 辛烷（C_8H_{18}）室温下为液态，是汽油的一种组分。（a）写出 $C_8H_{18}(l)$ 燃烧生成 $CO_2(g)$ 和 $H_2O(l)$ 的平衡方程式；（b）在不使用热化学数据的情况下，预测该反应的 $\Delta G°$ 和 $\Delta H°$ 谁更负。

19.62 二氧化硫与氧化锶反应如下：

$$SO_2(g) + SrO(g) \longrightarrow SrSO_3(s)$$

（a）在不使用热化学数据的情况下，预测该反应的 $\Delta G°$ 和 $\Delta H°$ 谁更负。（b）如果你只有这个反应的标准焓数据，如何利用附录 C 中关于其他物质的数据，估算 298K 时的 $\Delta G°$ 值。

19.63 将以下反应分类为表 19.3 中总结的四种可能类型之一：(i) 在所有温度下都是自发的；(ii) 在任何温度下都是非自发的；(iii) 低温时是自发的，但高温时是非自发的；(iv) 高温时是自发的，但低温时是非自发的。

（a）$N_2(g) + 3\ F_2(g) \longrightarrow 2\ NF_3(g)$

$\Delta H° = -249kJ; \Delta S° = -278J/K$

（b）$N_2(g) + 3\ Cl_2(g) \longrightarrow 2\ NCl_3(g)$

$\Delta H° = 460kJ; \Delta S° = -275J/K$

（c）$N_2F_4(g) \longrightarrow 2\ NF_2(g)$

$\Delta H° = 85kJ; \Delta S° = 198J/K$

19.64 根据给出的 $\Delta H°$ 和 $\Delta S°$ 的值，计算下列反应在 298K 下的 $\Delta G°$ 值。如果在 298K 的标准状态下反应不是自发的，那么在什么温度（如果有的话）下反应会变为自发的？

（a）$2\ PbS(s) + 3\ O_2(g) \longrightarrow 2\ PbO(s) + 2\ SO_2(g)$

$\Delta H° = -844kJ; \Delta S° = -165J/K$

（b）$2\ POCl_3(g) \longrightarrow 2\ PCl_3(g) + O_2(g)$

$\Delta H° = 572kJ; \Delta S° = 179J/K$

19.65 某一特定恒压反应在 390K 时几乎不能自发反应。该反应的焓变为 +23.7kJ，估计该反应的 ΔS。

19.66 某一恒压反应在 45℃ 时几乎不能自发反应。反应的熵变为 72J/K，估计 ΔH。

19.67 对于某一特定反应，$\Delta H = -32kJ$ 且 $\Delta S = -98J/K$。假设 ΔH 和 ΔS 不随温度变化。（a）在什么温度下反应的 $\Delta G = 0$？（b）如果 T 从（a）的点开始上升，反应是自发的还是非自发的？

19.68 物质因失去 CO 发生的分解反应称为脱羰基反应。乙酸的脱羰基过程如下：

$$CH_3COOH(l) \longrightarrow CH_3OH(g) + CO(g)$$

利用附录 C 中的数据，计算标准状态下该过程自发反应的最低温度。假设 $\Delta H°$ 和 $\Delta S°$ 不随温度变化。

19.69 考虑氮氧化物之间的反应：

$$NO_2(g) + N_2O(g) \longrightarrow 3\ NO(g)$$

（a）使用附录 C 中的数据预测随着温度的升高，反应的 ΔG 如何变化。（b）假设 $\Delta H°$ 和 $\Delta S°$ 不随温度变化，计算 800K 下的 ΔG。在标准状态下，反应在 800K 时是自发的吗？（c）计算 1000K 下的 ΔG。在标准状态下，该温度时反应是否自发？

19.70 甲醇（CH_3OH）可通过控制甲烷氧化制得：

$$CH_4(g) + \frac{1}{2} O_2(g) \longrightarrow CH_3OH(g)$$

（a）使用附录 C 中的数据计算该反应的 $\Delta H°$ 和 $\Delta S°$。（b）随着温度的升高，反应的 ΔG 会增加、减少还是保持不变吗？（c）计算 298K 时的 $\Delta G°$。在标准状态下，在该温度时反应是否自发？（d）是否存在这样一个温度，在标准状态下反应将处于平衡状态且该温度足够低以使所涉及的化合物倾向于稳定状态？

19.71 （a）使用附录 C 中的数据估算苯的沸点，$C_6H_6(l)$。（b）运用参考资料，如 CRC 化学和物理手册（*CRC Handbook of Chemistry and Physics*），找出苯的实验沸点。

19.72 （a）使用附录 C 中的数据，估算从 $I_2(s)$ 到 $I_2(g)$ 过程中自由能变化为零的温度。（b）运用参考资料，如 Web Elements（www.webelements.com），找到 I_2 的实验熔点和沸点。（c）在（b）中的哪个值更接近你在（a）中获得的值？

19.73 乙炔 $C_2H_2(g)$ 可用于焊接。（a）写出乙炔气燃烧生成 $CO_2(g)$ 和 $H_2O(l)$ 的平衡方程式。（b）如果反应物和产物都为 298K，标准状态下燃烧 1mol C_2H_2 会产生多少热量？（c）在标准状态下，该反应可完成的最大有用功是多少？

19.74 高效天然气汽车的燃料主要是甲烷（CH_4）。（a）如果反应物和产物都为 298K，且生成 H_2O (l)，那么在标准状态下燃烧 1mol $CH_4(g)$ 会产生多少热量？（b）在标准状态下，该反应可完成的最大有用功是多少？

自由能与平衡常数（见 19.7 节）。

19.75 指出当 O_2 分压增加时，下列反应的 ΔG 是增加、减少还是保持不变：

（a）$2\ CO(g) + O_2(g) \longrightarrow 2\ CO_2(g)$

（b）$2\ H_2O_2(l) \longrightarrow 2\ H_2O(l) + O_2(g)$

（c）$2\ KClO_3(s) \longrightarrow 2\ KCl(s) + 3\ O_2(g)$

19.76 指出在下列反应中，当 H_2 的分压增加时，ΔG 是增加、减少还是不改变：

（a）$N_2(g) + 3\ H_2(g) \longrightarrow 2\ NH_3(g)$

（b）$2\ HBr(g) \longrightarrow H_2(g) + Br_2(g)$

（c）$2\ H_2(g) + C_2H_2(g) \longrightarrow C_2H_6(g)$

19.77 考虑反应 $2NO_2(g) \longrightarrow N_2O_4(g)$。（a）使用附录 C 中的数据，计算 298K 下的 $\Delta G°$；（b）如果 NO_2 和 N_2O_4 的分压分别为 0.40atm 和 1.60atm，计算 298K 下的 ΔG。

19.78 考虑反应 $3CH_4(g) \longrightarrow C_3H_8(g)+2H_2(g)$。（a）使用附录 C 中的数据，计算 298K 下的 $\Delta G°$。（b）如果反应混合物包含 40.0atm CH_4、0.0100atm $C_3H_8(g)$ 和 0.0180atm H_2，计算 298K 下的 ΔG。

19.79 使用附录 C 中的数据，计算 298K 下每个反应的平衡常数 K 和 $\Delta G°$：

（a）$H_2(g) + I_2(g) \rightleftharpoons 2\ HI(g)$

（b）$C_2H_5OH(g) \rightleftharpoons C_2H_4(g) + H_2O(g)$

（c）$3\ C_2H_2(g) \rightleftharpoons C_6H_6(g)$

19.80 使用附录 C 中的数据，写出平衡常数表达式，计算 298K 下这些反应的平衡常数值和自由能变化：

（a）NaHCO₃(s) $\rightleftharpoons$ NaOH(s) + CO₂(g)

（b）2 HBr(g) + Cl₂(g) $\rightleftharpoons$ 2 HCl(g) + Br₂(g)

（c）2 SO₂(g) + O₂(g) $\rightleftharpoons$ 2 SO₃(g)

19.81 考虑碳酸钡的分解：

BaCO₃(s) $\rightleftharpoons$ BaO(s) + CO₂(g)

利用附录 C 中的数据，计算（a）298K 和（b）1100K 时 CO₂ 的平衡压力。

19.82 考虑反应

PbCO₃(s) $\rightleftharpoons$ PbO(s) + CO₂(g)

使用附录 C 中的数据，计算（a）400°C 和（b）180°C 时系统中 CO₂ 的平衡压力。

19.83 附录 D 中给出了 25°C 下亚硝酸（HNO₂）的 K_a 值。（a）写出对应于 K_a 的平衡化学方程式；（b）使用 K_a 值，计算水溶液中亚硝酸解离的 $\Delta G°$；（c）平衡时 ΔG 的值是多少？（d）当 [H⁺] = 5.0×10^{-2} M、[NO₂⁻]=$6.0 \times 10^{-4} M$，[HNO₂] = $0.20 M$ 时，ΔG 的值是多少？

19.84 附录 D 给出了 25°C 下甲胺（CH₃NH₂）的 K_b 值。（a）写出对应于 K_b 的平衡化学方程式；（b）使用 K_b 值，计算（a）平衡时的 $\Delta G°$；（c）平衡时 ΔG 的值是多少？（d）当 [H⁺] = $6.7 \times 10^{-9} M$、[CH₃NH₃⁺] = $2.4 \times 10^{-3} M$ 和 [CH₃NH₂] = $0.098 M$ 时，ΔG 的值是多少？

附加练习

19.85 （a）热力学量 T、E、q、w 和 S，哪个是状态函数？（b）哪个取决于从一个状态到另一个状态的路径？（c）系统的两个状态之间有多少个可逆路径？（d）对于可逆等温过程，用 q 和 w 写出 ΔE 的表达式，用 q 和 T 写出 ΔS 的表达式。

19.86 室温下，放置于大型封闭干燥容器的结晶水合物 Cd(NO₃)₂·4H₂O 失水：

Cd(NO₃)₂·4H₂O(s) ⟶ Cd(NO₃)₂(s) + 4 H₂O(g)

这个过程是自发的，室温下 $\Delta H°$ 为正。（a）室温下 $\Delta S°$ 的符号是什么？（b）如果将水合化合物放置在已经含有大量水蒸气的大型封闭容器中，室温下该反应的 $\Delta S°$ 是否发生变化？

19.87 判断对错，如果错误，请纠正。（a）N₂ 和 H₂ 生成 NH₃ 的可行性完全取决于反应 N₂(g)+3H₂(g) ⟶ 2NH₃(g) 的 ΔH 值；（b）Na(s) 与 Cl₂(g) 反应生成 NaCl(s) 是一个自发过程；（c）原则上，自发过程可以可逆地进行；（d）一般来说，自发过程需要对其做功以迫使其进行；（e）自发过程是指放热的过程，且导致系统中有序度更高。

19.88 对于下列每一个过程，指出 ΔS 和 ΔH 为正、负或大约为零。（a）固体升华；（b）Co(s) 样品的温度从 60°C 降低到 25°C；（c）乙醇从烧杯中蒸发；（d）双原子分子分解成原子；（e）一块木炭燃烧形成 CO₂(g) 和 H₂O(g)。

19.89 反应 2Mg(s)+O₂(g) ⟶ 2MgO(s) 是高度自发的。一位同学计算这个反应的熵变，得到 $\Delta S°$ 是一个很大的负值。你的同学计算错了吗？请解释。

19.90 考虑由两个标准骰子组成的系统，系统的状态定义为骰子顶面显示的值之和。（a）此处显示的两个顶面排列可被视为系统的两种可能的微观状态。请解释；（b）每个微观状态对应于哪个状态？（c）该系统有多少种可能的状态？（d）哪种（些）状态的熵最高？请解释；（e）哪种（些）状态的熵最低？请解释；（f）计算双骰子系统的绝对熵。

19.91 硝酸铵室温下可以在水中自发溶解且吸热。对于这个溶解过程，你能推导出 ΔS 的符号是什么？

19.92 标准空调的*制冷剂*通常是氟化烃，如 CH₂F₂。空调制冷剂具有在大气压力下容易蒸发并在压力增加时容易压缩到液相的特性。空调的操作可以被认为由制冷剂经过如下所示两个阶段（空气循环在此图中未显示）组成的一个封闭系统。

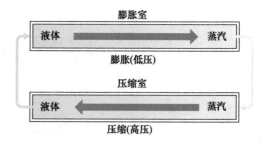

在*膨胀*过程中，液态制冷剂在低压下被释放到膨胀室中蒸发。然后在压缩室蒸汽在高压下被*压缩*，回到液相。（a）膨胀过程中 q 的符号是什么？（b）压缩过程中 q 的符号是什么？（c）在中央空调系统中，膨胀室和压缩室一个在室内，另一个在室外。哪一个在室内哪一个在室外，为什么？（d）假设液体制冷剂样品经过膨胀后压缩，使其恢复到原始状态。你认为这是一个可逆的过程吗？（e）假设房屋及其外部最初都处于 31°C。空调开启后的一段时间，房屋冷却到 24°C。这一过程是自发的还是非自发的？

19.93　特鲁顿规则规定，对于许多处于标准沸点的液体，标准汽化摩尔熵约为88J/mol·K。（a）通过使用附录C中的数据确定 Br_2 的 $\Delta H^\circ_{蒸发}$，估计溴 Br_2 的标准沸点。假设 $\Delta H^\circ_{蒸发}$ 随温度保持不变，且特鲁顿规则成立。（b）在化学手册或 Web Elements 网站（www.webelements.com）中查找 Br_2 的标准沸点，并将其与计算结果进行比较。计算中可能出现的误差或错误假设的来源是什么？

19.94　（a）分别写出 $NH_3(g)$ 和 $CO(g)$ 的 ΔG°_f 的化学方程式。（b）上述反应中哪个反应 ΔG°_f 的值比 ΔH°_f 更为正值？（c）一般来说，在哪种情况下 ΔG°_f 比 ΔH°_f 更为正值？（i）当温度较高时，（ii）当反应可逆时，（iii）当 ΔS°_f 为负时。

19.95　考虑以下三个反应：

（i）$Ti(s) + 2 Cl_2(g) \longrightarrow TiCl_4(g)$

（ii）$C_2H_6(g) + 7 Cl_2(g) \longrightarrow 2 CCl_4(g) + 6 HCl(g)$

（iii）$BaO(s) + CO_2(g) \longrightarrow BaCO_3(s)$

（a）对于每个反应，使用附录C中的数据计算25℃时的 ΔH°、ΔG°、K 和 ΔS°。（b）在25℃的标准状态下，哪些反应是自发的？（c）对于每个反应，预测自由能的变化随温度升高而变化的方式。

19.96　使用附录C中的数据和给出的压力，计算下列每个反应的 K_p 和 ΔG：

（a）$N_2(g) + 3 H_2(g) \longrightarrow 2 NH_3(g)$

$P_{N_2} = 2.6atm, P_{H_2} = 5.9atm, P_{NH_3} = 1.2atm$

（b）$2 N_2H_4(g) + 2 NO_2(g) \longrightarrow 3 N_2(g) + 4 H_2O(g)$

$P_{N_2H_4} = P_{NO_2} = 5.0 \times 10^{-2}atm,$

$P_{N_2} = 0.5atm, P_{H_2O} = 0.3atm$

（c）$N_2H_4(g) \longrightarrow N_2(g) + 2 H_2(g)$

$P_{N_2H_4} = 0.5atm, P_{N_2} = 1.5atm, P_{H_2} = 2.5atm$

19.97　（a）对于下列反应，在不进行任何计算的情况下，预测 ΔH° 和 ΔS° 的符号。（b）根据你的综合化学知识，预测这些反应中哪个反应 $K > 1$。（c）在下列情况下，说明 K 随着温度升高而增加还是减少。

（i）$2 Mg(s) + O_2(g) \rightleftharpoons 2 MgO(s)$

（ii）$2 KI(s) \rightleftharpoons 2 K(g) + I_2(g)$

（iii）$Na_2(g) \rightleftharpoons 2 Na(g)$

（iv）$2 V_2O_5(s) \rightleftharpoons 4 V(s) + 5 O_2(g)$

19.98　可以通过将甲醇与一氧化碳结合（*羰基化反应的一个示例*）来制造乙酸：

$$CH_3OH(l) + CO(g) \longrightarrow CH_3COOH(l)$$

（a）计算25℃下反应的平衡常数；（b）工业上，该反应在高于25℃的温度下进行。温度升高会导致平衡时乙酸摩尔分数增加或减少吗？为什么要使用高温？（c）在什么温度下，这个反应的平衡常数等于1？（你可以假设 ΔH° 和 ΔS° 与温度无关，并且可以忽略可能发生的任何相变化。）

19.99　人体组织中葡萄糖（$C_6H_{12}O_6$）的氧化产生 CO_2 和 H_2O，相比而言，发酵过程中发生的厌氧分解则产生乙醇（C_2H_5OH）和 CO_2。（a）使用附录C中给出的数据，比较下列反应的平衡常数：

$$C_6H_{12}O_6(s) + 6 O_2(g) \rightleftharpoons 6 CO_2(g) + 6 H_2O(l)$$

$$C_6H_{12}O_6(s) \rightleftharpoons 2 C_2H_5OH(l) + 2 CO_2(g)$$

（b）比较在标准状态下这些过程可获得的最大功。

19.100　天然气（主要是甲烷）转化为含有两个或两个以上碳原子的产物（如乙烷 C_2H_6）是一个非常重要的工业化学过程。原则上，甲烷可以转化为乙烷和氢气：

$$2 CH_4(g) \longrightarrow C_2H_6(g) + H_2(g)$$

实际上，这种反应是在氧气存在下进行的：

$$2 CH_4(g) + \frac{1}{2} O_2(g) \longrightarrow C_2H_6(g) + H_2O(g)$$

（a）使用附录C中的数据，计算25℃和500℃时上述反应的 K。（b）这两个反应的 ΔG° 的差异主要是由焓项（ΔH）还是熵项（$-T\Delta S$）引起的？（c）如第19.7节"化学与生活"栏中所述，解释上述反应是如何成为驱动非自发反应的例子。（d）必须仔细地控制 CH_4 和 O_2 反应以形成 C_2H_6 和 H_2O，以避免发生竞争反应。最可能的竞争反应是什么？

19.101　细胞利用三磷酸腺苷（ATP）的水解作为能量来源（见图19.16）。ATP 转化为 ADP 的标准自由能变化为 −30.5kJ/mol，如果葡萄糖代谢

$$C_6H_{12}O_6(s) + 6 O_2(g) \longrightarrow 6 CO_2(g) + 6 H_2O(l)$$

产生的所有自由能都能将 ADP 转化为 ATP，1mol 葡萄糖能产生多少 ATP（以 mol 计）？

19.102　血浆中的钾离子浓度约为 $5.0 \times 10^{-3}M$，而肌肉细胞液中的钾离子浓度要大得多（0.15M）。血浆和细胞内液体由细胞膜隔开，我们假设细胞膜仅对 K^+ 具有渗透性。（a）人体温度37℃时，1mol K^+ 从血浆转移到细胞液中的 ΔG 是多少？（b）转移 K^+ 所需的最小功是多少？

综合练习

19.103 大多数液体遵循 Trouton 规则（见练习 19.93），其中规定摩尔蒸发熵约为 88 ± 5J/mol·K。几种有机液体的标准沸点和蒸发熵如下：

物质	标准沸点 /℃	$\Delta H_{蒸发}$/(kJ/mol)
丙酮，$(CH_3)_2CO$	56.1	29.1
二甲醚，$(CH_3)_2O$	−24.8	21.5
乙醇，C_2H_5OH	78.4	38.6
辛烷，C_8H_{18}	125.6	34.4
吡啶，C_5H_5N	115.3	35.1

（a）计算每种液体的 $\Delta S_{蒸发}$。所有的液体都遵循特鲁顿规则吗？（b）通过参考分子间作用力（见 11.2 节），你能解释该规则的一些例外情况吗？（c）你认为水符合特鲁顿规则吗？使用附录 B 中的数据，检验结论的准确性。（d）氯苯（C_6H_5Cl）在 131.8℃下沸腾，使用特鲁顿规则估算该物质的 $\Delta S_{蒸发}$。

19.104 在化学动力学中，活化熵是反应物形成活化络合物的过程的熵变化。预测双分子过程活化熵通常是正值还是负值。

19.105 在什么温度下，由石墨将磁铁矿还原为元素铁的反应是自发的？

$$Fe_3O_4(s)+ 2C(s, 石墨) \longrightarrow 2 CO_2(g)+ 3Fe(s)$$

19.106 以下过程在第 18 章"环境化学"中进行了讨论。估计下列过程中系统的熵是增加还是减少：（a）$O_2(g)$ 的光解离；（b）氧分子和氧原子形成臭氧；（c）CFCs 扩散到平流层；（d）反渗透脱盐。

19.107 将质量为 20g、温度为 −20℃（典型的冷冻温度）的冰块放入初始温度为 83℃ 盛有 500ml 热水的杯子中。杯子中的最终温度是多少？液态水的密度为 1.00g/mL；冰的比热容为 2.03J/g·C；液态水的比热容为 4.184J/g·C；水的熔化焓为 6.01kJ/mol。

19.108 二硫化碳（CS_2）是一种有毒、高度易燃的物质。以下为 298K 下 $CS_2(l)$ 和 $CS_2(g)$ 的热力学数据：

	ΔH_f°/(kJ/mol)	ΔG_f°/(kJ/mol)
$CS_2(l)$	89.7	65.3
$CS_2(g)$	117.4	67.2

（a）绘制出分子的路易斯结构。你对 C—S 键的键序有何预测？（b）使用 VSEPR 方法预测 CS_2 分子的结构；（c）液态 CS_2 在 O_2 中燃烧，产生蓝色火焰，形成 $CO_2(g)$ 和 $SO_2(g)$，写出这个反应的平衡方程式；（d）使用上表和附录 C 中的数据，计算（c）反应的 ΔH° 和 ΔG°。

反应是放热的吗？298K 时是自发的吗？（e）使用表中的数据计算 298K 时 $CS_2(l)$ 蒸发的 ΔS°。符号 ΔS° 是否如你对蒸发过程的预测一样？（f）使用表中的数据和对（e）的回答，估算 $CS_2(l)$ 的沸点。你预测该物质在 298K，1atm 时是液体还是气体？

19.109 下列数据比较了某些晶体离子物质和其水溶液的标准生成焓和标准生成自由能：

物质	ΔH_f°/(kJ/mol)	ΔG_f°/(kJ/mol)
$AgNO_3(s)$	−124.4	−33.4
$AgNO_3(aq)$	−101.7	−34.2
$MgSO_4(s)$	−1283.7	−1169.6
$MgSO_4(aq)$	−1374.8	−1198.4

写出 $AgNO_3(s)$ 的形成反应。基于这个反应，你预测系统的熵随着 $AgNO_3(s)$ 的生成是增加还是减少吗？（b）使用 $AgNO_3(s)$ 的 ΔH_f° 和 ΔG_f° 确定物质生成过程的熵变化。你的回答是否与（a）的推理一致？（c）在水中溶解 $AgNO_3$ 是放热还是吸热过程？把 $MgSO_4$ 溶解在水中呢？（d）对于 $AgNO_3$ 和 $MgSO_4$，使用表中数据计算固体溶解于水中时的熵变。（e）参考本章"深入探究"栏中的材料，讨论（d）的结果。

19.110 考虑以下平衡：

$$N_2O_4(g) \rightleftharpoons 2 NO_2(g)$$

附录 C 中给出了这些气体的热力学数据。可以假设 ΔH° 和 ΔS° 不随温度变化。（a）在什么温度下，平衡混合物将含有等量的两种气体？（b）在什么温度下，总压为 1atm 的平衡混合物中的 NO_2 是 N_2O_4 的两倍？（c）在什么温度下，总压为 10atm 的平衡混合物中 NO_2 的含量是 N_2O_4 的两倍？

19.111 反应

$$SO_2(g) + 2 H_2S(g) \rightleftharpoons 3 S(s) + 2 H_2O(g)$$

是电厂烟气中消除 SO_2 的推荐方法的原理。每种物质的标准自由能在附录 C 中给出。（a）298K 下反应的平衡常数是多少？（b）原则上讲，该反应是消除 SO_2 的可行方法吗？（c）如果 $P_{SO_2} = P_{H_2S}$，且水的蒸汽压为 25torr，计算 298K 下系统中 SO_2 的平衡压力。（d）你预测在更高的温度下，该过程会更有效还是不太有效？

19.112 当大多数弹性聚合物（例如橡胶筋）拉伸时，分子变得更有序，如图所示：

假设你拉一根橡皮筋。（a）预测系统的熵增加

还是减少？（b）如果橡皮筋是等温拉伸，需要吸收或释放热量以保持恒定温度吗？（c）试试这个实验：拉伸橡皮筋，停一下。然后把拉长的橡皮筋放在上唇上，让它突然回到未拉长的状态（记住要坚持不松开！）你观察到什么？你的观察与对（b）的回答一致吗？

设计实验

在测量一系列不同温度下与 DNA 靶点结合的候选药物的平衡常数时，你根据计算机辅助分子模型选择候选药物，计算机模拟可以表明药物分子可能会与 DNA 位点产生许多氢键和有利的偶极 - 偶极相互作用。你在药物 -DNA 复合物的缓冲溶液中进行一组实验，并绘制了不同温度下的 K 值表。（a）推导出平衡常数与标准焓变和标准熵变的关系式（*提示：平衡常数、焓和熵都与自由能有关*）。（b）展示如何绘制 K 和 T 数据，以计算候选药物 +DNA 结合反应的标准熵变和标准焓变。（c）你很惊讶地发现，结合反应的焓变接近于零，熵变是很大的正值。提出一个解释并设计实验来检验（提示：想想水和离子）。（d）你尝试另一种具有 DNA 靶点的候选药物，发现该候选药物对 DNA 结合反应的焓变较大且为负，熵变较小且为正。在分子层面上提出一个解释，并设计实验来检验你的假设。

第20章

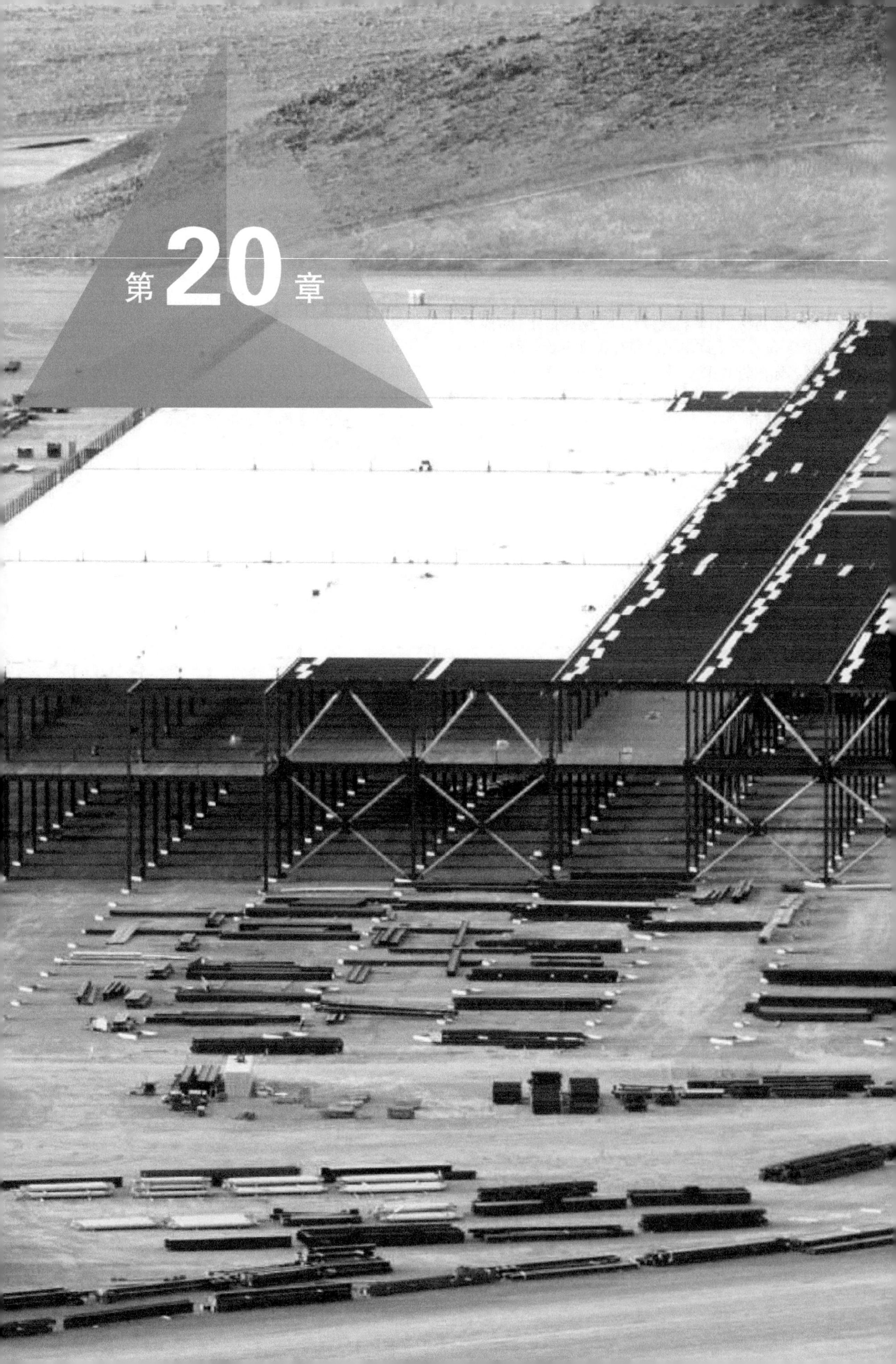

电化学

现代社会应用的电能有许多优点，但也有一个严重的缺点，即不容易储存。流入电线中的电能一旦产生就会被消耗，但对于许多应用来说，储存电能是必要的。在这种情况下，将电能转换成化学能，就可以实现储存和便携的目的，然后在需要时再将化学能转换回电能。电池是最熟悉的电能和化学能之间转换的装置。像笔记本电脑、手机、起搏器和无数其他设备都依赖电池提供运作所需的电能。

目前，大量的工作集中在研究和开发新电池，特别是为电动汽车供电。新型电池需要更轻便，能快速充电，提供更多动力，并具有较长的使用寿命。这些研究的核心是为电池供电的氧化还原反应。

如第 4 章所述，当原子失去电子时会发生氧化反应；反之，原子获得电子，称为还原反应。（见 4.4 节）因此，当电子从被氧化的原子转移到被还原的原子时，氧化还原反应发生了。氧化还原反应不仅涉及到电池的使用，还涉及到各种重要的自然过程，包括铁生锈，食物褐变和动物呼吸。**电化学**是研究电能和化学反应之间的关系。它包括对自发和非自发过程的研究。

◀ 特斯拉“超级工厂”，内华达州在建工程，将成为全球最大的锂离子电池生产工厂，将于 2017 年完工。生产的电池将用于各种应用领域，包括特斯拉的全电动汽车。

导读

20.1 ▶ 氧化态和氧化还原反应
复习氧化态和氧化还原反应。

20.2 ▶ 配平氧化还原反应方程式
学习如何使用半反应方法配平氧化还原反应化学方程式。

20.3 ▶ 伏打电池 对于伏安电池而言，它通过自发的氧化还原反应产生电能。在固体电极表面发生氧化和还原反应。发生氧化反应的电极是阳极，发生还原反应的电极是阴极。

20.4 ▶ 标准条件下的电池电动势
了解电池电动势，它是电池两个电极之间的电位差或电压。电池电动势可以利用每个电极上发生的半反应标准还原电位计算得到。

20.5 ▶ 自由能和氧化还原反应
将吉布斯自由能 $\Delta G°$ 与电池电动势联系起来。

20.6 ▶ 非标准条件下的电池电动势
利用标准条件下的电池电动势和能斯特方程计算非标准条件下的电池电动势。

20.7 ▶ 蓄电池和燃料电池 了解蓄电池和燃料电池，这是商业上使用电化学反应的重要能源。

20.8 ▶ 腐蚀 关注腐蚀，一种涉及金属的自发电化学过程。

20.9 ▶ 电解 检查电解槽，它们利用电能来驱动化学反应，否则这些化学反应将是非自发的。

20.1 | 氧化态和氧化还原反应

我们通过跟踪反应中所涉及元素的氧化数（氧化状态）来判断给定的化学反应是否为氧化还原反应（见 4.4 节）。该过程确定了与反应有关的任何元素的氧化数是否发生变化。例如，考虑以下将金属锌放置在强酸溶液中自发进行的净反应为（见图 20.1）：

$$Zn\,(s) + 2\,H^+\,(aq) \rightarrow Zn^{2+}\,(aq) + H_2(g) \tag{20.1}$$

指出反应中的所有组分的氧化数，已知

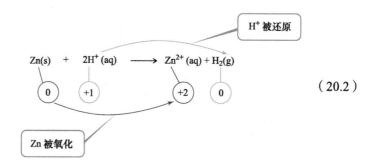

$$(20.2)$$

▲ 图 20.1　利用盐酸氧化金属锌

下列方程式中的氧化数表明，锌的氧化数从 0 变为 +2，而 H 的氧化数从 +1 变为 0。因此，这是一种氧化还原反应。电子从锌原子转移到氢离子中，锌被氧化，H^+ 被还原。

例如在式（20.2）中，电子明显发生了转移。然而，在某些反应中，氧化数发生了变化，但我们不能说任何物质实际上都会获得或失去电子。例如，在氢气燃烧反应中，

$$2H_2(g) + O_2(g) \longrightarrow 2H_2O(g) \quad (20.3)$$

氢气被氧化，氧化态从 0 价变为 +1 价，氧气被还原，氧化态从 0 价变为 −2 价，这表明式（20.3）是一个氧化还原反应。虽然跟踪氧化状态提供了一种方便的"识别"形式，但你通常不应该将原子的氧化状态等同于它在化学化合物中的实际电荷。（见 8.5 节，"氧化数，形式电荷，实际部分电荷"）

想一想

请问亚硝酸根离子 NO_2^- 中元素的氧化数是多少？

在任何氧化还原反应中，氧化和还原反应一定同时进行。如果有一种物质被氧化，则另一个物质必定被还原。氧化另一种物质的物质被称为**氧化剂**。氧化剂从其他物质中获得电子，自身被还原。还原剂是一种失去电子的物质，从而导致另一种物质被还原。因此，还原剂在此过程中被氧化。在式（20.2）中，H^+ 被还原是氧化剂，而 Zn 单质被氧化，是还原剂。

实践解析 20.1

识别氧化剂和还原剂

镍 - 镉电池使用以下氧化还原反应产生电能：

$$Cd(s) + NiO_2(s) + 2H_2O(l) \rightarrow Cd(OH)_2(s) + Ni(OH)_2(s)$$

标注出被氧化和被还原的物质，并指出哪些是氧化剂，哪些是还原剂。

解析

分析 我们已知一个氧化还原反应，要求识别被氧化物质和被还原物质，并标记氧化剂和还原剂。

思路 首先，我们使用前面章节（见 4.4 节）提到的规则给所有原子标注出氧化态或氧化数，并确定哪些元素改变了氧化态。其次，我们应用氧化和还原的定义。

解答

$$Cd(s) + NiO_2(s) + 2H_2O(l) \longrightarrow Cd(OH)_2(s) + Ni(OH)_2(s)$$

Cd 的氧化态从 0 价增加到 +2 价，Ni 的氧化态从 +4 价降低到 +2 价。因此，Cd 原子被氧化（失去电子）是还原剂。当 NiO_2 转化为 $Ni(OH)_2$ 时，Ni 的氧化态降低。因此，NiO_2 被还原（得到电子）是氧化剂。

注解 为了便于记忆氧化和还原反应一个常见的助记符是"LEO the lion says GER"：即：失去电子是氧化；得到电子是还原。

▶ **实践练习 1**

在下列化学反应中，哪个物质是还原剂？

$$2Br^-(aq) + H_2O_2(aq) + 2H^+(aq) \longrightarrow Br_2(aq) + 2H_2O(l)$$

（a）$Br^-(aq)$（b）$H_2O_2(aq)$
（c）$H^+(aq)$（d）$Br_2(aq)$

▶ **实践练习 2**

指出下列化学反应中的氧化剂和还原剂

$$2H_2O(l) + Al(s) + MnO_4^-(aq) \longrightarrow AlOH_4^-(aq) + MnO_2(s)$$

20.2 | 配平氧化还原反应方程式

我们配平化学反应方程式，必须要遵守质量守恒定律：在化学反应方程式两侧每个元素的量必须是相同的（在任何化学反应过程中原子既不产生，也不被破坏）。当我们配平氧化还原反应方程式时，还需要注意的是必须保证得失电子守恒。在反应过程中，如果某一种物质失去一定数量的电子，则另一种物质必须得到相同数量的电子（在任何化学反应过程中电子既不产生，也不被破坏）。

在许多简单的化学反应方程式中，例如，式（20.2）中电子得失是"自动"配平的，也就是说，我们没有明确考虑电子的转移就配平了方程式。然而，许多氧化还原反应比式（20.2）更为复杂，如果不考虑电子得失数目，就不能很容易地配平方程式。在本节中，我们将研究利用半反应法配平氧化还原反应化学方程式。

半反应

虽然氧化反应和还原反应必须同时进行，但通常可以将它们视为两个单独的反应过程。例如，Fe^{3+} 氧化 Sn^{2+}，

$$Sn^{2+}(aq) + 2Fe^{3+}(aq) \rightarrow Sn^{4+}(aq) + 2Fe^{2+}(aq)$$

可以认为由两个过程组成：Sn^{2+} 的氧化反应和 Fe^{3+} 的还原反应：

$$\text{氧化反应：} Sn^{2+}(aq) \rightarrow Sn^{4+}(aq) + 2e^- \qquad (20.4)$$

$$\text{还原反应：} 2Fe^{3+}(aq) + 2e^- \rightarrow 2Fe^{2+}(aq) \qquad (20.5)$$

请注意，在氧化反应中电子为产物，在还原反应中电子为反应物。

化学反应方程式中仅显示氧化反应或还原反应的方程式，如式（20.4）和式（20.5），称为**半反应**。在整个氧化还原反应中，在氧化半反应中失去的电子数必须等于在还原半反应中获得的电子数。当满足这个条件，且每个半反应都配平时，加和两个半反应以给出配平的氧化还原反应化学方程式，方程式两侧的电子就会抵消。

利用半反应法配平化学反应方程式

在半反应法中，我们通常从一个离子方程式"框架"开始，即只显示氧化和还原的物质。在这种情况下，我们只在不确定反应是否涉及氧化还原时才指定氧化数。我们将发现 H^+（酸性溶液）、OH^-（碱性溶液）和 H_2O 经常作为反应物或产物参与氧化还原反应。除非 H^+、OH^- 或 H_2O 不被氧化或还原，否则这些组分不会出现在方程式框架中。然而，当我们配平化学反应方程式时，就可以推断出它们是否存在。

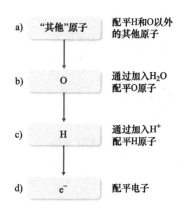

a) "其他"原子 — 配平H和O以外的其他原子

b) O — 通过加入H_2O配平O原子

c) H — 通过加入H^+配平H原子

d) e^- — 配平电子

如何在酸性水溶液中配平氧化还原反应方程式？

1. 将化学反应方程式分为一个氧化半反应和一个还原半反应。

2. 配平每个半反应

a）首先，配平除 H 和 O 以外的其他元素；

b）然后，根据需要添加 H_2O 来配平 O 原子；

c）再根据需要加入 H^+ 来配平 H 原子；

d）最后，按需要加入电子，以配平电子得失。

总结在左图中这个 a）~ d）特定的顺序是非常重要的。此时，你可以检查每个半反应中的电子数是否对应于氧化态的变化。

3. 将半反应乘以所需的整数，使在氧化半反应中损失的电子数等于在还原半反应中获得的电子数。

4.组合上述氧化半反应和还原半反应方程式，并通过消除在组合方程式两侧均出现的组分来进一步简化方程式。

5.检查以确保原子和电荷均是配平的。

举个例子，我们现在讨论在酸性溶液中高锰酸根离子（MnO_4^-）和草酸根离子（$C_2O_4^{2-}$）之间的化学反应（见图 20.2）。当 MnO_4^- 加入到酸性 $C_2O_4^{2-}$ 溶液中，MnO_4^- 的深紫色褪色，出现 CO_2 气泡，且溶液呈 Mn^{2+} 淡粉色。框架离子方程式如下：

$$MnO_4^- (aq)+C_2O_4^{2-} (aq)\longrightarrow Mn^{2+} (aq)+CO_2 (aq) \qquad （20.6）$$

实验表明，在化学反应中 H^+ 被消耗生成了 H_2O。我们将看到，它们参与反应是在配平化学反应方程式的过程中推导出来的。

为了完成和配平方程式（20.6），我们首先写两个半反应（步骤 1）。一个半反应必须在箭头的两边都有 Mn 原子，另一个半反应必须在箭头的两边都有 C 原子：

$$MnO_4^- (aq)\longrightarrow Mn^{2+} (aq)$$
$$C_2O_4^{2-} (aq)\longrightarrow CO_2 (g)$$

我们下一步完成并配平每个半反应。首先，我们配平除了 H 和 O 以外的所有原子（步骤 2a）。在高锰酸钾半反应中，因为在方程式的两侧各有一个 Mn 原子，所以我们不需要再配平。在草酸盐半反应中，为了配平在左侧的两个 C 原子，我们需要在方程式右侧添加系数 2：

$$MnO_4^- (aq)\longrightarrow Mn^{2+} (aq)$$
$$C_2O_4^{2-} (aq)\longrightarrow 2CO_2 (g)$$

接下来，我们配平 O 原子（步骤 2b）。高锰酸盐半反应在左边有 4 个 O 原子，右边一个 O 原子也没有；为了配平这 4 个 O 原子，我们需要在右边加上 4 个 H_2O 分子：

$$MnO_4^- (aq)\longrightarrow Mn^{2+} (aq)+4H_2O (l)$$

现在产物中有 8 个 H 原子，为了配平 H 原子必须在反应物中添加 8 个 H^+（步骤 2c）：

$$8H^+(aq)+MnO_4^- (aq)\longrightarrow Mn^{2+} (aq)+4H_2O (l)$$

现在方程式的两侧每种原子的数目是相等的，但是仍然需要配平电荷。反应物的电荷为 8(1+)+1(1−)=7+，产物的电荷为 1(2+) + 4(0)

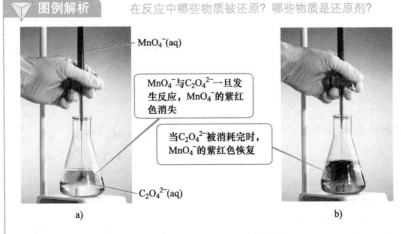

▲ 图 20.2 用 $KMnO_4$ 溶液滴定 $Na_2C_2O_4$ 酸性溶液

= 2+。为了配平电荷，我们在反应物这一侧加入 5 个电子（步骤 2d）：

$$5e^- + 8H^+(aq) + MnO_4^-(aq) \longrightarrow Mn^{2+}(aq) + 4H_2O(l)$$

我们可以利用氧化态来检查结果。在该半反应中，Mn 从 MnO_4^- 中的 +7 价氧化态变为 Mn^{2+} 的 +2 价氧化态。因此，每个 Mn 原子获得 5 个电子，这与我们配平的半反应相一致。

在草酸盐的半反应中，要将 C 原子和 O 原子配平（步骤 2a）。我们通过在产物中添加 2 个电子来配平电荷（步骤 2d）：

$$C_2O_4^{2-}(aq) \longrightarrow 2CO_2(g) + 2e^-$$

我们可以使用氧化态检查该结果。C 从 $C_2O_4^{2-}$ 中的 +3 价氧化态到 CO_2 中的 +4 价氧化态。因此，每个 C 原子失去 1 个电子，那么在 $C_2O_4^{2-}$ 中 2 个 C 原子失去 2 个电子时，这与我们配平的半反应相一致。

现在，我们将每个半反应乘以一个适当的整数，这样在一个半反应中得到的电子数等于另一个半反应中失去的电子数（步骤 3）。我们将 MnO_4^- 半反应乘以 2，$C_2O_4^{2-}$ 半反应乘以 5：

$$10e^- + 16H^+(aq) + 2MnO_4^-(aq) \longrightarrow 2Mn^{2+}(aq) + 8H_2O(l)$$
$$5C_2O_4^{2-}(aq) \longrightarrow 10CO_2(g) + 10e^-$$

$$16H^+(aq) + 2MnO_4^-(aq) + 5C_2O_4^{2-}(aq) \longrightarrow 2Mn^{2+}(aq) + 8H_2O(l) + 10CO_2(g)$$

配平的化学反应方程式是配平的半反应方程式之和（步骤 4）。请注意，方程式反应物和产物两侧的电子能相互抵消。

我们通过计算原子和电荷数检查方程式是否配平（步骤 5）。方程的两侧有 16 个 H 原子，2 个 Mn 原子，28 个 O 原子，10 个 C 原子，方程式两侧净电荷均为 4+，证实了方程式完全配平。

　想一想

自由电子是否出现在配平的氧化还原反应化学方程式中？

实例解析 20.2
配平在酸性溶液中的氧化还原反应化学方程式

利用半反应法正确配平下列化学反应方程式：
$$Cr_2O_7^{2-}(aq) + Cl^-(aq) \longrightarrow Cr^{3+}(aq) + Cl_2(g) \quad （酸性溶液）$$

解析

分析　我们已知一个不完整的，不平衡的（框架）方程，在酸性溶液中发生氧化还原反应，并要求完成和配平这个方程式。

思路　我们利用刚学过的半反应方法解决这个问题。

解答

第一步：我们将这个方程式拆分成两个半反应

$$Cr_2O_7^{2-}(aq) \longrightarrow Cr^{3+}(aq)$$
$$Cl^-(aq) \longrightarrow Cl_2(g)$$

第二步：我们配平每个半反应。在第一个半反应中，在反应物中存在一个 $Cr_2O_7^{2-}$，需要产物中有两个 Cr^{3+}。通过在产物中加入 7 个 H_2O 来平衡 $Cr_2O_7^{2-}$ 中的 7 个 O 原子。然后，通过在反应物中加入 14 个 H^+ 来平衡 $7H_2O$ 中的 14 个 H 原子：

$$14H^+(aq) + Cr_2O_7^{2-}(aq) \longrightarrow 2Cr^{3+}(aq) + 7H_2O(l)$$

然后，我们在反应方程式的左边加上电子来配平电荷，使两边的总电荷相同：

我们可以通过观察氧化态变化来检查这一结果。每个 Cr 原子从 +6 价变为 +3 价，得到了 3 个电子，因此，$Cr_2O_7^{2-}$ 中 2 个 Cr 原子得到了 6 个电子，和半反应一致。

$$6e^- + 14H^+(aq) + Cr_2O_7^{2-}(aq) \longrightarrow 2Cr^{3+}(aq) + 7H_2O(l)$$

在第二个半反应中，2 个 Cl^- 需要配上 1 个 Cl_2；为了达到电荷平衡我们在右边加上 2 个电子；这一结果和氧化态变化一致。每个 Cl 原子从 −1 价变为 0 价，失去了一个电子，因此，2 个 Cl 原子失去了 2 个电子。

$$2Cl^-(aq) \longrightarrow Cl_2(g)$$
$$2Cl^-(aq) \longrightarrow Cl_2(g) + 2e^-$$

第三步：我们使两个半反应中转移的电子数相等。为此，我们将 Cl 半反应乘以 3，以便在 Cr 半反应中获得的电子数等于在 Cl 半反应中损失的电子数，从而使得在组合半反应时电子能消去：

$$6Cl^-(aq) \longrightarrow 3Cl_2(g) + 6e^-$$

第四步：方程式加起来得到一个配平的方程式：

$$14H^+(aq) + Cr_2O_7^{2-}(aq) + 6Cl^-(aq) \longrightarrow 2Cr^{3+}(aq) + 7H_2O(l) + 3Cl_2(g)$$

第五步：在方程式两边每种原子的数量应相同（14H，2Cr，7O，6Cl）。此外，方程式两侧电荷相同（6+）。因此，这个方程式是平衡的。

▶ 实践练习 1

请正确配平下列酸性溶液中的化学反应方程式
$$Mn^{2+}(aq) + NaBiO_3(s) \longrightarrow Bi^{3+}(aq) + MnO_4^-(aq) + Na^+(aq)$$

在配平的化学反应方程式中有多少水分子（对于用最小整数系数配平的方程式）？（a）反应物中有 4 个水分子；（b）产物中有 3 个水分子；（c）反应物中有 1 个水分子；（d）产物中有 7 个水分子；（e）产物中有 2 个水分子

▶ 实践练习 2

请利用半反应法配平下列酸性溶液中的化学反应方程式。
$$Cu(s) + NO_3^-(aq) \longrightarrow Cu^{2+}(aq) + NO_2(g)$$

配平在碱性溶液中进行反应的方程式

如果一个氧化还原反应在碱性溶液中进行，必须通过加入 OH^- 和 H_2O 进行配平，而不是加 H^+ 和 H_2O。因为 H_2O 分子和 OH^- 都含有氢，所以这种方法可以从方程式的一边向另一侧来回移动，以达到适当的半反应。这还有另一种配平方法。

如何配平在碱性溶液中的化学反应方程式

1. 类似于在酸性溶液中配平方程式一样进行配平。

2. 计算在每个半反应中的 H^+ 数量，在半反应的两边加上相同量的 OH^-。因为你加入的量相同，那么此方法中化学反应遵循质量守恒定律。

实例解析 20.3

配平在碱性溶液中的氧化还原反应方程式

请配平下列在碱性溶液中进行氧化还原反应方程式：

$$CN^-(aq) + MnO_4^-(aq) \longrightarrow CNO^-(aq) + MnO_2(s) \quad （碱性溶液）$$

解析

分析　已知一个碱性溶液中氧化还原反应的未配平方程式，并要求配平它。

思路　我们首先假设反应发生在酸性溶液中。将适当数量的 OH^- 添加到方程式的每一边，方程式的每一边都有适当数量的 OH^-，然后，我们结合 H^+ 和 OH^- 形成 H_2O。我们通过简化方程来完成方程式的配平。

解答

第一步： 我们写出这个未完成、未配平的半反应方程式。

$$CN^-(aq) \longrightarrow CNO^-(aq)$$

$$MnO_4^-(aq) \longrightarrow MnO_2(s)$$

第二步： 我们按照在酸性溶液中发生反应配平每个半反应：

$$CN^-(aq) + H_2O(l) \longrightarrow CNO^-(aq) + 2H^+(aq) + 2e^-$$

$$3e^- + 4H^+(aq) + MnO_4^-(aq) \longrightarrow MnO_2(s) + 2H_2O(l)$$

现在我们必须考虑这个反应发生在碱性溶液中，在两个半反应的两侧添加 OH^- 以便中和 H^+：

$$CN^-(aq) + H_2O(l) + 2OH^-(aq) \longrightarrow CNO^-(aq) + 2H^+(aq) + 2e^- + 2OH^-(aq)$$

$$3e^- + 4H^+(aq) + MnO_4^-(aq) + 4OH^-(aq) \longrightarrow MnO_2(s) + 2H_2O(l) + 4OH^-(aq)$$

当 H^+ 和 OH^- 在半反应的同一侧时，形成了 H_2O，从而中和了 H^+

$$CN^-(aq) + H_2O(l) + 2OH^-(aq) \longrightarrow CNO^-(aq) + 2H_2O(l) + 2e^-$$

$$3e^- + 4H_2O(l) + MnO_4^-(aq) \longrightarrow MnO_2(s) + 2H_2O(l) + 4OH^-(aq)$$

接下来，我们消去反应物和产物中同时出现的 H_2O 分子：现在所有的半反应都是配平的。你可以检查原子和总电荷是否配平。

$$CN^-(aq) + 2OH^-(aq) \longrightarrow CNO^-(aq) + H_2O(l) + 2e^-$$

$$3e^- + 2H_2O(l) + MnO_4^-(aq) \longrightarrow MnO_2(s) + 4OH^-(aq)$$

第三步： 我们将氰化物半反应乘以系数 3，在产物一侧产生了 6 个电子，然后高锰酸盐半反应乘以系数 2，在反应物一侧产生了 6 个电子：

$$3CN^-(aq) + 6OH^-(aq) \longrightarrow 3CNO^-(aq) + 3H_2O(l) + 6e^-$$

$$6e^- + 4H_2O(l) + 2MnO_4^-(aq) \longrightarrow 2MnO_2(s) + 8OH^-(aq)$$

第四步： 我们将这两个半反应加起来，通过消除反应物和产物中同时出现的组分来简化反应方程式：

$$3CN^-(aq) + H_2O(l) + 2MnO_4^-(aq) \longrightarrow 3CNO^-(aq) + 2MnO_2(s) + 2OH^-(aq)$$

第五步： 检查原子和电荷是否配平。

方程式中有 3 个 C 原子、3 个 N 原子、2 个 H 原子、9 个 O 原子、2 个 Mn 原子、方程式两侧各有 5 个负电荷。

注解

重要的是要记住，这个过程并不意味着 H^+ 参与了化学反应。回想一下，在 25℃水溶液中，$K_w = [H^+][OH^-] = 1.0 \times 10^{-14}$。因此，在碱性溶液中 H^+ 的浓度很低（见 16.3 节）

在配平的化学反应方程式中有多少 OH^- 离子（对于用最小整数系数配平的方程式）？
（a）反应物一侧有 1 个　（b）产物一侧有 1 个
（c）反应物一侧有 4 个　（d）产物一侧有 7 个
（e）没有

▶ **实践练习 1**

请配平下列在碱性溶液中进行的氧化还原反应方程式

$$NO_2^-(aq) + Al(s) \longrightarrow NH_3(aq) + Al(OH)_4^-(aq)$$

▶ **实践练习 2**

请配平下列在碱性溶液中进行的氧化还原反应方程式：

$$Cr(OH)_3(s) + ClO^-(aq) \longrightarrow CrO_4^{2-}(aq) + Cl_2(g)$$

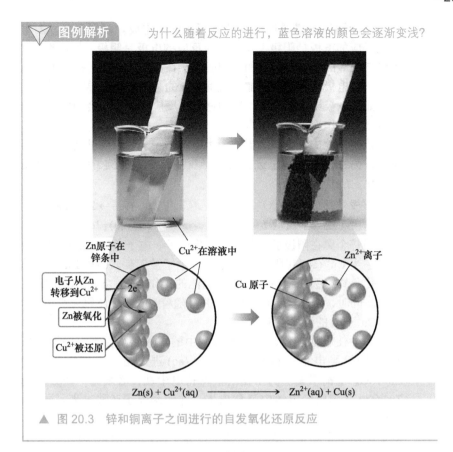

图例解析　为什么随着反应的进行，蓝色溶液的颜色会逐渐变浅？

Zn原子在锌条中

Cu²⁺在溶液中

Zn²⁺离子

电子从Zn转移到Cu²⁺

Cu 原子

Zn被氧化

Cu²⁺被还原

$$Zn(s) + Cu^{2+}(aq) \longrightarrow Zn^{2+}(aq) + Cu(s)$$

▲ 图 20.3　锌和铜离子之间进行的自发氧化还原反应

使用这种方法，化学反应是质量平衡的，因为你在两边都加入了同样的物质。从本质上讲，你所做的是在含有 H^+ 的一侧"中和"质子，形成水（$OH^- + H^+ \longrightarrow H_2O$）。另一侧以 OH^- 结束。由此产生的水分子可以根据需要消除掉。

20.3 | 伏打电池

自发氧化还原反应中释放的能量可以用来发电。这个任务可以通过电池来完成，电池是一种电子通过外部途径而不是在同一反应容器中反应物之间直接传递的装置。

当 Zn 条放置在含 Cu^{2+} 的溶液中，这个自发氧化还原反应就会进行。随着反应的进行，Cu^{2+} 的蓝色逐渐褪去，Cu 单质沉积在 Zn 条上。同时，Zn 金属开始溶解。图 20.3 显示了这一变化过程，化学反应方程式如下：

$$Zn(s) + Cu^{2+}(aq) \longrightarrow Zn^{2+}(aq) + Cu(s) \qquad （20.7）$$

图 20.4 显示了利用方程式 20.7 的氧化还原反应组装的伏打电池。虽然，图 20.4 中的装置比图 20.3 中的装置更复杂，但在这两种情况下，进行的化学反应是相同的。其显著性差异在于在电池中 Zn 金属和 Cu^{2+} 溶液彼此之间没有直接接触。相反，Zn 金属与 Zn^{2+} 溶液在一个容器中接触，而 Cu 金属在另一个容器中与 Cu^{2+} 溶液接触。因此，Cu^{2+} 还原只有通过外部电路，即连接 Zn 条和 Cu 条的导线，实现电子的流动才能发生。流经导线的电子和在溶液中移动的离子构成电流，电流可以用来发电。

图例解析

在以下伏打电池中金属 Cu 和金属 Zn 哪个被氧化？

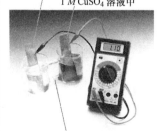

Zn 电极在 1 M ZnSO₄ 溶液中

Cu 电极在 1 M CuSO₄ 溶液中

溶液通过多孔玻璃盘相互接触

▲ 图 20.4　基于方程式（20.7）组装的铜锌伏打电池

两个固体金属通过外部导线相连称为*电极*。根据定义，发生氧化反应的电极是**阳极**，发生还原反应的电极是**阴极**。[⊖] 电极可以由参与反应的材料制成，如本例所示。在反应过程中，锌电极逐渐消失，铜电极质量逐渐增加。值得注意的是，电极是导电材料制成的，如铂电极或石墨电极，这种材料在反应过程中不会增加或减少质量，而是作为电子转移的表面。

伏打电池的每个隔间被称为半电池，一个半电池里进行氧化半反应，另一个半电池里进行还原半反应。在下面例子中，Zn 金属被氧化，Cu^{2+} 被还原：

阳极（氧化半反应） $\qquad\qquad$ $Zn(s) \longrightarrow Zn^{2+}(aq) + 2e^-$

阴极（还原半反应） $\qquad\qquad$ $Cu^{2+}(aq) + 2e^- \longrightarrow Cu(s)$

当锌金属在阳极被氧化时，产生电子。电子通过外部导线流向阴极，当 $Cu^{2+}(aq)$ 在阴极上被还原时电子被消耗。由于 $Zn(s)$ 单质被氧化，锌电极质量减少，随着电池的工作，$Zn^{2+}(aq)$ 溶液的浓度增加。同时，Cu 电极质量增加，并且随着 $Cu^{2+}(aq)$ 还原为 $Cu(s)$ 单质，$Cu^{2+}(aq)$ 的浓度减少。

为了使电池工作，两个半电池中的溶液必须保持电中性。当 Zn 在阳极半电池中被氧化时，$Zn^{2+}(aq)$ 进入溶液，破坏了初始 Zn^{2+}/SO_4^{2-} 电荷平衡。为了使溶液保持电中性，必须有一些方法使 $Zn^{2+}(aq)$ 从阳极半电池中迁移出去，并使阴离子迁移进来。同样，阴极上 $Cu^{2+}(aq)$ 发生还原反应，使得溶液中这些阳离子减少，在半电池中留下了过量的 SO_4^{2-} 阴离子。为了保持电中性，其中一些阴离子必须从阴极半电池中迁移出来，正离子必须迁移进来。实际上，电极之间没有可测量的电子流动，除非提供了一种装置，使离子通过溶液从一个半电池迁移到另一个电池，从而完成电路。

▽ 图例解析 当在阳极形成 $Zn^{2+}(aq)$ 时，左侧烧杯的溶液如何保持电中性？

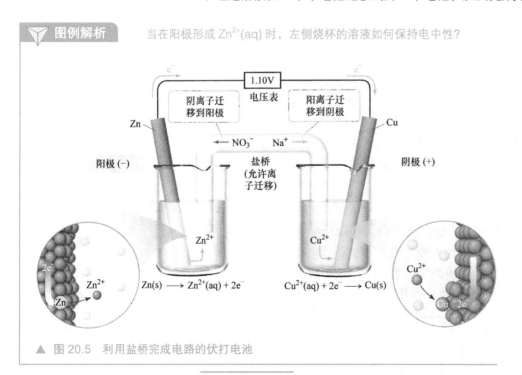

▲ 图 20.5 利用盐桥完成电路的伏打电池

⊖ 为了便于记忆这些定义，注意阳极和氧化都以元音开头，阴极和还原都以辅音开头。（英文版原著中注）

如图 20.4 所示，分离两个半电池的多孔玻璃盘允许离子迁移并保持溶液的电中性。在图 20.5 中，盐桥起到了这个作用。盐桥由含有电解质溶液的 U 形管组成，如 $NaNO_3$ 溶液，其离子不会与电池中的其他离子或与电极发生反应。电解质通常被掺入到浆料或凝胶中，这样当 U 管倒置时，电解质溶液就不会倒出来。当氧化和还原在电极上进行时，为了中和半电池溶液电荷，盐桥上的离子迁移到两个半电池——阳离子迁移到阴极半电池，阴离子迁移到阳极半电池。无论哪个装置允许离子在半电池之间迁移，阴离子总是向阳极迁移，阳离子总是向阴极迁移。

图 20.6 总结了电池中的各种关系。特别注意电子通过外部导线从阳极流向阴极。由于这种定向流动，电池中的阳极标记为负号，阴极标记为正号。我们可以想象电子通过外部电路从带负电荷的阳极转移到带正电荷的阴极。

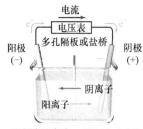

▲ 图 20.6 总结伏打电池中进行的化学反应 半电池可以用多孔玻璃盘（见图 20.4）或盐桥（见图 20.5）来分开

 实例解析 20.4

请描述以下电池

这个氧化还原反应

$$Cr_2O_7^{2-}(aq) + 14H^+(aq) + 6I^-(aq) \longrightarrow 2Cr^{3+}(aq) + 3I_2(s) + 7H_2O(l)$$

是自发进行的。将含 $K_2Cr_2O_7$ 和 H_2SO_4 的溶液倒进一个烧杯中，KI 溶液倒进另外一个烧杯中。用盐桥连接这两个烧杯，一种不会与任何一种溶液（如铂箔）发生反应的金属导体插在溶液中，为了检测电流将这两种导体通过电压表或其他装置与电线相连，由此产生的电池会产生电流。请指出在阳极发生的反应，在阴极发生的反应，电子的迁移方向，离子迁移的方向，以及电极符号。

解析

分析 给出了在电池中发生自发反应的方程式，请描述电池的结构。要求我们写出发生在阳极和阴极的半反应方程式，同时标出电子和离子的迁移方向和电极符号。

思路 第一步是把化学方程式分成半反应，这样我们就可以确定氧化和还原反应。然后我们利用阳极和阴极的定义和图 20.6 中总结的其他术语。

解答 在一个半反应中，$Cr_2O_7^{2-}$ 转变为 Cr^{3+}

$$Cr_2O_7^{2-}(aq) + 14H^+(aq) + 6e^- \longrightarrow 2Cr^{3+}(aq) + 7H_2O(l)$$

在另一个半反应中，I^- 转变为 I_2 单质：

$$6I^-(aq) \longrightarrow 3I_2(s) + 6e^-$$

现在我们可以使用图 20.6 来帮助我们描述电池。第一个半反应是还原反应（电子在方程式的反应物一侧）。根据定义，还原反应发生在阴极上。另一个半反应是在阳极处发生的氧化反应（电子在方程的产物侧）。

I^- 离子是电子供体，$Cr_2O_7^{2-}$ 离子是电子受体。因此，电子通过外部导线从浸入 KI 溶液（阳极）的电极流向浸入 $K_2Cr_2O_7$-H_2SO_4 溶液（阴极）的电极。电极本身不以任何方式参与反应；它只是提供了一种从溶液中转移电子或将电子转移到溶液中的方法。阳离子通过溶液移向阴极，阴离子则通过溶液移向阳极。阳极（电子从中移出）是负极，阴极（电子向其移动）是正极。

▶ **实践练习 1**

以下是发生在电池中的两个半反应方程式：

$$Ni(s) \longrightarrow Ni^{2+}(aq) + 2e^- \qquad (Ni 电极)$$

$$Cu^{2+}(aq) + 2e^- \longrightarrow Cu(s) \qquad (Cu 电极)$$

以下哪一种说法最准确地描述了在含有 Cu 电极和 Cu^{2+} 溶液的半电池中进行的反应？

（a）电极质量减少，阳离子通过盐桥流入半电池中；

（b）电极质量增加，阳离子通过盐桥流入半电池中；

（c）电极质量减少，阴离子通过盐桥流入半电池中；

（d）电极质量增加，阴离子通过盐桥流入半电池中。

▶ **实践练习 2**

在电池中发生的两个半反应

$$Zn(s) \longrightarrow Zn^{2+}(aq) + 2e^- \qquad (zn 电极)$$

$$ClO_3^-(aq) + 6H^+(aq) + 6e^- \longrightarrow Cl^-(aq) + 3H_2O(l)$$

$$(Pt 电极)$$

（a）请指出哪个反应发生在阳极，哪个反应发生在阴极。（b）随着反应的进行，Zn 电极的质量是增加、减少还是保持不变？（c）随着反应的进行，Pt 电极的质量是增加、减少还是保持不变？（d）哪个电极是正极？

20.4 | 标准条件下的电池电动势

为什么电子会从 Zn 原子自发地转移到 Cu^{2+}（如图 20.3 所示），或通过外部电路自发转移（见图 20.4）？简单地说，我们可以将电流与瀑布中的水流进行比较（见图 20.7）。由于瀑布顶部和底部的势能不同，水会自发地流过瀑布（见 5.1 节）。以类似的方式，由于势能的不同，电子通过外部电路自发地从伏打电池的阳极流向阴极，电子在阳极中的势能高于阴极。因此，电子自发地流向更正电势的电极。

两个电极之间的每个电荷势能（*电位差*）的差值是以*伏特*为单位测量的。1 伏特（V）是将 1 焦耳（J）能量注入 1 库仑（C）电荷所需的电位差：

$$1V = 1\frac{J}{C}$$

回想一下，一个电子的电荷是 $1.60 \times 10^{-19}C$（见 2.2 节）。

电池的两个电极之间的电位差称为**电池电势**，通常用 E_{cell} 表示。由于电位差提供了推动电子通过外部电路的驱动力，我们也称之为**电动势**（"引起电子运动"），即 emf。因为 E_{cell} 在电池中是用伏特来测量的，所以它通常也被称为电池的电压。

任何一种电池的电位都是正的。电池电位的大小取决于阴极和阳极发生的反应、反应物和产物的浓度以及温度，我们一般假定温度为 25℃，除非另有说明。在本节中，我们将重点讨论在 25℃ 在标准条件下工作的电池。从表 19.2 可知，标准条件规定为溶液中反应物和产物的浓度为 $1M$ 和气体反应物和产物压力为 1atm。在标准条件下的电池电位称为**标准电池电势**，用 E_{cell}° 表示。

▲ 图 20.7 **电流和水流相类似** 就像水自发地向下流动一样，电子也会自发地从电池的阳极流向阴极

例如，对于图 20.5 中的 Zn-Cu 电池，在 25℃ 标准电池电势为 +1.10V：

$$Zn(s) + Cu^{2+}(aq, 1M) \longrightarrow Zn^{2+}(aq, 1M) + Cu(s) \quad E_{cell}^{\circ} = +1.10V$$

回想一下，上标°表示标准状态条件（见5.7节）。

⚠️ **想一想**

如果在25℃下的标准电池电势E°_{cell}为+0.85V，电池中的氧化还原反应能自发进行吗？

标准还原电势

电池的标准电池电势E°_{cell}取决于特定的阴极和阳极半电池。原则上，我们可以列出所有可能的阴极-阳极组合的标准电池电势。但是，没有必要做这一项艰巨的任务。相反，我们可以标出每个半电池的标准电势，然后使用这些半电池的标准电势来确定E°_{cell}。两个半电池之间的电池电势是不同的。根据惯例，与每个电极相关的电势被认定为该电极上的还原电势。因此，标准的半电池电势被列表用于还原反应，这意味着它们是**标准还原电势**，用E°_{red}表示。标准电池电势E°_{cell}是阴极反应的标准还原电势E°_{red}（阴极）减去阳极反应的标准还原电势E°_{red}（阳极）：

$$E^\circ_{cell}= E^\circ_{red}（阴极）-E^\circ_{red}（阳极）\qquad（20.8）$$

直接测量半反应的标准还原电势是不可能的。但是，如果我们给某一参考半反应分配一个标准还原电势，那么我们就可以依据该参考值，确定其他半反应的标准还原电势。参考半反应是在标准条件下H^+还原生成H_2，它被指定为标准还原电势0V：

$$2H^++(aq, 1M)+ 2e^- \longrightarrow H_2(g, 1atm)\quad E^\circ_{red}=0V\qquad（20.9）$$

为产生这个半反应而设计的电极称为**标准氢电极**（SHE）。标准氢电极由一根铂丝连接到一片铂箔上，铂箔上面覆盖着分割得很细的铂金，作为反应的惰性表面（见图20.8）。标准氢电极是铂金与$1M$的H^+溶液和1atm的氢气同时接触。标准氢电极既可以作为电池的阳极，也可以作为电池的阴极，这主要取决于另一个电极的性质。

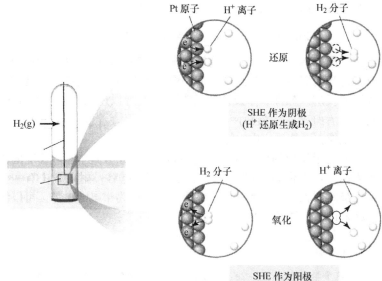

▲ 图20.8　标准氢电极（SHE）作为参比电极

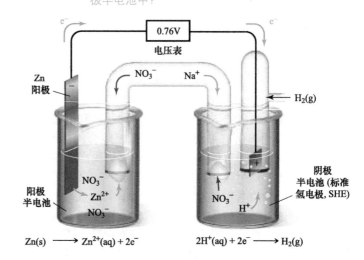

为什么随着电池反应的进行，钠离子会迁移到阴极半电池中？

▲ 图 20.9 使用标准氢电极的电池（SHE） 阳极半电池是 Zn 金属在硝酸锌溶液中，阴极半电池是标准氢电极在硝酸溶液中

图 20.9 显示了一个使用标准氢电极的电池。一个自发反应如图 20.1 所示，即 Zn 被氧化，H^+ 被还原：

$$Zn(s) + 2H^+(aq) \longrightarrow Zn^{2+}(aq) + H_2(g)$$

当电池在标准条件下工作时，电池电势为 +0.76V。利用标准电池电势（$E^\circ_{cell} = 0.76V$），还有定义的 H^+ 标准还原电势为 0V，结合公式 20.8，我们可以确定 Zn^{2+}/Zn 半反应的标准还原电势：

$$E^\circ_{cell} = E^\circ_{red}（阴极）- E^\circ_{red}（阳极）$$

$$+0.76V = 0V - E^\circ_{red}（阳极）$$

$$E^\circ_{cell}（阳极）= -0.76\ V$$

因此，Zn^{2+} 还原生成 Zn 的标准还原电势为 -0.76V：

$$Zn^{2+}(aq,\ 1M) + 2e^- \longrightarrow Zn(s)\quad E^\circ_{red} = -0.76\ V$$

虽然，图 20.9 中的 Zn 反应是氧化反应，我们还是将其写为还原反应。每当我们给一个半反应分配一个电势时，我们就把这个反应写成还原反应。然而，半反应是可逆的，既可以还原，也可以氧化。因此，有时在反应物和产物之间使用两个箭头（$\rightleftharpoons$）来书写半反应，就像在平衡反应中一样。

其它半反应的标准还原电势可以用类似于 Zn^{2+}/Zn 半反应的方式来测定。表格 20.1 列出了一些标准还原电势；附录 E 中有一个更完整的列表。这些标准还原电势，通常称为半电池电势，可以结合起来计算各种电池的 E°_{cell}。

 想一想

这个半反应 $Cl_2(g) + 2e^- \longrightarrow 2Cl^-(aq)$ 中，反应物和产物的标准条件各是什么？

表 20.1　在 25℃水溶液中标准还原电势

E_{red}°/V	还原半反应
+2.87	$F_2(g) + 2e^- \longrightarrow 2F^-(aq)$
+1.51	$MnO_4^-(aq) + 8H^+(aq) + 5e^- \longrightarrow Mn^{2+}(aq) + 4H_2O(l)$
+1.36	$Cl_2(g) + 2e^- \longrightarrow 2Cl^-(aq)$
+1.33	$Cr_2O_7^{2-}(aq) + 14H^+(aq) + 6e^- \longrightarrow 2Cr^{3+}(aq) + 7H_2O(l)$
+1.23	$O_2(g) + 4H^+(aq) + 4e^- \longrightarrow 2H_2O(l)$
+1.06	$Br_2(l) + 2e^- \longrightarrow 2Br^-(aq)$
+0.96	$NO_3^-(aq) + 4H^+(aq) + 3e^- \longrightarrow NO(g) + 2H_2O(l)$
+0.80	$Ag^+(aq) + e^- \longrightarrow Ag(s)$
+0.77	$Fe^{3+}(aq) + e^- \longrightarrow Fe^{2+}(aq)$
+0.68	$O_2(g) + 2H^+(aq) + 2e^- \longrightarrow H_2O_2(aq)$
+0.59	$MnO_4^-(aq) + 2H_2O(l) + 3e^- \longrightarrow MnO_2(s) + 4OH^-(aq)$
+0.54	$I_2(s) + 2e^- \longrightarrow 2I^-(aq)$
+0.40	$O_2(g) + 2H_2O(l) + 4e^- \longrightarrow 4OH^-(aq)$
+0.34	$Cu^{2+}(aq) + 2e^- \longrightarrow Cu(s)$
0 [定义]	$2H^+(aq) + 2e^- \longrightarrow H_2(g)$
−0.28	$Ni^{2+}(aq) + 2e^- \longrightarrow Ni(s)$
−0.44	$Fe^{2+}(aq) + 2e^- \longrightarrow Fe(s)$
−0.76	$Zn^{2+}(aq) + 2e^- \longrightarrow Zn(s)$
−0.83	$2H_2O(l) + 2e^- \longrightarrow H_2(g) + 2OH^-(aq)$
−1.66	$Al^{3+}(aq) + 3e^- \longrightarrow Al(s)$
−2.71	$Na^+(aq) + e^- \longrightarrow Na(s)$
−3.05	$Li^+(aq) + e^- \longrightarrow Li(s)$

　　由于电势测量的是每个电荷的势能，所以标准还原电势是很重要的性质。（见 1.3 节）换句话说，如果在氧化还原反应中增加物质的数量，就会同时增加能量和所涉及的电荷，但能量（焦耳）与电荷（库仑）之比保持不变（V = J/C）。因此，在半反应中改变化学计量系数并不影响其标准还原电势的值。例如，还原 10mol Zn^{2+} 的 E_{red}° 与还原 1mol Zn^{2+} 的 E_{red}° 相同：

$$10Zn^{2+}(aq, 1M) + 20e^- \longrightarrow 10Zn(s) \qquad E_{red}^{\circ} = -0.76V$$

▶ 实例解析 20.5
利用标准电池电势 E_{cell}° 值计算标准还原电势 E_{red}° 值

　　如图 20.5 显示的 Zn-Cu 电池，已知

$$Zn(s) + Cu^{2+}(aq, 1M) \longrightarrow Zn^{2+}(aq, 1M) + Cu(s) \qquad E_{cell}^{\circ} = 1.10V$$

请根据 $Zn^{2+}/Zn(s)$ 的标准还原电势为 −0.76V，计算 Cu^{2+}/Cu 的标准还原电势 E_{red}°：

$$Cu^{2+}(aq, 1M) + 2e^- \longrightarrow Cu(s)$$

解析

　　分析　我们已知 Zn^{2+} 的 E_{cell}° 和 E_{red}°，需要我们计算 Cu^{2+} 的 E_{red}°。

　　思路　在电池中，Zn 被氧化是阳极。因此，已知 Zn^{2+} 的 E_{red}° 是 E_{red}°（阳极）。因为 Cu^{2+} 被还原，它是半电池的阴极。因此，这个未知的 Cu^{2+} 还原电势是 E_{red}°（阴极）。已知 E_{cell}° 和 E_{red}°（阳极），我们可以利用式 20.8 来计算 E_{red}°（阴极）。

解答

$E_{cell}^{\circ} = E_{red}^{\circ}($ 阴极 $) - E_{red}^{\circ}($ 阳极 $)$

$1.10V = E_{red}^{\circ}($ 阴极 $) - (-0.76V)$

$E_{red}^{\circ}($ 阴极 $) = 1.10V - 0.76V = 0.34V$

检验 计算得出的标准还原电势是否和表 20.1 列的数据一致。

注解 Cu^{2+} 的标准还原电势既可以表示为 $E_{Cu^{2+}}^{\circ} = 0.34V$，也可以用 Zn^{2+} 表示，写成 $E_{Zn^{2+}}^{\circ} = -0.76V$。下标表示还原半反应中还原的离子。

▷ **实践练习 1**

基于下列化学反应的电池

$$2Eu^{2+}(aq) + Ni^{2+}(aq) \longrightarrow 2Eu^{3+}(aq) + Ni(s)$$

$E_{cell}^{\circ} = 0.07V$。Ni^{2+} 的标准还原电势请见表 20.1，这个 $Eu^{3+}(aq) + e^{-} \longrightarrow Eu^{2+}(aq)$ 反应的标准还原电势是多少？（a）$-0.35V$（b）$0.35V$（c）$-0.21V$（d）$0.21V$（e）$0.07V$

▷ **实践练习 2**

基于一下半反应的标准电池电势为 1.46V：

$$In^{+}(aq) \longrightarrow In^{3+}(aq) + 2e^{-}$$

$$Br_2(l) + 2e^{-} \longrightarrow 2Br^{-}(aq)$$

利用表 20.1 的数据，计算 In^{3+} 还原生成 In^{+} 反应的标准还原电势 E_{red}°。

▷ **实例解析 20.6**

利用标准电池电势 E_{cell}° 值计算标准还原电势 E_{red}° 值

利用表 20.1 计算在实例解析 20.4 中电池的 E_{cell}°，化学反应如下：

$$Cr_2O_7^{2-}(aq) + 14H^{+}(aq) + 6I^{-}(aq) \longrightarrow 2Cr^{3+}(aq) + 3I_2(s) + 7H_2O(l)$$

解析

分析 已知氧化还原反应的方程式，要求我们利用表 20.1 中的数据来计算相关电池的标准电池电势。

思路 我们的第一步是写出阴极和阳极上发生的半反应，这是我们在实例解析 20.4 中所做的。然后用表 20.1 和式（20.8）计算标准电池电势。

解答

半反应方程式：

阴极：$Cr_2O_7^{2-}(aq) + 14H^{+}(aq) + 6e^{-} \longrightarrow 2Cr^{3+}(aq) + 7H_2O(l)$

阳极：$6I^{-}(aq) \longrightarrow 3I_2(s) + 6e^{-}$

根据表 20.1，$Cr_2O_7^{2-}$ 还原生成 Cr^{3+} 的标准还原电势是 $+1.33V$，I_2 还原生成 I^{-}（相反的氧化半反应）的标准还原电势是 $+0.54V$。我们将这几个值代入式（20.8）中：

$$E_{cell}^{\circ} = E_{red}^{\circ}(\text{阴极}) - E_{red}^{\circ}(\text{阳极}) = 1.33V - 0.54V = 0.79V$$

尽管我们必须把碘化物半反应乘以 3 得到一个平衡方程，但我们的 E_{red}° 值不需要乘以 3。正如我们所注意到的，标准还原电势是一个重要的特性，并且与化学计量系数无关。

检验 这个电池电势 0.79V 是正数。如前所述，电池必须具有正电势。

▷ **实践练习 1**

使用表 20.1 中的数据，请计算电池反应的标准电池电势 E_{cell}° 的值。

$$2Ag^{+}(aq) + Ni(s) \longrightarrow 2Ag(s) + Ni^{2+}(aq)？$$

（a）$+0.52V$ （b）$-0.52V$ （c）$+1.08V$
（d）$-1.08V$ （e）$+0.80V$

▷ **实践练习 2**

利用表 20.1 中的数据，计算下列电池反应的标准电池电势。

$$2Al(s) + 3I_2(s) \longrightarrow 2Al^{3+}(aq) + 6I^{-}(aq)$$

对于一个电池中的每一个半电池，标准的还原电势提供了一个发生还原反应趋势的度量：E_{red}° *值越正，在标准条件下越容易发生还原反应*。在标准条件下工作的电池中，在阴极发生反应的 E_{red}° 值高于阳极反应的 E_{red}° 值。因此，电子从电极上自发地通过外部电路，由 E_{red}° 负值更大的电极流向 E_{red}° 正值更大的电极。图 20.10 揭示了图 20.5 中锌铜电池中两个半反应的标准还原电势之间的关系。

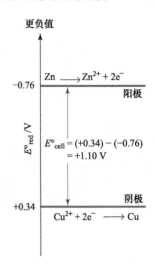

▲ 图 20.10　Zn-Cu 电池中半电池电势和标准电池电势

> ### 想一想
>
> Ni^{2+}（aq）标准还原电势 E_{red}° 是 −0.28V，Fe^{2+}（aq）标准还原电势 E_{red}° 是 −0.44V。在 Ni-Fe 电池中，Ni 和 Fe 电极哪个电极是阴极？

▶ 实例解析 20.7
电极半反应的测定及电池电势的计算

基于以下两个标准半反应的电池

$$Cd^{2+}(aq) + 2e^{-} \longrightarrow Cd(s)$$
$$Sn^{2+}(aq) + 2e^{-} \longrightarrow Sn(s)$$

利用附录 E 中的数据计算（a）哪个半反应发生在阴极和哪个半反应发生在阳极；（b）标准电池电势。

解析

分析　我们需要查一下两个半反应的 E_{red}° 值。然后我们利用这些值来确定阴极和阳极，去计算标准电池电势 E_{cell}°。

思路　阴极具有较高的 E_{red}° 值，阳极具有较低的 E_{red}° 值。为了写出在阳极上发生的半反应，我们将半反应转变为还原形式，使半反应写成氧化反应。

解答

（a）根据附录 E，$E_{red}^{\circ}(Cd^{2+}/Cd) = -0.40V$，$E_{red}^{\circ}(Sn^{2+}/Sn) = -0.14V$。$Sn^{2+}$ 的标准还原电势比 Cd^{2+} 的更正（不是负数）。因此，还原 Sn^{2+} 反应在阴极进行：

因此，阳极反应是 Cd 单质失去电子：

（b）电池电势是由阴极和阳极的标准还原电势的差值来给出的（见式 20.8）：

注意，两个半反应的 E_{red}° 值都是负的，这一点并不重要；负值仅仅表示这些还原反应与参比反应 H^+ 还原的对比情况。

阴极：$Sn^{2+}(aq) + 2e^{-} \longrightarrow Sn(s)$
阳极：$Cd(s) \longrightarrow Cd^{2+}(aq) + 2e^{-}$

$$\begin{aligned}E_{cell}^{\circ} &= E_{red}^{\circ} 阴极 - E_{red}^{\circ} 阳极 \\ &= -0.14V - (-0.40V) = 0.26V\end{aligned}$$

检验 因为它是一个伏打电池，所以一定是正值。

▶ 实践练习 1

考虑到以下三个电池，每一个都类似于图 20.5 所示。在每个电池中，一个半电池包括 1.0 M $Fe(NO_3)_2$ 溶液和 Fe 电极。另一个半电池组成如下：

电池 1：1.0M $CuCl_2$ 溶液和 Cu 电极

电池 2：1.0M $NiCl_2$ 溶液和 Ni 电极

电池 3：1.0M $ZnCl_2$ 溶液和 Zn 电极

下列哪个电池中 Fe 作为阳极？

（a）电池 1

（b）电池 2

（c）电池 3

（d）电池 1 和电池 2

（e）所有 3 个电池

▶ 实践练习 2

一个电池中包含 Co^{2+}/Co 半电池和 AgCl/Ag 半电池

（a）哪个半反应发生在阳极？

（b）标准电池电势是多少？

氧化剂和还原剂的强度

表 20.1 按标准还原电势逐渐减小的趋势列出了半反应。例如，F_2 位于表格的最上端，具有更高的 E_{red}° 值。因此，在表格 20.1 中 F_2 是更容易被还原的物质，是最强的氧化剂。最常用的氧化剂是卤素、O_2 和含氧阴离子，例如 MnO_4^-、$Cr_2O_7^{2-}$、NO_3^-，中心原子具有高正氧化态，如表 20.1 所示，所有物质都具有较高的正值 E_{red}°，并且容易发生还原反应。

半反应向一个方向发生的趋势越小，相反方向发生的趋势就越大。因此，*表 20.1 中最负还原电势的半反应最容易向反方向发生氧化反应*。在于表 20.1 底部，Li^+ 是最难被还原的物质，因此它是列表中最弱的氧化剂。尽管，Li^+ 获得电子的能力较弱，但相反方向，氧化 Li 单质形成 Li^+ 反应很容易发生。因此，在表 20.1 列出的物质中 Li 是最强的还原剂（请注意，因为表 20.1 列的半反应都是作为还原反应，只有在这些半反应反应物侧的物质才能作为氧化剂；只有那些在半反应产物侧的物质才能作为还原剂）。

常用的还原剂包括 H_2 和活泼金属，如碱金属和碱土金属。其他金属阳离子具有 E_{red}° 负值的，例如 Zn 和 Fe，也可以作为还原剂。还原剂的溶液很难长期储存，因为 O_2 是一种普遍存在的良好氧化剂。

表 20.1 中所包含的信息汇总见图 20.11。对于表 20.1 上部的半反应，方程式中反应物一侧的物质是表中最容易还原的，因此是最强的氧化剂。这些反应产物侧的物质是最难氧化的，表中最弱的还原剂也是最难氧化的。因此，图 20.11 显示 F_2 是最强的氧化剂，而 F^- 是最弱的还原剂。相反，在表 20.1 底部的半反应中的反应物，例如 Li^+ 是最难还原的，并且也是最弱的氧化剂，而这些反应的产物，如 Li 金属是表中最易氧化的，也是最强的还原剂。

这种氧化和还原强度的反比关系类似于共轭酸和碱强度之间的反比关系（见 16.2 节和图 16.3）。

图例解析 酸性溶液能氧化铝块吗?

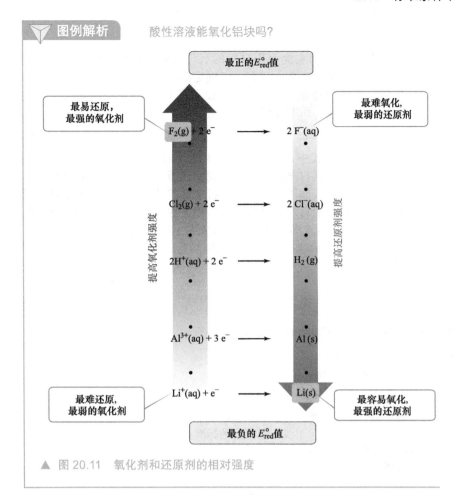

▲ 图 20.11 氧化剂和还原剂的相对强度

实例解析 20.8

推测下列氧化剂的相对强度

利用表 20.1 中的数据,将下列离子按氧化剂氧化性强度增加的顺序排列:$NO_3^-(aq)$、$Ag^+(aq)$、$Cr_2O_7^{2-}(aq)$。

解析

分析 要求我们对几种离子作为氧化剂的氧化能力进行排序。

思路 离子越容易还原(其 E_{red}° 值越正),它作为氧化剂时氧化能力就越强。

解答
由表 20.1 可知:

$$NO_3^-(aq) + 4H^+(aq) + 3e^- \longrightarrow NO(g) + 2H_2O(l) \qquad E_{red}^{\circ} = +0.96V$$

$$Ag^+(aq) + e^- \longrightarrow Ag(s) \qquad E_{red}^{\circ} = +0.80V$$

$$Cr_2O_7^{2-}(aq) + 14H^+(aq) + 6e^- \longrightarrow 2Cr^{3+}(aq) + 7H_2O(l) \qquad E_{red}^{\circ} = +1.33V$$

因为 $Cr_2O_7^{2-}$ 的标准还原电势是最正值,$Cr_2O_7^{2-}$ 是这三种物质中最强的氧化剂。顺序依次为:

$$Ag^+ < NO_3^- < Cr_2O_7^{2-}$$

▶ **实践练习 1**

基于表 20.1 中的数据,下列哪个是最强的氧化剂?

(a) $Cl^-(aq)$ (b) $Cl_2(g)$ (c) $O_2(g)$

(d) $H^+(aq)$ (e) $Na^+(aq)$

▶ **实践练习 2**

利用表 20.1 中的数据,将下列物质按照还原性从最强到最弱的顺序进行排序:$I^-(aq)$、$Fe(s)$、$Al(s)$。

20.5 | 自由能和氧化还原反应

我们观察到电池使用自发的氧化还原反应来产生正的电池电势。给定半电池电势，我们可以确定给定的氧化还原反应是否是自发的。在这个过程中，我们可以使用式（20.8）的一种形式来描述氧化还原反应，而不仅仅是在电池中的反应：

$$E° = E°_{red}（还原反应） - E°_{red}（氧化反应） \qquad (20.10)$$

在这个公式中，我们删除了下标"电池"，以表明计算出的电动势不一定指伏打电池。此外，我们还通过使用还原和氧化来推广标准还原电势，而不是特定于伏打电池的*阴极*和*阳极*。我们现在可以对一种反应的自发性及其电动势相关性做一个一般性的陈述，电动势用 E 表示：*E 的正值表示自发反应*；*E 的负值表示非自发反应*。我们使用 E 表示非标准条件下的电动势，使用 E° 表示标准条件下的电动势。

实例解析 20.9
确定自发性

利用表 20.1 中的数据推断下列反应在标准条件下是否是自发反应。
（a）$Cu(s) + 2H^+(aq) \longrightarrow Cu^{2+}(aq) + H_2(g)$
（b）$Cl_2(g) + 2I^-(aq) \longrightarrow 2Cl^-(aq) + I_2(s)$

解析

分析 已知两个反应，需要确定每个反应是否是自发的。

思路 为了确定氧化还原反应是否在标准条件下自发发生，我们首先需要写它的还原和氧化半反应。然后，我们可以用标准还原电势和式（20.10）来计算反应的标准 emf（E°）。如果一个反应是自发的，它的标准 emf 必须是一个正数。

解答

（a）首先，我们必须确定氧化和还原的半反应，当结合在一起时，就是总反应。

还原：$2H^+(aq) + 2e^- \longrightarrow H_2(g)$
氧化：$Cu(s) \longrightarrow Cu^{2+}(aq) + 2e^-$

我们查找了两个半反应的标准还原电势，并利用它们依据式（20.10）计算 E°：

$E° = E°_{red}（还原反应） - E°_{red}（氧化反应）$
$= 0V - 0.34V = -0.34V$

因为 E° 是负的，所以反应在书写的方向上不是自发的。铜金属不像方程式（a）所写的那样与酸发生反应。然而，反向反应是自发的，具有正的 E° 值：因此，Cu^{2+} 可以被 H_2 还原。

$Cu^{2+}(aq) + H_2(g) \longrightarrow Cu(s) + 2H^+(aq) \quad E° = +0.34V$

（b）类似于 (a) 我们进行下列步骤：

还原：$Cl_2(g) + 2e^- \longrightarrow 2Cl^-(aq)$
氧化：$2I^-(aq) \longrightarrow I_2(s) + 2e^-$

这种情况下：
因为 E° 是正值，这个反应是自发进行的，可以构建电池。

$E° = 1.36V - 0.54V = +0.82V$

▶ **实践练习 1**
下列哪个元素能将 $Fe^{2+}(aq)$ 氧化生成 $Fe^{3+}(aq)$ 离子：氯、溴、碘？
（a）I_2 （b）Cl_2 （c）Cl_2 和 I_2 （d）Cl_2 和 Br_2
（e）上述三个元素

▶ **实践练习 2**
使用附录 E 中列出的标准还原电势，确定下列

哪一种反应在标准条件下是自发的：
（a）$I_2(s) + 5Cu^{2+}(aq) + 6H_2O(l) \longrightarrow$
$2IO_3^-(aq) + 5Cu(s) + 12H^+(aq)$
（b）$Hg^{2+}(aq) + 2I^-(aq) \longrightarrow Hg(l) + I_2(s)$
（c）$H_2SO_3(aq) + 2Mn(s) + 4H^+(aq) \longrightarrow$
$S(s) + 2Mn^{2+}(aq) + 3H_2O(l)$

我们可以依据标准还原电势来理解金属的活性顺序（见 4.4节）。回想一下，任一活泼金属（见表 4.5）都会被它下面任何金属的离子氧化。我们现在可以根据标准还原电势来了解这一规则的起源。活泼性顺序的依据是金属的氧化反应，从顶部最强的还原剂到底部最弱的还原剂（排序与表 20.1 中的顺序相反）。例如，镍在活泼性顺序中位于银之上，镍是更强的还原剂。由于还原剂在任何氧化还原反应中都会被氧化，所以以镍比银更容易氧化。在镍金属和银阳离子的混合物中，我们期望发生一种置换反应，在这种置换反应中，银离子在溶液中被镍离子取代：

$$Ni(s) + 2Ag^+(aq) \longrightarrow Ni^{2+}(aq) + 2Ag(s)$$

在该反应中，Ni 被氧化，Ag^+ 被还原。因此，反应的标准电势是

$$E° = E°_{red}(Ag^+/Ag) - E°_{red}(Ni^{2+}/Ni)$$
$$= (+0.80V) - (-0.28V) = +1.08V$$

$E°$ 的正值表明，Ni 金属的氧化和 Ag^+ 的还原所引起的镍对银的置换反应是一个自发的过程。请记住，尽管我们将银半反应乘以2，但还原电势不会为 2 倍。

> **△ 想一想**
>
> 根据它们在表 4.5 中的相对位置，判断哪个离子将具有更正的标准还原电势，Sn^{2+} 或 Ni^{2+}？

电动势、自由能、平衡常数

吉布斯自由能的变化，ΔG 是在恒定温度和压力下发生反应的自发性的度量。（见 19.5 节）氧化还原反应的标准电池电动势 E 也能表示这个反应是否是自发的。电动势和吉布斯自由能 ΔG 变化之间的关系为

$$\Delta G = -nFE \tag{20.11}$$

在这个公式中，n 是一个没有单位的正数，表示反应的平衡方程转移电子的物质的量，F 是**法拉第常数**，以迈克尔·法拉第命名（见图 20.12）：

$$F = 96485C/mol = 96485J/V \cdot mol$$

法拉第常数是 1mol 电子上的电荷量。

用式（20.11）计算的 ΔG 的单位是 J/mol。在式（19.19）中，我们用"每物质的量"来表示 1mol 的反应，如平衡方程中的系数所示（见 19.7 节）。

因为 n 和 F 都是正值，式（20.11）中的 E 的正值导致 ΔG 的负值。记住：E 的正值和 ΔG 的负值都表示自发反应。当反应物和产物均处于标准状态时，式（20.11）可修正为 $\Delta G°$ 和 $E°$。

$$\Delta G° = -nFE° \tag{20.12}$$

因为 $\Delta G°$ 和平衡常数 K 有关，反应中 K 和 $\Delta G°$ 关系式为 $\Delta G° = -RT \ln K$（见式 19.20），我们可以用式（20.12）代替 $E°$，然后用式（19.20）来代替 $\Delta G°$，从而将 $E°$ 与 K 联系起来。

$$E° = \frac{\Delta G°}{-nF} = \frac{-RT \ln K}{-nF} = \frac{RT}{nF} \ln K \tag{20.13}$$

图 20.13 总结 $E°$、$\Delta G°$、和 K 这三者之间的关系。

▲ 图 20.12 法拉第 Michael Faraday（1791—1867）出生于英国，一个贫穷铁匠的孩子。14岁时，他成了一名装订学徒，装订工作给了他阅读和听课的时间。1812 年，他成为汉弗莱·戴维在皇家研究所实验室的助理。他接替戴维成为英国最著名和最有影响力的科学家，有很多重要的发现，包括他制定的在电池中电流与化学反应程度的定量关系

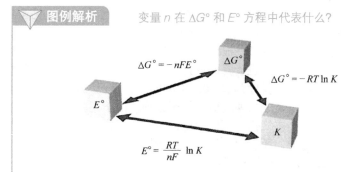

变量 n 在 $\Delta G°$ 和 $E°$ 方程中代表什么?

$$\Delta G° = -nFE°$$
$$\Delta G° = -RT \ln K$$
$$E° = \frac{RT}{nF} \ln K$$

▲ 图 20.13　$E°$、$G°$ 和 K 的关系式　这些重要参数中的任何一个都可以用来计算另外两个参数。$E°$ 和 $\Delta G°$ 的符号决定了在标准条件下反应的方向，K 值大小决定了平衡混合物中反应物和产物的相对量

实例解析 20.10
利用标准还原电势来计算 $\Delta G°$ 和 K

（a）使用表 20.1 中的标准还原势计算标准吉布斯自由能变化 $\Delta G°$，和平衡常数 K，反应温度为 298K 时:
$$4Ag(s) + O_2(g) + 4H^+(aq) \longrightarrow 4Ag^+(aq) + 2H_2O(l)$$
（b）假设 (a) 部分的反应是这样写的:
$$2Ag(s) + \frac{1}{2}O_2(g) + 2H^+(aq) \longrightarrow 2Ag^+(aq) + H_2O(l)$$
当反应以这种方式书写时，$E°$、$\Delta G°$ 和 K 的值分别是多少?

解析

分析　要求我们用标准还原电位测定氧化还原反应的 $\Delta G°$ 和 K。

思路　我们使用表 20.1 和式（20.1）中的数据来确定反应的 $E°$，然后利用式（20.12）中的 $E°$ 来计算 $G°$。最后，使用式（19.20）或式（20.13）来计算 K。

解答

（a）我们首先通过将方程分解成两个半反应来计算 $E°$，并从表 20.1(或附录 E)中得到 $E°_{red}$ 值。

还原反应: $O_2(g) + 4H^+(aq) + 4e^- \longrightarrow 2H_2O(l)$　$E°_{red}= +1.23V$
氧化反应: $\qquad 4Ag(s) \longrightarrow 4Ag^+(aq) + 4e^-$　$E°_{red}= +0.80V$

尽管第二个半反应有 4 个 Ag，但我们还是直接使用表 20.1 中的 $E°_{red}$ 值，因为电动势是一种强度性质。使用式（20.10），我们有:

$$E° = (1.23V) - (0.80V) = 0.43V$$

半反应显示转移了 4 个电子。因此，对于对于这个反应，$n=4$。我们现在用式（20.12）来计算 $\Delta G°$:

$$\Delta G° = -nFE°$$
$$= -(4)(96,485J/V \cdot mol)(+0.43V)$$
$$= -1.7 \times 10^5 J/mol = -170kJ/mol$$

现在我们需要计算平衡常数 K，根据 $\Delta G° = -RT \ln K$。因为 $\Delta G°$ 是一个很大的负数，这意味着反应在热力学上是非常有利的，我们预计 K 是很大的。

$$\Delta G° = -RT \ln K$$
$$-1.7 \times 10^5 J/mol = -[8.314J/(K \cdot mol)](298K)\ln K$$
$$\ln K = \frac{-1.7 \times 10^5 J/mol}{-[8.314J/(K \cdot mol)](298K)}$$
$$\ln K = 69$$
$$K = 9 \times 10^{29}$$

（b）总方程和（a）部分一样，乘以 1/2，半反应是:

还原: $\frac{1}{2}O_2(g) + 2H^+(aq) + 2e^- \longrightarrow H_2O(l)$　$E°_{red} = +1.23V$
氧化: $\qquad 2Ag(s) \longrightarrow 2Ag^+(aq) + 2e^-$　$E°_{red} = +0.80V$

E°_{red} 的值和（a）部分的一样：半反应乘以 1/2，但其值不变，因此，E° 具有和（a）相同的数值：$E^\circ = +0.43V$。

注意，尽管 n 值已变为 2，这是半反应（a）部分值的一半。因此，ΔG° 也是（a）部分值的一半：

$$\Delta G^\circ = -(2)[96,485J/(V \cdot mol)](+0.43V) = -83kJ/mol$$

ΔG° 的值是（a）部分的一半，这是因为化学方程中的系数是（a）中的一半。

现在我们可以像以前一样计算 K：

$$-8.3 \times 10^4 J/mol = -(8.314J/K\ mol)(298K)\ln K$$
$$K = 4 \times 10^{14}$$

注解 E° 是一个强度量，所以将一个化学方程式乘以一定的系数不会影响 E° 的值。然而，将方程式相乘会改变 n 的值，从而改变 ΔG° 的值。吉布斯自由能的变化，以 J/mol 的单位书写，是一个广延度量。平衡常数也是一个广延度量。

$$CrO_4^{2-}(aq) + 4H_2O(l) + 3e^- \longrightarrow Cr(OH)_3(s) + 5OH^-(aq)$$

（a）−0.43V （b）−0.28V （c）0.02V （d）−0.13V （e）−0.15V

▶ **实践练习 1**

对于这个反应

$$3Ni^{2+}(aq) + 2Cr(OH)_3(s) + 10OH^-(aq) \longrightarrow 3Ni(s) + 2CrO_4^{2-}(aq) + 8H_2O(l)$$

$\Delta G^\circ = +87kJ/mol$。考虑到表 20.1 中 Ni^{2+} 的标准还原电势，计算出半反应的标准还原电势是多少？

▶ **实践练习 2**

思考下面反应

$$2Ag^+(aq) + H_2(g) \longrightarrow 2Ag(s) + 2H^+(aq)$$

从表 20.1 中的标准还原势中计算 Ag^+ 的 ΔG°_f；事实上 $H_2(g)$、$Ag(s)$、$H^+(aq)$ 的 ΔG°_f 均为零。将你的答案与附录 C 中给出的值进行比较。

深入探究 | 电功

对于任何自发的反应来说，ΔG 是最大有用功的度量（w_{max}），可以表示为：$\Delta G = w_{max}$（见 19.5 节）。因为 $\Delta G = -nFE$，从电池中获得的最大有用的电功是

$$w_{max} = -nFE_{cell} \qquad (20.14)$$

因为电池电动势，E_{cell}，经常是正值，w_{max} 是负值，表示系统对周围环境做功，正如我们所期望的电池一样（见 5.2 节）。

正如式 20.14 所示，电池在电路中移动的电荷越多（即 nF 越大），推动电子通过电路的电动势越大（即 E°_{cell} 越大），该电池可以完成的工作越多。在实例解析 20.10 中，我们计算 $4Ag(s) + O_2(g) + 4H^+(aq) \longrightarrow 4Ag^+(aq) + 2H_2O(l)$ 反应的 ΔG° 为 −170kJ/mol。因此，这个电池利用这个反应在消耗 4molAg，1mol O_2，和 4mol H^+ 的条件下，输出的最大功为 170kJ。

如果反应不是自发的，则 ΔG 是正的，E 是负值。为了迫使电化学电池发生非自发反应，我们需要施加一个外部电势（E_{ext}），这个值大于 $|E_{cell}|$。例如，如果一个非自发反应的 E 为 −0.9V，则为了使这个反应发生的外部电势必须大于 +0.9V。我们将在第 20.9 节中研究这种非自发的反应。

电功可以用瓦特乘以时间的能量单位来表示。瓦特（W）是一个电力单位（即能源消耗率）：

$$1W = 1J/s$$

因此，瓦特秒就是焦耳。电功使用的单位是千瓦时（kWh），等于 $3.6 \times 10^6 J$：

$$1kWh = (1000W)(1h)\left(\frac{3600s}{1h}\right)\left(\frac{1J/s}{1W}\right) = 3.6 \times 10^6 J$$

相关练习：20.59,20.60

20.6 | 非标准条件下的电池电动势

我们已经知道了当反应物和产物处于标准条件下时，如何计算电池电势。然而，当电池放电时，会消耗反应物，生成产物，因此浓度会发生变化。电动势逐渐下降，直到 $E = 0$。在这一点上，我们说电池"没电了。"在本节中，我们将研究如何用一个方程计算在非标准条件下产生的电动势。这个公式是德国化学家瓦尔特·能斯特（Walther Nernst）（1864—1941）首次推导出来的，奠定了电化学的许多理论基础。

能斯特方程

浓度对电池电动势的影响可以从浓度对自由能变化的影响中得到（见 19.7 节）。回想一下，任何化学反应的吉布斯自由能 ΔG 变化，与反应的标准吉布斯自由能 $\Delta G°$ 变化有关：

$$\Delta G = \Delta G° + RT \ln Q \qquad (20.15)$$

Q 是反应熵，它具有平衡常数表达式的形式，但浓度是在给定时刻存在于反应混合物中的浓度（见 15.6 节）。

将 $\Delta G = -nFE$ 式（20.11）代入式（20.15）得到

$$-nFE = -nFE° + RT \ln Q$$

解 E 的方程式得到**能斯特方程**：

$$E = E° - \frac{RT}{nF} \ln Q \qquad (20.16)$$

这个方程通常用 log10 的对数来表示：

$$E = E° - \frac{2.303RT}{nF} \log Q \qquad (20.17)$$

在温度 298K，$2.303RT/F$ 值等于 0.0592，单位为伏，能斯特公式简化为

$$E = E° - \frac{0.0592V}{n} \log Q \quad (T = 298K) \qquad (20.18)$$

我们可以用这个方程来找出在非标准条件下由电池产生的电势 E，或者通过测量电池的 E 来确定反应物或产物的浓度。例如，在下列反应中：

$$Zn(s) + Cu^{2+}(aq) \longrightarrow Zn^{2+}(aq) + Cu(s)$$

在这种情况下，$n = 2$（两个电子从 Zn 转移到 Cu^{2+}），标准电动势是 +1.10V。（见 20.4 节）因此，在 298K，能斯特公式为

$$E = 1.10V - \frac{0.0592V}{2} \log \frac{[Zn^{2+}]}{[Cu^{2+}]} \qquad (20.19)$$

回想一下，在 Q 的表达式中不包括纯固体（见 15.6 节）。根据式（20.19），电动势随 Cu^{2+} 增加和 Zn^{2+} 减少而增加。例如，Cu^{2+} 浓度为 5.0M，Zn^{2+} 浓度为 0.050M 时

$$E = 1.10V - \frac{0.0592V}{2} \log \left(\frac{0.050}{5.0} \right)$$

$$= 1.10V - \frac{0.0592V}{2} (-2.00) = 1.16V$$

因此，相对于标准条件，反应物 Cu^{2+} 的浓度增加和产物 Zn^{2+} 浓度的减少，都增加了相对标准条件的下的电动势（$E° = 1.10V$）。

能斯特方程帮助我们理解为什么电池的电动势随着电池的放电而下降。当反应物转化为产物时，Q 值增加，E 值减小，直到最后 $E = 0$。因为 $\Delta G = -nFE$ [见式（20.11）]，当 $E = 0$ 时，$\Delta G = 0$。回想一下，当 $\Delta G = 0$ 时，系统处于平衡状态（见 19.7 节）。因此，当 $E = 0$，电池反应已达到平衡，不发生反应了。

一般来说，增加反应物的浓度或降低产物的浓度会增加反应的驱动力，从而产生较高的电动势。相反，在标准条件下，反应物浓度的降低或产物浓度的增加，会使电势值下降。

实例解析 20.11

非标准条件下的电池电势

计算电池在 298K 时的电动势，其中反应是

$$Cr_2O_7^{2-}(aq) + 14H^+(aq) + 6I^-(aq) \longrightarrow 2Cr^{3+}(aq) + 3I_2(s) + 7H_2O(l)$$

条件是

$$Cr_2O_7^{2-} = 2.0M、H^+ = 1.0M、I^- = 1.0M 和 Cr^{3+} = 1.0 \times 10^{-5}M。$$

解析

分析 已知一个电池的化学方程式，以及它工作条件下反应物和产物的浓度。要求我们计算非标准条件下的电动势。

思路 为了计算非标准条件下的电动势，我们使用能斯特方程公式（20.18）。

解答

我们从标准还原电位中计算出电池的 $E°$（表 20.1 或附录 E）。在实例解析 20.6 中计算的这个反应的标准电动势：$E°=0.79V$。正如这个解析过程，电子从还原剂上转移了 6 个电子给氧化剂，因此 $n=6$，这个反应的熵 Q 是：

$$Q = \frac{\left[Cr^{3+}\right]^2}{\left[Cr_2O_7^{2-}\right]\left[H^+\right]^{14}\left[I^-\right]^6}$$

$$= \frac{\left(1.0 \times 10^{-5}\right)^2}{(2.0)(1.0)^{14}(1.0)^6} = 5.0 \times 10^{-11}$$

利用式（20.18），可知：

$$E = 0.79V - \left(\frac{0.0592V}{6}\right)\log\left(5.0 \times 10^{-11}\right)$$

$$= 0.79V - \left(\frac{0.0592V}{6}\right)(-10.30)$$

$$= 0.79V + 0.10V = 0.89V$$

检验 这一结果就是我们所期望的：由于 $Cr_2O_7^{2-}$（反应物）的浓度大于 $1M$，而 Cr^{3+} 产物的浓度小于 $1M$，所以电动势值比 $E°$ 更大。因为 Q 约为 10^{-10}，$\log Q$ 约为 -10，因此，$E°$ 的修正值约为 $0.06 \times 10/6$，等于 0.1，和更详细计算的结果一致。

▶ **实践练习 1**

假设一个电池的总反应是

$$Pb^{2+}(aq) + Zn(s) \longrightarrow Pb(s) + Zn^{2+}(aq)$$

当 Pb^{2+} 离子浓度为 $1.5 \times 10^{-3}M$ 和 Zn^{2+} 离子浓度为 $0.55M$，电池产生的电动势是多少？

（a）0.71V （b）0.56V （c）0.49V （d）0.79V （e）0.64V

▶ **实践练习 2**

对于图 20.5 所示的 Zn-Cu 电池，如果在阴极室中加入 $CuSO_4 \cdot 5H_2O$，提高 Cu^{2+} 的浓度，则电动势会增加、减少或保持不变？

实例解析 20.12

计算电池中的浓度

如果在 25℃ 下，Zn–H₂ 电池的电势（见图 20.9）为 0.45V，当 $[Zn^{2+}]$ 浓度为 $1.0M$ 和氢气分压 P_{H_2} 为 1.0atm 时，阴极溶液的 pH 值是多少？

解析

分析 已知一个电池的电势，Zn^{2+} 的浓度和 H_2 的分压（在电池反应中两个产物）。要求计算阴极溶液的 pH 值，我们可以通过反应物 H^+ 的浓度来计算。

思路 我们书写了电池反应方程式，并使用标准还原电势来计算反应的 $E°$。在从反应方程式中确定 n 的值之后，求解能斯特方程（20.18）中 Q 值。再用电池反应方程式，为 Q 写一个包含 H^+ 的表达式来确定 H^+ 浓度。最后，我们用 H^+ 浓度计算溶液 pH 值。

解答

电池反应是：

$$Zn(s) + 2H^+(aq) \longrightarrow Zn^{2+}(aq) + H_2(g)$$

标准电动势是：

$$E° = E°_{red}（还原）- E°_{red}（氧化）$$

$$= 0V - (-0.76V) = +0.76V$$

由于每个 Zn 原子失去两个电子，	$n = 2$
利用式（20.18），我们可以计算 Q：	$0.45V = 0.76V - \dfrac{0.0592V}{2}\log Q$ $Q = 10^{10.5} = 3 \times 10^{10}$
Q 具有反应平衡常数的形式：	$Q = \dfrac{[Zn^{2+}]P_{H_2}}{[H^+]^2} = \dfrac{(1.0)(1.0)}{[H^+]^2} = 3 \times 10^{10}$
计算 H^+ 浓度：	$[H^+]^2 = \dfrac{1.0}{3 \times 10^{10}} = 3 \times 10^{-11}$ $[H^+] = \sqrt{3 \times 10^{-11}} = 6 \times 10^{-6}M$
最后，我们利用 H^+ 浓度来计算阴极溶液的 pH。	$pH = \log[H^+] = -\log(6 \times 10^{-6}) = 5.2$

注解 电池反应涉及 H^+ 浓度的电池可以用来测量 H^+ 浓度或 pH 值。pH 计是一种特殊设计的电池，其电压表校准后可直接读取 pH 值（见 16.4 节）。

▶ **实践练习 1**

以一个电池为例，阳极半反应是 Zn(s) —— Zn^{2+}(aq) + 2e⁻，阴极半反应是 Sn^{2+}(aq) + 2e⁻ —— Sn(s)。如果 Zn^{2+} 的浓度是 $2.5 \times 10^{-3}M$，电池电动势是 0.660V，那么 Sn^{2+} 的浓度是多少？利用附录

E 中的三个重要的还原电势值计算。（a）$3.3 \times 10^{-2}M$（b）$1.9 \times 10^{-4}M$ （c）$9.0 \times 10^{-3}M$ （d）$6.9 \times 10^{-4}M$（e）$7.6 \times 10^{-3}M$

▶ **实践练习 2**

图 20.9 中，当氢气分压 P_{H_2} 为 1.0 atm，阳极半电池中 Zn^{2+} 浓度为 0.10M，电动势为 0.542V，阴极半电池溶液的 pH 是多少？

浓差电池

到目前为止，在我们所研究的电池中，阳极上的反应物与阴极上的反应物是不同的。然而，电池电动势取决于反应物浓度，因此只要浓度不同，就可以在两个半电池中使用相同的物质来构建电池。一种完全基于因浓度不同而产生电动势的电池称为**浓差电池**。

图 20.14a 所示的就是一个浓度电池。一个半电池由 $1.00 \times 10^{-3}M$ 的 Ni^{2+} 溶液和浸入溶液中的镍金属条组成。另一个半

▽ 图例解析 随着电池反应的进行，哪个电池的质量增加？

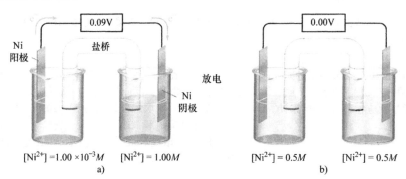

▲ 图 20.14 基于 Ni^{2+}-Ni 电池反应构建的浓差电池 a）在两个半电池中 Ni^{2+} 溶液的浓度不同，并且电池产生了电流和电压。b）电池开始放电，直到两个半电池中的 Ni^{2+} 溶液浓度相同时，电池到达平衡点，电池电动势为零，停止放电

电池也含有一个 Ni 电极，但 Ni 电极是浸入到 1.0M 的 Ni^{2+} 溶液中。两个半电池通过盐桥连接起来，和外部导线接了一个电压表。半电池反应是两个相反的过程：

阳极： $\qquad$ $Ni(s) \longrightarrow Ni^{2+}(aq) + 2e^-$ $\qquad$ $E^\circ_{red} = -0.28V$

阴极： $Ni^{2+}(aq) + 2e^- \longrightarrow Ni(s)$ $\qquad$ $E^\circ_{red} = -0.28V$

虽然标准电动势的值为 0，

$E^\circ_{cell} = E^\circ_{red}(\text{阴极}) - E^\circ_{red}(\text{阳极}) = (-0.28V) - (-0.28\ V) = 0V$

但因为在两个半电池中 Ni^{2+} 溶液的浓度不是 1M，电池仍然在非标准条件下工作。事实上，直到 $[Ni^{2+}]_{阳极} = [Ni^{2+}]_{阴极}$ 时电池才停止工作。在更稀的溶液中，半电池上发生 Ni 单质的氧化反应，这意味着它是电池的阳极。在更浓的溶液中，在半电池上，发生 Ni^{2+} 的还原反应，这说明它是阴极。因此，总电池反应为：

阳极： $\qquad$ $Ni\ (s) \longrightarrow Ni^{2+}(\text{稀溶液}) + 2e^-$

阴极： $\qquad$ $Ni^{2+}(\text{浓溶液}) + 2e^- \longrightarrow Ni(s)$

总反应： $\qquad$ $Ni^{2+}(\text{浓溶液}) \longrightarrow Ni^{2+}(\text{稀溶液})$

利用能斯特方程我们能计算浓度电池的电动势。对于这个特殊的电池，我们将 n 定为 2。总反应的反应熵的表达式是 $Q = Ni^{2+}_{稀溶液}/Ni^{2+}_{浓溶液}$。因此，298K 时电动势为

$$E = E^\circ - \frac{0.0592V}{n} \log Q$$

$$= 0 - \frac{0.0592V}{2} \log \frac{\left[Ni^{2+}\right]_{稀溶液}}{\left[Ni^{2+}\right]_{浓溶液}} = -\frac{0.0592V}{2} \log \frac{1.00 \times 10^{-3}M}{1.00M}$$

$$= +0.089V$$

即使 $E^\circ = 0$，这种浓度电池产生的电势也接近 0.09V。浓度的差异为电池提供了驱动力。当两个半电池的浓度变得相同时，$Q = 1$ 和 $E = 0$。

通过浓度差产生电势的想法是 pH 计的工作原理。这也是生物学中的一个关键方面。例如，大脑中的神经细胞通过在膜的两侧有不同浓度的离子而产生跨越细胞膜的电位。电鳗利用被称为电细胞的细胞，根据类似的原理产生短暂但强烈的电脉冲，使猎物眩晕并抵抗捕食者（见图 20.15）。哺乳动物心跳的调节，如下面的化学和生命中所讨论的那样，是电化学对生物体重要性的另一个例子。

◀ 图 20.15 **电鳗** 主要是 Na^+ 和 K^+ 离子浓度有差异，在称为电细胞的特殊细胞中，产生的电势为 0.1V。通过将数千个这些细胞串联起来，这些南美鱼类能够产生高达 500V 的短电脉冲

化学和生活 心跳和心电图

人类心脏是科学和可靠的奇迹。在一个典型的日子里，一个成年人的心脏通过循环系统泵出超过 7000L 的血液，除了合理的饮食和生活方式之外通常不需要维护。我们通常认为心脏是一种机械装置，一种通过定期间隔的肌肉收缩来循环血液的肌肉。然而，两个多世纪前，两位电生理学先驱 Luigi Galvani（1729—1787 年）和 Alessandro Volta（1745—1827 年）发现，心脏的收缩是一种受电控制的医学现象，就像全身的神经冲动一样。导致心脏跳动的电脉冲是电化学和半透膜特性的显著结合。（见 13.5 节）

细胞壁是相对于许多生理上重要的离子（特别是 Na^+、K^+ 和 Ca^{2+}）具有可变渗透率的膜。这些离子的浓度对于细胞内（细胞内液或 ICF）和细胞外（细胞外液或 ECF）的液体是不同的。例如，在心肌细胞中，ICF 和 ECF 中 K^+ 的浓度通常分别为 135mM 和 4mM。然而，对 Na^+ 来说，ICF 和 ECF 之间的浓度差与 K^+ 的浓度差相反。通常，$[Na^+]_{ICF}$ = 10mM，$[Na^+]_{ECF}$ = 145mM。

细胞膜最初可以渗透到 K^+ 中，但对 Na^+ 和 Ca^{2+} 则要少得多。ICF 和 ECF 之间 K^+ 浓度的差异产生浓度电池。即使膜的两侧存在相同的离子，但两种流体之间存在电位差，我们可以用 $E° = 0$ 的能斯特方程计算。在 37℃ 的生理温度下，将 K^+ 从 ECF 移动到 ICF 的电位（单位：毫伏）是

$$E = E° - \frac{2.30RT}{nF} \log \frac{[K^+]_{ICF}}{[K^+]_{ECF}}$$

$$= 0 - (61.5\text{mV}) \log \left(\frac{135\text{m}M}{4\text{m}M} \right) = -94\text{mV}$$

在本质上，细胞内部和 ECF 一起作为一个电池。电势的负号表明，将 K^+ 移到 ICF 中需要做功。

在 ECF 和 ICF 中离子的相对浓度的变化导致电池的电势变化。控制心脏收缩速度的心脏细胞称为起搏器细胞。细胞膜调节 ICF 中离子的浓度，允许它们以系统的方式变化。浓度变化导致电势以循环方式变化，如图 20.16 所示。电势脉冲周期决定心脏跳动的速度。如果心脏起搏器细胞因疾病或损伤而发生故障，可以通过手术植入人工心脏起搏器。人工起搏器内含有一个能产生触发心脏收缩所需的电脉冲的小电池。

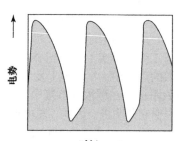

▲ 图 20.16 人体心脏的电势变化 心脏起搏器电池中离子浓度变化引起的电势变化

在 19 世纪末期，科学家们发现导致心肌收缩的电脉冲足够强大，可以在人体表面检测到。这是产生心电图的基础，它通过使用皮肤上的复杂电极阵列来测量心跳过程中的电压变化，对心脏进行无创监测。一个典型的心电图如图 20.17 所示。相当引人注目的是，虽然心脏的主要功能是机械泵血，但它很容易通过使用微小的伏打电池产生的电脉冲来监测。

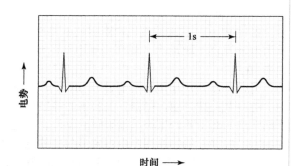

▲ 图 20.17 一个典型的心电图 打印结果记录了附着在身体表面的电极所监测的电信号

实例解析 20.13
利用浓差电池计算 pH 值

用两个氢电极构成一个电池。电极 1 的氢气分压 P_{H_2} = 1.00atm 和不确定浓度的 H^+ 溶液。电极 2 是一个标准氢电极，氢气分压 P_{H_2} = 1.00atm，H^+ 浓度为 1.00M。在 298K，测得的电池电动势为 0.211V，观察到电流从电极 1 通过外部电路流向电极 2。电极 1 溶液的 pH 值是多少？

解析

分析 已知浓度电池的电势和电流流动的方向。除了半电池 1 中 H^+ 浓度未知，我们还知道所有反应物和产物的浓度或分压。

思路 我们可以用能斯特方程来确定 Q，然后用 Q 来计算未知的浓度。因为这是一个浓差电池，$E°_{电池}$ = 0V。

解答 利用能斯特方程:	$0.211V = 0 - \dfrac{0.0592V}{2}\log Q$ $\log Q = -\left(0.211V\right)\left(\dfrac{2}{0.0592V}\right) = -7.13$ $Q = 10^{-7.13} = 7.4 \times 10^{-8}$
因为电子从电极 1 流到电极 2，电极 1 是电池的阳极，电极 2 是阴极。 因此，电极反应如下，用未知数 x 表示电极 1 中 H^+ 的浓度：	电极 1：$H_2(g,1.00\ atm) \longrightarrow 2H^+(aq, x\ M) + 2e^-\ E^\circ_{red} = 0$ 电极 2：$2H^+(aq,1.00M) + 2e^- \longrightarrow H_2(g,1.00atm)E^\circ_{red} = 0$ 总反应：$2H^+(aq,1.00M) \longrightarrow 2H^+(aq, x\ M)$
因此，	$Q = \dfrac{\left[H^+\left(aq, xM\right)\right]^2}{\left[H^+\left(aq, 100M\right)\right]^2}$ $= \dfrac{x^2}{(1.00)^2} = x^2 = 7.4 \times 10^{-8}$ $x = \left[H^+\right] = \sqrt{7.4 \times 10^{-8}} = 2.7 + 10^{-4}$
因此，在电极 1 处溶液的 pH 为：	$pH = -\log[H^+] = -\log\left(2.7 \times 10^{-4}\right) = 3.57$

注解　电极 1 处 H^+ 的浓度低于电极 2，这就是为什么电极 1 是电池的阳极：在电极 1 处，H_2 氧化成 $H^+(aq)$ 增加了 H^+ 浓度。

（b）0.46V，阳极

（c）0.023V，阳极

（d）0.23V，阴极

（e）0.23V，阳极

▶ **实践练习 1**

　　一个由两个氢电极构成的浓差电池，氢气分压均为 $P_{H_2} = 1.00$。一个电极浸在纯水溶液中，另一个电极浸在 6.0M 盐酸溶液中。浓度电池产生的电动势是多少？浸入盐酸溶液中的电极是阴极还是阳极？

　　（a）-0.23V，阴极

▶ **实践练习 2**

　　由 Zn（s）-Zn（aq）两个半电池构建一个浓差电池。在一个半电池中 Zn^{2+} 的浓度为 1.35M，另一个半电池中 Zn^{2+} 浓度为 $3.75 \times 10^{-4}M$。（a）哪个半电池是阳极？（b）电池的电动势是多少？

20.7 | 蓄电池和燃料电池

　　电池是一种便携式的、独立的电化学电源，由一个或多个电池组成。例如，用于为手电筒供电的 1.5V 电池和许多电子设备都是单一电池。更大的电压可以通过使用多个电池来实现，就像 12V 的汽车电池一样。当电池串联连接（这意味着将一个电池的阴极连接到另一个电池的阳极上）时，电池产生的电压，即是单个电池的电压之和。更高的电压也可以通过串联使用多个电池来实现（见图 20.18）。电池电极是按照图 20.6 的惯例标记的—正号是阴极和负号是阳极）。

　　尽管任何自发的氧化还原反应都可以作为电池的基础，制造具有特定性能特性的商用电池需要相当的独创性。在阳极氧化和阴极还原的物质决定了电压大小，电池的使用寿命取决于电池中这些物质的数量。通常，类似于图 20.6 多孔势垒将阳极和阴极半电池分开。

　　不同的应用领域需要使用不同性能的电池。例如，启动汽车所需的电池必须能够在短时间内提供大电流，而驱动心脏起搏器的电池必须非常小，并且能够在较长的时间内传递一个小但稳定的电流。有些电池是**一次性的电池**，这意味着它们不能充电，必须在电压降至零后

▲ 图 20.18　**串联电池**　当电池串联在一起时，就像大多数手电筒一样，总电压是单个电池电压的总和

丢弃或回收。**二次电池**在电压下降后可以用外部电源进行充电。

当我们考虑一些常见的电池时，请注意迄今所讨论的原理是如何帮助我们理解这些重要的便携式电能来源的。

铅酸蓄电池

12V 铅酸蓄电池由 6 个电池串联而成，每个电池产生 2V 电压。每个电池的阴极是填充在铅栅上的二氧化铅（PbO_2）（见图 20.19）。每个电池的阳极是铅。两个电极都浸在硫酸中。在放电过程中发生的反应

阴极反应 : $PbO_2(s) + HSO_4^-(aq) + 3H^+(aq) + 2e^- \longrightarrow PbSO_4(s) + 2H_2O(l)$

阳极反应 : $Pb(s) + HSO_4^-(aq) \longrightarrow PbSO_4(s) + H^+(aq) + 2e^-$

电池反应 : $PbO_2(s) + Pb(s) + 2HSO_4^-(aq) + 2H^+(aq) \longrightarrow 2PbSO_4(s) + 2H_2O(l)$

$$\text{（20.20）}$$

标准电池电势可以从附录 E 中的标准还原电势中获得。

$E_{cell}^\circ = E_{red}^\circ（阴极）- E_{red}^\circ（阳极）= (+1.69V) - (-0.36V) = +2.05V$

反应物 Pb 和 PbO_2 都是电极。因为反应物是固体，没有必要把电池分成半电池，除非一个电极接触到另一个电极，否则 Pb 和 PbO_2 不能相互接触。为了防止电极接触，通常在它们之间会放置木材或玻璃纤维间隔开来（见图 20.19）。使用反应物和生成物都是固体的反应还有另一个好处。由于固体没有反应熵 Q，Pb 单质、PbO_2 和 $PbSO_4$ 的相对量对铅酸蓄电池的电压没有影响，从而有利于铅酸蓄电池保持一个稳定的状态，放电过程中维持相对恒定的电压。由于 H_2SO_4 的浓度随放电范围的不同而变化，所以电压确实在使用过程中会有所变化。如式 20.20 所示，在放电过程中硫酸被消耗。

铅酸蓄电池的一个主要优点是它可以二次充电。在充电过程中，外部能量被用来反转电池反应的方向，再生形成 Pb 单质和 PbO_2 :

$$2PbSO_4(s) + 2H_2O(l) \longrightarrow PbO_2(s) + Pb(s) + 2HSO_4^-(aq) + 2H^+(aq)$$

在汽车中，交流发电机提供充电电池所需的能量。因为放电过程中形成的 $PbSO_4$ 附着在电极上，使得充电是可行的。由于外部源使电子从一个电极到另一个电极，$PbSO_4$ 在一个电极上转化为 Pb，在另一个电极上转化为 PbO_2。

碱性电池

最常见的一次电池（不可充电）是碱性电池（见图 20.20）。阳极是与 KOH 浓溶液接触的凝胶中固定的锌金属粉末（因此，命名为*碱性电池*）。阴极是 MnO_2 和石墨烯的混合物，用多孔织物从阳极中分离出来。电池被密封在钢罐中，以降低浓缩 KOH 泄露的风险。

电池反应很复杂但可以大致表示如下 :

阴极反应 : $2MnO_2(s) + 2H_2O(l) + 2e^- \longrightarrow 2MnO(OH)(s) + 2OH^-(aq)$

阳极反应 : $Zn(s) + 2OH^-(aq) \longrightarrow Zn(OH)_2(s) + 2e^-$

镍 – 镉和镍 – 金属氢化物电池

在过去的十年中，高功率便携式电子设备的需求量剧增，这增加了对轻便型、快速充电的电池的需求。

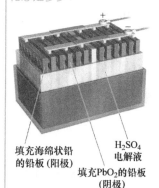

▽ **图例解析**

这个电池的阴极中铅的氧化态是多少？

填充海绵状铅的铅板（阳极）

H_2SO_4 电解液

填充 PbO_2 的铅板（阴极）

▲ 图 20.19 一个 12V 的铅酸蓄电池示意图 每个阳极 / 阴极对产生约 2V 的电压。六个阳极 / 阴极对相连接，产生的电压为 12V

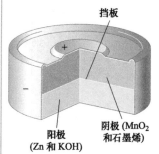

▽ **图例解析**

当电池放电时，是哪个物质被氧化了？

挡板

阳极 (Zn 和 KOH)

阴极 (MnO_2 和石墨烯)

▲ 图 20.20 微型碱性电池的切割视图

一种比较常见的充电电池是镍-镉电池。在放电过程中，金属镉在阳极被氧化，而氢氧化镍在阴极被还原：

阴极反应：$2NiO(OH)(s) + 2H_2O(l) + 2e^- \longrightarrow 2Ni(OH)_2(s) + 2OH^-(aq)$

阳极反应：$\qquad\qquad Cd(s) + 2OH^-(aq) \longrightarrow Cd(OH)_2(s) + 2e^-$

就像铅酸电池一样，固体反应产物附着在电极上，从而使电极在充电过程中发生相反的反应。单个镍电池的电压为 1.30V。镍镉电池组通常包含三个或三个以上的电池串联，以产生大多数电子设备所需的更高电压。

虽然镍镉电池有许多吸引人的特性，但镉作为阳极的使用带来了很大的限制。因为镉是有毒的，这些电池必须回收利用。镉的毒性使其产量从 2000 年代初年约 15 亿支电池的高峰水平逐渐降低。镉还具有相对较高的密度，这增加了电池的重量，使得镉电池在便携式设备和电动汽车使用中不太受欢迎。这些缺点推动了镍-金属氢化物电池的发展。镍-金属氢化物电池的阴极反应与镍镉电池相同，但阳极反应有很大的不同。阳极由金属合金组成，通常用 AM_5 化学计量式表示，A 代表镧系元素（La）或镧系元素的金属混合物，而且 M 大部分是镍合金和少量的其他过渡金属。在充电时，阳极处的水被还原成氢氧根离子和氢原子，这些氢氧根离子和氢原子被吸收到 AM_5 合金中。当电池运行（放电）时，氢原子被氧化，相应的 H^+ 和 OH^- 反应生成 H_2O。

锂离子电池

目前，大多数便携式电子设备，包括手机和笔记本电脑，都是由可充电锂离子电池供电的。因为锂是一种很轻的元素，锂离子电池具有比镍电池更大的*质量能量密度*——单位质量储存的能量。因为 Li^+ 有很大负值的标准还原电势（见表 20.1），使每个锂离子电池产生的电压都高于其他电池。每个锂离子电池产生的最高电压为 3.7V，比每个镍镉和镍氢化物电池产生的 1.3V 电压几乎高出三倍。因此，在同等体积大小的电池中，锂离子电池可以提供更多的能量，这产生了更高的*体积能量密度*——单位体积储存的能量。

锂离子电池的技术是基于锂离子能从某些层状固体中嵌入和脱嵌的能力。在大多数商业电池中，阳极是石墨，它包含 sp^2 杂化 C 原子（见图 12.29b）。阴极由过渡金属氧化物制成，也具有层状结构，常见的是 $LiCoO_2$。两个电极被电解液隔开，电解液的功能就像盐桥，让 Li^+ 通过。当电池充电时，钴离子被氧化，Li^+ 从 $LiCoO_2$ 中迁移到石墨中。在放电过程中，当电池产生电能供设备使用时，Li^+ 通过电解质从石墨阳极自发迁移到阴极，使电子通过外部电路流动（见图 20.21）。

氢燃料电池

燃烧燃料释放的热能可以转化为电能。热能可以将水转化为蒸汽，例如，蒸汽驱动涡轮机，进而驱动发电机。通常情况下，最多只有 40% 的燃烧能量以这种方式转化为电能，其余的以热量形式损失了。从原理上讲，电池直接用燃料发电可以产生电能。

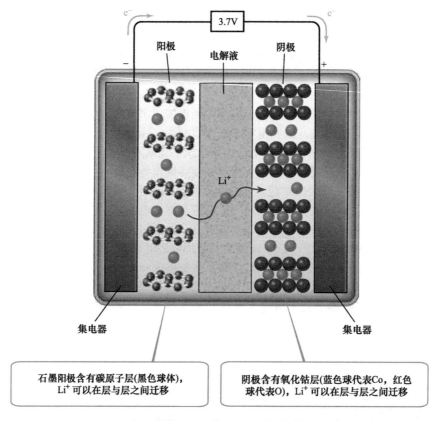

3.7V

e⁻　　　　　　　　　　　　　　　　　e⁻

阳极　　　电解液　　　阴极

−　　　　　　　　　　　　　　　　　　+

Li⁺

集电器　　　　　　　　　　　　集电器

石墨阳极含有碳原子层(黑色球体)，Li⁺ 可以在层与层之间迁移

阴极含有氧化钴层(蓝色球代表Co，红色球代表O)，Li⁺ 可以在层与层之间迁移

▲ 图 20.21　锂离子电池示意图　当电池放电（工作）时，Li⁺ 移出阳极，通过电解液迁移进氧化钴层之间的空间，减少了钴离子。为了给电池重新充电，用电能把 Li⁺ 送回阳极，同时，阴极中的钴离子被氧化

化学应用　混合动力及电动汽车电池

在过去的二十年里，电动汽车的发展取得了巨大的进步。这一增长是由减少化石燃料的使用和降低排放的愿望推动的。今天，混合动力汽车和全电动汽车都更加普遍。混合动力汽车可以由电池供电，也可以由传统的内燃机供电，而纯电动汽车则完全由电池供电（见图 20.22）。混合动力汽车可以进一步分为插电式混合动力汽车和普通混合动力汽车。插电式混合动力汽车要求车主将电池插到传统插座上充电，而普通混合动力汽车则利用再生制动和内燃机动力为电池充电。

在使电动汽车变得实用所需要的许多技术进步中，电池技术的进步是最重要的。电动汽车的电池必须具有高比能量密度，以减少汽车的重量，以及高容量能量密度，以最小化电池所需的空间。

各类充电电池的能量密度见图 20.23。在汽油动力汽车中使用的铅酸蓄电池是可靠和廉价的，但它们的能量密度太低，不适合在电动车中实际使用。

▲ 图 20.22　电动汽车　这辆特斯拉电动汽车在充电站充电 30 分钟后可以行驶 200 英里

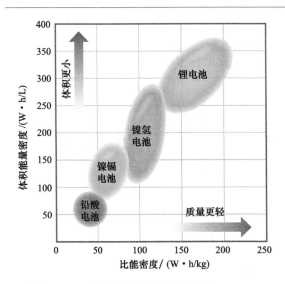

▲ 图 20.23　各种类型电池的能量密度

体积单位能量密度越高，电池所需的空间就越小。比能密度越高，电池的质量越小。1 瓦特・小时（W・h）等于 3.6×10^3 焦耳。

镍 - 金属氢电池的能量密度大约是普通电池的三倍，而且直到最近，它还是商用混合动力汽车（如丰田普锐斯）的首选电池。

全电动汽车和插电式混合动力汽车使用锂离子电池，因为锂离子电池的能量密度是所有商用电池中最高的。随着锂离子电池技术的进步，这些电池已经开始取代混合动力汽车中使用的镍氢电池。对安全的关注是延迟锂离子电池在商用汽车上应用的一个因素。在极少数情况下，过热或充电过度会导致锂离子电池燃烧（见 7.3 节）。现在大多数电动汽车都使用锂离子电池，锂离子电池的 $LiCoO_2$ 阴极已经被锂 - 锰尖晶石 $LiMn_2O_4$ 制成的阴极所取代。用 $LiMn_2O_4$ 作阴极制成的电池有几个优点：它们不容易发生导致燃烧的热失控事件、它们的使用寿命更长、而且锰比钴更便宜、更环保。然而，它们确实有一个重要的不足之处——用 $LiMn_2O_4$ 作阴极制成的电池的容量只有用 $LiCoO_2$ 作阴极制成的电池的三分之二左右。科学家和工程师们正在努力寻找新的材料，以进一步提高电池的能量密度、成本、寿命和安全性。

相关练习题：20.10, 20.79, 20.80

与此相关的工作是提高化学能转化为电能的速度。使用传统燃料如 H_2 和 CH_4 来实现这种转化的电池被称为**燃料电池**。燃料电池不是电池，因为它们不是独立的系统—必须不断地提供燃料才能发电。

最常见的燃料电池系统包括 $H_2(g)$ 和 $O_2(g)$ 反应生成 $H_2O(l)$。这些电池的发电效率是最好的内燃机的两倍。在酸性条件下，电池反应是

正极反应： $\quad O_2(g) + 4H^+ + 4e^- \longrightarrow 2H_2O(l)$

负极反应： $\qquad\qquad 2H_2(g) \longrightarrow 4H^+ + 4e^-$

总反应： $\qquad 2H_2(g) + O_2(g) \longrightarrow 2H_2O(l)$

这些电池以氢气为燃料，以空气中的氧气为氧化剂，产生约 1V 的电压。

通常以所使用的燃料或电解质来命名。在氢 -PEM 燃料电池（PEM 是质子交换膜或高分子电解质膜的缩写）中，正极和负极被可渗透质子而不能渗透电子的膜隔开（见图 20.24）。因此，膜起着盐桥的作用。电极通常由石墨制成。

氢 -PEM 电池在 80℃左右工作。在这个温度下，电化学反应通常发生得很慢，所以在每个电极上沉积了一些铂纳米颗粒来催化这些反应。铂的高成本和相对稀缺是限制氢 -PEM 燃料电池广泛使用的两个因素。

为了给汽车提供动力，必须将多个电池组装成一个燃料电池组。电池组产生的电量取决于电池组中燃料电池的数量和大小以及质子交换膜的比表面积。

目前，许多燃料电池研究的方向是改进电解质和催化剂，以及开发使用碳氢化合物和醇类燃料的电池，这些燃料比氢气相对容易处理和使用。

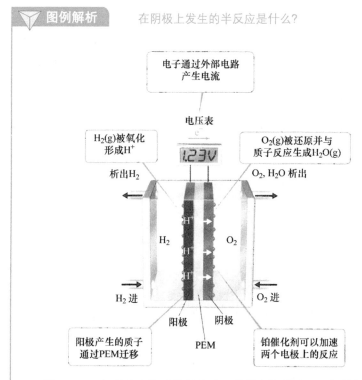

▲ 图 20.24 氢质子交换膜燃料电池 质子交换膜（PEM）使阳极 H_2 氧化生成的 H^+ 离子迁移到阴极，形成 H_2O

20.8 | 腐蚀

在这一节中，我们将研究导致金属腐蚀的不良氧化还原反应。腐蚀反应是一种自发的氧化还原反应，在这种反应中，金属受到环境中某些物质的攻击，并转化为不需要的化合物。

在室温空气中，几乎所有的金属都容易被氧化。当金属的氧化反应不受抑制时，金属就会腐蚀。然而，氧化可以形成一个绝缘的氧化物保护层，防止底层金属的进一步反应。例如，根据 Al^{3+} 的标准还原电位，我们认为铝金属很容易被氧化。环境中随处可见的软饮和啤酒铝罐就是充分的证据，然而，铝元素只经历非常缓慢的化学腐蚀。这种活泼金属在空气中异常稳定的原因是在金属表面形成了一层薄薄的氧化保护层—水合形式的 Al_2O_3。O_2 或 H_2O 不能渗透到氧化层，从而保护底层金属不受进一步腐蚀。金属镁也受到类似的保护，一些金属合金，如不锈钢，也会形成不透水的氧化物保护层。

铁的腐蚀（生锈）

铁的生锈是一种常见的腐蚀过程，它会对经济产生重大影响。美国每年生产的铁中有 20% 被用来替换因生锈而被丢弃的铁制品。

铁的生锈既需要氧气也需要水，而且这个过程可以被其他因素加速，如 pH 值、盐的存在、与比铁更难氧化的金属接触以及对铁的压力等。

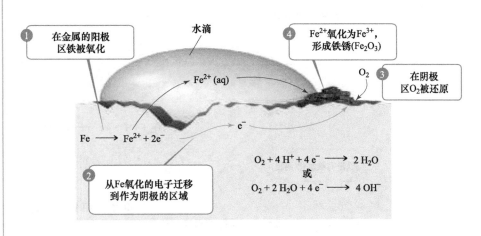

图例解析　腐蚀反应中的氧化剂是什么？

1 在金属的阳极区铁被氧化

水滴

4 Fe^{2+}氧化为Fe^{3+}，形成铁锈(Fe_2O_3)

Fe^{2+}(aq)

O_2

3 在阴极区O_2被还原

e^-

$Fe \longrightarrow Fe^{2+} + 2e^-$

$O_2 + 4H^+ + 4e^- \longrightarrow 2H_2O$
或
$O_2 + 2H_2O + 4e^- \longrightarrow 4OH^-$

2 从Fe氧化的电子迁移到作为阴极的区域

▲ 图 20.25　铁与水接触时的腐蚀　铁的一个区域作为阴极，另一个区域作为阳极

　　腐蚀过程包括氧化和还原，而金属则导电。因此，电子可以通过金属从氧化发生的区域移动到还原发生的区域。由于 Fe^{2+} 溶液的标准还原电位小于 O_2 的标准还原电位，所以 Fe 单质可以被 O_2 氧化：

阴极反应：$O_2(g) + 4H^+(aq) + 4e^- \longrightarrow 2H_2O(l)$　　$E^\circ_{red} = 1.23V$

阳极反应：　　　　　　　$Fe(s) \longrightarrow Fe^{2+}(aq) + 2e^-$　　$E^\circ_{red} = -0.44V$

　　一般带有凹坑或压痕的一小块铁，可用作铁被氧化成 Fe^{2+} 的阳极（见图 20.25）。氧化过程中产生的电子从金属表面的这个阳极区迁移到表面的另一个部分，在那里氧气被还原为阴极。O_2 的还原需要 H^+，因此降低 H^+ 的浓度（增加 pH 值）使 O_2 的还原变得不利。铁与 pH 值大于 9 的溶液接触不会腐蚀。

　　在阳极形成的 Fe^{2+} 最终被氧化为 Fe^{3+}，形成水合铁(III)氧化物，称为铁锈：$^\ominus$

$$4Fe^{2+}(aq) + O_2(g) + 4H_2O(l) + x\,H_2O(l) \longrightarrow 2Fe_2O_3 \cdot x\,H_2O(s) + 8H^+(aq)$$

因为阴极通常是氧气供应最多的地方，所以锈经常沉积在那里。如果你仔细观察一把铁锹，它放置在外面潮湿的空气中，潮湿的污垢附着在它的刀刃上，你可能会注意到泥土下已经出现了局部腐蚀，但在其他地方已经形成铁锈了，因为其他地方更容易获得氧气。在冬季道路被大量盐化的地区，由于盐的存在，汽车上的腐蚀通常很明显，就像电池中的盐桥一样，盐离子提供了完成电路所必需的电解质。

防止铁的腐蚀

　　铁制品经常被涂上一层油漆或另一种金属以防止腐蚀。用油漆覆盖表面可以防止氧气和水直接接触到铁表面。

　　$\ominus$ 通常，从水溶液中得到的金属化合物都含有水。例如，水中结晶形成的 1mol 硫酸铜（Ⅱ）含有 5mol 的水分子。我们用 $CuSO_4 \cdot 5H_2O$ 表示这种物质。这种化合物称为水合物。（见 13.1 节）铁锈是一种氧化铁水合物 (III)，其水合作用的水量是可变的。我们用 $Fe_2O_3 \cdot xH_2O$ 来表示这个变量的含水量。

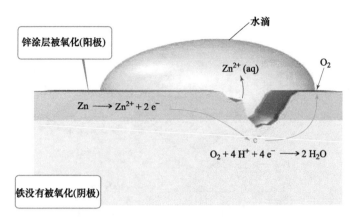

▲ 图 20.26 **铁与锌接触时的阴极保护** 标准还原电位为 $E_{red, Fe^{2+}}^{\circ} =$ $-0.44V$，$E_{red, Zn^{2+}}^{\circ} = -0.76V$，使锌更容易氧化

然而，如果涂层被破坏，铁暴露在氧气和水中，腐蚀就会随着铁被氧化而开始。

镀锌铁是在铁的表面涂上一层薄薄的锌，即使在铁的表面涂层被破坏后，也能保护铁不受腐蚀。标准还原电位是：

$$Fe^{2+}(aq) + 2e^- \longrightarrow Fe(s) \quad E_{red}^{\circ} = -0.44V$$

$$Zn^{2+}(aq) + 2e^- \longrightarrow Zn(s) \quad E_{red}^{\circ} = -0.76V$$

由于 Fe^{2+} 的标准还原电势比 Zn^{2+} 的标准还原电势更正，所以 Zn 金属比 Fe 金属更容易被氧化。因此，即使锌涂层破裂，镀锌铁暴露在氧气和水中，如图 20.26 所示，锌作为阳极，被氧化腐蚀，而不是铁腐蚀。铁作为还原 O_2 的阴极。

通过使金属成为电化学电池中的阴极来防止腐蚀被称为**阴极保护**。在保护阴极时被氧化的金属称为*牺牲阳极*。铁制的地下管道和储罐通常通过使铁成为电池的阴极来防止腐蚀。 例如，比铁更容易氧化的金属碎片，如镁的标准还原电势 E_{red}° 为 $-2.37V$，被埋在管道或储罐附近，并通过电线将它连接上（见图 20.27）。在潮湿的土壤中，可能发生腐蚀，牺牲金属作为阳极，管道或储罐能够被阴极保护。

> ⚠ **想一想**
>
> 根据表 20.1 中的值，下列哪一种金属可以对铁提供阴极保护：Al，Cu，Ni，Zn？

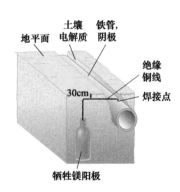

▲ 图 20.27 **铁管阴极保护**
石膏、硫酸钠和粘土的混合物包裹着牺牲镁阳极，以提高离子的导电性

20.9 | 电解

电池是基于自发氧化还原反应的装置。然而，利用电能可以驱动非自发氧化还原反应发生。例如，电能可以用来将熔融的氯化钠分解成其组成元素 Na 和 Cl_2。

这种由外部电源驱动的过程称为**电解反应**，在电解池中进行。

电解池由浸在熔融盐或溶液中的两个电极组成。电池或其他电能来源就像一个电子泵，将电子推入一个电极，再从另一个电极拉出。就像在电池中一样，发生还原反应的电极叫做阴极，发生氧化反应的电极叫做阳极。

在熔融 NaCl 的电解过程中，在阴极上 Na^+ 获得电子并被还原为 Na 单质，图 20.28。随着阴极附近的 Na^+ 耗尽，更多的 Na^+ 迁移进来。同样地，Cl^- 在被氧化的阳极上也有净移动。电解过程中的电极反应为：

$$\textit{阴极反应：} \quad 2Na^+(l) + 2e^- \longrightarrow 2Na(l)$$

$$\textit{阳极反应：} \quad 2Cl^-(l) \longrightarrow Cl_2(g) + 2e^-$$

$$\overline{\textit{总反应：} \quad 2Na^+(l) + 2Cl^-(l) \longrightarrow 2Na(l) + Cl_2(g)}$$

注意图 20.28 中电池是如何连接到电极上的。正极连接在阳极上，负极连接在阴极上，从而迫使电子从阳极移动到阴极上。

离子物质的熔点高，电解熔融盐需要很高的温度。如果我们电解盐的水溶液而不是熔盐，我们会得到同样的产物吗？通常情况下，答案是否定的，因为水本身可能被氧化成 O_2 或还原成 H_2，而不是盐的离子。

在 NaCl 电解的例子中，电极是惰性的。它们没有反应只是作为氧化和还原发生的表面。然而，电化学的一些实际应用是基于参与电解过程的活性电极。例如，电镀就是利用电解将一种金属薄层沉积在另一种金属上，以提高美观性或耐腐蚀性。例如，在钢上电镀镍或铬，在较便宜的金属上电镀银等贵金属。

图 20.29 说明一种用于在钢片上电镀镍的电解槽。阳极是镍金属条，阴极是钢。电极浸在 $NiSO_4$ 溶液中。当外加电压时，阴极处发生还原。Ni^{2+} 的标准还原电位为 $-0.28\ V$，小于 H_2O 的标准还原电位 $-0.83V$，因此 Ni^{2+} 优先还原，在阴极钢板上沉积一层镍金属。

在阳极，镍金属被氧化。为了解释这种行为，我们需要比较与阳极材料（H_2O 和 $NiSO_4$）接触的物质和与阳极材料（Ni）接触的物质。对于 $NiSO_4$ 溶液，Ni^{2+} 和 SO_4^{2-} 都不能被氧化（因为它们的

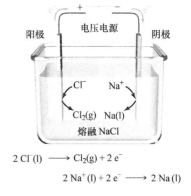

$$2\ Cl^-(l) \longrightarrow Cl_2(g) + 2\ e^-$$

$$2\ Na^+(l) + 2\ e^- \longrightarrow 2\ Na(l)$$

▲ 图 20.28 熔融氯化钠的电解 纯 NaCl 在 801℃ 熔融

▼ **图例解析** 以下电池的 $E°$ 是多少？

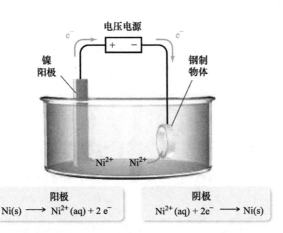

阳极	阴极
$Ni(s) \longrightarrow Ni^{2+}(aq) + 2\ e^-$	$Ni^{2+}(aq) + 2\ e^- \longrightarrow Ni(s)$

▲ 图 20.29 带有活泼金属电极的电解槽 镍从阳极溶解形成 Ni^{2+} 溶液。在阴极上，Ni^{2+} 溶液被还原形成镍"板"沉积在钢制品上

元素已经处于最高的普通氧化态）。然而，阳极中的 H_2O 溶剂和 Ni 原子都可以被氧化：

$$2H_2O(l) \longrightarrow O_2(g) + 4H^+(aq) + 4e^- \qquad E°_{red} = +1.23V$$
$$Ni(s) \longrightarrow Ni^{2+}(aq) + 2e^- \qquad E°_{red} = -0.28V$$

我们在第 20.4 节中看到，具有更负 $E°$ 的半反应更容易发生氧化（请记住图 20.11：最强的还原剂，即最容易被氧化的物质，具有最负的 $E°$ 值）。因此，在阳极氧化的是 Ni(s)，因为其标准还原电动势 $E°_{red} = -0.28V$，而不是 H_2O 被氧化。如果我们看一下总反应，似乎什么也没有完成。然而，这是错误的，因为镍原子从镍阳极转移到钢阴极，在钢表面镀上一层薄薄的镍原子。总反应的标准电动势是

$$E°_{cell} = E°_{red}（阴极）- E°_{red}（阳极）= (-0.28V) - (-0.28 \text{ V}) = 0$$

因为标准的电动势是零，所以只需要很小的电动势就可以使镍原子从一个电极转移到另一个电极。

电解定量研究

半反应的化学计量显示了实现电解过程需要多少电子。例如，Na^+ 还原成 Na 是一个单电子过程：

$$Na^+ + e^- \longrightarrow Na$$

因此，1mol 电子镀出 1mol Na 金属，2mol 电子镀出 2mol Na 金属，以此类推。同样的，从 Cu^{2+} 生成 1mol Cu 需要 2mol 的电子，从 Al^{3+} 生成 1mol Al 需要 3 mol 的电子：

$$Cu^{2+} + 2e^- \longrightarrow Cu$$
$$Al^{3+} + 3e^- \longrightarrow Al$$

对于任何半反应，电解池中还原或氧化的物质的量与进入电解池的电子数成正比。

通过电路的电荷量，例如在电解池中的电荷量，通常用库仑来测量。如第 20.5 节所述，1mol 电子上的电荷为 96485C。若导线中载有 1 安培（A）的稳定电流，则在 1s 内通过导线横截面积的电量为 1 库仑。因此，通过电池的库仑量可以通过电流安培数乘以经过的时间（以秒为单位）得到。

$$库仑 = 安培数 × 时间 \qquad (20.21)$$

图 20.30 说明了在电解过程中产生或消耗的物质的量与所用电荷数量之间的关系。同样的关系也适用于电池。换句话说，电子可以被认为是电解反应的反应物。

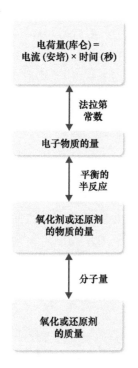

▲ 图 20.30 电解反应中反应物和产物的量与电荷之间的关系

实例解析 20.14
电荷与电解量的关系

如果电流为 10.0A，计算电解 $AlCl_3$ 液在 1.00h 内产生的铝的质量（单位为 g）。

解析

分析 已知 $AlCl_3$ 被电解成 Al，要求计算在 1.00h 和 10.0A 下生成 Al 的质量。

思路 图 20.30 提供了此问题的路线图。利用电流、时间、平衡的半反应和铝的原子量，我们可以计算出铝的质量。

解答

首先，我们计算通过电解池的电荷的库仑量：注意（10.0A=10.0C/s）	库仑量 = 安培 × 秒 = $(10.0\text{C/s})(1.00\text{h})\left(\dfrac{3600\text{s}}{\text{h}}\right) = 3.60 \times 10^4 \text{C}$
其次，我们计算通过电池的电子物质的量：	电子的物质的量 = $(3.60 \times 10^4 \text{C})\left(\dfrac{1\text{mol e}^-}{96485\text{C}}\right) = 0.373 \text{mol e}^-$
然后，我们使用 Al^{3+} 还原半反应把电子的物质的量和生成的铝的物质的量联系起来：	$Al^{3+} + 3\text{ e}^- \longrightarrow Al$
因此，形成1mol的Al单质需要消耗3mol电子	Al的物质的量(mol) = $(0.373 \text{mol e}^-)\left(\dfrac{1\text{mol Al}}{3\text{mol e}^-}\right) = 0.124 \text{mol Al}$
最后，我们将物质的量转换成质量 g：	Al的质量(g) = $(0.124 \text{mol Al})\left(\dfrac{27.0\text{g Al}}{1\text{mol Al}}\right) = 3.36 \text{g Al}$
或者，我们可以合并以上所有步骤：	Al的质量(g) = $(3.60 \times 10^4 \text{C})\left(\dfrac{1\text{mol e}^-}{96485\text{C}}\right)\left(\dfrac{1\text{mol Al}}{3\text{mol e}^-}\right)\left(\dfrac{27.0\text{g Al}}{1\text{mol Al}}\right) = 3.36 \text{g Al}$

▶ 实践练习1

电流为1.5A的 $CrCl_3$ 水溶液中，沉积1.0g铬金属需要多少时间？
（a）3.8×10^{-2} s （b）21 min （c）62 min （d）139 min （e）3.2×10^3 min

▶ 实践练习2

（a）电解熔融的 $MgCl_2$ 形成单质的半反应是 $Mg^{2+} + 2e^- \longrightarrow Mg$。计算在60.0A流经 4.00×10^3s 时形成的镁的质量。（b）如果电流100.0A，需要多少秒才能通过电解熔融的 $MgCl_2$ 产生50.0g Mg单质？

化学应用 | **铝电冶金**

许多用于生产或提炼金属的工艺都是基于电解。这些过程统称为电冶金。电冶金过程可以根据是电解熔融盐还是电解水溶液来大致区分。

通过电解熔融盐的方法对于获得活泼金属单质很重要，如钠、镁和铝。这些金属不能从水溶液中得到，因为水比上述金属离子更容易还原。水在酸性溶液和碱性溶液中的标准还原电动势分别为 0.00V 和 −0.83V，均比 Na^+（−2.71V）、Mg^{2+}（−2.37V）、和 Al^{3+}（−1.66V）的 E°_{red} 值大。

从历史上看，获得铝金属单质一直是一个挑战。它是从铝土矿中提炼出来的，经过化学处理后可富集 Al_2O_3。Al_2O_3 的熔点在 2000℃ 以上，这个温度太高，不能用作电解用的熔融介质。

霍尔 - 赫鲁特反应是工业生产金属铝的工艺，该工艺是以它的发明者 Charles M. Hall 和 Paul Héroult. Hall（1863—1914）（见图20.31）命名。大约在1885年，霍尔从一位教授那里了解到还原活性金属矿石的困难之后，就开始研究还原铝的问题。在电解工艺发展之前，铝是用钠或钾作还原剂进行化学还原得到的，这是一种昂贵的工艺，使金属铝变得昂贵。直到1852年，铝的价格还是每磅545美元，远远高于黄金的价格。在1855年的巴黎博览会上，铝被作为一种稀有金属展出，尽管它是地壳中第三丰富的元素。

▲ 图 20.31　Charles M. Hall 年轻时的照片

Hall 开始这项研究时 21 岁，他在研究中使用手工制作和借来的设备，并在俄亥俄州家附近的一个木棚为实验室。在大约一年的时间里，他开发了一种电解程序，使用一种离子化合物融化形成一种导电介质，可以溶解 Al_2O_3，但不会干扰电解反应。他选择的离子化合物为较为罕见的矿物冰晶石 Na_3AlF_6。与 Hall 年龄相仿的 Héroult 大约在同一时期在法国独立地开展了同样的工作。

由于这两位不知名的年轻科学家的研究，铝的大规模生产在商业上变得可行了，铝成为一种常见和熟悉的金属。事实上，霍尔后续建造的生产铝的工厂发展成了美国铝业公司。霍尔 - 赫鲁特工艺中，Al_2O_3 溶解在熔融的冰晶石中，在 1012℃ 融化，是一种有效的导体（见图 20.32）。石墨棒作为阳极，在电解过程中被消耗：

阳极： $C(s) + 2O^{2-}(l) \longrightarrow CO(g) + 4e^-$

阴极： $3e^- + Al^{3+}(l) \longrightarrow Al(l)$

在霍尔 - 赫鲁特反应中需要大量的电能，结果铝工业消耗了美国 2% 的电能。由于再生铝只需要生产"新"铝所需能源的 5%，因此，通过增加再生铝的数量可以实现相当大的节能。在美国，大约 65% 的铝制饮料容器被回收利用。

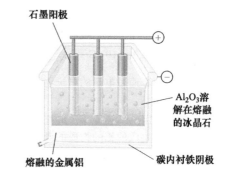

▲ 图 20.32 霍尔 - 赫鲁特反应 因为熔融铝的密度比 Al_2O_3 和冰晶石的混合物大，所以金属会聚集在电池的底部。

综合实例解析
概念综合

铁（Ⅱ）氟化物在 298K 时的 K_{sp} 为 2.4×10^{-6}。（a）写一个半反应，给出在水溶液中双电子还原 FeF_2 的可能产物；（b）利用 K_{sp} 值和 Fe^{2+} 的标准还原电动势计算在半反应（a）区域的标准还原电动势；（c）将（a）部分的还原电位与 Fe^{2+} 的还原电位之间的差异合理化。

解析

分析 我们需要结合已知的平衡常数值和电化学知识去计算还原电动势。

思路 对于（a）我们需要判断哪个离子，Fe^{2+} 或 F^-，最有可能被 2 个电子还原并且完成总反应 $FeF_2 + 2e^- \longrightarrow ?$。（b）我们需要写出和 K_{sp} 有关的化学方程式和思考如何将（a）中的还原半反应与 $E°$ 相联系起来。对于（c）我们需要将（b）中的 $E°$ 与 Fe^{2+} 的还原值进行比较。

解答

（a）氟化铁（Ⅱ）是一种由 Fe^{2+} 和 F^- 组成的离子物质。要预测两个电子是否可以被添加到 FeF_2 中。我们无法想象在 F^- 离子中加入电子来形成 F^{2-}，所以我们可以把 Fe^{2+} 离子还原成 Fe 单质。因此推测半反应为：

$$FeF_2(s) + 2e^- \longrightarrow Fe(s) + 2F^-(aq)$$

（b）FeF_2 的 K_{sp} 参照下列平衡方程式：（见 17.4 节）

$$FeF_2(s) \rightleftharpoons Fe^{2+}(aq) + 2F^-(aq) \quad K_{sp} = \left[Fe^{2+}\right]\left[F^-\right]^2 = 2.4 \times 10^{-6}$$

我们还要使用 Fe^{2+} 的标准还原电位，其半反应和标准还原电位见附录 E：

$$Fe^{2+}(aq) + 2e^- \longrightarrow Fe(s) \quad E = -0.440V$$

根据赫斯定律，如果我们想得到一个想要的方程，就可以加入它们相关的热力学状态函数，如 ΔH 或 ΔG，以确定所需反应的热力学量（见 5.6 节）所以我们需要考虑这三个方程是否可以以类似的方式组合。注意，如果把 K_{sp} 反应加到 Fe^{2+} 的标准还原半反应中，我们得到了想要的半反应：反应 3 仍然是半反应，所以我们确实看到了自由电子。

1. $FeF_2(s) \longrightarrow Fe^{2+}(aq) + 2F^-(aq)$

2. $Fe^{2+}(aq) + 2e^- \longrightarrow Fe(s)$

总反应： 3. $FeF_2(s) + 2e^- \longrightarrow Fe(s) + 2F^-(aq)$

如果我们知道反应 1 和反应 2 的 $\Delta G°$，就可以将它们相加得到反应 3 的 $\Delta G°$。我们将 $\Delta G°$ 与 $E°$ 联系起来，$\Delta G°= -nFE°$［见式（20.12）］，$\Delta G°= -RT \ln K$［见式（19.20）］，（见图 20.13）。此外，我们知道反应 1 的 K 是 FeF_2 的 K_{sp}，也知道反应 2 的 $E°$。因此，对于反应 1 和 2，我们可以计算 $\Delta G°$：

（回想一下，1 伏特等于 1 焦耳 / 库仑）

反应 1：

$$\Delta G° = -RT \ln K = -(-8.314 \text{ J/K mol})(298\text{K})\ln(2.4\times10^{-6}) = 3.21\times10^4 \text{ J/mol}$$

反应 2：

$$\Delta G° = -nFE° = -(2)(96,485\text{C/mol})(-0.440 \text{ J/C}) = 8.49\times10^4 \text{ J/mol}$$

然后，对于反应 3，我们想要的是反应 1 和反应 2 的 $\Delta G°$ 值之和：

我们可以将此转换为 $E°$，关系式 $\Delta G° = -nFE°$：

$$3.21\times10^4 \text{ J/mol} + 8.49\times10^4 \text{ J/mol} = 1.17\times10^5 \text{ J/mol}$$
$$1.17 \cdot 10^5 \text{J/mol} = -(2)(96485\text{C/mol})E°$$
$$E° = \frac{1.17\times10^5 \text{ J/mol}}{-(2)(96485\text{C/mol})} = -0.606\text{J/C} = -0.606\text{V}$$

（c）FeF_2 的标准还原电动势（-0.606V）比 Fe^{2+} 的标准还原电动势（-0.440V）更负，这说明，FeF_2 还原反应不利于进行。当 FeF_2 被还原时，我们不仅能使 Fe^{2+} 还原，同时也会分解离子晶体。因为必须克服这种额外的能量，所以 FeF_2 的还原不如 Fe^{2+} 的还原有利。

本章小结和关键术语

氧化态和氧化还原反应（见 20.1 节）

在这一章中，我们重点讨论了电化学，这是化学的一个分支，它与电学和化学反应有关。电化学涉及氧化—还原反应，也称为氧化还原反应。这些反应包括一个或多个元素氧化态的改变。在每一个氧化还原反应中，都有一种物质被氧化（其氧化态或氧化数减少）。电池中两个电极的势能。被氧化的物质称为**还原剂**，因为它引起其他物质的还原。同样，被还原的物质称为**氧化剂**，因为它会引起其他物质的氧化。

配平氧化还原反应方程式（见 20.2 节）

一个氧化还原反应可以通过将反应分为两个半反应来达到配平，一个是氧化反应，一个是还原反应。半反应是一个包含电子的平衡化学方程式。在氧化半反应中，电子在反应物右侧。在还原半反应中，电子在反应物左侧。每一个半反应都是分别配平的，这两个半反应被组合在一起，用适当的系数来配平方程两边的电子，所以当半反应相加时，电子就会抵消。

伏打电池（见 20.3 节）

伏打电池（也叫原电池）利用自发的氧化还原反应来发电。在伏打电池中，氧化和还原的半反应通常发生在分开的半电池中。每一个半电池都有一个固体表面，叫作电极，在电极处发生半反应。发生氧化反应的电极称为**阳极**，发生还原反应的电极称为**阴极**。在阳极释放的电子通过外部电路（在那里做电功）流向阴极。溶液中的电中性是由两个半电池之间的离子通过盐桥等装置的迁移来维持的。

标准条件下的电池电动势（见 20.4 节）

伏打电池产生**电动势（emf）** 通过外部电路将电子从阳极移动到阴极。电动势的来源是电池中两个电极电势能的不同。电池的电动势称为**电池电动势**（E_{cell}）用伏特计来测量（1V = 1J/C）。标准条件下的电池电动势称为**标准电动势或标准电池电动势**，用 $E°_{cell}$ 表示。

标准还原电动势 $E°_{red}$，可以分配给一个单独的半反应。这是通过将半反应的电动势与**标准氢电极（SHE）** 的电动势进行比较来实现的，该电极被定义为 $E°_{red}=0$V。

伏打电池的标准电池电动势是阴极和阳极发生的半反应的标准还原电动势之间的差值：

$$E°_{cell} = E°_{red}（阴极）- E°_{red}（阳极）$$

对于伏打电池而言，$E°_{cell}$ 的值是正值。

对于还原半反应，$E°_{red}$ 是还原发生趋势的度量。$E°_{red}$ 的值越正，物质的还原趋势越大。物质容易还原的作为强氧化剂。因此，$E°_{red}$ 提供了一种物质氧化强度的度量。强氧化剂物质生成的产物是弱的还原剂，反之亦然。

自由能和氧化还原反应（见 20.5 节）

电动势 E 和吉布斯自由能的变化有关 $\Delta G = -nFE$，其中，n 是指氧化还原过程中电子转移物质的量，F 是**法拉第常数**，定义为 1mol 电子所带的电荷量：$F = 96485$ C/mol。因为 E 和 ΔG 有关，E 的符号表示氧化还原过程是否自发：$E > 0$ 表示自发过程，$E < 0$

表示非自发过程。因为 ΔG 也和反应平衡常数 K 有关，$\Delta G° = -RT \ln K$，我们也可以将 E 和 K 联系起来。

非标准条件下的电池电动势（见 20.6 节）

氧化还原反应的电动势随温度和反应物和产物的浓度而变化。能斯特方程将非标准条件下的电动势与标准电动势和反应熵联系起来：

$$E = E° - (RT/nF)\ln Q = E° - (0.0592/n)\log Q$$

当 $T = 298K$ 时，因子 0.0592 是有效的。浓差电池是一个电池，在阳极和阴极上都发生相同的半反应，但每个半电池中反应物的浓度不同。在平衡时，$Q = K$ 和 $E = 0$。

蓄电池和燃料电池（见 20.7 节）

电池是一个自给自足的电化学电源，它包含一个或多个伏打电池。电池是基于各种不同的氧化还原反应。不能充电的电池称为**一级电池**，而能充电的电池称为**二级电池**。普通碱性干电池是一级电池的一个例子。铅酸电池、镍镉电池、镍氢电池和锂离子电池都是二次电池。**燃料电池**是利用氧化还原反应的伏打电池，其中的反应物如 H_2 必须持续不断的供给以保证

电池产生电压。

腐蚀（见 20.8 节）

电化学原理帮助我们理解**腐蚀**，即金属在其环境中受到某种物质攻击的不良氧化还原反应。铁被腐蚀成铁锈是由于水和氧的存在而引起的，并且由于电解质的存在而加速，例如路盐。通过使金属与另一种更容易氧化的金属接触来保护金属被称为**阴极防蚀**。例如，镀锌的铁表面涂有一层薄锌，由于锌比铁更容易被氧化，所以锌在氧化还原反应中充当牺牲阳极。

电解（见 20.9 节）

一个**电解反应**是在电解池中进行的、利用外部电源驱动非自发的电化学反应。电解池内的载流介质可以是熔盐或电解质溶液。电解池中的电极可以是惰性的，也可以是活性的，这意味着电极可以参与电解反应。在电镀和冶金过程中，活性电极是非常重要的。

电解过程中形成的物质的量可以通过考虑参与氧化还原反应的电子数和进入电池的电荷量来计算。电荷量是以库仑计量的，它与电流的大小和流过的时间有关（$1C = 1A \cdot s$）。

学习成果　学习本章后，应该掌握：

- 在一个化学反应方程式中识别氧化反应、还原反应、氧化剂、还原剂。（见 20.1 节）
  相关练习题: 20.13, 20.14, 20.19
- 利用半反应法完成和配平氧化还原反应方程式。（见 20.2 节）
  相关练习题: 20.25, 20.26
- 绘制一个伏打电池，并确定其阴极、阳极、以及电子和离子移动的方向。（见 20.3 节）
  相关练习题: 20.29, 20.30
- 利用标准还原电动势计算标准电动势（电池电位），$E°_{cell}$（见 20.4 节）
  相关练习题: 20.37–20.40
- 利用还原电动势来判断一个氧化还原反应是否自发进行。（见 20.4 节）
  相关练习题: 20.49, 20.50
- 将 $E°_{cell}$、$\Delta G°$ 及平衡常数 K 联系起来。（见 20.5 节）
  相关练习题: 20.51, 20.52

- 计算非标准条件下的电动势。（见 20.6 节）
  相关练习题: 20.67, 20.68
- 识别普通电池的成分。（见 20.7 节）
  相关练习题: 20.73, 20.74
- 描述锂离子电池的结构并解释它是如何工作的。（见 20.7 节）
  相关练习题: 20.79, 20.80
- 描述燃料电池的结构并解释它是如何产生电能的。（见 20.7 节）
  相关练习题: 20.81, 20.82
- 解释腐蚀是如何发生的，以及如何通过阴极保护来防止腐蚀。（见 20.8 节）
  相关练习题: 20.83, 20.84
- 描述电解池中的反应。（见 20.9 节）
  相关练习题: 20.89, 20.90
- 将氧化还原反应中生成物和反应物的数量与电荷联系起来。（见 20.9 节）
  相关练习题: 20.93, 20.94

主要公式

- $E°_{cell} = E°_{red}$（阴极）$- E°_{red}$（阳极）　　　(20.8)
  将标准电池电动势和还原反应和氧化反应这两个半反应的标准还原电动势联系起来

- $\Delta G = -nFE$　　　(20.11)
  将自由能变化和电动势联系起来

- $E = E° - \dfrac{0.0592V}{n}\log Q$（$T = 298K$）　(20.18)
  能斯特方程表示了浓度对电池电动势的影响

本章练习

图例解析

20.1 在酸和碱的 Brnsted-Lowry 概念中，酸碱反应被看作是质子转移反应。酸强度越强，其共轭碱

强度越弱。如果我们想到氧化还原反应以类似方式的进行，哪种物质会类似于质子？强氧化剂是类似于强酸还是强碱？（见 20.1 节和 20.2 节）

20.2　你可能听说过"抗氧化剂"对健康有好处，"抗氧化剂"是氧化剂还是还原剂？（见 20.1 节和 20.2 节）

20.3　下面的图代表了发生在电池中电极上反应的分子视图。

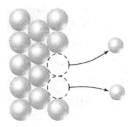

（a）这个反应是氧化反应还是还原反应？

（b）这是电极的阳极还是阴极？（c）为什么电极中的原子用比溶液中的原子更大的球体表示？（见 20.3 节）

20.4　假设你想使用以下半反应构造一个伏打电池：

$A^{2+}(aq) + 2e^- \longrightarrow A(s)$　$E°_{red} = -0.10V$

$B^{2+}(aq) + 2e^- \longrightarrow B(s)$　$E°_{red} = -1.10V$

你首先看到的是一个不完整的电池，在这里电极被浸入水中。

（a）为了生成标准的电动势，你必须在电池中添加哪些物质？（b）哪个电极作为阴极？（c）电子通过外部导线的移动方向是什么？（d）在标准条件下，电池产生的电压是多少？（见 20.3 节和 20.4 节）

20.5　对于一个自发进行的化学反应 A(aq)+ B(aq) ⟶ A⁻(aq) + B⁺(aq)，回答以下问题：

（a）如果，用这个反应制造出一个电池，那么在阴极会发生什么半反应，在阳极会发生什么半反应？

（b）在（a）中哪个半反应的势能更大？

（c）$E°_{cell}$ 的符号是什么？（见 20.3 节）

20.6　考虑下表的标准电极电动势，用于水溶液中的一系列假设反应：

还原半反应	$E°$ (V)
$A^+(aq)+ e^- \longrightarrow A(s)$	1.33
$B^{2+}(aq) + 2e^- \longrightarrow B(s)$	0.87
$C^{3+}(aq) + e^- \longrightarrow C^{2+}(aq)$	−0.12
$D^{3+}(aq)+ 3e^- \longrightarrow D(s)$	−1.59

（a）哪个物质是最强的氧化剂？哪个是最弱的氧化剂？

（b）哪个物质是最强的还原剂？哪个是最弱的还原剂？

（c）哪个固体物质可以氧化 C^{2+}？（见 20.4 节和 20.5 节）

20.7　考虑一个氧化还原反应，其中 $E°$ 是负数。

（a）这个化学反应 $\Delta G°$ 是正值还是负值？

（b）这个化学反应的平衡常数 K 比 1 大还是小？

（c）基于这个氧化还原反应构建的电化学电池能对其周围环境做电功吗？（见 20.5 节）

20.8　观察下列伏打电池：

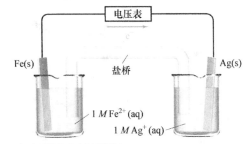

（a）哪个电极是阴极？

（b）这个电池产生的标准电动势是多少？

（c）当阴极半电池中的离子浓度增加 10 倍时，电池电压的变化是多少？

（d）当阳极半电池中的离子浓度增加 10 倍时，电池电压的变化是多少？（见 20.4 节和 20.6 节）

20.9　考虑一个半反应 $Ag^+(aq) + e^- \longrightarrow Ag(s)$。

（a）下列哪条曲线描述了 Ag^+ 浓度对还原电位的影响？（b）当 $\log(Ag^+) = 0$ 时，E_{red} 是多少？（见 20.6 节）

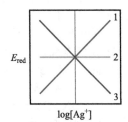

20.10　氧化银电池中的电极是氧化银 (Ag_2O) 和锌。（a）哪个电极作为阳极？（b）你认为下列哪种电池的能量密度最大，氧化银电池、锂离子电池、镍镉电池、还是铅酸蓄电池？（见 20.7 节）

20.11　如下图所示，三个烧杯中均放入一个铁棒。你认为在哪个烧杯 A、B 或 C 烧杯中的铁棒腐蚀最严重？（见 20.8 节）

烧杯 A　　　　烧杯 B　　　　烧杯 C
纯水　　　　稀释的 HCl 溶液　　稀释的 NaOH 溶液
pH = 7.0　　　pH = 4.0　　　　pH = 10.0

20.12 镁，该元素是通过使用这里所示的电池电解熔盐（"电解质"）生产并商业化的。（a）当它是盐的一部分的时候，最常见的氧化态是多少？（b）随着在电池中施加电压而产生氯气。知道这一点，可以识别电解质。（c）回顾在电解槽中，阳极被赋予正号和阴极被赋予负号，这与我们在电池中看到的相反。这个电解槽中的阳极发生了什么半反应？（d）在电解槽中的阴极发生了什么半反应？（见 20.9 节）

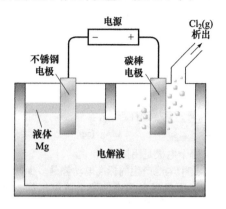

氧化态和氧化还原反应（见 20.1 节）

20.13 （a）氧化一词是什么意思？（b）电子在氧化半反应的哪一侧出现？（c）氧化剂一词是什么意思？（d）被氧化一词是什么意思？

20.14 （a）还原一词是什么意思？（b）电子在还原半反应的哪一侧出现？（c）还原剂一词是什么意思？（d）被还原一词是什么意思？

20.15 判断下列说法是正确的还是错误的：

（a）如果一些物质被氧化，它通常是失去电子；

（b）对于 $Fe^{3+}(aq) + Co^{2+}(aq) \longrightarrow Fe^{2+}(aq) + Co^{3+}(aq)$ 这个化学反应，Fe^{3+} 是还原剂，Co^{2+} 是氧化剂；

（c）如果某一反应的反应物或产物的氧化态没有变化，则该反应不是氧化还原反应。

20.16 判断下列说法是正确的还是错误的：

（a）如果某物质被还原，它通常会失去电子；

（b）还原剂在反应时被氧化；

（c）需要一种氧化剂才能将 CO 转化为 CO_2。

20.17 对于下列每一个配平的氧化还原反应，（i）确定反应物和产物中所有元素的氧化数，（ii）说明在每个反应中转移的电子总数。

（a）$I_2O_5(s) + 5CO(g) \longrightarrow I_2(s) + 5CO_2(g)$

（b）$2Hg^{2+}(aq) + N_2H_4(aq) \longrightarrow 2Hg(l) + N_2(g) + 4H^+(aq)$

（c）$3H_2S(aq) + 2H^+(aq) + 2NO_3^-(aq) \longrightarrow 3S(s) + 2NO(g) + 4H_2O(l)$

20.18 对于下列每一个配平的氧化还原反应，（i）确定反应物和产物中所有元素的氧化数，（ii）说明在每个反应中转移的电子总数。

（a）$2MnO_4^-(aq) + 3S^{2-}(aq) + 4H_2O(l) \longrightarrow 3S(s) + 2MnO_2(s) + 8OH^-(aq)$

（b）$4H_2O_2(aq) + Cl_2O_7(g) + 2OH^-(aq) \longrightarrow 2ClO_2^-(aq) + 5H_2O(l) + 4O_2(g)$

（c）$Ba^{2+}(aq) + 2OH^-(aq) + H_2O_2(aq) + 2ClO_2(aq) \longrightarrow Ba(ClO_2)_2(s) + 2H_2O(l) + O_2(g)$

20.19 指出以下配平的化学反应方程式中是否涉及氧化还原反应。如果有氧化还原反应，请指出哪些元素的氧化数发生了变化。

（a）$PBr_3(l) + 3H_2O(l) \longrightarrow H_3PO_3(aq) + 3HBr(aq)$

（b）$NaI(aq) + 3HOCl(aq) \longrightarrow NaIO_3(aq) + 3HCl(aq)$

（c）$3SO_2(g) + 2HNO_3(aq) + 2H_2O(l) \longrightarrow 3H_2SO_4(aq) + 2NO(g)$

20.20 指出以下配平的化学反应方程式中是否涉及氧化还原反应。如果有氧化还原反应，请指出哪些元素的氧化数发生了变化。

（a）$2AgNO_3(aq) + CoCl_2(aq) \longrightarrow 2AgCl(s) + Co(NO_3)_2(aq)$

（b）$2PbO_2(s) \longrightarrow 2PbO(s) + O_2(g)$

（c）$2H_2SO_4(aq) + 2NaBr(s) \longrightarrow Br_2(l) + SO_2(g) + Na_2SO_4(aq) + 2H_2O(l)$

配平氧化还原反应方程式（见 20.2 节）

20.21 在 900℃，四氯化钛蒸汽与熔融的金属镁发生反应，形成固态的金属钛和熔融的氯化镁。（a）写出这个化学反应配平的方程式；（b）哪个物质被氧化，哪个物质被还原？（c）哪个物质是氧化剂，哪个物质是还原剂？

20.22 肼（N_2H_4）和四氧化二氮（N_2O_4）形成了一种自燃混合物，已被用作火箭推进剂。反应产物为 N_2 和 H_2O。（a）写出这个化学反应配平的方程式。（b）哪个物质被氧化，哪个物质被还原？（c）哪个物质是氧化剂，哪个物质是还原剂？

20.23 完成和配平下列半反应方程式。在每种情况下，指出半反应是氧化反应还是还原反应

（a）$Sn^{2+}(aq) \longrightarrow Sn^{4+}(aq)$（酸性溶液）

（b）$TiO_2(s) \longrightarrow Ti^{2+}(aq)$（酸性溶液）

（c）$ClO_3^-(aq) \rightarrow Cl^-(aq)$（酸性溶液）

（d）$N_2(g) \rightarrow NH_4^+(aq)$（酸性溶液）

（e）$OH^-(aq) \rightarrow O_2(g)$（碱性溶液）

（f）$SO_3^{2-}(aq) \rightarrow SO_4^{2-}(aq)$（碱性溶液）

（g）$N_2(g) \rightarrow NH_3(g)$（碱性溶液）

20.24 完成和配平下列半反应方程式，在每种情况下，指出半反应是氧化反应还是还原反应。

（a）$Mo^{3+}(aq) \longrightarrow Mo(s)$（酸性溶液）

（b）$H_2SO_3(aq) \longrightarrow SO_4^{2-}(aq)$（酸性溶液）

（c）$NO_3^-(aq) \longrightarrow NO(g)$（酸性溶液）

（d）$O_2(g) \longrightarrow H_2O(l)$（酸性溶液）

（e）$O_2(g) \longrightarrow H_2O(l)$（碱性溶液）

（f）$Mn^{2+}(aq) \longrightarrow MnO_2(s)$（碱性溶液）

（g）$Cr(OH)_3(s) \longrightarrow CrO_4^{2-}(aq)$（碱性溶液）

20.25 完成和配平下列方程式，指出氧化剂和还原剂：

（a）$Cr_2O_7^{2-}(aq)+I^-(aq) \longrightarrow Cr^{3+}(aq)+IO_3^-(aq)$（酸性溶液）

（b）$MnO_4^-(aq)+CH_3OH(aq) \longrightarrow Mn^{2+}(aq)+HCOOH(aq)$（酸性溶液）

（c）$I_2(s)+OCl^-(aq) \longrightarrow IO_3^-(aq) + Cl^-(aq)$（酸性溶液）

（d）$As_2O_3(s)+ NO_3^-(aq) \longrightarrow H_3AsO_4(aq)+N_2O_3(aq)$（酸性溶液）

（e）$MnO_4^-(aq) + Br^-(aq) \longrightarrow MnO_2(s) + BrO_3^-(aq)$（碱性溶液）

（f）$Pb(OH)_4^{2-}(aq)+ ClO^-(aq) \longrightarrow PbO_2(s) + Cl^-(aq)$（碱性溶液）

20.26 完成和配平下列方程式，指出氧化剂和还原剂。（回想一下过氧化氢（H_2O_2）中的 O 原子具有非典型的氧化态）

（a）$NO_2^-(aq) + Cr_2O_7^{2-}(aq) \longrightarrow Cr^{3+}(aq) + NO_3^-(aq)$（酸性溶液）

（b）$S(s) + HNO_3(aq) \longrightarrow H_2SO_3(aq) + N_2O(g)$（酸性溶液）

（c）$Cr_2O_7^{2-}(aq) + CH_3OH(aq) \longrightarrow HCOOH(aq)+Cr^{3+}(aq)$（酸性溶液）

（d）$BrO_3^-(aq) + N_2H_4(g) \longrightarrow Br^-(aq) + N_2(g)$（酸性溶液）

（e）$NO_2^-(aq) + Al(s) \longrightarrow NH_4^+(aq) + AlO_2^-(aq)$（碱性溶液）

（f）$H_2O_2(aq) + ClO_2(aq) \longrightarrow ClO_2^-(aq)+ O_2(g)$（碱性溶液）

伏打电池（见 20.3 节）

20.27 判断下列说法是正确的还是错误的：（a）阴极是发生氧化反应的电极；（b）原电池是伏打电池的另一个名称；（c）在电池中，电子自发地从阳极流向阴极。

20.28 判断下列说法是正确的还是错误的：（a）阳极是发生氧化反应的电极；（b）伏打电池的电动势总是正值；（c）盐桥或渗透屏障是必要的，以使电池正常工作。

20.29 构造一个图 20.5 所示的伏打电池。一个电极半电池由银条置于 $AgNO_3$ 溶液中组成，另一个电极由铁条放置于 $FeCl_2$ 溶液中组成。电池总反应是

$$Fe(s) + 2Ag^+(aq) \longrightarrow Fe^{2+}(aq) + 2Ag(s)$$

（a）哪个物质被氧化，哪个物质被还原？（b）写出电池中进行的两个半反应；（c）哪个电极是阳极，哪个电极是阴极？（d）标注电极的正负号；（e）电子是从银电极流向铁电极，还是从铁电极流向银电极？（f）在溶液中阳离子和阴离子的迁移方向是什么？

20.30 构造了一个图 20.5 所示的伏打电池。一个电极半电池由铝条置于 $Al(NO_3)_3$ 溶液中组成，另一个电极由镍条置于 $NiSO_4$ 溶液中组成。电池总反应是

$$2Al(s) + 3Ni^{2+}(aq) \longrightarrow 2Al^{3+}(aq) + 3Ni(s)$$

（a）哪个物质被氧化，哪个物质被还原？（b）写出电池中进行的两个半反应；（c）哪个电极是阳极，哪个电极是阴极？（d）标注电极的正负号。（e）电子是从铝电极流向镍电极，还是从镍电极流向铝电极？（f）在溶液中阳离子和阴离子的迁移方向是什么？假设铝金属表面没有被氧化物膜覆盖。

标准条件下的电池电动势（见 20.4 节）

20.31 （a）电压的定义是什么？（b）所有的电池都会产生正值的电池电动势吗？

20.32 （a）电池的哪个电极，阴极还是阳极的电子具有更高的势能？（b）电势的单位是什么？这个单位与以焦耳表示的能量有何关系？

20.33 （a）写出氢电极作为电池的阴极在酸性水溶液中发生的半反应；（b）写出氢电极作为电池的阳极在酸性水溶液中发生的半反应；（c）标准氢电极的标准是什么？

20.34 （a）还原电动势必须满足何种条件才能成为标准还原电动势？（b）标准氢电极的标准还原电动势是多少？（c）为何无法衡量单个半反应的标准还原电动势？

20.35 利用这种反应的电池

$$Tl^{3+}(aq) + 2Cr^{2+}(aq) \longrightarrow Tl^+(aq) + 2Cr^{3+}(aq)$$

测量的标准电池电动势为 +1.19V。（a）写出电池的两个半反应；（b）利用附录 E 中的数据，计算上述反应的标准还原电动势 E_{red}°；（c）绘制电池草图，标记阳极和阴极，并指示电子流动的方向。

20.36 利用这种反应的电池

$$PdCl_4^{2-}(aq) + Cd(s) \longrightarrow Pd(s) + 4Cl^-(aq) + Cd^{2+}(aq)$$

测量的标准电池电动势为 +1.03V。（a）写出电池的两个半反应；（b）利用附录 E 中的数据，计算上述反应的标准还原电动势 E_{red}°；（c）绘制电池草图，标记阳极和阴极，并指示电子流动的方向。

20.37 利用标准还原电动势数据（见附录 E），计算下列每个化学反应的电动势：

（a）$Cl_2(g) + 2I^-(aq) \longrightarrow 2Cl^-(aq) + I_2(s)$

（b）$Ni(s) + 2Ce^{4+}(aq) \longrightarrow Ni^{2+}(aq) + 2Ce^{3+}(aq)$

（c）$Fe(s)+ 2Fe^{3+}(aq) \longrightarrow 3Fe^{2+}(aq)$

（d）$2NO_3^-(aq) + 8H^+(aq) + 3Cu(s) \longrightarrow 2NO(g) + 4H_2O(l) + 3Cu^{2+}(aq)$

20.38 利用附录 E 中的数据计算下列每个化学反应的电动势：

（a）$H_2(g) + F_2(g) \longrightarrow 2H^+(aq) + 2F^-(aq)$

（b）$Cu^{2+}(aq) + Ca(s) \longrightarrow Cu(s) + Ca^{2+}(aq)$

（c）$3Fe^{2+}(aq) \longrightarrow Fe(s) + 2Fe^{3+}(aq)$

（d）$2ClO_3^-(aq) + 10Br^-(aq) + 12H^+(aq) \longrightarrow$
$Cl_2(g) + 5Br_2(l) + 6H_2O(l)$

20.39 下列化学反应的标准还原电动势数据在附录 E 中给出：

$Ag^+(aq) + e^- \longrightarrow Ag(s)$

$Cu^{2+}(aq) + 2e^- \longrightarrow Cu(s)$

$Ni^{2+}(aq) + 2e^- \longrightarrow Ni(s)$

$Cr^{3+}(aq) + 3e^- \longrightarrow Cr(s)$

（a）写出这些能产生最大正电动势的半电池反应的组合方程式，并计算电池电动势的值；（b）确定这些半电池反应的哪一种组合形成的电池反应将具有最小正值的电池电动势，并计算电池电动势的值。

20.40 已知下列半反应和相关的标准还原电动势值：

$AuBr_4^-(aq) + 3e^- \longrightarrow Au(s) + 4Br^-(aq)$
$$E_{red}^{\circ} = -0.86V$$

$Eu^{3+}(aq) + e^- \longrightarrow Eu^{2+}(aq)$
$$E_{red}^{\circ} = -0.43V$$

$IO^-(aq) + H_2O(l) + 2e^- \longrightarrow I^-(aq) + 2OH^-(aq)$
$$E_{red}^{\circ} = +0.49V$$

（a）写出这些能产生最大正电动势的半电池反应的组合方程式，并计算电池电动势的值；（b）写出这些能产生最小正电动势的半电池反应的组合方程，并计算电池电动势的值。

20.41 将 Cu 金属条放置在一个装有 $1M$ Cu（NO_3）$_2$ 溶液的烧杯中。另一个烧杯中装有 $1M$ 的 $SnSO_4$ 溶液和 Sn 金属条。用一个盐桥将两个烧杯连接起来，用导线把两个金属电极连接到电压表上。（a）哪个电极作为阳极，哪个作为阴极？（b）随着电池反应的进行，哪个电极的质量增加，哪个电极的质量减少？（c）写出电池总反应的化学方程式；（d）在标准条件下这个电池产生的电动势是多少？

20.42 伏打电池中一个烧杯中是镉金属条浸在 $Cd(NO_3)_2$ 溶液中，另一个烧杯是铂电极浸在 NaCl 溶液中，在电极附近有 Cl_2 冒出。用一个盐桥将两个烧杯连接起来。（a）哪个电极作为阳极，哪个作为阴极？（b）随着电池反应的进行，Cd 电极的质量是增加还是减少？（c）写出电池总反应的化学方程式。（d）在标准条件下这个电池产生的电动势是多少？

氧化剂和还原剂的强度（见 20.4 节）

20.43 从以下每一对物质中，使用附录 E 中的数据来选择一种最强的还原剂：

（a）Fe(s) 或 Mg(s)

（b）Ca(s) 或 Al(s)

（c）H_2（g，酸性溶液）或 $H_2S(g)$

（d）$BrO_3^-(aq)$ 或 $IO_3^-(aq)$

20.44 从以下每一对物质中，使用附录 E 中的数据来选择一种最强的氧化剂：

（a）$Cl_2(g)$ 或 $Br_2(l)$

（b）$Zn^{2+}(aq)$ 或 $Cd^{2+}(aq)$

（c）$Cl^-(aq)$ 或 $ClO_3^-(aq)$

（d）$H_2O_2(aq)$ 或 $O_3(g)$

20.45 利用附录 E 数据判断下列哪种物质更容易作为氧化剂或还原剂：（a）$Cl_2(g)$，（b）$MnO_4^-(aq$，酸性溶液），（c）Ba(s)，（d）Zn(s)。

20.46 以下每种物质是否都可能作为氧化剂或还原剂：（a）$Ce^{3+}(aq)$，（b）Ca(s)，（c）$ClO_3^-(aq)$，（d）$N_2O_5(g)$

20.47 （a）假设在标准条件下，酸性溶液中的氧化剂按氧化强度依次增加的顺序排列：$Cr_2O_7^{2-}$、H_2O_2、Cu^{2+}、Cl_2、O_2；（b）在酸性溶液中作为还原剂，按照还原强度依次增加的顺序进行排序：Zn、I^-、Sn^{2+}、H_2O_2、Al。

20.48 根据附录 E 中的数据，（a）在酸性溶液中，下列哪一种物质是最强的氧化剂，哪一种是最弱的氧化剂：Br_2、H_2O_2、Zn、$Cr_2O_7^{2-}$？（b）在酸性溶液中，下列哪一种物质是最强的还原剂，哪一种是最弱的还原剂：F^-、Zn、$N_2H_5^+$、I_2、NO？

20.49 $Eu^{2+}(aq)$ 的标准还原电动势是 $-0.43V$。根据附录 E 中的数据，判断一下在标准条件下，下列哪个物质能将 $Eu^{3+}(aq)$ 还原为 Eu^{2+}：Al，Co，H_2O_2，$N_2H_5^+$，$H_2C_2O_4$？

20.50 将 RuO_4 还原为 $RuO_4^{2-}(aq)$ 的标准还原电动势为 $+0.59V$。根据附录 E 中的数据，判断一下在标准条件下，下列哪个物质能将 RuO_4^{2-} 氧化为 RuO_4^-：$Br_2(l)$、$BrO_3^-(aq)$，$Mn^{2+}(aq)$，$O_2(g)$，$Sn^{2+}(aq)$？

自由能和氧化还原反应（见 20.5 节）

20.51 已知下列还原反应半反应：

$Fe^{3+}(aq) + e^- \longrightarrow Fe^{2+}(aq)$ $E_{red}^{\circ} = +0.77V$
$S_2O_6^{2-}(aq) + 4H^+(aq) + 2e^- \longrightarrow 2H_2SO_3(aq)$ $E_{red}^{\circ} = +0.60V$
$N_2O(g) + 2H^+(aq) + 2e^- \longrightarrow N_2(g) + H_2O(l)$ $E_{red}^{\circ} = -1.77V$
$VO_2^+(aq) + 2H^+(aq) + e^- \longrightarrow VO^{2+}(aq) + HO(l)$ $E_{red}^{\circ} = +1.00V$

（a）写出利用 $S_2O_6^{2-}(aq)$，$N_2O(aq)$ 和 $VO_2^+(aq)$ 氧化 $Fe^{2+}(aq)$ 配平的化学反应方程式。（b）计算化学反应在 298K 的 ΔG°。（c）计算每个反应在 298K 的平衡常数 K。

20.52 写出下列每个化学反应配平的方程式，计算标准电动势，在 298K 的 ΔG，在 298K 的平衡常数 K。（a）利用 Hg_2^{2+} 将溶液中的 I^- 氧化成 I_2。（b）在酸性溶液中，铜（I）离子被硝酸离子氧化为铜（II）离子。（c）在碱性溶液中，利用 $ClO^-(aq)$ 将 $Cr(OH)_3(aq)$ 氧化成 $CrO_4^{2-}(aq)$。

20.53 如果在 298K 时，双电子氧化还原反应的平衡常数是 1.5×10^{-4}，计算相应的 ΔG° 和 E°。

20.54 如果在 298K 时，单电子氧化还原反应的平衡常数是 8.7×10^4，计算相应的 ΔG° 和 E°。

20.55 根据附录 E 中还原电动势的数据，计算下列反应在 298K 时的平衡常数：

（a）$Fe(s) + Ni^{2+}(aq) \longrightarrow Fe^{2+}(aq) + Ni(s)$

（b）$Co(s) + 2H^+(aq) \longrightarrow Co^{2+}(aq) + H_2(g)$

（c）$10Br^-(aq) + 2MnO_4^-(aq) + 16H^+(aq) \longrightarrow$
$2\ Mn^{2+}(aq) + 8H_2O(l) + 5Br_2(l)$

20.56 根据附录 E 中还原电动势的数据，计算下列反应在 298K 时的平衡常数：

（a）$Cu(s) + 2Ag^+(aq) \longrightarrow Cu^{2+}(aq) + 2Ag(s)$

（b）$3Ce^{4+}(aq) + Bi(s) + H_2O(l) \longrightarrow 3Ce^{3+}(aq) + BiO^+(aq) + 2H^+(aq)$

（c）$N_2H_5^+(aq) + 4Fe(CN)_6^{3-}(aq) \longrightarrow N_2(g) + 5H^+(aq) + 4Fe(CN)_6^{4-}(aq)$

20.57 一个电池在 298K 时的标准电池电动势为 +0.177V。这个反应的平衡常数是多少（a）如果 $n = 1$？（b）如果 $n = 2$？（c）如果 $n = 3$？

20.58 在 298K 时，电池反应的标准电池电动势为 +0.17V。这个反应的平衡常数为 5.5×10^5。这个反应的 n 值为多少？

20.59 基于下列反应构建了一个伏打电池

$$Sn(s) + I_2(s) \longrightarrow Sn^{2+}(aq) + 2I^-(aq)$$

在标准条件下，如果消耗 75.0g 的 Sn，电池所能完成的最大功（单位：焦耳）是多少？

20.60 以图 20.5 所示的电池为例，该电池基于电池反应

$$Zn(s) + Cu^{2+}(aq) \longrightarrow Zn^{2+}(aq) + Cu(s)$$

在标准条件下，如果消耗 50.0g 的铜，电池所能完成的最大功（单位：焦耳）是多少？

非标准条件下的电池电动势（见 20.6 节）

20.61 （a）能斯特方程中，在标准条件下，反应熵 Q 的数值是多少？

（b）能否在室温以外的温度下使用能斯特方程？

20.62 一个电池是由所有反应物和产物在其标准状态下组成的。反应物的浓度会随着电池的运行而增加、减少或保持不变吗？

20.63 如图 20.9 所示，电池总反应为 $Zn(s) + 2H^+(aq) \longrightarrow Zn^{2+}(aq) + H_2(g)$，下列每一项改变对电池电动势有何影响？

（a）在阴极半电池中 H_2 压力增加；

（b）在阳极半电池中加入硝酸锌；

（c）在阴极半电池中加入氢氧化钠，降低 H^+ 浓度。（d）阳极的表面积加倍。

20.64 一个电池利用以下反应：

$$Al(s) + 3Ag^+(aq) \longrightarrow Al^{3+}(aq) + 3Ag(s)$$

以下每一个变化对电池电动势的影响是什么？
（a）在阳极半电池中加入水，稀释溶液。（b）铝电极尺寸增大。（c）在阴极半电池中加入 $AgNO_3$ 溶液，增加 Ag^+ 数量，但是不改变其浓度。（d）将 HCl 加入到 $AgNO_3$ 溶液中，Ag^+ 沉淀作为 AgCl。

20.65 利用下列反应构建一个伏打电池，工作温度为 298K：

$$Zn(s) + Ni^{2+}(aq) \longrightarrow Zn^{2+}(aq) + Ni(s)$$

（a）在标准条件下，这个电池产生的电动势是多少？（b）当 Ni^{2+} 浓度为 3.00M，Zn^{2+} 浓度为 0.100M 时，电池产生的电动势是多少？（c）当 Ni^{2+} 浓度为 0.200M，Zn^{2+} 浓度为 0.900M 时，电池产生的电动势是多少？

20.66 利用下列反应构建一个伏打电池，工作温度为 298K：

$$3Ce^{4+}(aq) + Cr(s) \longrightarrow 3Ce^{3+}(aq) + Cr^{3+}(aq)$$

（a）在标准条件下这个电池电动势是多少？

（b）当 Ce^{4+} 浓度为 3.0M，Ce^{3+} 浓度为 0.10M，Cr^{3+} 浓度为 0.010M 时，电池电动势是多少？（c）当 Ce^{4+} 浓度为 0.01M，Ce^{3+} 浓度为 2.0M，Cr^{3+} 浓度为 1.5M 时，电池电动势是多少？

20.67 利用下列反应构建一个伏打电池：

$$4Fe^{2+}(aq) + O_2(g) + 4H^+(aq) \longrightarrow 4Fe^{3+}(aq) + 2H_2O(l)$$

（a）在标准条件下这个电池电动势是多少？

（b）当 Fe^{2+} 浓度为 1.3M，Fe^{3+} 浓度为 0.010M，P_{O_2} 为 0.50 atm，阴极半电池溶液 pH 为 3.50 时，电池电动势是多少？

20.68 利用下列反应构建一个伏打电池：

$$2Fe^{3+}(aq) + H_2(g) \longrightarrow 2Fe^{2+}(aq) + 2H^+(aq)$$

（a）在标准条件下这个电池电动势是多少？

（b）当 Fe^{3+} 浓度为 3.5M，Fe^{2+} 浓度为 0.0010M，P_{H_2} 为 0.95atm，两个半电池溶液均 pH = 4.0 时，电池电动势是多少？

20.69 利用 Zn^{2+}–Zn 两个电极构建了一个伏打电池。两个半电池中 Zn^{2+} 的浓度分别为 1.8M 和 $1.00 \times 10^{-2}M$。（a）哪个电极是阳极？（b）电池的标准电动势是多少？（c）给定浓度下的电池的标准电动势是多少？（d）对于每一个电极，随着电池运行预测 Zn^{2+} 浓度是增加、减少、还是保持不变。

20.70 用两个氯化银电极构成一个电池，每个电极基于以下半反应：

$$AgCl(s) + e^- \longrightarrow Ag(s) + Cl^-(aq)$$

两个半电池的 Cl^- 浓度分别为 0.0150 M 和 2.55 M。（a）哪个电极是阴极？（b）电池的标准电动势是多少？（c）给定浓度下的电池的标准电动势是多少？（d）对于每一个电极，随着电池运行 Cl^- 浓度是增加、减少、还是保持不变。

20.71 图 20.9 中的电池可以用来测量阴极半电池的 pH 值。当 Zn^{2+} 浓度为 0.30M 和氢气分压 P_{H_2} 0.90atm，如果 298K 测得的电池电动势为 +0.684V，计算阴极半电池溶液的 pH 值。

20.72 基于下列反应构建一个伏打电池：

$$Sn^{2+}(aq) + Pb(s) \longrightarrow Sn(s) + Pb^{2+}(aq)$$

（a）阴极半电池中的 Sn^{2+} 浓度为 1.00M，电池产生的电动势为 +0.22V，阳极半电池中 Pb^{2+} 浓度是多少？（b）如果阳极半电池 $PbSO_4$ 处于平衡状态时含有 $[SO_4^{2-}]$ 的浓度为 1.00M，那么 $PbSO_4$ 的 K_{sp} 值为多少？

蓄电池和燃料电池（见 20.7 节）

20.73 在铅酸蓄电池放电期间，来自阳极的 402g Pb 单质被转化为 PbSO₄。（a）同时在阴极上 PbO₂ 被还原的质量为多少？（b）有多少库仑电荷从 Pb 转移到 PbO₂？

20.74 在碱性电池放电过程中，在电池的阳极处消耗 4.50g Zn 单质。（a）在放电过程中，在阴极处 MnO₂ 被还原的质量是多少？（b）多少库仑电荷从 Zn 转移到 MnO₂？

20.75 心脏起搏器通常由锂-铬酸银"纽扣"电池供电。电池总反应是：

$$2Li(s) + Ag_2CrO_4(s) \longrightarrow Li_2CrO_4(s) + 2Ag(s)$$

（a）金属锂是电池某一个电极上的反应物。请问它是阳极还是阴极？（b）从附录 E 中选择两个半反应，他们最接近电池中发生的反应。基于这些半反应的电池产生的标准电池电动势为多少？（c）电池产生 +3.5V 的电池电动势。请问这个值与（b）部分计算的标准电池电动势值相差多少？（d）计算在体温 37℃时产生的电池电动势值。请问这个值与（b）部分计算的标准电池电动势值相差多少？

20.76 氧化汞干电池通常用于需要恒定放电电压和长寿命的设备中，如手表和照相机。电池中发生的两个半电池反应是

$$HgO(s) + H_2O(l) + 2e^- \longrightarrow Hg(l) + 2OH^-(aq)$$

$$Zn(s) + 2OH^-(aq) \longrightarrow ZnO(s) + H_2O(l) + 2e^-$$

（a）请写出电池总反应。（b）阴极反应 $E°_{red}$ 的值为 +0.098V。总电池电势为 +1.35V。假设两个半电池都在标准条件下工作，阳极反应的标准还原电势是多少？（c）为什么如果反应发生在酸性介质中，阳极反应的电势比预期的要低？

20.77 （a）假设一种碱性电池是用金属镉而不是锌制造的。这会对电池电动势产生什么影响？（b）使用镍-金属氢化物电池比镍-镉电池具有哪些环境优势？

20.78 在某些应用中，镍镉电池已被镍锌电池所取代。这种相对新型的电池的电池总反应是：

$$2H_2O(l) + 2NiO(OH)(s) + Zn(s)$$
$$\longrightarrow 2Ni(OH)_2(s) + Zn(OH)_2(s)$$

（a）阴极半反应是什么？（b）阳极半反应是什么？（c）一个镍-镉电池的电压为 1.30V。根据 Cd²⁺ 和 Zn²⁺ 的标准还原电位的不同，你估计镍-锌电池产生的电压多大？（d）你期望镍锌-电池的比能量密度是高于还是低于镍-镉电池？

20.79 在锂离子电池中，当完全放电时，阴极的组成是 LiCoO₂。在充电时，大约 50% 的锂离子可以从阴极中提取出来，输送到石墨阳极，并嵌入在石墨层与层之间。（a）当电池完全充电时，阴极的组成是什么？（b）如果阴极 LiCoO₂ 的质量为 10g（当完全放电时），那么在电池完全放电时，可以提供多少库仑电荷？

20.80 在大多数锂离子电池中发现，通常用于汽车的锂离子电池是使用 LiMn₂O₄ 阴极替代 LiCoO₂ 阴极。（a）计算每种电极材料中锂的质量百分比。（b）哪种材料的锂含量更高？这是否有助于解释为什么用 LiMn₂O₄ 阴极制造的电池在放电时提供的功率较少？（c）在使用 LiCoO₂ 阴极的电池中，大约 50% 的锂在充电时从阴极迁移到阳极。在使用 LiMn₂O₄ 阴极的电池中，LiMn₂O₄ 中百分之多少的锂需要从阴极中迁移出来才能将相同数量的锂输送到石墨阳极？

20.81 （a）在氢燃料电池中，哪种反应是自发的：氢气和氧气生成水，还是水分解生成氢气和氧气？（b）利用附录 E 中的标准还原电势，计算氢燃料电池在酸性溶液中产生的标准电压。

20.82 （a）电池和燃料电池有什么区别？（b）燃料电池的"燃料"是固体吗？

腐蚀（见 20.8 节）

20.83 （a）写出引起铁金属腐蚀形成二价铁离子溶液（Ⅱ）的阳极和阴极反应；（b）写出空气氧化 Fe²⁺ 溶液生成 Fe₂O₃·3H₂O 所涉及的配平的半反应方程式。

20.84 （a）根据标准还原电动势，你认为在氧气和氢离子存在的标准条件下，铜金属会被氧化吗？（b）当自由女神像被翻新时，在铁框架和雕像表面的铜金属之间放置了聚四氟乙烯挡板。这些挡板起什么作用？

20.85 （a）镁金属作为牺牲阳极，以保护地下管道免受腐蚀。为什么镁被称为"牺牲阳极"？（b）在附录 E 中，建议地下管道可以用什么金属来制造，以便镁作为牺牲阳极能成功阻止管道腐蚀。

20.86 一个铁物体被镀上一层钴，以防止腐蚀。钴是通过阴极保护来防止铁腐蚀吗？

20.87 铁腐蚀产生铁锈 (Fe₂O₃)，但其他腐蚀产物可形成 Fe(O)(OH)，氢氧化铁和磁铁矿 (Fe₃O₄)。（a）氢氧化铁中 Fe 的氧化数是多少，假设氧的氧化数是 −2？（b）铁在磁铁矿中的氧化数长期以来一直存在争议。如果我们假设氧的氧化数为 −2，Fe 有唯一的氧化数，那么磁铁矿中铁的氧化数是多少？（c）结果表明，磁铁矿中有两种不同的 Fe，它们具有不同的氧化数。建议这些氧化数是什么，它们的相对化学计量必须是什么，假设氧的氧化数为 −2。

20.88 铜腐蚀形成氧化亚铜 Cu₂O，或氧化铜 CuO，主要取决于环境条件。（a）氧化亚铜中铜的氧化态是什么？（b）氧化铜中铜的氧化态是什么？（c）过氧化铜是铜元素的另一种氧化产物。根据它的名称请写出一种过氧化铜的化学式。（d）铜（Ⅲ）氧化物是铜元素的另一种不寻常的氧化产物。请写出铜（Ⅲ）氧化物的化学式。

电解（见 20.9 节）

20.89 （a）什么是电解？（b）电解反应是热力学自发的吗？（c）在熔融 NaCl 的电解过程中，阳极

发生什么反应？（d）为什么电解 NaCl 水溶液得不到金属钠？

20.90 （a）什么是电解槽？（b）电源的负极连接到电解槽的电极上。该电极是电池的阳极还是阴极？请解释一下。（c）电解水往往是用少量的硫酸加入到水中。硫酸的作用是什么？（d）为什么是电解熔融盐而不是水溶液得到活泼金属，如 Al？

20.91 （a）用 7.60A 的电流对 Cr^{3+} 溶液进行电解。2 天后镀出铬的质量是多少？（b）在 8.00 小时内从 Cr^{3+} 溶液中析出 0.250mol 的 Cr 需要电流多少安培？

20.92 金属 Mg 可以通过电解熔融 $MgCl_2$ 来制造。（a）计算通过电解熔融的 $MgCl_2$ 形成 Mg 单质的质量？其中，电流为 4.55A，电解时间为 4.50 天。（b）需要多少分钟才能用 3.50A 的电流从电解熔融 $MgCl_2$ 中得到 25.00g Mg 单质？

20.93 （a）计算通过电解熔融的 LiCl 产生 Li 单质的质量。其中，电流为 7.5×10^4A，电解时间为 2h。

假设电解槽效率为 85%。（b）驱动反应所需的最小电压是多少？

20.94 Ca 单质可以通过电解熔融的 $CaCl_2$ 获得。（a）计算通过电解熔融的 $CaCl_2$ 产生 Ca 单质的质量。其中，电流为 7.5×10^3A。（a）电解时间为 48h，假设电解槽效率为 68%。（b）促使电解过程进行所需的最小电压是多少？

20.95 当铜和金金属的混合物通过电解精炼时，金属金被收集到阳极下面。请解释这种行为。

20.96 铜和金金属的混合物在电解过程中会含有碲元素杂质。碲与其最低共同氧化态之间的标准还原电位是，Te^{4+}

$$Te^{4+}(aq)+4e^- \longrightarrow Te(s) \qquad E^\circ_{red} = 0.57V$$

依据上述信息，请描述碲杂质在电解过程中可能的变化过程。碲杂质是会在铜被氧化的过程中，原封不动地落在槽的底部，还是会以离子形式进入溶液中呢？如果它们进入溶液中，会在阴极上析出吗？

附加练习

20.97 歧化反应是同一种物质既被氧化又被还原的氧化 - 还原反应。请完成并配平下列歧化反应：

（a）$Ni^+(aq) \longrightarrow Ni^{2+}(aq) + Ni(s)$（酸性溶液）

（b）$MnO_4^{2-}(aq) \longrightarrow MnO_4^-(aq) + MnO_2(s)$（酸性溶液）

（c）$H_2SO_3(aq) \longrightarrow S(s) + HSO_4^-(aq)$（酸性溶液）

（d）$Cl_2(aq) \longrightarrow Cl^-(aq) + ClO^-(aq)$（碱性溶液）

20.98 表示电池的一种常用的速记方法是

阳极 | 阳极溶液 || 阴极溶液 | 阴极

双竖线表示盐桥或多孔屏障。单竖线表示相态的变化，例如从固体到溶液。（a）写出 $Fe|Fe^{2+}||Ag^+|Ag$ 表示的半反应和电池总反应。利用附录 E 中的数据计算标准电池电动势。（b）写出 $Zn|Zn^{2+}||H^+|H_2$ 表示的半反应和电池总反应，利用附录 E 中的数据和 Pt 氢电极，计算标准电池电动势。（c）使用刚才描述的符号，表示基于以下反应的电池：

$$ClO_3^-(aq) + 3Cu(s) + 6H^+(aq)$$
$$\longrightarrow Cl^-(aq) + 3Cu^{2+}(aq) + 3H_2O(l)$$

在 ClO_3^- 和 Cl^- 反应中使用 Pt 作为惰性电极。计算标准电池电动势，已知：$ClO_3^-(aq) + 6H^+(aq) + 6e^- \longrightarrow Cl^-(aq) + 3H_2O(l)$；$E^\circ = 1.45V$。

20.99 预测下列反应在标准条件下，是否会在酸性溶液中自发进行：（a）利用 I_2 将 Sn 氧化为 Sn^{2+}（形成 I^-）；（b）利用 I^- 将 Ni^{2+} 还原为 Ni 单质（形成 I_2）；（c）利用 H_2O_2 将 Ce^{4+} 还原为 Ce^{3+}；（d）利用 Sn^{2+} 将 Cu^{2+} 还原为 Cu（形成 Sn^{4+}）。

20.100 Au 有两种常见的正氧化态，即 +1 价和 +3 价。这些氧化态的标准还原电位是

$$Au^+(aq) + e^- \longrightarrow Au(s) \qquad E^\circ_{red} = +1.69V$$
$$Au^{3+}(aq) + 3e^- \longrightarrow Au(s) \qquad E^\circ_{red} = +1.50V$$

（a）你能用这些数据来解释为什么黄金不会在空中褪色吗？（b）请列举几种具有较强氧化能力能够氧化金属的物质。（c）矿工通过将含金矿石浸泡在氰化钠水溶液中获得黄金。由于氧化还原反应，金离子在水溶液中形成一种非常可溶性的络合物

$$4Au(s) + 8NaCN(aq) + 2H_2O(l) + O_2(g)$$
$$\longrightarrow 4Na[Au(CN)_2](aq) + 4NaOH(aq)$$

在上述反应中哪个物质被氧化，哪个物质被还原？（d）金矿工人将（c）部分的碱性溶液产物与 Zn 粉反应，得到金单质。请配平该氧化还原反应方程式。在上述反应中哪个物质被氧化，哪个物质被还原？

20.101 一个伏打电池由一个 $Ni^{2+}(aq)$-$Ni(s)$ 半电池和一个 $Ag^+(aq)$-$Ag(s)$ 半电池组成。在 Ni^{2+}-Ni 半电池中，Ni^{2+} 的初始浓度为 0.0100M。初始电池电压为 +1.12V。（a）利用附录 E 中的数据，计算这个伏打电池的标准电动势；（b）在电池工作过程中，Ni^{2+} 溶液浓度是升高还是降低？（c）在 Ag^+-Ag 半电池中，Ag^+ 溶液的初始浓度是多少？

20.102 使用以下半电池反应构造一个电池：

$$Cu^+(aq) + e^- \longrightarrow Cu(s)$$
$$I_2(s) + 2e^- \longrightarrow 2I^-(aq)$$

电池工作温度为 298K，Cu^+ 溶液浓度为 0.25M，I^- 溶液浓度为 0.035M。（a）计算在这个浓度条件下的电池电动势；（b）哪个电极是电池的阳极？（c）如果电池在标准条件下工作，答案还和（b）一样吗？（d）如果 Cu^+ 溶液浓度为 0.15M，则当 I^- 溶液浓度为多少时，

电池电动势为零？

20.103 利用附录 E 的数据，计算一价铜离子在室温下发生歧化反应的平衡常数：

$$2Cu^+(aq) \longrightarrow Cu^{2+}(aq) + Cu(s)$$

20.104 （a）写出镍镉可充电电池的放电和充电反应；（b）已知下列还原电动势，计算电池的标准电动势：

$$Cd(OH)_2(s) + 2e^- \longrightarrow Cd(s) + 2OH^-(aq)$$
$$E^\circ_{red} = -0.76V$$

$$NiO(OH)(s) + H_2O(l) + e^- \longrightarrow Ni(OH)_2(s) + OH^-(aq)$$
$$E^\circ_{red} = +0.49V$$

（c）理论上镍镉电池产生的电动势为 +1.30V。为什么这个值和（b）部分中计算的值之间有差异？（d）利用理论电池电动势值计算电池总反应的平衡常数。

20.105 电池的容量，如典型的 AA 碱性电池，以毫安小时（m Ah）表示。AA 碱性电池的标签容量为 2850 mAh。（a）为什么用 mAh 的单位表示电池容量消费者会比较感兴趣？（b）新电池的初始电压为 1.55V。放电过程中电压会逐渐降低，当电池已达到额定容量时电压降为 0.80V。如果我们假设电压随着电流的下降呈线性下降的趋势，那么可以估算出电池在放电过程中所能做的最大电功值是多少。

20.106 二硫化物是具有 S-S 键的化合物，就像过氧化物具有 O—O 键一样。硫醇是一种有机化合物，化学式为 R-SH，其中，R 是一般碳氢化合物。SH^- 离子是硫对应的氢氧化物类似于 OH^-。两个硫醇反应能生成一个二硫化合物，R-S-S-R。（a）硫在硫醇中的氧化态是什么？（b）硫在二硫化合物中的氧状态是什么？（c）如果将两个硫醇反应生成一个二硫化合物，你认为硫醇被氧化还是被还原？（d）如果你想把一种二硫化合物转化为两种硫醇，你应该在溶液中加入还原剂或氧化剂？（e）说明硫醇中的氢原子在形成二硫化合物时会发生什么变化。

20.107 （a）利用 CrO_4^{2-} 溶液为汽车保险杠上镀一层 0.25mm 厚的铬金属膜，镀膜总面积为 $0.32m^2$，则需要消耗多少库仑？铬金属的密度是 $7.20g/cm^3$。（b）如果保险杠要在 10.0s 内电镀完成，则需要多大的电流？（c）如果外部电源的电势为 +6.0V，而电解槽的效率为 65%，则电镀这个保险杠需要花费多少电功？

20.108 Mg 单质通常是由电解熔融的 $MgCl_2$ 得到的。（a）为什么不能通过电解 $MgCl_2$ 的水溶液得到 Mg 单质？（b）几个电池通过非常大的铜棒平行连接起来，将电流输送到电池中。假设电池在电解中产生所需产物的效率为 96%，那么在 24h 内通过 97000A 的电流形成 Mg 单质的质量是多少？

20.109 如果外加电压为 4.50V，工艺效率为 45%，计算通过电解 Al^{3+} 生产 1.0×10^3kg（1 公吨）铝所需的电能是多少。

20.110 几年前，人们提出了一个独特的建议来打捞泰坦尼克号。该计划涉及使用一艘由海面控制的潜艇类型的船只在船内放置浮筒。浮筒将含有阴极，并将充满由电解水形成的氢气。据估计，船上浮所需的浮力需要 7×10^8mol 的 H_2 提供（*J. Chem. Educ.*, 1973, Vol. 50, 61）。（a）需要消耗多少库仑电荷？（b）如果残骸深度（2mi）的气体压力为 300atm，那么产生 H_2 和 O_2 所需的最小电压是多少？（c）通过电解方法打捞泰坦尼克号所需的最小电能是多少？（d）如果发电成本是每千瓦时 85 美分，那么产生必要的 H_2 所需的最低电能成本是多少？

综合练习

20.111 Haber 反应是将氮气转化为氨气的主要工业路线：

$$N_2(g) + 3H_2(g) \longrightarrow 2NH_3(g)$$

（a）哪个物质被氧化，哪个物质被还原？（b）利用附录 C 中的热力学数据，计算该反应在室温下的平衡常数。（c）计算室温下 Haber 反应的标准电动势。

20.112 在一个电池中阴极是 Ag^+(1.00*M*)/Ag(s) 半电池。阳极是标准氢电极，浸在含有 0.10 *M* 苯甲酸（C_6H_5COOH）和 0.050*M* 苯甲酸钠（$C_6H_5COO^-Na^+$）溶液中。测量的电池电压为 1.030V，苯甲酸的 pK_a 是多少？

20.113 氨气和漂白粉（有效成分 NaOCl）的水溶液常作为商品化的清洗液出售，但两者的瓶子都警告说："不要将氨水溶液和漂白剂混合，因为这可能会产生有毒气体。可产生的有毒气体之一是氯铵，NH_2Cl。（a）漂白粉中氯元素的氧化数是多少？（b）氯元素在氯化铵中的氧化数是多少？（c）当漂白粉转化为氯铵时，Cl 是否被氧化、还原或两者都没有？（d）另一种可以产生的有毒气体是三氯化氮（NCl_3）。NCl_3 中 N 的氧化数是多少？（e）在氨水转化为三氯化氮的过程中，N 是被氧化、还原或两者都没有？

20.114 利用 Ag^+(aq)/Ag(s) 和 Fe^{3+}(aq)/Fe^{2+}(aq) 两个半电池搭建了一个伏打电池。（a）电池标准电动势是多少？（b）电池的阴极上发生什么反应，阳极上发生什么反应？（c）利用附录 C 中 S° 值和电池电动势与自由能变化的关系，推断当温度升高到 25℃ 以上时，标准电池电动势是增加还是减少。

20.115 氢气和氧气作为清洁燃料非常有应用前景。相关化学反应为

$$2H_2(g) + O_2(g) \longrightarrow 2H_2O(l)$$

考虑利用这种反应作为电能源的两种可能方法：

（i）氢气和氧气被燃烧并用来驱动发电机，就像电力工业目前使用的煤一样；（ii）氢气和氧气通过使用85℃的燃料电池直接发电。（a）使用附录 C 中的数据计算反应的 ΔH° 和 ΔS°。我们将假设这些值不会随温度而明显变化；（b）根据（a）部分的值，判断随着温度的升高，ΔG 值的变化趋势？（c）当氢气作为燃料时，随着温度的升高，ΔG 值的变化有何意义？（d）根据上述分析，使用燃烧法或燃料电池法从氢气生成电能是否更有效？

20.116　细胞色素是一种复杂的分子，我们将其简写为 $CyFe^{2+}$，它可以和我们呼吸所需的空气发生反应，以提供合成三磷酸腺苷（ATP）所需的能量。身体利用 ATP 供能促进下列化学反应进行（见 19.7 节）。在 pH = 7.0 时，下列还原电动势和 $CyFe^{2+}$ 氧化反应有关：

$$O_2(g) + 4H^+(aq) + 4e^- \longrightarrow 2H_2O(l) \qquad E^\circ_{red} = +0.82V$$

$$CyFe^{3+}(aq) + e^- \longrightarrow CyFe^{2+}(aq) \qquad E^\circ_{red} = +0.22V$$

（a）利用空气氧化 $CyFe^{2+}$ 反应的 ΔG 值多少？（b）如果从二磷酸腺苷（ADP）合成 1.00 mol ATP 需要 $\Delta G = 37.7kJ$，则合成 1mol O_2 需要消耗多少摩尔的 ATP？

20.117　AgSCN(s) 的标准还原电动势为 +0.09V

$$AgSCN(s) + e^- \longrightarrow Ag(s) + SCN^-(aq)$$

利用这个值和 Ag^+ 电极电动势计算 AgSCN 的 K_{sp}。

20.118　PbS 的 K_{sp} 值是 8.0×10^{-28}。结合 K_{sp} 值和附录 E 中电极电动势数据，计算下列反应的标准还原电动势

$$PbS(s) + 2e^- \longrightarrow Pb(s) + S^{2-}(aq)$$

20.119　基于水电解生成氢气和氧气的原理，学生设计了一个电流表（测定电流的装置）。当未知大小的电流通过装置运行 2.00min 时，收集 12.3mL 水饱和 H_2。系统温度为 25.5℃，大气压是 768torr。电流是多少（以安培为单位）？

设计实验

　　要求构造一个伏打电池，通过在放电时提供 1.5V 的输出电流来模拟碱性蓄电池。所搭建的伏打电池将被用来为一个外部设备供电，要求它在 2.0 小时内提供 0.50 安培的恒定电流。以下是为你提供的实验用品：从锰到锌的每种过渡金属的电极，从 Mn^{2+} 到 Zn^{2+} 的过渡金属 +2 价离子的氯化盐（$MnCl_2$、$FeCl_2$、$CoCl_2$、$NiCl_2$、$CuCl_2$ 和 $ZnCl_2$），2 个 100mL 烧杯，1 个盐桥，1 个电压表，以及电线，使电极和电压表之间的电气。（a）画出电池示意图，并详细列出每个电极的金属，以及每个电极浸泡的溶液的类型和浓度。一定要描述多少克的盐进行溶解，以及溶液在每个烧杯中的总体积；（b）在 2 小时放电结束时，每种溶液中过渡金属离子的浓度是多少？（c）电池在放电结束时电压为多少？（d）当半电池中反应物完全消耗完，电池放电结束前能工作多长时间呢？假设在整个放电过程中，电流值恒定。

第21章

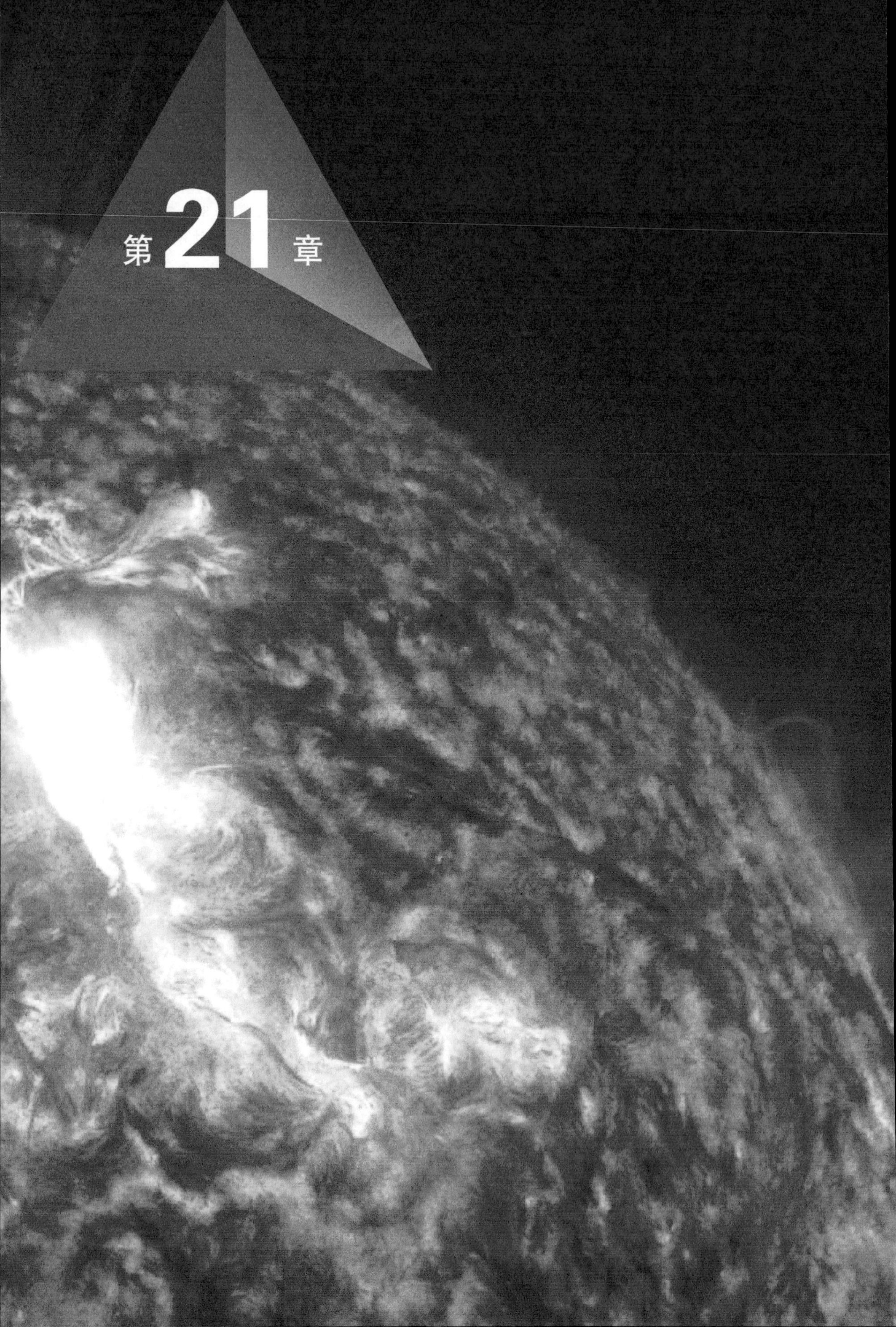

核化学

在研究物质结构和性质时，我们看到电子是主要的参与者。化学反应包括化学键的形成和断裂，导致相关原子的电子环境发生各种变化。原子核，虽然在化学反应中保持不变，但也很重要。然而，还有另一种反应我们尚未研究，即原子核发生了变化，从而改变了所涉及原子的特性。

原子核的转变被恰当地称为**核反应**。一些原子核在室温下自发变化，发射辐射。因此它们被认为具有**放射性**。我们会看到也有其他类型的核变化。

核反应是核电站、核武器和恒星的能量来源。核反应也可以参与各种用于诊断和治疗疾病的放射治疗。此外，放射性元素还被用来帮助确定化学反应的机制，追踪原子在生物系统和环境中的运动，以及确定历史文物的年代等。

核反应可以释放出大量的能量——远远超过化学反应所涉及的最大能量。本章封面的照片显示了太阳的表面，它释放的巨大能量主要是通过聚变氢核形成氦核的核反应产生的。如果没有核反应，就不会有阳光，地球上也就不会有生命。

在这一章中，我们研究了各种常见的核反应以及与原子核稳定性有关的因素。我们还考虑如何描述和使用核反应速率、如何检测放射性、以及如何计算与核反应有关的能量变化。最后，我们讨论辐射对物质的影响，特别是对生命系统的影响。

◀ 太阳是一个巨大的球体，它的温度很高，以至于原子核和电子都能独立移动。它占太阳系总质量的 99.86%，由 73.8% 的氢、24.8% 的氦和 1.4% 的其他元素组成。太阳的大部分能量是由核聚变产生的，由氢核形成氦核。太阳表面释放这种能量随着电磁辐射而产生带电粒子，称为太阳风。辐射和粒子的爆发不断地从表面喷出，产生太阳耀斑。

导读

21.1 ▶ **放射性和核方程式** 学习使用类似于化学方程式的方程式来描述核反应，其中核电荷与反应物和生成物的质量是平衡的。还要了解放射性原子核最常见的衰变方式是放射出 α、β 或 γ 射线。

21.2 ▶ **核稳定模式** 认识到核稳定性在很大程度上取决于中子与质子的比例。对于稳定的原子核，这一比例随着原子序数的增加而增加。所有拥有 84 个或更多质子的原子核都是具有放射性的。重核通过一系列核裂变获得稳定核。

21.3 ▶ **核嬗变** 探索核嬗变，这是由中子或加速带电粒子轰击核引起的核反应。

21.4 ▶ **放射性衰变速率** 放射性同位素衰变是具有特征半衰期的一级动力学过程。衰变速率可以用来确定古代文物和地质构造的年龄。

21.5 ▶ **放射性检测** 了解放射性物质发射的辐射可以被各种设备检测到，包括剂量计，盖革计数器，闪烁计数器。

21.6 ▶ **核反应中的能量变化** 通过爱因斯坦方程 $E = mc^2$，了解核反应中的能量变化与质量变化有关。原子核的结合能是原子核的质量与核子质量之和的差值。

21.7 ▶ **核能：裂变** 探索核裂变，其中一个重核分裂形成两个或两个以上的产物核。核裂变是核电站的能源。

21.8 ▶ **核能：聚变** 了解在核聚变中两个轻核融合在一起形成一个更稳定、更重的核。

21.9 ▶ **环境和生命系统中的辐射** 自然产生的放射性同位素以低水平的辐射覆盖我们的星球和我们本身。核反应释放出的辐射可以伤害活细胞，但也能在诊断和治疗上得到应用。

21.1 | 放射性和核方程式

为了理解核反应，我们必须回顾和拓展一些在 2.3 章节中引入的概念：

- 原子核中有两种亚原子粒子：质子和中子。我们把这些粒子称为**核子**。
- 给定元素的所有原子都有相同数量的质子，这个数字是元素的原子序数。
- 给定元素的原子可以有不同的中子数，这意味着它们可以有不同的质量数。质量数是原子核中核子的总数。
- 原子序数相同但质量数不同的原子称为同位素。

元素的不同同位素是由它们的质量数来区分的。例如，铀的三种天然同位素是铀-234、铀-235和铀-238，其中数字后缀表示质量数。这些同位素也被写成 $^{234}_{92}U$、$^{235}_{92}U$ 和 $^{238}_{92}U$，其中上标是质量数，下标是原子序数。[⊖]

元素的不同同位素具有不同的自然丰度。例如，99.3% 的天然铀是铀-238，0.7% 是铀-235，有微量的铀-234。元素的不同同位素也有不同的稳定性。事实上，任何给定同位素的核性质都取决于其原子核中质子和中子的数量。

核素是含有一定数量的质子和中子的原子核。具有放射性的核素称为**放射性核素**，含有这些核的原子称为**放射性同位素**。

核方程式

自然界中的大多数核是稳定的，并可无限期地保持其稳定性。然而，放射性核素是不稳定的，会自发地发射粒子和电磁辐射。发射辐射是不稳定原子核转化为能量更少、更稳定原子核的方式之一。发射的辐射是过剩能量的载体。例如，铀-238 具有放射性，正在经历发射氦-4 核的核反应。氦-4 粒子被称为 α 粒子，其辐射叫作 α 辐射。当 $^{238}_{92}U$ 原子核失去一个 α 粒子时，剩下碎片的原子序数为 90，质量数为 234。原子序数为 90 的元素是 Th。因此，铀-238 分解的产物是一个 α 粒子和一个钍-234 原子核。我们用核方程来表示这个反应：

$$^{238}_{92}U \longrightarrow ^{234}_{90}Th + ^{4}_{2}He \tag{21.1}$$

当原子核以这种方式自发分解时，它是有放射性的，已经衰变或经历了放射性衰变。因为 α 粒子参与了这个反应，科学家们还将这一过程描述为 α 衰变或 α 辐射。

⊖ 如第 2.3 节所述，我们通常不明确地写出同位素的原子序数，因为元素符号是特定于原子序数的。然而，在研究核化学时，包含原子序数通常很有用，以帮助我们跟踪原子核的变化。

想一想

当原子核释放出粒子时，请问原子核的质量数会发生什么变化？

在式（21.1）中，方程两边质量数的和 (238 = 234 + 4) 是相等的。同样，方程两边原子序数之和等于 (92 = 90 + 2)。在所有的核方程中，质量数和原子序数必须平衡。

原子核的放射性与原子的化学状态无关。因此，在写核方程时，我们不关心原子核所在原子的化学形式（元素或化合物）。

实例解析 21.1
预测核反应的产物

当镭 –226 经历 α 辐射时形成什么产物？

解析

分析 要确定当镭 –226 失去 α 粒子时产生的原子核。

思路 最好的办法是为这一过程写一个平衡的核反应方程。

解答 元素周期表显示镭的原子序数是 88。因此，镭 –226 的完整化学符号是 $^{226}_{88}\text{Ra}$。粒子是氦 –4 原子核，所以它的符号是 $^{4}_{2}\text{He}$。粒子是核反应的产物，所以方程是这样的：

$$^{226}_{88}\text{Ra} \longrightarrow \ ^{A}_{Z}\text{X} + \ ^{4}_{2}\text{He}$$

其中，A 是产物的质量数，Z 是它的原子序数。质量数和原子序数必须平衡，所以

$$226 = A + 4$$

和

$$88 = Z + 2$$

因此

$$A = 222 \text{ 和 } Z = 86$$

同样，从元素周期表中，$Z = 86$ 的元素是氡（Rn）。因此相应符号是 $^{222}_{86}\text{Rn}$，核方程式是：

$$^{226}_{88}\text{Ra} \longrightarrow \ ^{222}_{86}\text{Rn} + \ ^{4}_{2}\text{He}$$

▶ **实践练习 1**

当钍 –238 经历 α 辐射时会形成什么产物？
（a）钍 –234　（b）铀 –234　（c）铀 –238
（d）钍 –236　（e）镄 –237

▶ **实践练习 2**

哪个元素经历 α 辐射后会形成铅 –208？

放射性衰变的类型

放射性核素衰变时发出的三种最常见的射线是 α，β 和 γ 射线（见 2.2 节）。表 21.1 总结了这些类型辐射的一些重要特性。

α 射线 如前所述，α 射线由一组氦 –4 核组成，称为 α 粒子，我们将其表示为 $^{4}_{2}\text{He}$ 或简单的 α 辐射。

表 21.1　α，β 和 γ 射线的性质

性质	α	β	γ
电荷	2+	1–	0
质量	6.64×10^{-24}g	9.11×10^{-28}g	0
相对穿透力	1	100	10000
辐射的性质	$^{4}_{2}\text{He}$ 核	电子	高能光子

β 射线　β 射线由 β 粒子流组成，这些粒子流是不稳定原子核发射的高速电子。β 粒子在核方程中用 $_{-1}^{0}e$ 或更常见的 β^- 表示。上标 0 表示相对于核子的质量，电子的质量非常小。下标 −1 表示 β 粒子的负电荷，其与质子的电荷相反。

碘 −131 是一种同位素，通过 β **辐射**发生衰变：

$$_{53}^{131}I \longrightarrow _{54}^{131}Xe + _{-1}^{0}e \qquad (21.2)$$

我们从这个方程式中看出，β 衰变导致反应物的原子序数从 53 增加到 54，这意味着产生了质子。因此，β 发射相当于将中子（$_{0}^{1}n$ 或简称 n）转换为质子（$_{1}^{1}H$ 或简称为 p）：

$$_{0}^{1}n \longrightarrow _{1}^{1}H + _{-1}^{0}e \quad 或 \quad n \longrightarrow p + \beta^- \qquad (21.3)$$

仅仅因为电子是在 β 衰变中从核中发射出来的，我们不应该认为原子核是由这些粒子组成的，就像我们不应该仅仅因为火柴摩擦时会发出火花就认为它是由火花组成的一样。带电 β 粒子只有在核经历核反应时才会出现。此外，β 粒子的速度足够高，以至于它不会最终进入衰变原子的轨道。

γ 射线　γ 射线（或称伽马射线）由高能光子（即波长非常短的电磁辐射）组成。它既不改变原子序数，也不改变原子核的质量数，用 $_{0}^{0}\gamma$ 或简单的 γ 表示。γ 射线通常与其他具有放射性的放射物相伴，因为它表示核反应中核子重新组成更稳定排列时所损失的能量。在写核方程时，通常不会明确地显示 γ 射线。

正电子发射和电子俘获　另外两种类型的放射性衰变是正电子发射和电子俘获。**正电子**，表示为 $_{+1}^{0}e$ 或简单地表示为 β^+，是一个粒子，它的质量与电子相同（因此，我们用字母 e 和上标 0 表示质量），但电荷相反（用 +1 下标表示）。⊖

同位素 ^{11}C 通过**正电子发射**衰变：

$$_{6}^{11}C \longrightarrow _{5}^{11}B + _{+1}^{0}e \qquad (21.4)$$

正电子发射使这个方程中反应物的原子序数从 6 减少到 5。一般来说，正电子发射的作用是将质子转化为中子，从而在不改变质量数的情况下使原子的原子序数减少 1：

$$_{1}^{1}p \longrightarrow _{0}^{1}n + _{+1}^{0}e \quad 或 \quad p \longrightarrow n + \beta^+ \qquad (21.5)$$

电子俘获是原子核从原子核周围的电子云中捕获电子，就像 ^{81}Rb 衰变一样：

$$_{37}^{81}Rb + _{-1}^{0}e（轨道电子）\longrightarrow _{36}^{81}Kr \qquad (21.6)$$

因为电子是在这个过程中是消耗的而不是形成的，所以它显示在反应物这边。电子俘获，就像正电子发射一样，具有质子转化为中子的作用：

$$_{1}^{1}p + _{-1}^{0}e \longrightarrow _{0}^{1}n \qquad (21.7)$$

表 21.2 总结了用于表示核反应中常见粒子的符号。各种类型

表 21.2　核反应中发现的粒子

粒子	符号
中子	$_{0}^{1}n$ 或 n
质子	$_{1}^{1}H$ 或 p
电子	$_{-1}^{0}e$
α 粒子	$_{2}^{4}He$ 或 α
β 粒子	$_{-1}^{0}e$ 或 β^-
正电子	$_{+1}^{0}e$ 或 β^+

⊖正电子的寿命非常短，因为它与电子碰撞时湮灭，产生伽马射线：
$_{+1}^{0}e + _{-1}^{0}e \longrightarrow 2_{0}^{0}\gamma$。

的放射性衰变汇总在表 21.3 中。

表 21.3 放射性衰变类型

类型	核方程	原子序数变化	质量数变化
α 发射	${}^{A}_{Z}X \longrightarrow {}^{A-4}_{Z-2}Y + {}^{4}_{2}He$	−2	−4
β 发射	${}^{A}_{Z}X \longrightarrow {}^{A}_{Z+1}Y + {}^{0}_{-1}e$	+1	未改变
正电子发射	${}^{A}_{Z}X \longrightarrow {}^{A}_{Z-1}Y + {}^{0}_{+1}e$	−1	未改变
电子俘获	${}^{A}_{Z}X + {}^{0}_{-1}e \longrightarrow {}^{A}_{Z-1}Y$	−1	未改变

注：俘获的电子来自原子核周围的电子云。

 想一想

哪种放射性衰变能将中子转化为质子？

 实例解析 21.2
写核反应方程式

写核反应方程式：（a）汞 −201 正在进行电子捕获；（b）钍 −231 衰变成镤 −231。

解析

分析 我们必须写出配平的核方程，其中反应物和生成物的质量和电荷相等。

思路 我们可以从写出题目中给出的原子核和衰变粒子的完整化学符号开始。

解答

（a）问题中提供的资料可概括为

$${}^{201}_{80}Hg + {}^{0}_{-1}e \longrightarrow {}^{A}_{Z}X$$

质量数在方程两边必须有相同的和：

$$201 + 0 = A$$

因此，生成物原子核的质量数必须是 201。同样，平衡原子序数给出

$$80 - 1 = Z$$

因此，生成物原子核的原子序数必须是 79，确定为金（Au）：

$${}^{201}_{80}Hg + {}^{0}_{-1}e \longrightarrow {}^{201}_{79}Au$$

（b）在这种情况下，我们必须确定在放射性衰变过程中释放出何种粒子：

$${}^{231}_{90}Th \longrightarrow {}^{231}_{91}Pa + {}^{A}_{Z}X$$

从 231 = 231 + A 和 90 = 91 + Z，我们推导出 A = 0 和 Z = −1。由表 21.2 可知，具有这些特性的粒子为 β⁻ 粒子（电子）。因此，我们可以写：

$${}^{231}_{90}Th \longrightarrow {}^{231}_{91}Pa + {}^{0}_{-1}e \ 或 \ {}^{231}_{90}Th \longrightarrow {}^{231}_{91}Pa + \beta^{-}$$

▶ **实践练习 1**

钍 −232 的放射性衰变有多个步骤，称为放射性衰变链。在这个链中产生的第二个产物是镭 −228。下列哪个过程可以导致该产物从钍 −232 开始？

（a）α 衰变，然后是 β 发射；

（b）β 发射，然后是电子捕获；

（c）正电子发射，然后是 α 衰变；

（d）电子捕获，然后是正电子发射；

（e）上述一项以上与观察到的转变相一致。

▶ **实践练习 2**

为 ${}^{15}O$ 经历正电子发射的反应写出平衡的核反应方程式。

21.2 | 核稳定模式

一些核素，例如 ${}^{12}_{6}C$ 和 ${}^{13}_{6}C$ 是稳定的，而其他核素，例如 ${}^{14}_{6}C$，是不稳定的，并且会发生放射性衰变。为什么中子数量的微小差异会影响核素的稳定性？没有一条规则使我们能够预测一个特定的核是否具有放射性和如果有放射性，它将如何衰变。然而，一些经验观察可以帮助我们预测核的稳定性。

中子与质子比

就像电荷相互排斥一样，大量的质子可以驻留在原子核的小体积内，这似乎是令人惊讶的。然而，在很近的距离上，核子之间存在着一种强大的引力，称为强核力。中子与这个引力密切相关。

除 $_1^1H$ 之外的所有原子核都含有中子，随着核中质子数的增加，中子越来越需要抵消质子 - 质子排斥。原子序数高达约 20 的稳定原子核具有近似相等数量的中子和质子。对于原子序数大于 20 的原子核，中子数超过质子数。实际上，产生稳定核所需的中子数量比质子数量增加得更快。因此，稳定核的中子与质子比率随原子序数的增加而增加，如下列同位素所示：$_6^{12}C\,(n/p=1)$，$_{25}^{55}Mn$，（$n/p=1.20$），$_{79}^{197}Au\,(n/p=1.49)$。

图 21.1 根据元素的质子数和中子数，将所有已知的元素的同位素 Z=100 标绘出来。值得注意的是，对于较重的元素，图中以 1：1 的比例画出了质子对中子的比例。图中深蓝色点代表稳定的（非放射性）同位素。图中被深蓝色点覆盖的区域被称为稳定带。稳定带在元素 83（铋）处结束，这意味着所有含有 84 个或更多质子的原子核都具有放射性。例如，铀的所有同位素 Z = 92 都具有放射性。

不同的放射性核素以不同的方式衰变。发生衰变的类型在很大程度上取决于核素的中子与质子的比率，以及它与稳定带内邻近原子核的比率的比较。

图例解析　估计含有 70 个质子的原子核的最佳中子数。

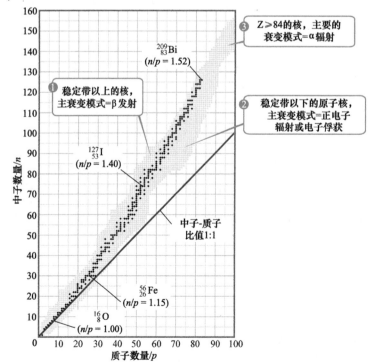

▲ 图 21.1　稳定的放射性同位素作为原子核中中子和质子数的函数
稳定核 (深蓝色点) 定义了一个被称为稳定带的区域

在图 21.1 中，我们可以设想三种一般情况，分别标记为 1、2 和 3。

1. 稳定带上方的核（高中子与质子比）。 这些富含中子的原子核可以降低它们的比例，从而通过发射 β 粒子向稳定带移动，因为 β 发射减少了中子的数量并增加了质子的数量［见式（21.3）］。

2. 稳定带下方的核（低中子与质子比）。 这些富含质子的原子核可以增加它们的比例，因此通过正电子发射或电子捕获更接近稳定带，因为这两种衰变都会增加中子的数量并减少质子的数量（见式（21.5）和式（21.7））。正电子发射在较轻的核中更常见。随着核电荷的增加，电子捕获变得越来越普遍。

3. 原子序数 ≥ 84 的原子核。 这些重核倾向于经历 α 发射，其将中子的数量和质子的数量减少两个，使核沿对角线朝稳定带移动。

实例解析 21.3

核衰变的预测模式

预测衰变模式。（a）C-14（b）X-118

解析

分析 我们需要预测两个核的衰变模式。

思路 为了预测最可能的衰变模式，我们必须在图 21.1 中找到各自的原子核并确定它们相对于稳定带的位置。

解答

（a）C 是 6 号元素。因此，C-14 有 6 个质子和 $14 - 6 = 8$ 个中子，它的中子对质子的比率为 1.25。$Z < 20$ 的元素通常有稳定的原子核，原子核中中子和质子的数量大约相等，$(n/p = 1)$。因此，C-14 位于稳定带的上方，我们期望它通过发射 β 粒子来降低 n/p 比而衰变：

$$^{14}_{6}C \longrightarrow ^{14}_{7}N + ^{0}_{-1}e$$

这确实是观察到的 C-14 的衰变模式，一个将 n/p 比从 1.25 降低到 1.0 的反应。

（b）氙是 54 号元素。因此 Xe-118 有 54 个质子，$118 - 54 = 64$ 个中子，n/p 比是 1.18。从图 21.1 可以看出，在稳定带的这一区域，稳定核的中子 - 质子比高于 Xe-118。

因此，原子核可以通过正电子发射或电子俘获来增加这个比率：

$$^{118}_{54}Xe \longrightarrow ^{118}_{53}I + ^{0}_{+1}e$$

$$^{118}_{54}Xe + ^{0}_{-1}e \longrightarrow ^{118}_{53}I$$

在这种情况下，两种衰变模式都可以观察到。

注解 请记住，我们的方法并不总是奏效。例如，铊 -233，我们预期的结论是 α 衰变，实际上却是 β 发射。此外，还有一些放射性核位于稳定带内。例如，$^{146}_{60}Nd$ 和 $^{148}_{60}Nd$ 是稳定的，位于稳定带中。然而，$^{147}_{60}Nd$ 位于它们之间的这片区域，具有放射性。

▶ **实践练习 1**

以下哪个放射性核最有可能通过 β⁻ 粒子的发射而衰变？

（a）氮 -13　（b）镁 -23　（c）铷 -83　（d）碘 -131　（e）镎 -237

▶ **实践练习 2**

预测（a）钚 -239 和（b）铟 -120 的衰变模式。

放射性衰变链

一些核不能通过单次发射获得稳定性。因此，图 21.2 中的铀 -238 发生了一系列连续发射。衰变直到形成稳定的核——铅 -206。一系列以不稳定的核开始并以稳定的核终止的核反应被称为**放射性衰变链**或**核衰变系列**。在自然界中出现了三个这样的系列：铀 -238 到铅 -206，铀 -235 到铅 -207，钍 -232 到铅 -208。这些系列中的所有衰变过程都是 α 发射或 β 发射。

写出 Th 第一次衰变所示步骤的核方程。

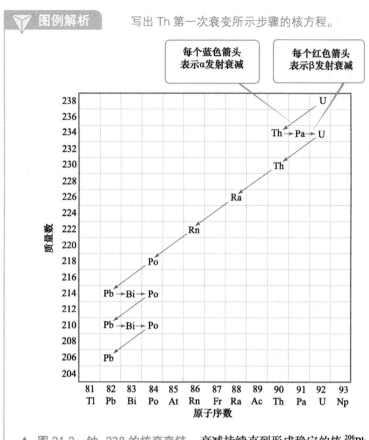

每个蓝色箭头表示α发射衰减

每个红色箭头表示β发射衰减

▲ 图 21.2　铀 -238 的核衰变链　衰减持续直到形成稳定的核 ^{206}Pb

进一步观察结果

进一步的两个观察结果可以帮助我们预测稳定的原子核：

- **幻数** 为 2、8、20、28、50 或 82 个质子或 2、8、20、28、50、82 或 126 个中子的原子核，通常比不包含这些数量核子的原子核更稳定。
- 质子、中子数为偶数或两者都为偶数的原子核比质子、中子数为奇数的原子核更有可能是稳定的。大约 60% 的稳定原子核中质子和中子都是偶数，而少于 2% 的稳定原子核中质子和中子才是奇数（见表 21.4）。

这些观察结果可以根据原子核的壳模型来理解，其中核子被描述为存在于原子壳中，类似于原子中电子的壳结构。正如一定数量的电子对应于稳定的填充壳电子构型一样，核子的某些数量（称为幻数）也代表原子核中的填充壳。

有几个例子说明原子核的稳定性与核子数有关。例如，图 21.2 中的放射性系列以稳定的$^{206}_{82}$Pb原子核结束，它的幻数为 82。另一个例子是观察到锡，它的幻数为 50，有 10 个稳定的同位素，比任何其他元素都多。

还有证据表明，质子对和中子对具有特殊的稳定性，类似于分子中的电子对。该证据表明，具有偶数个质子或中子的稳定原子核

表 21.4　含有偶数和奇数质子和中子的稳定同位素数

稳定同位素数量	质子数	中子数
157	偶数	偶数
53	偶数	奇数
50	奇数	偶数
5	奇数	奇数

比具有奇数的原子核要多得多。偶数个质子的偏好如图 21.3 所示，其中显示了直至 Xe 的所有元素的稳定同位素数。值得注意的是，一旦我们越过氮，质子数为奇数的元素的稳定同位素总是比质子数为偶数的元素少。

> ◢ 图例解析　在这里显示的元素中，有多少有偶数的质子和少于三个稳定的同位素？有多少个奇数的质子和两个以上稳定的同位素？

1 H (2)																	2 He (2)
3 Li (2)	4 Be (1)											5 B (2)	6 C (2)	7 N (2)	8 O (3)	9 F (1)	10 Ne (3)
11 Na (1)	12 Mg (3)											13 Al (1)	14 Si (3)	15 P (1)	16 S (4)	17 Cl (2)	18 Ar (3)
19 K (2)	20 Ca (5)	21 Sc (1)	22 Ti (5)	23 V (2)	24 Cr (4)	25 Mn (1)	26 Fe (4)	27 Co (1)	28 Ni (5)	29 Cu (2)	30 Zn (5)	31 Ga (2)	32 Ge (4)	33 As (1)	34 Se (6)	35 Br (2)	36 Kr (6)
37 Rb (1)	38 Sr (3)	39 Y (1)	40 Zr (4)	41 Nb (1)	42 Mo (6)	43 Tc (0)	44 Ru (7)	45 Rh (1)	46 Pd (6)	47 Ag (2)	48 Cd (6)	49 In (1)	50 Sn (10)	51 Sb (2)	52 Te (1)	53 I (1)	54 Xe (9)

稳定同位素的数目

具有两种或两种以下稳定同位素的元素

具有三种或三种以上稳定同位素的元素

▲ 图 21.3　1-54 号元素的稳定同位素数

> ◢ 想一想
> 关于氟、钠、铝和磷的稳定同位素中的中子数，你能说些什么？

21.3 | 核嬗变

到目前为止，我们已经研究了原子核自发衰变的核反应。如果一个原子核被中子或另一个原子核撞击，那么它也能改变自己的特性。以这种方式诱导的核反应被称为**核嬗变**。

1919 年，欧内斯特·卢瑟福（Ernest Rutherford）完成了第一个原子核到另一个原子核的转换，即利用镭发射的 α 粒子将 ^{14}N 转化为 ^{17}O：

$$^{14}_{7}\text{N}+^{4}_{2}\text{He}\longrightarrow ^{17}_{8}\text{O}+^{1}_{1}\text{H} \quad \text{或} \quad ^{14}_{7}\text{N}+\alpha\longrightarrow ^{17}_{8}\text{O}+\text{p} \qquad （21.8）$$

这些反应使科学家们能够在实验室中合成数百种放射性同位素。

通常用于表示核嬗变的简写符号列出了产物核、目标核，以及括号中的轰击粒子和喷射粒子。使用这种简写符号，我们看到，式（21.8）变为

实例解析 21.4

写出配平的核反应方程式

写出配平的核反应方程式，将其过程归纳为：$^{27}_{13}\text{Al}(n,\alpha)^{24}_{11}\text{Na}$。

解析

分析 我们必须从反应的简明描述形式过渡到平衡的核方程式。

思路 通过写 n 和 α 来得到平衡方程式，每个都有相关的下标和上标。

解答 n 是中子(^1_0n)的缩写，α 表示 α 粒子 (^4_2He)。中子是轰击粒子，而 α 粒子是一种产物。因此，核方程是：

$$^{27}_{13}\text{Al}+^1_0\text{n}\longrightarrow{}^{24}_{11}\text{Na}+^4_2\text{He} \quad \text{或} \quad ^{27}_{13}\text{Al}+\text{n}\longrightarrow{}^{24}_{11}\text{Na}+\alpha$$

▶ **实践练习 1**

思考以下核嬗变：$^{238}_{92}\text{U}(n,\beta^-)\,\text{X}$。那么核 X 是什么？

（a）$^{238}_{93}\text{Np}$ （b）$^{239}_{92}\text{U}$ （c）$^{239}_{92}\text{U}^+$

（d）$^{235}_{90}\text{Th}$ （e）$^{239}_{93}\text{Np}$

▶ **实践练习 2**

写出简明版的核反应

$$^{16}_8\text{O}+^1_1\text{H}\longrightarrow{}^{13}_7\text{N}+^4_2\text{He}$$

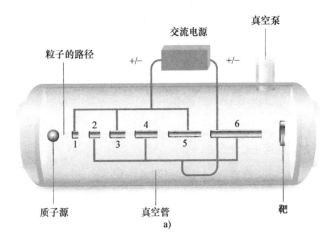

▲ 图 21.4 直线加速器

带电粒子加速

α 粒子和其他带正电的粒子必须非常快速地移动以克服它们与目标核之间的静电排斥。轰击粒子或目标核上的核电荷越高，轰击粒子必须移动得越快才能以引起核反应。已经设计了许多方法来使用强磁场和静电场来加速带电粒子。这些粒子加速器，通常被称为"原子粉碎机"，回旋加速器和同步加速器等名称。

所有粒子加速器的共同主题是需要产生带电粒子，以便它们可以通过电场和磁场进行操纵。另外，粒子移动的区域必须保持高真空，以使它们不与任何气相分子碰撞。

图 21.4a 显示了一个多级线性加速器。带电粒子如质子，通过一系列增加长度的管子加速。电子管上的电荷由正电荷变为负电荷，因此粒子总是被靠近的电子管所吸引，被离开的电子管所排斥。结果，粒子加速，直到有足够的动能撞向目标原子核。图 21.4b 显示了斯坦福线性加速器，长度为 2.0mi。

图 21.5a 显示了一个回旋加速器。

在该装置中，带电粒子在两个 D 形电极内以螺旋形路径移动。电极上的交替电荷加速颗粒，而装置上方和下方的磁体将颗粒约束到半径增加的螺旋路径。在同步加速器中，磁场是同步的，使得粒子以圆形而不是螺旋形路径移动。图 21.5b 显示了位于伊利诺伊州巴达维亚的费米国家加速器实验室，其周长为 3.9mile。

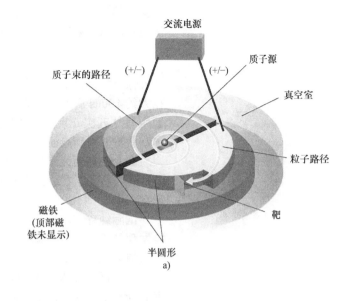

涉及中子的反应

大多数用于医学和科学研究的合成同位素都是用中子作为轰击粒子制成的。因为中子是中性的，它们不会被原子核排斥。因此，它们不需要加速来引起核反应。中子是在核反应堆中产生的（见 21.7 节）。例如，钴 -60 用于癌症放射治疗，是由中子捕获产生的。铁 -58 被放置在一个核反应堆中，然后被中子轰击，从而引发以下一系列反应：

$$\ce{^{58}_{26}Fe + ^{1}_{0}n \longrightarrow ^{59}_{26}Fe} \quad （21.9）$$

$$\ce{^{59}_{26}Fe \longrightarrow ^{59}_{27}Co + ^{0}_{-1}e} \quad （21.10）$$

$$\ce{^{59}_{27}Co + ^{1}_{0}n \longrightarrow ^{60}_{27}Co} \quad （21.11）$$

b)

▲ 图 21.5 回旋加速器

超铀元素

核嬗变已被用于生产原子序数大于 92 的元素，统称为超铀元素，因为它们遵循元素周期表中的铀。元素 93（镎，Np）和 94（钚，Pu）是在 1940 年通过用中子轰击铀 -238 而产生的：

$$\ce{^{238}_{92}U + ^{1}_{0}n \longrightarrow ^{239}_{92}U \longrightarrow ^{239}_{93}Np + ^{0}_{-1}e} \quad （21.12）$$

$$\ce{^{239}_{93}Np \longrightarrow ^{239}_{94}Pu + ^{0}_{-1}e} \quad （21.13）$$

具有更大原子序数的元素通常在粒子加速器中少量形成。例如，当钚 -239 目标被加速的 α 粒子轰击时，会形成锔 -242：

$$\ce{^{239}_{94}Pu + ^{4}_{2}He \longrightarrow ^{242}_{96}Cm + ^{1}_{0}n} \quad （21.14）$$

探测单个原子衰变模式的新进展导致了元素周期表的增加。从 1994 年到 2010 年，人们通过核反应发现了 110 号到 118 号元素，这些核反应发生在较轻的元素的原子核与高能碰撞时。例如，1996 年，一支总部位于德国的欧洲科学家小组合成了 112 号元素鎶 (Cn)，方法是用锌原子束连续轰击铅靶三周：

$$^{208}_{82}Pl + ^{70}_{30}Zn \longrightarrow ^{277}_{112}Cn + ^{1}_{0}n \qquad (21.15)$$

令人惊讶的是，他们的发现是基于仅检测到新元素的一个原子，它在大约 100μs 后通过 α 衰变形成鐽 -273（元素 110）。在一分钟内，发生另外五次 α 衰变，产生镄 -253（元素 100）。这一发现已在日本和俄罗斯得到验证。

因为创建新元素的实验非常复杂并且只产生新元素的极少数原子，所以新元素在成为元素周期表中一员之前，需要仔细评估和再现它们。

国际纯粹与应用化学联合会（IUPAC）是一个国际机构，在实验发现和确认后授权新元素的名称。根据 IUPAC 规定，新元素可以以神话概念、矿物、地方或国家或科学家的名字命名。2016 年，IUPAC 批准了元素 113、115、117 和 118 的以下名称和符号，如发现者所建议的：113 号元素，鉨 (Nh)；115 号元素，镆 (Mc)；117 号元素，鿬 (Ts)；对于 118 号元素，鿫 (Og)。

21.4 | 放射性衰变速率

一些放射性同位素，如铀 -238，即使它们不稳定，也会在自然界中找到。其他放射性同位素在自然界中不存在，但可以在核反应中合成。为了理解这种区别，我们必须认识到不同的核以不同的速率经历放射性衰变。许多放射性同位素基本上完全在几分之一秒内衰变，因此我们在自然界中找不到它们。另一方面，铀 -238 衰变非常缓慢。因此，尽管它不稳定，我们仍然可以观察到它在宇宙早期历史中形成的遗留物。

放射性衰变是一个一级动力学过程。回想一下，一级过程具有特征半衰期，即任何给定数量的物质发生反应所需的时间的一半（见 14.4 节）。核衰变率通常以半衰期表示。每个放射性同位素都有自己特有的半衰期。例如，锶 -90 的半衰期为 28.8 年：

$$^{90}_{38}Sr \longrightarrow ^{90}_{39}Y + ^{0}_{-1}e \qquad t_{\frac{1}{2}} = 28.8yr \quad (21.16)$$

因此，如果我们从 10.0 克锶 -90 开始，只有 5.0g 同位素在 28.8 年后仍然存在，2.5g 在另一个 28.8 年仍然存在，依此类推（见图 21.6）。

半衰期短至百万分之一秒，长至数十亿年。其中表 21.5 列出了一些放射性同位素的半衰期。核衰变半衰期的一个重要特征是它们不受外部条件（如温度、压力、或化学结合的状态）的影响。因此，与有毒化学物质不同，放射性原子不能通过化学反应或任何其他实际处理而变得无害。

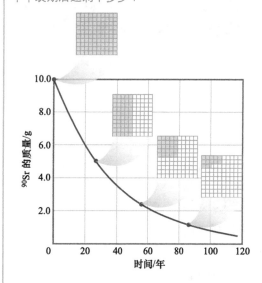

▽ **图例解析**

如果我们现在有一个 50.0g 的样本，经过三个半衰期后还剩下多少？

▼ 图 21.6 10.0g 锶 -90 样品的衰减量（$t_{\frac{1}{2}}$ = 28.8 年） 10×10 的网格显示了经过不同时间后，放射性同位素的残留量

表 21.5 几种放射性同位素的半衰期和衰变类型

	同位素	半衰期 / 年	衰变的类型
天然放射性同位素	$^{238}_{92}U$	4.5×10^9	α
	$^{235}_{92}U$	7.0×10^8	α
	$^{232}_{90}Th$	1.4×10^{10}	α
	$^{40}_{19}K$	1.3×10^9	β
	$^{14}_{6}C$	5700	β
合成放射性同位素	$^{239}_{94}Pu$	24000	α
	$^{137}_{55}Cs$	30.2	β
	$^{90}_{38}Sr$	28.8	β
	$^{131}_{53}I$	0.022	β

实例解析 21.5
计算半衰期

已知钴 -60 的半衰期为 5.27 年，请计算 15.81 年后从最初的 1.000mg 样品中剩余的钴 -60 的量？

解析

分析 已知钴 -60 的半衰期，要求计算 15.81 年后从最初的 1.000mg 样品中剩余的钴 -60 的量。

思路 我们将使用这样一个事实：放射性物质的量每半衰期就减少 50%。

解答 因为 $5.27 \times 3 = 15.81$，15.81 年是钴 -60 的三个半衰期。在一个半衰期结束时，0.500mg 钴 -60 仍然存在，在两个半衰期结束时为 0.250mg，在三个半衰期结束时为 0.125mg。

▶ **实践练习 1**
镓的放射性同位素应用在医学成像技术中。样

品最初含有 80.0mg 该同位素。24.0h 后，仅剩下 5.0mg 的镓同位素。同位素的半衰期是多少？

（a）3.0h （b）6.0h （c）12.0h
（d）16.0h （e）24.0h

▶ **实践练习 2**
用于医学成像的碳 -11 的半衰期为 20.4min。碳 -11 核素形成后，碳原子被合并成合适的化合物。将得到的样本注射到病人体内，就得到了医学图像。如果整个过程需要 5 个半衰期，此时原始碳 -11 的剩余百分比是多少？

同位素年代测定

因为任何特定的核素的半衰期都是恒定的，所以半衰期可以作为一个"核时钟"来确定物体的年龄。根据同位素和同位素丰度测定物体年代的方法称为放射性年代测定法。

当 ^{14}C 用于放射性年代测定时，被称为放射性碳测年。该过程基于 ^{14}C 的形成，因为在高层大气中由宇宙射线产生的中子将 ^{14}N 转化为 ^{14}C（见图 21.7）。^{14}C 与氧反应在大气中形成 $^{14}CO_2$，这种"标记的" CO_2 被植物吸收并通过光合作用引入食物链。这个过程提供了一个小而合理恒定的 ^{14}C 源，它具有放射性并经历 β 衰变，半衰期为 5700 年（至两位有效数字）：

$$^{14}_{6}C \longrightarrow {}^{14}_{7}N + {}^{0}_{-1}e \qquad (21.17)$$

因为活植物或动物具有恒定的碳化合物摄入量，所以能够保持 C-14 与 C-12 的比率几乎与大气的比率相同。然而，一旦生物体死

亡，它就不再摄取碳化合物来补充通过放射性衰变损失的 ^{14}C。因此，C-14 与 C-12 的比率就会降低。通过测量该比率并将其与大气的比率进行比较，我们可以估计物体的年龄。例如，如果比率减少到大气的一半，我们可以得出结论，物体有一个半衰期，或者说半衰期是 5700 年。

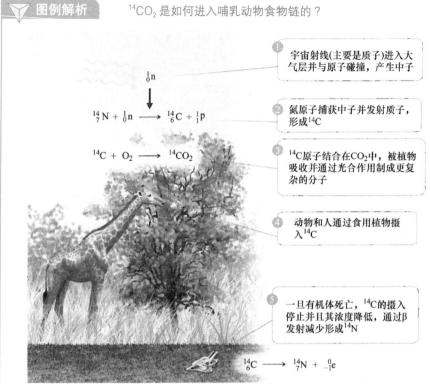

图例解析 $^{14}CO_2$ 是如何进入哺乳动物食物链的？

^1_0n

① 宇宙射线(主要是质子)进入大气层并与原子碰撞，产生中子

$^{14}_7N + ^1_0n \longrightarrow ^{14}_6C + ^1_1p$

② 氮原子捕获中子并发射质子，形成 ^{14}C

$^{14}C + O_2 \longrightarrow ^{14}CO_2$

③ ^{14}C 原子结合在 CO_2 中，被植物吸收并通过光合作用制成更复杂的分子

④ 动物和人通过食用植物摄入 ^{14}C

⑤ 一旦有机体死亡，^{14}C 的摄入停止并且其浓度降低，通过β发射减少形成 ^{14}N

$^{14}_6C \longrightarrow ^{14}_7N + ^0_{-1}e$

▲ 图 21.7 C-14 的产生和分布 死亡动物或植物中 C-14 与 C-12 的比率与死亡发生的时间有关

这种方法不能用于确定年龄大于 5 万年的物体，因为在这段时间之后放射性太低而无法准确测量。

在放射性碳年代测定中，一个合理的假设是大气中 C-14 与 C-12 的比例在过去的 5 万年中相对恒定。然而，由于太阳活动的变化控制了大气中产生的 C-14 的量，因此该比率可能波动。我们可以通过使用其他类型的数据来纠正这种影响。最近，科学家们将 C-14 数据与来自树木年轮、珊瑚、湖泊沉积物、冰芯和其他天然来源的数据进行了比较，以便将 ^{14}C "时钟" 的变化校正到 26000 年。

其他同位素也可以类似地用于测定其他类型物体的年代。例如，铀 -238 样品的一半需要 4.5×10^9 年才能衰变为铅 -206。因此，含铀岩石的年龄可以通过测量铅 -206 与铀 -238 的比值来确定。如果铅 -206 以某种方式通过正常的化学过程而不是放射性衰变进入岩石，岩石中还含有大量更为丰富的同位素铅 -208。在缺乏大量铅的这种 "地球正常" 同位素的情况下，人们假定所有的铅 -206 同时都来自于铀 -238。

地球上发现的最古老的岩石大约有 3×10^9 年的历史。这个年龄表明地壳至少在这个时期是固态的。科学家估计，地球冷却和表

面变成固体需要 1×10^9 到 1.5×10^9 年，得到地球的年龄在 4.0×10^9 到 4.5×10^9 年之间。

基于半衰期的计算

样品衰变的速率称为其活度，通常表示为单位时间内分解的次数。贝克勒尔（Bq）是表示活度的 SI 单位。贝克勒尔被定义为每秒一次核衰变。一个更古老但仍被广泛使用的活度单位是居里（Ci），它的定义是每秒 3.7×10^{10} 次分解，即 1g 镭的衰变速率。因此，一个 4.0mCi 钴 -60 样本经历

$$4.0 \times 10^{-3}\ \cancel{Ci}\ \frac{3.7 \times 10^{10} \text{衰变次数/s}}{1 \cancel{Ci}} = 1.5 \times 10^8 \text{衰变次数/s}$$

所以，活度是 1.5×10^8Bq。

当放射性样本衰变时，从样本发出的辐射量也会衰减。例如，钴 -60 的半衰期为 5.27 年，4.0mCi 的钴 -60 样品在 5.27 年后的辐射活度为 2.0mCi，即 7.5×10^7Bq。

> ▲ **想一想**
>
> 如果放射性样本的大小增加一倍，Bq 中样本的活度会发生什么变化？

由于放射性衰变是一级动力学过程，其速率与样品中放射性核 N 的数量成正比：

$$\text{Rate} = kN \tag{21.18}$$

一阶速率常数 k 称为衰变常数，与半衰期有关：

$$k = \frac{0.693}{t_{\frac{1}{2}}} \tag{21.19}$$

因此，如果我们知道半衰期或衰变常数的值，我们就可以计算另一个的值。

如第 14.4 节所示，一阶速率定律可以表示为：

$$\ln \frac{N_t}{N_0} = -kt \tag{21.20}$$

式中 t 为衰变的时间间隔，k 为衰变常数，N_0 为初始核子数（时间为 0），N_t 为时间间隔后剩余的核子数。一种特殊放射性同位素的

> ▷ **实例解析 21.6**
> **利用放射性衰变计算物体的年龄**
>
> 一块岩石每含有 0.257mg 铅 −206，对应于每毫克铀 −238。铀 −238 衰变为铅 −206 的半衰期是 4.5×10^9 年。那么岩石的年龄是多少？
>
> **解析**
>
> **分析** 根据铀 -238 的半衰期以及铀 -238 和铅 -206 的相对含量，我们被要求计算含有铀 -238 和铅 -206 的岩石的年龄。
>
> **思路** 铅 -206 是铀 -238 放射性衰变的产物。我们假设岩石中铅 -206 的唯一来源是铀 -238 的衰变，
>
> 铀 -238 有一个已知的半衰期。为了应用一阶动力学表达式［见式（21.19）和式（21.20）］来计算岩石形成后经过的时间，我们首先需要计算现在剩下 1mg 铀 -238 的初始含量。

解答 让我们假设岩石目前含有 1.000mg 铀 -238，则含有 0.257mg 铅 -206。因此，首次形成时岩石中铀 -238 的含量等于 1.000mg 加上已衰变至铅 -206 的量。因为铅原子的质量与铀原子的质量不同，我们不能直接添加 1.000mg 和 0.257mg。我们必须将铅 -206（0.257mg）的当前质量乘以铀的质量数与铅的质量数之比。因此，$^{238}_{92}U$ 的原始质量是

$$原始质量 ^{238}_{92}U = 1.000mg + \frac{238}{206}(0.257mg)$$

$$= 1.297mg$$

利用式（21.19），我们可以从半衰期计算过程的衰减常数：

$$k = \frac{0.693}{4.5 \times 10^9 \, yr} = 1.5 \times 10^{-10} \, yr^{-1}$$

重新排列式（21.20）以求解时间 t，并且用已知量代替

$$t = -\frac{1}{k} \ln \frac{N_t}{N_0} = -\frac{1}{1.5 \times 10^{-10} \, yr^{-1}} \ln \frac{1.000}{1.297} = 1.7 \times 10^9 \, 年$$

▶ **实践练习 1**

铯 -137 的半衰期为 30.2 年，是核电厂放射性废物的一种成分。如果放射性废物样本中由于铯 -137 的活度降低到其初始值的 35.2%，那么样本的年龄是多少？（a）1.04 年（b）15.4 年（c）31.5 年（d）45.5 年（e）156 年

▶ **实践练习 2**

来自考古遗址的木制物体要通过放射性碳测定年代。由 ^{14}C 引起的活度被测量为每秒 11.6 次衰变。同样质量的新鲜木材碳样品的活度为每秒 15.2 次衰变。^{14}C 的半衰期是 5700 年，考古样本的年龄是多少？

▶ **实例解析 21.7**

涉及放射性衰变和时间的计算

如果我们从 1.000g 锶 -90 开始，则在 2 年后将剩余 0.953g。（a）锶 -90 的半衰期是多少？（b）5 年后锶 -90 还剩多少？

解析

分析（a）要求计算半衰期 $t_{1/2}$，已知在 $t = 2.00$ 年的时间间隔内有多少次放射性核衰变，且 $N_0 = 1.000g$，$N_t = 0.953g$。（b）要求计算在一段时间后剩余的放射性核素的量。

思路（a）我们首先计算衰变速率常数 k，然后用它来计算 $t_{1/2}$。（b）我们需要使用初始量 N_0，和在（a）部分计算的衰减速率常数 k，来计算 t 时刻锶的量 N_t。

解答

（a）式（21.20）求解衰减常数 k，然后用式（21.19）计算半衰期 $t_{\frac{1}{2}}$：

$$k = -\frac{1}{t} \ln \frac{N_t}{N_0} = -\frac{1}{2.00yr} \ln \frac{0.953g}{1.000g}$$

$$= -\frac{1}{2.00yr}(-0.0481) = 0.0241 yr^{-1}$$

$$t_{1/2} = \frac{0.693}{k} = \frac{0.693}{0.0241yr^{-1}} = 28.8yr$$

（b）再次使用式（21.20），$k = 0.0241$ 年 $^{-1}$，我们有：

$N_t > N_0$ 由 $\ln(N_t/N_0) = -0.120$ 通过计算器的 e^x 或 INV ln 函数计算得到：

因为 $N_0 = 1.000g$，有：

$$\ln \frac{N_t}{N_0} = -kt = -(0.0241yr^{-1})(5.00yr) = -0.120$$

$$\frac{N_t}{N_0} = e^{-0.120} = 0.887$$

$$N_t = (0.887)N_0 = (0.887)(1.000g) = 0.887g$$

▶ **实践练习 1**

如之前练习 1 中提到的，铯 -137，放射性废物的一种成分，其半衰期为 30.2 年。如果一份废物样本的初始放射性铯 -137 浓度为 15.0Ci，那么放射性铯 -137 浓度下降到 0.250Ci 需要多长时间？

（a）0.728 年（b）60.4 年（c）78.2 年

（d）124 年（e）178 年

▶ **实践练习 2**

一个用于医学成像的样本被标记为 ^{18}F，其半衰期为 110min。300min 后，还有多少样品被保留（以浓度百分比计）？

哪种类型的辐射——α，β 或 γ——可能会使对 X 射线敏感的胶片雾化？

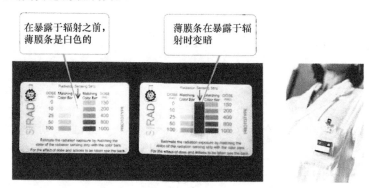

在暴露于辐射之前，薄膜条是白色的

薄膜条在暴露于辐射时变暗

▲ 图 21.8 徽章剂量计监测个体暴露于高能辐射的程度 辐射剂量由剂量计中膜的变暗程度确定

质量及其活度与放射性原子核的数量成正比。因此，无论是 t 时刻质量与 $t = 0$ 时刻质量之比，还是 t 时刻活度与 $t = 0$ 时刻活度之比，都可以用式（21.20）中的 N_t/N_0 代替。

21.5 | 放射性检测

已经设计了各种方法来检测放射性物质的排放。因为辐射引起了照相板的雾化，Henri Becquerel 发现了放射性，从那时起，照相板和胶片就被用来检测放射性。辐射以与 X 射线大致相同的方式影响摄影胶片。辐射照射程度越大，显影阴性区域越暗。使用放射性物质的人携带胶片徽章来记录他们接触辐射的程度（见图 21.8）。

放射性也可以通过盖革计数器检测和测量。该装置的操作基于辐射能够电离物质的事实。电离辐射产生的离子和电子允许传导电流。盖革计数器的基本设计如图 21.9 所示。每当辐射进入产生离子时，就会发生阳极和金属圆筒之间的电流脉冲，计数每个脉冲以估计辐射量。

一些称为荧光粉的物质在辐射穿过时会发光。放射性辐射将原子，离子或分子激发到更高的能量状态，当它们返回到基态时释放能量。例如，ZnS 以这种方式响应的 α 辐射，称为闪烁计数器。当辐射照射荧光粉时产生了闪光。闪光以电子方式放大并被计数，以测量辐射量。

放射性示踪剂

因为可以很容易地检测放射性同位素，所以可以通过化学反应来跟踪元素。例如，已使用富含 C-14 的 CO_2 研究了在光合作用期间，将 CO_2 中的碳原子掺入葡萄糖中：

$$6^{14}CO_2 + 6H_2O \xrightarrow[\text{叶绿素}]{\text{太阳光}} {}^{14}C_6H_{12}O_6 + 6O_2 \qquad （21.21）$$

C-14 标记的使用提供了直接的实验证据，即环境中的二氧化

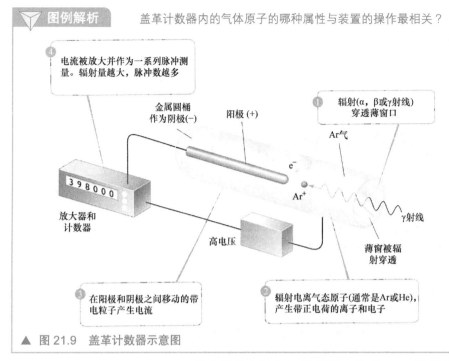

▲ 图 21.9　盖革计数器示意图

碳在植物中转化为葡萄糖。使用 O-18 的类似标记实验表明，光合作用过程中产生的 O_2 来自水，而不是二氧化碳。当可以从反应中分离和纯化中间体和产物时，可以使用诸如闪烁计数器的检测装置来"跟踪"放射性同位素，因为它从起始物质通过中间体移动到最终产物。这些类型的实验可用于识别反应机制中的基本步骤（见 14.6 节）。

使用放射性同位素是可能的，因为元素的所有同位素具有基本相同的化学性质。当少量放射性同位素与同一元素的天然稳定同位素混合时，所有同位素一起经历相同的反应。放射性同位素的放射性揭示了该元素的路径。因为放射性同位素可用于追踪元素的路径，所以它被称为放射性示踪剂。

想一想

你能想到一个不涉及放射性衰变的过程，在这个过程中，$^{14}CO_2$ 与 $^{12}CO_2$ 的行为不同吗？

化学与生活　放射性示踪剂的医学应用

放射性示踪剂已被广泛用作医学中的诊断工具。表 21.6 列出了一些放射性示踪剂及其用途。将这些放射性同位素掺入通常静脉内注射的化合物中。这些同位素的诊断用途是基于放射性化合物在被研究的器官或组织中定位和集中的能力。例如，碘 -131 已用于测试甲状腺的活性。这个腺体是碘在体内明显掺入的唯一地方。患者饮用含有碘 -131 的 NaI 溶液。仅使用非常少的量以使患者不接受有害剂量的放射性。在颈部的甲状腺附近，盖革计数器测定了甲状腺吸收碘的能力。正常的甲状腺在几小时内吸收约 12% 的碘。

表 21.6　用作放射性示踪剂的一些放射性核素

核素	半衰期	身体区域研究
碘 -131	8.04 天	甲状腺
铁 -59	44.5 天	红细胞
磷 -32	14.3 天	眼睛，肝脏，肿瘤
锝 -99[a]	6.0 小时	心脏，骨骼，肝脏和肺部
铊 -201	73 小时	心脏，动脉
钠 -24	14.8 小时	循环系统

注：[a] 锝的同位素实际上是 Tc-99 的特殊同位素称为 Tc-99m，其中 m 表示所谓的亚稳态同位素。

通过正电子发射断层扫描（PET）进一步说明放射性示踪剂的医学应用，PET用于许多疾病的临床诊断。在这种方法中，含有通过正电子发射衰变的放射性核素的化合物被注射到患者体内。选择这些化合物是为了使研究人员能够监测血流量，氧气和葡萄糖代谢率以及其他生物功能。一些有趣的工作涉及大脑的研究，大脑的大部分能量取决于葡萄糖。这种糖如何被大脑代谢或使用的变化可能预示着疾病，如癌症，癫痫，帕金森病或精神分裂症。

在 PET 中最广泛使用的放射性核素是碳 -11（$t_{1/2}$=20.4min）、 氟 -18（$t_{1/2}$=110min）、 氧 -15（$t_{1/2}$=2min）和氮 -13（$t_{1/2}$=10min）。例如，葡萄糖可以用碳 -11 标记。由于正电子发射体的半衰期很短，它们必须使用回旋加速器在现场产生，化学家必须迅速将放射性核素掺入糖（或其他合适的）分子中并立即注入化合物。

将患者置于测量正电子发射的仪器中，并构建发射化合物局部定位器官的基于计算机的图像。当元素衰变时，发射的正电子迅速与电子碰撞。正电子和电子在碰撞中被消灭，产生两个沿相反方向移动的 γ 射线。γ 射线由环绕的闪烁计数器环检测（见图 21.10）。因为光线在相反的方向上移动但同时在相同的位置产生，所以可以准确地定位放射性同位素衰变的体内的点。该图像的性质提供了疾病或其他疾病的存在的线索。并帮助医学研究人员了解特定疾病如何影响大脑的功能。例如，图 21.11 所示的图像显示，阿尔茨海默病患者大脑的活动水平与没有疾病的患者的水平不同。

相关练习题： *21.55,21.56,21.81*

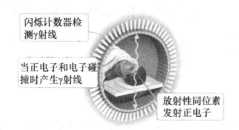

▲ 图 21.10 正电子发射断层扫描 (PET) 扫描仪的示意图

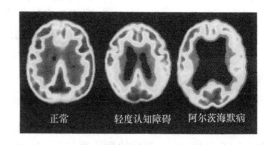

▲ 图 21.11 正电子发射断层扫描 (PET) 显示大脑葡萄糖代谢水平 红色和黄色显示更高水平的葡萄糖代谢

21.6 | 核反应中的能量变化

为什么核反应产生的能量如此之大？在许多情况下，核反应的数量级远大于非核反应有关的数量级。这个问题的答案可以从爱因斯坦的著名的相对论方程找到，这个方程把质量和能量联系起来：

$$E=mc^2 \qquad (21.22)$$

在这个方程中，E 代表能量，m 代表质量，c 代表光速，c = 2.9979×10^8m/s。这个方程说明质量和能量是等价的，并且可以相互转换。如果一个系统中失去质量，它也就失去了能量；如果它增加质量，也代表着获得能量。因为能量与质量的比例常数 c^2 是个非常大的数值，所以即使质量发生了微小的变化也会导致能量发生巨大的变化。

在化学反应中由于质量变化太小无法检测。例如，燃烧 1mol CH_4（放热反应）有关的质量变化是 -9.9×10^{-9}g。因为质量变化很小，所以可以把化学反应当做质量守恒定对待（见 2.1 节）。

核反应产生的质量变化与其伴随的能量变化远远大于化学反应产生的变化。例如，随着 1mol 铀 -238 放射性衰变产生的质量变化是 1mol CH_4 燃烧所产生质量变化的 50000 倍。现在让我们来看看核反应中的能量变化：

$$^{238}_{92}U \longrightarrow ^{234}_{90}Th + ^{4}_{2}He$$

核 的 质量分别是 $^{238}_{92}$U，238.003amu；$^{234}_{90}$Th，233.9942amu，$^{4}_{2}$He，4.0015amu。质量变化即 Δm，等于生成物的总质量减去反应物的总质量。1mol 的铀 -238 衰变产生的质量变化可以用克表示：

$$233.9942g + 4.0015g - 238.0003g = -0.0046g$$

系统质量损失说明了该过程是放热的。所有自发的核反应都是放热的。

与这个反应有关的每摩尔能量变化是

$$\Delta E = \Delta\left(mc^2\right) = c^2\Delta m$$

$$= \left(2.9979\times 10^8\,\text{m/s}\right)^2 \left(-0.0046g\right)\left(\frac{1\text{kg}}{1000\text{g}}\right)$$

$$= -4.1\times 10^{11}\,\frac{\text{kg}\cdot\text{m}^2}{\text{s}^2} = -4.1\times 10^{11}\,\text{J}$$

注意，Δm 的单位必须转换为千克（kg），即质量的 SI 单位，才能得到 ΔE，单位为焦耳（J），即能量的 SI 单位。能量变化的负号表明能量在反应中释放掉——在这种情况下，每物质的量的铀核反应产生的能量超过了 4000 亿焦耳，该反应产生的能量可以为美国大约 1 万户家庭提供一年的用电量。

实例解析 21.8

计算核反应中的质量变化

当 1mol 的钴 –60 经历 β 衰变时损失或获得多少能量，$^{60}_{27}\text{Co} \longrightarrow {}^{60}_{28}\text{Ni} + {}^{0}_{-1}\text{e}$？$^{60}_{27}\text{Co}$ 的原子质量为 59.933819amu，$^{60}_{28}\text{Ni}$ 的原子质量为 59.930788amu。

解析

分析 要求我们计算核反应中的能量变化。

思路 我们必须先计算核反应过程中的质量变化。已知原子质量，还需要知道反应中原子核的质量，通过计算对原子质量有贡献的电子的质量来解决这些问题。

解答

一个 $^{60}_{27}\text{Co}$ 原子有 27 个电子，电子的质量是 5.4858×10^{-4}amu（请参阅基本常数列表）。我们从 $^{60}_{27}\text{Co}$ 原子的质量中减去 27 个电子的质量，即可得到 $^{60}_{27}\text{Co}$ 原子核的质量：

$$59.933819\text{amu} - (27)\left(5.4858\times 10^{-4}\text{amu}\right)$$
$$= 59.919007\text{amu}\,(\text{或 } 59.919007\text{g/mol})$$

同样的对于 $^{60}_{28}\text{Ni}$，原子核的质量为：

$$59.930788\text{amu} - (28)\left(5.4858\times 10^{-4}\text{amu}\right)$$
$$= 59.915428\text{amu}\,(\text{或 } 59.915428\text{g/mol})$$

核反应的质量变化量等于产物的总质量减去反应物的总质量：

$$\Delta m = \text{电子的质量} + \text{Ni核的质量} - \text{Co核的质量}$$
$$= 0.00054858\text{amu} + 59.915428\text{amu} - 59.919007\text{amu}$$
$$= -0.003030\text{amu}$$

因此，当 1mol 钴 -60 核衰减时，

$$\Delta m = -0.003030\text{g}$$

因为质量减少了（$\Delta m < 0$），所以核衰减时对外放热（$\Delta E < 0$）。计算每物质的量钴 -60 的核裂变释放的能量可以采用式（21.22）：

$$\Delta E = c^2\Delta m$$

$$= \left(2.9979\times 10^8\,\text{m/s}\right)^2 \left(-0.003030\text{g}\right)\left(\frac{1\text{kg}}{1000\text{g}}\right)$$

$$= -2.723\times 10^{11}\,\frac{\text{kg}\cdot\text{m}^2}{\text{s}^2} = -2.723\times 10^{11}\,\text{J}$$

▶ 实践练习 1

航天飞机里使用的电是由钚 -238 放射性衰变产生的：$^{238}_{94}Pu \longrightarrow {}^{234}_{92}U + {}^4_2He$。钚 -238 和铀 -234 的原子质量分别为 238.049554amu 和 234.040946amu，α 粒子的质量为 4.001506amu。请问当 1.00g 钚 -238 衰变为铀 -234 时，释放了多少能量？（单位：kJ）。

（a）2.27×10^6kJ　（b）2.68×10^6kJ
（c）3.10×10^6kJ　（d）3.15×10^6kJ

（e）7.37×10^8kJ

▶ 实践练习 2

下面是 ^{11}C 的正电子发射反应式：$^{11}_6C \rightarrow {}^{11}_5B + {}^0_{+1}e$，在该反应中，1mol ^{11}C 释放了 $2.87 \times 10^{11}J$。请问在该核反应中，1mol 的 ^{11}C 的质量变化是多少？其中，^{11}B 和 ^{11}C 的质量分别为 11.009305amu 和 11.011434amu。

核结合能

科学家们在 20 世纪 30 年代发现，原子核的质量总是小于构成原子核的单个核子的总质量。例如，氦 -4 原子核（一个 α 粒子）的质量为 4.00150amu。质子的质量是 1.00728amu，中子的质量是 1.00866amu。因此，两个质子和两个中子的总质量为 4.03188amu：

$$2 个质子的质量 = 2(1.00728amu) = 2.01456amu$$
$$2 个中子的质量 = 2(1.00866amu) = 2.01732amu$$
$$总质量 = 4.03188amu$$

单个核子的质量比氦 -4 原子核的质量大 0.03038amu：

$$2 个质子和 2 个中子的质量 = 4.03188amu$$
$$^4_2He 原子核的质量 = 4.00150amu$$
$$质量差 \Delta m = 0.03038amu$$

原子核与其组成核子之间的质量差称为质量亏损。如果我们考虑到必须向原子核施加能量才能使其分裂成独立的质子和中子，那么质量亏损的起源就很容易理解：

$$能量 + {}^4_2He \longrightarrow 2{}^1_1H + 2{}^1_0n \qquad (21.23)$$

根据爱因斯坦的质量 - 能量关系式，一个系统的能量的增加必须伴随着质量的成比例增加。我们刚刚计算的氦 -4 变成分离的核子的质量变化为 $\Delta m = 0.03038amu$。因此，这个过程需要的能量是

$$\Delta E = c^2 \Delta m$$

$$= (2.9979 \times 10^8 \, m/s)^2 (0.03038 \, amu) \left(\frac{1g}{6.022 \times 10^{23} \, amu} \right) \left(\frac{1kg}{1000g} \right)$$

$$= 4.534 \times 10^{-12} J$$

将原子核分裂成单个核子所需的能量称为**核结合能**。表 21.7 比较了三种元素的质量亏损和核结合能。

⚠ 想一想

单个铁 –56 原子的质量是 55.93494 amu。为什么这个数字与表 21.7 中给出的原子核质量不同？

表 21.7　3 种原子核的质量缺陷和核结合能

原子核	原子核质量 /amu	单个核子质量 /amu	质量缺陷 /amu	核结合能 /J	每个核子的核结合能 /J
^4_2He	4.00150	4.03188	0.03038	4.53×10^{-12}	1.13×10^{-12}
$^{56}_{26}Fe$	55.92068	56.44914	0.52846	7.90×10^{-11}	1.41×10^{-12}
$^{238}_{92}U$	238.00031	239.93451	1.93420	2.89×10^{-10}	1.21×10^{-12}

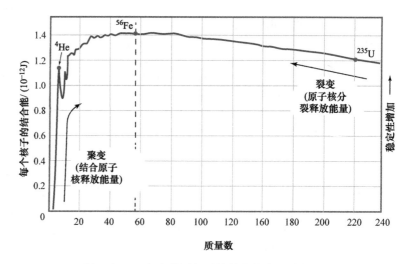

▲ 图 21.12 **核结合能** 每个核子的平均结合能先是随质量数的增加而增加，然后逐渐减小。由于这种趋势，轻核聚变和重核的裂变是放热过程

　　每个核子的结合能可以用来比较不同的核子组合的稳定性（例如两个质子和两个中子排列成$_2^4He$或2_1^2H）。图 21.12 显示了每个核子的平均结合能与质量数的关系。每个核子的结合能最初随着质量数的增加而增加，对于质量数在铁 -56 附近的原子核，结合能达到 $1.4 \times 10^{-12}J$ 左右。然后，对于非常重的原子核，它会慢慢减小到约 $1.2 \times 10^{-12}J$。这一趋势表明，与质量数更小或更大的原子核相比，中间质量数原子核的束缚更紧密（因此更稳定）。

　　这种趋势产生两个重要的结果：第一，重原子核获得稳定性，因此，如果它们分裂成两个中等大小的原子核，就会释放能量。这个过程被称为**核裂变**，通常被利用在核电站中产生能量。第二，由于图表中质量数较小的原子核核结合能迅速增加，当质量非常轻的原子核结合或融合在一起，产生更大质量的原子核，也会释放出更多的能量。这种**核聚变**过程是太阳及其他恒星产生能量的基本过程。

　　△ **想一想**

　　聚合两个质量数在 100 附近的稳定原子核将会是一个能量释放过程吗？

21.7 | 核能：裂变

　　裂变是核电站用来产生能量的过程。全世界超过 11% 的电力来自核电站，尽管这一比例因国家而异，如图 21.13 所示。在 31 个国家有 440 座商业核电站在运行，另有大约 65 座正在建设中。

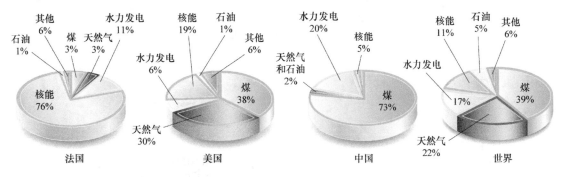

▲ 图 21.13　全世界范围及部分国家的发电来源 （资料来源：Shift 项目和世界银行，2014 年数据）

　　大多数核反应堆依靠铀 -235 的裂变。这是第一个被发现的核裂变反应。铀 -235 的原子核，以及铀 -233 和钚 -239 的原子核，在受到缓慢移动的中子撞击时，会发生裂变（见图 21.14）。[⊖]

　　一个重原子核可以以多种方式分裂，产生各种较小的原子核。例如，铀 -235 原子核分裂主要有以下两种方式：

$$ {}_{0}^{1}\text{n} + {}_{92}^{235}\text{U} \begin{cases} \longrightarrow {}_{52}^{137}\text{Te} + {}_{40}^{97}\text{Zr} + 2{}_{0}^{1}\text{n} & (21.24) \\ \longrightarrow {}_{56}^{142}\text{Ba} + {}_{36}^{91}\text{Kr} + 3{}_{0}^{1}\text{n} & (21.25) \end{cases} $$

式（21.24）和式（21.25）中产生的原子核叫做核裂变产物，它们本身具有放射性，并且可以经历进一步的核衰变。在铀 -235 的核裂变产物中发现了 35 种元素的 200 多种同位素。其中大部分都是放射性的。

　　铀 -235 的核裂变需要缓慢运动的中子，因为这个过程涉及核对中子的初始吸收。由此产生的更大质量的原子核极不稳定，并且会自发地发生裂变。而快中子倾向于从原子核上弹回来，很少发生裂变。

　　注意，式（21.24）和式（21.25）中产生的中子系数分别为 2 和 3。一般而言，铀 -235 核的每次裂变都会产生 2.4 个中子。如果一个裂变产生两个中子，那么这两个中子会诱发产生两个额外的裂变，每个裂变都产生两个中子。由此释放的四个中子可以引发四个核裂变，以此类推，如图 21.15 所示。

 **图例解析**　下图这个反应两边质量数之和之间有什么联系？

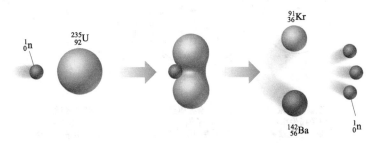

▲ 图 21.14　铀 -235 的裂变　这只是许多裂变模式中的一种。在这个反应中，每个分裂的 ^{235}U 核释放 3.5×10^{-11}J 的能量

⊖ 其他重原子核也会发生裂变。然而，这三个是唯一具有实际意义的。

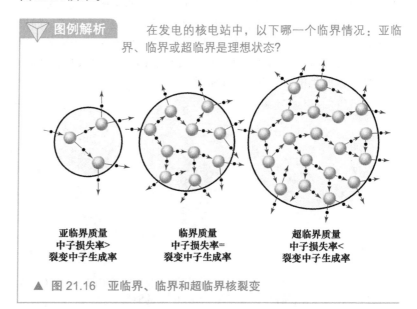

▼ 图例解析   如果下图的核裂变链式反应再向下延伸一代，会产生多少中子？

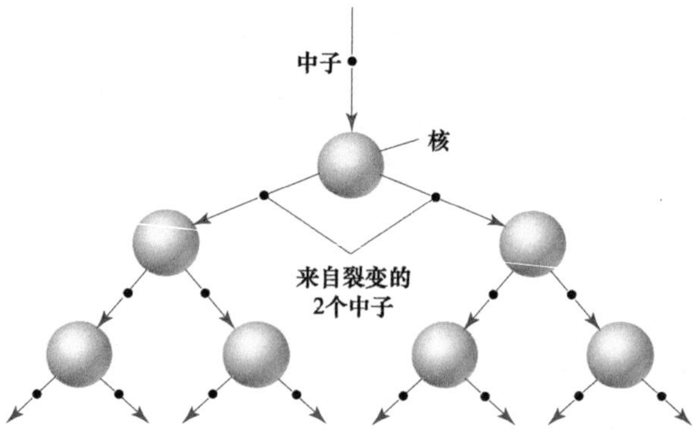

中子

核

来自裂变的
2个中子

▲ 图 21.15   核裂变链式反应

核裂变的数量及释放的能量会迅速增加，如果不加以控制，结果就是剧烈的爆炸。以这种方式倍增的反应称为**链式反应**。

若想发生裂变链式反应，可裂变物质的样品必须具有一定的最小质量。否则，中子在有机会撞击其他原子核并引起额外裂变之前就会从样品中逃逸出去。可裂变物质的数量大到足以以恒定的裂变速率维持链式反应的量称为**临界质量**。当物质达到临界质量时，平均每个裂变产生的一个中子随后会有效地产生另一个裂变，裂变会以恒定的、可控的速率继续进行。铀 -235 的临界质量大约是 50kg。⊖

如果可裂变材料的质量超过临界质量，反应时中子很难逃逸，由此，链式反应会增加裂变的数量，这可能会导致核爆炸。超过临界质量的质量被称为超临界质量。质量对裂变反应的影响如图 21.16 所示。

▼ 图例解析   在发电的核电站中，以下哪一个临界情况：亚临界、临界或超临界是理想状态？

亚临界质量
中子损失率>
裂变中子生成率

临界质量
中子损失率=
裂变中子生成率

超临界质量
中子损失率<
裂变中子生成率

▲ 图 21.16   亚临界、临界和超临界核裂变

⊖ 临界质量取决于放射性物质的形状。如果放射性同位素被一种能反射一些中子的物质所包围，那么临界质量就能降低。

图 21.17 为 1945 年 8 月 6 日美国在日本广岛投下的第一颗用于战争代号为"小男孩"的原子弹的示意图。该炸弹含有约 64kg 的铀 -235，它主要是通过六氟化铀（UF_6）的气体扩散从非裂变的铀 -238 中分离出来（见 10.8 节）。为了引发核裂变反应，使用化学炸药将两个亚临界质量的铀 -235 猛烈撞击在一起。铀的混和质量形成了一个超临界质量，发生了快速、不受控的连锁反应，最终导致了核爆炸。投在广岛的原子弹释放的能量相当于 16000t TNT（因此被称为 16kt 炸药）。不幸的是，以裂变为基础的原子弹的基本设计相当简单，任何拥有核反应堆的国家都有可能获得核裂变材料。设计简单和材料可用性的结合，引起了国际社会对原子武器扩散的关注。

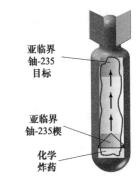

亚临界铀-235目标

亚临界铀-235楔

化学炸药

▲ 图 21.17 原子弹示意图 传统的炸药是用把两个亚临界质量聚集在一起形成一个超临界质量

深入探究 **核时代的曙光**

铀 -235 核裂变最初是在 20 世纪 30 年代末由恩里科·费米和他在罗马的同事完成的，不久之后由奥托·哈恩和他在柏林的同事也实现了核裂变。两组科学家都在尝试合成超铀元素。1938 年，哈恩在他的反应产物中发现了钡。他对这一观察结果感到困惑，并对鉴定结果提出质疑，因为钡的存在是如此出人意料。他给前同事莉丝·梅特纳（Lise Meitner）写了一封信，描述了他的实验。莉丝·梅特纳因第三帝国的反犹太主义而被迫离开德国，后来定居瑞典。她推测，哈恩的实验表明铀 -235 发生了核分裂，她把这个过程称为核裂变。

梅特纳把这个发现告诉了她的侄子奥托·弗里希，他是一位在哥本哈根尼尔斯·波尔研究所工作的物理学家。弗里希重复了这个实验，验证了哈恩的观察结果，发现其中包含了巨大的能量。1939 年 1 月，梅特纳和弗里斯发表了一篇短文描述了这种反应。1939 年 3 月，哥伦比亚大学的里奥·西拉德和沃尔特·津恩发现，每一次裂变产生的中子比每个过程中使用的中子多。正如我们所看到的，这个结果允许发生连锁反应。

有关这些发现的新闻以及对它们在爆炸装置中的潜在用途的认识在科学界迅速传播。几位科学家最终说服了当时最著名的物理学家阿尔伯特·爱因斯坦（Albert Einstein），他写信给富兰克林·罗斯福（Franklin D.Roosevelt）总统，解释了这些发现的意义。爱因斯坦在 1939 年 8 月的信中概述了核裂变可能的军事用途，并强调了如果纳粹开发基于核裂变

的武器，将会带来严重的危险。罗斯福认为，美国必须调查这种武器的可能性，于 1941 年末，决定根据裂变反应制造一枚核弹。一个被称为"曼哈顿计划"的大型研究项目就此拉开了序幕。

1942 年 12 月 2 日，芝加哥大学一处废弃的壁球场内，实现了第一次人工自持的核裂变连锁反应。这一成就导致了 1945 年 7 月在新墨西哥州的洛斯阿拉莫斯国家实验室研发出了第一枚原子弹，（见图 21.18）。1945 年 8 月，美国向日本的两个城市广岛和长崎投下原子弹。核时代已经到来，尽管是以一种可悲的破坏性方式。人类一直在与核能的积极潜力与其作为武器的可怕潜力之间的冲突作斗争。

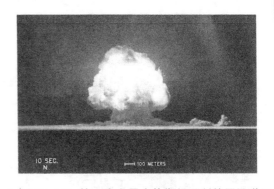

▲ 图 21.18 第二次世界大战期间研制的原子弹三位一体试验 1945 年 7 月 16 日，第一次人类制造的核爆炸发生在新墨西哥州阿拉莫戈多试验场

核反应堆

核电站使用核裂变来产生能量。典型核反应堆的核心由四个主要部分组成：燃料元件、控制棒、慢化剂和一次冷却剂（见

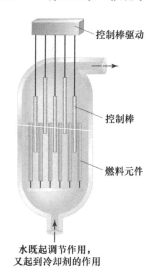

控制棒驱动

控制棒

燃料元件

水既起调节作用，
又起到冷却剂的作用

▲ 图 21.19 加压水反应堆堆
芯示意图

图 21.19）。燃料是一种可裂变物质，如铀 -235。铀 -235 的天然同位素丰度只有 0.7%，在大多数反应堆中量太低而不足以维持链式反应。因此，燃料 ^{235}U 含量必须提高到 3%-5%，才能用于核反应堆。

燃料元件含有以 UO_2 球团形式存在的浓缩铀，球团包裹在锆或不锈钢管中。

控制棒由吸收中子的材料组成，如硼 -10 或银、铟和镉的合金。这些控制棒调节中子的通量，以保持反应链自我维持，也防止反应堆核心过热。⊖

中子引发 ^{235}U 原子核裂变的可能性取决于中子的速度。裂变产生的中子速度很高（通常超过 10,000km/s）。慢化剂的作用是减慢中子的速度（达到每秒几千米的速度），使它们更容易被可裂变的原子核捕获。慢化剂通常是水或石墨。

主冷却剂是一种将核链式反应产生的热量从反应堆堆芯输送出去的物质。加压水堆是最常见的商用反应堆设计，在加压水堆中，水既是慢化剂，又是主冷却剂。

核电站的设计基本上与燃烧化石燃料的发电站相同（除了燃烧器由反应堆堆芯取代）。图 21.20 所示的核电站设计是目前最流行的加压水反应堆。主冷却剂在一个封闭的系统中穿过堆芯，这降低了放射性产物逃逸出核心的可能性。作为一项额外的安全防范措施，反应堆被钢筋混凝土外壳包裹，以保护工作人员和附近居民免受辐射，并保护反应堆免受外力影响。在经过反应堆核心后，非常热的主冷却剂通过热交换器，其中的大部分热量被传递到二次冷却剂，将后者转化为高压蒸气，用于驱动涡轮。然后通过将热量转移到外部水源（如河流或湖泊），来冷凝二次冷却剂。核电站的冷却系统维持稳定是核反应正常、安全反应所必需的。

2011 年 3 月，日本福岛核灾难发生时，海啸破坏了反应堆的冷却系统，导致大量放射性物质泄漏。

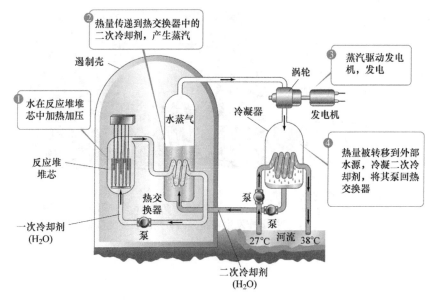

① 水在反应堆堆芯中加热加压

② 热量传递到热交换器中的二次冷却剂，产生蒸汽

③ 蒸汽驱动发电机，发电

④ 热量被转移到外部水源，冷凝二次冷却剂，将其泵回热交换器

遏制壳

水蒸气

涡轮

冷凝器

发电机

反应堆堆芯

热交换器

泵

泵

27℃ 河流 38℃

一次冷却剂
(H_2O)

二次冷却剂
(H_2O)

▲ 图 21.20 某加压水反应堆核电站的基本设计

⊖ 由于铀 -235 的浓度太低，反应堆堆芯不能达到超临界水平，会因原子弹爆炸而爆炸。然而，如果岩心过热，放射性物质释放到环境中，也会产生很大的损害。

虽然大约三分之二的商用反应堆是加压水反应堆，但在这个基本设计上有几种变化，每种都有各自的优点和缺点。沸水反应堆通过沸腾一次冷却剂产生蒸汽，因此，不需要二次冷却剂。日本福岛核电站的反应堆是沸水反应堆。加压水反应堆和沸水反应堆统称轻水反应堆，因为它们使用 H_2O 作为慢化剂和一次冷却。重水反应堆使用 D_2O（D=氘，^2H）作为慢化剂和主冷却剂，气冷反应堆使用气体，通常是二氧化碳作为主冷却剂和石墨作为慢化剂。使用 D_2O 或石墨作为慢化剂的优点是，这两种物质吸收的中子都比 H_2O 少。因此，铀燃料就不需要浓缩。

核污染

反应堆运行时积累的裂变产物通过捕获中子降低了反应堆的效率。因此，商业反应堆必须定期更换或重新处理核燃料。当燃料元件从反应堆中移除时，它们起初还具有很强的放射性。最初的设想是将它们储存在反应堆场址的水池中数月，以允许短暂的放射性核衰变。然后，将它们装在屏蔽容器中运输到再处理厂，未利用完的燃料将与裂变产物分离。然而，再处理厂一直存在运营困难的问题，且美国国内一直强烈反对在公路和铁路上运输核废料。

即使可以克服运输困难，废弃燃料的高放射性也使再处理成为一项危险的工作。目前在美国，废弃燃料元件储存在反应堆场址。然而，在法国、俄罗斯、英国、印度和日本，废弃燃料是经过再处理的。

废弃燃料的储存是一个主要问题，因为裂变产物具有极强的放射性。据估计，需要 10 个半衰期才能使它们的放射性达到生物暴露可接受的水平。根据锶 -90 的半衰期为 28.8 年（锶 -90 是寿命较长、最危险的产品之一），废料必须储存近 300 年。钚 -239 是燃料元件中存在的副产品之一，它是由铀 -238 吸收一个中子，然后连续两次 β 发射形成的（请记住，燃料元素中的大部分铀是铀 -238）。如果对这些元素进行再处理，钚 -239 基本上可以回收，因为它可以用作核燃料。但是，如果钚不被去除，那么废弃的元素必须储存很长时间，因为钚 -239 的半衰期为 24000 年。

快速增殖反应堆提供了一种从现有铀资源中获得更多电力并可能减少放射性废料的方法。这种类型的反应堆之所以如此命名，是因为它产生（"孕育"）的裂变物质比它消耗的要多。反应堆在没有慢化剂的情况下运行，这意味着使用的中子不会减速。为了捕获快中子，燃料必须同时富含铀 -235 和钚 -239。水不能用作主要的冷却剂，因为它会使中子变温和，所以使用液态金属，通常是钠。堆芯周围覆盖着一层铀 -238，它能捕获从核心逃逸的中子，在这个过程中产生钚 -239。钚随后可以通过再处理分离出来，并在未来的循环中用作燃料。

由于快中子能更有效地衰变许多放射性核素，因此再处理过程中从铀和钚中分离出来的物质比其他反应堆的放射性要低。然而，就不推广核研究而言，产生相对高水平的钚，并需要进行再处理，是存在问题的。因此，政治因素加上日益增加的安全问题和更高的运营成本，使得快速增殖反应堆变得相当罕见。

科学家正致力于研究放射性废物的处理方法。目前，最有吸引力的可能性似乎是从废料中合成玻璃、陶瓷或人造岩石，作为固定它们的一种手段。这些固体材料将被放置在具有高耐腐蚀性和耐久性的容器中，并深埋于地下。目前，一些国家正在选择适当的深层储存高放射废物和废弃燃料。在美国，能源部（DOE）曾将内华达州的尤卡山指定为处置场所，但在 2010 年，由于技术和政治方面的问题，该项目被终止。不幸的是，目前美国还没有对核废料储存的长期解决方案。

尽管存在这些困难，但核能作为一种高效能源正在引起重视。由于大气二氧化碳浓度不断上升所引起的气候变化的担忧（见 18.2 节）提高了对核能作为未来主要能源的支持。快速发展中国家（尤其是中国）对电力的需求不断增长，已引发这些地区新建核电站的热潮。

21.8 ｜ 核能：聚变

当轻原子核聚变成重原子核时就会产生能量。这类反应是太阳产生能量的主要方式。光谱研究表明，太阳的质量组成是 74%H、25%He，只有 1% 的其他元素。在太阳上发生的众多聚变过程中，主要有以下几种反应：

$$\ce{^1_1H + ^1_1H -> ^2_1H + ^0_{+1}e} \qquad (21.26)$$

$$\ce{^1_1H + ^2_1H -> ^3_2He} \qquad (21.27)$$

$$\ce{^3_2He + ^3_2He -> ^4_2He + 2^1_1H} \qquad (21.28)$$

$$\ce{^3_2He + ^1_1H -> ^4_2He + ^0_{+1}e} \qquad (21.29)$$

核聚变作为一种能源很有吸引力，因为地球上有轻同位素，而且核聚变产物通常不具有放射性。尽管如此，聚变目前还没有被用来产生能量。问题是需要极高的温度和压力来克服原子核之间的静电排斥，以便使它们融合。任何聚变所需的最低温度约为 40000000K，这是氘和氚聚变所需的温度：

$$\ce{^2_1H + ^3_1H -> ^4_2He + ^1_0n} \qquad (21.30)$$

因此，聚变反应也称为热核反应。

如此高的温度是可以通过使用原子弹来引发核聚变而实现的。这就是氢弹的工作原理。然而，对于发电厂来说，这种方法显然是不能接受的。⊖

在聚变成为一种可使用的能源之前必须克服许多问题。除了引发反应所需的高温之外，还存在限制反应的问题。没有一种已知的结构材料能够承受聚变所需的巨大温度。许多研究都集中在一种叫做托卡马克的装置的使用上，这种装置利用强磁场来控制和加热反应。托卡马克的温度已经超过 100000000K。不幸的是，科学家们还没有办法产生超过持续消耗的能量。

⊖ 从历史上看，完全依靠裂变过程释放能量的核武器被称为原子弹，而通过聚变反应释放能量的核武器被称为氢弹。

深入探究 元素的核合成

最轻的元素—氢和氦以及少量的锂和铍—是在宇宙大爆炸之后膨胀形成的。所有较重粒子的存在都归功于随后在恒星中发生的核反应。但是，这些元素并不是等量产生的。例如，在太阳系中，碳和氧的含量是锂和硼的一百万倍，甚至比铍多一亿倍（见图 21.21）。事实上，地球上最重要的生命元素是氢，比氦重的元素碳和氧是最丰富的，让我们来看看宇宙中碳和氧相对丰富的原因。

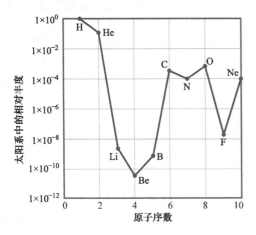

▲ 图 21.21 太阳系中元素 1-10 的相对丰度 注意 y 轴的对数刻度

恒星是由气体和尘埃组成的星云产生的。当条件合适时，引力使云坍塌，同时核密度和温度升高，直至核聚变发生。氢原子核聚变形成氘（$_1^2H$），最终 $_2^4He$ 完成了式（21.26）到式（21.29）所示的反应。因为 $_2^4He$ 的结合能比其临近的任何元素的都要大（见图 21.12），这些反应释放出大量的能量。这个过程，称为*氢燃烧*，是恒星最主要的过程。

一旦恒星的氢供应几乎耗尽，恒星进入下一个生命阶段时，会发生一些重要的变化，转变成*红巨星*。核聚变的减少导致地核收缩，引发堆芯温度和压力升高。同时，外层区域的膨胀和冷却足以使恒星发出红光（因此，命名为*红巨星*）。这颗恒星必须使用 $_2^4He$ 原子核作为燃料。在富 He 核中，最简单的反应是两个粒子融合形成 $_4^8Be$ 核。$_4^8Be$ 核的结合能略小于 $_2^4He$，所以这个融合过程是轻微的吸热过程。$_4^8Be$ 核是非常不稳定的（半衰期为 $7 \times 10^{-17}s$），因此几乎会立即分解了但是，在极少数情况下，在它分解之前三分之一的 $_2^4He$ 和 $_4^8Be$ 发生碰撞，形成碳 -12。

$$_2^4He + _2^4He \longrightarrow _4^8Be$$

$$_4^8Be + _2^4He \longrightarrow _6^{12}C$$

一些 $_6^{12}C$ 核与 α 粒子反应形成氧 -16：

$$_6^{12}C + _2^4He \longrightarrow _8^{16}O$$

核聚变的这个阶段称为*氦燃烧*。注意 6 号元素碳，是在没有 3 号、4 号和 5 号元素之前就形成了，这在一定程度上解释了它们异常低丰度的原因。氮是相对丰富的，因为它可以从碳通过一系列反应产生，包括质子俘获和正电子发射。当氦转变为碳和氧时，大多数恒星逐渐变冷变暗，结束了白矮星的生命，恒星密度变得难以置信的阶段——通常比太阳密度大一百万倍。白矮星的极端密度是伴随着更高的核心温度和压力，各种各样的聚变过程导致了从氖到硫各种元素的合成。这些聚变反应统称为*高级燃烧*。最终，越来越重的元素在核心形成，直到它变成主要的 ^{56}Fe，如图 21.22 所示。因为这是一个非常稳定的原子核，进一步变成更重的原子核需要消耗能量，而不是释放能量。当这种情况发生时，为恒星提供能量的聚变反应会减弱，巨大的引力会导致戏剧性的坍塌，称为*超新星爆炸*。在这样一颗恒星的死亡时刻，中子俘获加上随后的放射性衰变导致了所有比铁和镍更重元素的存在。

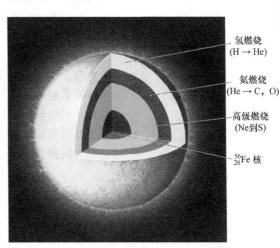

▲ 图 21.22 超新星前的红巨星经历的聚变过程

在过去的宇宙历史中，如果没有这些戏剧性的超星事件，我们所熟悉的较重的元素，如银、金、碘、铅和铀，就不会存在。

21.9 | 环境和生命系统中的辐射

我们不断受到来自自然和人为来源辐射的轰击。比如太阳的红外线、紫外线和可见光、广播电台和电视台的无线电波、微波炉发出的微波、医疗过程的 X 射线、以及天然材料的放射性（见表 21.8 ）。为了解释它们对物质的不同影响，了解不同种类辐射的不同能量是必要的。

当物质吸收辐射时，辐射能量可以使物质中的原子被激发或电离。一般来说，辐射可以引起电离，称之为**电离辐射**，对生物系统的危害远远大于不会导致电离的辐射。后者，称之为**非电离辐射**，通常是低能量的，例如射频电离辐射（见 6.7 节）或缓慢运动的中子。

大多数活体组织至少含有 70% 的水（质量比）。当活体组织受到辐射时，水分子吸收了大部分的辐射能量。因此通常把电离辐射定义为能使水电离的辐射，该过程需要的最低能量为 1216kJ/mol。α 射线，β 射线和 γ 射线（以及 X 射线和高能量的紫外线辐射）具有超过该值的能量，因此是电离辐射。

当电离辐射穿透活体组织时，电子从水分子中分离出来，形成高活性的 H_2O^+。一个 H_2O^+ 能与其他水分子反应形成一个 H_3O^+ 和一个中性的 OH 分子：

$$H_2O^+ + H_2O \longrightarrow H_3O^+ + OH \qquad (21.31)$$

不稳定且高活性的 OH 分子是**自由基**，有一个或多个孤对电子对的物质，如左侧所示的 Lewis 结构，OH 分子也叫*羟基自由基*，未配对电子经常用点来表示 OH。在细胞和组织中，羟基自由基可以攻击生物分子产生新的自由基，其又反过来攻击其他生物分子。因此，通过式（21.31）生成的一个羟基自由基可以引发大量的化学反应，最终破坏细胞的正常运作。

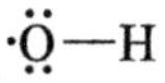

$\cdot\ddot{\text{O}}-\text{H}$

辐射造成的损伤取决于辐射的活度、能量和曝光时间，无论源头在体内还是体外。γ 射线在体外尤其有害，因为它们能非常有效地穿透人体组织，就像 X 射线一样。因此，它们的伤害并不局限于皮肤。相反，大多数的 α 射线能够被皮肤阻挡，而 β 射线只能穿透皮肤表层 1cm（见图 21.23 ）。因此，无论是 α 射线还是 β 射线都不如 γ 射线危险，除非辐射源以某种方式进入人体。在体内，α 射线也非常危险，因为它们能有效地将能量转移到周围的组织，造成相当大的损害。

表 21.8　天然放射性核素的平均丰度和活度 [†]

	钾 -40	铷 -87	钍 -232	铀 -238
陆地元素丰度 /ppm	28000	112	10.7	2.8
陆地活度 /（Bq/kg）	870	102	43	35
海洋元素浓度 /（mg/L）	339	0.12	1×10^{-7}	0.0032
海洋活度 /（Bq/L）	12	0.11	4×10^{-7}	0.040
海洋沉积物元素丰度 / ppm	17000	—	5.0	1.0
海洋沉积物活度 /（Bq/kg）	500	—	20	12
人体活度 / Bq	4000	600	0.08	$0.4^{‡}$

[†] 数据来源于"美国人口的电离辐射暴露，"报告 93，1987 和报告 160，2009，国家辐射防护委员会。

[‡] 包括铅 -210 和钋 -210，铀 -238 的子核。

一般来说，受辐射损伤最严重的组织是那些繁殖迅速的组织，如骨髓，造血组织和淋巴结。长期接触低剂量辐射的主要后果是致癌。癌症是由细胞生长调节机制的衰老引起的，诱导细胞不受控制地繁殖。白血病，以白细胞过度生长为特征，可能是辐射致癌的主要类型。

鉴于辐射的生物效应，确定何种水平的暴露是安全的显得尤为重要。不幸地是，我们在制定现实标准方面受到阻碍，因为我们不完全了解长期暴露的影响。关于制定健康标准的科学家们使用了辐射效应与暴露成正比的假设。*任何*剂量的辐射都被假定会造成一些有限的伤害风险，高剂量率的影响可以外推至低剂量率的影响。另外一些科学家相信，有一个阈值，低于这个阈值就没有辐射风险。在科学证据使我们有信心解决这个问题之前，更安全的假设是，即使低水平的辐射也存在一些危险。

辐射剂量

两个单位通常用于测量辐射暴露。**格雷**（Gy），吸收剂量的 SI 单位，相当于每千克组织吸收 1J 能量。**rad**（*辐射吸收剂量*）相当于每千克组织吸收 $1 \times 10^{-2}J$ 的能量。因此，$1Gy = 100rad$。rad 是医学中最常用的单位。

并非所有形式的辐射在相同程度甚至相同暴露水平上都对生物有危害。例如，1rad α 射线比 1rad β 射线产生的危害更大。为了纠正这种差异，辐射剂量是乘以一个衡量辐射造成的相对损害的因素。这种倍增因子被称为*相对生物有效性*（*RBE*）。γ 射线和 β 射线的 RBE 约为 1，α 射线的 RBE 为 10。

REB 的精确值随剂量率、总剂量、以及受影响的组织类型的变化而变化。rad 辐射剂量和辐射的 REB 乘积给出了有效剂量 rem（*人的伦琴当量*）：

$$\text{rem 总数} = (\text{rad 总数})(\text{RBE}) \qquad (21.32)$$

有效剂量 SI 的单位是希沃特（Sv），通过将 RBE 乘以辐射剂量的 SI 单位，格雷获得；因为格雷比 rad 大 100 倍，$1Sv = 100rem$。rem 是医学中常用的辐射损伤单位。

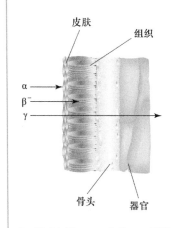

▷ **图例解析**

为什么当辐射源位于人体内部时，α 射线会更加危险？

▲ 图 21.23　α，β 和 γ 射线的相对穿透能力

🔺 **想一想**

如果一个 50kg 的人受到 0.10J α 射线的均匀辐射，rad 吸附剂量和 rem 的有效剂量是多少呢？

短期暴露于辐射的影响见表 21.9。600rem 的暴露对大多数人来说都是致命的。正确看待这个数字，一个典型的牙科 X 射线大约暴露 0.5mtrem。一个人 1 年内因所有自然电离辐射源（称为*背景辐射*）平均暴露量约为 360mrem（见图 21.24）。

表 21.9　短期暴露于辐射的影响

剂量 /rem	影响
0–25	没有可检测的临床效果
25–50	轻微的，暂时的白细胞计数下降
100–200	恶心；白细胞计数明显下降
500	30 天内一半受辐射的人口死亡

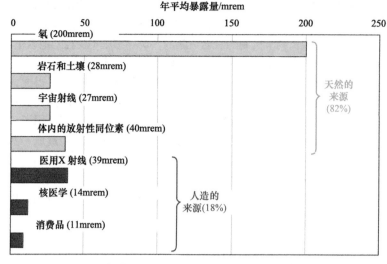

▲ 图 21.24 美国每年平均接受高能辐射的来源 年平均总照射量为 360mrem

数据来源于"美国人口的电离辐射暴露，"报告 93，1987 和报告 160，2009，美国辐射保护委员会。

化学与生活 | 放射治疗

健康的细胞会被破坏或被高能辐射损害，从而导致生理失调。这种辐射也能破坏*非健康的*细胞，比如癌细胞。所有癌症的特征是细胞生长失控，从而产生*恶性肿瘤*。这些肿瘤细胞可由健康细胞暴露于高能辐射造成。自相矛盾地是它们能够造成它们的同一种辐射破坏，因为肿瘤快速繁殖的细胞非常容易受到辐射损伤。因此，癌细胞比健康细胞更容易受到辐射的破坏，允许辐射被有效地用于癌症的治疗。早在 1904 年，医生利用放射性物质释放辐射，通过破坏大量非健康的组织来治疗肿瘤。用高能辐射治疗疾病称为*辐射疗法*。

目前许多放射性核素被用于放射治疗。一些比较常用的方法列于表 21.10。它们大多数的半衰期都很短，这意味着在很短的时间内，它们能释放出大量的辐射。

用于放射治疗的放射源可以是体内的，也可以是体外的。几乎所有情况下，放射疗法使用的是放射性同位素释放的 γ 射线。同时发射的 α 和 β 射线都可以通过适当的包装被阻挡。

表 21.10 放射治疗中使用的一些放射性同位素

同位素	半衰期	同位素	半衰期
^{32}P	14.3 天	^{137}Cs	30 年
^{60}Co	5.27 年	^{192}Ir	74.2 天
^{90}Sr	28.8 年	^{198}Au	2.7 天
^{125}I	60.25 天	^{222}Rn	3.82 天
^{131}I	8.04 天	^{226}Ra	1600 年

例如，^{192}Ir 常作为"种子"进行管理，由放射性同位素包裹 0.1mm 金属 Pt 的核构成。Pt 涂层阻止了 α 和 β 射线，但是 γ 射线很容易穿透它。放射性种子可以通过手术植入肿瘤。

有时候，人体生理学允许摄入放射性同位素。例如，人体中的大部分碘最终会进入甲状腺，所以甲状腺癌可以用大剂量的 ^{131}I 来治疗。深层器官的放射治疗，通过外科植入物是不切实际的，通常在体外使用 ^{60}Co "枪"向肿瘤发射一束 γ 射线。粒子加速器也用作放射治疗的高能辐射的外部来源。

因为 γ 射线的穿透力很强，在治疗过程中，几乎不可避免地损伤健康细胞。许多接受放射治疗的癌症患者都有不愉快和危险的副作用，如疲劳、恶心、脱发、免疫系统衰弱、有时甚至死亡。但是，如果其他治疗方法，如*化疗*（使用药物治疗癌症）失败，放射治疗可能是一个不错的选择。

目前在放射治疗方面的许多研究都是利用一种称为*中子捕获疗法*的方法来开发专门针对肿瘤的新药。在这种技术中，一种非放射性同位素，通常是 B-10，使用肿瘤寻找剂集中在肿瘤上。然后 B-10 被中子辐射，它经过接下来的核反应产生 α 粒子：

$$^{10}_{5}B + ^{1}_{0}n \longrightarrow ^{7}_{3}Li + ^{4}_{2}He$$

肿瘤细胞暴露在 α 粒子中被杀死或受损。远离肿瘤的健康组织不受影响，因为 α 粒子的穿透力很短。因此，中子捕获疗法有望成为一种"银弹"，专门针对非健康的细胞进行辐射照射。

相关练习：21.37，21.55，21.56

综合实例解析

概念综合

　　钾离子存在于食物中，是人体必需的营养物质。钾是一种天然同位素，钾–40，具有放射性。钾–40的自然丰度为0.0117%，半衰期为$t_{1/2} = 1.28 \times 10^9$年。它以三种方式进行放射性衰变：98.2%通过电子捕获，1.35%通过β激发，0.49%通过正电子激发。（a）为什么我们期望^{40}K是放射性的？（b）写出^{40}K衰变的核方程式。（c）1.00g的KCl中有多少^{40}K$^+$？（d）一个样品中^{40}K的含量是1.00%，需要多长时间的放射性衰变？

解析

　　（a）^{40}K原子核包含19质子和21个中子。同时含有奇数个质子和中子的稳定原子核是非常少的（见21.2节）。

　　（b）电子捕获是捕获的原子核内壳层的电子：

$$^{40}_{19}K + {}^{0}_{-1}e \longrightarrow {}^{40}_{18}Ar$$

　　β发射是原子核丢失一个β粒子（$^{0}_{-1}e$）：

$$^{40}_{19}K \longrightarrow {}^{40}_{20}Ca + {}^{0}_{-1}e$$

　　正电子发射是原子核失去一个正电子（$^{0}_{+1}e$）

$$^{40}_{19}K \longrightarrow {}^{40}_{18}Ar + {}^{0}_{+1}e$$

　　（c）样品中K$^+$的总量：

$$(1.00g\ KCl)\left(\frac{1mol\ KCl}{74.55g\ KCl}\right)\left(\frac{1mol\ K^+}{1mol\ KCl}\right)\left(\frac{6.022 \times 10^{23}K^+}{1mol\ K^+}\right) = 8.08 \times 10^{21}K^+$$

　　其中，0.0117%是^{40}K$^+$：

$$\left(8.08 \times 10^{21}K^+\right)\left(\frac{0.0117\ ^{40}K^+}{100K^+}\right) = 9.45 \times 10^{17}\ ^{40}K^+$$

　　（d）放射性衰变的衰变常数（速率常数）可从半衰期计算，使用式（21.19）：

$$k = \frac{0.693}{t_{1/2}} = \frac{0.693}{1.28 \times 10^9\text{年}} = \left(5.41 \times 10^{-10}\right)/\text{年}$$

　　速率方程，式（21.20）计算所需的时间：

$$\ln\frac{N_t}{N_0} = -kt$$

$$\ln\frac{99}{100} = -\left[\left(5.41 \times 10^{-10}\right)/\text{年}\right]t$$

$$-0.01005 = -\left[\left(5.41 \times 10^{-10}\right)/\text{年}\right]t$$

　　也就是说，样品中要有1.00%的^{40}K，需要18.6百万年的放射性衰变。

$$t = \frac{-0.01005}{\left(-5.41 \times 10^{-10}\right)\text{年}} = 1.86 \times 10^7\text{年}$$

本章小结和关键术语

放射性和核方程式介绍（见21.1节）

　　原子核包含中子和质子，它们都称为**核子**。涉及原子核变化的反应称为**核反应**。通过辐射而自发变化的原子核认为是**有放射性的**。放射性的核称为**放射性核素**，含有它们的原子称为**放射性同位素**。放射性核通过一个叫做放射性衰变的过程而自发地发生变化。由于放射性衰变而产生的三种最重要的辐射类型是**阿尔法（α）粒子**（$^{4}_{2}$He或α），**贝塔β粒子**（$^{0}_{-1}e$或β）和**伽玛（γ）射线**（$^{0}_{0}\gamma$或γ）。正电子（$^{0}_{+1}e$和β$^+$）是与电子质量相同，但电荷相反的离子，当放射性同位素衰变时才能产生。

在核反应中，反应物和产物的原子核由它们的质量数和原子序数以及它们的化学符号表示。方程两边质量数的总和是相等的；两边原子序数也是相等的。有四种常见的放射性衰变模式：α 辐射，它能使原子序数减少 2 和质量数减少 4；β 辐射，能使原子序数增加 1，而质量数不变，**正电子发射**和**电子捕获**，这两者都能使原子序数减少 1，而质量数不变。

核稳定模式（见 21.2 节）

中子 - 质子比是决定核稳定性的重要因素。通过对比核素的中子 - 质子比与稳定核的中子 - 质子比，我们可以预测放射性衰变的模式。一般来说，富含中子的原子核倾向于发射 β 粒子；富含质子的原子核倾向于发射正电子或者进行电子捕获；原子核倾向于发射 α 粒子。核的**幻数**，以及偶数的质子和中子存在也有助于决定原子核的稳定性。在形成稳定的核素之前可能经历一系列的衰变步骤，这一系列步骤称作为**放射性衰变链**或称核脱氮反应系列。

核嬗变（见 21.3 节）

原子核演变，通过用带电粒子或中子轰击原子核，可以使一个原子核诱导转变为另一个原子核。**粒子加速器**增加带正电荷粒子的动能，使得这些粒子克服原子核的静电斥力。原子核的演变被用来产生**超铀元素**，这些元素的原子序数大于铀。

放射性衰变速率和放射性检测（见 21.4 节和 21.5 节）

放射性源的活度 SI 单位是**贝克勒尔**（Bq，定义为每秒一次核衰变）。一个相关的单位，居里（Ci），相当于每秒 3.7×10^{10} 次的分解。核衰变是一个一级过程。因此，衰变速率（**活度**）与放射性核的数量成正比。放射性核素的**半衰期**是一个与温度无关的常数，是一般原子核衰变所需要的时间。一些放射性同位素可以用来测定物体的年代。例如 ^{14}C，被用来测定有机体的年代。盖革计数器和闪烁计数器计算放射性样品的排放量。放射性同位素易于检测，也使得它们可以作为放射性示踪剂，通过反应跟踪放射性元素。

核反应中的能量变化（见 21.6 节）

根据爱因斯坦关系式，$\Delta E = c^2 \Delta m$，核反应产生的能量伴随着可测量的质量变化。原子核与组成原子核的核子之间的质量差被称为**质量亏损**。核素的质量亏损使计算它的**核结合能**成为可能，这种能量要求将原子核分裂成单个核子。由于核结合能随原子序数的变化趋势，重核分裂（**裂变**）和轻核融合（**聚变**）时产生能量。

核裂变及聚变（见 21.7 节和 21.8 节）

铀 -235，铀 -233 和钚 -239，当它们捕获一个中子时，会发生裂变，分裂成更轻的原子核，并重新释放出更多的中子。一次裂变产生的中子可以引起进一步的裂变反应，从而导致核**链式反应**。保持恒定速率的反应称为临界反应，而保持恒定速率所必须的质量称为**临界质量**。超过临界质量的质量称为**超临界质量**。

在核反应堆中，裂变率被控制以产生恒定的能量。反应堆堆心由包括可裂变核、控制棒、慢化剂和一次冷却剂的燃料元件组成。除了反应堆堆心取代了燃料燃烧器外，核电站与传统发电厂类似。人们对核电站产生的高放射性核废料的处置十分关心。

核聚变需要很高的温度，因为原子核必须有很大的动能才能克服相互排斥。因此，聚变反应被称为**热核反应**。目前还不可能通过受控的核聚变过程在地球上发电。

核化学与生命系统（见 21.9 节）

电离辐射的能量足以从水分子中除去一个电子；能量较低的辐射称为**非电离辐射**。电离辐射产生**自由基**，是具有一个或多个未配对的电子的活性物质。长期暴露于低水平辐射的影响尚不完全了解，但有证据表明生物损害的程度与暴露水平成正比。

辐射在生物组织中沉积的能量的量称为辐射剂量，其测量单位是 gray 或 rad。1 格雷（Gy）对应 1J/kg 组织的剂量，它是辐射剂量的 SI 单位。rad 是更小的单位，100rad = 1Gy。有效剂量，测量因沉积能量造成的生物损伤，其测量单位是 rem 或希沃特（Sv）。rem 的计算方法是 rad 的数值乘以相对生物效应（RBE）；100rem = 1Sv。

学习成果　学习本章后，应该掌握：

- 写出平衡的核反应方程。（见 21.1 节）
  相关练习：21.14，21.15
- 从同位素的中子 - 质子比预测核的稳定性和预期的衰变类型（见 21.2 节）
  相关练习：21.1，21.19
- 写出核演变的平衡核方程式（见 21.3 节）
  相关练习：21.29，21.31
- 利用有关放射性核素的半衰期计算物体的年龄或在一段时间后重新维持的放射性核素的量（见 21.4 节）
  相关练习：21.6，21.37

- 计算核反应的质量和能量变化（见 21.6 节）
  相关练习：21.45，21.51
- 计算原子核的结合能（见 21.6 节）
  相关练习：21.47，21.49
- 描述核裂变和核聚变的区别并解释核电站是如何运作的（见 21.7 节和 21.8 节）
  相关练习：21.57，21.65
- 比较不同的测量值和辐射剂量单位并描述辐射的生物效应（见 21.9 节）
  相关练习：21.67，21.69

重要公式

- $k = \dfrac{0.693}{t_{1/2}}$ 　　　　（21.19）

  核衰变常数与半衰期的关系是由下式推导出来的
  $$N_t = \frac{1}{2} N_0$$

- $\ln \dfrac{N_t}{N_0} = -kt$ 　　　（21.20）

  核衰变的一阶速率定律

- $E = mc^2$ 　　　　　　（21.22）

  爱因斯坦质能方程

本章练习

图例解析

21.1 图 21.2 所示的稳定带内是否存在下列核素：
（a）氡 -24，（b）氯 -32，（c）锡 -108，（d）钋 -216。如果没有，请描述其核衰变过程，该过程会改变中子与质子的比率，使之朝着更稳定的方向发展。（见 21.2 节）

21.2 根据下图写出反应的平衡核反应方程式。（见 21.2 节）

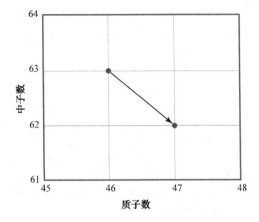

21.3 画一个类似于图 21.2 所示的说明核反应
$^{211}_{83}\text{Bi} \longrightarrow \,^{4}_{2}\text{He} + \,^{207}_{81}\text{Tl}$。（见 21.2 节）

21.4 在下面的示意图中，红色的球代表质子，灰色的球代表中子。（a）描述参与反应的 4 个粒子的特征是什么？（b）使用缩写的符号写出下图表示的反应。（c）根据它的原子序数和质量数，你认为产物的原子核是稳定的还是有放射性的？（见 21.3 节）

21.5 下面的步骤显示了 $^{232}_{90}\text{Th}$ 放射性衰变链中的三个步骤。每个同位素的半衰期显示在同位素符号下面：

（a）确定每一个步骤的放射性衰变类型（ⅰ）、（ⅱ）和（ⅲ）。

（b）所示的同位素中，哪一种活度最高？

（c）所示的哪一种同位素活度最低？

（d）衰变链的下一步是 α 辐射吗？链中下一个同位素是什么？（见 21.2 节和 21.4 节）

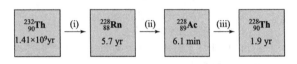

21.6 附图显示了 $^{88}_{42}\text{Mo}$ 的衰变，它通过正电子发射性衰变。

（a）衰变的半衰期是什么？

（b）衰变速率常数是多少？

（c）原始样品 $^{88}_{42}\text{Mo}$ 在 12min 后的残留比例是多少？

（d）衰变过程的产物是什么？（见 21.4 节）

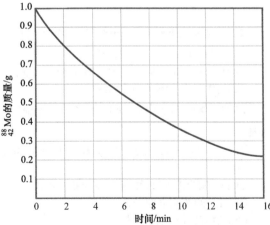

21.7 所有硼、碳、氮、氧、氟的稳定同位素见附图（红色），同时伴随着它们的放射性同位素 $t_{1/2} > 1\text{min}$（蓝色）。

（a）写出所有稳定同位素的化学符号，包括质量数和原子序数。

（b）哪些放射性同位素容易通过 β 放射性衰变？

（c）所示的一些同位素可用于正电子发射断层扫描。你认为哪些对这个应用程序最有用？

（d）哪一种同位素会在 1h 后衰变至其原始浓度的 12.5%？（见 21.2 节、21.4 节和 21.5 节）

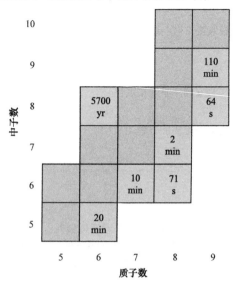

21.8 下图所示一个裂变过程，

（a）裂变的未知产物是什么？

（b）用图 21.2 来预测这个裂变反应的产物是否稳定？（见 21.7 节）

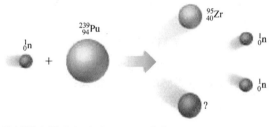

放射性和核方程式（见 21.1 节）

21.9 表示出下列原子核中的质子和中子数：

（a）$_{24}^{56}Cr$（b）^{193}Tl（c）氩 -38

21.10 表示出下列原子核中质子和中子的数目：

（a）$_{53}^{129}I$（b）^{138}Ba（c）镎 -237

21.11 给出（a）中子（b）α 粒子（c）γ 辐射的符号。

21.12 给出（a）质子（b）β 粒子（c）正电子的符号。

21.13 写出下列过程的平衡反应核方程式：

（a）钕 -90 发射 β 粒子；

（b）硒 -72 发生电子俘获；

（c）氪 -76 发生正电子发射；

（d）镭 -226 发射 α 粒子。

21.14 写出下列变换的平衡反应核方程式：

（a）铋 -213 发生 α 衰变；

（b）氮 -13 发生电子俘获；

（c）铒 -98 发生电子俘获；

（d）金 -188 通过正电子发射性衰变。

21.15 哪个原子核的衰变将导致下列问题：

（a）铋 -211 发生 β 衰变；（b）铬 -50 发生正电子发射；（c）钽 -179 发生电子俘获；（d）镭 -226 发生 α 衰变？

21.16 粒子在下列衰变过程中产生：

（a）钠 -24 衰变为镁 -24；（b）汞 -188 衰变为金 -188；（c）碘 -122 衰变为氙 -122；（d）钚 -242 衰变为铀 -238？

21.17 $_{92}^{235}U$ 开始的自然发生的放射性衰变序列随着稳定的 $_{82}^{207}Pb$ 核的形成而停止。衰变通过一系列的 α 粒子和 β 粒子发射进行。在这个系列中，每种类型的发射有多少种？

21.18 $_{90}^{232}Th$ 开始的放射性衰变系列以稳定的 $_{82}^{208}Pb$ 核素形成而结束。在一系列放射性衰变的过程中，发射了多少 α 粒子和多少 β 粒子？

核稳定模式（见 21.2 节）

21.19 预测下列放射性核素的放射性衰变过程的类型：

（a）$_5^8B$（b）$_{29}^{68}Cu$（c）P-32（d）Cl-39

21.20 下列每一种原子核都经历衰变或正电子辐射，预测每种辐射的类型：（a）$_1^3H$（b）$_{38}^{89}Sr$（c）I-120（d）Ag-102

21.21 下列每对核素中的一种都是放射性的，预测哪些是放射性的，哪些是稳定的：（a）$_{19}^{39}K$ 和 $_{19}^{40}K$（b）^{209}Bi 和 ^{208}Bi（c）Ni-58 和 Ni-65

21.22 下列每对核素中有一种是放射性的，预测哪些是放射性的，哪些是稳定的，并解释（a）$_{20}^{40}Ca$ 和 $_{20}^{45}Ca$（b）^{12}C 和 ^{14}C（c）Pb-206 和 Th-230

21.23 下列哪种核素同时具有质子和中子幻数：（a）He-4（b）O-18（c）Ca-40（d）Zn-66（e）Pb-208

21.24 尽管镧系元素的化学反应活性相似，但它们在地壳中的丰度却相差两个数量级。下图显示了相对丰度对原子序数的函数。下列哪种陈述最能解释整个系列锯齿的变化？

（a）原子序数为奇数的元素位于稳定带之上；

（b）原子序数为奇数的元素位于稳定带之下；

（c）原子序数为偶数的元素具有质子幻数；

（d）对质子有一种特殊的稳定性。

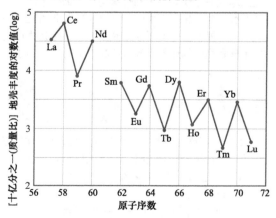

21.25　下列哪种表述最能解释为什么 α 发射相对普遍，而质子辐射极其罕见？

（a）由于质子和中子是幻数粒子，所以 α 粒子非常稳定。

（b）α 粒子出现在原子核内；

（c）α 粒子是惰性气体的原子核；

（d）α 粒子的电荷比质子高。

21.26　你认为下列哪种核素具有放射性：$^{58}_{26}Fe$、$^{60}_{27}Co$、$^{92}_{41}Nb$、Hg-202、Ra-226

核嬗变（见 21.3 节）

21.27　哪种说法最能解释为什么涉及中子的核演变一般比涉及质子或 α 粒子的核演变更容易完成？

（a）中子不是幻数粒子；

（b）中子没有电荷；

（c）中子比质子或 α 粒子小；

（d）即使在很远的距离内，中子也能被原子核吸引，而质子和粒子则会被排斥。

21.28　1930 年，美国物理学家欧内斯特·劳伦斯在加州伯克利设计了第一台回旋加速器。1937 年，劳伦斯利用氘离子轰击钼靶，第一次产生了自然界中没有发现的元素。这个元素是什么？以钼 -96 为反应物，写出一个核反应方程式来表示这个过程。

21.29　补充缺失粒子，完成并平衡下列核反应方程式：

（a）$^{252}_{98}Cf + ^{10}_{5}B \longrightarrow 3^{1}_{0}n + ?$

（b）$^{2}_{1}H + ^{3}_{2}He \longrightarrow ^{4}_{2}He + ?$

（c）$^{1}_{1}H + ^{11}_{5}B \longrightarrow 3?$

（d）$^{122}_{53}I \longrightarrow ^{122}_{54}Xe + ?$

（e）$^{59}_{26}Fe \longrightarrow ^{0}_{-1}e + ?$

21.30　补充缺失粒子，完成并平衡下列核反应方程式：

（a）$^{14}_{7}N + ^{4}_{2}He \longrightarrow ? + ^{1}_{1}H$

（b）$^{40}_{19}K + ^{0}_{-1}e(轨道电子) \longrightarrow ?$

（c）$? + ^{4}_{2}He \longrightarrow ^{30}_{14}Si + ^{1}_{1}H$

（d）$^{58}_{26}Fe + 2^{1}_{0}n \longrightarrow ^{60}_{27}Co + ?$

（e）$^{235}_{92}U + ^{1}_{0}n \longrightarrow ^{135}_{54}Xe + 2^{1}_{0}n + ?$

21.31　写出下列核反应的平衡方程式：（a）$^{238}_{92}U$ (α, n) $^{241}_{94}Pu$ （b）$^{14}_{7}N$ (α, p) $^{17}_{8}O$ （c）$^{56}_{26}Fe$ (α, β⁻) $^{60}_{29}Cu$

21.32　写出下列核反应的平衡方程式：（a）$^{238}_{92}U$ (n, γ) $^{239}_{92}U$ （b）$^{16}_{8}O$ (p, α) $^{13}_{7}N$ （c）$^{16}_{8}O$ (n, β⁻) $^{19}_{9}F$

放射性衰变率（见 21.4 节）

21.33　下列各项的比率是指 A 和 X 两种放射性同位素之间的比较。说明下列各项的对错。

（a）如果 A 的半衰期短于 X 的半衰期，A 的衰减速率常数较大；

（b）如果 X"无放射性"，它的半衰期基本上为零；

（c）如果 A 的半衰期为 10 年，X 的半衰期为 10,000 年，A 将是更适合于测量 40 年时间段发生衰变过程的放射性同位素。

21.34　有人认为，沉积在炎热的沙漠中的锶 -90(由核试验产生)将更快地发生放射性衰变，因为它暴露在更高的平均温度下。

（a）这样解释合理吗？（b）放射性衰变过程是否具有活化能，像许多化学反应的阿伦尼乌斯行为那样？（见 14.5 节）

21.35　一些表盘上涂有一层荧光粉，如 ZnS，还有一种聚合物，其中聚合物中一些 ^{1}H 原子已被 ^{3}H 原子取代，即氚。荧光粉在受到氚衰变粒子的撞击时会发出光，使刻度盘在黑暗中发光。氚的半衰期是 12.3 年。假定所发出的光与氚的含量直接相关，那么在一块使用了 50 年的手表上，表盘会变暗多少？

21.36　2.00mg 的镭 -230 样品需要 4 小时 39 分钟才能衰减到 0.25mg。

镭 -230 的半衰期是多少？

21.37　钴 -60 是一种强辐射体，半衰期为 5.26 年。当放射治疗装置中的钴 -60 的放射性降到原始样品的 75% 时，必须更换。如果 2016 年 6 月购买了原样品，什么时候需要更换钴 -60？

21.38　如果 ^{51}Cr 样品的半衰期为 27.8 天，6.25mg 样品衰变为 0.75mg 需要多长时间？

21.39　Ra-226 发生 α 衰变，其半衰期为 1600 年。

（a）10mg ^{226}Ra 样品在 5.0 分钟内释放出多少 α 粒子？

（b）样品的活度是多少（mCi）？

21.40　钴 -60 发生 β 衰变，其半衰期为 5.26 年。（a）3.75mg ^{60}Co 样品在 600s 内释放出多少 β 粒子？（b）样品的活度是多少（Bq）？

21.41　科学家发现，木乃伊周围的裹尸布中每克 ^{14}C 的分解速度为每分钟 9.7 次，而生物体中每克碳的分解速度为每分钟 16.3 次。^{14}C 的半衰期为 5715 年，计算出裹尸布的年龄？

21.42　中国寺庙的木制品中 ^{14}C 活度为每分钟 38.0 次，相比于在年龄为零的标准下，每分钟的活度为 58.2。^{14}C 的半衰期为 5715 年，确定木制品的年代？

21.43　钾 -40 衰变为氩 -40 的半衰期为 1.27×10^{9} 年。$^{40}Ar/^{40}K$ 质量比为 4.2 的岩石的年龄是多少？

21.44　$^{238}U \longrightarrow ^{206}Pb$ 过程的半衰期为 4.5×10^{9} 年。一个矿物样品含有 75.0mg ^{238}U 和 18.0mg ^{206}Pb，这个矿物的年龄是多少？

核反应中的能量变化（见 21.6 节）

21.45　分析实验室的天平通常将质量测量精确到 0.1mg。质量损失 0.1mg 会引起多大的能量变化？

21.46　铝热剂反应 $Fe_2O_3(s) + 2Al(s) \longrightarrow 2Fe(s) + Al_2O_3(s)$，是已知的最放热反应之一，其 $\Delta H^\ominus = -851.5kJ/mol$。因为该反应放出的热量足以熔化铁产品，可用于在海底焊接金属。产生 1mol Al_2O_3 释放多少热量？与 2mol 质子和 2mol 中子结合形成 1mol α

粒子所释放的能量相比，这一热量是多少？

21.47　如果一个铝 -27 原子的质量是 26.9815386amu，那么要把一个铝 -27 原子核分裂成质子和中子，需要提供多少能量？ 100.0g 铝 -27 需要多少能量？（电子的质量在封底内侧给出。）

21.48　如果原子核的质量为 20.98846amu，那么要将一个 ^{21}Ne 原子核分裂成质子和中子，需要提供多少能量？ 1mol ^{21}Ne 的核结合能是多少？

21.49　氢 -2（氘），氦 -4 和锂 -6 的原子质量分别为 2.014102amu、4.002602amu 和 6.0151228amu。对于每个同位素，计算（a）核质量；（b）核结合能；（c）每个核子的核结合能；（d）这三种同位素中，哪种核子的核结合能最大？这与图 21.12 所示的趋势一致吗？

21.50　氮 -14，钛 -48 和氙 -129 的原子质量分别为 13.999234amu、47.935878amu 和 128.904779amu。对于每一种同位素，计算（a）核质量；（b）核结合能；（c）每个核子的核结合能。

21.51　从太阳辐射到地球的能量是 1.07×10^{16} kJ/min。（a）一天内太阳落到地球上引起能量损失造成的质量损失有多少？（b）如果能量在如下反应中释放：

$$^{235}U + {}^{1}_{0}n \longrightarrow {}^{141}_{56}Ba + {}^{92}_{36}Kr + 3{}^{1}_{0}n$$

（^{235}U 核质量，234.9935amu；^{141}Ba 核质量，140.8833amu；^{92}Kr 核质量，91.9021amu）这被认为是发生在核反应堆的典型情况，多少质量的铀 -235 才能与在 1.0 天内降至地球上的太阳能的 0.10% 的能量相当？

21.52　根据下列原子质量值—^{1}H，1.00782amu；^{2}H，2.01410amu；^{3}H，3.01605amu；^{3}He，3.01603amu；^{4}He，4.00260amu 以及课本中给出的中子质量，计算 1mol 下列核反应中释放的能量，所有这些都是受控核聚变过程。

（a）${}^{2}_{1}H + {}^{3}_{1}H \longrightarrow {}^{4}_{2}He + {}^{1}_{0}n$

（b）${}^{2}_{1}H + {}^{2}_{1}H \longrightarrow {}^{3}_{2}He + {}^{1}_{0}n$

（c）${}^{2}_{1}H + {}^{3}_{2}He \longrightarrow {}^{4}_{2}He + {}^{1}_{1}H$

21.53　利用图 21.12，预测下列哪个原子核的核子质量缺陷最大：（a）^{11}B（b）^{51}V（c）^{118}Sn（d）^{243}Cm

21.54　同位素 ${}^{62}_{28}$Ni 的核子结合能是所有同位素中最大的。从镍 -62（61.928345amu）的原子质量计算出这个值，并与表 21.7 中铁 -56 的值进行比较。

核能及放射性同位素（见 21.7 节、21.8 节和 21.9 节）

21.55　碘 -131 是监测人体甲状腺活动的一种方便的放射性同位素。它是一个半衰期为 8.02 天的 β 发射体。甲状腺是人体中唯一使用碘的腺体。接受甲状腺活动测试的人喝的是碘化钠溶液，其中只有一小部分碘具有放射性。

（a）为什么碘化钠是碘的良好来源？

（b）如果在服用碘化钠溶液后立即将盖革计数器放置在人的甲状腺（靠近颈部）附近，那么数据作为时间的函数会是什么样子的？

（c）正常甲状腺在几小时内将会吸收摄入碘量的 12% 左右。那么甲状腺吸收的放射性碘需要多长时间才会衰减到原来的 0.01%？

21.56　为什么放射性同位素作为核医学的诊断工具在衰变时产生 γ 射线很重要？为什么 α 射线不能作为诊断工具？

21.57　（a）下列哪项是核动力反应堆用作燃料所需的同位素特性？（i）它必须发射 γ 射线（ii）衰变时，它必须释放两个或两个以上的中子。（iii）半衰期必须少于 1 小时。（iv）它必须在中子吸收后发生裂变；（b）商业核反应堆中最常见的可裂变同位素是什么？

21.58　下列关于核反应堆所使用的铀的陈述，哪一项是正确的？（i）天然铀中 ^{235}U 含量太少，不能用作燃料；（ii）^{238}U 不能作为燃料使用，因为它太容易形成超临界质量；（iii）用作燃料的铀必须经过浓缩，使其组成中 ^{235}U 的量超过 50%；（iv）^{235}U 中子裂变比 ^{238}U 的裂变释放更多的中子。

21.59　核反应堆中控制棒的作用是什么？用什么物质来制造控制棒？为什么选择这些物质？

21.60　（a）核反应堆中缓和剂的作用是什么？（b）什么物质在加压水轮发电机中起缓和剂的作用？（c）在核反应堆设计中，还有哪些物质用作缓和剂？

21.61　完成并配平下列反应的核反应方程式：

（a）${}^{2}_{1}H + {}^{2}_{1}H \longrightarrow {}^{3}_{2}He + \_$

（b）${}^{239}_{92}U + {}^{1}_{0}n \longrightarrow {}^{133}_{51}Sb + {}^{98}_{41}Nb + \_ {}^{1}_{0}n$

21.62　完成并配平下列反应的核反应方程式：

（a）${}^{235}_{92}U + {}^{1}_{0}n \longrightarrow {}^{160}_{62}Sm + {}^{72}_{30}Zn + \_ {}^{1}_{0}n$

（b）${}^{239}_{94}Pu + {}^{1}_{0}n \longrightarrow {}^{144}_{58}Ce + \_ + 2{}^{1}_{0}n$

21.63　太阳的一部分能量来自以下反应：

$$4{}^{1}_{1}H \longrightarrow {}^{4}_{2}He + 2{}^{0}_{1}e$$

该反应需要 $10^{6} \sim 10^{7}$ K 的温度。利用表 21.7 中给出的氦 -4 原子核的质量来确定 1mol 氢原子释放多少能量。

21.64　裂变反应堆中用过的燃料元素比原始的燃料元素具有更强的放射性。（a）从图 21.2 关于裂变过程的产物与稳定带的关系可以得出什么结论？（b）假设每个裂变反应只释放 2-3 个中子，并且知道正在裂变的原子核具有重原子核的中子与质子比特征，你认为在裂变产物中哪种衰变会占主导地位？

21.65　哪种核反应堆具有这些特性？

（a）不使用二次冷却剂；

（b）产生的裂变物质多于消耗的裂变物质；

（c）使用气体，如 He 或 CO_2 作为主要冷却剂。

21.66　哪种核反应堆具有这些特性？

（a）使用天然铀作为燃料；

（b）不适用缓和剂；

（c）可以不停机加油。

21.67　羟基自由基可以从分子中夺取氢原子（"氢提取"），氢氧根离子可以从分子中夺取质子（"脱质子"）。分别写出羧酸 R-COOH 与羟基自由基和氢氧根脱质子反应的反应方程和 Lewis 点结构。为什么羟基自由基对生命系统的毒性比氢氧根离子更强？

21.68　哪些是电离辐射：X 射线，α 粒子，来自手机的微波和 γ 射线？

21.69　一只实验鼠暴露于活度为 14.3mCi 的 α 辐射源下。（a）每秒衰变的辐射活度是多少 Bq？

（b）老鼠的体重为 385g，暴露在辐射下 14.0s，吸收 35% 的发射 α 粒子，能量为 9.12×10^{-13}J。计算吸收剂量以 mrad 和 gray 表示。（c）如果辐射的 RBE 为 9.5，计算有效的吸附量剂，以 mrem 和 Sv 来表示。

21.70　一个 65kg 的人意外暴露于来自 ^{90}Sr 样品的 15-mCi 的 β 辐射源下 240s。（a）每秒衰变的辐射活度是多少 Bq？（b）每个 β 粒子的能量是 8.75×10^{-14}J，人吸收了 7.5% 的辐射。假设吸收的辐射扩散到人的全身，计算吸收剂量，以 rad 和 gray 表示。（c）如果 β 粒子的 RBE 为 1.0，mrem 和 Sv 的有效剂量是多少？（d）辐射剂量是否等于、大于或小于典型乳房 X 线照片的辐射剂量（300mrem）？

附加练习

21.71　下面的表格给出了四种同位素的质子数（p）和中子数（n）。（a）写出每种同位素的符号；（b）哪种同位素最可能是不稳定的？（c）哪种同位素含有质子或中子幻数？（d）正电子发射后，哪种同位素会产生钾 -39？

	（i）	（ii）	（iii）	（iv）
p	19	19	20	20
n	19	21	19	20

21.72　氡 -222 通过一系列的三次 α 发射和两次 β 放射性衰变为稳定的原子核，形成的稳定原子核是什么？

21.73　反应式（21.28）是太阳产生大量氦 -4 的核反应，这个反应释放了多少能量？

21.74　氯有两个稳定的核，^{35}Cl 和 ^{37}Cl。相比之下，^{36}Cl 是一种通过 β 放射性衰变产生的放射性核素。（a）^{36}Cl 的衰变产物是什么？（b）根据核稳定的经验规则，解释为什么 ^{36}Cl 不如 ^{35}Cl 或 ^{37}Cl 核稳定。

21.75　当两个质子在一颗恒星中融合时，产物是 ^{2}H 加上一个正电子。写出这个过程的核反应方程式。

21.76　核科学家已经合成了自然界中大约 1600 个未知的原子核。使用高能粒子加速器的重离子轰击可能会发现更多。完成并配平以下包括重离子轰击的反应：

（a）$^{6}_{3}$Li$+^{56}_{28}$Ni$\longrightarrow$?

（b）$^{40}_{20}$Ca$+^{248}_{96}$Cm$\longrightarrow^{147}_{62}Sm+$?

（c）$^{88}_{38}$Sr$+^{84}_{36}$Kr$\longrightarrow^{116}_{46}Pd+$?

（d）$^{40}_{20}$Ca$+^{238}_{92}$U$\longrightarrow^{70}_{30}Zn+4^{1}_{0}n+2$?

21.77　2010 年，来自俄罗斯和美国的科学家组报道产生了 117 号元素的第一个原子，命名为石田卤素，符号为 Ts。合成过程涉及 $^{249}_{97}$Bk 靶和同位素加速离子 Q 的碰撞，产生 Z 原子，但立刻释放中子并形成 $^{294}_{117}$Ts：

$$^{249}_{97}Bk+Q \longrightarrow Z \longrightarrow {}^{294}_{117}Ts+3{}^{1}_{0}n$$

（a）Q 和 Z 同位素是什么？（b）同位素 Q 的不同之处在于它的寿命非常长（其半衰期为 10^{19} 年），尽管它的中子与质子的比率并不理想（见图 21.1）。你能给出它异常稳定的原因吗？（c）利用同位素 Q 离子和靶原子的碰撞产生第一个原子 Lv。此处碰撞的初始产物是 $^{296}_{119}$Lv。在这个实验中与 Q 相撞的同位素靶是什么？

21.78　合成放射性同位素锝 -99，通过 β 放射性衰变，是核医学中应用最广泛的一种放射性同位素。下列数据是在 ^{99}Tc 样品上收集的：

每分钟衰变	时间 /h
180	0
130	2.5
104	5.0
77	7.5
59	10.0
46	12.5
24	17.5

利用这些数据，画出适当的图形和曲线拟合确定元素的半衰期。

21.79 根据现行规定，成人体内锶-90 的最大允许剂量为 $1\mu Ci$（$1\times10^{-6}Ci$）。利用速率 = kN，计算该剂量所对应的锶-90 的原子数。对应于锶-90 的质量是多少？锶-90 的半衰期是 28.8 年。

21.80 醋酸甲酯（CH_3COOCH_3）是由乙酸与甲醇反应生成的。如果甲醇被标记为氧-18，氧-18 最终会进入乙酸甲酯：

$$\underset{CH_3COH}{\overset{O}{\parallel}} + H^{18}COH_3 \longrightarrow \underset{CH_3C^{18}OCH_3}{\overset{O}{\parallel}} + H_2O$$

（a）在反应中是酸的 C—OH 键和醇的 O—H 键断裂，还是酸的 O—H 键和醇的 C—OH 键断裂？

（b）假设一个类似的实验，使用放射性同位素 ^3H，它被称为氚，通常表示为 T。CH_3COOH 和 $TOCH_3$ 之间的反应是否提供了与上述 $H^{18}OCH_3$ 实验相同的关于哪个键断裂的信息？

21.81 下列每一种演变都会产生正电子发射断层摄影术（PET）中使用的放射性核素。（a）在式（i）和（ii）中，确定表示为"X"是什么？（b）式（iii）中，"d"又代表什么？

（i）$^{14}N\,(p,\alpha)X$

（ii）$^{18}O\,(p,X)^{18}F$

（iii）$^{14}N\,(d,n)^{15}O$

21.82 ^7Be，^9Be 和 ^{10}Be 的核质量分别为 7.0147、9.0100 和 10.0113amu。三个核子中哪个原子核的结合能最大？

21.83 26.00g 含有氚（^3_1H）的水样，每秒发出 $1.5\times10^3\beta$ 粒子。氚是弱的 β 发射体，其半衰期为 12.3 年。水样中所有氢中氚的比例是多少？

21.84 太阳以 $3.9\times10^{26}J/s$ 的速率向太空辐射能量。（a）计算太阳质量损失率，单位为 kg/s。（b）质量损失是如何产生的？（c）据推测太阳含有 9×10^{56} 个自由质子，太阳的核反应每秒消耗多少质子？

21.85 单个 U-235 核裂变释放的平均能量约为 $3\times10^{-11}J$。如果在核电厂中把这种能量转换成电能的效率是 40%，那么在生产 1000 兆瓦的核电厂中，一年要裂变多少质量的铀-235？回想一下瓦特是 1J/s。

21.86 1965 年和 1966 年在波士顿对人体进行的试验显示，原子弹试验后平均每个人体内约有 2 pCi 的放射性钚。这种程度的活度意味着每秒衰变多少次？如果每个 α 粒子沉积 $8\times10^{-13}J$ 的能量，如果一个人的平均体重为 75kg，计算在这样一个钚的辐射水平下 1 年内的 rads 和 rems 数量。

综合练习

21.87 53.8mg 的高氯酸钠样品中含有放射性氯-36（其原子质量为 36.0amu）。如果样本中 29.6% 的氯原子是氯-36，其余的是自然存在的非放射性氯原子，这个样品每秒衰变多少次？氯-36 的半衰期是 3×10^5 年。

21.88 计算辛烷质量。$C_8H_{18}(l)$ 在空气中燃烧，产生与 1.0g 氢在下列聚变反应中聚变产生的能量相同：

$$4^1_1H\longrightarrow ^4_2He + 2^0_1e$$

假设辛烷燃烧的所有产物都处于气相。使用练习 21.50 和附录 C 的数据。辛烷的标准生成焓是 $-250.1kJ/mol$。

21.89 天然发现的铀含 99.274% ^{238}U，0.720% ^{235}U 和 0.006% ^{233}U。正如我们所看到的，^{235}U 是一种可以进行核链式反应的同位素。第一颗原子弹使用的 ^{235}U 大部分是通过六氟化铀 [$UF_6(g)$] 的气体扩散获得的。

（a）在 350K，压力为 695torr 和体积为 30L 的 UF_6 容器中，UF_6 的质量是多少？

（b）部分（a）中描述的样品中 ^{235}U 的质量是多少？

（c）现在假设 UF_6 通过多孔屏障扩散，扩散气体中 ^{238}U 与 ^{235}U 比值的变化可由式（10.23）描述。^{235}U 的质量是多少？

（d）经过一个气体扩散循环，样品中 $^{235}UF_6$ 的百分比是多少？

21.90 一个活度为 0.18Ci 的 α 辐射样品在 22℃，25.0mL 密封容器中可以储存 245 天。

（a）在这段时间里形成了多少 α 粒子？

（b）假设每个粒子都转化为氦原子，那么在 245 天之后容器中氦气的分压是多少？

21.91 英国巨石阵的木炭样品在 O_2 中燃烧，产生的二氧化碳气体冒泡进入 $Ca(OH)_2$（石灰水）溶液中，导致 $CaCO_3$ 沉淀，通过过滤除去 $CaCO_3$ 并干燥。由于碳-14 的作用，788mg $CaCO_3$ 样品的放射性为 $1.5\times10^{-2}Bq$。相比之下，生物有机体每分钟每克碳分解 15.3 次。利用碳-14 的半衰期，5700 年，计算出木炭样品的年龄。

21.92 将 25.0mL、0.050M 的硝酸钡与 25.0mL、0.050M 标有放射性硫-35 的硫酸钠溶液混合。硫酸钠溶液的初始活度为 $1.22\times10^6Bq/mL$。经过滤除沉淀后，剩余滤液的活度为 250Bq/mL。

（a）写出所发生反应的平衡化学方程式。

（b）计算实验条件下沉淀的 K_{sp}。

设计实验

因为放射性射线会对人体健康产生有害影响，在放射性材料上进行实验时，需要非常严格的实验程序和注意事项。因此，我们一般不会在普通化学实验室进行涉及放射性物质的实验。然而，我们可以考虑设计一些假设的实验，使我们能够探索镭的一些性质，镭是由玛丽居里和皮埃尔居里在1898年发现的。

（a）发现镭的一个关键因素是玛丽居里对沥青铀矿——一种天然铀矿石的观察，比纯铀金属具有更强的放射性。设计一个实验来重现这一观察结果，并得到沥青铀矿石与纯铀的活度之比。

（b）镭最早是从卤素盐分离出来。假设你有金属镭和溴化镭的纯样品。样品的大小是毫克数量级，不符合通常的元素分析形式。你能用一个定量测量放射性的装置来确定溴化镭的实验式吗？你必须使用居里夫妇在发现时可能没有的什么信息？

（c）假设你有1年的时间周期来测量镭和有关元素的半衰期。你有一些纯样品和一个可以定量测量放射性的装置。你能确定样品中元素的半衰期吗？根据半衰期是10年或是1000年，你会有不同的实验限制吗？

（d）在更好地了解其对健康的消极影响之前，少量镭盐被用于"黑暗中发光"的手表，如图所示的。发光不是直接由镭的放射性引起的，而是镭与发光物质结合，例如硫化锌，当它暴露在辐射下时会发光。假设有镭和硫化锌的纯样品。你如何确定硫化锌的发光是由 α、β 或 γ 辐射引起的呢？你能设计什么样的装置来利用发光来定量测量样品中的放射性活度？

第 **22** 章

非金属化学

我们在本章开始的图片中看到的一切都是由非金属组成。当然，水是 H_2O，而沙子主要成分是 SiO_2。肉眼不可见的空气中主要含有 N_2 和 O_2，其他非金属物质的含量非常少。棕榈树也主要由非金属元素组成。

在这一章中，我们将全面介绍非金属元素的作用规律，从氢开始，在元素周期表上一族一族地进行介绍。我们主要介绍氢、氧、氮、碳四种元素，因为这四种非金属构成了许多具有商业价值的化合物，它们占活细胞所需原子的99%。

当你学习元素的性质描述时，重要的是寻找规律而不是试图记住所呈现的事实。元素周期表是这项任务中最有价值的工具。

◀ 热带海滩。水、沙、空气和植物都是由非金属组成的。

22.1 | 周期性变化规律和化学反应

回想一下，我们可以把元素分为金属、类金属和非金属（见 7.6 节）。除氢这个特例外，非金属占据了元素周期表的右上角。这种元素的划分与图 22.1 中总结的性质趋势很好地联系在一起。例如，电负性在同一周期中从左向右逐渐增加，在同一主族中从上到下逐渐减小。因此非金属的电负性比金属大。这种差异导致了金属与非金属反应形成离子化合物（见 7.6 节、8.2 节和 8.4 节）。相反，两种或两种以上非金属反应形成的化合物通常是分子化合物（见 7.8 节和 8.4 节）。

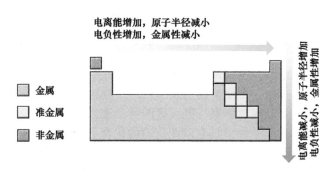

电离能增加，原子半径减小
电负性增加，金属性减小

□ 金属
□ 准金属
■ 非金属

电离能减小，原子半径增加
电负性减小，金属性增加

▲ 图 22.1 元素性质规律

非金属主族的第一个元素所表现出的化学性质可能在许多重要方面与相邻元素所表现出的化学性质不同。两个显著的差异如下：

- 第一个元素能够容纳更少的成键元素（见 8.7 节）。例如，氮最多可以和三个氯原子成键，NCl_3，而磷最多可以和五个氯原子成键，PCl_5。氮的体积小是造成这种差异的主要原因。
- 第一个元素更容易形成 π 键，因此形成双键和三键。这种趋势在一定程度上也是由原子的大小不同造成的，因为小原子可以彼此更接近。因此，p 轨道重合导致 π 键形成，这对每族的首个元素更有效（见图 22.2）。更有效的重叠意味着更强的 π 键，这反映在键焓上（见 5.8 节和 8.8 节）。例如，C—C 键和 C≡C 键的焓差约为 270kJ/mol（见表 8.3）。这个大数值反映了碳-碳 π 键的"强度"。另一方面，Si—Si 和 Si≡Si 键之间的焓差仅为 100kJ/mol，明显低于碳键，表明键合较弱。

正如我们将会看到的那样，π 键在碳、氮和氧化学中特别重要，因为它们都是本族的第一个元素。这些族中较重的元素都倾向于只形成单键。

第二周期元素形成 π 键的能力是决定这些元素形态的一个重要因素。例如，碳和硅。碳有五种主要的晶体*同素异形体*：金刚石、石墨、巴克明斯特-富勒烯、石墨烯和碳纳米管（见 12.7 节和 12.9 节）。金刚石是原子晶体，含有碳-碳 σ 键，但没有 π 键。碳的其他同素异形体的 π 键是由 p 轨道的横向重叠形成的。但是，单质硅只以类金刚石的原子晶体形式存在，它没有形成类似于石墨，巴克明斯特富勒烯，

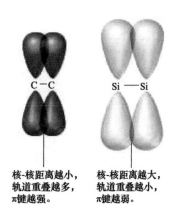

C—C   Si—Si

核-核距离越小，轨道重叠越多，π键越强。

核-核距离越大，轨道重叠越小，π键越弱。

▲ 图 22.2 第二周期和第三周期元素中的 π 键

实例解析 22.1
确定元素的性质

在 Li、K、N、P 和 Ne 五种元素中，哪种元素（a）电负性最强；（b）金属性最强；（c）在一个分子中能与四个以上原子成键；（d）最容易成键？

解析

分析 已知一个元素列表，要求预测与周期性变化规律相关的几个属性。

思路 可以利用图 22.1 和图 22.2 来指导我们找到答案。

解答

（a）由元素周期表的右上部分上移，电负性增加，不包括惰性气体。因此，N 是电负性最强的元素。

（b）金属性与电负性相反——元素的电负性越弱，其金属特性就越强。因此，金属性质最大的元素是 K，它最靠近元素周期表的左下角。

（c）非金属倾向于形成分子化合物，因此可以将选择范围缩小到周期表上的三种非金属：N、P 和 Ne。要形成 4 个以上的键，一种元素必须能够扩展它的价电子层，允许超过八隅体的电子围绕它。价壳层膨胀发生在第三周期及以下的元素；N 和 Ne 都处于第二周期，不发生价层膨胀。因此，答案是 P。

（d）第二周期的非金属比第三周期及以下的元素更容易形成 π 键。目前还没有已知的化合物含有与 Ne 的共价键。因此，N 是元素周期表中最容易形成 π 键的元素。

▶ **实践练习 1**

哪种说法正确地描述了氧和硫化学性质的不同？

（a）氧是非金属，硫是非金属。
（b）氧可以形成四个以上的键，而硫不能。
（c）硫的电负性比氧大。
（d）氧比硫更容易形成 π 键。

▶ **实践练习 2**

在 Be、C、Cl、Sb 和 Cs 这些元素中（a）哪个的电负性最低；（b）哪个的非金属性最强；（c）哪个最有可能形成 π 键参与广泛的键合；（d）哪个最有可能是准金属？

石墨烯，或碳纳米管的结构，显然是因为 Si—Si 的 π 键太弱了。

同样，由于碳和硅形成 π 键的相对能力不同，导致它们的二氧化物也有显著差异（见图 22.3）。CO_2 是一种含有 C＝O 双键的分子物质，而 SiO_2 是一种原子晶体，其中四个氧原子通过单键与每个硅原子结合，形成了实验式为 SiO_2 的扩展结构。

想一想

氮在自然界中以 $N_2(g)$ 的形式存在。你认为磷在自然界中会以 $P_2(g)$ 的形式存在吗？解释一下。

化学反应

由于 O_2 和 H_2O 在我们的环境中含量丰富，因此考虑这些物质与其他化合物的反应尤为重要。本章讨论的反应中约有三分之一涉及 O_2（氧化或燃烧反应）或 H_2O（特别是质子转移反应）。

燃烧反应中（见 3.2 节），含氢化合物产生 H_2O，含碳物质产生二氧化碳 CO_2（如果 O_2 的含量不足，在这种情况下 CO 甚至 C 也可能形成）。含氮化合物倾向于形成 N_2，但在特殊情况或极少情况下也可以形成 NO。说明这些观点的一个反应是：

$$4CH_3NH_2(g)+9O_2(g) \longrightarrow 4CO_2(g) + 10H_2O(g) + 2N_2(g) \quad (22.1)$$

H_2O、CO_2 和 N_2 的形成反映了这些物质的高热力学稳定性，表明 O—H，C＝O 和 N≡N 键的键能大（463、799 和 941kJ/mol）（见 5.8 节和 8.8 节）。

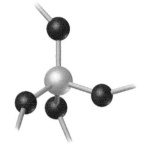

扩展的 SiO_2 晶格框架；Si 只形成单键

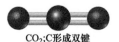

CO_2；C 形成双键

▲ 图 22.3 SiO_2 和 CO_2 的化学键对比

处理质子转移反应时，记住 Brønsted-Lowry 酸越弱，它的共轭碱就越强（见 16.2 节）。例如，H_2、OH^-、NH_3 和 CH_4 是非常弱的质子供体，在水中不倾向于充当酸。因此，从它们中除去一个或多个质子而形成的物质是非常强的碱。它们都很容易与水反应，从 H_2O 中除去质子形成 OH^-。两个代表性的反应是：

$$CH_3^-(aq) + H_2O(l) \longrightarrow CH_4(g) + OH^-(aq) \qquad (22.2)$$

$$N^{3-}(aq) + 3H_2O(l) \longrightarrow NH_3(aq) + 3OH^-(aq) \qquad (22.3)$$

实例解析 22.2

预测化学反应产物

预测下列各反应生成的产物，并写出平衡方程式：

（a）$CH_3NHNH_2(g) + O_2(g) \longrightarrow$?　　　（b）$Mg_3P_2(s) + H_2O(l) \longrightarrow$?

解析

分析　已知两个化学方程式的反应物，要求预测产物，然后配平方程式。

思路　需要检查反应物，看是否能识别出反应类型。在（a）中，碳化物与 O_2 反应，表明这是一个燃烧反应。在（b）中，水与离子化合物反应。P^{3-} 阴离子是强碱，H_2O 可以作为酸，所以反应物表明是酸碱（质子转移）反应。

解答

（a）根据碳化合物的元素组成，这个燃烧反应应产生 CO_2、H_2O 和 N_2：

$$2CH_3NHNH_2(g) + 5O_2(g) \longrightarrow 2CO_2(g) + 6H_2O(g) + 2N_2(g)$$

（b）Mg_3P_2 是离子型的，由 Mg^{2+} 和 P^{3-} 离子组成。P^{3-} 离子像 N^{3-} 一样对质子有很强的亲和力，与 H_2O 反应生成 OH^- 和 PH_3（PH_2^-、PH_2^- 和 PH_3 都是非常弱的质子供体）。

$$Mg_3P_2(s) + 6H_2O(l) \longrightarrow 2PH_3(g) + 3Mg(OH)_2(s)$$

$Mg(OH)_2$ 在水中溶解度低，容易沉淀。

▶ **实践练习 1**

当 CaC_2 与水反应时，形成的含碳化合物是什么？

（a）CO（b）CO_2（c）CH_4（d）C_2H_2（e）H_2CO_3

▶ **实践练习 2**

写出固体氢氧化钠与水反应的平衡方程式。

22.2 | 氢

因为氢在空气中燃烧会产生水，法国化学家安托万·拉瓦锡（见图 3.1）将其命名为氢，意思是"水的生产者"（希腊语：*hydro*，水；*gennao*，生产）。

氢是宇宙中最丰富的元素。它是太阳和其他恒星产生能量所消耗的核燃料（见 21.8 节）。已知宇宙质量的 75% 是氢，但它只占地球质量的 0.87%。我们星球上发现的大多数氢都与氧有关。水的氢含量占总质量的 11%，是氢含量最丰富的化合物。

氢的同位素

氢最常见同位素是 ^1_1H，其原子核由一个质子组成。这种同位素有时被称为**氕**[⊖]，占天然氢的 99.9844%。

已知的其他两种同位素是：^2_1H，其原子核包含一个质子和一个中子；^3_1H，其原子核包含一个质子和两个中子。^2_1H 同位素**氘**占天然氢的 0.0156%。它不具有放射性，在化学式中常以符号 D 来表

⊖ 给同位素起独特名字仅限于氢。由于氢的同位素在质量上有较大的差异，所以它们在性质上的差异明显大于较重元素的同位素。

示，如 D_2O（氧化氘），被称为重水。

因为氘原子的质量大约是氢原子的两倍，所以含氘物质的性质与氢及其类似物有所不同。例如，D_2O 的正常熔点和沸点分别为 3.81℃和 101.42℃，而 H_2O 的熔点和沸点分别为 0.00℃和 100.00℃。毫无疑问，25℃时，D_2O 的密度（1.104g/mL）大于 H_2O 的密度（0.997g/mL）。用氘取代氢（一种称为氘化的岩石）也会对反应速率产生较大的影响，这种现象称为*动力学同位素效应*。例如，由于样品中自然存在的少量 D_2O 电解速度比 H_2O 慢，因此在反应过程中富集。所以普通水的电解 $[2H_2O_2(l) \longrightarrow H_2(g) + O_2(g)]$ 可以得到重水。

第三种同位素 ^3_1H 具有放射性，其半衰期为 12.3 年：

$$^3_1H \longrightarrow \, ^3_2He + \, ^0_{-1}e \quad t_{1/2} = 12.3 \ yr \qquad (22.4)$$

由于氚的半衰期很短，所以只有微量的氚能自然存在。锂 -6 通过中子轰击可在核反应堆中合成该同位素：

$$^6_3Li + \, ^1_0n \longrightarrow \, ^3_1H + \, ^4_2He \qquad (22.5)$$

氘和氚在研究含氢化合物的反应中是很有用。一种化合物通过在分子的特定位置用氘或氚替换一个或多个普通氢原子来"标记"。通过比较标记原子在反应物和产物中的位置，可以推断出反应机理。例如，甲醇 CH_3OH 置于 D_2O 中，$O—H$ 键的 H 原子与 D 原子迅速交换，形成 CH_3OD，而—CH_3 的 H 原子不交换。本实验证明了 $C—H$ 键的动力学稳定性，而揭示了分子中 $O—H$ 键断裂和重新形成的速度。

氢的性质

氢是元素周期表中唯一不属于任意一族的元素。由于它的 $1s^1$ 电子构型，因此在周期表中通常位于锂的上方。但是，它绝对不是碱金属。它比任何碱金属都难形成正离子。氢原子的电离能是 1312kJ/mol，而锂的电离能是 520kJ/mol。

氢有时被放在元素周期表中卤素的上方，因为氢原子可以得到一个电子形成氢化物离子（H^-），它具有和氦相同的电子排布。但是，氢的电子亲和能 $E_A = -73kJ/mol$，没有卤素大。一般来说，氢与卤素的相似度并不比它与碱金属的相似度高。

在室温下。单质氢是无色，无味的双原子分子气体。我们可以称 H_2 为二氢，但它通常被称为分子氢或简单的氢。由于 H_2 是非极性的，只有两个电子，分子间的引力非常弱。所以其熔点和沸点都是非常低的，分别为 -259℃和 -253℃。

单键的 $H—H$ 键焓（436kJ/mol）是十分高的（见表 8.3）。相比之下，$Cl—Cl$ 键焓仅为 242kJ/mol。由于 H_2 有较强的键，所以室温下大部分涉及 H_2 的反应都很慢。但是，这种分子很容易被热、辐射或催化剂活化。这种活化通常会产生氢原子，而氢原子的反应性很强。一旦 H_2 被激活，就会迅速地与各种各样的物质发生放热的反应。

 想一想

如果 H_2 被激活产生 H^+，那么另一个产物应该是什么？

氢与包括氧在内的许多其他元素形成强的共价键；O — H 键熔是 463kJ/mol。强 O — H 键的形成使氢成为许多金属氧化物的有效还原剂。例如，当 H_2 通过加热的 CuO 时，就会产生铜：

$$CuO(s) + H_2(g) \longrightarrow Cu(s) + H_2O(g) \tag{22.6}$$

当 H_2 在空气中点燃时，会发生剧烈的反应形成 H_2O。含有 4% 体积 H_2 的空气具有潜在的爆炸性。氢 - 氧混合物的燃烧用于液体燃料火箭发动机，如航天飞机的发动机。氢和氧在低温下以液态形式储存。

氢气的制备

当实验室需要少量 H_2 时，通常由活性金属（如锌）与稀强酸（如 HCl 或 H_2SO_4）反应得到：

$$Zn(s) + 2H^+(aq) \longrightarrow Zn^{2+}(aq) + H_2(g) \tag{22.7}$$

甲烷与蒸汽在 1100℃反应生成大量的 H_2。这个过程包括两个反应：

$$CH_4(g) + H_2O(g) \longrightarrow CO(g) + 3H_2(g) \tag{22.8}$$

$$CO(g) + H_2O(g) \longrightarrow CO_2(g) + H_2(g) \tag{22.9}$$

碳与水加热到 1000℃是 H_2 的另一个来源：

$$C(s) + H_2O(g) \longrightarrow H_2(g) + CO(g) \tag{22.10}$$

这种混合物称为水煤气，可用作工业燃料。

电解水消耗能量过高，因此电解水生产 H_2 的商业成本太高。但是，H_2 是电解盐水（NaCl）溶液制备商业 Cl_2 和 NaOH 过程的副产物：

$$2NaCl(aq) + 2H_2O(l) \xrightarrow{\text{电解}} H_2(g) + Cl_2(g) + 2NaOH(aq) \tag{22.11}$$

 想一想

式 22.7~ 式 22.11 中氢原子的氧化态是什么?

深入探究 氢经济

氢和氧的反应是强放热的：

$$2H_2(g)+O_2(g) \longrightarrow 2H_2O(g) \quad \Delta H = -483.6kJ \tag{22.12}$$

由于 H_2 具有低的摩尔质量和高的燃烧熵，所以它的能量密度高。（也就是说，每克氢燃烧产生高的能量）。这个反应的唯一产物是水蒸气，这意味着氢比化石燃料更环保。因此，广泛使用氢作为燃料的前景是诱人的。此外，氢可作为氢燃料电池的燃料，提高其使用效率（见 20.7 节）。"氢经济"一词用来描述以氢作为代替化石燃料的一种概念，为了发展氢经济，必须大规模生产单质氢，并解决其运输和储存的问题。这些问题带来了重大的技术挑战。

图 22.4 阐述了 H_2 燃料的各种来源和用途。原则上通过电解水产生 H_2 是最清洁的路线，因为这个过程—式（22.11）的逆反应—仅产生氢气和氧气（见图 1.7 和 20.9 节）。但是，电解水所需的能量必须来

自某个地方。如果通过燃烧化石燃料来产生这种能源，我们并没有向真正的氢经济迈进多少。如果电解的能量来自水电或核电站、太阳能电池或风力发电机，就可以避免不可再生能源的消耗和不被希望的二氧化碳产生。

氢的储存是发展氢经济必须克服的另一个技术障碍。尽管 $H_2(g)$ 的质量能量密度较高，但体积能量密度较低。因此，与氢所提供的能量相比，将氢储存为气体需要很大的体积。还有与处理和储存这种气体有关的安全问题，它燃烧时可能会发生爆炸。目前正在研究以各种氢化物（如 $LiAlH_4$）的形式储存氢，以减少体积和提高安全性。但是，这种方法的一个问题是，这种化合物的体积能量密度高，而质量能量密度低。

相关练习：22.27，22.28，22.93

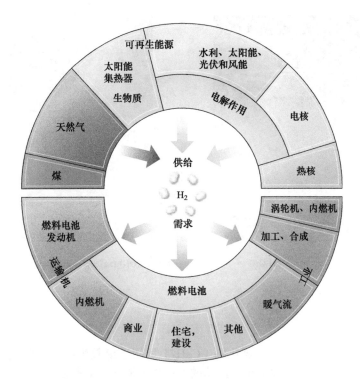

▲ 图 22.4 氢经济将需要从各种来源生产氢，并将氢用于与能源有关的应用

氢的使用

氢具有重要的商业价值。大约一半的氢气被用于哈伯法合成氨（见 15.2 节）。剩余的大部分氢用作将石油中高分子量的碳氢化合物转化为适合燃料（汽油、柴油等）的低分子量碳氢化合物，这个过程称为*裂解*。氢气和一氧化碳在高温高压下通过催化反应还可以用于制备甲醇：

$$CO(g) + 2H_2(g) \longrightarrow CH_3OH(g) \qquad （22.13）$$

二元氢化合物

氢与其他元素反应生成三种化合物：（1）离子氢化物；（2）金属氢化物；（3）分子氢化物。

离子氢化物是由碱金属和较重的金属（Ca，Sr 和 Ba）形成的。这些活性金属的电负性比氢小得多（见图 8.8）。因此，氢从它们那里获得电子，形成氢化物离子（H^-）：

$$Ca(s) + H_2(g) \longrightarrow CaH_2(s) \qquad （22.14）$$

离子氢化物的碱性很强，容易与弱酸性的质子化合物反应形成 H_2，如图 22.5 所示。方程式如下：

$$H^-(aq) + H_2O(l) \longrightarrow H_2(g) + OH^-(aq) \qquad （22.15）$$

因此，离子氢化物可以作为氢气的便利（尽管昂贵）来源。

图例解析

下列反应是放热的。右边的烧杯比左边的烧杯热还是冷？

$CaH_2(s) + 2H_2O(l) \longrightarrow Ca(OH)_2(aq) + 2H_2(g)$

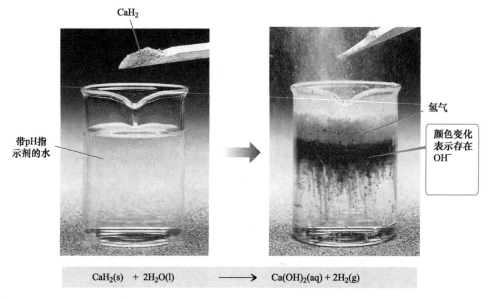

▲ 图 22.5 CaH_2 与水的反应

氢化钙（CaH_2）可用于给救生筏、气象气球等充气，其中需要简单、压缩的方法产生氢气（见图 22.5）。

金属氢化物是由氢与过渡金属反应而形成的。这些化合物之所以如此命名，是因为它们保留了过渡金属的金属特性。在许多金属氢化物中，金属原子与氢原子的比例不是固定的，也不是小的整数。根据反应条件的不同，其组成可以在一定范围内变化。例如，TiH_2 可以生成，但是通常合成的是 $TiH_{1.8}$。这些非化学计量的金属氢化物有时被称为**间质氢化物**。由于氢原子足够小，它可以在金属原子所占据的位置之间放置，许多金属氢化物的性质就像间隙合金一样（见 12.3 节）。

图例解析

哪个氢化物热力学最稳定？哪个热力学最不稳定？

4A	5A	6A	7A
$CH_4(g)$ −50.8	$NH_3(g)$ −16.7	$H_2O(l)$ −237	HF(g) −271
$SiH_4(g)$ +56.9	$PH_3(g)$ +18.2	$H_2S(g)$ −33.0	HCl(g) −95.3
$GeH_4(g)$ +117	$AsH_3(g)$ +111	$H_2Se(g)$ +71	HBr(g) −53.2
	$SbH_3(g)$ +187	$H_2Te(g)$ +138	HI(g) +1.30

▲ 图 22.6 氢化物分子的标准生成自由能 所有的值都是千焦每摩尔氢化物

在标准条件下，由非金属和金属形成的**分子氢化物**可以是气体，也可以是液体。图 22.6 列出了简单分子氢化物及其标准生成自由能，ΔG_f^0（见 19.5 节）。在每一族中，热稳定性（测量为 ΔG_f^0）由上到下逐渐降低。（回想一下，在标准条件下，一个化合物相对其元素越稳定，ΔG_f^0 就越负）。

22.3 | 8A 族：惰性气体

8A 族元素是化学惰性的。事实上，我们对这些元素的认识都与它们的物理性质有关，就像我们讨论的分子间作用力一样（见 11.2 节）。这些元素的相对惰性是由于完整的八电子价电子层的存在（除了 He，它只有一个充满 1s 层）。这种排列的稳定性反映在 8A 族元素的高电离能上（见 7.4 节）。

8A 元素在室温下都是气体。它们是地球大气层的组成部分，氡除外，它只是一种寿命短的放射性同位素（见 21.9 节）。只有氩相对丰富（见表 18.1）。

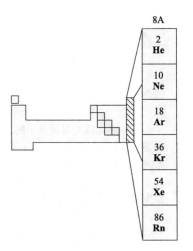

氖、氩、氪和氙用于照明、显示器和激光应用，在这些应用中，原子被电激发，处于较高能量状态的电子在返回基态时发出光（见 6.2 节）。氩也被用作保护气，以防止焊接和某些高温冶金过程中的氧化。

在很多方面氦是最重要惰性气体。液氦用作极低温度进行实验的冷却剂。氦在 4.2K 和 1atm 条件下会沸腾，在所有物质中沸点是最低的。在许多偏远的天然气井中，它的浓度相对较高。

惰性气体化合物

由于惰性气体非常稳定，它们只有在严格的条件下才会发生反应。我们认为较重的原子最有可能形成化合物，因为它们的电离能较低（见图 7.10）。较低的电离能表明有可能与另一个原子共用电子，从而形成化学键。此外，由于 8A 族元素（氦除外）的价电子壳层中已经含有 8 个电子，所以共价键的形成需要一个膨胀的价电子壳层。价电子层膨胀最容易发生在较大的原子上（见 8.7 节）。

1962 年报道了第一个惰性气体化合物。这一发现引起了轰动，因为它打破了人们对惰性气体元素是惰性的观点。最初的研究涉及氙与氟的结合，我们认为氟元素从另一个原子中夺取电子时最活跃。自此以后，化学家们开始合成一些含氟和氧的氙化合物（见表 22.1）。氟化物 XeF_2，XeF_4 和 XeF_6 是由元素直接反应生成的。通过改变反应物的比例和反应条件，可以得到这三种化合物中的一种。当氟化物与水反应时生成含氧化合物，例如，

$$XeF_6(s) + 3H_2O(l) \longrightarrow XeO_3(aq) + 6HF(aq) \qquad (22.16)$$

其他的惰性气体元素比氙更难形成化合物。多年来，仅一个二元的氪化合物 KrF_2，为人所知，但它在 -10℃会分解为氪元素。氪的其他化合物可以在非常低的温度（40K）下被分离出来。2000 年，氩化合物 HArF 被发现，但它只能存在于极低温度下的氩基质中。

表 22.1　氙化合物的性质

化合物	Xe 的氧化态	熔点 /℃	$\Delta H_f^\circ/(kJ/mol)^a$
XeF_2	+2	129	−109(g)
XeF_4	+4	117	−218(g)
XeF_6	+6	49	−298(g)
$XeOF_4$	+6	−41 ~ −28	+146(l)
XeO_3	+6	—[b]	+402(s)
XeO_2F_2	+6	31	+145(s)
XeO_4	+8	—[c]	—

[a] 25℃，在指定状态下的化合物。

[b] 固体，40℃分解。

[c] 固体，−40℃分解。

实例解析 22.3
预测分子结构

使用 VSEPR 模型预测 XeF_4 的结构。

解析

分析 只能用分子式来预测几何结构。

思路 必须先写出分子的 Lewis 结构。然后计算 Xe 原子周围的电子对（域）数目，并使用这个数目和键数来预测几何形状。

解答 有 36 个价电子（8 个来自氙，7 个来自氟）。如果形成 4 个 Xe-F 单键，每个氟原子就满足八隅体了。氙的价电层有 12 个电子，所以我们期望 6 个电子对呈现八面体排列。其中两个是非键电子对，因为非键电子对比价电子对需要更大的体积（见 9.2 节）。因此预测非键电子对处于对位是合理的。预测的结构为平面四边形，如图 22.7 所示。

注解 实验确定的结构与预测的相一致。

▲ 图 22.7　四氟化氙

▶ **实践练习 1**

对含 XeF_3^+ 的化合物进行表征。

描述这个离子的电子域几何结构和分子几何结构。

（a）平面三角形，平面三角形（b）四面体，三角锥（c）三角双锥，T 形（d）四面体，四面体（e）八面体，平面四边形

▶ **实践练习 2**

描述 KrF_2 的电子域几何结构和分子几何结构。

22.4 ｜ 7A 族：卤素

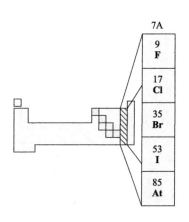

7A 族卤素元素，外层电子构型为 ns^2np^5，其中 n 从 2 到 6。卤素具有较大的负电子亲和力（见 7.5 节），它们通常通过得到一个电子来实现稀有气体的构型，从而导致其氧化态为 −1。氟是电负性最强的元素，Cl 在化合物中价态仅为 −1。其他卤素与电负性更强的原子（如 O）结合时表现出 +7 的正氧化态。在正氧化态中，卤素往往是很好的氧化剂，容易接受电子。

氯、溴和碘以卤化物的形式存在于海水和盐沉积物中。氟存在萤石矿物（CaF_2），冰晶石（Na_3AlF_6）和氟磷灰石 $[Ca_5(PO_4)_3F]$ 中。$^\ominus$ 只有萤石是氟重要的商业来源。

砹的所有同位素都具有放射性。寿命最长的是砹 −210，其半衰期为 8.1h，主要通过电子捕获进行衰变。由于砹的不稳定性，人们对它的化学性质知之甚少。

卤素的性质和制备

从氟到碘，卤素的大部分性质都呈现规律地变化（见表 22.2）。

在一般条件下，卤素以双原子分子的形式存在。分子通过色散力结合成固体或液体（见 11.2 节）。由于 I_2 是最大的、极化率最高的卤素分子，所以 I_2 分子间的作用力是最强的。因此，I_2 的熔点和沸点最高。在室温和 1atm 下，I_2 是紫色固体，Br_2 是红棕色液体，Cl_2 和 F_2 是气体（见图 7.28）。氯在室温下压缩后容易液化，通常以液态形式加压储存和处理在钢制容器中。

$\ominus$ 矿物是自然界存在的固体物质。通常是以它们的通用名而不是化学名被认识的。我们所知道的岩石只不过是不同矿物的集合体。

表 22.2　卤素的一些性质

性质	F	Cl	Br	I
原子半径 /Å	0.57	1.02	1.20	1.39
离子半径，X^-/Å	1.33	1.81	1.96	2.20
第一电离能 /(kJ/mol)	1681	1251	1140	1008
电子亲和能 /(kJ/mol)	−328	−349	−325	−295
电负性	4.0	3.0	2.8	2.5
X—X 单键焓 /(kJ/mol)	155	242	193	151
还原电位 /V :				
$\frac{1}{2}X_2(aq) + e^- \longrightarrow X^-(aq)$	2.87	1.36	1.07	0.54

图例解析

与 H_2O 相比，Br_2 和 I_2 在 CCl_4 中的溶解性是高还是低？

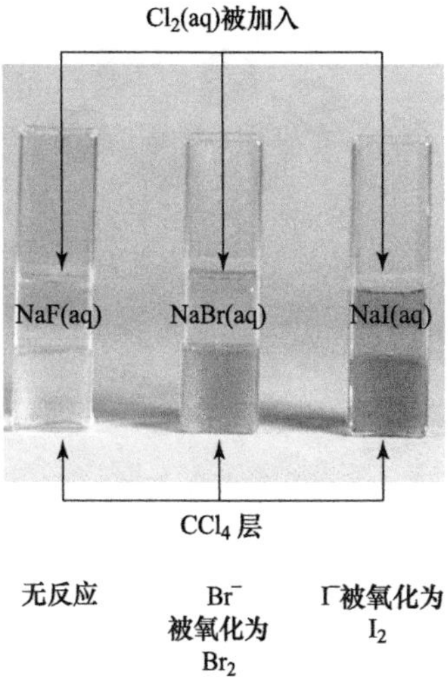

▲ 图 22.8　四氯化碳存在时，Cl_2 与 NaF，NaBr 和 NaI 水溶液的反应　每个小瓶的上层液体是水；底部的液体是四氯化碳。添加到小瓶中的 Cl_2(aq) 是无色的。四氯化碳层中棕色表示存在 Br_2，而紫色表示存在 I_2

F_2 相对较低的键焓（155kJ/mol）部分地解释了氟元素的极端反应性。由于它的高反应活性，所以 F_2 难以自由存在。某些金属，如铜和镍，可以被用来盛装 F_2，因为它们的表面形成了一层金属氟化物的保护层。氯和较重的卤素也具有活性，但活性不如氟。

由于卤素具有很高的电负性，容易从其他物质中获得电子，从而起到氧化剂的作用。卤素的氧化能力（由标准还原电位表示）在元素周期表中自上而下依次降低。因此，给定的卤素能够氧化它下面的卤化物阴离子。例如，Cl_2 能氧化 Br^- 和 I^-，但不能氧化 F^-，如图 22.8 所示。

注意表 22.2 中 F_2 的标准还原电位异常高。因此，气体氟很容易氧化水：

$$F_2(aq) + H_2O(l) \rightarrow 2HF(aq) + \frac{1}{2}O_2(g) \quad E° = 1.80V \qquad (22.17)$$

氟不能通过电解氧化氟盐的水溶液来制备，因为水比 F^- 更容易被氧化（见 20.9 节）。实际上，该元素是通过无水 HF 中电解 KF 溶液而形成。

氯主要通过氯化钠熔盐或水溶液电解产生。工业制取溴和碘都是从含有卤化物离子的卤水中获得的，该反应由 Cl_2 作为氧化剂。

实例解析 22.4
预测卤素间的化学反应

如果有的话，写出下列反应的平衡方程式，（a）I^-(aq) 和 Br_2(l)（b）Cl^-(aq) 和 I_2(s)

解析

分析　要求确定当特定的卤化物和卤素结合时是否会发生反应。

思路　给定的卤素能够氧化元素周期表中它下面的卤素阴离子。因此，在每一对卤素中，原子序数较小的卤素最终成为卤素离子。如果原子序数较小的卤素已经是卤素离子，则不会反应。因此，决定反应是否发生的关键是确定元素周期表中元素的位置。

解答

（a）Br_2 可以氧化元素周期表中它下面的卤素阴离子（除去电子）。因此，它能氧化 I^-：

$$2I^-(aq) + Br_2(l) \longrightarrow I_2(s) + 2Br^-(aq)$$

（b）Cl^- 是元素周期表中位于碘上面的卤素阴离子。因此，I_2 不能氧化 Cl^-，不会发生反应。

▶ **实践练习 1**

下面哪种物质能氧化 Cl^-？

（a）F_2

（b）F^-

（c）Br_2 和 I_2 都可以

（d）Br^- 和 I^- 都可以

▶ **实践练习 2**

写出 Br^-(aq) 和 Cl_2(aq) 反应的化学平衡方程式。

▲ 图 22.9　一种氟碳聚合物特氟龙®的结构

卤素的用途

　　氟可用来制备氟碳化合物—非常稳定的碳－氟化合物，可用作制冷剂、润滑剂和塑料。特氟龙®（见图 22.9）是一种氟碳聚合物，以其高热稳定性和缺乏化学反应性而闻名。

　　氯是目前商业上最重要的卤素。大约一半的氯用来制造含氯的有机化合物，例如用来制造聚氯乙烯（PVC）塑料的氯乙烯（C_2H_3Cl）（见 12.8 节）。其余的大部分用作造纸和纺织工业的漂白剂。

　　当 Cl_2 在冷的稀碱中溶解后，会转变成 Cl^- 和次氯酸盐（ClO^-）：

$$Cl_2(aq) + 2OH^-(aq) \rightleftharpoons Cl^-(aq) + ClO^-(aq) + H_2O(l) \quad （22.18）$$

　　许多液体漂白剂的活性成分是次氯酸钠（NaClO）。氯也被用于水处理，水中细菌被氧化，从而杀死细菌（见 18.4 节）。

　　碘的一种常见用途是食盐中的碘化钾。碘盐提供了我们饮食中所需的少量碘，对甲状腺激素的形成至关重要。饮食中缺乏碘会导致甲状腺肿大，这种情况称为*甲状腺肿*。

卤化氢

　　所有的卤素与氢形成稳定的双原子分子。卤化氢可以通过元素的直接反应形成。

　　卤化氢在水中溶解时形成氢卤酸溶液。这些溶液具有酸的特性，例如与活性金属反应生成氢气（见 4.4 节）。氢氟酸也容易与二氧化硅（SiO_2）和硅酸盐反应，形成六氟硅酸（H_2SiF_6）：

$$SiO_2(s) + 6HF(aq) \longrightarrow H_2SiF_6(aq) + 2H_2O(l) \quad （22.19）$$

卤代化合物

　　由于卤素以双原子分子的形式存在，所以存在由两个不同卤素原子组成的双原子分子。这些化合物是两个卤素元素之间形成**卤代化合物**（如 ClF 和 IF_5）的最简单示例。

　　绝大多数高卤代化合物的中心都是一个被氟原子包围的氯原子、溴原子或碘原子。尺寸较大的碘原子可以形成 IF_3、IF_5 和 IF_7，其中碘的氧化态分别为 +3，+5 和 +7。由于溴和氯原子较小，仅能形成含 3 或 5 氟化物。外层不是氟原子的唯一高卤代化合物是 ICl_3 和 ICl。尺寸较大的碘原子可以容纳五个氯原子，而溴的大小不足以允许 $BrCl_3$ 的形成。所有的卤代化合物都是强氧化剂。

含氧酸和含氧阴离子

　　表 22.3 总结了已知卤素含氧酸的分子式及其命名方法⊖（见 2.8 节）。含氧酸的酸强度随着中心卤素原子氧化态的增加而增强。

⊖氟形成含氧酸，HOF。由于氟的电负性大于氧的电负性，因此必须考虑在该化合物中氟的氧化态是 -1 而氧的氧化态是 0。

表 22.3　稳定的卤素含氧酸

酸的化学式				
卤素的氧化态	Cl	Br	I	酸的名称
+1	HClO	HBrO	HIO	次卤酸
+3	$HClO_2$	—	—	亚卤酸
+5	$HClO_3$	$HBrO_3$	HIO_3	卤酸
+7	$HClO_4$	$HBrO_4$	HIO_4	高卤酸

　　所有的含氧酸都是强氧化剂。从含氧酸中除去 H^+ 而形成的含氧阴离子一般比含氧酸更稳定。次氯酸盐由于 ClO^- 的强氧化性而被用作漂白剂和消毒剂。氯酸盐同样具有很强的反应活性。例如，氯酸钾被用来制作火柴和烟花。

 想一想

　　你认为哪种氧化剂的氧化性更强，$NaBrO_3$ 或 $NaClO_3$?

　　高氯酸及其盐类是最稳定的含氧酸和含氧阴离子。高氯酸稀溶液是相当安全的，而且许多高氯酸盐是稳定的，除非与有机物质加热。但是，加热时高氯酸盐会成为强氧化剂。因此，在处理这些物质时应小心谨慎，避免高氯酸盐与易氧化物质的接触是至关重要的。航天飞机固体助推器中使用高氯酸铵（NH_4ClO_4）作为氧化剂，证明了高氯酸盐的氧化能力。固体推进剂是含有 NH_4ClO_4 和还原剂铝粉的混合物。每次航天飞机发射需要大约 6×10^5kg（700t）的 NH_4ClO_4（见图 22.10）。

22.5 | 氧

　　在许多化合物中氧可以与其他元素结合在一起——水（H_2O）、二氧化硅（SiO_2）、三氧化二铝（Al_2O_3）和氧化铁（Fe_2O_3，Fe_3O_4）就是明显的例子。事实上，氧是地壳和人体中质量最丰富的元素（见 1.2 节）。它是食物新陈代谢的氧化剂，对人类生活至关重要。

氧的性质

　　氧有两种同素异形体，O_2 和 O_3。当我们说分子氧或简单的氧时，通常理解为我们说的是双氧（O_2），它是氧元素的正常形式，O_3 是臭氧。

　　室温下，双氧是无色无味的气体。双氧仅微溶于水（0.04g/L 或 25℃下为 0.001M），但水中存在的氧气对海洋生物至关重要。

　　氧原子的电子构型是 [He]$2s^22p^4$。因此，氧可以通过得到两个电子形成氧离子（O^{2-}）或通过共用两个电子来完成它的八价电子构型。在其共价化合物中，它倾向于形成两个单键，比如 H_2O，或者双键，比如甲醛 $H_2C{=}O$。O_2 分子含有一个双键，且 O_2 中的双键非常强（键焓为 495kJ/mol）。

　　氧也与许多其他元素形成强的键。因此，许多含氧化合物在热力学上比 O_2 更稳定。但是，在没有催化剂的情况下，O_2 的大多数反应都有很高的活化能，因此需要高温才能以合适的速率进行。一旦放热反应充分开始，它可能会迅速加速，产生爆炸性的剧烈反应。

$$10Al(s) + 6NH_4ClO_4(s) \longrightarrow$$
$$4Al_2O_3(s) + 2AlCl_3(s)$$
$$+ 12H_2O(g) + 3N_2(g)$$

产生的大量气体为助推火箭提供推力

▲ 图 22.10　从肯尼迪航天中心发射的*哥伦比亚号航天飞机*

$$2C_2H_2(g) + 5O_2(g) \longrightarrow$$
$$4CO_2(g) + 2H_2O(g);$$
$$\Delta H° = -2510kJ$$

▲ 图 22.11 用氧乙炔焊枪焊接

氧的制备

几乎所有的商用氧气都是从空气中获取的。氧气的正常沸点为 $-183℃$，而空气的另一个主要成分 N_2 的沸点为 $-196℃$。因此，当空气被液化并加热时，N_2 就会蒸发，留下主要受到少量 N_2 和 Ar 污染的液态 O_2。

大气中的大部分氧气是通过光合作用补充的，在光合作用中，绿色植物利用太阳光的能量从大气的二氧化碳中产生 O_2（以及葡萄糖，$C_6H_{12}O_6$）：

$$6CO_2(g) + 6H_2O(l) \longrightarrow C_6H_{12}O_6(aq) + 6O_2(g) \qquad （22.20）$$

氧气的用途

工业用途中，氧气仅次于硫酸（H_2SO_4）和氮气（N_2）。氧气是目前工业上应用最广泛的氧化剂。产生的氧气有一半以上用于钢铁工业，主要用于去除钢铁中的杂质。它也被用来漂白纸浆和纸张（有色化合物的氧化通常产生无色的产物）。氧气与乙炔（C_2H_2）一起用于氧乙炔焊接（见图 22.11）。

C_2H_2 和 O_2 之间的反应是强放热的，产生的温度超过 $3000℃$。

臭氧

臭氧是一种淡蓝色的有毒气体，有强烈的刺激性气味。但空气中臭氧的含量仅为 0.01ppm。暴露在 0.1 ~ 1ppm 的臭氧环境下会导致头痛、眼睛灼伤和呼吸道发炎。

O_3 分子具有在 3 个氧原子上非定域的 π 电子（见 8.6 节）。这种分子很容易分解，形成活性氧原子：

$$O_3(g) \longrightarrow O_2(g) + O(g) \quad \Delta H°=105kJ \qquad （22.21）$$

臭氧是一种氧化性比氧气强的氧化剂。臭氧在 O_2 不发生反应的条件下与许多元素形成氧化物。事实上，它能氧化除金和铂以外的所有普通金属。

臭氧可以由干燥的氧气通电制备。在雷暴期间，雷击会产生臭氧（如果你离雷击太近，会闻到臭氧的味道）：

$$3O_2(g) \xrightarrow{\text{通电}} 2O_3(g) \quad \Delta H°=285kJ \qquad （22.22）$$

臭氧有时用来处理饮用水。像 Cl_2 一样，臭氧可以杀死细菌并氧化有机物。然而，臭氧的最大用途是在制备药物、合成润滑油和其他商业用途的有机化合物，臭氧作用是切断碳 - 碳双键。

臭氧是上层大气的一个重要组成部分，它能屏蔽紫外线辐射，从而保护我们免受这些高能射线的影响。因此，平流层臭氧的消耗是一个重要的科学问题（见 18.2 节）。在低层大气中，臭氧被认为是一种空气污染物，是烟雾的主要成分（见 18.2 节）。由于臭氧的氧化能力，它会破坏生命系统和结构性材料，特别是橡胶。

氧化物

氧的电负性仅次于氟。因此，氧在除 OF_2 和 O_2F_2 外的所有化合物中都呈现负的氧化态。

-2 氧化态是目前最常见的。在这种氧化状态下含有氧的化合物叫作*氧化物*。非金属可以形成共价氧化物，它们大多是熔点和沸点较低的简单分子。但是，SiO_2 和 B_2O_3 都具有扩展结构。大多数非金属氧化物与水结合产生含氧酸。例如，二氧化硫（SO_2）溶于水生成亚硫酸（H_2SO_3）：

$$SO_2(g) + H_2O(l) \longrightarrow H_2SO_3(aq) \qquad (22.23)$$

这一反应以及 SO_3 与 H_2O 形成 H_2SO_4 的反应是酸雨发生的主要原因（见 18.2 节）。二氧化碳与 H_2O 发生类似反应生成碳酸（H_2CO_3），这是造成苏打水呈酸性的原因。与水反应形成酸的氧化物称为**酸酐**（酸酐的意思是"无水"）或**酸性氧化物**。一些非金属氧化物，特别是低氧化态的非金属氧化物——如 N_2O，NO 和 CO——不与水反应，也不是酸酐。

想一想

I_2O_5 与水反应生成什么酸?

大多数金属氧化物是离子化合物。其溶解在水中形成氢氧化物，因此被称为**碱性酸酐**或**碱性氧化物**。例如，氧化钡与水反应生成氢氧化钡（见图 22.12）。这类反应是由于 O^{2-} 的强碱性及其在水中几乎完全水解：

$$O^{2-}(aq) + H_2O(l) \longrightarrow 2OH^-(aq) \qquad (22.24)$$

即使是那些不溶于水的离子氧化物也会溶解在强酸中。例如，氧化铁（Ⅲ）溶解于酸中：

$$Fe_2O_3(s) + 6H^+(aq) \longrightarrow 2Fe^{3+}(aq) + 3H_2O(l) \qquad (22.25)$$

在涂上锌或锡的保护层之前，该反应用于去除铁或钢上的铁锈（$Fe_2O_3 \cdot nH_2O$）。

能同时表现酸性和碱性的氧化物称为*两性氧化物*（见 17.5 节）。如果金属形成不止一种的氧化物，氧化物的碱性随着金属氧化态的增加而降低（见表 22.4）。

图例解析 下列反应是氧化还原反应吗?

含有指示剂的 H_2O

粉红色表示是碱性溶液

$$BaO(s) + H_2O(l) \longrightarrow Ba(OH)_2(aq)$$

▲ 图 22.12 碱性氧化物与水反应

$4KO_2(s) + 2H_2O(l，来自呼吸)\longrightarrow$
$4K^+(aq) + 4OH^-(aq) + 3O_2(g)$
$2OH^-(aq) + CO_2(g，来自呼吸)\longrightarrow$
$H_2O(l) + CO_3^{2-}(aq)$

▲ 图 22.13 自给式呼吸器

表 22.4 氧化铬的酸碱性质

氧化物	Cr 的氧化态	氧化物的性质
CrO	+2	碱性
Cr_2O_3	+3	两性
CrO_3	+6	酸性

过氧化物和超氧化物

含有 O — O 键和氧为 –1 氧化态的化合物是过氧化物。在 O_2^- 中氧的氧化态为 $-\frac{1}{2}$，称为超氧离子。最活跃（易氧化）的金属（K、Rb 和 Cs）与 O_2 反应生成超氧化物（KO_2、RbO_2 和 CsO_2）。它们在元素周期表中的活性相邻元素（Na、Ca、Sr 和 Ba）与 O_2 反应，生成过氧化物（Na_2O_2、CaO_2、SrO_2 和 BaO_2）。活性较低的金属和非金属形成正常的氧化物（见 7.6 节）。超氧化物溶于水，会产生 O_2：

$$4KO_2(s) + 2H_2O(l) \longrightarrow 4K^+(aq) + 4OH^-(aq) + 3O_2(g) \quad （22.26）$$

基于这个反应，救援人员戴的口罩中以超氧化钾作为氧气源（见图 22.13）。为了在有毒环境中正常呼吸，面罩中必须产生氧气，同时消除面罩中呼出的二氧化碳。呼吸产生的水使 KO_2 分解为 O_2 和 KOH，KOH 从呼出气中除去 CO_2：

$$2OH^-(aq) + CO_2(g) \longrightarrow H_2O(l) + CO_3^{2-}(aq) \quad （22.27）$$

过氧化氢（见图 22.14）是最常见和最具商业价值的过氧化物。纯的过氧化氢是一种透明的糖浆状液体，在 –0.4℃ 融化。由于浓缩的过氧化氢分解成水和氧的反应会释放大量的热，因此是具有危险的反应：

$$2H_2O_2(l) \longrightarrow 2H_2O(l) + O_2(g) \quad \Delta H° = -196.1kJ \quad （22.28）$$

这是**歧化反应**的一个例子，其中一种元素同时被氧化和还原。氧的氧化态由 –1 变为 –2 和 0。

双氧水作为一种化学试剂可投入市场，其在水溶液中的质量分数可达 30%。而含质量分数为 3% H_2O_2 的溶液可在药店出售，可用作温和的防腐剂。更高浓度的溶液可用于漂白织物。

过氧化氢离子是新陈代谢的副产物，这是由 O_2 被还原造成的。人体利用过氧化物酶和过氧化氢酶等酶来处理这种活性离子。

22.6 | 其他 6A 族元素：S、Se、Te 和 Po

其他 6A 族元素是硫、硒、碲和钋。在这些元素中，硫是最重要的，而钋则是最不重要的，因为它没有稳定的同位素，只能在微量的镭矿物中被发现。

6A 族元素具有常规的电子构型 ns^2np^4，n 在 2 ~ 6 之间。因此，这些元素通过得到 2 个电子呈现惰性气体的电子构型，从而得到 –2 的氧化态。除了氧以外，6A 族元素的氧化态通常为 +6，且它们具有膨胀的价电层。因此，我们得到了中心原子为 +6 氧化态的 SF_6、SeF_6、TeF_6 等化合物。

▽ **图例解析**

H_2O_2 有偶极矩吗？

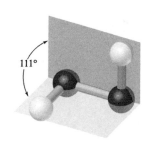

111°

▲ 图 22.14 气相过氧化氢的分子结构 O—H 键与每个 O 原子的孤对电子的排斥作用限制了 O—O 单键的自由旋转

表 22.5 总结了 6A 族元素的一些性质。

表 22.5　6A 族元素的性质

性质	O	S	Se	Te
原子半径 /Å	0.66	1.05	1.21	1.38
X^{2-} 离子半径 /Å	1.40	1.84	1.98	2.21
第一电离能 / (kJ/mol)	1314	1000	941	869
电子亲和能 / (kJ/mol)	-141	-200	-195	-190
电负性	3.5	2.5	2.4	2.1
X—X 单键焓 / (kJ/mol)	146[①]	266	172	126
酸性溶液中还原为 H_2X 的氧化还原电位 /V	1.23	0.14	-0.40	-0.72

① 基于 H_2O_2 中 O—O 的键焓。

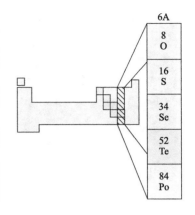

S、Se 和 Te 的存在与制备

硫、硒和碲都可以从地球上开采。大型地下矿床是单质硫的主要来源（见图 22.15）。硫也广泛存在于硫化物（S^{2-}）和硫酸盐（SO_4^{2-}）矿物中。作为煤炭和石油的一个次要成分，它的存在造成了一个严重的问题。燃烧这些"不清洁"的燃料会导致严重的硫氧化物污染（见 18.2 节）。因此许多努力都集中在除硫上，这些努力增加了硫的可利用性。

硒和碲主要存在于稀有矿物中，如 Cu_2Se、$PbSe$、Cu_2Te 和 $PbTe$，且在铜、铁、镍和铅的硫化物矿石中作为次要成分存在。

▲ 图 22.15　每年从地球上提炼大量的硫

S、Se 和 Te 的性质与用途

单质硫呈黄色、无味，几乎没有气味。它不溶于水，存在几种同素异形体。室温下热力学稳定的形式是正交硫，它由折叠的 S_8 环组成，每个硫原子形成两个键（见图 7.27）。

美国每年生产的大部分硫都用来制造硫酸。硫也用于硫化橡胶，这是一种通过在聚合物链之间引入交联使橡胶增韧的工艺（见 12.8 节）。

硒被用于光电管和光度计中，因为它的电导率在光照下会大大增加。影印机也利用了硒的光电导率性质。影印机的皮带或硒鼓上涂有一层硒薄膜，这个硒鼓是带静电的，然后暴露在影印图像反射出来的光下。电荷从硒薄膜被暴露在光照下导电的区域流出。黑色粉末（碳粉）只会粘在带电的区域，当墨粉被转移到白纸上时，影印就完成了。

硫

当其他元素的电负性小于硫时，会形成含 S^{2-} 形式的*硫化物*。许多金属元素以硫化矿的形式存在，如 PbS（方铅矿）和 HgS（朱砂）。一系列含有二硫离子 S_2^{2-}（类似于过氧化物离子）的相关矿石称为*黄铁矿*。黄铁矿 FeS_2，是一种金黄色的立方晶体（见图 22.16）。由于采矿者偶尔会把它误认为黄金，所以黄铁矿常被称

▲ 图 22.16　黄铁矿（FeS_2，右侧）与金对比

▲ 图 22.17 食物标签上的亚硫酸盐警告

为愚人金。

硫化氢（H_2S）是最重要的硫化物之一。硫化氢最容易识别的特征是它的气味，最常见的是令人讨厌的臭鸡蛋气味。硫化氢是有毒的，但我们的鼻子可以在极低的无毒浓度下检测到硫化氢。一种含硫的有机分子，如二甲基硫醚 $(CH_3)_2S$ 具有类似的臭味，其作为安全因素添加到天然气中使其具有可检测的气味，可通过气味检测到万亿分之一的水平。

硫的氧化物、含氧酸和含氧阴离子

二氧化硫是硫在空气中燃烧形成的，有令人窒息的气味，并且有毒。这种气体对真菌等低等生物尤其有毒，因此被用来对干果和葡萄酒进行消毒。在 1atm 和室温下，SO_2 溶于水生成 $1.6M$ 的溶液。SO_2 溶液是酸性的，我们称它为亚硫酸（H_2SO_3）。

SO_3^{2-}（亚硫酸盐）和 HSO_3^-（硫酸氢盐或酸性亚硫酸盐）的盐是众所周知的。少量的 Na_2SO_3 或 $NaHSO_3$ 用作食品添加剂，以防止细菌腐败。然而，据了解它们会增加约 5% 的哮喘患者的哮喘症状。因此，所有含亚硫酸盐的食品现在都必须贴有警示标签，标明其存在（见图 22.17）。

虽然空气中硫的燃烧主要产生 SO_2，但也会形成少量的 SO_3。该反应主要产生 SO_2，因为氧化成 SO_3 的活化能垒很高，除非有催化剂存在。有趣的是，工业上用 SO_3 来制备硫酸，这是 SO_3 与水反应的最终产物。在硫酸生产过程中，SO_2 是通过燃烧硫磺得到的，然后用 V_2O_5 或 Pt 等催化剂将其氧化成 SO_3。SO_3 溶于 H_2SO_4，因为它不能在水中快速溶解，然后在该反应中形成了焦硫酸（$H_2S_2O_7$），再与水反应生成 H_2SO_4：

$$SO_3(g) + H_2SO_4(l) \longrightarrow H_2S_2O_7(l) \qquad （22.29）$$

$$H_2S_2O_7(l) + H_2O(l) \longrightarrow 2H_2SO_4(l) \qquad （22.30）$$

> ▲ 想一想
>
> 式（22.29）和式（22.30）的净反应是什么？

工业硫酸是 98% 的 H_2SO_4，它是一种致密无色的油状液体，是强酸、良好的脱水剂（见图 22.18）和中等强度的氧化剂。

▲ 图 22.18 硫酸使蔗糖脱水生成单质碳

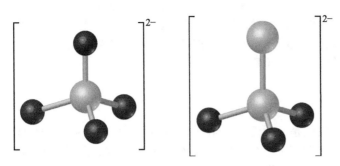

▶ 图例解析　$S_2O_3^{2-}$ 中硫原子的氧化态是多少？

▲ 图 22.19　硫酸盐（左）和硫代硫酸盐（右）离子的结构

　　硫酸的产量是美国所有化学制品中最大的。它在几乎所有的制造业中都有应用。

　　硫酸是一种强酸，但只有第一个氢在水溶液中完全电离：

$$H_2SO_4(aq) \longrightarrow H^+(aq) + HSO_4^-(aq) \qquad （22.31）$$

$$HSO_4^-(aq) \rightleftharpoons H^+(aq) + SO_4^{2-}(aq) \quad K_a = 1.1 \times 10^{-2} \quad （22.32）$$

　　因此，硫酸同时形成硫酸盐，SO_4^{2-} 盐和酸性亚硫酸盐（硫酸氢盐，HSO_4^- 盐）。硫酸氢盐是"干酸"的常见成分，用于调节游泳池和热水浴缸的 pH 值；它也是许多马桶清洁剂的成分。

　　另一种重要的含硫离子是硫代硫酸盐离子（$S_2O_3^{2-}$）。硫代一词表示硫代氧。图 22.19 比较了硫酸盐和硫代硫酸盐离子的结构。

　　硫醇是一种— SH 与碳键合的有机物，在生物学中起着重要的作用。当硫醇在温和条件下氧化时会形成二硫化物，即碳原子间具有 S — S 键的有机物。相反，二硫键可以通过还原成硫醇而断裂。蛋白质的形状和功能可以通过形成或打破蛋白质链间的二硫键来改变。直发和卷发技术依赖于头发蛋白质分子间二硫键的断裂和重组（见图 22.20）。

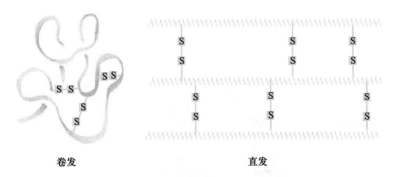

卷发　　　　　　　　　　　直发

▲ 图 22.20　直发与卷发　人们可以通过使用还原剂来破坏蛋白质链间的二硫键来改变头发的形状。头发被赋予它想要的形状，然后加入氧化剂形成新的二硫键来保持形状

表 22.6 氮的氧化态

氧化态	例子
+5	N_2O_5, HNO_3, NO_3^-
+4	NO_2, N_2O_4
+3	HNO_2, NO_2^-, NF_3
+2	NO
+1	N_2O, $H_2N_2O_2$, $N_2O_2^{2-}$, HNF_2
0	N_2
−1	NH_2OH, NH_2F
−2	N_2H_4
−3	NH_3, NH_4^+, NH_2^-

22.7 | 氮

氮占地球空气体积的 78%，以氮气分子的形式存在。虽然氮是生物体的关键元素，但在地壳中氮的化合物并不丰富。氮化合物的主要天然沉积物是印度的 KNO_3（硝石）和智利及其他南美沙漠地区的的 $NaNO_3$（智利硝石）。

氮的性质

氮气是一种无色、无臭、无味的气体，由 N_2 分子组成。由于氮原子间强的三键（N≡N 键焓 941kJ/mol，几乎是 O_2 键焓的两倍），所以 N_2 分子非常的不活泼（见表 8.3）。当物质在空气中燃烧时，它们通常与 O_2 反应，而不与 N_2 反应。

氮原子的电子构型为 $[He]2s^22p^3$。该元素呈现出从 +5 到 −3 所有形式的氧化态（见表 22.6）。其中 +5、0 和 −3 氧化态是最常见的也是最稳定的。由于氮的电负性比除氟、氧和氯以外的所有元素都要强，所以它只有与这三种元素结合时才表现出正的氧化态。

氮的制备与用途

商业量的单质氮是通过分馏液态空气获得的。由于其低的反应活性，大量的氮气被用作惰性气体覆盖层，以隔绝食品加工、化学品制造、金属制造和电子设备生产中的氧气。液氮可用作冷却剂来迅速冷冻食物。

N_2 的最大用途是制造含氮肥料。这些肥料提供了一种固定氮的来源——已经被合成化合物的氮。我们之前在第 14.7 节的"化学与生活"和第 15.2 节的"化学应用"中讨论过氮的固定。固定氮的起点是通过哈伯法生产氨（见 15.2 节），然后氨可以转化成各种有用的、简单的含氮物质（见图 22.21）。

氮的氢化物

氨是最重要的含氮化合物之一。它是一种无色有毒气体，具有刺激性气味。如前所述，NH_3 分子是碱（$K_b = 1.8 \times 10^{-5}$）（见 16.7 节）。

▽ 图例解析 在下列哪些物质中氮的氧化态是 +3？

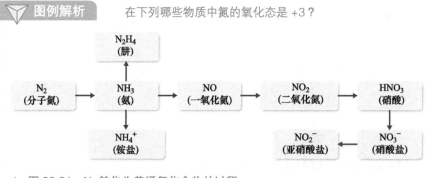

▲ 图 22.21 N_2 转化为普通氮化合物的过程

实验室中，NH_3 可通过氢氧化钠与铵盐反应制得。NH_4^+ 是 NH_3 的共轭酸，它将一个质子转移到 OH^- 上。生成的 NH_3 是具有挥发性的，通过温和加热可从溶液中挥发出来：

$$NH_4Cl(aq) + NaOH(aq) \longrightarrow NH_3(g) + H_2O(l) + NaCl(aq) \quad (22.33)$$

NH_3 的商业化生产是通过哈伯法实现的：

$$N_2(g) + 3H_2(g) \longrightarrow 2NH_3(g) \quad (22.34)$$

大约 75% 的氨被用于肥料。

肼（N_2H_4）是另一种重要的氮氢化物。肼分子含有一个 N—N 单键（见图 22.22）。可以在水溶液中由氨与次氯酸盐离子（OCl^-）反应制备肼：

$$2NH_3(aq) + OCl^-(aq) \longrightarrow N_2H_4(aq) + Cl^-(aq) + H_2O(l) \quad (22.35)$$

该反应涉及若干中间体，包括氯胺（NH_2Cl）。当家用氨和氯漂白剂（含有 OCl^-）混合时，有毒的 NH_2Cl 会从溶液中逸出。该反应是经常被警告的不要混合漂白剂和家用氨的原因之一。

纯肼是一种强且有多用途的还原剂。肼及其相关化合物，如甲基肼（见图 22.22）的主要用途是作为火箭燃料。

图例解析

这些分子中 N—N 键的键长比 N_2 中 N—N 键的键长是短还是长？

▲ 图 22.22　肼（顶部，N_2H_4）和甲基肼（底部，CH_3NHNH_2）

▶ **实例解析 22.5**
写出平衡方程式

羟胺 (NH_2OH) 在酸性溶液中将铜 (II) 还原为游离金属。写出反应的平衡方程式，假设 N_2 是氧化产物。

解析

分析　要求写出平衡的氧化 - 还原方程式，其中 NH_2OH 转化为 N_2，Cu^{2+} 转化为 Cu。

思路　由于这是一个氧化 - 还原反应，方程式可以用 20.2 节讨论的半反应法来配平。因此，从两个半反应开始，一个涉及 NH_2OH 和 N_2，另一个涉及 Cu^{2+} 和 Cu。

解答　不平衡和不完全的半反应是：

$$Cu^{2+}(aq) \longrightarrow Cu(s)$$
$$NH_2OH(aq) \longrightarrow N_2(g)$$

如第 20.2 节所述，对这些方程式进行配平：

$$Cu^{2+}(aq) + 2e^- \longrightarrow Cu(s)$$
$$2NH_2OH(aq) \longrightarrow N_2(g) + 2H_2O(l) + 2H^+(aq) + 2e^-$$

将这些半反应相加就得到了平衡方程式：
$$Cu^{2+}(aq) + 2NH_2OH(aq) \longrightarrow$$
$$Cu(s) + N_2(g) + 2H_2O(l) + 2H^+(aq)$$

▶ **实践练习 1**
电厂中，肼用于防止蒸汽锅炉金属部件被水中溶解的氧气所腐蚀。肼与水中的 O_2 反应生成 N_2 和 H_2O。写出这个反应的平衡方程式。

▶ **实践练习 2**
甲基肼 [$N_2H_3CH_3(l)$] 与氧化剂四氧化二氮 [$N_2O_4(l)$] 一起用来为转向火箭的航天飞机轨道飞行器提供动力。这两种物质的反应产生 N_2、CO_2 和 H_2O。写出这个反应的平衡方程。

氮的氧化物和含氧酸

氮形成三种常见的氧化物：N_2O（一氧化二氮），NO（一氧化氮）和 NO_2（二氧化氮）。它还会形成两种我们不讨论的不稳定氧化物，N_2O_3（三氧化二氮）和 N_2O_5（五氧化二氮）。

一氧化氮（N_2O）也称为笑气，因为人在吸入少量后会感到头晕。这种无色气体是第一种用作全身麻醉的物质。它被用作几种气溶胶和泡沫（如鲜奶油）的压缩气体推进剂。

▲ 图 22.23 NO(g) 和空气中的 O_2(g) 结合生成 NO_2(g)

一氧化氮（NO）也是一种无色气体，但与 N_2O 不同，它有轻微的毒性。可在实验室中以铜或铁作为还原剂还原稀硝酸来制备：

$$3Cu(s)+2NO_3^-(aq)+8H^+(aq) \longrightarrow 3Cu^{2+}(aq)+2NO(g) + 4H_2O(l)\ (22.36)$$

氮气和氧气在高温下直接反应也能生成一氧化氮。这个反应是氮氧化物空气污染物的重要来源（见 18.2 节）。但是，N_2 和 O_2 的直接结合并不用于 NO 的工业化生产，因为其产量较低，2400K 时的平衡常数 K_p 仅为 0.05（见 15.7 节，"化学应用：控制氮氧化物的排放"）。

工业制备 NO（以及其他含氧氮化物）的方法是通过催化氧化 NH_3：

$$4NH_3(g) + 5O_2(g) \xrightarrow[850°C]{Pt催化剂} 4NO(g) + 6H_2O(g) \quad （22.37）$$

这个反应是**奥斯特瓦尔德法**的第一步，通过这个反应，NH_3 被商业化地转化为硝酸（HNO_3）。

当一氧化氮暴露于空气中时，很容易与 O_2 反应（见图 22.23）：

$$2NO(g) + O_2(g) \longrightarrow 2NO_2(g) \quad （22.38）$$

NO_2 溶于水生成硝酸：

$$3NO_2(g) + H_2O(l) \longrightarrow 2H^+(aq) + 2NO_3^-(aq) + NO(g) \quad （22.39）$$

氮在这个反应中既被氧化又被还原，这意味着发生了歧化反应。NO 暴露在空气中可以转化成 NO_2 [见式（22.38）]，然后溶解在水中以制备更多的 HNO_3。

NO 是人体重要的神经递质。它使血管周围的肌肉放松，从而增加血液的流动（见"化学与生活：硝酸甘油，一氧化氮和心脏病"）。

二氧化氮（NO_2）是黄棕色的气体（见图 22.23）。就像 NO，它是烟雾的主要成分（见 18.2 节），有毒且有令人窒息的气味。如 15.1 节所述，NO_2 和 N_2O_4 处于平衡状态：

$$2NO_2(g) \rightleftharpoons N_2O_4(g) \quad \Delta H° = -58kJ \quad （22.40）$$

氮的两种常见含氧酸是硝酸 HNO_3 和亚硝酸 HNO_2（见图 22.24）。*硝酸*是一种强酸。从反应的标准还原电位可以看出，它也是一种强氧化剂

$$NO_3^-(aq) + 4H^+(aq) + 3e^- \longrightarrow NO(g) + 2H_2O(l) \quad E° = +0.96V\ (22.41)$$

浓硝酸能腐蚀和氧化除金、铂、铑和铱外的大多数金属。

图例解析

这两个分子中哪个 NO 键最短？

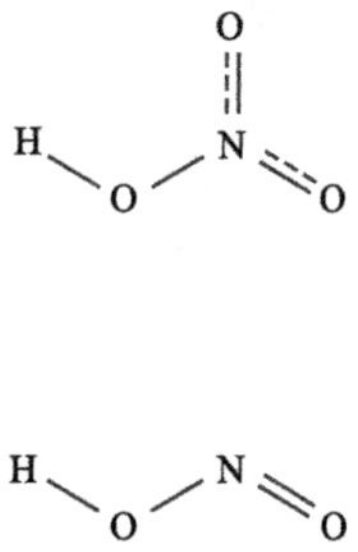

▲ 图 22.24 硝酸（顶部）和亚硝酸（底部）的结构

它最大的用途是生产化肥用的 NH_4NO_3，还用于塑料、药品和炸药的生产。由硝酸制成的炸药包括硝化甘油、三硝基甲苯（TNT）和硝基纤维素。硝化甘油爆炸时发生以下反应：

$$4C_3H_5N_3O_9(l) \longrightarrow 6N_2(g) + 12CO_2(g) + 10H_2O(g) + O_2(g) \quad （22.42）$$

这个反应的所有产物都是气体，含有很强的化学键，产物的体积远远大于反应物所占的体积。而且反应是强放热的，由反应产生的热量导致的膨胀而引发爆炸。

 想一想

下列物质中氮原子的氧化态是多少？
（a）硝酸
（b）亚硝酸

化学与生活 硝化甘油，一氧化氮和心脏病

19 世纪 70 年代，阿尔弗雷德·诺贝尔（Alfred Nobel）的炸药工厂进行了一项有趣的观察。患有心脏病的工人会感到胸痛，当他们工作时，疼痛就会得到缓解。很明显，工厂空气中的硝化甘油起到了扩张血管的作用。因此，这种具有强爆炸性化学物质成为治疗心绞痛的标准药物。

100 多年后，人们才发现硝化甘油在血管平滑肌中可以转化为一氧化氮，这是一种真正导致血管扩张的化学物质。1998 年，诺贝尔生理学或医学奖授予了罗伯特 F. 佛契哥特，路易斯 J. 伊格纳罗和费里德.穆拉德，以表彰他们发现了 NO 在心血管系统中起作用的详细途径。这种简单、常见的空气污染物可以在哺乳动物，包括人类中发挥重要作用，这在当时是轰动一时的。

尽管硝酸甘油至今仍在治疗心绞痛方面发挥着重要作用，但它也有一定的局限性，因为长期服用硝酸甘油会导致血管肌肉产生耐受性或脱敏作用，从而使血管进一步舒张。硝化甘油的生物活化是目前研究的热点，希望能找到一种避免脱敏的方法。

22.8 | 其他 5A 族元素：P、As、Sb 和 Bi

5A 族其他元素——磷、砷、锑和铋在生物化学和环境化学的几个方面起着核心作用。

5A 元素外层电子构型为 ns^2np^3，其中 n 从 2 ~ 6。通过得到 3 个电子形成 –3 价氧化态，呈现稀有气体的构型。但是含有 X^{3-} 的离子化合物并不常见。更常见的是，5A 族元素通过共价键获得八电子构型，其氧化态从 –3 ~ +5。

由于磷的电负性较低，因此磷比氮更容易呈现正氧化态。此外，磷具有 +5 价氧化态的磷化合物的氧化性不如相应的氮化物强。磷具有 –3 价氧化态的化合物是比相应的氮化合物更强的还原剂。

表 22.7 列出了 5A 族元素的一些性质。5A 族元素之间的性质变化比 6A 和 7A 族更为明显。一端的氮以气态双原子分子存在，显然是非金属的物质。另一端的铋是一种红白色的金属状物质，具有金属的大部分特征。

由于很难从热化学实验中获得 X—X 单键熔值，因此所列的值并不可靠。但总的趋势是毋庸置疑的：N—N 单键值低，磷的单键值高，然后砷和锑逐渐降低。通过对气相物质的观察，可以估算出 X≡X 三键熔。在这里，我们看到了不同于 X—X 单键的趋势。

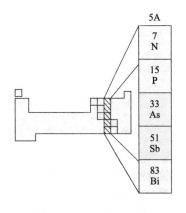

表 22.7　5A 族元素的性质

性质	N	P	As	Sb	Bi
原子半径 /Å	0.71	1.07	1.19	1.39	1.48
第一电离能 /（kJ/mol）	1402	1012	947	834	703
电子亲和能 /（kJ/mol）	>0	−72	−78	−103	−91
电负性	3.0	2.1	2.0	1.9	1.9
X—X 单键焓 /（kJ/mol）[①]	163	200	150	120	—
X ≡ X 三键焓 /（kJ/mol）	941	490	380	295	192

① 仅为近似值。

　　氮形成的三键比其他元素强得多，并且三键焓在主族中呈稳定下降趋势。这些数据帮助我们理解为什么在 25℃时，5A 组元素中的氮以双原子分子的形式稳定存在，而其他元素都以原子间单键的结构形式存在。

磷的存在，离析和性质

　　磷主要以磷酸盐矿物的形式存在。磷的主要来源是磷矿，磷矿中主要含有以 $Ca_3(PO_4)_2$ 为主的磷酸盐。该元素的工业化生产是在 SiO_2 存在的情况下，用碳还原磷酸矿：

$$2Ca_3(PO_4)_2(s) + 6SiO_2(s) + 10C(s) \xrightarrow{1500℃} P_4(g) + 6CaSiO_3(l) + 10CO(g) \tag{22.43}$$

　　以这种方式产生的是白磷的磷同素异形体。随着反应的进行，这种形态的磷从反应混合物中蒸馏出来。

　　磷存在不同形式的同素异形体。白磷由 P_4 四面体组成（见图 22.25），分子的键角是 60°，所以键的张力很大，这与白磷的高反应活性是一致的。如果暴露在空气中，这种同素异形体会自发燃烧。当在没有空气的情况下加热到约 400℃时，白磷转化为一种更稳定的同素异形体，即红磷，它与接触空气不会燃烧。红磷的毒性也比白磷小得多。我们用 P(s) 表示单质磷。

氯化磷

　　磷与卤素形成多种化合物，其中最重要的是三卤化磷和五卤化磷。三氯化磷（PCl_3）是这些化合物中最具商业意义的一种，用于制备各种产品，包括肥皂、洗涤剂、塑料和杀虫剂。

　　氯代磷、溴代磷和碘化物可由磷元素与卤族元素直接氧化而制得。例如，PCl_3 在室温下是一种液体，它是由干燥的氯气通过白磷或红磷而制成的：

$$2P(s) + 3Cl_2(g) \longrightarrow 2PCl_3(l) \tag{22.44}$$

　　如果存在过量的氯气，则在 PCl_3 和 PCl_5 之间建立平衡。

$$PCl_3(l) + Cl_2(g) \rightleftharpoons PCl_5(s) \tag{22.45}$$

　　卤化磷易与水反应，而空气中的大部分烟雾是由于卤化磷与水

▲ 图 22.25　白磷和红磷　尽管两种磷都只含有磷原子，但这两种形式的磷反应活性差别较大。白磷与氧气发生剧烈反应，必须储存在水中，以免暴露在空气中。反应活性较小的红磷则不需要以这种方式存储

白磷　　　　红磷

蒸气反应产生的。在过量水分存在的情况下，产物为相应的磷氧酸和卤化氢：

$$PBr_3(l) + 3H_2O(l) \longrightarrow H_3PO_3(aq) + 3HBr(aq) \qquad (22.46)$$

$$PCl_5(l) + 4H_2O(l) \longrightarrow H_3PO_4(aq) + 5HCl(aq) \qquad (22.47)$$

想一想

PF_3 与水反应会生成哪种含氧酸？

磷的含氧化合物

最重要的磷化合物可能是磷元素与氧结合的化合物。磷（Ⅲ）氧化物（P_4O_6）是通过使白磷在有限的氧气中氧化而获得的。当氧化反应发生在氧气过量的情况下，形成磷（Ⅴ）氧化物 P_4O_{10}。这种化合物也容易由 P_4O_6 氧化形成。这两种氧化物代表了磷最常见的两种氧化态，+3 和 +5。P_4O_6 与 P_4O_{10} 的结构关系如图 22.26 所示。注意这些分子与 P_4 分子的相似性（见图 22.26）；这三种物质都有一个 P_4 核。

磷（Ⅴ）氧化物是磷酸 H_3PO_4 的酸酐，是一种三元弱酸。事实上，P_4O_{10} 对水有很高的亲和力，因此可用作干燥剂。磷（Ⅲ）氧化物是二元弱酸 H_3PO_3 的酸酐（见图 22.27）。⊖

正磷酸和亚磷酸的一个特性是它们在加热时容易发生缩合反应（见 12.8 节）。例如，两个 H_3PO_4 分子通过消除一个 H_2O 分子连接形成 $H_4P_2O_7$：

$$(22.48)$$

磷酸及其盐在洗涤剂和肥料中有着重要的用途。洗涤剂中的磷酸盐通常以三聚磷酸钠（$Na_5P_3O_{10}$）的形式存在。磷酸盐离子通过将氧基与金属离子结合来"软化"水，从而提高了水的硬度。这样可以防止金属离子干扰洗涤剂的作用。磷酸盐还能使 pH 值保持在 7 以上，从而防止洗涤剂分子质子化。

大多数开采的磷矿被转化成肥料。磷矿中 $Ca_3(PO_4)_2$ 是难溶解的（$K_{sp} = 2.0 \times 10^{-29}$）。经硫酸或磷酸处理后可转化为可溶性形式而用于肥料。与磷酸反应生成 $Ca(H_2PO_4)_2$：

$$Ca_3(PO_4)_2(s) + 4H_3PO_4(aq) \longrightarrow 3Ca^{2+}(aq) + 6H_2PO_4^-(aq) \qquad (22.49)$$

虽然可溶性的 $Ca(H_2PO_4)_2$ 能被植物吸收，但它也可以从土壤中被冲刷到水体中，从而造成水污染（见 18.4 节）。

⊖ 注意磷元素（*FOS·for·us*）有 *-us* 后缀，而磷（*fos·FOR·us*）酸名称的第一个词有 *-ous* 后缀。

图例解析

P_4O_6 中的电子域与 P_4O_{10} 中 P 的电子域有什么不同？

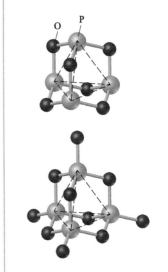

▲ 图 22.26 P_4O_6（顶部）和 P_4O_{10}（底部）的结构

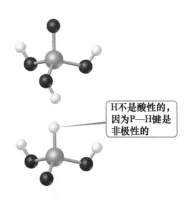

H不是酸性的，因为P—H键是非极性的

▲ 图 22.27 H_3PO_4（顶部）和 H_3PO_3（底部）的结构

磷化合物在生物系统中很重要。磷元素以磷酸基形式存在于 RNA 和 DNA 中，这两种分子负责控制蛋白质的生物合成和遗传信息的传递。磷也存在于三磷酸腺苷（ATP）中，ATP 在生物细胞中储存能量，其结构如下：

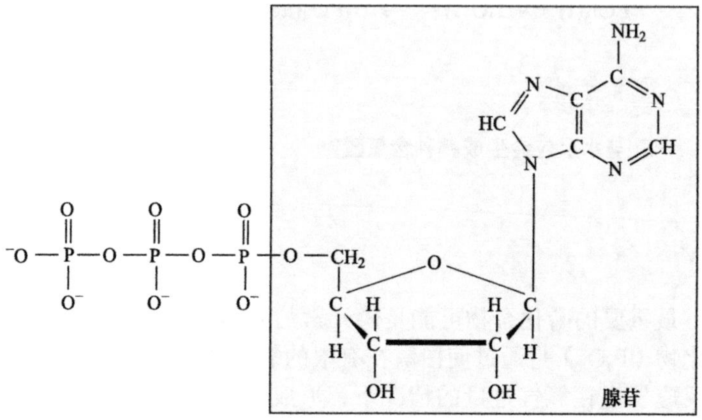

腺苷

末端磷酸基的 P—O—P 键水解断裂形成二磷酸腺苷（ADP）：

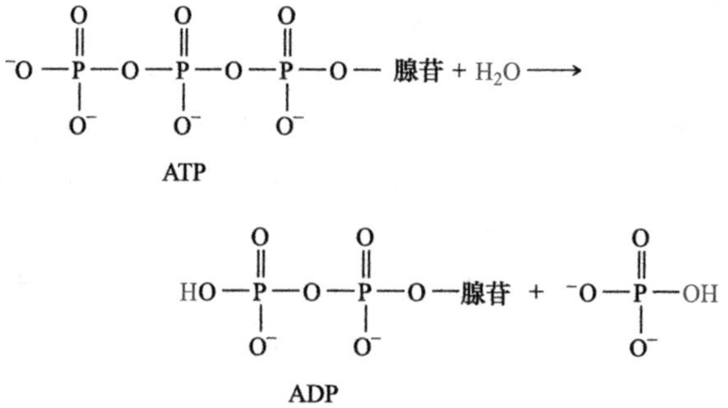

ATP

$$（22.50）$$

ADP

该反应在标准条件下释放 33kJ 的能量，但在活细胞中，反应的吉布斯自由能变化接近 $-57kJ/mol$。活细胞内 ATP 的浓度在 $1 \sim 10 mM$ 范围内，一个人一天就能代谢掉与他或她的体重相当的 ATP！ATP 不断地由 ADP 合成，又不断地转化为 ADP，释放出可被其他细胞反应利用的能量。

化学与生活 饮用水中的砷

砷以其氧化物的形式存在，几个世纪以来一直被认为是一种毒药。目前环境保护署（EPA）规定公共供水砷的标准为 10ppb（相当于 $10\mu g/L$）。美国大部分地区的地下水砷含量往往较低或处于中等水平（2-10ppb）（见图 22.28）。西部地区砷含量往往较高，砷主要来自该地区的自然地质资源。例如，据估计亚利桑那州 35% 的供水井砷浓度超过 10ppb。

美国饮用水中的砷含量问题与世界其他地方的砷含量问题相比就相形见绌了——尤其是孟加拉国，那里的砷含量问题十分严重。

在过去，该国的地表水源一直受到微生物污染，导致严重的健康问题。在 20 世纪 70 年

代，以联合国儿童基金会（UNICEF）为首的国际机构开始向孟加拉国投资数百万美元的援助资金，用于修建水井，以提供"干净"的饮用水。不幸的是，没有人测试井水中砷的含量；这个问题直到 20 世纪 80 年代才被发现。其结果是历史上规模最大的集体中毒爆发。据估计，全国 1000 万口水井中，有一半的井水砷浓度超过 50ppb。

在水中，砷最常见的形式是砷酸盐离子及其质子化的阴离子（AsO_4^{3-}，$HAsO_4^{2-}$ 和 $H_2AsO_4^{-}$）和亚砷酸盐离子及其质子化形式（AsO_3^{3-}，$HAsO_3^{2-}$，$H_2AsO_3^{-}$ 和 H_3AsO_3）。

根据砷的氧化态，这些物质种类统称为砷

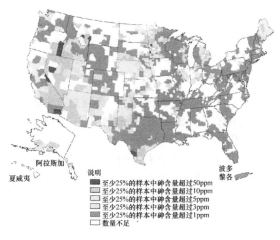

说明
■ 至少25%的样本中砷含量超过50ppm
■ 至少25%的样本中砷含量超过10ppm
■ 至少25%的样本中砷含量超过5ppm
□ 至少25%的样本中砷含量超过3ppm
▨ 至少25%的样本中砷含量超过1ppm
□ 数量不足

阿拉斯加

夏威夷

波多黎各

▲ 图 22.28 地下水中砷的地理分布

（V）和砷（Ⅲ）。砷（V）在富氧（好氧）地表水中更常见，而砷（Ⅲ）更可能出现在缺氧（厌氧）地下水中。

确定饮用水中砷对健康影响的挑战之一是砷（V）和砷（Ⅲ）的不同化学性质，以及不同个体作出生理反应所需的不同浓度。在孟加拉国，皮肤损伤是砷问题的第一个征兆。统计研究表明，砷浓度与疾病的发生有关，即使是低浓度的砷也会导致肺癌和膀胱癌的风险。

目前砷去除技术以砷（V）的形式处理砷效果最好，因此水处理策略需要对饮用水进行预氧化。一旦以砷（V）的形式存在，就有许多可能去除的策略。例如，添加 Fe^{3+} 产生 $FeAsO_4$ 沉淀，然后通过过滤将其去除。

22.9 | 碳

碳只占地壳的 0.027%。虽然有些碳以石墨和金刚石等单质形式存在，但大多数仍以化合形式存在。一半以上以碳酸盐化合物形式存在。碳也存在于煤、石油和天然气中。这种元素的重要性在很大程度上源于它在所有生物体内的存在；正如我们所知生命是以碳化合物为基础的。

碳的基本形式

我们已经看到碳以几种同素异形体形式存在：石墨、金刚石、富勒烯、碳纳米管和石墨烯。富勒烯、纳米管和石墨烯将在第 12 章中讨论，这里我们将重点讨论石墨和金刚石。

石墨是一种柔软、黑色、光滑的固体，具有金属光泽并导电。它由平行的 sp^2 杂化碳原子组成，这些原子通过色散力结合在一起（见 12.7 节）。金刚石是一种透明、坚硬的固体，其中碳原子以一个 sp^3 杂化形成共价网络（见 12.7 节）。金刚石比石墨密度大（石墨 $d = 2.25g/cm^3$；金刚石 $d = 3.51g/cm^3$）。3000℃、约 100000atm 时，石墨可以转变为金刚石。事实上，几乎任何含碳物质，在足够高的压力下都会转变为金刚石。通用电气的科学家在 20 世纪 50 年代使用花生酱来制造金刚石。美国每年大约合成 $3 \times 10^4 kg$ 的工业级金刚石，主要用于切割、研磨和抛光工具。

石墨有明确的晶体结构，以两种常见的非晶态形式存在：**炭黑**和**木炭**。当碳氢化合物在非常有限的氧气存在下加热时会形成炭黑，例如在甲烷反应中：

$$CH_4(g) + O_2(g) \longrightarrow C(s) + 2H_2O(g) \qquad (22.51)$$

炭黑在黑色油墨中用作颜料，大量炭黑也用于制造汽车轮胎。

木炭是木头在没有空气的情况下剧烈加热而形成的。木炭有一个开放的结构，使它在单位质量上有巨大的表面积。"活性炭"是一种通过蒸汽加热来清洁表面的粉末状炭，广泛用于吸附分子，还可用于过滤空气中难闻的气味和水中的有色或劣质杂质。

碳氧化合物

碳主要形成两种氧化物：一氧化碳（CO）和二氧化碳（CO_2）。一氧化碳是在有限的氧气存在下燃烧碳或碳氢化合物形成的：

$$2C(s) + O_2(g) \longrightarrow 2CO(g) \tag{22.52}$$

一氧化碳是一种无色、无味、有毒的气体，会与血液中的血红蛋白结合，从而干扰氧气的输送。低浓度的一氧化碳中毒会导致头痛和嗜睡；高浓度的一氧化碳中毒可导致死亡。

一氧化碳的不同寻常之处在于碳上有一对非键电子 $::C \equiv O:$。它和 N_2 是等电子的，所以你可能认为 CO 同样不活泼。此外，这两种物质的键能都很高（$C \equiv O$ 键能为 1072kJ/mol，$N \equiv N$ 键能为 941kJ/mol）。然而，由于碳上的核电荷较低（与 N 或 O 相比），碳的非键电子对不像 N 或 O 上那样牢固。因此，CO 比 N_2 更适合作为 Lewis 碱；例如，CO 可以利用它的非键电子对与血红蛋白的铁配位，取代 O_2，但是 N_2 不能。

一氧化碳有几种商业用途。因为它很容易燃烧形成二氧化碳，所以被用作燃料：

$$2CO(g) + O_2(g) \longrightarrow 2CO_2(g) \quad \Delta H^\circ = -566kJ \tag{22.53}$$

一氧化碳还是一种重要的还原剂，广泛应用于冶金作业中还原金属氧化物，如铁氧化物：

$$Fe_3O_4(s) + 4CO(g) \longrightarrow 3Fe(s) + 4CO_2(g) \tag{22.54}$$

当含碳物质在过量氧气中燃烧时会产生二氧化碳，例如在涉及乙醇的反应中：

$$C_2H_5OH(l) + 3O_2(g) \longrightarrow 2CO_2(g) + 3H_2O(g) \tag{22.55}$$

许多碳酸盐加热时也会产生：

$$CaCO_3(s) \xrightarrow{\triangle} CaO(s) + CO_2(g) \tag{22.56}$$

化学应用 | **碳纤维及复合材料**

石墨的性质是各向异性的；也就是说，固体性质在不同方向上是不同的。沿着碳平面，石墨具有很大的强度，这是由该方向上碳-碳键的数量和强度决定的。但是平面之间的键相对较弱，这使得石墨在该方向不牢固。

可制备石墨纤维，其碳平面以不同程度平行于纤维轴排列。这些石墨纤维（密度约 $2g/cm^3$），化学性质相当不活泼。定向纤维是有机纤维在约 150～300℃的温度下缓慢热解（热分解）制成的。然后，将这些纤维加热到约 2500℃使其石墨化（将无定形碳转化为石墨）。在热解过程中拉伸纤维有助于使石墨平面与纤维轴平行。有机纤维在较低温度（1200～400℃）下热解形成较多的无定形碳纤维。这些无定形材料通常称为**碳纤维**，是最常用的商业材料类型。

利用碳纤维的强度、稳定性和低密度等优点的复合材料得到了广泛的应用。复合材料是两种或多种材料的组合。这些材料以单独的相存在，并利用每个组分的某些理想特性结合在一起形成复合结构。

在碳复合材料中，石墨纤维通常被编织成嵌入基体的织物，基体将石墨纤维结合成固体结构。纤维在基体中均匀地传递载荷。因此，成品复合材料比其任何一种成分都要坚固。

碳复合材料广泛应用于许多领域，包括高性能的石墨运动设备，如网球拍、高尔夫球杆和自行车车轮（见图 22.29）。耐热复合材料是许多航空航天应用所必需的，而碳复合材料在航空航天得到了广泛的应用。

▲ 图 22.29   商业产品中的碳复合材料

在实验室中，酸与碳酸盐反应可产生二氧化碳（见图 22.30）：

$$CO_3^{2-}(aq) + 2H^+(aq) \longrightarrow CO_2(g) + H_2O(l) \qquad （22.57）$$

二氧化碳是一种无色无味的气体。它是地球大气的一个次要组成成分，但确是温室效应的"主要贡献者"（见 18.2 节）。虽然没有毒性，但高浓度的二氧化碳会增加呼吸速率，并可能导致窒息。它容易被压缩液化。然而，当在大气压力下冷却时，二氧化碳会形成固体而不是被液化。在 -78℃ 的大气压下固体会升华。这一特性使固体二氧化碳，即干冰，具有制冷剂的作用。每年消耗的二氧化碳大约有一半用于制冷。二氧化碳的另一个主要用途是生产碳酸饮料。大量的碳酸钠也用于生产*洗涤碱*（$Na_2CO_3 \cdot 10H_2O$），它可用于沉淀干扰肥皂清洗作用的金属离子和生产小苏打（$NaHCO_3$）。小苏打之所以如此命名是因为在烘焙过程中会发生如下的反应：

$$NaHCO_3(s) + H^+(aq) \longrightarrow Na^+(aq) + CO_2(g) + H_2O(l) \qquad （22.58）$$

$H^+(aq)$ 是由醋、酸奶或某些盐的水解作用产生的。形成的二氧化碳气泡被困在烘焙面团中，导致面团增大。

想一想

　　酵母是使面包在没有小苏打和酸的情况下发酵的活性生物体。酵母要产生什么才能使面包发酵？

碳酸和碳酸盐

二氧化碳在常压下可适度溶于水。由于形成了碳酸（H_2CO_3），所得的溶液呈中等酸性：

$$CO_2(aq) + H_2O(l) \rightleftharpoons H_2CO_3(aq) \qquad （22.59）$$

碳酸是一种二元弱酸。它的酸性使碳酸饮料有强烈的微酸味道。

虽然碳酸不能被分离出来，但是碳酸氢盐（酸式碳酸盐）和碳酸盐可以通过中和碳酸溶液得到。部分中和产生 HCO_3^-，完全中和产生 CO_3^{2-}。HCO_3^- 的碱性强于酸性（$K_b = 2.3 \times 10^{-8}$；$K_a = 5.6 \times 10^{-11}$）。碳酸盐离子的碱性更强（$K_b = 1.8 \times 10^{-4}$）。

主要的碳酸盐矿物有方解石（$CaCO_3$）、菱镁矿（$MgCO_3$）、白云母 [$MgCa(CO_3)_2$] 和菱铁矿（$FeCO_3$）。方解石是石灰岩中的主要矿物，是大理石、白垩、珍珠、珊瑚礁和蛤、牡蛎等海洋动物外壳的主要成分。尽管 $CaCO_3$ 在纯水中的溶解度较低，但随着 CO_2 的释放，它很容易溶解在酸性溶液中：

$$CaCO_3(s) + 2H^+(aq) \rightleftharpoons Ca^{2+}(aq) + H_2O(l) + CO_2(g) \qquad （22.60）$$

由于含有 CO_2 的水呈弱酸性 [见式（22.59）]，因此 $CaCO_3$ 在该介质中缓慢溶解：

$$CaCO_3(s) + H_2O(l) + CO_2(g) \longrightarrow Ca^{2+}(aq) + 2HCO_3^-(aq) \qquad （22.61）$$

当地表水通过石灰岩沉积物进入地下时，就会发生这种反应产生硬水（矿物质含量高的水，特别是含有 Ca^{2+} 和 Mg^{2+}），这是 Ca^{2+} 进入地下水的主要途径。如果石灰岩沉积在足够深的地下，石灰岩

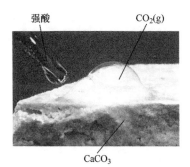

▲ 图 22.30　岩石中的 $CaCO_3$ 与酸反应生成 CO_2

的溶解就会产生洞穴。

CaCO$_3$ 最重要的反应之一是高温下分解为 CaO 和 CO$_2$ [见式（22.56）]。由于氧化钙，即石灰或生石灰，与水反应生成 Ca(OH)$_2$，这是一种重要的商业碱。在制作灰浆时也很重要，灰浆是沙子、水和 CaO 的混合物，用来将砖块、石块或岩石粘合在一起。

氧化钙与水和二氧化碳反应生成 CaCO$_3$，使砂浆中的沙子结合在一起：

$$CaO(s) + H_2O(l) \longrightarrow Ca^{2+}(aq) + 2OH^-(aq) \qquad (22.62)$$

$$Ca^{2+}(aq) + 2OH^-(aq) + CO_2(aq) \longrightarrow CaCO_3(s) + H_2O(l) \quad (22.63)$$

碳化物

碳与金属、类金属和某些非金属的二元化合物称为**碳化物**。活性较强的金属形成离子碳化物，其中最常见的是乙炔离子（C$_2^{2-}$）。这种离子与 N$_2$ 是等电子的，Lewis 结构 [:C ≡ C:]$^{2-}$ 具有碳 - 碳三键。最重要的离子碳化物是碳化钙（CaC$_2$），它是碳在高温下还原 CaO 而产生的：

$$2CaO(s) + 5C(s) \longrightarrow 2CaC_2(s) + CO_2(g) \qquad (22.64)$$

碳化物离子是一种很强的碱，与水反应生成乙炔（H—C ≡ C—H）：

$$CaC_2(s) + 2H_2O(l) \longrightarrow Ca(OH)_2(aq) + C_2H_2(g) \qquad (22.65)$$

因此碳化钙是一种便利的乙炔固体源，可用于焊接（见图 22.11）。

*间隙碳化物*是由许多过渡金属形成的。碳原子以类似于间隙氢化物的方式占据金属原子之间的空隙（见 22.2 节）。这个过程通常使金属更加坚硬。例如碳化钨（WC）是一种非常坚硬和耐热的材料，因此可以用来制造刀具。

*共价碳化物*是由硼和硅形成的。碳化硅（SiC）被称为金刚砂$^@$，用作研磨料和刀具。碳化硅和金刚石一样坚硬，具有硅和碳原子交替的类金刚石结构。

22.10 | 其他 4A 族元素：Si、Ge、Sn 和 Pb

同一主族从上到下，从非金属到金属特性的变化趋势在 4A 族尤为明显。碳是非金属；硅和锗是准金属；锡和铅是金属。本节中，我们将考虑 4A 族的一般特征，重点研究硅的特性。

4A 族元素的一般特征

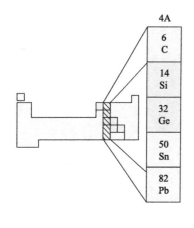

4A 族元素的外层电子构型为 ns^2np^2。元素的电负性一般较低（见表 22.8）；C^{4-} 只有在几种含有活泼金属的碳化合物中才能观察到。在这些元素中都没有观察到电子丢失而形成 4+ 离子，其电离能太高了。然而，+4 氧化态是常见的，在大多数 4A 族元素的化合物中都存在。在锗、锡和铅的化学反应中均发现了 +2 价的氧化态，是铅的主要氧化态。碳通常最多能形成四个键。这一主族的其他元素能够形成四种以上的键（见 8.7 节）。

表 22.8 表明一个给定的 4A 族元素的两个原子间键强度从上到下逐渐减弱。碳 - 碳键非常强，因此碳具有形成化合物的惊人能力，

其中碳原子以长链和环相互结合，这就解释了存在大量有机化合物的原因。其他元素也可以形成链和环，但这些键在其他元素的化学反应中就不那么重要了。

表 22.8   4A 族元素的一些性质

性质	C	Si	Ge	Sn	Pb
原子半径 /Å	0.76	1.11	1.20	1.39	1.46
第一电离能 /（kJ/mol）	1086	786	762	709	716
电负性	2.5	1.8	1.8	1.8	1.9
X—X 单键焓 /（kJ/mol）	348	226	188	151	—

例如，Si — Si 键强度（226kJ/mol）远低于 Si — O 键强度（386kJ/mol）。因此，硅的化学性质主要是由 Si — O 键决定的，Si — Si 键的作用较小。

硅的存在与制备

硅是地壳中含量仅次于氧的第二丰富的元素。它存在于二氧化硅和各种各样的硅酸盐矿物中。该元素是在高温下碳还原熔融二氧化硅获得的：

$$SiO_2(l) + 2C(s) \longrightarrow Si(l) + 2CO(g) \qquad （22.66）$$

单质硅具有类金刚石的结构。晶体硅是一种灰色的金属状固体，在 1410℃时熔化。正如我们在第 7 章和第 12 章所看到的，这种元素是一种半导体，用于制造太阳能电池和计算机芯片的晶体管。要用作半导体，它必须十分纯净，杂质含量低于 10^{-7}%（1ppb）。一种纯化的方式是用 Cl_2 处理 Si 元素以形成 $SiCl_4$，这是一种挥发性液体，经过分馏提纯后，再用 H_2 还原转化为单质硅：

$$SiCl_4(g) + 2H_2(g) \longrightarrow Si(s) + 4HCl(g) \qquad （22.67）$$

这种被称为*区域精炼*的工艺可以进一步纯化硅元素（见图 22.31）。当加热的线圈沿着硅棒缓慢地通过时，窄频带的硅棒被熔化。当熔融部分沿着硅棒的长度被缓慢地扫过时，杂质就会在这一部分浓缩，并随着它到达硅棒的末端。纯化的硅棒顶部结晶了 99.999999999% 的纯硅。

硅酸盐

二氧化硅和其他含有硅和氧的化合物占地壳组成的 90% 以上。在**硅酸盐**中，一个硅原子被四个氧包围，而硅则处于最常见的 +4 价氧化态。正硅酸盐离子（SiO_4^{4-}）存在于很少的硅酸盐矿物中，但我们可以将其视为许多矿物结构的"基石"。如图 22.32 所示，相邻的四面体可以共用氧原子连接。以这种方式连接的两个四面体称为二硅酸盐离子，其包含 2 个 Si 原子和 7 个 O 原子。在所有硅酸盐中，硅和氧分别处于 +4 和 −2 价氧化态，因此任何硅酸盐离子的总电荷必须与这些氧化态一致。例如，Si_2O_7 的电荷为 $(2)(+4)+(7)(-2) = -6$；它是 $Si_2O_7^{6-}$。

在大多数硅酸盐矿物中，硅酸盐四面体连接在一起形成链状、片状或三维结构。例如，可以将每个四面体的两个顶点连接到另外

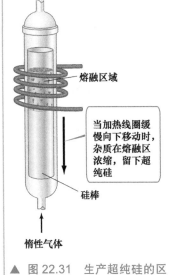

▼ 图例解析

什么限制了硅区域精炼的温度范围？

熔融区域

当加热线圈缓慢向下移动时，杂质在熔融区浓缩，留下超纯硅

硅棒

惰性气体

▲ 图 22.31   生产超纯硅的区域精炼设备

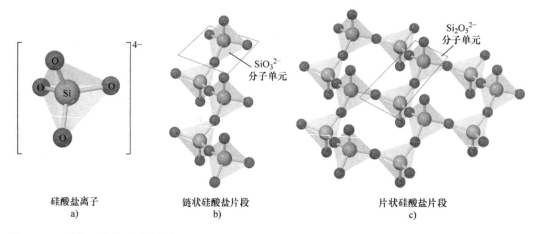

▲ 图 22.32 链状和片状硅酸盐片段

两个四面体上,从而得到一个具有···O—Si—O—Si···骨干的无限链,如图 22.32b 所示。注意,这个结构中每个硅都有两个未共用(末端)氧和两个共用(桥接)氧。化学计量是 2(1)+2(1/2) = 3 个 O/Si。因此,该条链的分子单元是 SiO_3^{2-}。矿物*顽辉石*(MgSiO₃)具有这种结构,由成排的单链硅酸盐组成,链之间含有 Mg^{2+} 以平衡电荷。

图 22.32c 中,每个硅酸盐四面体与另外三个四面体相连,形成一个无限的片状结构。这种结构中每一个硅都有一个非共用氧和三个共用氧。化学计量是 1(1) + 3(½) = 2½ 个 O/Si。片状结构最简单的分子式是 $Si_2O_5^{2-}$。矿物*滑石*又称滑石粉,其分子式为 $Mg_3(Si_2O_5)_2(OH)_2$,以这种片状结构为基础。Mg^{2+} 和 OH^- 位于硅酸盐层之间。滑石粉滑溜的感觉是由于硅酸盐片相互滑动造成的。

*石棉*是纤维状硅酸盐矿物的总称。这些矿物的结构要么是硅酸盐四面体链,要么是成胶片状。其结果是这些矿物具有纤维性质(见图 22.33)。石棉矿物由于其硅酸盐结构具有良好的化学稳定性,曾被广泛用作隔热材料,特别是在高温场合。此外,纤维可以编织成石棉布,这曾用于防火窗帘和其他用途。然而,石棉矿物的纤维结构对健康构成威胁,因为纤维很容易穿透软组织,例如肺,它们可以导致疾病,包括癌症。因此,石棉作为一种常见的建筑材料已停止使用。

▲ 图 22.33 蛇纹石棉

当 SiO₄ 四面体的四个顶点都连接到其他四面体时,结构就会在三维空间中扩展。四面体的这种连接形成了石英(SiO₂)。由于矿物温石棉是一种非致癌的石棉矿物，具有如图 22.32c 所示的片状结构。除硅酸盐四面体外，该矿物还含有 Mg^{2+} 和 OH^-。对该矿物的分析表明，每个硅原子有 1.5 个 Mg 原子。温石棉的实验式是什么？

解析

分析　已知一种具有片状硅酸盐结构的矿物，其具有用于平衡电荷的 Mg^{2+} 和 OH^-，每个 Si 含 1.5 个 Mg。要求写出矿物的实验式。

思路　如图 22.32c 所示，片状结构的硅酸盐具有最简单的经验式 $Si_2O_5^{2-}$。首先添加 Mg^{2+} 以得到合适的 Mg:Si 比。然后加入 OH^-，得到一种中性化合物。

解答

Mg:Si 比等于 1.5 的观察结果与每个 $Si_2O_5^{2-}$ 单元有 3 个 Mg^{2+} 是一致的。加入 3 个 Mg^{2+} 变成 $Mg_3(Si_2O_5)^{4+}$。为了实现矿物的电荷平衡，每个 $Si_2O_5^{2-}$ 必须含有 4 个 OH^-。因此，温石棉的分子式为 $Mg_3(Si_2O_5)(OH)_4$。由于这不能简化成一个更简单的公式，所以这是实验式。

▶ **实践练习 1**
在矿物绿柱石中，6 个硅酸盐四面体连接形成一个环，如图所示。阴离子的负电荷由 Be^{2+} 和 Al^{3+}

阳离子平衡。

如果元素分析表明 Be:Si 比为 1:2、Al:Si 比为 1:3，那么绿柱石的实验式是什么？
（a）$Be_2Al_3Si_6O_{19}$（b）$Be_3Al_2(SiO_4)_6$（c）$Be_3Al_2Si_6O_{18}$（d）$BeAl_2Si_6O_{15}$

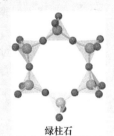
绿柱石

▶ **实践练习 2**
环状硅酸盐离子包含一个由三个四面体连接形成的环。这个离子包含 3 个 Si 原子和 9 个 O 原子。离子的总电荷是多少？

这种结构被锁定在三维阵列中，就像金刚石一样（见 12.7 节），石英比链状或片状硅酸盐更硬。

玻璃

石英在 1600℃ 左右熔化形成粘性液体。在熔融过程中，许多硅氧键断裂。当液体迅速冷却时，硅氧键会在原子按规则排列之前重新形成。结果产生了一种非晶态固体，称为石英玻璃或硅玻璃。许多物质可以添加到 SiO_2 中，使其在较低的温度下熔化。用于窗户和瓶子的普通**玻璃**，即钠钙玻璃，除了来自沙子的 SiO_2 外，还含有 CaO 和 Na_2O。CaO 和 Na_2O 是分别通过加热石灰石（$CaCO_3$）和纯碱（Na_2CO_3）这两种廉价的化学物质产生，它们在高温下分解：

$$CaCO_3(s) \longrightarrow CaO(s) + CO_2(g) \qquad (22.68)$$

$$Na_2CO_3(s) \longrightarrow Na_2O(s) + CO_2(g) \qquad (22.69)$$

其他物质可以添加到钠钙玻璃中，以产生颜色或以各种方式改变玻璃的性能。例如，CoO 的加入产生了深蓝色的"钴玻璃"。用 K_2O 代替 Na_2O 会使玻璃更硬、熔点更高。用 PbO 代替 CaO 可以得到密度更大、折射率更高的"铅晶体"玻璃。铅晶体用于装饰玻璃器皿，较高的折射率使这种玻璃具有特别闪亮的外观。加入非金属氧化物，如 B_2O_3 和 P_4O_{10}，形成与硅酸盐有关的网络结构，也改变了玻璃的性能。B_2O_3 的加入使硼硅酸盐玻璃具有更高的熔点和更强的耐温能力。这种玻璃在商业上以贸易名称出售，如 Pyrex® 和 Kimax®，在用于抵抗热冲击的地方是重要的，如实验室玻璃器皿或咖啡机。

硅酮

硅酮由 O — Si — O 链组成，每个硅上剩余的两个键合位置由 —CH₃ 等有机基团占据：

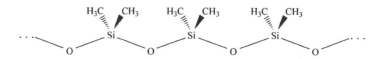

根据链长和交联程度的不同，硅酮可以是油或类橡胶材料。硅酮无毒，对热、光、氧和水有良好的稳定性。可以在商业上广泛用于各种产品，包括润滑油、汽车抛光剂、密封剂和垫圈；也用于防水织物，当应用于织物时，氧原子与织物表面的分子形成氢键。硅酮的疏水（抗水）有机基团随后被留在远离表面的地方作为屏障。

> **想一想**
>
> 区分这些物质：硅、二氧化硅和硅酮。

22.11 | 硼

硼是唯一可以被认为是非金属的 3A 族元素，因此是本章的最后一种元素。该元素具有扩展的网状结构，熔点（2300℃）介于碳（3550℃）和硅（1410℃）熔点之间。硼的电子排布是 [He]$2s^2 2p^1$。

在硼烷类化合物中，分子只含有硼和氢。因为 B 的电负性比 H 小，所以这些化合物的 B—H 键是极化的，H 具有更高的电子密度。最简单的硼烷是 BH₃。该分子只有 6 个价电子，因此是八电子规则的一个例外。2 个 BH₃ 分子反应生成*乙硼烷*（B₂H₆）。这个反应可以看作是 Lewis 酸碱反应，其中 1 个 BH₃ 分子的 B—H 键成键电子对给予另一个分子。因此，乙硼烷是一种不寻常的分子，其中氢原子在 2 个 B 原子之间形成桥（见图 22.34），这样的氢称为*桥式氢*。

2 个硼原子共用氢原子在一定程度上弥补了硼周围价电子的不足。乙硼烷是一种极活泼的分子，在空气中发生强放热反应而自燃：

$$B_2H_6(g) + 3O_2(g) \longrightarrow B_2O_3(s) + 3H_2O(g) \quad \Delta H° = -2030kJ \quad (22.70)$$

硼和氢形成一系列阴离子，称为*硼烷阴离子*。硼氢化盐（BH₄⁻）广泛用作还原剂。例如，硼氢化钠（NaBH₄）是某些有机化合物常用的还原剂。

> **想一想**
>
> 回想一下，氢化物离子是 H⁺，硼氢化钠中硼的氧化态是多少？

硼唯一重要的氧化物是氧化硼（B₂O₃）。这种物质是硼酸的酸酐，可以把它写成 H₃BO₃ 或 B(OH)₃。硼酸是一种非常弱的酸（$K_a = 5.8 \times 10^{-10}$），因此 H₃BO₃ 溶液可用作洗眼剂。加热时，硼酸通过类似于 22.8 节中描述的磷缩合反应而失水：

▲ 图 22.34 乙硼烷的结构（B₂H₆）

3A

5 B
13 Al
31 Ga
49 In
81 Tl

$$4H_3BO_3(s) \longrightarrow H_2B_4O_7(s) + 5H_2O(g) \qquad (22.71)$$

双质子酸 $H_2B_4O_7$ 是四硼酸。水合钠盐 $Na_2B_4O_7 \cdot 10H_2O$ 称为硼砂，主要存在于加利福尼亚州的干涸湖泊沉积物中，也可以从其他硼酸盐矿物中提取。硼砂的溶液是碱性的，这种物质可用于各种洗涤和清洁产品。

综合实例解析
概念综合

卤代化合物 BrF_3 是一种挥发性的淡黄色液体。由于自电离作用，该化合物具有明显的导电性（"solv" 是指 BrF_3 为溶剂）：

$$2BrF_3(l) \rightleftharpoons BrF_2^+ + BrF_4^-$$

（a）BrF_2^+ 和 BrF_4^- 的分子结构是什么？

（b）BrF_3 的电导率随温度升高而降低，自电离过程是放热的还是吸热的？

（c）BrF_3 的一个化学特征是它对氟离子起 Lewis 酸的作用，预测当 KBr 溶解在 BrF_3 中会发生什么反应？

解析

（a）BrF_2^+ 有 $7 + 2(7) - 1 = 20$ 个价电子。该离子的 Lewis 结构是

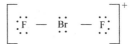

由于中心 Br 原子周围有四个电子域，因此产生的电子域几何结构为四面体（见 9.2 节）。由于成键电子对占据其中两个区域，分子的几何结构发生了弯曲：

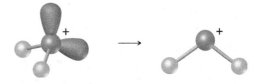

BrF_4^- 有 $7 + 4(7) + 1 = 36$ 个价电子，形成的 Lewis 结构：

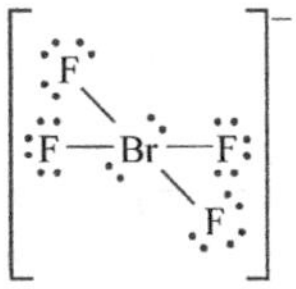

因为在这个离子的中心 Br 原子周围有六个电子域，所以电子域的几何结构是八面体。八面体中两对非键电子对处于对位，形成了平面四边形的分子结构：

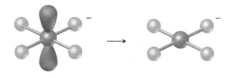

（b）电导率随温度升高而降低的现象表明，在较高的温度下，溶液中存在的离子较少。因此，温度升高会使平衡向左移动。根据勒夏特列原理，这种变化表明反应从左向右进行是放热的（见 15.7 节）。

（c）Lewis 酸是电子对受体（见 16.11 节）。氟离子有 4 个价电子对，可以作为 Lewis 碱（电子对供体）。因此，可以看到以下反应：

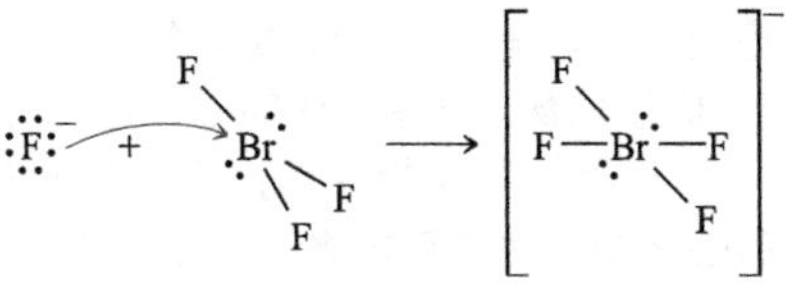

$$F^- + BrF_3 \longrightarrow BrF_4^-$$

本章小结和关键术语

元素周期表和化学反应（见 22.1 节）

元素周期表对于组织和牢记元素的化学描述是很有用的。在给定的主族元素中，原子大小随原子序数的增加而增大，电负性和电离能逐渐减小。大多数非金属元素位于元素周期表的右上角。

在非金属元素中，每一族的第一个元素与其他元素有很大的区别。它与其他原子最多形成 4 个键，并且比本主族中较重的元素更倾向于形成 π 键。

由于世界上 O_2 和 H_2O 的含量丰富，所以讨论非金属时我们主要关注两种重要而普遍的反应类型：O_2 的氧化反应和涉及 H_2O 或水溶液的质子转移反应。

氢（见 22.2 节）

氢有三种同位素：**氕**（^1_1H），**氘**（^2_1H），**氚**（^3_1H）。氢不属于任何特定的周期和主族，尽管它通常位于锂的上方。氢原子要么失去一个电子形成氢离子（H^+），要么得到一个电子，形成 H^-（氢化物离子）。因为 H—H 键相对较强，H_2 是相当稳定的，除非被加热或催化剂活化。氢和氧形成很强的键，所以 H_2 与含氧化合物的反应通常会生成 H_2O。$H^+(aq)$ 能氧化许多金属，形成 $H_2(g)$。电解水也会形成 $H_2(g)$。

氢的二元化合物一般分为三种类型：**离子氢化物**（由活性金属形成），**金属氢化物**（由过渡金属形成），分子氢化物（由非金属元素形成）。离子氢化物中含有 H^-；因为这个离子的碱性较强，离子氢化物与 H_2O 反应生成 H_2 和 OH^-。

8A 族：惰性气体和 7A 族：卤素（见 22.3 节和 22.4 节）

稀有气体（8A 族）由于它们的电子构型非常稳定，表现出非常有限的化学反应活性。氟化氙、氧化物和 KrF_2 是稀有气体中最稳定的化合物。

卤素（7A 族）是双原子分子。除氟外，所有化合物的氧化态都在 $-1 \sim +7$ 之间变化。氟是电负性最强的元素，所以它的氧化态只有 0 和 -1。元素的氧化能力（趋向于形成 -1 氧化态）随着族从上到下减弱。

卤化氢是这些元素中最有用的化合物之一，这些气体溶解在水中形成卤酸，例如 $HCl(aq)$。氢氟酸可与**二氧化硅**反应。**卤间化合物**由两种不同的卤素元素形成。氯、溴和碘形成一系列的含氧酸，其中卤素原子为正氧化态。这些化合物及其相关的氧阴离子是强氧化剂。

氧和其他 6A 族元素（见 22.5 节和 22.6 节）

氧有两种同素异形体，O_2 和 O_3（臭氧）。相比于 O_2，臭氧是不稳定的，它是一种比 O_2 更强的氧化剂。大多数 O_2 反应生成氧化物，这些氧化物中氧是 -2 价氧化态。非金属的可溶性氧化物一般产生酸性水溶液；一般称为**酸性酸酐**或**酸性氧化物**。相反，可溶性金属氧化物产生碱性溶液，称为**碱性酸酐**或**碱性氧化物**。许多不溶于水的金属氧化物溶于酸，并伴有水的生成。

过氧化物含有 O—O 键和氧化态为 -1 价的氧。过氧化物不稳定，分解为 O_2 和氧化物。在这种反应中，过氧化物同时被氧化和还原，这一过程称为**歧化**。超氧化物含有 O_2^-，其中氧的氧化态为 $-\frac{1}{2}$。

硫是其他 6A 族元素中最重要的。它有几种同素异形体；室温下最稳定的元素同素异形体由 S_8 环组成。硫形成两种氧化物，SO_2 和 SO_3，它们都是重要的大气污染物。三氧化硫是硫酸的酸酐，是最重要的含硫化合物和产量最高的工业化学品。硫酸是一种强酸和良好的脱水剂。硫也会形成几种氧阴离子，包括 SO_3^{2-}（亚硫酸盐），SO_4^{2-}（硫酸盐）和 $S_2O_3^{2-}$（硫代硫酸盐）。硫被发现与许多金属化合生成硫化物，其中硫的氧化态为 -2。这些化合物常与酸反应生成硫化氢 H_2S，闻起来像臭鸡蛋。

氮和其他 5A 族元素（见 22.7 节和 22.8 节）

氮在大气中以 N_2 分子的形式存在。由于存在强的 $N \equiv N$ 键，分子氮在化学上是非常稳定的。分子氮可以通过哈伯法转化为氨。一旦氨生成，它就可以转化为多种不同的化合物，在这些化合物中氮的氧化态可以从 $-3 \sim +5$。氨最重要的工业转化是**奥斯特瓦尔德反应**，在这个反应中氨被氧化成硝酸（HNO_3）。

氮有三种重要的氧化物：一氧化二氮（N_2O），一氧化氮（NO），和二氧化氮（NO_2）。亚硝酸（HNO_2）是一种弱酸；它的共轭碱是亚硝酸根离子（NO_2^-）。另一种重要的氮化合物是肼（N_2H_4）。

磷是 5A 族剩余元素中最重要的元素。它在自然界中以磷酸盐矿物的形式存在。磷有几种同素异形体，包括由 P_4 四面体组成的白磷。磷与卤素反应生成三卤化磷 PX_3 和五卤化磷 PX_5。这些化合物经过水解产生磷含氧酸和 HX。

磷形成两种氧化物，P_4O_6 和 P_4O_{10}。其所对应的酸是亚磷酸和磷酸，在加热时发生缩合反应。磷化合物在生物化学和肥料中很重要。

碳和其他 4A 族元素（见 22.9 节和 22.10 节）

碳的同素异形体包括金刚石、石墨、富勒烯、碳纳米管和石墨烯。无定形石墨包括**木炭**和**炭黑**。碳能形成两种常见的氧化物，CO 和 CO_2。二氧化碳水溶液产生弱酸碳酸（H_2CO_3），它是碳酸氢盐和碳酸盐的母体酸。碳的二元化合物称为**碳化物**。碳化物可以是离子的、间质的或共价的。电石（CaC_2）含有强碱性的乙炔离子（C_2^{2-}），可与水反应生成乙炔。

其他 4A 族元素在物理和化学性质上表现出较大的多样性。硅是第二丰富的元素，是一种半导体。它与 Cl_2 反应生成 $SiCl_4$，这是一种室温下存在的液体，这个反应有助于从天然矿物中提纯硅。硅可以形成强的 Si—O 键，因此存在于各种硅酸盐矿物中。

二氧化硅是 SiO_2；**硅酸盐**由 SiO_4 四面体组成，它们的顶点连接在一起形成链状、片状或三维结构。最常见的三维硅酸盐是石英（SiO_2）。玻璃是一种无定形（非晶态）二氧化硅。硅酮含有，有机基团与硅原子结合的 O—Si—O 链。锗和硅都是非金属；锡和铅是金属。

硼（见 22.11 节）

硼是 3A 族唯一的非金属元素。它与氢形成多种化合物，称为氢化硼，或硼烷。二硼烷（B_2H_6）具有两个氢原子连接两个硼原子的特殊结构。硼烷与氧反应生成氧化硼（B_2O_3），其中硼的氧化态为 +3。氧化硼是硼酸（H_3BO_3）的酸酐。硼酸容易发生缩合反应。

学习成果　学习本章后，应该掌握：

- 使用周期性变化规律来解释同一族或同一周期元素性质之间的基本差异（见 22.1 节）
  相关练习：22.13，22.15，22.17
- 解释同一族中第一个元素与后面元素的不同之处（见 22.1 节）
  相关练习：22.1，22.15
- 能够确定元素和化合物的电子构型、氧化态和分子形状（见 22.2 节 ~ 22.11 节）
  相关练习：22.3，22.33，22.53

- 完成并配平非金属常见反应的化学方程式（见 22.1 节 ~ 22.11 节）
  相关练习：22.25，22.40，22.67
- 了解亚磷酸和磷酸是如何发生缩合反应的（见 22.8 节）
  相关练习：22.87
- 解释硅酸盐的化学键和结构与它们的化学式和性质之间的关系（见 22.10 节）
  相关练习：22.75，22.77，22.91

本章练习

图例解析

22.1　关于下列两种化合物哪种化合物更稳定及其稳定原因，说法正确的是哪一个？（见 22.1 节）

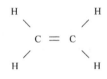

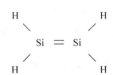

（a）碳化合物，因为 C 的电负性比 Si 小；
（b）硅化合物，因为 Si 比 C 形成更强的 σ 键；
（c）碳化合物，因为 C 比 Si 形成更强的多重键；
（d）硅化合物，因为硅比 C 形成更强的 pi 键。

22.2　（a）确定下图所示的化学反应类型；
（b）在方程的两边都加上适当的电荷；
（c）写出反应的化学方程式。（见 22.1 节）

22.3　下列哪种（可能不止一种）物质可能具有下面的结构？

（a）XeF_4（b）BrF_4^+（c）SiF_4（d）$TeCl_4$（e）$HClO_4$（颜色并不反映原子的特性。）（见 22.3 节，22.4 节，22.6 节和 22.10 节）

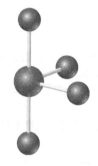

22.4　两个玻璃瓶，一个装氧气，一个装氮气。你如何确定哪个是氧气，哪个是氮气（见 22.5 节和 22.7 节）

22.5　写出下列每种氮氧化物的分子式和 Lewis 结构：（见 22.7 节）

22.6 图中所示的属性哪个可能是属于 6A 族元素的?

（a）电负性（b）第一电离能（c）密度（d）X—X 单键焓（e）电子亲和性（见 22.5 节和 22.6 节）

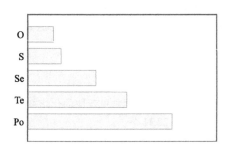

22.7 找出关于 6A 族元素的原子和离子的正确描述。（见 22.5 节和 22.6 节）

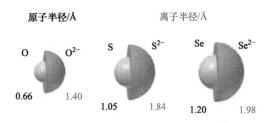

原子半径/Å   离子半径/Å

（a）离子半径比原子半径大，因为离子的电子比相应的原子多；

（b）主族从上到下，原子半径随着核电荷的增加而增加；

（c）随着最外层电子的主量子数增加，离子半径沿主族从上到下逐渐增加；

（d）在这些离子中，Se^{2-} 是水中最强的碱，因为它是最大。

22.8 第三周期非金属元素的哪种性质可能如下图所示：

（a）第一电离能

（b）原子半径

（c）电负性

（d）熔点

（e）X—X 单键焓（见 22.3 节、22.4 节、22.6 节、22.8 节和 22.10 节）

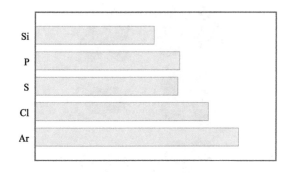

22.9 下列哪种化合物你认为具有最普遍的反应活性，为什么?（这些结构中的每个角代表一个 —CH_2。（见 22.8 节）

22.10 （a）画出至少四种具有通式的 Lewis 结构

$$\left[\ :X \equiv Y:\ \right]^{n}$$

其中 X 和 Y 可能相同或不同，n 值可能在 +1 ~ −2 之间。（b）哪种化合物可能是最强的 Brønsted 碱? 解释一下。（见 22.1 节，22.7 节和 22.9 节）

周期性变化规律和化学反应（见 22.1 节）

22.11 鉴定下列每种元素为金属、非金属或准金属：（a）磷（b）锶（c）锰（d）硒（e）钠（f）氪

22.12 鉴定下列每种元素为金属、非金属或准金属：（a）镓（b）钼（c）碲（d）砷（e）氙（f）钌

22.13 基于元素 O、Ba、Co、Be、Br 和 Se，从该元素列表中选择（a）电负性最强（b）最大氧化态为 +7（c）最容易失去一个电子（d）最容易形成 π 键，（e）是一种过渡金属（f）在室温和常压下是一种液体

22.14 基于元素元素 Li、K、Cl、C、Ne 和 Ar。从该元素列表中选择（a）电负性最强（b）具有最大的金属特性（c）最容易形成正离子（d）原子半径最小（e）最容易形成 π 键（f）有多种同素异形体

22.15 下列哪种陈述是正确的?

（a）氮和磷都能形成五氟化物；

（b）虽然 CO 是众所周知的化合物，但是 SiO 在普通条件下并不存在；

（c）Cl_2 比 I_2 更容易氧化；

（d）在室温下，氧的稳定形式是 O_2，而硫的稳定形式是 S_8。

22.16 下列哪种陈述是正确的?

（a）硅可以和 6 个氟原子形成一个 SiF_6^{2-}，而碳不能；

（b）硅可以形成三个稳定的化合物，每个化合物含有 2 个硅原子，即 Si_2H_2、Si_2H_4 和 Si_2H_6；

（c）在 HNO_3 和 H_3PO_4 中，中心原子 N 和 P 具有不同的氧化态；

（d）S 的电负性比 Se 强。

22.17 完成并配平下列方程式：

（a）$NaOCH_3(s) + H_2O(l) \longrightarrow$

（b）$CuO(s) + HNO_3(aq) \longrightarrow$

（c）$WO_3(s) + H_2(g) \xrightarrow{\Delta}$

（d）$NH_2OH(l) + O_2(g) \longrightarrow$

（e）$Al_4C_3(s) + H_2O(l) \longrightarrow$

22.18　完成并配平下列方程式：

（a）$Mg_3N_2(s) + H_2O(l) \longrightarrow$

（b）$C_3H_7OH(l) + O_2(g) \longrightarrow$

（c）$MnO_2(s) + C(s) \overset{\triangle}{\longrightarrow}$

（d）$AlP(s) + H_2O(l) \longrightarrow$

（e）$Na_2S(s) + HCl(aq) \longrightarrow$

氢、惰性气体和卤素（见 22.2 节、22.3 节和 22.4 节）

22.19　（a）给出氢的三个同位素的名称和化学符号；

（b）按自然丰度递减的顺序列出同位素；

（c）氢的哪种同位素具有放射性？

（d）写出该同位素放射性衰变的核方程。

22.20　D_2O 的物理性质与 H_2O 不同，是因为

（a）D 和 O 的电子排布不同；

（b）D 是放射性的；

（c）D 与 O 形成的键比 H 更强；

（d）D 的质量比 H 大得多。

22.21　给出氢为什么可以和元素周期表的 1A 组元素放在一起的原因。

22.22　氢和卤素有什么共同之处？解释一下。

22.23　完成并配平下列方程式：

（a）$NaH(s) + H_2O(l) \longrightarrow$

（b）$Fe(s) + H_2SO_4(aq) \longrightarrow$

（c）$H_2(g) + Br_2(g) \longrightarrow$

（d）$Na(l) + H_2(g) \longrightarrow$

（e）$PbO(s) + H_2(g) \longrightarrow$

22.24　写出下列每种反应的平衡方程式（其中一些与本章所示的反应类似）。

（a）金属铝与酸反应生成氢气；

（b）水蒸气与金属镁反应生成氧化镁和氢；

（c）氧化锰（IV）被氢气将还原为氧化锰（II）；

（d）氢氧化钙与水反应产生氢气。

22.25　确定下列氢化物是离子、金属或分子化合物：（a）BaH_2（b）H_2Te（c）$TiH_{1.7}$

22.26　确定下列氢化物是离子、金属或分子化合物：（a）B_2H_6（b）RbH（c）$Th_4H_{1.5}$

22.27　描述氢作为汽车通用能源的两个有利特性。

22.28　H_2/O_2 燃料电池将氢和氧元素转化为水，理论上可以产生 1.23V。获得氢来驱动大量燃料电池最可持续的方法是什么？解释一下。

22.29　为什么氙能与氟形成稳定的化合物，而氩却不能？

22.30　朋友告诉你霓虹灯招牌上的"霓虹灯"是氖和铝的化合物，你的朋友是对的吗？解释一下。

22.31　写出下列每种物质的化学式，并指出每一种卤素或稀有气体原子的氧化态：（a）次氯酸钙（b）溴酸（c）三氧化氙（d）高氯酸根离子（e）亚碘酸（f）五氟化碘

22.32　写出下列化合物的化学式，并指出每种化合物中卤素或稀有气体原子的氧化状态：（a）氯酸盐离子（b）氢碘酸（c）三氯化碘（d）次氯酸钠（e）高氯酸（f）四氟化氙

22.33　写出下列化合物的名称，并标出它们中卤素的氧化态：（a）$Fe(ClO_3)_3$（b）$HClO_2$（c）XeF_6（d）BrF_5（e）$XeOF_4$（f）HIO_3

22.34　说出下列化合物的名称，并标出它们中卤素的氧化态：（a）$KClO_3$（b）$Ca(IO_3)_2$（c）$AlCl_3$（d）$HBrO_3$（e）H_5IO_6（f）XeF_4

22.35　解释下列每项的观察结果：（a）在室温下，I_2 是固体，Br_2 是液体，Cl_2 和 F_2 都是气体；（b）F_2 不同通过电解氧化 F^- 水溶液制得；（c）氢氟酸的沸点比其他卤化氢的沸点高得多；（d）卤素氧化能力的降低顺序为 $F_2 > Cl_2 > Br_2 > I_2$。

22.36　解释下列观察结果：（a）在一定的氧化状态下，水溶液中含氧酸的酸强度降低顺序为氯 > 溴 > 碘；（b）氢氟酸不能储存在玻璃瓶中；（c）硫酸处理碘化钠不能制得 HI；（d）卤代烷 ICl_3 是存在的，但 $BrCl_3$ 不存在。

氧和其他 6A 族元素（见 22.5 节和 22.6 节）

22.37　写出下面每个反应的平衡方程式。（a）当氧化汞（II）受热分解成 O_2 和金属汞；（b）当硝酸铜（II）剧烈加热分解成氧化铜（II）、二氧化氮和氧气；（c）铅硫化物（II）[PbS(s)] 与臭氧反应生成 $PbSO_4(s)$ 和 $O_2(g)$；（d）在空气中加热时，ZnS(s) 转化为 ZnO；（e）过氧化钾与 $CO_2(g)$ 反应生成碳酸钾和 O_2；（f）氧气在上层大气中转化为臭氧。

22.38　完成并配平下列方程式：

（a）$CaO(s) + H_2O(l) \longrightarrow$

（b）$Al_2O_3(s) + H^+(aq) \longrightarrow$

（c）$Na_2O_2(s) + H_2O(l) \longrightarrow$

（d）$N_2O_3(g) + H_2O(l) \longrightarrow$

（e）$KO_2(s) + H_2O(l) \longrightarrow$

（f）$NO(g) + O_3(g) \longrightarrow$

22.39　预测下列氧化物是酸性、碱性、两性，还是中性的：（a）NO_2（b）CO_2（c）Al_2O_3（d）CaO

22.40　从下列每对中选择酸性较强的一组：（a）Mn_2O_7 和 MnO_2（b）SnO 和 SnO_2（c）SO_2 和 SO_3（d）SiO_2 和 SO_2（e）Ga_2O_3 和 In_2O_3（f）SO_2 和 SeO_2

22.41　写出下列每种化合物的化学式，并指出每种化合物中 6A 族元素的氧化态：

（a）亚硒酸（b）亚硫酸氢钾（c）碲化氢（d）二硫化碳（e）硫酸钙（f）硫化镉（g）碲化锌

22.42 写出下列每种化合物的化学式，并指出每种化合物中 6A 族元素的氧化态：

（a）四氯化硫（b）三氧化硒

（c）硫代硫酸钠（d）硫化氢

（e）硫酸（f）二氧化硫（g）硒化汞

22.43 在水溶液中，硫化氢还原（a）Fe^{3+} 到 Fe^{2+}；（b）Br 到 Br^-；（c）MnO_4^- 到 Mn^{2+}；（d）HNO_3 到 NO_2。在任何情况和适当的条件下，产物都是单质硫。写出每个反应的平衡离子方程式。

22.44 SO_2 水溶液还原（a）$KMnO_4$ 水溶液到 $MnSO_4(aq)$；（b）酸性的 $K_2Cr_2O_7$ 到 Cr^{3+} 水溶液；（c）$Hg_2(NO_3)_2$ 水溶液到金属汞。写出这些反应的平衡方程式。

22.45 写出下列每种物质的 Lewis 结构，并指出其结构：（a）SeO_3^{2-}（b）S_2Cl_2（c）氯磺酸，HSO_3Cl（氯和硫成键）。

22.46 当 $SF_4(g)$ 与含大量阳离子的氟盐形成 SF_5^- 离子，[如 $CsF(s)$]。画出 SF_4 和 SF_5^- 的 Lewis 结构，并预测它们的分子结构。

22.47 写出下列每种反应的平衡方程式：（a）二氧化硫与水反应（b）固体硫化锌与盐酸反应（c）单质硫与亚硫酸盐离子反应生成硫代硫酸盐（d）三氧化二硫溶于硫酸

22.48 写出下面每个反应的平衡方程式。（你可能需要猜测一个或多个反应产物，但基于你对这一章的学习，你应该能够作出合理的猜测）。（a）用酸溶液与硒化铝反应制备硒化氢；（b）硫代硫酸钠用于去除氯漂白织物中多余的氯。硫代硫酸盐离子形成 SO_4^{2-} 和单质硫，而 Cl_2 则还原为 Cl^-。

氮和其他 5A 族元素（见 22.7 节和 22.8 节）

22.49 写出下列每种化合物的化学式，并指出每种化合物中氮的氧化态：（a）亚硝酸钠（b）氨（c）一氧化二氮（d）氰化钠（e）硝酸（f）二氧化氮（g）氮（h）氮化硼

22.50 写出下列每种化合物的化学式，并指出每种化合物中氮的氧化状态：（a）一氧化氮（b）肼（c）氰化钾（d）亚硝酸钠（e）氯化铵（f）氮化锂

22.51 写出每种物质的 Lewis 结构，描述它的几何结构，并指出氮的氧化态：（a）HNO_2（b）N_3^-（c）$N_2H_5^+$（d）NO_3^-

22.52 写出每种物质的 Lewis 结构，描述它的几何结构，并指出氮的氧化态：（a）NH_4^+（b）NO_2^-（c）N_2O（d）NO_2

22.53 完成并配平下列方程式：

（a）$Mg_3N_2(s) + H_2O(l) \longrightarrow$

（b）$NO(g) + O_2(g) \longrightarrow$

（c）$N_2O_5(g) + H_2O(l) \longrightarrow$

（d）$NH_3(aq) + H^+(aq) \longrightarrow$

（e）$N_2H_4(l) + O_2(g) \longrightarrow$

这些反应中哪些是氧化 - 还原反应？

22.54 写出下列反应最终的平衡离子方程式：

（a）稀硝酸与金属锌反应生成一氧化二氮；（b）浓硝酸与硫反应生成二氧化氮；（c）浓硝酸氧化二氧化硫生成一氧化氮；（d）肼在过量的气体氟中燃烧生成 NF_3；（e）肼在碱性溶液中将 CrO_4^{2-} 还原为 $Cr(OH)_4^-$（肼氧化成 N_2）。

22.55 写出平衡的半反应（a）亚硝酸在酸性溶液中氧化成硝酸盐离子；（b）N_2 在酸性溶液中氧化为 N_2O。

22.56 写出完全平衡的半反应（a）硝酸盐离子在酸性溶液中还原为 NO；（b）HNO_2 在酸性溶液中氧化成 NO_2。

22.57 写出每种化合物的分子式，并指出每个分子式中 5A 族元素的氧化态：（a）亚磷酸（b）焦磷酸（c）三氯化锑（d）砷化镁（e）五氧化二磷（f）磷酸钠

22.58 写出每种化合物或离子的化学式，并指出每个分子式中 5A 族元素的氧化态：（a）磷酸盐离子（b）亚砷酸（c）硫化锑（Ⅲ）（d）磷酸二氢钙（e）磷化钾（f）砷化镓

22.59 解释下列观察结果：（a）磷形成五氯化物，而氮不能；（b）H_3PO_2 是一元酸；（c）磷盐，如 PH_4Cl，可以在无水条件下形成，但不能在水溶液中形成；（d）白磷比红磷反应活性更强。

22.60 解释一下观察结果：（a）H_3PO_3 是二元酸；（b）硝酸是强酸，而磷酸是弱酸；（c）磷矿作为磷肥是无效的；（d）磷在室温下不存在双原子分子，但是氮存在；（e）Na_3PO_4 水溶液是碱。

22.61 写出下列每个反应的平衡方程式：

（a）以磷酸钙为原料制备白磷（b）PBr_3 水解（c）用氢气将气相中的 PBr_3 还原为 P_4

22.62 写出下列每个反应的平衡方程式：

（a）PCl_5 水解（b）磷酸脱水（又称正磷酸）形成焦磷酸（c）P_4O_{10} 与水反应。

碳，其他 4A 族元素和硼（见 2.9 节、22.10 节和 22.11 节）

22.63 给出化学式（a）氢氰酸（b）四羰基镍（c）碳酸氢钡（d）碳化钙（e）碳酸钾

22.64 给出化学式（a）碳酸（b）氰化钠（c）碳酸氢钾（d）乙炔（e）五羰基铁

22.65 完成并配平下列方程式：

（a）$ZnCO_3(s) \xrightarrow{\Delta}$

（b）$BaC_2(s) + H_2O(l) \longrightarrow$

（c）$C_2H_2(g) + O_2(g) \longrightarrow$

（d）$CS_2(g) + O_2(g) \longrightarrow$

（e）$Ca(CN)_2(s) + HBr(aq) \longrightarrow$

22.66 完成并配平下列方程式：

(a) $CO_2(g) + OH^-(aq) \longrightarrow$

(b) $NaHCO_3(s) + H^+(aq) \longrightarrow$

(c) $CaO(s) + C(s) \xrightarrow{\Delta}$

(d) $C(s) + H_2O(g) \xrightarrow{\Delta}$

(e) $CuO(s) + CO(g) \longrightarrow$

22.67 写出下列每个反应平衡方程式：

(a) 商业上制备氢氰酸是在催化剂作用下，甲烷、氨和空气在800℃混合制得。水是反应的副产物；

(b) 小苏打与酸反应产生二氧化碳气体；

(c) 当碳酸钡在空气中与二氧化硫反应生成，硫酸钡和二氧化碳。

22.68 写出下列反应的平衡方程式：

(a) 金属镁在二氧化碳气氛中燃烧可以将二氧化碳还原为碳；

(b) 在光合作用中，二氧化碳和水利用太阳能产生葡萄糖（$C_6H_{12}O_6$）和 O_2；

(c) 碳酸盐溶于水产生碱性溶液。

22.69 写出下列化合物的分子式，并指出每种化合物中4A族元素或硼的氧化态：

(a) 硼酸 (b) 四溴化硅 (c) 氯化铅（Ⅱ）(d) 十水合四硼酸钠（硼砂）(e) 氧化硼 (f) 二氧化锗

22.70 写出下列化合物的分子式，并指出每种化合物中4A族元素或硼的氧化态：

(a) 二氧化硅 (b) 四氯化锗

(c) 硼氢化钠 (d) 氯化亚锡

(e) 乙硼烷 (f) 三氯化硼

22.71 选择最适合4A族元素的描述：

(a) 第一电离能最低

(b) 氧化态为 $-4 \sim +4$

(c) 在地壳中含量最丰富

22.72 选择最适合4A族元素的描述：

(a) 在最大程度上形成链

(b) 形成碱性氧化物

(c) 是一种能形成2+离子的金属

22.73 (a) 所有硅酸盐矿物中硅的特征几何形状是什么？

(b) 偏硅酸的经验式为 H_2SiO_3；

图22.32所示的结构中，你认为偏硅酸应该具有哪些结构？

22.74 推测为什么碳形成碳酸盐而不是硅酸盐类似物。

22.75 (a) 测定矿物锌黄长石 $[Ca_xZn(Si_2O_7)]$ 分子式中钙离子的数目；(b) 测定矿物叶蜡石 $[Al_2(Si_2O_5)_2(OH)_x]$ 化学分子式中氢氧根离子的数量。

22.76 (a) 测定 $Na_xAlSi_3O_8$ 中钠离子的数目；

(b) 测定透闪石 $Ca_2Mg_5(Si_4O_{11})_2(OH)_x$ 分子式中氢氧根离子的数量。

22.77 (a) 二硼烷（B_2H_6）的结构与乙烷（C_2H_6）的结构有何不同？

(b) 解释为什么二硼烷采用了这种几何结构；

(c) 二硼烷中氢原子被描述为"氢化物"，这句话的意义是什么？

22.78 写出下列每个反应平衡方程：

(a) 二硼烷与水反应生成硼酸和氢分子

(b) 硼酸加热后发生缩合反应生成四硼酸

(c) 氧化硼溶于水，形成硼酸溶液

附加练习

22.79 判断下列描述是正确的还是错误的：

(a) $H_2(g)$ 和 $D_2(g)$ 是氢的同素异体形式；

(b) ClF_3 是一种卤代化合物；

(c) $MgO(s)$ 是一种酸性酸酐；

(d) $SO_2(g)$ 是酸性酸酐；

(e) $2H_3PO_4(l) \longrightarrow H_4P_2O_7(l) + H_2O(g)$ 是缩合反应；

(f) 氘是氢元素的同位素；

(g) $2SO_2(g) + O_2(g) \longrightarrow 2SO_3(g)$ 是歧化反应。

22.80 尽管 ClO_4^- 和 IO_4^- 早已为人所知，但是 BrO_4^- 直到1965年才被合成。该离子是由溴酸盐离子氧化二氟化氙制得的，产生氙、氢氟酸和过溴酸盐离子。(a) 写出这个反应的平衡方程式；(b) 在这个反应中，指出 Br 的氧化态？

22.81 写出下列化合物与水反应的平衡方程式：

(a) $SO_2(g)$ (b) $Cl_2O_7(g)$ (c) $Na_2O_2(s)$ (d) $BaC_2(s)$ (e) $RbO_2(s)$ (f) $Mg_3N_2(s)$ (g) $NaH(s)$

22.82 下列每种酸的酸酐是什么？

(a) H_2SO_4 (b) $HClO_3$ (c) HNO_2 (d) H_2CO_3 (e) H_3PO_4

22.83 过氧化氢能氧化 (a) 肼到 N_2 和 H_2O (b) SO_2 到 SO_4^{2-} (c) NO_2^- 到 NO_3^- (d) $H_2S(g)$ 到 $S(s)$ (e) Fe^{2+} 到 Fe^{3+} 写出每个氧化-还原反应的平衡离子方程式。

22.84 硫酸工厂产生大量的热量，将用来发电，有助于降低运营成本。H_2SO_4 的合成包括三个主要的化学过程：

(a) S 氧化成 SO_2

(b) SO_2 氧化为 SO_3

(c) SO_3 溶解在 H_2SO_4 中，然后与水反应生成 H_2SO_4 如果第三个过程产生 130kJ/mol 的热量，从 1mol S 生成 1mol H_2SO_4 的过程中产生了多少热量？在制备 5000 磅 H_2SO_4 的过程中产生了多少热量？

22.85 (a) PO_4^{3-} 中 P 和 NO_3^- 中 N 的氧化态各是

什么？

（b）为什么 N 不能形成一个类似于 P 的稳定的 NO_4^{3-}？

22.86 （a）P_4、P_4O_6 和 P_4O_{10} 分子都具有由四个 P 原子组成的四面体共同结构特征。在所有例子中，P 原子间的成键是相同的？解释一下。

（b）采用偏磷酸三钠（$Na_3P_3O_9$）和四偏磷酸钠（$Na_4P_4O_{12}$）作为水软化剂。它们分别包含循环的 $P_3O_9^{3-}$ 和 $P_4O_{12}^{4-}$，对这些离子提出合理的结构。

22.87 写出 H_3PO_4 分子生成 $H_5P_3O_{10}$ 缩合反应的平衡化学反应方程式。

22.88 超纯锗和硅一样，也被用于半导体。通过 GeO_2 与碳的高温还原制备"普通"纯度的锗。Ge 经 Cl_2 处理后转化为 $GeCl_4$，再经蒸馏提纯；然后 $GeCl_4$ 在水中水解成 GeO_2，并被 H_2 还原为单质。然后对元素进行区域精炼。写出由 GeO_2 生成超纯锗过程中化学转变的平衡化学反应式。

22.89 当铝取代二氧化硅中一半的硅原子时，产生了一种叫做长石的矿物。长石是最丰富的成岩矿物，约占地壳矿物的 50%。正长石是一种铝取代四分之一的硅原子的长石，电荷平衡由 K^+ 完成。确定正长石的化学式。

22.90 （a）确定组成为 $AlSi_3O_{10}$ 的铝硅酸盐离子的电荷。

（b）结合图 22.32，对该铝硅酸盐的结构提出合理的描述。

综合练习

22.91 （a）如果形成氢化物 $FeTiH_2$，那么在 100.0kg 的合金 FeTi 中可以储存多少克 H_2？

（b）STP 下，H_2 的体积是多少？

（c）如果储存的氢在空气中燃烧生成液态水，能产生多少能量？

22.92 使用表 22.1 和附录 C 中的热化学数据，分别计算 XeF_2、XeF_4 和 XeF_6 的平均 Xe-F 键焓。这些数目的趋势有什么意义？

22.93 从质量上看，氢气的燃料值高于天然气，但从体积上看则不然。因此，作为通过管道长距离运输的燃料，氢气无法与天然气竞争。计算 H_2 和 CH_4（天然气的主要成分）的燃烧热，假设 $H_2O(l)$ 是产物。（a）每物质的量（b）每克（c）在 STP 下，每立方米

22.94 假设没有电输入，使用附表 C 中臭氧的 ΔG_f°，计算式（22.22）在 298.0K 时的平衡常数。

22.95 在 STP 条件下，Cl_2 在 100g 水中的溶解度为 310cm³。假设这个量的 Cl_2 溶解并按如下方程式反应：

$$Cl_2(aq) + H_2O \rightleftharpoons Cl^-(aq) + HClO(aq) + H^+(aq)$$

（a）如果这个反应的平衡常数为 4.7×10^{-4}，计算生成 HClO 的平衡浓度。

（b）最终溶液的 pH 是多少？

22.96 高氯酸铵热分解产物为 $N_2(g)$、$O_2(g)$、$H_2O(g)$ 和 $HCl(g)$。

（a）写出反应的平衡方程式；（提示：你可能会发现对产物使用分数系数更容易。）

（b）计算 1mol NH_4ClO_4 反应的焓变；[NH_4ClO_4(s) 的标准生成焓为 −295.8kJ]

（c）当 NH_4ClO_4(s) 用于固体燃料助推火箭时，同时填充铝粉，考虑 NH_4ClO_4(s) 分解所需的高温，以及反应的产物，铝粉起什么作用？（d）假设一磅高氯酸铵完全反应，计算 STP 条件下产生的所有气体的体积。

22.97 任何高压高温蒸汽锅炉中溶解氧都可能对其金属部件产生极强的腐蚀性。肼可与水完全混溶都可能对其金属部件产生极强的腐蚀性。肼可与水完全混溶来除去氧。

（a）写出气态肼与氧反应的平衡方程式；

（b）计算伴随这个反应的焓变；

（c）20℃，海平面时，空气中的氧溶于水，浓度为 9.1ppm。在这些条件下，与 3.0×10^4 L（一个小游泳池的体积）的氧反应，需要多少克肼？

22.98 一种从电厂烟气中去除 SO_2 的方法是与硫化氢水溶液反应，产物是单质硫。

（a）写出反应的平衡化学方程式；

（b）在 27℃ 和 760torr 时，需要多大体积的 H_2S 才能除去燃烧 2.0t 含 3.5% S 的煤所形成的 SO_2？

（c）单质硫的质量是多少？假设所有的反应都是 100% 反应的。

22.99 空气中 H_2S(g) 的最大允许浓度为 20mg/kg（质量比，20ppm）。在 1.00atm 和 25℃ 时在一个平均尺寸为 12ft×20ft×8ft 的房间里，需要多少克 FeS 与盐酸反应才能产生这种浓度？（在这些条件下，空气的平均摩尔质量是 29.0g/mol。）

22.100 $H_2O(g)$、$H_2S(g)$、$H_2Se(g)$ 和 $H_2Te(g)$ 的标准生成焓分别为 −241.8、−20.17、+29.7 和 +99.6kJ/mol。将标准状态的 O、S、Se 和 Te 元素转化为 1mol 气态原子所需的焓分别是 248、277、227 和 197kJ/mol。H_2 的离解焓是 436kJ/mol。计算 H-O、H-S、H-Se 和 H-Te 的平均键焓，评论它们的趋势。

22.101 硅化锰的经验式为 MnSi，其熔点为 1280℃。它不溶于水，但溶于 HF 水溶液。（a）你认为 MnSi 是哪种类型的化合物：金属、分子、原子还是离子晶体？（b）写出 MnSi 与高浓度 HF 反应可能

的平衡化学方程式。

22.102 肼已被用作金属的还原剂。根据标准还原电位，在酸性溶液的标准条件下，预测下列金属是否可以被肼还原为金属态：（a）Fe^{2+}（b）Sn^{2+}（c）Cu^{2+}（d）Ag^+（e）Cr^{3+}（f）Co^{3+}

22.103 二甲肼（$(CH_3)_2NNH_2$）和甲基肼（CH_3-$NHNH_2$）都可用作火箭燃料。当四氧化二氮（N_2O_4）作为氧化剂时，产物为 H_2O、CO_2 和 N_2。如果火箭的推力取决于产物的体积，那么每克氧化剂和燃料的总质量中，哪一种取代肼产生的推力更大？[假设两种

燃料产生相同的温度，并且生成 $H_2O(g)$]。

22.104 硼嗪 [$(BH)_3(NH)_3$] 类似于苯（C_6H_6）。它可以由二硼烷与氨反应制得，氢是另一种产物，或者从硼氢化锂和氯化铵反应制得，氯化锂和氢是另外的产物。

（a）写出两种制备硼嗪的平衡化学方程式；

（b）画出硼嗪的 Lewis 结构；

（c）假设二硼烷过量，在 STP 条件下，2.00L 氨可以制取多少克硼嗪？

设计实验

给你五种物质的样品。在室温下，有三种是无色气体，一种是无色液体，还有一种是白色固体。你被告知这些物质分别是 NF_3、PF_3、PCl_3、PF_5 和 PCl_5。让我们设计实验来确定哪一种物质是哪一个样品，结合本章和前面几章的内容。

（a）假设你既不能上网也不能看化学手册（考试期间就是这样！），设计一些实验让你能够识别这些物质。

（b）如果你可以从网络获取数据，你将如何进行不同的处理？

（c）哪种物质可以通过反应在中心原子周围增加更多的原子？你会选择哪种反应来验证这个假设？

（d）根据你对分子间作用力的了解，判断哪些物质可能是固体？

第**23**章

过渡金属配位化学

人类，像所有的脊椎动物一样，有红色的血液。红色是由于在红细胞中发现了一种叫作血红蛋白的含铁蛋白质。血红蛋白负责与肺中的氧气结合，并将其输送到全身的细胞中。

然而，并不是所有的动物都有红色的血液。一些海洋动物，包括章鱼、鱿鱼和龙虾，都有蓝色的血液，因为它们依靠一种叫作血红素的含铜蛋白质来运输氧气。在脱氧状态下，血红素含有 2 个 Cu^+ 离子，它们之间的距离超过 4Å，这一距离太长而无法形成键。当氧分子遇到蛋白质中 Cu^+ 离子时，O_2 分子与 Cu^+ 离子发生电子转移反应被还原成过氧化物离子 O_2^{2-}，而两个铜离子都被氧化成 Cu^{2+}，如图 23.1 所示。氧合血红素中 Cu^{2+} 离子的存在是造成血液呈蓝色的原因。

在动物王国的贵族中，马蹄蟹的血是最珍贵的。这是因为马蹄蟹的原始免疫系统含有一种叫作鲎的物质（LAL），可以通过与潜在的有害病毒和细菌内毒素结合来保护螃蟹不受感染。20 世纪 60 年代初，人们发现 LAL 可用于检测药物和医疗器械中痕量的有毒物质。美国食品和药物管理局现在要求所有供人类食用的药物都要经过 LAL 检测。

为了给制药行业获取足够的 LAL，人们采集马蹄蟹，把它们附着在机器上抽取大约 30% 的血，然后将它们放回大海。从血液中提取的 LAL 可以卖到每夸脱 15000 美元。据估计，大多数动物在抽取完血液后都能存活。只有 5% ~ 30% 的死亡率，尽管有人对这种抽

◀ 抽取马蹄蟹的血　需要将节肢动物约三分之一的蓝色血液放出。

导读

23.1 ▶ **过渡金属**　介绍*过渡金属*的物理性质、电子构型、氧化态和磁性。

23.2 ▶ **过渡金属配合物**　介绍*金属配合物*和*配体*的概念，并简要介绍*配位化学*的发展历史。

23.3 ▶ **配位化学中常见的配体**　探讨在一些常见配合物的几何结构，以及这些几何结构与*配位数*之间的关系。

23.4 ▶ **配位化学中的命名和异构现象**　学习金属配合物的命名法和熟悉*异构体*的概念（两个化合物具有相同的成分，但不同的结构）。

23.5 ▶ **配位化学中的颜色和磁性**　发现配位化合物颜色的根本原因，强调电磁波谱的可见部分和*互补色*的概念。然后我们发现许多过渡金属配合物是顺磁性的，因为它们含有未配对的电子。

23.6 ▶ **晶体场理论**　应用晶体场理论的概念解释配合物的一些有趣的光谱和磁学性质。

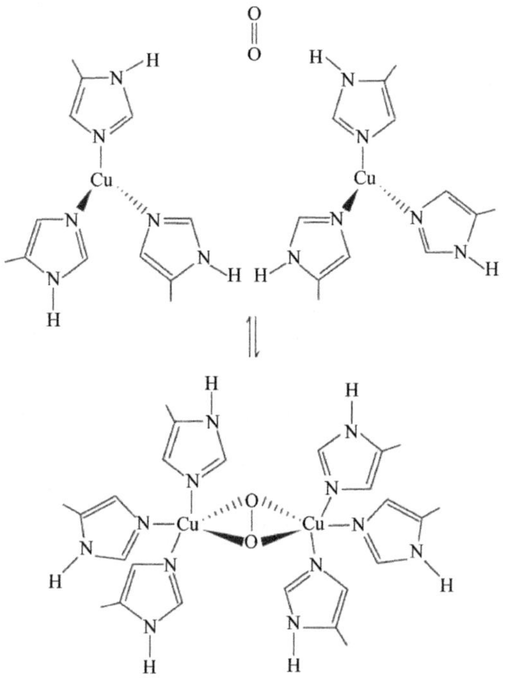

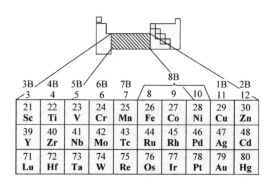

▲ 图 23.1 血蓝蛋白键合氧气　Cu⁺ 在脱氧状态下由血红素蛋白的三个氮原子结合（左）。当 O_2 分子与 Cu⁺ 结合时被还原为 O_2^{2-}，而 Cu⁺ 被氧化为 Cu^{2+}

血过程对马蹄蟹野生种群整体健康的影响提出了质疑。

铁和铜等过渡金属的重要性不仅限于生物学和医学。过渡金属及其合金可作为制造硬币和珠宝的结构性材料，以及作为电线和电子设备中的电子导体。部分填充的 *d* 轨道的存在使得过渡金属化合物可以作为催化剂、磁性材料和颜料。在本章中，我们将更仔细地研究这组迷人的元素。

在前面的章节，我们发现金属离子可以充当 Lewis 酸，与充当 Lewis 碱的分子和离子形成共价键（见 16.11 节）。我们遇到过许多离子和化合物，都是由这种相互作用产生的，比如第 17.5 节的 $[Ag(NH_3)_2]^+$ 和第 13.6 节的血红蛋白。在这一章中，将重点讨论与这些被分子和离子包围的复杂金属离子组合有关的丰富且重要的化学反应。这种金属化合物称为*配位化合物*，重点研究它们的化学分支称为*配位化学*。

23.1 | 过渡金属

当在元素周期表中从左向右移动时，*d* 轨道被填满的部分就是过渡金属所在位置（见图 23.2）（见 6.8 节）。

除了一些例外（如铂、金），金属元素在自然界中以固体无机化合物的形式存在，称为**矿物质**。从表 23.1 可以看出矿物是用普通名称而不是化学名称来识别的。

▲ 图 23.2 过渡金属在元素周期表中的位置　它们是周期表中四、五和六周期的 B 族。寿命短，放射性的第七周期的过渡金属未标出

表 23.1　过渡金属的主要矿物来源

金属	矿物	矿物成分
铬	铬铁矿	$FeCr_2O_4$
钴	辉钴矿	CoAsS
铜	辉铜矿	Cu_2S
	黄铜矿	$CuFeS_2$
	孔雀石	$Cu_2CO_3(OH)_2$
铁	赤铁矿	Fe_2O_3
	磁铁矿	Fe_3O_4
锰	软锰矿	MnO_2
汞	朱砂	HgS
钼	辉钼矿	MoS_2
钛	金红石	TiO_2
	钛铁矿	$FeTiO_3$
锌	闪锌矿	ZnS

表 23.2　4 周期过渡金属的性质

族	3B	4B	5B	6B	7B	8B			1B	2B
元素:	Sc	Ti	V	Cr	Mn	Fe	Co	Ni	Cu	Zn
基态电子构型	$3d^14s^2$	$3d^24s^2$	$3d^34s^2$	$3d^54s^1$	$3d^54s^2$	$3d^64s^2$	$3d^74s^2$	$3d^84s^2$	$3d^{10}4s^1$	$3d^{10}4s^2$
第一电离能 /(kJ/mol)	631	658	650	653	717	759	758	737	745	906
金属半径 /Å	1.64	1.47	1.35	1.29	1.37	1.26	1.25	1.25	1.28	1.37
密度 /(g/cm³)	3.0	4.5	6.1	7.9	7.2	7.9	8.7	8.9	8.9	7.1
熔点 /℃	1541	1660	1917	1857	1244	1537	1494	1455	1084	420
晶体结构①	hcp	hcp	bcc	bcc	②	bcc	hcp	fcc	fcc	hcp

① 晶体结构缩写 hcp = 立方密堆积，fcc = 面心立方，bcc = 体心立方（见 12.3 节）。
② 锰具有更为复杂的晶体结构。

　　矿物中大多数过渡金属的氧化态从 +1 到 +4。为了从矿物中获得纯金属，必须通过各种化学过程将金属还原为单质。**冶金学**是一种从自然资源中提取金属并将其利用于实际用途的科学和技术。通常包括以下几个步骤：（1）采矿，也就是把相关的矿石（矿物的混合物）从地下开采出来，（2）集中矿石或以其他方式为进一步处理做准备，（3）还原矿石以获得游离的金属，（4）纯化金属，以及将其与其他元素混合以修饰其属性。最后这个过程产生一种合金，由两种或两种以上元素组成的金属材料（见 12.3 节）。

物理性质

　　表 23.2 列出了第四周期（也被称为"第一排"）过渡金属的一些物理性质。较重的过渡金属的性质在第五和第六周期内，变化相似。

　　图 23.3 为紧密堆积金属结构中原子半径随周期数的变化关系。[⊖]图中所示的趋势是两种作用力相互竞争的结果。一方面，当在每个周期中从左向右移动时，增加有效核电荷有利于半径的减小（见 7.2 节）。另一方面，金属键的强度增加，直到每个周期的中间，然后随着反键轨道的填满而降低（见 12.4 节）。一般来说，键越短强度越强（见 8.8 节）。从 3B 族到 6B 族，这两种效应协同作用，其结果是半径显著减小。在 6B 族右边的元素中，这两种效应相互抵消，最终导致半径增大。

▲ 想一想

　　哪个元素的成键原子半径最大：Sc、Fe 或者 Au？

　　总之，同一族中原子半径由上至下逐渐增大，这是由于外层电子的主量子数增加所致（见 7.3 节）。但是，图 23.2 所示，一旦我们超越了 3B 元素，在特定族的第五周期和第六周期的过渡金属元素具有几乎相同的半径。例如，在 5B 族，第六周期钽的半径与第五周期铌的半径几乎相同。这种有趣且重要的效应源于

▽ 图例解析

　　过渡金属半径的变化是否与有效电荷沿元素周期表从左向右移动的变化趋势相同？

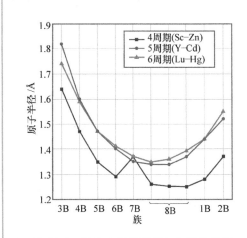

▲ 图 23.3　过渡金属的半径与族数的关系

───────
[⊖] 注意，以这种方式定义的半径，通常称为金属半径，与 7.3 节中定义的成键原子半径略有不同。

镧系元素 57 ~ 70。通过镧元素 4f 轨道的填充（见图 6.31）导致有效核电荷的稳定增加和尺寸减小，称为**镧系收缩**，这正好抵消了我们预期的从第五周期到第六周期过渡金属的半径增加量。因此，第五周期和第六周期的每一族过渡金属具有非常相似的半径和化学性质。例如，4B 族的金属锆（第五周期）和铪（第六周期）在自然界中总是同时存在，很难分离。

电子构型和氧化态

过渡金属在元素周期表中的位置取决于 d 亚层的填充，如图 6.31 所示。过渡金属的许多物理和化学性质是由 d 轨道的独特特性决定的。对于特定的过渡金属原子，价电子（$n-1$）d 轨道小于相应的价电子 ns 和 np 轨道。在量子力学术语中，（$n-1$）d 轨道波函数比 ns 和 np 轨道波函数在远离原子核时衰减地更快。d 轨道的这种特性限制了它们与邻近原子轨道的相互作用，但又不至于对周围原子不敏感。因此，这些轨道中的电子有时表现得像价电子，有时又像核心电子。具体性质取决于元素在元素周期表中的位置和原子的环境。

当过渡金属被氧化时，*它们在失去 d 亚层的电子之前失去外层电子*（见 7.4 节）。例如，Fe 的电子构型是 [Ar]$3d^6 4s^2$，而 Fe^{2+} 的电子构型是 [Ar]$3d^6$，形成 Fe^{3+} 要求失去一个 $3d$ 电子，得到 [Ar]$3d^5$。大多数过渡金属离子都含有部分占据的 d 亚层，这在很大程度上导致了以下三种特性：

1. 过渡金属通常具有一种以上的稳定氧化态。
2. 许多过渡金属化合物都是有颜色的，如图 23.4 所示。
3. 过渡金属及其化合物通常具有磁性。

图 23.5 展示了第四周期过渡金属常见的非零氧化态。对于大多数过渡金属来说，+2 氧化态是由于失去了外层两个 4s 电子而形

▽ **图例解析** 哪一族过渡金属的 $3d$ 轨道被完全填充满?

▲ 图 23.4 **过渡金属离子水溶液** 从左到右：Co^{2+}，Ni^{2+}，Cu^{2+} 和 Zn^{2+}。在所有情况下，反离子都是硝酸根

成的。除 Sc 外，所有元素都具有这种氧化态，其中具有 [Ar] 构型的 3+ 离子尤其稳定。高于 +2 的氧化态是由于 3d 电子继续丢失造成的。从 Sc 到 Mn，最大氧化态从 +3 增加到 +7，等于每种情况下原子中 4s + 3d 电子的总数。因此，锰的最大氧化态为 2 + 5 = +7。在图 23.5 中，当向右移动越过 Mn 后，最大氧化态减小。这种减小是由于 d 轨道电子对原子核的吸引力不同造成的，在周期表上从左到右移动时，d 轨道电子比 s 轨道电子对原子核的吸引力增加得更快。换句话说，随着原子序数的增加，d 电子在每个周期内变得更像核。当我们得到锌的时候，不可能通过化学氧化把电子从 3d 轨道中移除。

在第五和第六周期的过渡金属中，4d 和 5d 轨道尺寸的增加使得在 RuO_4 和 OsO_4 中达到最大氧化态 +8 成为可能。总的来说，只有当金属与电负性最强的元素结合时，才会出现最大的氧化态，尤其是 O、F 和某些情况下的 Cl。

图例解析

图中哪个离子的 4s 轨道不是空的？哪个离子的 3d 轨道是空的？

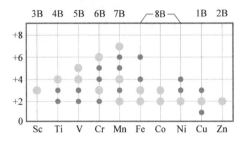

▲ 图 23.5 第四周期过渡金属的非零氧化态

想一想

为什么不可能存在 Ti^{5+}？

磁性

电子所具有的自旋使电子具有*磁矩*，这一特性使电子表现得像一个小磁铁。在*反磁性固体*中，所有的电子都是成对的，自旋向上和自旋向下的电子相互抵消（见 9.8 节）。反磁性物质通常被描述为非磁性物质，但当一个反磁性物质置于磁场时，电子的运动会导致该物质被磁铁非常微弱地排斥。换句话说，这些被认为是非磁性的物质在磁场存在下确实表现出一些非常微弱的磁性特征。

原子或离子中有一个或多个未配对电子的物质是*顺磁性*的（见 9.8 节）。在顺磁性固体中，一个原子或离子上的电子不影响邻近原子或离子上未配对的电子。因此，原子或离子上的磁矩是随机定向的，且方向不断变化，如图 23.6a 所示。然而，当顺磁性物质置于磁场时，磁矩倾向于彼此平行排列，与磁铁的净吸引产生相互作用。因此，顺磁性物质不同于被磁场弱排斥的反磁性物质，它会被磁场所吸引。

当你想到磁铁的时候，你可能会描述出一个简单的铁磁铁。铁表现出**铁磁性**，它是一种比顺磁性强得多的磁性形式。当固体中原子或离子的未配对电子受到相邻原子或离子电子取

图例解析

描述顺磁性材料在磁场中的表现如何变化。

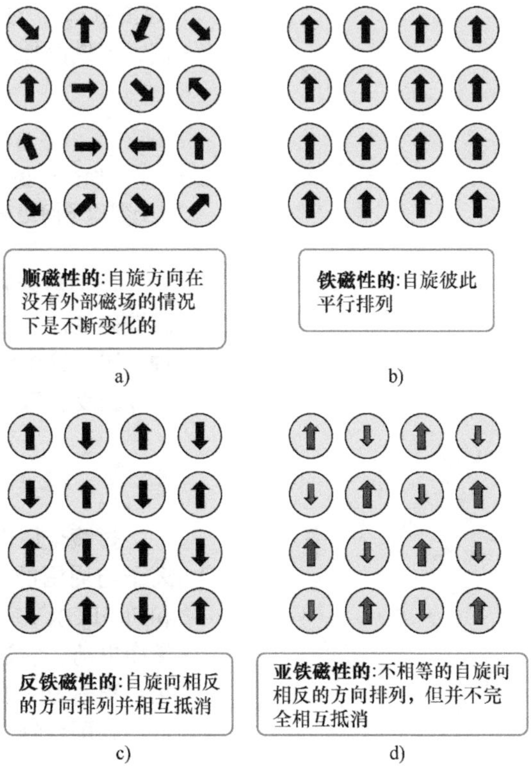

顺磁性的:自旋方向在没有外部磁场的情况下是不断变化的

a)

铁磁性的:自旋彼此平行排列

b)

反铁磁性的:自旋向相反的方向排列并相互抵消

c)

亚铁磁性的:不相等的自旋向相反的方向排列，但并不完全相互抵消

d)

▲ 图 23.6 电子自旋在各种磁性物质中的相对取向

▲ 图 23.7　永磁体　永磁体由铁磁性材料和铁磁性材料制成

向的影响时，铁磁性就产生了。

最稳定（最低能量）的排列是当相邻原子或离子上的电子自旋方向一致时，如图 23.6b 所示。当铁磁性固体被置于磁场时，电子倾向于沿着与磁场平行的方向排列。由此产生的对磁场的相互吸引可能比顺磁性物质强一百万倍。

当铁磁体从外部磁场中移除时，电子之间的相互作用使铁磁体保持一个磁矩。我们把它称作为*永磁体*（见图 23.7）。

仅有的铁磁性过渡金属是 Fe、Co 和 Ni，但许多合金也表现出铁磁性，在某些情况下比纯金属的铁磁性更强。在含有过渡金属和镧系金属的化合物中发现了特别强的铁磁性。其中最重要的两个例子是 $SmCo_5$ 和 $Nd_2Fe_{14}B$。

图 23.6 描述了另外两种涉及未配对电子有序排列的磁性。在表现出**抗磁性**的材料中（见图 23.6c），给定原子或离子上的未配对电子排列一致，因此它们的自旋方向与相邻原子的自旋方向相反。这意味着自旋向上和自旋向下的电子相互抵消。抗铁磁性物质的例子有金属铬、FeMn 合金，以及过渡金属氧化物，如 Fe_2O_3、$LaFeO_3$ 和 MnO。

一种具有**亚铁磁性**（见图 23.6d）的物质同时具有铁磁性和抗铁磁性特征。就像抗铁磁体一样，未配对的电子排列在一起，使得相邻原子或离子的自旋方向相反。然而，与抗铁磁体不同，自旋向上电子的净磁矩不会被自旋向下的电子完全抵消。之所以会发生这种情况，是由于磁中心有不同数量的未配对电子（$NiMnO_3$），在一个方向上排列的磁位数大于在另一个方向上排列的磁位数（$Y_3Fe_5O_{12}$），或者这两种情况都存在（Fe_3O_4）。由于磁矩不相互抵消，亚铁磁性材料的性质与铁磁性材料的性质相似。

> ◢ **想一想**
>
> 你认为物质中未配对电子与相邻原子的自旋 – 自旋相互作用如何受到原子间距离的影响？

当加热到临界温度以上时，铁磁体、亚铁磁体和抗铁磁体都变成顺磁性。当热能足以克服决定电子自旋方向的力时，就会发生这种情况。这个温度被称为*居里温度*，T_C，适用于铁磁体和亚铁磁体，*奈耳温度*，T_N，适用于抗铁磁体。

23.2 | 过渡金属配合物

过渡金属以许多有趣而重要的分子形式出现。由中心过渡金属离子与周围的一组分子或离子结合而成的化合物，例如 $Ag(NH_3)_2^+$ 和 $Fe(H_2O)_6^{3+}$，称为**金属配合物**，或仅仅称为*配合物*。[⊖] 如果配合物带净电荷，它通常被称为配合物离子（见 17.5 节）。含有配合物的化合物称为**配位化合物**。

在配合物中与金属离子结合的分子或离子称为**配体**（源于拉丁语 *ligare*，意为"结合"）。例如，在配位离子 $[Ag(NH_3)_2]^+$ 中有 2 个

⊖本章我们研究的大多数配位化合物都含有过渡金属离子，虽然其他金属离子也可以形成配合物。

NH_3 配体与 Ag^+ 键合，在 $[Fe(H_2O)_6]^{3+}$ 中有 6 个 H_2O 与 Fe^{3+} 键合。每一个配体都是 Lewis 碱，所以它们提供一对电子形成配体 - 金属键（见 16.11 节）。因此，每个配体至少有一对价电子未共享。下面四种是最常见的配体，大多数配体要么是极性分子要么是阴离子。在形成配合物时，配体与金属*配位*。

$$:\overset{\textstyle H}{\underset{\textstyle H}{O}}—H \qquad :\overset{\textstyle H}{\underset{\textstyle H}{N}}—H \qquad :\ddot{Cl}:^- \qquad :C\equiv N:^-$$

想一想

氨配体和金属阳离子之间的相互作用是 Lewis 酸碱作用吗？如果是的话，哪种物质扮演 Lewis 酸的角色？

配位化学的发展：Werner 理论

由于过渡金属配合物的颜色很漂亮，这些元素的化学性质甚至在元素周期表问世之前就吸引了化学家的关注。从 18 世纪晚期到 19 世纪，许多配位化合物具有当时流行的成键理论所无法解释的性质。例如，表 23.3 列出了一系列具有明显不同颜色的 $CoCl_3$-NH_3 化合物。注意，第三种和第四种有不同的颜色，尽管最初化学式相同，$CoCl_3 \cdot 4NH_3$。

表 23.3 中化合物的现代化学式是基于各种实验证据。例如，这四种化合物都是强电解质（见 4.1 节），但在水中溶解时产生不同数量的离子。将 $CoCl_3 \cdot 6NH_3$ 溶于水，每个化学式单元产生 4 个离子（$[Co(NH_3)_6]^{3+}$ 加上 3 个 Cl^-，而 $CoCl_3 \cdot 5NH_3$ 每个化学式单元仅产生三个离子（$[Co(NH_3)_5Cl]^{2+}$ 和 2 个 Cl^-）。此外，这些化合物与过量的硝酸银反应产生不同数量的 AgCl(s) 沉淀。当 $CoCl_3 \cdot 6NH_3$ 被过量的 $AgNO_3(aq)$ 处理时，1mol 配合物中沉淀出 3mol 的 AgCl(s) 沉淀，这意味着配合物中的三个 Cl^- 都能反应生成 AgCl(s)。相比之下，当 $CoCl_3 \cdot 5NH_3$ 被过量的 $AgNO_3(aq)$ 处理时，1mol 配合物中仅有 2mol 的 AgCl(s)，这说明配合物中有 1 个 Cl^- 没有反应。这些结果汇总在表 23.3 中。

1893 年，瑞士化学家 Alfred Werner（1866—1919）提出了一种理论，成功地解释了表 23.3 中的观察结果。在一个后来成为理解配位化学基础的理论中，Werner 提出任何金属离子都同时具有主要的化合价和次要的化合价。*主要的*价态为金属的氧化态，表 23.3 中配合物的氧化态为 +3。二价是与金属离子结合的原子数，也称为**配位数**。对于这些钴配合物，Werner 推导出配体在 Co^{3+} 周围的八面体排列中配位数为 6。

表 23.3 一些钴（Ⅲ）氨配合物的性质

原始化学式	颜色	每化学式单元离子	每化学式单元"自由" Cl^- 离子	现代化学式
$CoCl_3 \cdot 6NH_3$	橙色	4	3	$[Co(NH_3)_6]Cl_3$
$CoCl_3 \cdot 5NH_3$	紫色	3	2	$[Co(NH_3)_5Cl]Cl_2$
$CoCl_3 \cdot 4NH_3$	绿色	2	1	反 -$[Co(NH_3)_4Cl_2]Cl$
$CoCl_3 \cdot 4NH_3$	紫罗兰色	2	1	顺 -$[Co(NH_3)_4Cl_2]Cl$

Werner 理论为表 23.3 中的结果提供了一个很好的解释。NH_3 分子是与 Co^{3+} 键合的配体（通过氮原子，我们稍后会看到）；如果 NH_3 分子少于 6 个，剩下的配体就是 Cl^-。中心金属和与其结合的配体构成配合物的**配位层**。

在编写配位化合物的化学式时，Werner 建议使用方括号表示任意给定配合物中配位层的组成。因此，他提出 $CoCl_3 \cdot 6NH_3$ 和 $CoCl_3 \cdot 5NH_3$ 可以分别写成 $[Co(NH_3)_6]Cl_3$ 和 $[Co(NH_3)_5Cl]Cl_2$。Werner 还提出，作为配位层部分的氯离子被束缚得非常紧密，以至于当配合物溶解在水中时，它们也不会解离。因此，溶解在水中的 $[Co(NH_3)_5Cl]Cl_2$ 产生 1 个 $[Co(NH_3)_5Cl]^{2+}$ 和 2 个 Cl^-。

Werner 的观点也解释了为什么 $CoCl_3 \cdot 4NH_3$ 有两种形式。根据 Werner 的假设，我们把化学式写成 $[Co(NH_3)_4Cl_2]Cl$。如图 23.8 所示，在 $[Co(NH_3)_4Cl_2]^+$ 配合物中配体有两种排列方式，称为顺式和反式。在顺式中，两个氯占据八面体排列的同侧相邻顶点。在反式中，2 个氯离子是彼此相对的，处于八面体排列的两侧。Cl 配体位置的差异导致了两个化合物颜色的不同，一个是紫色的，一个是绿色的。

当我们意识到 Werner 的理论比 Lewis 的共价键理论早了 20 多年时，他对配位化合物成键的见解就更加引人注目了！由于他对配位化学的巨大贡献，Werner 被授予 1913 年诺贝尔化学奖。

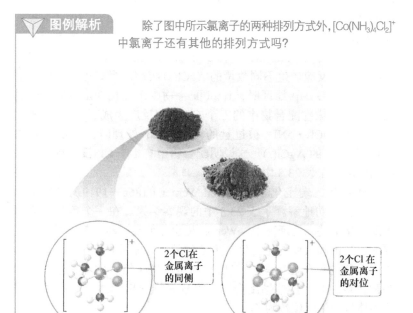

▽ **图例解析** 除了图中所示氯离子的两种排列方式外，$[Co(NH_3)_4Cl_2]^+$ 中氯离子还有其他的排列方式吗？

2个Cl在金属离子的同侧

2个Cl在金属离子的对位

顺式异构体

反式异构体

▲ 图 23.8 $[Co(NH_3)_4Cl_2]^+$ 同分异构体 顺式异构体是紫色的，反式异构体是绿色的

实例解析 23.1
确定配合物的配位层

　　钯（Ⅱ）倾向于形成配位数为 4 的配合物。一种组成为 PdCl₂·3NH₃ 的化合物。（a）写出最能显示这种配合物配位结构的化学式。（b）当该配合物的水溶液被过量的 AgNO₃(aq) 处理时，1mol PdCl₂·3NH₃ 生成多少摩尔 AgCl(s)？

解析

　　分析　已知 Pd（Ⅱ）的配位数，并给出了该配合物含有 NH₃ 和 Cl⁻。要求确定（a）化合物中哪些配体与 Pd（Ⅱ）结合；（b）水溶液中配合物与 AgNO₃ 的反应是怎样的？

　　思路　（a）由于带电荷，Cl⁻ 离子既可以在配位层中直接与金属成键，也可以在配位层外与配合物形成离子键。电中性 NH₃ 配体必须在配位层中，假设 4 个配体与 Pd（Ⅱ）离子成键。(b) 配位层中的任何氯离子都不会以 AgCl 的形式沉淀。

　　解答
　　（a）对比图 23.7 中钴（Ⅲ）氨配合物，预测这 3 个 NH₃ 是与 Pd（Ⅱ）离子相连的配体。围绕 Pd（Ⅱ）的第四个配体是氯离子。第二个氯离子不是配体；它只是作为配合物的一个反离子（一种平衡电荷的非配位离子）。得出这样的结论，结构最优的化学式为 [Pd(NH₃)₃Cl]Cl。

　　（b）由于只有配体层外 Cl⁻ 能反应，我们预测

1mol 配合物能生成 1mol 的 AgCl(s)。平衡方程式为

$$[Pd(NH_3)_3Cl]Cl(aq) + AgNO_3(aq) \longrightarrow$$
$$[Pd(NH_3)_3Cl]NO_3(aq) + AgCl(s)$$

　　这是一个置换反应，（见 4.2 节）其中一个阳离子是 [Pd(NH₃)₃Cl]⁺ 配合物离子。

▶　**实践练习 1**
　　当化合物 RhCl₃·4NH₃ 溶于水中并经过过量的 AgNO₃(aq) 处理时，1mol RhCl₃·4NH₃ 生成 1mol AgCl(s)。这个配合物分子式的正确写法是什么？
　　（a）[Rh(NH₃)₄Cl₃]　（b）[Rh(NH₃)₄Cl₂]Cl
　　（c）[Rh(NH₃)₄Cl]Cl₂　（d）[Rh(NH₃)₄]Cl₃
　　（e）[RhCl₃](NH₃)₄

▶　**实践练习 2**
　　预测当化合物 CoCl₂·6H₂O 溶于水形成溶液时，每个化学式单元产生的离子数。

金属－配体键

　　配体和金属离子之间的键合是 Lewis 酸碱相互作用的结果（见 16.11 节）。由于配体有可用的电子对，可以作为 Lewis 碱（电子对供体）发挥作用。金属离子（特别是过渡金属离子）的价电子轨道是空的，所以可以充当 Lewis 酸（电子对受体）。我们可以想象金属离子和配体之间的键合是由于它们在配体上共用一对电子：

$$Ag^+(aq) + 2:N—H(aq) \longrightarrow [H—N:Ag:N—H]^+(aq) \quad (23.1)$$

　　金属-配体键的形成可显著改变所观察到的金属离子的性质。金属配合物是一种独特的化学物质，其物理和化学性质不同于形成它的金属离子和配体。例如，图 23.9 显示了 NCS⁻（无色）和 Fe³⁺（黄色）水溶液混合形成 [Fe(H₂O)₅NCS]²⁺ 时的颜色变化。

　　配合物的形成还能显著改变金属离子的其他性质，如它们的易氧化性或还原性。例如，银离子很容易在水中还原，

$$Ag^+(aq) + e^- \longrightarrow Ag(s) \quad E° = +0.799V \quad (23.2)$$

但是 [Ag(CN)₂]⁻ 不易被还原，因此 CN⁻ 的配位使银稳定在 +1 氧化态：

$$[Ag(CN)_2]^-(aq) + e^- \longrightarrow Ag(s) + 2CN^-(aq) \quad E° = -0.31V \quad (23.3)$$

　　水合金属离子是配体为水的配合物。因此，Fe³⁺(aq) 主要由

在反应中铁的配位数会发生变化吗？铁的氧化态
会改变吗？

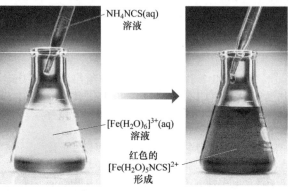

NH$_4$NCS(aq)
溶液

[Fe(H$_2$O)$_6$]$^{3+}$(aq)
溶液

红色的
[Fe(H$_2$O)$_5$NCS]$^{2+}$
形成

▲ 图 23.9 [Fe(H$_2$O)$_6$]$^{3+}$(aq) 和 NCS$^-$(aq) 反应

[Fe(H$_2$O)$_6$]$^{3+}$ 组成（见 16.11 节）。重要的是要认识到配体可以发生
反应。例如，从图 16.18 中可以看到，[Fe(H$_2$O)$_6$]$^{3+}$(aq) 中的水分子
可以脱质子生成 [Fe(H$_2$O)$_5$OH]$^{2+}$(aq) 和 H$^+$(aq)。铁离子维持它的氧
化态，配位的氢氧根配体带一个 1- 电荷，从而使配合物的电荷减
少为 2+。如果新加入的配体比原来的配体更强地与金属离子键合，
配体也可以被其他配体从配位层中取代。例如，如 NH$_3$，NCS$^-$ 和
CN$^-$ 等配体可以在金属离子的配位层中取代 H$_2$O。

电荷、配位数和几何构型

配合物的电荷是金属和配体的电荷之和。在 [Cu(NH$_3$)$_4$]SO$_4$ 中
可以推导出配离子的电荷，因为硫酸盐离子的电荷是 2-。而配合
物是电中性的，所以配离子一定带 2+ 电荷，即 [Cu(NH$_3$)$_4$]$^{2+}$。然后
我们可以用配离子的电荷来推断铜的氧化态。因为 NH$_3$ 配体是不带
电荷的分子，所以铜的氧化态为 +2：

$$+ 2 + 4\,(0) = +2$$

[Cu(NH$_3$)$_4$]$^{2+}$

回忆一下，配合物中直接与金属原子成键的原子的数目是配合
物的*配位数*。因此，[Ag(NH$_3$)$_2$]$^+$ 中银离子的配位数是 2，钴离子在
表 23.3 中四种配合物中配位数均为 6。

一些金属离子仅有一个可观察到的配位数。例如，铬（Ⅲ）和
钴（Ⅲ）的配位数总是 6，铂（Ⅱ）的配位数总是 4。然而，对于
大多数金属来说，不同配体的配位数是不同的。在这些配合物中，
最常见的配位数是 4 和 6。

金属离子与配体的相对大小常常影响其配位数。随着配体的增
大，能与金属离子配位的配体减少。因此，[FeF$_6$]$^{3-}$ 中铁（Ⅲ）能
够与 6 个氟配位，而 [FeCl$_4$]$^-$ 中铁（Ⅲ）只能与 4 个氯配位。将大
的负电荷转移到金属上的配体也会产生较少的配位数。例如，6 个
氨分子可以配位到镍（Ⅱ）上，形成 [Ni(NH$_3$)$_6$]$^{2+}$，但只有 4 个氰

实例解析 23.2

测定配合物中金属的氧化态

$[Rh(NH_3)_5Cl](NO_3)_2$ 中金属的氧化态是多少？

解析

分析 已知配位化合物的化学式，并要求确定其金属原子的氧化态。

思路 为了确定 Rh 的氧化态，我们需要算出其他基团的电荷。总电荷为零，所以金属的氧化数必须与化合物的剩余电荷平衡。

解答 —NO_3 是硝酸盐阴离子，带 1– 电荷。NH_3 配体电荷为零，Cl 是配位氯离子，带 1– 电荷。总电荷必须为零：

$$x + 5(0) + (-1) + 2(-1) = 0$$

$$[Rh(NH_3)_5Cl](NO_3)_2$$

因此，铑的氧化态，x 必须是 +3。

▶ **实践练习 1**

下列哪种配合物中过渡金属的氧化态最高？
（a）$Co[(NH_3)_4Cl_2]$ （b）$K_2[PtCl_6]$
（c）$Rb_3[MoO_3F_3]$ （d）$Na[Ag(CN)_2]$
（e）$K_4[Mn(CN)_6]$

▶ **实践练习 2**

由 2 个氨分子和 2 个溴离子包围的铂（Ⅱ）金属离子形成的配合物的电荷是多少？

化物离子可以配位到这个离子上，形成 $[Ni(CN)_4]^{2-}$。

配位配合物最常见的配位几何构型如图 23.10 所示。配位数为 4 的配合物有两种几何构型——四面体和平面四边形。四面体构型在这两种金属中较为常见，在非过渡金属中尤其普遍。过渡金属离子价电层中有 8 个 d 电子，如铂（Ⅱ）和金（Ⅲ），其几何构型为平面四边形。配位数为 6 的配合物几乎总是具有八面体几何构型。尽管八面体可以画成一个正方形，其平面上方有一个配体，下方有一个配体，但所有的六个顶点都是等价的。

23.3 | 配位化学中常见的配体

配体原子在配合物中与中心金属离子键合，称为配体的**配位**原子。只有一个配位原子的配体称为**单齿配体**（来自拉丁语，意思是"单齿"）。这些配体只能在一个配位层中占据一个位置。具有两个配位原子的配体为**双齿配体**（"双齿"），具有三个或更多配位原子的配体为**多齿配体**（"多齿"）。在双齿和多齿配体中，多个配位原子可以同时与金属离子键合，从而在配位层中占据两个或多个位置。表 23.4 给出了这三种类型配体的例子。

由于双齿配体和多齿配体似乎能在两个或更多的配体原子之间抓住金属，它们也被称为**螯合剂**（发音为"KEE-lay-ting"；源自希腊语 *chele*，"爪"）。

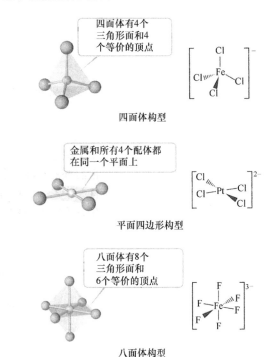

图例解析

在右边的图中，连接原子的实线代表什么？连接原子的虚线表示什么？

四面体有4个三角形面和4个等价的顶点

四面体构型

金属和所有4个配体都在同一个平面上

平面四边形构型

八面体有8个三角形面和6个等价的顶点

八面体构型

▲ **图 23.10 配位配合物的常见几何构型** 在配位数为 4 的配合物中，几何构型通常是四面体或平面四边形。在配位数为 6 的配合物中，几何构型几乎总是八面体

表 23.4 一些常见的配体

配体类型	例子
单齿配体	$H_2\ddot{O}:$ 水　$:\ddot{\underset{..}{F}}:^-$ 氟离子　$[:C≡N:]^-$ 氰根离子　$[:\ddot{O}—H]^-$ 氢氧根离子 :NH₃ 氨　$:\ddot{\underset{..}{Cl}}:^-$ 氯离子　$[:\ddot{S}=C=\ddot{N}:]^-$ 硫氰酸根离子　$[:\ddot{O}—N=\ddot{O}:]^-$ 亚硝酸根离子 或　　　　　　　　　或
双齿配体	乙二胺 (en)　联吡啶 (bipy 或 bpy)　邻二氮菲 (o-phen)　草酸根离子　碳酸根离子
多齿配体	二乙烯三胺　三磷酸根离子 乙二胺四乙酸根离子 (EDTA⁴⁻)

双齿配体乙二胺是一种常见的螯合剂，记作 en：

每个氮原子含有一个非成键电子对。这些供体原子相距足够远，使它们都能在相邻位置与金属离子结合。钴（Ⅲ）八面体配位层中含有 3 个乙二胺配体的 $[Co(en)_3]^{3+}$ 配合物离子如图 23.11 所示。注意，在右侧的图像中，en 的简写形式是 2 个氮原子通过一条弧线连接。

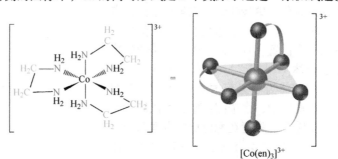

▲ 图 23.11 $[Co(en)_3]^{3+}$ 离子　配体是乙二胺

乙二胺四乙酸离子，$[EDTA]^{4-}$，是一种重要的多齿配体，具有 6 个配位原子。如图 23.12 所示，6 个配体原子包裹一个金属离子，虽然有时只利用 5 个配体原子与金属键合。

想一想

H$_2$O 和乙二胺（en）都有 2 个非成键电子对，为什么乙二胺可以做双齿配体而水不能呢？

▲ 图 23.12 [Co(EDTA)]$^-$ 配合物离子 配体为多齿的乙二胺四乙酸离子，其完整的表示见表 23.2。这个表示方法展示了 2 个 N 和 4 个 O 配体原子如何与钴配合

一般来说，螯合配体（即双齿配体和多齿配体）形成的配合物比相关的单齿配体形成的配合物更稳定。[Ni(NH$_3$)$_6$]$^{2+}$ 和 [Ni(en)$_3$]$^{2+}$ 的平衡常数说明了这一观察结果：

$$[Ni(H_2O)_6]^{2+}(aq) + 6NH_3(aq) \longrightarrow [Ni(NH_3)_6]^{2+}(aq) + 6H_2O(l)$$
$$K_f = 1.2 \times 10^9 \quad (23.4)$$

$$[Ni(H_2O)_6]^{2+}(aq) + 3en(aq) \longrightarrow [Ni(en)_3]^{2+}(aq) + 6\,H_2O(l)$$
$$K_f = 6.8 \times 10^{17} \quad (23.5)$$

尽管在这两种情况下，配位原子都是氮，但 [Ni(en)$_3$]$^{2+}$ 的平衡常数比 [Ni(NH$_3$)$_6$]$^{2+}$ 大 10^8 倍以上。这种双齿和多齿配体的平衡常数普遍较大的趋势称为**螯合效应**。见"深入探究"。

螯合剂通常用于在一些反应中掩蔽的一种或多种金属离子，而不除去溶液中的离子。例如，干扰化学分析的金属离子常常可以络合，从而消除其干扰。某种意义上来说，螯合剂隐藏了金属离子。因此，科学家有时把这些配体称为*掩蔽剂*。

磷酸配体，如三聚磷酸钠，Na$_5$[OPO$_2$OPO$_2$OPO$_3$]，用于在硬水中掩蔽 Ca^{2+} 和 Mg^{2+} 离子，使这些离子不会干扰肥皂或洗涤剂的作用。

螯合剂被用于许多食品的制作，如沙拉酱和冷冻甜点，以及复杂的微量金属离子的催化分解反应。螯合剂在医学上用于去除被误食的有毒重金属离子，就如 Hg^{2+}、Pb^{2+} 和 Cd^{2+}。例如，治疗铅中毒的一种方法是服用 Na$_2$Ca(EDTA)，EDTA 螯合铅，使铅通过尿液排出体外。

想一想

钴（Ⅲ）在所有配合物的配位数都是 6。[Co(NH$_3$)$_4$(CO$_3$)]$^+$ 离子中碳酸根离子是单齿配体还是双齿配体？

生命系统中的金属和螯合物

在已知的 29 种元素中，有 10 种是人类生活所必需的过渡金属（见 2.7 节，"生物体所需的元素"）。这 10 种元素—V、Cr、Mn、Fe、Co、Ni、Cu、Zn、Mo 和 Cd—与生物系统中存在的各种基团形成配合物。

虽然我们的身体只需要少量的金属，但如果缺乏会导致严重的疾病。例如，缺锰会导致惊厥，一些癫痫患者的饮食中添加锰有助于治疗缺锰的症状。

自然界中最重要的螯合剂来自于*卟吩分子*（见图 23.13）。这种分子可以通过它的 4 个氮原子与金属配位。一旦卟吩与金属键合，氮上的 2 个 H 原子就会被取代，形成称为**卟啉**的配合物。两个重要的卟啉一个是*血红素*，其中的金属离子是 Fe（Ⅱ），另一个是叶绿素，中心离子是 Mg（Ⅱ）。

卟吩中有多少个碳原子? 有多少是 sp^3 杂化? 有多少是 sp^2 杂化?

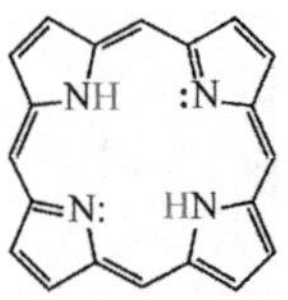

卟吩

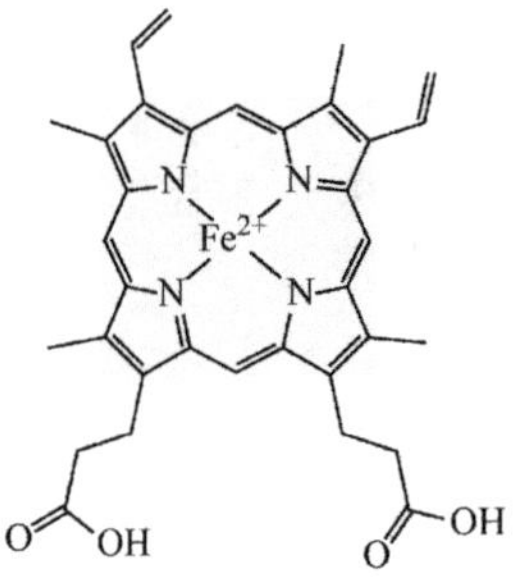

血红素b

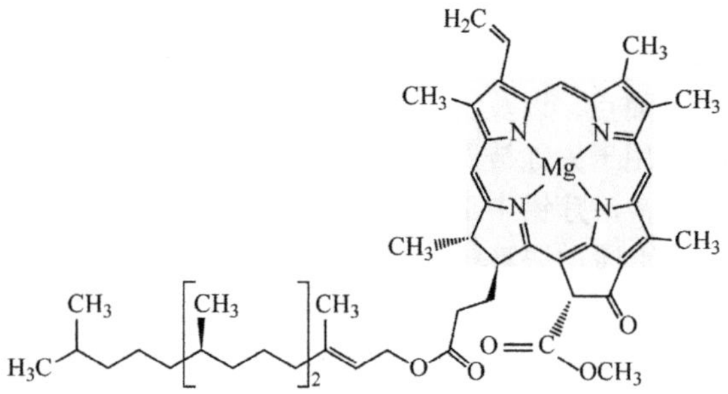

叶绿素 a

▲ 图 23.13　卟吩和两种卟啉, 血红素 b 和叶绿素 a　Fe(Ⅱ) 和 Mg(Ⅱ) 取代了卟啉中 2 个蓝色的 H 原子, 分别与血红素和叶绿素 a 中的 4 个氮原子键合

图 23.14 展示了一个肌红蛋白的示意结构, 该蛋白含有 1 个血红素基团。肌红蛋白是一种**球状蛋白**, 可折叠成紧凑的、近似球形的形状。肌红蛋白存在于骨骼肌细胞中, 特别是在海豹、鲸鱼和江豚中。它在细胞中储存氧气, 每个肌红蛋白有 1 个 O_2 分子, 直到它被代谢活动所需要。血红蛋白是人类血液中运输氧气的蛋白质, 由 4 个血红素亚基组成, 每个亚基都与肌红蛋白非常相似。1 个血红蛋白可以结合 4 个 O_2 分子。

在肌红蛋白和血红蛋白中, 铁与卟啉中四个氮原子和来自蛋白质链的 1 个氮原子配位 (见图 23.15)。在血红蛋白中, 铁周围的第 6 个位置要么被 O_2 占据 (在氧血红蛋白中呈鲜红色), 要么被水占据 (在脱氧血红蛋白中呈紫红色)。含氧形式如图 23.15 所示。

一氧化碳之所以有毒, 是因为人体血红蛋白对一氧化碳的平衡结合常数是氧气的约 210 倍。因此, 相对少量的 CO 可以通过将 O_2 分子从含血红素亚基中置换出来, 使血液中大部分血红蛋白失去活性。例如, 一个人呼吸的空气中仅含有 0.1% 一氧化碳, 几个小时后就能吸收足够的一氧化碳将 60% 的血红蛋白 (Hb) 转化为碳氧血红蛋白 (COHb), 从而使血液的正常携氧能力降低 60%。

正常情况下, 一个不吸烟的人呼吸没有污染的空气, 其血液中含有 0.3% ~ 0.5% 的 COHb。这个数值主要来自于正常人体化学过程中产生的少量 CO, 以及清洁空气中存在的少量 CO。暴露在高浓度 CO 下会导致 COHb 含量升高, 从而导致 O_2 能够结合的 Hb 位点减少。

▲ 图 23.14　肌红蛋白　这个带状图没有显示大部分原子

图例解析

血红素单元中铁的配位数是多少？血红素中蓝色的配位原子是什么？

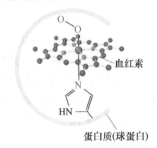
血红素

蛋白质(球蛋白)

▲ 图 23.15 氧肌红蛋白和氧血红蛋白中血红素的配位层

如果 COHb 水平过高，氧气的有效运输就会停止，从而导致死亡。由于一氧化碳是无色无味的，所以一氧化碳中毒几乎没有任何征兆。通风不良的燃烧装置，例如煤油灯和火炉，对健康构成潜在的危害。

深入探究 熵和螯合效应

我们在 19.5 节中学过，正熵变和负焓变都有利于化学过程。与螯合物形成相关的特殊稳定性称为*螯合效应*，可以通过比较单齿配体和多齿配体的熵变化来解释。27℃时，平面四边形 Cu（Ⅱ）配合物 $[Cu(H_2O)_4]^{2+}$ 中 2 个 H_2O 配体被单齿的 NH_3 配体取代：

$Cu(H_2O)_4^{2+}(aq) + 2NH_3(aq) \longrightarrow$
$$[Cu(H_2O)_2(NH_3)_2]^{2+}(aq) + 2H_2O(l)$$

$\Delta H° = -46kJ ; \Delta S° = -8.4J/K ; \Delta G° = -43kJ$

热力学数据表明 H_2O 和 NH_3 在这个反应中作为配体的相对能力。一般来讲，NH_3 与金属离子的结合比 H_2O 更紧密，所以这个取代反应是放热的 $(\Delta H < 0)$。NH_3 配体的成键能力更强，也导致 $[Cu(H_2O)_2(NH_3)_2]^{2+}$ 离子的刚性更强，这可能是 $\Delta S°$ 偏负的原因。

可以用式（19.20），$\Delta G° = -RT\ln K$，计算 27℃时反应的平衡常数。$K = 3.1 \times 10^7$，这个结果表明平衡态有利于右侧，有利于 NH_3 取代 H_2O。因此，对于这个平衡，焓变 $\Delta H° = -46kJ$，足够大且为负，足以克服熵变 $\Delta S° = -8.4JK$。

现在用单一的乙二胺（en）配体进行取代反应：

$[Cu(H_2O)_4]^{2+}(aq)+en(aq) \longrightarrow [Cu(H_2O)_2(en)]^{2+}(aq)+2H_2O(l)$

$\Delta H° = -54kJ; \Delta S° = +23JK; \Delta G° = -61kJ$

与 2 个 NH_3 配体相比，en 配体与 Cu^{2+} 离子的键合略微强一些，所以这里的焓变（-54kJ）比 $[Cu(H_2O)_2(NH_3)_2]^{2+}$（-46kJ）的焓变稍微负一点。但是熵变差别较大：NH_3 反应的 $\Delta S°$ 为 -8.4J/K，但是乙二胺反应的 $\Delta S°$ 为 +23J/K。

可以用 19.3 节讨论的概念来解释 $\Delta S°$ 的正值。由于单一的乙二胺配体占据 2 个配位点，当乙二胺配体成键时，会释放出 2 个 H_2O 分子。因此，反应中有 3 个产物分子，但只有 2 个反应物分子。产物分子越多，平衡态的熵就越大。

由于乙二胺反应的 $\Delta H°$ 负值略大（-54kJ 对 -46kJ），加上正熵变，使得 $\Delta G°$ 更负（乙二胺为 -61kJ，NH_3 为 -43kJ），因此平衡常数更大：$K = 4.2 \times 10^{10}$。

可以利用盖斯定律将两个方程结合起来（见 5.6 节），计算出乙二胺取代氨作为 Cu（Ⅱ）的配体时焓、熵和自由能的变化：

$[Cu(H_2O)_2(NH_3)_2]^{2+}(aq) + en(aq) \longrightarrow$
$$[Cu(H_2O)_2(en)]^{2+}(aq) + 2NH_3(aq)$$

$\Delta H° = (-54kJ) - (-46kJ) = -8kJ$
$\Delta S° = (+23J/K) - (-8.4J/K) = +31J/K$
$\Delta G° = (-61kJ) - (-43kJ) = -18kJ$

注意，27℃时，根据 $\Delta G° = \Delta H° - T\Delta S°$（见式（19.12））可知，熵（$-T\Delta S°$）对自由能变化的贡献为负值，且大于焓贡献（$\Delta H°$）。en 取代 NH_3 的反应的平衡常数为 1.4×10^3，这表明 en 取代 NH_3 是热力学上有利的。

螯合作用在生物化学和分子生物学中具有重要意义。熵效应提供额外的热力学稳定性有助于稳定生物金属螯合物，如卟啉，并可以允许在保持配合物结构完整性的同时改变金属离子的氧化状态。

相关练习：23.32，23.98

这条曲线的哪个峰对应叶绿素分子中电子的最低能量跃迁?

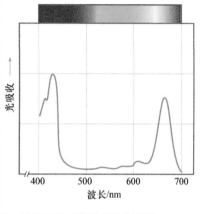

▲ 图 23.16　叶绿素吸收阳光

叶绿素是含有 Mg（II）卟啉类配合物（见图 23.13），是将太阳能转化为可被生物体利用的形式的关键成分，这个过程被称作**光合作用**，发生在绿色植物的叶子中：

$$6CO_2(g) + 6H_2O(l) \longrightarrow C_6H_{12}O_6(aq) + 6O_2(g) \quad (23.6)$$

生成 1mol 葡萄糖 $C_6H_{12}O_6$ 需要从阳光或其他光源吸收 48 mol 光子。植物叶片含有的叶绿素色素会吸收光子。图 23.13 表明叶绿素分子在金属离子周围的环上有一系列交替的或共轭的双键。这种共轭双键体系使叶绿素能够强烈地吸收光谱中可见区域的光。如图 23.16 所示，叶绿素是绿色的，因为它吸收红光（最大吸收波长为 655nm）和蓝光（最大吸收波长为 430nm），并透射绿光。

光合作用是自然界的太阳能转换机器，因此地球上所有的生命系统都依赖光合作用才能继续存在。

化学和生活　生命系统中铁的竞争

由于生命系统难以吸收足够的铁来满足其营养需求，缺铁性贫血是人类普遍的问题。黄化病，植物缺铁导致叶子变黄的疾病，也很常见。

生物系统很难吸收铁，因为自然界中发现的大多数铁化合物难溶于水。微生物通过分泌一种铁配合物——*嗜铁素*来适应这个问题，它与铁（III）形成非常稳定的水溶性配合物。*高铁色素*就是这样一个配合物（见图 23.17）。嗜铁素的铁结合强度非常大，以至于它可以从铁氧化物中提取铁。当高铁色素进入活细胞时，它所携带的铁通过酶催化反应被去除，酶催化反应降低了铁（III）与铁（II）的强键合，仅与嗜铁素微弱地配位（见图 23.18）。因此，微生物通过将嗜铁素排泄到它们的直接环境中，然后将产生的铁配合物带入细胞中来获得铁。

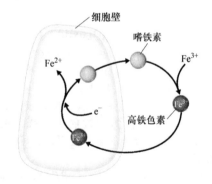

▲ 图 23.18　细菌细胞的铁转运系统

在人体中，来自食物的铁在肠道中被吸收。一种叫作*转铁蛋白*的蛋白质与铁结合并将其穿过肠壁运送到身体的其他组织。正常成年人的身体含有约 4g 铁。任何时候，血液中都含有大约 3g 这种铁，其主要以血红蛋白的形式存在。其余的大部分由转铁蛋白携带。

感染血液的细菌如果要生长和繁殖，需要铁的来源。这种细菌会向血液中释放嗜铁素，与转铁蛋白竞争铁。

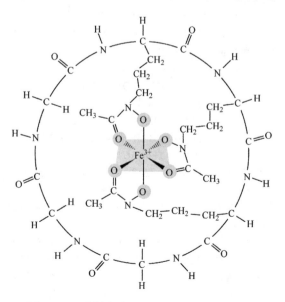

▲ 图 23.17　高铁色素

形成铁配合物的平衡常数与转铁蛋白和嗜铁素的平衡常数基本相同。细菌获得的铁越多，它繁殖的速度就越快，从而造成的危害也就越大。

几年前，新西兰的诊所给刚出生的婴儿补铁。然而，接受治疗的婴儿细菌感染的发生率是未治疗组的 8 倍。据推测，血液中铁的含量超过了绝对需要，这使得细菌更容易获得生长和繁殖所需的铁。

在美国，在婴儿出生一年内给婴儿配方奶粉添加铁是一种常见的医学做法。然而，对于母乳喂养的婴儿来说，铁补充剂是没有必要的，因为母乳中含有两种特殊的蛋白质，乳铁蛋白和转铁蛋白，这两种蛋白质在提供足够铁的同时，又不让细菌获得铁。即使是婴儿配方奶粉喂养的婴儿，在出生后的头几个月补充铁也可能是不明智的。

细菌想在血液中继续繁殖，就必须合成新的嗜铁素。然而，当温度高于正常体温 37℃ 时，细菌中嗜铁素的合成就会减慢，当温度达到 40℃ 时就会完全停止。这表明，在微生物入侵存在的情况下，发烧是人体用来使细菌铁丧失的一种机制。

相关练习: 23.76

23.4 | 配位化学中的命名和异构现象

当配合物首次被发现时，它们是以最初制备它们的化学家的名字命名的。这些名称中一些保留了下来，例如，与红色物质 $NH_4[Cr(NH_3)_2(NCS)_4]$，仍被称作雷氏盐。一旦对配合物的结构有了更全面的了解，就有可能以更系统的方式给它们命名。我们通过两种物质来说明配合物是如何命名的：

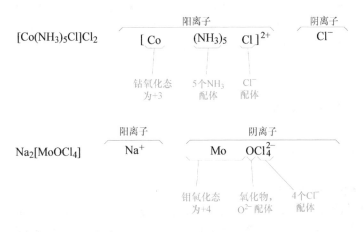

如何命名配位化合物

1. 在给盐类化合物命名时，阳离子的名称在阴离子的名称之前给出。 因此，在 $[Co(NH_3)_5Cl]Cl_2$ 中，我们先命名 $[Co(NH_3)_5Cl]^{2+}$ 阳离子，然后命名 Cl^-。

2. 在给复杂离子或分子命名时，配体的名字要先于金属的名字。配体按字母顺序排列，并不考虑它们的电荷。在确定字母顺序时，给定配体数目的前缀不认为是配体名称的一部分。 因此，$[Co(NH_3)_5Cl]^{2+}$ 是五氨氯化钴（Ⅲ）离子。（但是要注意，金属首先写在化学式中。）

3. 阴离子配体的名称以字母 o 结尾，但电中性配体通常具有分子的名称（见表 23.5）。H_2O（水），NH_3（氨）和 CO（羰基）有特殊的名字被使用。例如，$[Fe(CN)_2(NH_3)_2(H_2O)_2]^+$ 是二胺二水二氰基铁（Ⅲ）离子。

4. 希腊前缀（二 -，三 -，四 -，五 -，六 -）用于表示当存在多个配体时每种配体的数量。如果配体包含一个希腊前缀（*例如，乙二胺*）或者是多齿的，则使用交替的前缀*双 -，三 -，四 -，五 - 和六 -*，并将配体名称放在括号中。例如，$[Co(en)_3]Br_3$ 的名称是三（乙二胺）溴化钴（Ⅲ）。

5. 如果配合物是阴离子，它的名字以 *–ate* [⊖]结尾。例如，化合物 $K_4[Fe(CN)_6]$ 是六氰合铁（Ⅱ）酸钾，$[CoCl_4]^{2-}$ 离子是四氯化钴（Ⅱ）离子。

6. 金属的氧化态用圆括号括起来，用罗马数字表示，放在在金属名称的后面。

应用这些规则的三个例子是

$[Ni(NH_3)_6]Br_2$	六氨合溴化镍（Ⅱ）
$[Co(en)_2(H_2O)(CN)]Cl_2$	一水氰基二（乙二胺）合氯化钴（Ⅲ）
$Na_2[MoOCl_4]$	四氯氧钼酸钠（Ⅳ）

表 23.5　一些常见的配体及其名称

配体	在配合物中的名称	配体	在配合物中的名称
叠氮根，N_3^-	叠氮基	草酸根，$C_2O_4^{2-}$	草酸
溴离子，Br^-	溴基	氧离子，O^{2-}	氧
氯离子，Cl^-	氯基	氨，NH_3	氨
氰根离子，CN^-	氰基	一氧化碳，CO	羰基
氟离子，F^-	氟基	乙二胺，en	乙二胺
氢氧根离子，OH^-	羟基	吡啶，C_5H_5N	吡啶
碳酸根离子，CO_3^{2-}	碳酸盐	水，H_2O	水

实例解析 23.3
配位化合物的命名

命名化合物（a）$[Cr(H_2O)_4Cl_2]Cl$，（b）$K_4[Ni(CN)_4]$。

解析

分析　已知两种配合物的化学式，并给它们命名。

思路　为了给配合物命名，需要确定配合物中的配体、配体的名称以及金属离子的氧化态。然后，按照文本中列出的规则将这些信息放在一起。

解答

（a）配体是 4 个水分子—四水和 2 个氯离子—二氯。通过设定这个分子已知的氧化态，可以得出 Cr 的氧化数是 +3：

$$+3+4(0)+2(-1)+(-1)=0$$
$$[Cr(H_2O)_4Cl_2]Cl$$

因此，是铬（Ⅲ）。最后，阴离子是氯离子。该化合物的名称是四水二氯合氯化铬（Ⅲ）。

（b）该配合物有 4 个氰根离子配体，CN^-，就是四氰，且镍的氧化态是 0：

因为配合物是阴离子，所以金属表示 Ni(0)。把这部分放在一起，再命名阳离子，得到四氰镍酸钾。

▶　**实践练习 1**

配合物 $[Rh(NH_3)_4Cl_2]Cl$ 的名称是哪一个？
（a）四氯化二氨基铑（Ⅲ）
（b）氯化四氨合二氯铑（Ⅲ）
（c）氯化二氯四氨合铑（Ⅲ）
（d）四氨合三氯铑（Ⅲ）
（e）氯化四氨合二氯铑（Ⅱ）

▶　**实践练习 2**

配合物的名称（a）$[Mo(NH_3)_3Br_3]NO_3$，（b）$(NH_4)_2[CuBr_4]$。（c）写出二水双（草酸）钌（Ⅲ）化钠的化学式。

⊖英文原书中表示阴离子后缀。

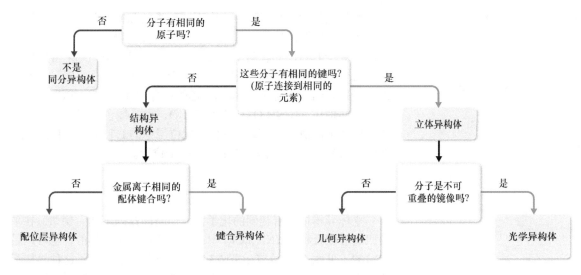

▲ 图 23.19　配合物中的异构形式

同分异构现象

当两种或两种以上的化合物组成相同，但原子排列不同时称之为**异构体**（见 2.9 节）。配位化合物中的两种主要异构体：**结构异构体**（具有不同的键）和**立体异构体**（具有相同的键，但配体占据金属中心周围空间的方式不同）。每一类都有子类，如图 23.19 所示。

结构异构体

配位化学中已知多种结构异构现象，包括图 23.19 所示的两种：键合异构和配位层异构。**键合异构**是一种相对罕见但有趣的类型，当一个特定的配体能够以两种方式与金属配位时就会出现这种现象。例如，亚硝酸根离子 NO_2^-，能通过氮或氧与金属离子配位（见图 23.20）。当它通过氮原子配位时，NO_2^- 配体被称为*硝基*；当它通过氧原子配位时，被称为*亚硝基*，一般记作 ONO^-。图 23.20 所示的异构体具有不同的性质。例如，硝基异构体是黄色的，而亚硝基异构体是红色的。

另一种配体是硫氰酸根 SCN^-，能够通过两个配位原子中的任何一个进行配位，其潜在的配位原子是 N 和 S。

▽ **图例解析**

图中每种配合物离子的化学式和名称是什么？

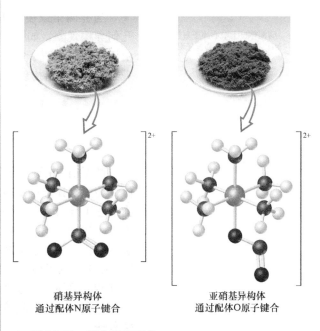

硝基异构体
通过配体N原子键合

亚硝基异构体
通过配体O原子键合

▲ 图 23.20　键合异构现象

想一想

氨配体能否发生键合异构？

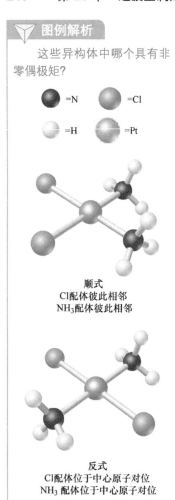

● =N   ● =Cl

○ =H   ◐ =Pt

顺式
Cl配体彼此相邻
NH₃配体彼此相邻

反式
Cl配体位于中心原子对位
NH₃配体位于中心原子对位

▲ **图 23.21 几何异构现象**

配位层异构体是指配合物中不同种类的配体以及位于配位层外的异构体。例如，分子式为 $CrCl_3(H_2O)_6$ 的配合物有 3 个异构体，当配体为 6 个 H_2O，且氯离子在晶格中时（作为反离子），得到紫色的配合物 $[Cr(H_2O)_6]Cl_3$。当配体为 5 个 H_2O 和 1 个 Cl^- 时，第 6 个 H_2O 和 2 个 Cl^- 在晶格外，得到绿色的配合物 $[Cr(H_2O)_5Cl]Cl_2 \cdot H_2O$。第三个异构体，$[Cr(H_2O)_4Cl_2]Cl \cdot 2H_2O$，也是绿色的配合物。在这两种绿色化合物中，氯离子取代了配位层中的 1 个或 2 个 H_2O 分子。被取代的 H_2O 分子占据了晶格中的一个位置。

立体异构现象

立体异构体具有相同的化学键，但空间排列不同。例如，在平面四边形配合物 $[Pt(NH_3)_2Cl_2]$ 中，氯配体可以是相邻的，也可以是相对的（见图 23.21）。（在图 23.8 的钴配合物中看到了这种异构现象的例子，稍后我们会继续讲到这个配合物）。原子排列相同，但键不同的立体异构称为**几何异构**。相邻位置有相似配体的异构体为顺式异构体，而在对位有相似配体的异构体为反式异构体。

几何异构体通常具有不同的物理性质，也可能具有明显不同的化学反应活性。例如，顺 -$[Pt(NH_3)_2Cl_2]$，也称为*顺铂*，在治疗睾丸癌、卵巢癌和某些其他癌症方面是有效的，而反式异构体是无效的。这是因为顺铂与 DNA 两个氮形成螯合物，取代了氯配体。反式异构体的氯配体距离太远，不能与 DNA 中的氮供体形成 N-Pt-N 螯合物。

当有两个或更多不同配体存在时，八面体配合物也可能存在几何异构现象，如图 23.8 中顺式和反式四氨二氯合钴（Ⅲ）离子。由于四面体的四个角都是彼此相邻的，所以在四面体配合物中没有观察到顺 - 反异构现象。

图 23.19 中列出的第二类立体异构体是**光学异构体**。光学异构体称为**对映体**，是不能相互重叠的镜像。它们之间的相似之处就像你的左手与右手。如果你在镜子里看你的左手，这个图像和你的右手是一样的（见图 23.22）。然而，无论你怎么努力，都不能把两只手重叠在一起。显示这种异构配合物的一个例子是 $[Co(en)_3]^{3+}$ 离子。图 23.22 显示了该配合物的两个对映体及其镜像关系。就像我们无法旋转右手使它看起来和左手一样，我们也无法旋转其中一个对映体使它和另一个对映体相同。不能与镜像重叠的分子或离子称为**手性分子**。

两种光学异构体的性质只有在手性环境中才不同，——也就是说，手性环境中存在右旋和左旋。例如，手性酶可以催化一种光学异构体的反应，但不能催化另一种。因此，一种光学异构体可能在体内产生一种特定的生理效应，其镜像要么产生不同的效应，要么完全没有任何效应。手性反应在药物和其他工业重要化学品的合成中也非常重要。

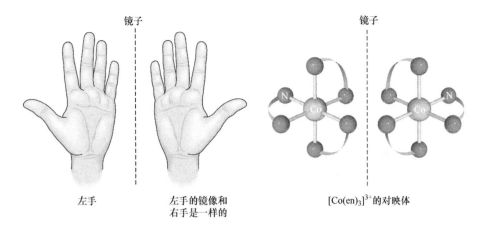

左手　　　　左手的镜像和　　　　[Co(en)₃]³⁺ 的对映体
右手是一样的

▲ 图 23.22　光学异构现象

光学异构体通常通过与平面偏振光的相互作用来区别。如果光是偏振光——例如，通过一层偏振片薄膜——光的电场矢量被限制在一个单一的平面上（见图 23.23）。如果偏振光通过含有一个光学异构体的溶液，偏振面要么向左旋转，要么向右旋转。将偏振面向右旋转的异构体为**右旋异构体**；它是右旋体，或者 *d* 同分异构体（拉丁文 *dexter*，"右"）。其镜像使偏振面向左旋转；它是左旋体，是左旋异构体，或者 *l* 同分异构体（拉丁文 *laevus*，"左"）；实验发现图 23.22 中右边的 [Co(en)₃]³⁺ 同分异构体是这个例子的 *l* 同分异构体。它的镜像是 *d* 同分异构体。由于手性分子对平面偏振光的影响，因此被认为具有**旋光性**。

实例解析 23.4

确定几何异构体的数目

Lewis 结构 :C≡O: 表示 CO 分子有两对孤对电子。当 CO 与过渡金属原子键合时，它几乎总是通过 C 孤对电子来实现。四羰基二氯铁（Ⅱ）有多少个几何异构体？

解析

分析 已知一个仅含单齿配体的配合物，必须确定该配合物能形成的异构体的数量。

思路 可以通过计算配体数来确定铁的配位数，然后利用配位数来预测铁的几何构型。然后可以用不同位置的配体绘制一系列的图来确定异构体的数量，或者根据我们讨论过的例子来类推异构体的数量。

解答 这个配合物的名称表明它有 4 个羰基（CO）配体和 2 个氯（Cl⁻）配体，其分子式为 $Fe(CO)_4Cl_2$。因此，该配合物的配位数为 6，可以假设它是八面体几何构型。像 [Co(NH₃)₄Cl₂]⁺ 一样（见图 23.8），有 4 个 NH₃ 配体，2 个 Cl 配体。因此，可能存在两种异构体：一种是 Cl⁻ 配体在金属两侧，反 -[Fe(CO)₄Cl₂]，另一种是 Cl⁻ 配体相邻，即顺 -[Fe(CO)₄Cl₂]。

注解 几何异构体的数量很容易被高估。有时单一异构体的不同取向被错误地认为是不同的异构体。如果两个结构可以旋转成为它们等价物，它们就不是彼此的异构体。

由于我们经常难以从三维分子的二维表示中看到它们，因此识别同分异构体就变得更复杂。如果我们使用三维模型，有时更容易确定同分异构体的数量。

▶ **实践练习 1**
下列哪个分子没有几何异构体？

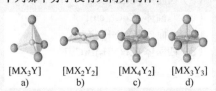

[MX₃Y]　　[MX₂Y₂]　　[MX₄Y₂]　　[MX₃Y₃]
a)　　　　b)　　　　c)　　　　d)

▶ **实践练习 2**
平面四边形 [Pt(NH₃)₂ClBr] 分子有多少个同分异构体？

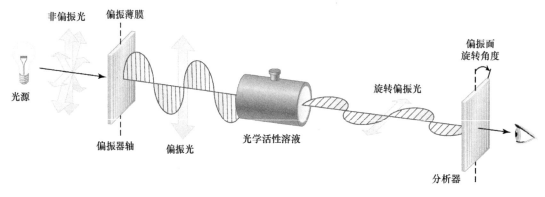

▲ 图 23.23　用偏振光探测光学活性

 实例解析 23.5
预测配合物是否具有光学异构体

顺 –[Co(en)$_2$Cl$_2$]$^+$ 或者反 –[Co(en)$_2$Cl$_2$]$^-$ 有光学异构体吗?

解析

　　分析　已知两个几何异构体的化学式,并要求确定其中一个是否具有光学异构体。因为乙二胺是双齿配体,由此可知两个配合物都是八面体,配位数都是 6。

　　思路　需要画出顺式和反式异构体的结构以及它们的镜像。可以把乙二胺配体画成 2 个 N 个原子用弧连接。如果镜像不能叠加在原结构上,则配合物及其镜像是光学异构体。

　　解答

　　[Co(en)$_2$Cl$_2$]$^+$ 的反式异构体及其镜像如图所示。注意这个异构体的镜像和原来的是一样的。因此反 -[Co(en)$_2$Cl$_2$]$^+$ 不具有光学异构性。

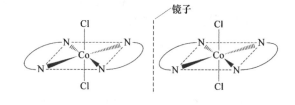

　　[Co(en)$_2$Cl$_2$]$^+$ 的顺式异构体及其镜像如图所示。这种情况下,两者不能相互重叠。因此,这两个顺式结构是光学异构体(对映体),顺 -[Co(en)$_2$Cl$_2$]$^+$ 是手性配合物。

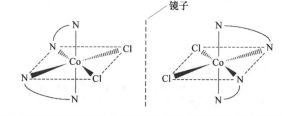

▶ **实践练习 1**
　　下列哪种配合物具有光学异构体?
　　(a) 四面体 [CdBr$_2$Cl$_2$]$^{2-}$
　　(b) 八面体 [CoCl$_4$(en)]$^{2-}$
　　(c) 八面体 [Co(NH$_3$)$_4$Cl$_2$]$^{2+}$
　　(d) 四面体 [Co(NH$_3$)BrClI]$^-$

▶ **实践练习 2**
　　平面四边形配合物离子 [Pt(NH$_3$)(N$_3$)ClBr]$^-$ 有光学异构体吗? 解释你的答案。

　　当在实验室中制备具有光学异构体的物质时,合成过程中的化学环境通常不具有手性。因此,就会得到等量的这两种异构体,这种混合物称为**外消旋体**。外消旋混合物不能使偏振光旋转,因为这两种异构体的旋转效应相互抵消。

△ 想一想

一种物质的 d 和 l 对映体的下列物理性质有何不同:(a)熔点 (b)偏振光通过物质时的旋转方式 (c)颜色 (d)上述全部

23.5 | 配位化学中的颜色和磁性

过渡金属配合物的颜色和磁性的研究对现代金属 - 配体键合模型的发展起着重要的作用。我们在 23.1 节讨论了过渡金属的各种类型的磁性行为,并在 6.3 节讨论了辐射能与物质的相互作用。在建立金属 - 配体键合模型之前,让我们简要地研究一下这两个性质对过渡金属配合物的意义。

颜色

在图 23.4 中,我们看到过渡金属离子盐在其水溶液中呈现不同的颜色。一般来说,配合物的颜色取决于金属离子本身、氧化态以及与之键合的配体。例如,图 23.24 显示了随着 NH_3 配体取代 H_2O 配体后,淡蓝色的 $[Cu(H_2O)_4]^{2+}$ 转变为深蓝紫色的 $[Cu(NH_3)_4]^{2+}$。

要使一种物质具有我们能看到的颜色,它必须吸收一部分的可见光(见 6.1 节)。然而,只有把物质中的电子从基态转移到激发态所需的能量与可见光谱中某些部分的能量相对应时,才会发生吸收(见 6.3 节)。因此,一种物质所吸收的特定辐射能量决定了我们所看到这种物质的颜色。

▽ 图例解析

氨对 Cu(Ⅱ)的平衡常数可能大于还是小于水对 Cu(Ⅱ)的平衡常数?

$[Cu(H_2O)_4]^{2+}(aq)$ $NH_3(aq)$ $[Cu(NH_3)_4]^{2+}(aq)$

▲ 图 23.24 配位化合物的颜色随配体的变化而变化

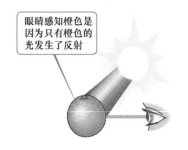

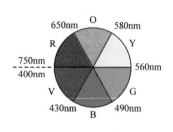

▲ 图 23.25　**两种感知橙色的途径**　当一个物体将橙色的光反射到眼睛（左）或者将除了橙色的互补色蓝色以外所有颜色的光透射到眼睛上时（中），该物体呈现橙色。互补色在色轮上是相对的（见上图的右侧图像）

当一个物体吸收了部分可见光时，我们所感知到的颜色是未被吸收光的总和，这些未被吸收的光被物体反射或者透射到达我们的眼睛。（不透明的物体*反射*光，而透明的物体*透射*光。）如果一个物体吸收了所有波长的可见光，就没有任何光到达我们的眼睛，那么这个物体就会呈现黑色。如果物体不能吸收可见光，那么不透明物体呈现白色，透明物体呈现无色。如果除了橙色以外的所有光都被吸收，那么橙色的光就会到达我们的眼睛，因此我们看到的颜色就是橙色。

一个有趣的视觉现象是当一个物体只吸收蓝色的光，而其他所有颜色的光都到达我们的眼睛时，我们同样能感知到橙色。这是因为橙色和蓝色是**互补色**，这意味着从白光中去掉蓝色的光会使其看起来是橙色的（去掉橙色会使其看起来是蓝色的）。

互补色可以用色轮来确定，相对两侧显示为互补色（见图 23.25）。

样品吸光量与波长的函数关系被称为样品的**吸收光谱**。一种透明样品的可见吸收光谱可以利用分光仪测定，如"深入探究"中

▶ 实例解析 23.6

吸收的颜色与所观察到的颜色之间的关系

配离子反 –$[Co(NH_3)_4Cl_2]^+$ 主要吸收可见光光谱的红色区域（最强吸收为 680nm）。配合物是什么颜色？

解析

分析　我们需要把配合物吸收的颜色（红色）与所观察到的配合物的颜色关联起来。

思路　对于只吸收可见光中一种颜色光的物体，我们所看到的颜色是其吸收颜色的互补色。我们可以使用图 23.25 中的色轮来确定互补色。

解答　从图 23.25 可以看出，绿色与红色是互补色，所以配合物呈现绿色。

注解　如第 23.2 节所述，这种绿色配合物是帮助 Werner 建立配位理论的因素之一（见表 23.3）。这种配合物的另一个几何异构体为顺 -$[Co(NH_3)_4Cl_2]^+$，该物质吸收黄色的光，因此呈现紫色。

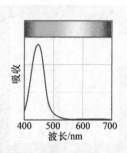

你预测含有这个离子的溶液是什么颜色？

（a）紫色　（b）蓝色　（c）绿色　（d）橙色（e）红色

▶ 实践练习 1

一种含有某种过渡金属配合物离子的溶液的吸收光谱如图所示。

▶ 实践练习 2

某种过渡金属配合物离子的吸收峰在 695nm 处。该离子最可能是蓝色、黄色、绿色还是红色？

所述。[Ti(H$_2$O)$_6$]$^{3+}$ 离子的吸收光谱如图 23.26 所示。最大吸收峰在 500nm 处，从图中可以看出，黄色、绿色和蓝色的光大部分被吸收。由于样品吸收了上述颜色，所以我们看到的是未被吸收的红色和紫色的光，我们视为紫红色（紫红色被归类为色轮上红色和紫罗兰色之间的三次色）。

配位化合物的磁性

在第 9.8 节和第 23.1 节中我们介绍了许多过渡金属配合物具有顺磁性。在这类化合物中，金属离子具有一定数量的未成对电子。根据实验测得的顺磁性程度，可以确定每个金属离子的未成对电子数，实验结果显示了一些有趣的现象。

例如，配离子 [Co(CN)$_6$]$^{3-}$ 的化合物没有未成对电子，但是 [CoF$_6$]$^{3-}$ 离子的化合物中每个金属离子都有 4 个未成对电子。这两种配合物都含有 3d^6 电子构型的 Co(Ⅲ)（见 7.4 节）。显然，在这两种情况下电子的排列方式有很大的区别。这种差异需要一种成键理论去解释，我们将在下一节介绍这种理论。

> **想一想**
>
> (a) Co 原子和 (b) Co^{3+} 离子的电子构型分别是什么？分别有多少未配对电子？（参见 7.4 节离子的电子构型）。

23.6 | 晶体场理论

科学家们很久以前就已经意识到许多过渡金属配合物的磁性及颜色与金属阳离子中存在的 d 电子有关。在本节中，我们介绍一种过渡金属配合物的键合模型——**晶体场理论**$^\ominus$，它解释了物质的许多性质。由于晶体场理论的许多预测与先进的分子轨道理论的预测相同，所以晶体场理论是考虑配位化合物电子结构的一个很好的起点。

配体对金属离子的吸引力本质上是 Lewis 酸-碱相互作用，在这个过程中，碱基（也就是配体）向金属离子的空轨道提供一对电子（见图 23.27）。然而，金属离子和配体的相互作用主要是带正电荷的金属离子和带负电荷的配体之间的静电引力。离子配体，如 Cl$^-$ 或 SCN$^-$，通常具有常见的阳离子-阴离子吸引力。当配体是中性分子时，如 H$_2$O 或 NH$_3$，这些极性分子的负极（包含一个未共用电子对）指向金属离子。在这种情况下，相互吸引作用是离子偶极型的（见 11.2 节）。无论哪种情况，配体都沿朝向金属离子方向被强烈吸引。由于金属-配体间静电吸引作用，配合物的能量低于金属离子和配体能量总和。

虽然金属离子被配体电子所吸引，但是金属离子的 d 电子被配体排斥。让我们仔细地研究这种影响，特别是在配位数为 6 的配体在金属离子周围形成八面体的情况。

$^\ominus$ *晶体场*这个名字来自该理论最初是用来解释固体晶体材料性质的。然而，该理论同样适用于溶液中的配合物。

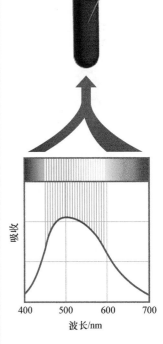

> **图例解析**
>
> 如果降低溶液中 [Ti(H$_2$O)$_6$]$^{3+}$ 的浓度，下图的吸收光谱将如何变化？

> 当蓝色、绿色、黄色被吸收，而紫色和红色两种混合色的光进入眼睛时，溶液呈现紫红色

吸收 / 波长/nm

▲ 图 23.26 [Ti(H$_2$O)$_6$]$^{3+}$ 的颜色 正如可见吸收光谱所示，含有 [Ti(H$_2$O)$_6$]$^{3+}$ 离子的溶液呈现紫红色是因为该溶液不吸收光谱中紫色和红色的光。这种不被吸收的光就是我们肉眼可见的颜色

▲ 图 23.27 金属-配体键的形成 配体起 Lewis 碱的作用，将其非成键电子对转移到金属离子的空轨道上。形成的键具有很强的极性及一定的共价性

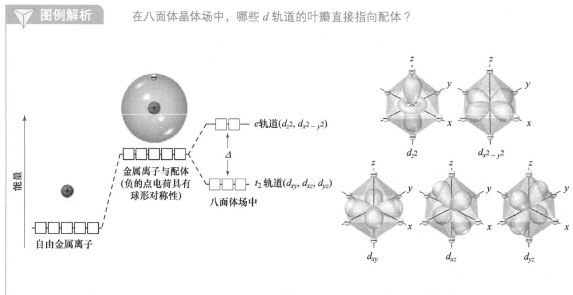

▲ 图 23.28　自由金属离子、球对称晶体场以及八面体晶体场中的 d 轨道能量图

　　在晶体场理论中，将配体看作负点电荷，与金属离子 d 轨道上带负电荷的电子具有排斥作用。图 23.28 的能量图显示了这些配体点电荷如何影响 d 轨道的能量。首先，我们把配合物想象成所有配体点电荷均匀分布在以金属离子为中心的球体表面。金属离子 d 轨道的*平均*能量由于均匀带电球场的存在而提高。因此，5 个 d 轨道的能量提高程度相同。

　　然而，该图仅是第一步近似，因为配体并不是均匀地分布在一个球面上，因此不能从各个方向均匀地靠近金属离子。相反，如图 23.28 所示，我们设想这 6 个配体沿着 x 轴、y 轴和 z 轴靠近。配体的这种排列称为*八面体晶体场*。由于金属离子的 d 轨道具有不同的取向和形状，它们对配体的排斥力不同，因此在八面体晶体场的作用下，它们的能量也不尽相同。为了找出原因，我们必须考虑 d 轨道的形状以及它们的叶瓣相对于配体的取向。

　　图 23.28 显示了 d_{z^2} 和 $d_{x^2-y^2}$ 轨道的叶瓣沿 x 轴、y 轴和 z 轴方向分布，因此直接指向配体点电荷。然而，d_{xy}、d_{xz} 和 d_{yz} 轨道的叶瓣分布在坐标轴之*间*，所以不会直接指向电荷。这种区别——$d_{x^2-y^2}$ 和 d_{z^2} 叶瓣方向直接指向配体电荷；而 d_{xy}、d_{xz} 和 d_{yz} 叶瓣则不是这样——导致了 $d_{x^2-y^2}$ 和 d_{z^2} 轨道上的电子受到带负电荷的配体排斥力更明显。因此，$d_{x^2-y^2}$ 和 d_{z^2} 轨道的能量高于 d_{xy}、d_{xz} 和 d_{yz} 轨道的能量。这种能量差用图 23.28 能量图中的红色方框表示。

　　由于 $d_{x^2-y^2}$ 轨道有 4 个叶瓣指向配体而 d_{z^2} 轨道只有两个叶瓣指向配体，因而 $d_{x^2-y^2}$ 轨道的能量看上去与 d_{z^2} 轨道不同。然而，d_{z^2} 轨道在 xy 平面上也有电子密度分布，用环绕两个叶瓣相接点的圆环表示。更先进的计算表明，在八面体晶体场的存在下，$d_{x^2-y^2}$ 和 d_{z^2} 轨道确实具有相同的能量。

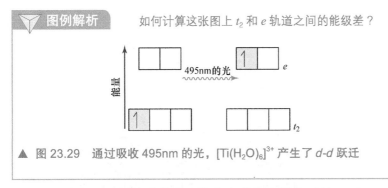

495nm的光

能量

e

t_2

▲ 图 23.29 通过吸收 495nm 的光，$[Ti(H_2O)_6]^{3+}$ 产生了 $d\text{-}d$ 跃迁

因为它们的叶瓣直接指向配体负电荷，金属离子的 d_{z^2} 和 $d_{x^2-y^2}$ 轨道上的电子受到的排斥力比 d_{xy}、d_{xz} 和 d_{yz} 轨道上的电子更强。因此，出现了如图 23.28 所示的能级分裂。三个能量较低的 d 轨道称为 t_2 组轨道，两个能量较高的轨道称为 e 组轨道。$^{\ominus}$ 两组轨道之间的能级差 Δ 称为**晶体场分裂能**。

晶体场理论可以帮助我们解释过渡金属配合物的颜色。d 轨道的 e 和 t_2 轨道之间的能级差与可见光光子的能量在同一数量级。因此过渡金属配合物可以吸收可见光，使电子从低能量 $(t_2)d$ 轨道跃迁到高能量 $(e)d$ 轨道。例如，在 $[Ti(H_2O)_6]^{3+}$ 中，Ti（Ⅲ）离子的电子构型为 $[Ar]3d^1$。（请回顾 7.4 节，在确定过渡金属离子的电子构型时，我们首先去掉了 s 电子）。Ti（Ⅲ）因此被称为 d^1 离子。$[Ti(H_2O)_6]^{3+}$ 处于基态时，单个 3d 电子占据 t_2 组轨道中的一个轨道内（见图 23.29）。吸收 495nm 光激发该电子进入 e 组轨道的一个轨道，产生如图 23.26 所示的吸收光谱。因为这种跃迁是激发一个电子从一组 d 轨道到另一组 d 轨道，我们称之为 $d\text{-}d$ **跃迁**。如前所述，产生这种 $d\text{-}d$ 跃迁的可见光吸收使 $[Ti(H_2O)_6]^{3+}$ 离子呈现紫红色。

想一想

为什么 Ti(IV) 的化合物是无色的？

晶体场分裂能的大小以及配合物的颜色同时取决于金属和配体。例如，在图 23.4 中我们看到，$[M(H_2O)_6]^{2+}$ 配合物的颜色随金属离子的改变而改变：当金属离子为 Co^{2+} 时，$[M(H_2O)_6]^{2+}$ 的颜色为淡粉红色；Ni^{2+} 时，$[M(H_2O)_6]^{2+}$ 的颜色为绿色；Cu^{2+} 时，$[M(H_2O)_6]^{2+}$ 的颜色为淡蓝色。如果我们改变 $[Ni(H_2O)_6]^{2+}$ 离子中的配体，颜色也会改变。$[Ni(NH_3)_6]^{2+}$ 为蓝紫色，$[Ni(en)_3]^{2+}$ 为紫色（见图 23.30）。在**光谱化学序列**的排序中，配体是按照晶体场分裂能增加的顺序排列的，如下所示：

– 增加的 Δ ⟶

$Cl^- < F^- < H_2O < NH_3 < en < NO_2^-$（N- 配位）$< CN^-$

Δ 的大小从光谱化学序列的最左边到最右边大约增加了 2 倍。光谱化学序列中排在左边的配体称为**弱场配体**，排在右边的称为**强场配体**。

$^{\ominus}$ 表示 d_{xy}、d_{xz} 和 d_{yz} 轨道的 t_2 组轨道和表示 d_{z^2} 和 $d_{x^2-y^2}$ 轨道的 e 组轨道的标签来自一个数学分支**群论**在晶体场理论中的应用。群论可以用来分析对称性对分子性质的影响。

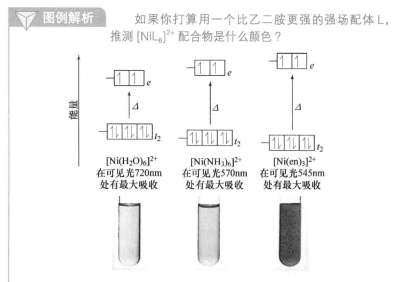

图例解析 如果你打算用一个比乙二胺更强的强场配体 L，推测 $[NiL_6]^{2+}$ 配合物是什么颜色？

▲ 图 23.30 配体对晶体场分裂的影响 配体的晶体场强度越大，导致金属离子的 t_2 和 e 组轨道之间的能级差（Δ）也越大。最大吸收波长将向短波方向移动

我们通过改变之前讨论的 Ni^{2+} 系列配合物的配体，进一步研究颜色和晶体场分裂之间的联系。因为 Ni 原子的电子构型是 $[Ar]3d^84s^2$，所以 Ni^{2+} 的电子构型是 $[Ar]3d^8$，它是 1 个 d^8 离子。t_2 轨道有 6 个电子，每个轨道有 2 个电子，剩余 2 个电子进入 e 轨道。根据洪特（hund）规则，每个 e 轨道含有 1 个电子，且这 2 个电子自旋方向相同（见 6.8 节）。

将配体从 H_2O 变为 NH_3 再到乙二胺，由光谱化学序列可知，6 个配体作用下的晶体场 Δ 增大。当 d 轨道中有多个电子时，电子之间的相互作用使得吸收光谱变得比图 23.26 中 $[Ti(H_2O)_6]^{3+}$ 的光谱更加复杂，这使得关联 Δ 与颜色变化的任务更加复杂。对于像 Ni^{2+} 这样的 d^8 离子，在吸收光谱上可以观察到 3 个峰。幸运的是，对于 Ni^{2+} 配合物，这 3 个峰中只有 1 个在可见光区，因此我们可以简化分析。$^{\ominus}$ 由于分裂能 Δ 增大，吸收峰的波长应向短波方向移动（见 6.3 节）。$[Ni(H_2O)_6]^{2+}$ 的可见光谱吸收峰在 720nm 附近达到最大值，在光谱的红色区域。因此，配合物的颜色是其互补色——绿色。对于 $[Ni(NH_3)_6]^{2+}$ 来说，在橙色和黄色边界附近 570nm 处吸收峰达到最大值。所以配合物的颜色是两种颜色互补色——蓝色和紫色的混合色。对于 $[Ni(en)_3]^{2+}$ 来说，吸收峰向短波方向移动至 540nm 处，位于绿色和黄色的边界附近。配合物的紫红色是上述两种颜色的互补色——红色和紫色的混合色。

八面体配合物的电子构型

晶体场理论有助于我们理解过渡金属离子的磁性和一些重要的

$^{\ominus}$ 其他两个峰位于光谱的红外 (IR) 和紫外 (UV) 区域。$[Ni(H_2O)_6]^{2+}$ 的红外吸收峰在 1176nm 处，紫外吸收峰在 388nm 处。

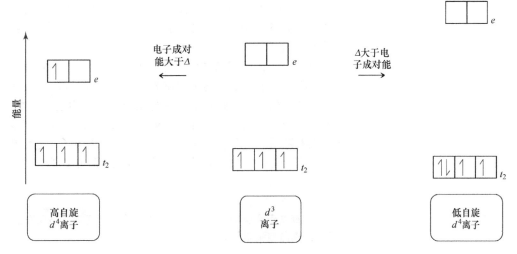

▲ 图 23.31 向 d^3 八面体配合物中添加第 4 个电子的两种可能性 第 4 个电子进入 t_2 轨道还是进入 e 轨道，取决于晶体场分裂能和自旋 - 成对能的相对大小

化学性质。根据 Hund 规则，电子总是首先占据能量最低的空轨道，并且以自旋相同的方式分别占据简并（能量相同）轨道的不同轨道。因此，如果有一个 d^1、d^2 或 d^3 八面体配合物，那么电子首先以自旋相同的方式进入能量较低的 t_2 轨道。当必须加入第四个电子时，如图 23.31 所示我们有两种选择：电子可以进入 e 轨道成为该轨道上唯一的电子，或者进入 t_2 轨道成为其轨道上的第二个电子。因为 t_2 和 e 组轨道之间的能量差为分裂能 Δ，电子进入 e 轨道而不是 t_2 轨道的能量消耗也是 Δ。因此，将电子填充到 t_2 轨道可达到填充最低可用轨道的目的。

然而这样做是有代价的，因为现在电子必须和已经占据轨道的电子配对。将电子与轨道中的已有电子成对与将该电子置于空轨道所需的能量之差称为**电子成对能**。电子成对能的产生是由于共用一个轨道的两个电子之间的静电排斥力（因此必须自旋相反）大于位于不同的轨道且自旋相同的两个电子之间的排斥力。

在配位化合物中，配体的性质以及金属离子上的电荷通常在决定图 23.31 所示的两种电子排列中的哪一种时起主要作用。在 $[CoF_6]^{3-}$ 和 $[Co(CN)_6]^{3-}$ 中，两个配体都带一个负电荷。F^- 离子则处于光谱化学序列的左边，是弱场配体。而 CN^- 离子处于右端，是强配体场，这意味着 CN^- 比 F^- 离子产生更大的能级差 Δ。图 23.32 比较了这两种配合物的 d 轨道能级分裂差。

Co（Ⅲ）具有 [Ar]$3d^6$ 电子构型，因此图 23.32 中的两个配合物都是 d^6 配合物。假设我们把这 6 个电子一个一个地加到 $[CoF_6]^{3-}$ 的 d 轨道上。那么前 3 个电子以自旋相同的方式进入 t_2 轨道。第四个电子可以在 t_2 轨道上配对。然而，F^- 离子是弱场配体，因此 t_2 轨道和 e 轨道之间的能级差 Δ 很小。在这种情况下，更稳定的排列是第四个电子进入 e 轨道中。同样的道理，第五个电子进入另一个 e 轨道。此时，5 个 d 轨道都含有 1 个电子，因此，第六个电子必须成对。由于将第六个电子放到 t_2 轨道所需的能量比把它放到 e 轨道所需的能量要少。因此，最后得到 4 个 t_2 电子和 2 个 e 电子。

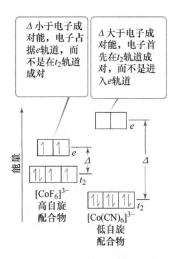

▲ 图 23.32 高自旋和低自旋配合物 高自旋 $[CoF_6]^{3-}$ 离子有一个弱场配体，因此 Δ 值小。低自旋 $[Co(CN)_6]^{3-}$ 离子有一个强场配体，因此 Δ 值大。因为 $[CoF_6]^{3-}$ 有未成对电子，是顺磁性的，而 $[Co(CN)_6]^{3-}$ 是反磁性的

由图 23.32 可以看出 $[Co(CN)_6]^{3-}$ 配合物的晶体场中分裂能 Δ 要大得多。在这种情况下，电子成对能小于 Δ，所以最低能量的排列是将 6 个电子都放在 t_2 轨道上。

$[CoF_6]^{3-}$ 配合物是**高自旋配合物**，也就是说，电子尽可能以不成对方式排列。$[Co(CN)_6]^{3-}$ 是**低自旋配合物**，也就是说，电子尽可能以成对方式排列，且遵循 Hund 规则。通过测量配合物的磁性，可以很容易地分辨出这两种电子排列。实验表明，$[CoF_6]^{3-}$ 有 4 个未成对电子，具有顺磁性，而 $[Co(CN)_6]^{3-}$ 没有未成对的电子，是反磁性的。在这两个配合物中，对应不同的 Δ 值，吸收光谱也出现相应的峰。

> **想一想**
>
> 在八面体配合物中，对于 d 电子的排布是否可能有不同未配对电子数目的高自旋和低自旋排列？

第五周期和第六周期的过渡金属离子（具有 $4d$ 和 $5d$ 价电子），d 轨道比第四周期的离子（只有 $3d$ 电子）要大。因此，第五周期和第六周期的离子与配体的相互作用更强，导致更大的晶体场分裂能。*因此，在八面体晶体场中第五周期和第六周期的金属离子总是以低自旋形式存在。*

实例解析 23.7
光谱化学序列、晶体场分裂、颜色和磁性

化合物氯化六氨合钴（Ⅲ）具有反磁性，颜色为橙色，在可见光吸收光谱上只有一个吸收峰。（a）钴离子（Ⅲ）的电子构型是什么？（b）$[Co(NH_3)_6]^{3+}$ 是高自旋配合物还是低自旋配合物？（c）预测在波长为多少时达到最大吸收？（d）预测配合物离子 $[Co(en)_3]^{3+}$ 的颜色和磁性？

解析

分析 已知一个含 Co 八面体配合物的颜色和磁性，其氧化数为 +3。利用这些信息确定其电子构型、自旋状态（低自旋或高自旋），以及其吸收光的颜色。在（d）中，我们必须使用光谱化学序列来预测乙二胺（en）取代 NH_3 后其性质将如何变化。

思路 （a）根据氧化数和元素周期表，我们可以确定 Co(Ⅲ) 的价电子数，由此我们可以确定电子构型。（b）磁性可以用来确定配合物是低自旋还是高自旋。（c）由于可见吸收光谱中只有一个峰，该化合物的颜色应为吸收最强光颜色的互补色。（d）与 NH_3 相比，en 是强场配体，因此我们预计 $[Co(en)_3]^{3+}$ 比 $[Co(NH_3)_6]^{3+}$ 的 Δ 更大。

解答

（a）Co 的电子构型为 $[Ar]4s^23d^7$，Co^{3+} 比 Co 少 3 个电子。由于过渡金属离子总是先失去 s 层电子，所以 Co^{3+} 的电子构型为 $[Ar]3d^6$。

（b）d 轨道上有 6 个价电子。高自旋和低自旋配合物的 t_2 和 e 轨道的填充情况如右图所示。由于该化合物是反磁性的，所有的电子必须成对，因此，我们可以确定 $[Co(NH_3)_6]^{3+}$ 是一个低自旋配合物。

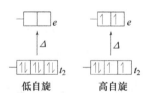

低自旋　　　　高自旋

（c）化合物是橙色的，并且在可见吸收光谱区域只有一个吸收峰。因此，这种化合物吸收光的颜色为橙色的互补色蓝色。光谱的蓝色区域大约在 430 ~ 490nm 之间。我们预估配合物离子的吸收在蓝色区域的中间，接近 460nm。

（d）乙二胺在光谱化学序列中氨的右侧。因此，我们预测 $[Co(en)_3]^{3+}$ 的 Δ 更大。Δ 已经大于 $[Co(NH_3)_6]^{3+}$ 的电子成对能，因此，我们预计 $[Co(en)_3]^{3+}$ 为低自旋配合物，具有 d^6 构型，是反磁性的。配合物吸收光的波长将向更高的能量区移动。如果我们假设最大吸收从蓝色变成紫色，那么配合物的颜色就会变成黄色。

注解 由阿尔佛雷德·维尔纳（Alfred Werner）合成并研究了含有 $[Co(en)_3]^{3+}$ 离子的化合物 $[Co(en)_3]Cl_3$。这种化合物是反磁性的金黄色晶体。

▶ 实践练习 1

　　下列八面体配合物离子中，哪一个含有最少的未成对电子？

　　(a) $[Cr(H_2O)_6]^{3+}$　(b) $[V(H_2O)_6]^{3+}$　(c) $[FeF_6]^{3-}$
　　(d) $[RhCl_6]^{3-}$　(e) $[Ni(NH_3)_6]^{2+}$

▶ 实践练习 2

　　根据表 23.3 给出的 Co^{3+} 的氨配合物的颜色及其颜色变化，你预测 $[Co(NH_3)_5Cl]^{2+}$ 的 Δ 值大于还是小于 $[Co(NH_3)_6]^{3+}$？这一预测与光谱化学序列一致吗？

四面体配合物和平面四边形配合物

　　到目前为止，我们只考虑具有八面体几何构型的配合物的晶体场理论。当一个配合物中只有 4 个配体时，它的几何构型一般是四面体，除了我们将在后面讨论的 d^8 金属离子中的特殊情况。

　　四面体配合物中 d 轨道的晶体场分裂与八面体配合物不同。沿着四面体的顶点方向，四个等价配体可以与中心金属离子进行最有效的相互作用。在这个几何构型中，2 个 e 轨道的叶瓣指向四面体的边缘，正好在配体之间（见图 23.33）。这种取向使 $d_{x^2-y^2}$ 和 d_{z^2} 尽可能远离配体点电荷。因此，这两个 d 轨道受配体的排斥力较小，能量低于其他三个 d 轨道。三个 t_2 轨道虽然并不直接指向配体点电荷，但它们比 e 轨道更靠近配体，因此受到的排斥作用更大，能量也更高。如图 23.33 所示，四面体构型中 d 轨道能级分裂与八面体构型中的相反，即 e 轨道能量低于 t_2 轨道。四面体配合物的晶体场分裂能 Δ 比八面体配合物小得多，部分原因是四面体构型中配体点电荷较少，另一部分原因是两组轨道都没有直接指向配体的叶瓣。计算结果表明，对于相同的金属离子和配体组合，四面体配合物的 Δ 仅为八面体配合物的九分之四。由于这种原因，几乎所有四面体配合物都是高自旋配合物，晶体场分裂能不足以克服电子成对能。

　　在平面四边形配合物中，四个配体排列于金属离子周围，配体与金属离子都在 xy 平面上。得到的 d 轨道能级分裂图如图 23.34 所示。

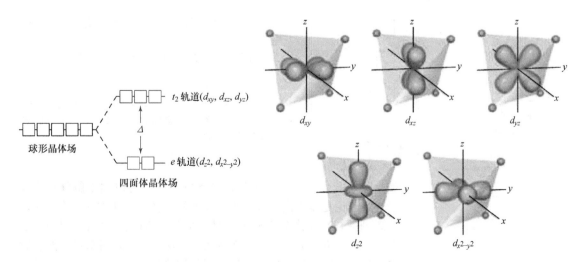

▲ 图 23.33　四面体晶体场中 d 轨道的能级分裂　e 和 t_2 轨道的分裂与八面体晶体场的分裂相反。晶体场分裂能 Δ 小于八面体晶体场 Δ

▲ 图 23.34　平面正方形晶体场中 d 轨道的能级分裂

特别注意的是，d_{z^2} 轨道的能量比 $d_{x^2-y^2}$ 轨道要低得多。为了弄清楚原因，让我们回顾图 23.28，在八面体晶体场中，金属离子的 d_{z^2} 轨道与 xy 平面上下两侧的配体相互作用。而在平面四边形配合物中，这两个位置上没有配体，这就意味着 d_{z^2} 轨道受到的排斥力小，因而保持低能量相对稳定的状态。

平面正方形配合物的金属离子具有 d^8 电子构型的特征。它们几乎都是低自旋的，8 个 d 电子自旋成对形成一个反磁性配合物。这种成对使得 $d_{x^2-y^2}$ 轨道为空。这种电子排列在第五周期和第六周期的 d^8 离子中特别常见，如 Pd^{2+}、Pt^{2+}、Ir^+ 和 Au^{3+}。

想一想

在平面四边形配合物中，为什么的 d_{xz} 和 d_{yz} 轨道的能量低于 d_{xy} 轨道的能量？

实例解析 23.8
在四面体和平面四边形配合物中构建 d 轨道

配位数为 4 的 Ni(Ⅱ) 配合物可能为平面四边形构型也可能为四面体构型。$[NiCl_4]^{2-}$ 是顺磁性的，而 $[Ni(CN)_4]^{2-}$ 是反磁性的。这两个配合物一个是平面四边形构型，另一个是四面体构型。运用相关的晶体场能级分裂图来确定两种配合物分别具有什么构型。

解析

分析 已知两个含 Ni^{2+} 的配合物及其磁性。要求根据给出的两种分子几何构型，使用晶体场能级分裂图确定配合物与其对应的几何构型。

思路 我们需要确定 Ni^{2+} 中 d 电子的数目，然后利用图 23.33 所示的四面体配合物和图 23.34 所示的平面四边形配合物进行区分。

解答 Ni(Ⅱ) 的电子构型为 $[Ar]3d^8$。除了极少数外，四面体配合物是高自旋配合物，而平面四边形配合物是低自旋配合物。因此，这两种几何构

型的 d 轨道排布是四面体配合物有两个未成对的电子，而平面四边形配合物没有未成对电子。由 23.1 节可知，四面体配合物是顺磁性的，平面四边形配合物是反磁性的。因此，$[NiCl_4]^{2-}$ 是四面体构型，$[Ni(CN)_4]^{2-}$ 是平面四边形构型。

注解 Ni(Ⅱ) 形成八面体配合物的频率高于平面四边形配合物，而第五周期和第六周期的 d^8 金属倾向于形成平面四边形配合物。

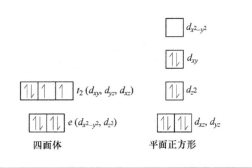

▶ **实践练习 1**

预测一下四面体 $[MnCl_4]^{2-}$ 离子有多少未成对电子？

(a) 1　(b) 2　(c) 3　(d) 4　(e) 5

▶ **实践练习 2**

是否存在 d 轨道部分填充的过渡金属离子形成的四面体配合物是反磁性的？如果存在，电子数多少会导致反磁性？

除了我们已经讨论过的，晶体场理论还可以用来解释许多现象。该理论是基于离子和原子之间的静电作用，从本质上来说也就是离子键。然而许多证据显示配合物中的键具有一定的共价特征。因此，分子轨道理论（见 9.7 节和 9.8 节）也可以用来描述配合物中的成键，但将分子轨道理论应用于配位化合物超出了我们讨论的范围。晶体场理论虽然在细节上并不完全准确，但它对配合物的电子结构进行了充分且有用的初步描述。

KMnO₄ K₂CrO₄ KClO₄

▲ 图 23.35 化合物的颜色可由荷移跃迁引起 KMnO₄ 和 K₂CrO₄ 的颜色是由于其阴离子中的配体到金属电荷转移跃迁产生。由于高氯酸根离子需要更高能量的紫外光子来激发电荷跃迁，因此 KClO₄ 是白色的

在课程的实验部分，大家已经看到了许多彩色的过渡金属化合物，包括图 23.35 所示的化合物。这些化合物中有许多是由于 *d-d* 跃迁而显色的。然而，包括紫色的高锰酸根离子（MnO_4^-）和黄色的铬酸根离子（CrO_4^{2-}）在内的一些有色配合物，其颜色来自 *d* 轨道的另一种激发类型。

高锰酸根离子对可见光有很强的吸收能力，最大吸收波长为 565nm。由于紫色与黄色为互补色，可见光谱中黄色光的强吸收导致了其盐和离子溶液为紫色。在光的吸收过程中发生了什么？MnO_4^- 离子是 Mn（Ⅶ）的配合物。由于 Mn（Ⅶ）具有 [Ar]3*d⁰* 电子构型，因此光的吸收不能由 *d-d* 跃迁产生。然而没有 *d* 电子可以激发，这并不意味着 *d* 轨道没有参与跃迁。MnO_4^- 离子的激发是由*荷移跃迁*引起的，其中一个氧配体的电子被激发到 Mn 的空 *d* 轨道上（见图 23.36）。从本质上讲，电子从配体转移到金属上，所以这种转移称为*配体向金属的荷移（LMCT）跃迁*。

CrO_4^{2-} 也是由于 LMCT 跃迁而呈现颜色，CrO_4^{2-} 中 Cr（Ⅵ）离子具有 [Ar]3*d⁰* 电子构型。

图 23.35 还显示了一种高氯酸根离子 (ClO_4^-)。和 MnO_4^- 一样，ClO_4^- 也是四面体，其中心原子的氧化态也是 +7。然而，由于 Cl 原子没有低位 *d* 轨道，与 MnO_4^- 相比，从 O 激发一个电子到 Cl 需要更高能量的光子。ClO_4^- 的第一个吸收峰是在紫外光谱区，因此没有可见光被吸收，盐呈现白色。

另一些配合物则是由金属原子的电子被激发到配体的空轨道上。这种激发称为*金属向配体的荷移（MLCT）跃迁*。

荷移跃迁通常比 *d-d* 跃迁更强。许多含金属颜料的油漆，如镉黄（CdS）、铬黄（PbCrO₄）和红赭石（Fe₂O₃），由于荷移跃迁而具有鲜明的颜色。

相应的练习 23.84，23.85

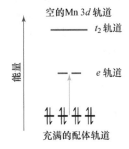

▲ 图 23.36 MnO_4^- 中配体向金属的荷移跃迁 如蓝色箭头所示，O 的非成键轨道上一个电子被激发到 Mn 的一个空 *d* 轨道上

解析综合实例
概念综合

草酸根离子的 Lewis 结构如表 23.4 所示。（a）给出该离子配合物与 Co（Ⅱ）形成 [Co(C₂O₄)(H₂O)₄] 配合物的几何构型。（b）假设电荷平衡阳离子为 Na⁺，3 个草酸根离子与 Co（Ⅱ）形成配合物的盐的分子式。（c）描述（b）中钴配合物的所有几何异构体。这些异构体有手性吗？（d）3 个草酸根离子与 Co（Ⅱ）配位生成配合物 [正如（b）中一样] 的平衡常数是 5.0×10^9，3 分子邻二氮菲（见表 23.4）与 Co（Ⅱ）生成配合物的平衡常数是 9×10^{19}。从这些结果中，关于这两种与钴（Ⅱ）相对的配体 Lewis 碱，你能得出什么结论？（e）一溶液中，初始草酸根 (aq) 和 Co^{2+}(aq) 离子的浓度分别为 0.040*M* 和 0.0010*M*，利用实例解析 17.14 描述的方法，计算该溶液中游离 Co（Ⅱ）离子的浓度。

解析

（a）由草酸根离子配位形成的配合物为八面体：

（b）由于草酸根离子的电荷为 2−，所以含有 3 个草酸根阴离子和 1 个 Co^{2+} 离子的配合物的净电荷为 4−。因此，配位化合物分子式为：

$$Na_4[Co(C_2O_4)_3]$$

（c）只有一种几何异构体。就像 $[Co(en)_3]^{3+}$ 配合物具有手性一样（见图 23.22），该配合物具有手性。这两个镜像不能重叠，所以有两种对映体：

（d）同草酸根配体一样，邻二氮菲是双齿的，它们都表现出螯合作用。因此，我们认为邻二氮菲比草酸根对 Co^{2+} 具有更强的 Lewis 碱性。这个结论与我们在第 16.7 节中学习的知识是一致的：氮基碱性通常比氧基碱性强。（回忆一下，NH_3 的碱性比 H_2O 强。）

（e）我们以 3mol 草酸根离子（表示为 Ox^{2-}）来考虑平衡过程。

$$Co^{2+}(aq)+3Ox^{2-}(aq)\rightleftharpoons\left[Co(Ox)_3\right]^{4-}(aq)$$

平衡常数表达式为：

$$K_f=\frac{\left[\left[Co(Ox)_3\right]^{4-}\right]}{\left[Co^{2+}\right]\left[Ox^{2-}\right]^3}$$

由于 K_f 很大，我们可以假设所有的 Co^{2+} 都转化为草酸配合物。在此假设下，$[Co(Ox)_3]^{4-}$ 的最终浓度为 0.0010 M，草酸根离子的最终浓度为 $[Ox^{2-}]=$ 0.040 $-3\times0.0010=0.037M$（每个 Co^{2+} 离子与 3 个 Ox^{2-} 离子发生反应）。然后，我们得到：

$$\left[Co^{2+}\right]=xM,\left[Ox^{2-}\right]\approx0.037M,\left[\left[Co(Ox)_3\right]^{4-}\right]\approx0.0010M$$

将这些值代入平衡常数表达式中，然后求解 x 得 $4\times10^{-9}M$。由此可以看出 Co^{2+} 几乎完全与草酸根离子配位，只有微量仍以 Co^{2+} 存在于溶液中。

$$K_f=\frac{0.0010}{x(0.037)^3}=5\times10^9$$
$$x=4\times10^{-9}M$$

本章小结和关键术语

过渡金属（见 23.1 节）

金属元素来源于矿物。矿物是自然界中发现的固态无机化合物。冶金学是一种从矿石中提取金属并进一步加工使其具有一定性能的科学和技术。过渡金属的特征是其 d 轨道为部分填充状态。过渡元素中 d 电子的存在使其具有多种氧化态。以元素周期表中某一行研究过渡金属时，对于 d 电子而言，原子核和价电子之间的吸引力比 s 电子增强更明显。因此，在元素周期表同一周期中排在后面的过渡金属往往具有更低的氧化态。

第五周期过渡金属的原子半径和离子半径均大于第四周期金属的原子半径和离子半径。第五和第六周期过渡金属具有相近的原子半径和离子半径，其他性质上也有相似之处。这种相似性是由**镧系收缩**造成的。

价电子轨道中未配对电子的存在导致过渡金属及其化合物具有磁性。在**铁磁性、亚铁磁性和反铁磁性**物质中，固体中原子的未配对电子自旋受相邻原子自旋的影响。在铁磁性物质中，自旋方向相同。在反铁磁性物质中，自旋方向相反，并相互抵消。在铁磁体中，自旋方向相反，但不能完全抵消。铁磁性和亚铁磁性物质被用来制造永磁体。

过渡金属配合物（见 23.2 节）

配位化合物是含有**金属配合物**的物质。金属配合物由金属离子与围绕它的阴离子或称为**配体**的分子结合而成。金属离子及其配体构成配合物的**配位层**。与金属离子相连的原子数是金属离子的**配位数**。最常见的配位数是 4 和 6；最常见的配位构型是四面体、平面四边形和八面体。

配位化学中常见的配体（见 23.3 节）

配体在配位层中只占据一个配位点的配体称为**单齿配体**。与金属离子结合的原子是**配位原子**。具有两个配位原子的配体为**双齿配体**。**多齿配体**有三个或更多的配位原子。双齿和多齿配体也称为**螯合剂**。一般来说，螯合剂比相应的单齿配体形成更稳定的配合物，这种现象称为**螯合效应**。许多重要的生物分子，如**卟啉**，都是螯合物。另一种是被称为**叶绿素**的植物色素，在光合作用中很重要。光合作用是植物利用太阳能将二氧化碳和水转化为碳水化合物的过程。

配位化学中的命名和异构现象（见 23.4 节）

在命名配合物时，与金属离子连接的配体的数量和类型的指定，与指定金属离子的氧化态相关。**异构体**是具有相同组成但不同原子排列的化合物，异构体具有不同的性质。**结构异构体**在配体的成键排列上是不同的。当配体可以通过不同的配位原子与金属离子配位时，就会发生**键合异构现象**。**配位层异构体**是在配位层中含有不同的配体。**立体异构体**是具有相同化学键排列但配体空间排列不同的异构体。立体异构最常见的形式是**几何异构**和**光学异构**。几何异构体的配位层中配位原子的相对位置不同，最常见的是顺式和反式异构体。几何异构体的化学和物理性质各不相同。光学异构体是彼此不可重叠的镜像。光学异构体或**对映体**是**手性**的，这意味着它们具有特定的"手性"，且只有在手性环境存在时才会显示出来。光学异构体可以通过与偏振光的相互作用来区分。一个异构体的溶液使偏振光平面向右旋转（**右旋**），其镜像溶液使偏振光平面向左旋转（**左旋**）。因此，手性分子具有**光学活性**。两种光学异构体等量存在（50∶50）的混合物不能使平面偏振光旋转，被称为**外消旋体**。

配位化学中的颜色和磁性（见 23.5 节）

一种物质具有其特定颜色，这是因为它要么反射或透射该颜色的光，要么吸收其**互补色**的光。样品吸光量与波长的函数关系被称为其**吸收光谱**。被吸收的光提供能量使电子跃迁到高能态。

根据配合物的顺磁性程度可以确定其未配对电子的数目。没有未配对电子的化合物是反磁性的。

晶体场理论（见 23.6 节）

晶体场理论成功地解释了配位化合物的许多性质，包括其颜色和磁性。在晶体场理论中，金属离子与配体之间的相互作用被认为是静电作用。因为一些 d 轨道直接指向配体而另一些则指向配体之间，所以配体分裂了金属 d 轨道的能量。对于八面体配合物，d 轨道被分成由三个简并轨道组成的能量较低的轨道（t_2 轨道）和由两个简并轨道组成的能量较高的轨道（e 轨道）。可见光可以引起 d-d 跃迁，即电子从能量较低的 d 轨道被激发到能量较高的 d 轨道。**光谱化学序列**的八面体配合物配体是按照晶体场分裂能增加的顺序排列的。

强场配体产生的 d 轨道分裂能足以克服**电子成对能**。d 电子优先在低能轨道配对，产生**低自旋配合物**。当配体作用在弱晶体场时，d 轨道分裂能很小。电子占据高能 d 轨道，而不是在能量较低的轨道上配对，产生**高自旋配合物**。第五和第六周期的过渡金属离子具有较大的晶体场分裂能，在八面体配合物中采取低自旋构型。

晶体场理论也适用于四面体和平面四边形配合物，从而产生不同的分裂模式。在四面体晶体场中，d 轨道的分裂产生能量较高的 t_2 轨道和能量较低的 e 轨道，这与八面体的情况相反。四面体晶体场的分裂能比八面体晶体场的分裂能要小得多，所以四面体配合物几乎都是高自旋配合物。

学习成果　　学习本章后，应该掌握：

- 描述过渡金属离子的半径和氧化态的周期性趋势，包括镧系元素收缩的起源和作用（见 23.1 节）。

  相关练习：23.1，23.11，23.12

- 确定配合物中金属离子的氧化数和 *d* 电子数（见 23.2 节）。

  相关练习：*23.13，23.15，23.16，23.25*
- 确定常见配体并且区分螯合配体和非螯合配体（见 23.3 节）。

  相关练习：*23.27，23.29，23.30，23.33*
- 能够根据结构式命名以及根据命名写出结构式（见 23.4 节）。

  相关练习：*23.35 ~ 23.38*
- 确定同分异构现象并且区分各类同分异构体（见 23.4 节）。

  相关练习：*23.29，23.40*
- 识别并画出配合物的几何异构体（见 23.4 节）。

- 识别并画出配合物的光学异构体（见 23.4 节）。

  相关练习：*23.45，23.46*
- 运用晶体场理论确定配合物中未成对电子数（见 23.5 节和 23.6 节）。

  相关练习：*23.49，23.61，23.63，23.65*
- 运用光谱化学序列预测金属配合物的相对晶体场分裂能以及颜色（见 23.5 和 23.6 节）。

  相关练习：*23.55，23.56*
- 区分高自旋和低自旋离子，确定其稳定因素（见 23.6 节）。

  相关练习：*23.8，23.59，23.65，23.66*

本章练习

图例解析

23.1 下面三个图表中分别显示了第四周期过渡金属半径、有效核电荷、最大氧化态的变化。确定三个图表分别对应哪种性质？

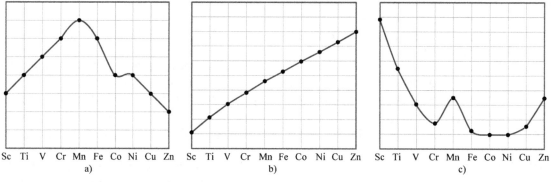

a)   b)   c)

23.2 画出 Pt(en)Cl₂ 的结构并回答下列问题：（a）该配合物中 Pt 的配位数是多少？（b）配位构型是什么？（c）Pt 的氧化态是什么？（d）该配合物有多少未成对电子？（见 23.2 节和 23.6 节）

23.3 画出下列配体的 Lewis 结构。（a）哪个原子可以作为配位原子？将配体按单齿配体、双齿配体和多齿配体分类。（b）在八面体配合物中，填满配位层需要多少配体？（见 23.2 节）

23.4 四配位金属可以是四面体或者平面四边形构型，对于 [PtCl₂(NH₃)₂]，这两种可能性如下所示。（a）该分子的名称是什么？（b）四面体分子有几何异构体吗？（c）四面体分子是反磁性还是顺磁性？（d）平面四边形分子有几何异构体吗？（e）平面四边形分子是反磁性还是顺磁性？（f）几何异构体的数目可以用来区分四面体构型和平面四边形构型吗？（g）测量分子对磁场的反应能用来区分这两种构型吗？（见 23.4 节 ~23.6 节）

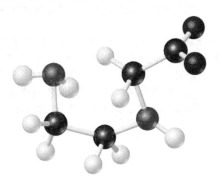

NH₂CH₂CH₂NHCH₂CO₂⁻

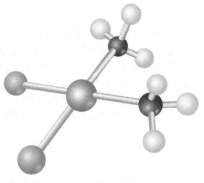

平面四边形

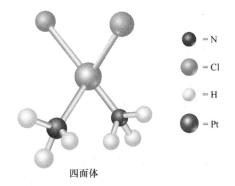

四面体

23.5 MA$_3$X$_3$ 类型的八面体配合物有两种几何异构体，其中 M 为金属，A 和 X 为单齿配体。下列所示的配合物中哪些与 1）相同，哪些与 1）是几何异构体？（见 23.4 节）

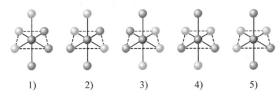

1)   2)   3)   4)   5)

23.6 下列配合物哪个具有手性？（见 23.4 节）

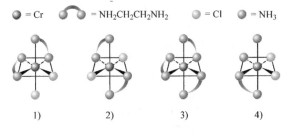

1)   2)   3)   4)

23.7 下列所示溶液的吸收光谱均只有一个类似于图 23.26 的吸收峰。每种溶液吸收的最强光的颜色是什么？（见 23.5 节）

23.8 下列哪个晶体场分裂图代表：（a）Fe^{3+} 的弱场八面体配合物；（b）Fe^{3+} 的强场八面体配合物；（c）Fe^{3+} 的四面体配合物；（d）Ni^{2+} 的四面体配合物？（这些图未表示 Δ 的相对大小）（见 23.6 节）

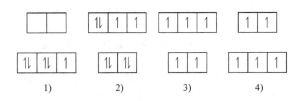

1)   2)   3)   4)

23.9 在下图的线性晶体场中，负电荷在 z 轴上。运用图 23.28 作为指导，预测下列哪个选项最精确地描述了该线性晶体场中 d 轨道的能级分裂？（见 23.6 节）

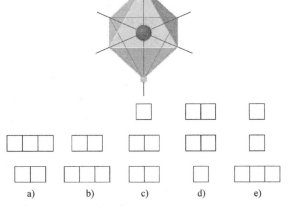

a)   b)   c)   d)   e)

23.10 两种不同配体的 Fe(Ⅱ) 的低自旋配合物。其中一种的溶液是绿色的，而另一种的溶液是红色的。哪种溶液可能是含有强场配体的配合物？（见 23.6 节）

过渡金属（见 23.1 节）

23.11 镧系收缩解释了下列哪些周期性趋势？（a）同一周期内过渡金属的半径先减小后增大。（b）第四周期的金属在形成离子时首先失去 $4s$ 电子，然后失去 $3d$ 电子。（c）第五周期过渡金属（Y-Cd）半径与第六周期过渡金属（Lu-Hg）半径相近。

23.12 过渡金属元素的最大氧化态在 7B 和 8B 族达到峰值，下列哪个周期性是导致这种现象的部分原因？（a）价电子数在 8B 族达到最大。（b）在同一周期内向左移动，有效核电荷增加。（c）过渡金属元素半径在 8B 族达到最大，且随着原子尺寸减小，移除电子变得更容易。

23.13 对于下列每一种化合物，确定其过渡金属离子的电子构型。（a）TiO，（b）TiO$_2$，（c）NiO，（d）ZnO。

23.14 在第四周期过渡金属 (Sc—Zn) 中，有部分填充的 3*d* 轨道时，哪些元素不能形成离子？

23.15 写出下列离子的基态电子构型。(a) Ti^{3+}, (b) Ru^{2+}, (c) Au^{3+}, (d) Mn^{4+}。

23.16 下列过渡金属离子的价态 *d* 轨道上有多少跃迁电子？(a) Co^{3+}, (b) Cu^+, (c) Cd^{2+}, (d) Os^{3+}。

23.17 哪种物质会被磁场吸引？反磁性物质还是顺磁性物质？

23.18 哪种类型的磁性材料不能制造永磁体、铁磁性物质、反铁磁性物质或亚铁磁性物质？

23.19 这张图显示了哪种磁力：

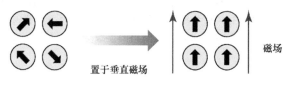

置于垂直磁场　　　　　　　磁场

23.20 最重要的铁氧化物是磁铁矿（Fe_3O_4）和赤铁矿（Fe_2O_3）。(a) 这些化合物中铁的氧化态分别是什么？(b) 一种铁氧化物是亚铁磁性的，另一种是反铁磁的。哪一种氧化铁可能是铁磁体？解释一下。

过渡金属配合物（见 23.2 节）

23.21 (a) 使用 Werner 的价态定义，哪种性质与氧化态相同，*主价*还是*副价*？(b) 我们通常用什么词来表示另一种类型的价态？(c) 为什么 NH_3 可以作为配体而 BH_3 不能？

23.22 哪一种更可能作为配体？(a) 正电荷离子还是负电荷离子？(b) 具有极性的还是非极性的中性分子？

23.23 一种配合物为 $NiBr_2 \cdot 6NH_3$。(a) 该配合物中 Ni 原子的氧化态是什么？(b) 该配合物可能的配体数是多少？(c) 如果用过量的 $AgNO_3(aq)$ 处理该配合物，1mol 配合物会产生多少 AgBr 沉淀（以 mol 计）？

23.24 水合三氯化铬（Ⅲ）为绿色晶体，经验式为 $CrCl_3 \cdot 6H_2O$，且易溶解 (a) 写出该化合物中的配位离子。(b) 如果用过量的 $AgNO_3(aq)$ 处理该配合物，1mol$CrCl_3 \cdot 6H_2O$ 会产生多少摩尔 AgCl 沉淀？(c) 无水三氯化铬晶体呈紫色，不溶于水。该晶体中 Cr 的几何构型为八面体，Cr^{3+} 几乎都以八面体构型存在。如果 Cr 和 Cl 的比例不是 1:6，会怎么样呢？

23.25 指出下列配合物中金属的配位数和氧化数：

(a) $Na_2[CdCl_4]$

(b) $K_2[MoOCl_4]$

(c) $[Co(NH_3)_4Cl_2]Cl$

(d) $[Ni(CN)_5]^{3-}$

(e) $K_3[V(C_2O_4)_3]$

(f) $[Zn(en)_2]Br_2$

23.26 指出下列配合物中金属的配位数和氧化

数：

(a) $K_3[Co(CN)_6]$

(b) $Na_2[CdBr_4]$

(c) $[Pt(en)_3](ClO_4)_4$

(d) $[Co(en)_2(C_2O_4)]^+$

(e) $NH_4[Cr(NH_3)_2(NCS)_4]$

(f) $[Cu(bipy)_2I]I$

配位化学中常见的配体（见 23.3 节）

23.27 画出下列分子或多原子离子的 Lewis 结构，并指出它是否可以作为单齿配体、双齿配体，或者根本不可能作为配体：(a) 乙胺，$CH_3CH_2NH_2$；(b) 三甲基膦，$P(CH_3)_3$；(c) 碳酸根，CO_3^{2-}；(d) 乙烷，C_2H_6。

23.28 对于下列每一种多齿配体，确定 (i) 配体在单个金属离子上所能占据的配位位点的最大数目，(ii) 配体中配位原子的数目和类型：(a) 乙二胺 (en)，(b) 联吡啶 (bipy)，(c) 草酸根阴离子 ($C_2O_4^{2-}$)，(d) 卟啉分子的 −2 价离子（见图 23.13），(e) $[EDTA]^{4-}$

23.29 多齿配体在其所占据的配位位置数量是变化的。在下列每一种情况下，识别存在的多齿配体，并指出其占据的配位位置的可能数目：

(a) $[Co(NH_3)_4(o\text{-phen})]Cl_3$

(b) $[Cr(C_2O_4)(H_2O)_4]Br$

(c) $[Ca(EDTA)]^{2-}$

(d) $[Zn(en)_2](ClO_4)_2$

23.30 指出下列配合物中金属的配位数：

(a) $[Rh(bipy)_3](NO_3)_3$

(b) $Na_3[Co(C_2O_4)_2Cl_2]$

(c) $[Cr(o\text{-phen})_3](CH_3COO)_3$

(d) $Na_2[Co(EDTA)Br]$

23.31 找出每一对在金属配合物中更可能作为配体的分子或离子：(a) 乙腈 (CH_3CN) 或铵根 (NH_4^+)，(b) 氢化物（H^-）或水合氢离子 (H_3O^+)，(c) 一氧化碳 (CO) 或甲烷 (CH_4)。

23.32 吡啶（C_5H_5N），简称 py，是一种分子。

(a) 你认为吡啶是单齿配体还是双齿配体？(b) 对于平衡反应

$$[Ru(py)_4(bipy)]^{2+} + 2py \rightleftharpoons [Ru(py)_6]^{2+} + bipy$$

你预测平衡常数大于 1 还是小于 1？

23.33 下面的配体可以作为双齿配体吗？

23.34 当硝酸银与邻二氮菲分子反应时，形成无色晶体，其中包含的过渡金属配合物如下图所示。（a）银在这个配合物中的配位构型是什么？（b）假设在反应过程中没有发生氧化或还原过程，该配合物的电荷是多少？（c）你认为晶体中会有硝酸根离子吗？（d）写出这个反应形成的化合物的分子式。（e）使用公认的命名法写出这个化合物的名称。

配位化学中的命名和异构现象（见 23.4 节）

23.35 写出下列化合物的分子式，用括号表示配位层：

（a）六氨合硝酸铬（Ⅲ）

（b）一碳酸四氨合硫酸钴（Ⅲ）

（c）二氯二（乙二胺）合溴化铂（Ⅳ）

（d）二水四溴钒酸钾（Ⅲ）

（e）二（乙二胺）四碘合汞（Ⅱ）酸锌（Ⅱ）

23.36 写出下列化合物的分子式，用括号表示配位层：

（a）四水二溴合高氯酸锰（Ⅲ）

（b）二联吡啶合氯化镉（Ⅱ）

（c）四溴（邻菲咯啉）钴（Ⅲ）酸钾

（d）二氨四氰铬（Ⅲ）酸铯

（e）三草酸三（乙二胺）铑（Ⅲ）酸钴（Ⅲ）

23.37 运用配位化合物的标准命名规则，写出下列化合物的名称：

（a）$[Rh(NH_3)_4Cl_2]Cl$

（b）$K_2[TiCl_6]$

（c）$MoOCl_4$

（d）$[Pt(H_2O)_4(C_2O_4)]Br_2$

23.38 写出下列配位化合物的名称：

（a）$[Cd(en)Cl_2]$

（b）$K_4[Mn(CN)_6]$

（c）$[Cr(NH_3)_5(CO_3)]Cl$

（d）$[Ir(NH_3)_4(H_2O)_2](NO_3)_3$

23.39 思考下列三种配合物

（配合物 1）$[Co(NH_3)_4Br_2]Cl$

（配合物 2）$[Pd(NH_3)_2(ONO)_2]$

（配合物 3）$[V(en)_2Cl_2]^+$，

这三种配合物中哪一种有（a）几何异构体，（b）键合异构体，（c）光学异构体，（d）配位层异构体？

23.40 思考下面三种配合物：

（配合物 1）$[Co(NH_3)_5SCN]^{2+}$

（配合物 2）$[Co(NH_3)_3Cl_3]^{2+}$

（配合物 3）$CoClBr \cdot 5NH_3$

哪一种有（a）几何异构体，（b）键合异构体，（c）光学异构体，（d）配位层异构体？

23.41 制备了一种四配位配合物 MA_2B_2，发现其具有两种不同的异构体。从这个信息可以确定这个配合物是平面四边形还是四面体吗？如果能，是哪一个？

23.42 考虑八面体配合物 MA_3B_3。这种化合物预计有多少种几何异构体？这些异构体中有具有光学活性的吗？如果有，是哪些？

23.43 确定下列配合物是否具有几何异构体。如果存在几何异构体，确定有多少。（a）四面体 $[Cd(H_2O)_2Cl_2]$，（b）平面四边形 $[IrCl_2(PH_3)_2]^-$，（c）八面体 $[Fe(o\text{-}phen)_2Cl_2]^+$。

23.44 确定下列配合物是否具有几何异构体。如果存在几何异构体，确定有多少。（a）$[Rh(bipy)(o\text{-}phen)_2]^{3+}$，（b）$[Co(NH_3)_3(bipy)Br]^{2+}$，（c）平面四边形 $[Pd(en)(CN)_2]$。

23.45 确定下列金属配合物是否具有手性，以及光学异构体：（a）四面体 $[Zn(H_2O)_2Cl_2]$，（b）八面体反 $-[Ru(bipy)_2Cl_2]$，（c）八面体顺 $-[Ru(bipy)_2Cl_2]$。

23.46 确定下列金属配合物是否具有手性，以及光学异构体：（a）平面四边形 $[Pd(en)(CN)_2]$（b）八面体 $[Ni(en)(NH_3)_4]^{2+}$（c）八面体顺 $-[V(en)_2ClBr]$。

配位化学中的磁性和颜色；晶体场理论（见 23.5 节和 23.6 节）

23.47 （a）如果配合物吸收 610nm 处的光，你认为配合物是什么颜色？（b）波长为 610nm 的光子的 J 能量是多少 J？（c）该吸收以 kJ/mol 为单位的能量是多少？

23.48 （a）一个配合物吸收能量为 4.51×10^{-19}J 的光子。这些光子的波长是多少？（b）如果配合物在可见光谱中只吸收这一种光，那么你认为配合物是什么颜色？

23.49 判断下列配合物为反磁性配合物还是顺磁性配合物：

（a）$[ZnCl_4]^{2-}$

（b）$[Pd(NH_3)_2Cl_2]$

（c）$[V(H_2O)_6]^{3+}$

（d）$[Ni(en)_3]^{2+}$

23.50 判断下列配合物是反磁性配合物还是顺磁性配合物：

（a）$[Ag(NH_3)_2]^+$

（b）平面四边形 $[Cu(NH_3)_4]^{2+}$

（c）$[Ru(bipy)_3]^{2+}$

（d）$[CoCl_4]^{2-}$

23.51 如果一个给定的 d 轨道的叶瓣直接指向配体，那么该轨道上电子的能量会比叶瓣不直接指向配体的 d 轨道上电子的能量高还是低？

23.52 哪个 d 轨道直接指向配体叶瓣之间？（a）八面体构型 （b）四面体构型

23.53 （a）绘制一个示意图，使其能够展示八面体晶体场的*晶体场分裂能* (Δ) 的定义。（b）对于 d^1 配合物，Δ 的大小与 d—d 跃迁的能量有什么关系？（c）如果 d^1 配合物在 545nm 处有最大吸收，以 kJ/mol 为单位计算 Δ。

23.54 如图 23.26 所示，$[Ti(H_2O)_6]^{3+}$ 的 d—d 跃迁在约 500nm 波长处产生最大吸收。（a）以 kJ/mol 为单位，$[Ti(H_2O)_6]^{3+}$ 的 Δ 是多少？（b）如果 $[Ti(H_2O)_6]^{3+}$ 中 H_2O 配体被 NH_3 配体取代，Δ 的大小会发生怎样的变化？

23.55 含铜矿物孔雀石的颜色为绿色，经验式为 $Cu_2CO_3(OH)_2$，蓝铜矿为蓝色，经验式为 $Cu_3(CO_3)_2(OH)_2$，这两种颜色均来自各化合物中单一的 d—d 跃迁。在自然界中，这些化合物有时会同时存在，如下图所示。（a）每种矿物中铜离子的电子构型是什么？（b）根据它们的颜色，你预测其中哪个化合物的晶体场分裂能 Δ 更大？

23.56 $[Ni(H_2O)_6]^{2+}$、$[Ni(NH_3)_6]^{2+}$、$[Ni(en)_3]^{2+}$ 的颜色和最大吸收波长如图 23.30 所示。$[Ni(bipy)_3]^{2+}$ 离子的最大吸收在 520nm 左右。（a）你认为 $[Ni(bipy)_3]^{2+}$ 离子是什么颜色？（b）根据这些数据，你认为联吡啶（bipy）在光谱化学序列中处于什么位置？

23.57 给出下列配合物中与中心金属离子相连的（价）d 电子数：（a）$K_3[TiCl_6]$ （b）$Na_3[Co(NO_2)_6]$ （c）$[Ru(en)_3]Br_3$ （d）$[Mo(EDTA)]ClO_4$ （e）$K_3[ReCl_6]$

23.58 给出下列配合物中与中心金属离子相连的（价）d 电子数：（a）$K_3[Fe(CN)_6]$；（b）$[Mn(H_2O)_6](NO_3)_2$；（c）$Na[Ag(CN)_2]$；（d）$[Cr(NH_3)_4Br_2]ClO_4$；（e）$[Sr(EDTA)]^{2-}$。

23.59 一位同学说："弱场配体通常表示配合物是高自旋的。"你认为正确吗？解释一下。

23.60 对于给定的金属离子和配体，四面体和八面体晶体场分裂能哪个更大？

23.61 对于下列金属，写出原子及其 2+ 离子的电子构型：（a）Mn；（b）Ru；（c）Rh。画出八面体配合物的 d 轨道的晶体场能级图，假设是强场配体，给出每个 2+ 离子 d 电子的位置。每种情况下有多少未成对电子？

23.62 对于下列金属，写出原子及其 3+ 离子的电子构型：（a）Fe；（b）Mo；（c）Co。画出八面体配合物的 d 轨道的晶体场能级图，假设是弱场配体，给出每个 3+ 离子 d 电子的位置。每种情况下有多少未成对电子？

23.63 绘制晶体场能级图，并给出下列各化合物 d 电子的位置：（a）$[Cr(H_2O)_6]^{2+}$（4 个未成对电子）；（b）$[Mn(H_2O)_6]^{2+}$（高自旋配合物）；（c）$[Ru(NH_3)_5(H_2O)]^{2+}$（低自旋配合物）；（d）$[IrCl_6]^{2-}$（低自旋配合物）；（e）$[Cr(en)_3]^{3+}$；（f）$[NiF_6]^{4-}$。

23.64 绘制晶体场能级图，并给出下列各化合物中电子的位置：（a）$[VCl_6]^{3-}$；（b）$[FeF_6]^{3-}$（高自旋配合物）；（c）$[Ru(bipy)_3]^{3+}$（低自旋配合物）；（d）$[NiCl_4]^{2-}$（四面体）；（e）$[PtBr_6]^{2-}$；（f）$[Ti(en)_3]^{2+}$。

23.65 配合物 $[Mn(NH_3)_6]^{2+}$ 含有 5 个未成对电子。画出 d 轨道的能级图，并指出这个配位离子的电子位置。该离子是高自旋配合物还是低自旋配合物？

23.66 离子 $[Fe(CN)_6]^{3-}$ 有 1 个未成对电子，而 $[Fe(NCS)_6]^{3-}$ 有 5 个未成对电子。从这些结果中，你能得出每个配合物是高自旋配合物还是低自旋配合物的结论吗？你能说出 NCS^- 在光谱化学序列中的位置吗？

附加练习

23.67 居里（*Curie*）温度是铁磁体由铁磁性转变为顺磁性的温度，对于镍，居里温度为 354℃。把一根线绑在两个镍制回形针上，把回形针放在永磁体附近，磁铁吸引回形针，如左图所示。现在用打火机加热其中一个回形针，回形针就会掉下来（右图）。解释发生了什么。

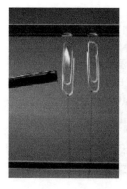

23.68 解释为什么第五和第六周期的过渡金属在每一族中有几乎相同的半径。

23.69 根据列出的一系列铂（Ⅳ）配合物的摩尔电导，写出每个配合物的分子式，并表示出哪些配体在金属的配位层中。例如，$0.050\ M$ NaCl 和 $BaCl_2$ 的摩尔电导分别为 $107\Omega^{-1}$ 和 $197\Omega^{-1}$。

配合物	0.050 M 的溶液的摩尔电导 /Ω^{-1}
$Pt(NH_3)_6Cl_4$	523
$Pt(NH_3)_4Cl_4$	228
$Pt(NH_3)_3Cl_4$	97
$Pt(NH_3)_2Cl_4$	0
$KPt(NH_3)Cl_5$	108

注：Ω 是电阻的单位，电导的单位是电阻的单位的倒数。

23.70 （a）分子式为 $RuCl_3 \cdot 5H_2O$ 的化合物溶于水形成与固体颜色近似相同的溶液。形成溶液后，立即加入过量的 $AgNO_3(aq)$，1mol 配合物形成 2mol 的 AgCl 固体。写出化合物的分子式，该分子式能够表明哪些配体存在于配位层中。（b）$RuCl_3 \cdot 5H_2O$ 溶液存放约一年之后，加入 $AgNO_3(aq)$，1mol 配合物形成 3mol 的 AgCl 沉淀。中间发生了什么？

23.71 描述下列化合物的结构，并给出化合物的全称：

（a）顺 -$[Co(NH_3)_4(H_2O)_2](NO_3)_2$

（b）$Na_2[Ru(H_2O)Cl_5]$

（c）反 -$NH_4[Co(C_2O_4)_2(H_2O)_2]$

（d）顺 -$[Ru(en)_2Cl_2]$

23.72 练习 23.71 中哪些配合物有光学异构体？

23.73 分子二甲基磷酸乙烷 $[(CH_3)_2PCH_2CH_2P(CH_3)_2$，简称 dmpe] 被用作一些配合物的配体。这些配合物可用作催化剂。含有这种配体的一种配合物 $Mo(CO)_4(dmpe)$。（a）画出 dmpe 的 Lewis 结构，并与乙二胺作为共价配体进行比较。（b）在 $Na_2[Mo(CN)_2(CO)_2(dmpe)]$ 中 Mo 的氧化态是什么？（c）描述 $[Mo(CN)_2(CO)_2(dmpe)]^{2-}$ 离子的结构，需包括所有可能的异构体。

23.74 平面正方形配合物 $[Pt(en)Cl_2]$ 只能形成两种几何异构体中的一种。哪种异构体不能被观察到：顺式还是反式？

23.75 乙酰丙酮离子能与许多金属离子形成稳定的配合物。它作为双齿配体，在相邻的两个位置与金属配位，如下图所示。

三氟甲基乙酰丙酮 (tfac)

假设配体的一个—CH_3 被一个—CF_3 取代，画出 tfac 配体与 Co（Ⅲ）形成的配合物的所有可能异构体。（可以用 ●○ 符号代替配体）

23.76 下列各种重要的生物分子中分别含有哪种过渡金属原子：(a) 血红蛋白 (b) 叶绿素 (c) 铁载体 (d) 血红素

23.77 一氧化碳（CO），是配位化学中重要的配体。当 CO 与金属镍作用时，生成 $[Ni(CO)_4]$，这是一种有毒的淡黄色液体。（a）这种化合物中 Ni 的氧化数是多少？（b）考虑到 $[Ni(CO)_4]$ 是一个具有四面体构型的反磁性分子，那么在这个化合物中 Ni 的电子构型是什么？（c）运用配位化合物的命名规则写出 $[Ni(CO)_4]$ 的名称。

23.78 有些金属配合物的配位数为 5。$Fe(CO)_5$ 就是这样一种配合物，其构型为*三角双锥*（见图 9.8）。（a）运用配位化合物的命名规则写出 $Fe(CO)_5$ 的名称。（b）这种化合物中 Fe 的氧化态是什么？（c）假设其中一个 CO 配体被 CN^- 取代，形成 $[Fe(CO)_4(CN)]^-$。你预测这个配合物有多少几何异构体？

23.79 下列哪种物质是手性的？（a）一只左脚穿的鞋（b）一片面包（c）一个木螺钉（d）$Zn(en)Cl_2$ 的分子模型（e）一个经典的高尔夫球杆

23.80 配合物 $[V(H_2O)_6]^{3+}$ 和 $[VF_6]^{3-}$ 都是已知的。（a）画出 V（Ⅲ）八面体配合物的 d 轨道能级图。（b）是什么决定了这些配合物的颜色？（c）你认为这两种配合物中哪种配合物吸收光的能量高？

23.81 配位化学中比较著名的配合物之一是 Creutz-Taube 配合物：

它是以发现并最先研究其性质的两位科学家的名字命名的。其中性配体是吡嗪，一种平面六元环，对位有两个氮。（a）你如何解释这种只有中性配体的配合物总电荷为奇数的事实？（b）在这两种情况下，金属都处于低自旋构型。假设为八面体配位，画出每种金属的 d 轨道能级图。（c）在许多实验中，这两种金属离子似乎处于完全相同的状态。考虑到电子比原子核移动得快，你能想出一个原因来说明这一点吗？

23.82 $[Co(NH_3)_6]^{2+}$、$[Co(H_2O)_6]^{2+}$（均为八面体）和 $[CoCl_4]^{2-}$（四面体）的溶液呈彩色。一个是粉红色的，一个是蓝色的，还有一个是黄色的。根据光谱化学序列，结合四面体配合物的分裂能通常比八面体配合物的分裂能要小得多，给每个配合物对应一种颜色。

23.83 氧合血红蛋白是一种铁（Ⅱ）低自旋配合物，其中氧与铁配位。脱氧血红蛋白是一种高自旋复合物，不含 O_2 分子。（a）假设金属的配位环境为八面体，每种情况下在金属离子中有多少未成对电子？

（b）在脱氧血红蛋白中，什么配体能取代 O_2 与铁配位？（c）概括性地解释为什么这两种血红蛋白有不同的颜色（血红蛋白是红色的，而脱氧血红蛋白有蓝色阴影）。（d）接触含有 400ppm CO 的空气 15min，血液中约 10% 的血红蛋白会转化为一氧化碳配合物，称为碳氧血红蛋白。对于 CO 和 O_2 与血红蛋白结合的相对平衡常数，能说明什么？（e）CO 是强场配体。你预测碳氧血红蛋白是什么颜色？

23.84 考虑四面体阴离子 VO_4^{3-}（正钒酸根离子），CrO_4^{2-}（铬酸根离子）和 MnO_4^-（高锰酸根离子）。（a）这些阴离子是等电子的。这句话是什么意思？（b）你认为这些阴离子会表现出 $d—d$ 跃迁吗？解释一下。（c）正如"深入探究—荷移跃迁颜色改"中介绍的，MnO_4^- 的紫色是由于*配体向金属的荷移*（LMCT *跃迁*）。这个术语是什么意思？（d）MnO_4^- 中的 LMCT 跃迁发生在 565nm 波长。CrO_4^{2-} 离子是黄色的。铬酸根 LMCT 跃迁的波长大于还是小于 MnO_4^- 的跃迁波长？解释一下。（e）VO_4^{3-} 离子是无色的。你认为 LMCT 吸收的光会落在电磁波谱的紫外区还是红外区？解释你的推理。

23.85 鉴于 VO_4^{3-}（正钒酸根离子），CrO_4^{2-}（铬酸根离子）和 MnO_4^-（高锰酸根离子）的颜色（见练习 23.84），对于配体轨道与空 d 轨道间的分离能随四面体中心过渡金属离子氧化态的变化关系，你有什么见解？

23.86 红宝石的红色是由于 Cr（Ⅲ）离子存在于密堆积的 Al_2O_3 晶格的八面体位置。绘制此环境中 Cr（Ⅲ）的晶体场分裂图。假设红宝石晶体受到高压作用。对于红宝石吸收波长随压力的变化，你有什么预测？解释一下。

23.87 2001 年，纽约州立大学石溪分校的化学家们成功地合成了反 -$[Fe(CN)_4(CO)_2]^{2-}$ 配合物，它可以作为一种模型配合物，在生命起源中发挥了作用。

（a）描述这种配合物的结构。（b）该配合物作为一种钠盐被分离提取。写出这种盐的全称。（c）这个配合物中 Fe 的氧化态是什么？该配合物中有多少 d 电子与 Fe 配位？（d）你认为这个配合物是高自旋配合物还是低自旋配合物？解释一下。

23.88 阿尔佛雷德·维尔纳（Alfred Werner）在发展配位化学领域时受到了很多争论，许多人认为在手性配合物中观察到的光学活性是由于分子中存在碳原子所致。为了反驳这一观点，Werner 合成了一种不含碳原子的手性钴配合物，该配合物可以分解为对映异构体。设计一种不含碳原子的手性 Co（Ⅲ）配合物。（可能您所设计的配合物目前不能合成出来，但我们暂时不考虑这些。）

23.89 一般来说，对于给定的金属和配体，金属氧化态为 +3 的配合物比氧化态为 +2 的稳定性更好（对于一开始就形成稳定的 +3 离子金属）。结合金属 - 配体键的 Lewis 酸 - 碱本质给出合理的解释。

23.90 许多微量金属离子与氨基酸或小的肽配位存在于血液中。氨基酸 (gly) 的阴离子

可以作为双齿配体，通过氮原子和氧原子与金属配位。（a）$[Zn(gly)_2]$（四面体）；（b）$[Pt(gly)_2]$（平面正方形）；（c）$[Co(gly)_3]$（八面体）有多少个异构体？画出所有可能的异构体。使用 ●◯ 符号表示配体。

23.91 配位化合物 $[Cr(CO)_6]$ 为无色的反磁性晶体，熔点为 90℃。（a）这种化合物中铬的氧化数是多少？（b）鉴于 $[Cr(CO)_6]$ 是反磁性的，那么在这种化合物中 Cr 的电子构型是什么？（c）考虑到 $[Cr(CO)_6]$ 是无色的，你认为 CO 是弱场配体还是强场配体？（d）运用配位化合物的命名规则为 $[Cr(CO)_6]$ 命名。

综合练习

23.92 金属元素是我们体内许多重要酶的基本成分。*碳酸酐酶*的活性位含有 Zn^{2+}，它负责将溶解的 CO_2 与碳酸氢根 HCO_3^- 快速转化。碳酸酐酶中 Zn 与 3 个中性含氮基团和 1 个水分子形成四面体配位。配位水分子的 pK_a 值为 7.5，这对酶的活性至关重要。（a）画出碳酸酐酶中活性位 Zn（Ⅱ）中心的几何构型，用"N"表示蛋白质中的 3 个中性氮配体。（b）比较碳酸酐酶活性位与纯水的 pK_a，二者哪个酸性更强？（c）假设三个氮配体不受影响。当碳酸酐酶中与 Zn（Ⅱ）配位的水去质子化时，什么配体与 Zn（Ⅱ）中心配位？（d）$[Zn(H_2O)_6]^{2+}$ 的 pK_a 为 10。解释两个 pK_a 的差异。（e）你认为碳酸酐酶会像血红蛋白和其他含金属离子蛋白一样具有深颜色吗？解释一下。

23.93 两种不同化合物的分子式均为 CoBr(SO_4)·$5NH_3$。化合物 A 为暗紫色，化合物 B 为红紫色。化合物 A 经 $AgNO_3(aq)$ 处理后无反应，而化合物 B 与 $AgNO_3(aq)$ 反应生成白色沉淀。化合物 A 经 $BaCl_2(aq)$ 处理后形成白色沉淀，而化合物 B 与 $BaCl_2(aq)$ 无反应。（a）两种化合物中 Co 是否处于相同的氧化态？（b）解释化合物 A 和 B 与 $AgNO_3(aq)$ 和 $BaCl_2(aq)$ 的反应活性。（c）化合物 A 和 B 互为同分异构体吗？如果是的话，图 23.19 中哪个类别最能描述这两种化合物的异构现象？（d）化合物 A 和 B 是强电解质、弱电解质还是非电解质？

23.94 含溴化钾和草酸盐离子的溶液中形成一种锰配合物，对其进行了提纯和分析。发现其各成

分的质量分数为 Mn 10.0%，K 28.6%，C 8.8%，Br 29.2%，其余为 O。配合物水溶液的电导率与等物质的量 $K_4[Fe(CN)_6]$ 溶液的电导率大致相同。写出化合物的分子式，用括号表示锰及其配位层。

23.95 两种低自旋铁配合物在酸性溶液中的 $E°$ 值如下：

$[Fe(o\text{-}phen)_3]^{3+}(aq) + e^- \rightleftharpoons$

$\qquad [Fe(o\text{-}phen)_3]^{2+}(aq) \quad E° = 1.12V$

$[Fe(CN)_6]^{3-}(aq) + e^- \rightleftharpoons$

$\qquad [Fe(CN)_6]^{4-}(aq) \quad E° = 0.36V$

（a）将两个 Fe(Ⅲ) 配合物还原为其对应的 Fe(Ⅱ) 配合物在热力学上是否有利？解释一下。（b）$[Fe(o\text{-}phen)_3]^{3+}$ 和 $[Fe(CN)_6]^{3-}$ 哪个更难还原？（c）就你对（b）的回答做出解释。

23.96 含溴离子和吡啶 C_5H_5N（一个良好的电子对供体）的溶液中形成一种钯配合物，对其进行元素分析发现其含有质量分数 37.6%Br、28.3%C、6.60%N 和 2.37% H。该化合物微溶于几种有机溶剂中，它的水或乙醇溶液不导电。实验发现其偶极矩为零。写出该化合物的化学式，并指出其可能的结构。

23.97 （a）在早期的研究中发现，当配合物 $[Co(NH_3)_4Br_2]Br$ 置于水中时，0.05M 溶液的电导率在 1h 左右的时间内从初始的 $191\,\Omega^{-1}$ 变为最终的 $374\,\Omega^{-1}$。解释这一现象。（相关对比数据见练习 23.69）（b）用平衡化学方程式来描述该反应。（c）通过溶解 3.87g 该配合物得到 500mL 的溶液。溶液一形成，在电导率发生变化之前，取 25.00mL 该溶液并用 0.0100M $AgNO_3$ 溶液进行滴定。你认为需要多

少体积的 $AgNO_3$ 溶液才能沉淀游离的 Br(aq)?（d）基于（b）的回答，在电导率发生变化后，滴定新鲜的 25mL $[Co(NH_3)_4Br_2]Br$ 溶液需要多少体积的 $AgNO_3$ 溶液？

23.98 通过用 $EDTA^{4-}$ 溶液滴定 0.100L 的硬水样品来测定其 Ca^{2+} 和 Mg^{2+} 的总浓度。$EDTA^{4-}$ 与两种阳离子螯合：

$Mg^{2+} + [EDTA]^{4-} \longrightarrow [Mg(EDTA)]^{2-}$

$Ca^{2+} + [EDTA]^{4-} \longrightarrow [Ca(EDTA)]^{2-}$

到达滴定终点需要 31.5 mL 0.0104 M 的 $[EDTA]^{4-}$ 溶液。然后用硫酸根离子滴定第二个 0.100L 的硬水样品，使其中的 Ca^{2+} 沉淀为硫酸钙。Mg^{2+} 用 18.7mL 0.0104M 的 $[EDTA]^{4-}$ 溶液滴定。以 mg/L 为单位计算硬水中 Mg^{2+} 和 Ca^{2+} 的浓度。

23.99 CO 是有毒的，因为它比 O_2 更强地与血红蛋白 (Hb) 中的铁结合，正如血液中这些近似标准自由能变化所示：

$Hb + O_2 \longrightarrow HbO_2 \quad \Delta G° = -70kJ$

$Hb + CO \longrightarrow HbCO \quad \Delta G° = -80kJ$

运用这些数据，计算 298K 时下列方程式的平衡常数。

$HbO_2 + CO \rightleftharpoons HbCO + O_2$

23.100 $[CrF_6]^{3-}$ 配合物的 Δ 值为 182kJ/mol。计算配合物中电子由低能轨道到高能 d 轨道跃迁产生的吸收波长。该配合物是否在可见区有吸收？

23.101 将铜电极浸在 1.00M $[Cu(NH_3)_4]^{2+}$ 和 1.00M NH_3 的溶液中。当阴极为标准氢电极时，电池的电动势为 +0.08V。$[Cu(NH_3)_4]^{2+}$ 的形成常数是多少？

设计实验

按照撰写科技论文的步骤，你进入实验室，先要制备二氯二（乙二胺）合氯化钴（Ⅲ）的晶体。文献报道，该化合物可以由 $CoCl_2 \cdot 6H_2O$、过量的乙二胺、空气中的 O_2（作为氧化剂）、水和浓盐酸反应生成。在反应结束时，你过滤掉溶液，剩下的是绿色的结晶产物。（a）你能做什么实验来证实你合成的是 $[CoCl_2(en)_2]Cl$ 而不是 $[Co(en)_3]Cl_3$?（b）如

何验证钴以 Co^{3+} 的形式存在，并确定产品中钴配合物的自旋状态？（c）$[CoCl_2(en)_2]Cl$ 有多少个几何异构体？如何确定你的产物是含有单一的几何异构体或几何异构体的混合物？（d）如果产物确实只含有一种几何异构体，你如何确定是哪一种异构体？（提示：您可能会发现表 23.3 中的信息很有用。）

第 **24** 章

生命化学：
有机化学和生物化学

我们都很熟悉化学物质如何影响我们的健康和行为。阿司匹林，也称为乙酰水杨酸，可以缓解疼痛。被人们熟知的还有咖啡和茶中的咖啡因，以及葡萄酒和啤酒中的乙醇，这些分子在适当剂量的情况下可以给我们带来快乐。正如本章开篇的照片所示，香料中含有许多分子，如辣椒中的辣椒素以及香草豆中的香草醛，还有从植物中提取的化合物，包括能够治疗疟疾的奎宁和治疗许多癌症的紫杉醇。

了解这些分子如何发挥作用，并开发出能够治疗疾病和缓解疼痛的新分子是现代化学企业的任务。本章介绍的分子主要由碳、氢、氧和氮元素组成，是连接化学和生物的桥梁。

目前，已知有超过1600万种含碳化合物。每年化学家发明的成千上万种新化合物中约90%含有碳。对于含碳化合物的研究构成了化学的一个分支，即**有机化学**。它起源于18世纪，那时一般认为有机化合物只能通过生物（即有机质）形成。

◀ 香料市场。 这些香料的颜色和味道都来自它们所含的有机化合物。

导读

24.1 ▶ **有机分子的一般特性** 回顾了有机化合物的结构和性质

24.2 ▶ **碳氢化合物简介** 碳氢化合物是只含有C和H两种元素的化合物，其中包括*烷烃*，它只含有一种C—C键。本节也介绍了*同分异构体*，即具有相同组成但不同分子结构的化合物。

24.3 ▶ **烯烃、炔烃和芳香烃** 含有一个或多个C ═ C双键的碳氢化合物称为烯烃，含有一个或多个C ≡ C三键的碳氢化合物称为炔烃。至少含有一个带离域π电子的平面环状化合物称为芳香烃，本节主要探讨这三类碳氢化合物。

24.4 ▶ **有机官能团** 认识到有机化学的一个中心原则是*官能团*，官能团是化合物绝大部分反应发生的位置。

24.5 ▶ **有机化学中的手性** 一种化合物不能与其镜像重合，则该化合物具有手性，手性在有机化学和生物化学中起着重要作用。

24.6 ▶ **生物化学简介** 生命有机体的化学，即*生物化学或化学生物学*。在生命体中出现的重要化合物有*蛋白质*、*碳水化合物*、*脂质*和*核酸*。

24.7 ▶ **蛋白质** 蛋白质是由氨基酸通过酰胺键（也称为肽键）连接而成的。蛋白质作为生物体的结构组成部分，用于生物体内信息传输及生物反应的催化剂。

24.8 ▶ **碳水化合物** 碳水化合物是单糖或单糖的多聚体，用于生物体能量供给（葡萄糖）或植物的结构组成（纤维素）。

24.9 ▶ **脂质** 脂质是一大类分子，主要用于生物体的能量储存。

24.10 ▶ **核酸** 核酸是由包含有机体遗传信息的核苷酸聚合而成的大分子。*脱氧核糖核酸*（DNA）和*核糖核酸*（RNA）是由核苷酸组成的大分子。

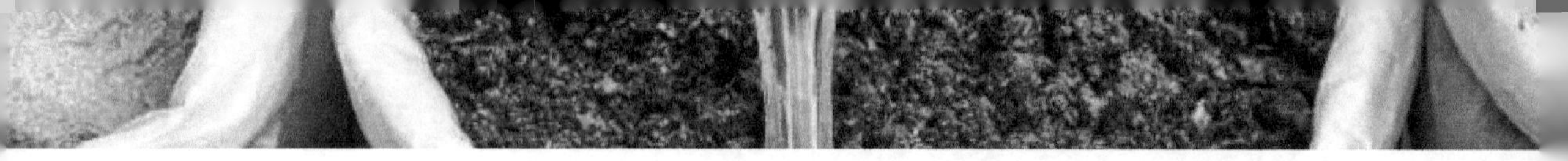

直到德国化学家 Friedrich Wöhler（1800—1882）驳斥了这一观点。1828 年，他通过加热一种无机物（非生命的）氰酸铵（NH_4OCN）合成了人们尿液中含有的一种有机物尿素（H_2N-$CONH_2$）。在化学中，"有机化合物"被认为是那些含有碳和氢的化合物。因此，氨或二氧化碳等化合物通常被认为是"无机的"。

对生物体中的化学进程的研究被称为*生物化学*、*化学生物学*。本章我们将介绍有机化学和生物化学的一些基本内容。

24.1 │ 有机分子的一般特性

究竟是什么导致了含碳化合物的多样性，并使其在生物学和社会中发挥如此重要的作用？让我们从有机分子的一些一般特性入手，同时复习一下前面几章所学的原理。

有机分子的结构

碳原子有 4 个价电子（$[He]2s^2 2p^2$），因此，在几乎所有的化合物中都形成 4 个键。当这 4 个键都是单键时，电子对以四面体构型排列（见 9.2 节）。在杂化模型中，碳的 $2s$ 和 $2p$ 轨道发生 sp^3 杂化（见 9.5 节）。当有 1 个双键时，其排列为平面三角形（sp^2 杂化）。当有一个三键时为线性排列（sp 杂化）。示例如图 24.1 所示。

几乎每个有机分子都含有 C — H 键。因为 H 的价电层只能容纳两个电子，所以氢只能形成一个共价键。因此，氢原子总是位于有机分子的表面，而 C — C 键形成分子的*骨架*，就像丙烷分子一样：

▼ 图例解析

在乙腈分子中，底部碳原子的几何构型是什么？

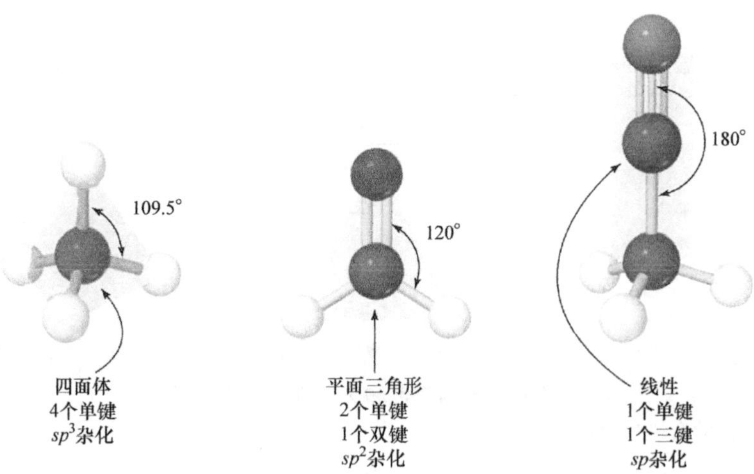

109.5°	120°	180°
四面体	平面三角形	线性
4个单键	2个单键	1个单键
sp^3杂化	1个双键	1个三键
	sp^2杂化	sp杂化

▲ 图 24.1 碳原子的几何构型 碳原子的三种常见几何构型是甲烷（CH_4）中的四面体构型、甲醛（CH_2O）中的平面三角形构型和乙腈（CH_3CN）中的线性构型。注意，在所有情况下，每个碳原子都形成 4 个键

$$H-\overset{\overset{\displaystyle H}{|}}{\underset{\underset{\displaystyle H}{|}}{C}}-\overset{\overset{\displaystyle H}{|}}{\underset{\underset{\displaystyle H}{|}}{C}}-\overset{\overset{\displaystyle H}{|}}{\underset{\underset{\displaystyle H}{|}}{C}}-H$$

有机化合物的稳定性

碳原子能够与各种元素形成强键，尤其是与 H、O、N 和卤族元素（见 5.8 节和 8.8 节）。同时，碳原子具有特殊的与自身成键的能力，可以通过形成碳链或者环构成各种分子。大多数活化能较低或中等的反应是（见 14.5 节）始于一个分子的高电子密度区遇到了另一个分子的低电子密度区。高电子密度区可能是由于多重键的存在或者是极性键中电负性较强的原子造成的。由于键能大（C—C 单键 348kJ/mol，C—H 键 413kJ/mol 见表 5.4 和表 8.3），且极性弱，C—C 单键和 C—H 键均相对稳定。为了更好地理解这些含义，以乙醇为例：

$$H-\overset{\overset{\displaystyle H}{|}}{\underset{\underset{\displaystyle H}{|}}{C}}-\overset{\overset{\displaystyle H}{|}}{\underset{\underset{\displaystyle H}{|}}{C}}-O-H$$

通过比较 C(2.5) 和 O(3.5) 的电负性值以及 O 和 H(2.1) 的电负性值的差异可知，C—O 键和 O—H 键的极性是很强的。因此，在乙醇分子中，参与反应的化学键通常为 C—O 键和 C—H 键，而分子中的 C—H 键部分是不参与反应的。官能团是指决定有机分子发生何种反应的原子团（换句话说，分子怎样发挥作用），例如 C—O—H。官能团是有机分子的反应活性中心。

想一想

哪个键是化学反应最容易发生的位置：C═N、C—C 键还是 C—H 键？

有机化合物的溶解度和酸碱性

在大多数有机物质中，最普遍的键是碳 - 碳键和碳 - 氢键，它们都是非极性键。正因如此，有机分子的极性往往很弱，这使得它们通常溶于非极性溶剂，而不太溶于水（见 13.3 节）。溶于极性溶剂的有机分子通常是表面带有极性官能团的有机分子，如葡萄糖和抗坏血酸（见图 24.2）。有的有机分子是由长的非极性端和离子化极性端组成的（例如图 24.2 中的硬脂酸盐离子），起*表面活性剂*的作用，可用于肥皂和洗涤剂中（见 13.6 节）。其分子的非极性部分延伸至油脂或油等非极性介质中，极性部分延伸至水等极性介质中。

许多有机物含有酸性或碱性基团。最重要的有机酸是羧酸，含有官能团 — COOH。（见 4.3 节和 16.10 节）最重要的有机碱是胺，含有 — NH$_2$、— NHR 或 — NR$_2$，其中 R 是由碳原子和氢原子组成的有机基团。（见 16.7 节）

图例解析

用 CH$_3$ 取代抗坏血酸上的—OH 对其在 (a) 极性溶剂 (b) 非极性溶剂中的溶解度产生何种影响？

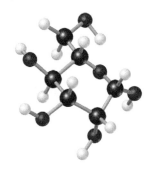

葡萄糖 (C$_6$H$_{12}$O$_6$)

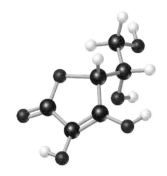

抗坏血酸 (HC$_6$H$_7$O$_6$)

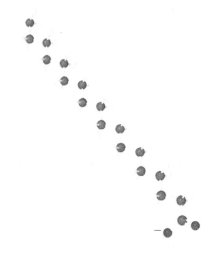

硬脂酸盐 (C$_{17}$H$_{35}$COO$^-$)

▲ 图 24.2 可溶于极性溶剂的有机分子

24.2 | 碳氢化合物简介

由于含碳化合物数量众多，因此，通常根据其结构相似性进行分类。最简单的一类有机化合物只含有碳和氢两种元素，称为碳氢化合物，又称烃。碳氢化合物（以及大多数其他有机物）的重要结构特征是存在稳定的碳 - 碳键。碳是唯一一种能够通过单键、双键或三键形成稳定的、延伸的原子链的元素。

根据碳氢化合物分子中碳 - 碳键的种类，碳氢化合物可分为四种类型。

- 烷烃，只含有一种 C — C 键。
- 烯烃，至少含有一个 C ＝ C 双键
- 炔烃，至少含有一个 C ≡ C 三键
- 芳香烃，碳原子以平面环状结构相连，并通过碳原子间的 σ 键和离域的 π 键连接。（见 8.6 节）

每种类型的示例如表 24.1 所示。

虽然每种烃类都表现出不同的化学行为，下面我们很快就会介绍。但是这四种类型的烃类，其物理性质在许多方面是相似的。由于烃类分子是非极性化合物，所以烃不溶于水，易溶于非极性溶剂。其熔点和沸点是由色散力决定的（见 11.2 节）。因此，分子量非常低的碳氢化合物，如 C_2H_6（沸点 = −89℃），在室温下为气体；中等分子量的，如 C_6H_{14}（沸点 = 69℃），室温下为液体；而那些分子量较大的，如 $C_{22}H_{46}$（熔点 = 44℃），室温下则为固体。

表 24.2 列出了 10 个最简单的烷烃。这些物质中有许多被广泛应用而被我们所熟知。甲烷是天然气的主要成分。乙烷也是天然气的一种成分，并且是生产聚乙烯的原料（见 12.8 节）。丙烷是灌装液化气的主要成分，在没有天然气的地区用于家庭取暖和烹饪。

表 24.1 四种类型烃的示例

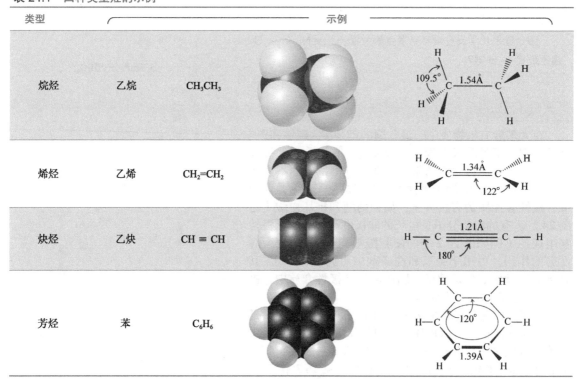

类型			示例	
烷烃	乙烷	CH_3CH_3		
烯烃	乙烯	$CH_2\!=\!CH_2$		
炔烃	乙炔	$CH \equiv CH$		
芳烃	苯	C_6H_6		

表 24.2　直链烷烃的前十位

分子式	结构简式	名称	沸点 /℃
CH_4	CH_4	甲烷	−161
C_2H_6	CH_3CH_3	乙烷	−89
C_3H_8	$CH_3CH_2CH_3$	丙烷	−44
C_4H_{10}	$CH_3CH_2CH_2CH_3$	丁烷	−0.5
C_5H_{12}	$CH_3CH_2CH_2CH_2CH_3$	戊烷	36
C_6H_{14}	$CH_3CH_2CH_2CH_2CH_2CH_3$	己烷	68
C_7H_{16}	$CH_3CH_2CH_2CH_2CH_2CH_2CH_3$	庚烷	98
C_8H_{18}	$CH_3CH_2CH_2CH_2CH_2CH_2CH_2CH_3$	辛烷	125
C_9H_{20}	$CH_3CH_2CH_2CH_2CH_2CH_2CH_2CH_2CH_3$	壬烷	151
$C_{10}H_{22}$	$CH_3CH_2CH_2CH_2CH_2CH_2CH_2CH_2CH_2CH_3$	癸烷	174

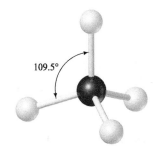

▲ 图 24.3　甲烷中碳原子的 sp^3 杂化轨道　在烷烃分子中所有碳原子均为四面体几何构型

　　丁烷用于一次性打火机和气体野营炉和灯笼的燃料罐中。分子中含有 5-12 个碳原子的烷烃被用于制造汽油。注意表 24.2 中两个相邻的烷烃分子之间总是相差一个 CH_2 单元。

　　表 24.2 中的烷烃是用*结构简式*来表示的。这种表示方法揭示了原子间的键合方式，但不需要画出所有的键。例如，丁烷（C_4H_{10}）的结构式和结构简式分别为：

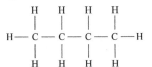

$$H_3C-CH_2-CH_2-CH_3$$
或者
$$CH_3CH_2CH_2CH_3$$

在丙烷分子中，中间碳原子形成了多少 C—H 键和 C—C 键？

烷烃的结构

　　根据 VSEPR 模型，烷烃中每个碳原子的几何构型均为四面体构型（见 9.2 节）。其碳原子的成键可描述为 sp^3 杂化轨道，如图 24.3 所示甲烷（见 9.5 节）。

　　碳 - 碳单键的旋转相对容易，并且在室温下可快速发生。为了形象的描述这一旋转，可想象为抓住图 24.4 中丙烷分子的甲基，然后相对于分子的其他部分旋转这个基团。由于这种运动在烷烃中发生得很快，长链烷烃分子在不断地运动改变其整体形状。

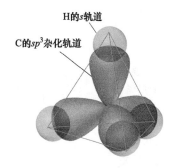

旋转前

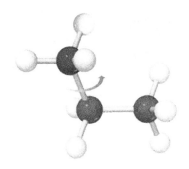

旋转后

结构异构体

　　表 24.2 中的烷烃称为*直链烃*或*线性烃*，这是因为所有的碳原子都连接在一个连续的链上。由 4 个或更多碳原子组成的烷烃也可以形成支链，此时，该种烷烃就被称为*支链烃*（有机分子中的分支通常被称为*侧链*）。例如，表 24.3 显示了所有含有 4 个和 5 个碳原子的直链烷烃和支链烷烃。

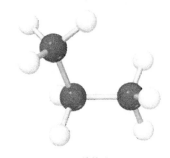

▲ 图 24.4　在所有烷烃中，C—C 键的旋转都是容易发生而且非常迅速的

表 24.3 C_4H_{10} 和 C_5H_{12} 的异构体

系统名称 （常用名）	结构式	结构简式	空间填充 模型	熔点 /℃	沸点 /℃
丁烷 （正丁烷）	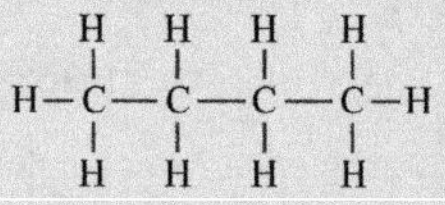	$CH_3CH_2CH_2CH_3$		−138	−0.5
2-甲基丙烷（异丁烷）	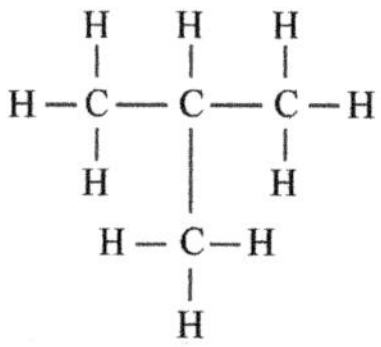	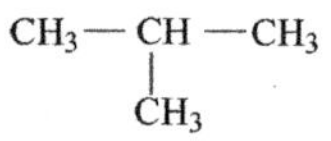 $CH_3 — CH — CH_3$	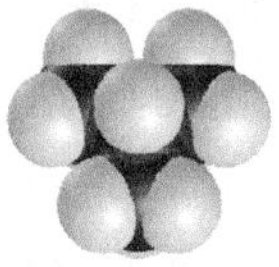	−159	−12
戊烷 （正戊烷）	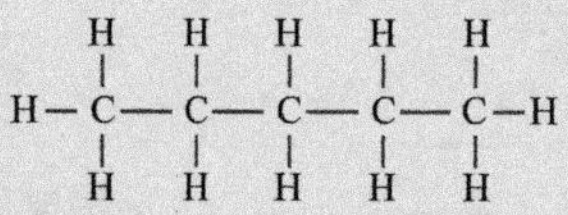	$CH_3CH_2CH_2CH_2CH_3$	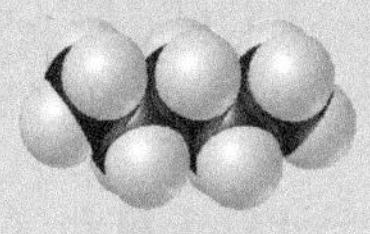	−130	+36
2-甲基丁烷（异戊烷）	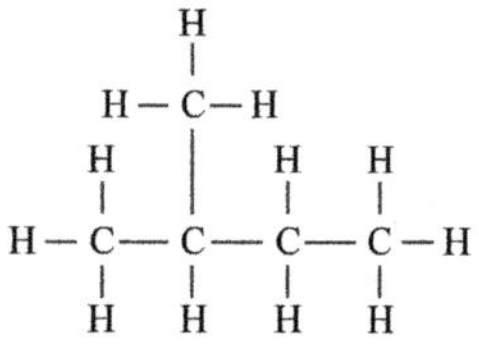	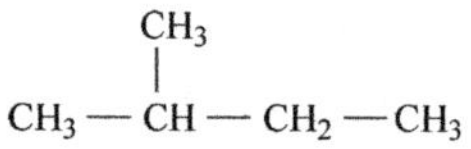 $CH_3 — CH — CH_2 — CH_3$	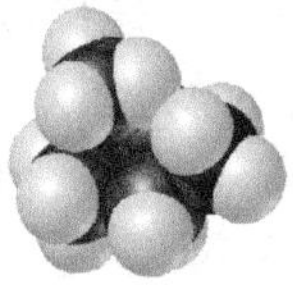	−160	+28
2,2-二甲基丙烷（新戊烷）	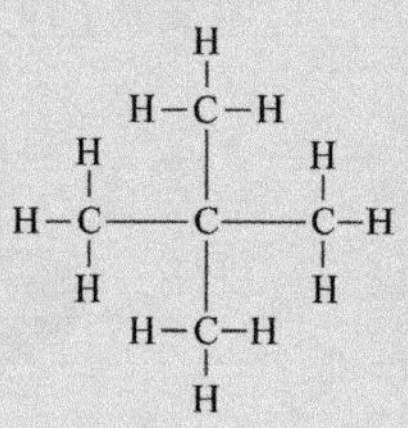	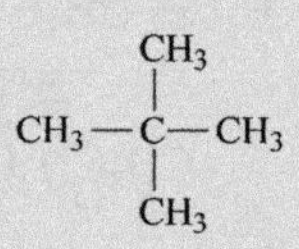 $CH_3 — C — CH_3$	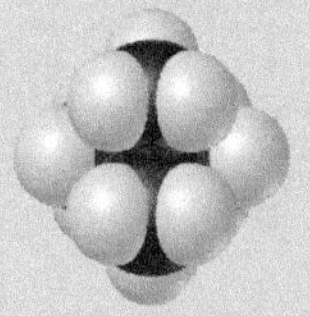	−16	+9

具有相同分子式但不同化学键排列（因而具有不同结构）的化合物称为**结构异构体**（见 2.9 节）。基于此，C_4H_{10} 有 2 种结构异构体而 C_5H_{12} 有 3 种。烷烃的结构异构体之间在物理性质上略有不同，如表 24.3 中的熔点和沸点所示。

随着碳原子数量的增加，烷烃中异构体的数量也迅速增加。例如分子式 C_8H_{18} 有 18 种同分异构体，而分子式 $C_{10}H_{22}$ 有 75 个同分异构体。

⚠️ 想一想

你能举出什么证据来证明尽管异构体有相同的分子式，但它们实际上是不同的化合物？

烷烃命名法

表 24.3 的第一列括号中的名称是*常用名称*。没有支链的异构

体的常用名称以词头"正"（n-）开始（表示"直链"结构）当主链上出现一个 CH_3 时，同分异构体常用名称以"异"（iso-）开头，当有 2 个—CH_3 时，常用名称以"新"（neo-）开头。然而，随着异构体数量的增加，就不可能找到一个合适的前缀来表示每个异构体的常用名称。早在 1892 年，在日内瓦举行的国际化学会上制定有机物质命名规则时，人们就已经认识到需要一种系统的命名有机化合物的方法。从那时起，更新化合物命名规则的任务就落到了国际纯粹与应用化学联合会 (IUPAC) 的肩上。世界各地的化学家，不分国籍，都采用统一的化合物命名法。

　　丁烷和戊烷同分异构体的 IUPAC 名称见表 24.3。这些系统名称，以及其他有机化合物的名称，包括三部分：

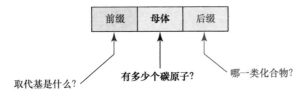

　　下面总结了命名烷烃的过程，这些烷烃的名称都以烷（-ane）[⊖]结尾。我们用类似的方法来命名其他有机化合物。

怎样命名烷烃

　　1. 找出最长的连续碳链作为母体结构，并以该链的名称（见表 24.2）作为母体名称。 在这个步骤中要小心，因为最长的链可能不是写在一条直线上，如下结构所示：

$$
\begin{array}{cccccc}
CH_3 & - & CH & - & CH_3 \\
 & & | & & \\
CH_2 & - & CH_2 & - & CH_2 & - & CH_3
\end{array}
$$

2-甲基己烷

　　因为最长的连续碳链含有 6 个 C 原子，所以这个异构体被命名为取代己烷。连在主链上的基团叫作取代基，它们取代了主链上的氢原子。在这个分子中，没有被蓝色轮廓包围的—CH_3 是分子中唯一的取代基。

　　2. 对母体碳链进行编号，编号时，从离取代基最近的一端开始。 在本例中，我们从右上角开始给 C 原子编号，因为这把取代基放在了碳链的 C2 上。（如果我们从右下角开始编号，CH_3 应该在 C5 上）。编号时，要以使取代基的编号最小进行编号。

　　3. 给取代基命名。 从烷烃中去掉一个氢原子而形成的取代基叫做烷基。烷基的命名是将烷烃名称的烷（-ane）替换为基（-yl），例如甲基（—CH_3）来自甲烷（CH_4），乙基（C_2H_5）来自乙烷（C_2H_6）。表 24.4 列出了六种常见的烷基。

　　4. 命名开始于取代基所在的碳的编号。 在本例中，命名为 2- 甲基己烷表示在一个正己烷（6 个碳）链的 C2 上存在一个甲基。

表 24.4　几种烷基的结构简式和常用名

基团	名称
CH_3—	甲基
CH_3CH_2—	乙基
$CH_3CH_2CH_2$—	正丙基
$CH_3CH_2CH_2CH_2$—	正丁基
$\begin{array}{c}CH_3\\|\\HC-\\|\\CH_3\end{array}$	异丙基
$\begin{array}{c}CH_3\\|\\CH_3-C-\\|\\CH_3\end{array}$	叔丁基

　　⊖ 文中的（-ane）后缀表示烷烃的英文后缀，具体可参考表 24.6。

5. **当含有 2 个或 2 个以上取代基时，按字母顺序排列。2 个或 2 个以上相同取代基存在时，用前缀二、三、四、五等表示。在确定取代基的字母顺序时，忽略前缀：**

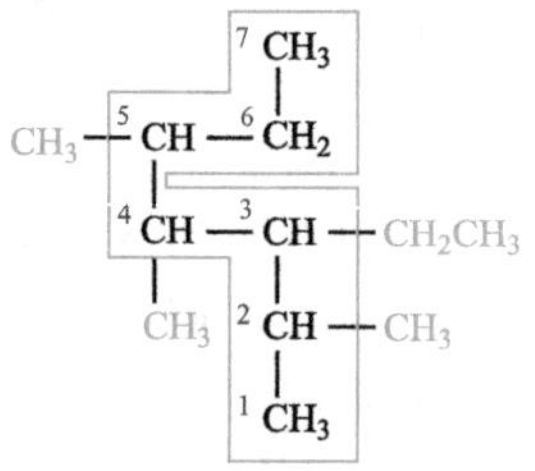

$$\overset{7}{C}H_3$$

$$CH_3-\overset{5}{C}H-\overset{6}{C}H_2$$

$$\overset{4}{C}H-\overset{3}{C}H-CH_2CH_3$$

$$CH_3 \qquad \overset{2}{C}H-CH_3$$

$$\overset{1}{C}H_3$$

3-乙基-2,4,5-三甲基庚烷

实例解析 24.1

烷烃命名

用系统命名法命名下列烷烃：

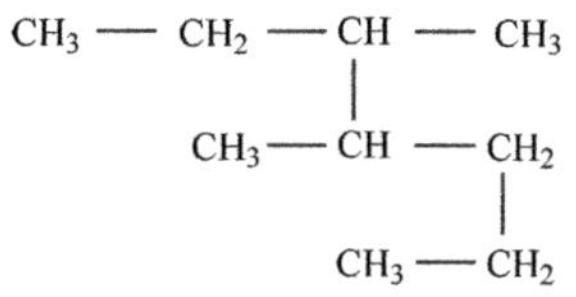

$$CH_3-CH_2-CH-CH_3$$
$$CH_3-CH-CH_2$$
$$CH_3-CH_2$$

解析

分析　已知烷烃的结构简式，要求对其命名。

思路　因为该烃类是烷烃，因此名称结尾为烷（-ane）。其母体名称是最长的连续碳链烃。支链是烷基，命名于其所在碳的编号之后，通过对最长连续链上的 C 原子进行编号来确定支链的位置。

解答　最长的连续链从左上—CH₃ 延伸到左下—CH₃，有 7 个 C 原子长：

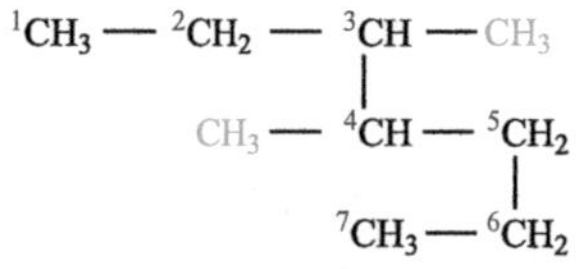

$$^1CH_3-^2CH_2-^3CH-CH_3$$
$$CH_3-^4CH-^5CH_2$$
$$^7CH_3-^6CH_2$$

因此，该母体烃类是庚烷。主链上有两个甲基，因此，这个化合物是二甲基庚烷。接下来来确定两个甲基的位置，我们首先必须进行编号，使具有支链的 C 原子具有小的编号。这意味着我们应该从左上方的碳开始编号。此时，甲基位于 C3 和 C4 上。所以，这种化合物名称为 3，4- 二甲基庚烷。

▶ **实践练习 1**

下面化合物的系统名称是什么？

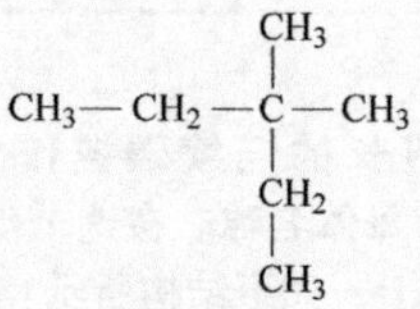

$$CH_3$$
$$CH_3-CH_2-C-CH_3$$
$$CH_2$$
$$CH_3$$

（a）3- 乙基 3- 甲基丁烷

（b）2- 乙基 -2- 甲基丁烷

（c）3，3- 二甲基戊烷

（d）异庚烷

（e）1，2- 二甲基新戊烷

▶ **实践练习 2**

命名下列化合物：

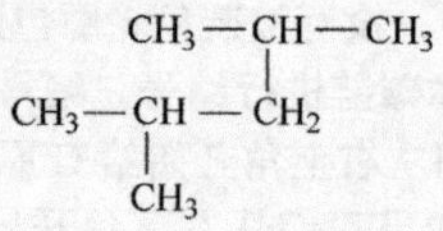

$$CH_3-CH-CH_3$$
$$CH_3-CH-CH_2$$
$$CH_3$$

实例解析 24.2

写出结构简式

写出 3- 乙基 -2- 甲基戊烷的结构简式。

解析

分析　已知烃类的系统名称，要求写出它的结构简式。

思路　该化合物结尾为烷（-ane），因而是烷

烃，也就是说所有的碳 - 碳键都是单键。母体烃为戊烷，表示主链有 5 个 C 原子（见表 24.2）。另外有 2 个烷基：1 个乙基（2 个碳原子，C₂H₅）和 1 个甲

（1 个碳原子，CH_3）。通过命名法可知，从左到右沿着 5 个碳链编号，乙基连着 C3，甲基连着 C2。

解答 我们从 5 个 C 原子的单键开始写。它代表母体戊烷链的骨架：

$$C—C—C—C—C$$

然后我们把甲基放在第二个 C 上，乙基放在第三个 C 上。然后把氢加到所有其他的 C 原子上，确保每个碳上有 4 个键：

可以简写为

$$CH_3CH(CH_3)CH(C_2H_5)CH_2CH_3$$

括号内为支链烷基取代基。

▶ **实践练习 1**

2，2- 二甲基己烷中有多少个氢原子？
（a）6 （b）8 （c）16 （d）18 （e）20

▶ **实践练习 2**

写出 2，3- 二甲基己烷的结构简式。

环烷烃

连接成环的烷烃叫做**环烷烃**。如图 24.5 所示，环烷烃结构通常被画成线型结构，线结构是多边形，每个角代表 1 个—CH_2。这种表示方法类似于苯环（见 8.6 节）。需要注意的是，从对苯的讨论中可知芳香结构中的每个顶点代表 1 个—CH，而不是 1 个—CH_2。

在小于 5 个碳原子的碳环中，由于 C—C—C 键角必须小于四面体中角 109.5°，所以含有 5 个以下碳原子的碳环会受到张力。环越小，张力越大。环丙烷为等边三角形，键角仅为 60°。因此，这种分子的反应活性比相应的直链丙烷强得多。

图例解析

直链烷烃的通式为 C_nH_{2n+2}。环烷烃的通式是什么？

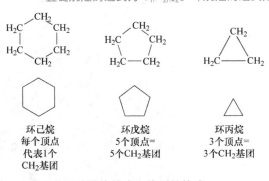

环己烷
每个顶点
代表 1 个
CH_2 基团

环戊烷
5 个顶点=
5 个 CH_2 基团

环丙烷
3 个顶点=
3 个 CH_2 基团

▲ 图 24.5 三种环烷烃的结构简式和线型结构式

想一想

环丙烷的 C—C 键比环己烷的弱吗？

烷烃的反应活性

由于烷烃分子中只含有 C—C 和 C—H 键，所以大多数烷烃的反应活性相对较差。在室温下，不与酸、碱或强氧化剂反应。如第 24.1 节所述，烷烃化学活性低的原因是其强且非极性的 C—C 键和 C—H 键。

然而，烷烃并非完全惰性的。它们被用于商业的重要反应之一是其在空气中燃烧，这是它们被用作燃料的基础（见 3.2 节）。例如，乙烷的完全燃烧过程是强放热过程：

$$2C_2H_6(g) + 7O_2(g) \longrightarrow 4CO_2(g) + 6H_2O(l) \quad \Delta H^\circ = -2855kJ$$

化学应用 | 汽油

石油，或原油，是碳氢化合物加上少量含有氮、氧或硫的其他有机化合物的混合物。为满足世界能源需求导致对石油的需求十分巨大，这也促使人们在北海和阿拉斯加北部等环境恶劣的地区开采油井。

石油精制或加工的第一步通常是根据沸点将其分离成不同馏分（见表 24.5）。由于汽油是这些馏分中最具商业价值的，所以人们采用各种方法使其产量最大化。

汽油是挥发性烷烃和芳香烃的混合物。在传统的汽车发动机中，空气和汽油蒸气的混合物被活塞压缩，然后被火花塞点燃。汽油的燃烧会产生强而平稳的气体膨胀，使活塞向外沿发动机传动轴传输能量。如果气体燃烧过快，活塞就会受到猛烈的撞击，而不是有力而平稳的推力。其结果是产生"敲击声"或"砰"的一声，而且燃烧产生的能量转化为功的效率降低。

汽油的辛烷值是衡量其抗爆性的一个指标。高辛烷值的汽油燃烧更平稳，因此是更有效的燃料（见图 24.6）。支链烷烃和芳香烃的辛烷值高于直链烷烃。通过比较异辛烷（2，2，4-三甲基戊烷）与庚烷的抗暴特性可得到汽油的辛烷值。异辛烷的辛烷值是 100，庚烷的值是 0。例如，与 91% 异辛烷和 9% 庚烷的混合物具有相同爆震特性的汽油，其额定辛烷值为 91。

石油分馏得到的汽油（直馏汽油）主要含有直链烃，辛烷值在 50 左右。为了提高辛烷值，需要进行重整，将直链烷烃转化为支链烷烃。

裂化可以产生芳香烃，并将一些挥发性较低的石油馏分转化为适合用作汽车燃料的化合物。在裂解过程中，烃类与催化剂混合并加热至 400～500℃。所使用的催化剂是粘土矿物或合成的 Al_2O_3-SiO_2 混合物。除了形成更适合汽油的分子外，裂解还会生成乙烯和丙烯等低分子量的碳氢化合物。这些物质被用于各种反应来生产塑料和其他化学品。

添加抗爆剂或辛烷值提升剂可以提高汽油的辛烷值。直到 20 世纪 70 年代中期，抗爆剂主要是使用四乙基铅（C_2H_5）$_4$Pb。然而，由于铅对环境有害且会毒化催化转换器，已不再被使用（见 14.7 节"催化转换器"）。目前，芳香族化合物如甲苯（$C_6H_5CH_3$）以及乙醇（CH_3CH_2OH）等含氧碳氢化合物被普遍用作抗爆剂。

相关练习：24.19 和 24.20

表 24.5 石油分馏产品

馏分	组分	沸点范围 /℃	用途
气体	C_1～C_5	-160～30	气体燃料，生产 H_2
直馏汽油	C_5～C_{12}	30～200	内燃机燃料
煤油燃料油	C_{12}～C_{18}	180～400	柴油，炉用燃料，裂解
润滑油	C_{16} 以上	350 以上	润滑剂
石蜡	C_{20} 以上	低熔点固体	蜡烛，火柴
沥青	C_{36} 以上	粘性残留物	道路表面

▲ 图 24.6 辛烷值 汽油的辛烷值衡量的是它在发动机中燃烧时的抗爆性。图片中汽油的辛烷值为 89

24.3 | 烯烃、炔烃和芳香烃

　　因为烷烃只有单键，所以每个碳原子上氢原子数是最多的。因此，它们称为*饱和烃*。烯烃、炔烃和芳香烃含有多种碳-碳键（双键、三键或离域 π 键）。因此，它们所含的氢原子比相同碳数的烷烃要少。它们统称为*不饱和烃*。总的来说，不饱和烃分子比饱和烃分子反应活性更强。

烯烃

　　烯烃是至少含有一个 C ＝ C 双键的不饱和烃。最简单的烯烃是 $CH_2 ＝ CH_2$，称为乙烯（IUPAC），它在种子萌发和果实成熟过程中扮演着重要的植物激素角色。该系列的下一个成员是 $CH_3CH ＝ CH_2$，称为丙烯。含有 4 个或 4 个以上碳原子的烯烃含有同分异构体。例如，烯烃 C_4H_8 有 4 个结构异构体，如图 24.7 所示。注意它们的结构和名称。

　　烯烃的名称是基于含有双键的最长的连续碳原子链。这个链的命名方法是把对应烷烃的名称从烷（-ane）改为烯（-ene）⊖。例如，图 24.7 中左边的化合物，在三碳链上含有一个双键，因此，母体烯烃是丙烯。

　　双键在烯烃链上的位置由一个前缀数字表示，该前缀数字应最靠近链的末端。链从末端开始编号，从而能更快地得到双键，进而使前缀数字的编号最小。在丙烯中，双键的唯一的位置是在第一和第二碳之间；因此，表示其位置的前缀是不必要的。而对于丁烯（见图 24.7），双键有两种可能的位置，一种在第一个碳（1- 丁烯）之后，另一种在第二个碳（2- 丁烯）之后。

> **想一想**
> 在五碳直链中，双键有多少个不同的位置？

图例解析　丙烯 C_3H_6 有多少个异构体？

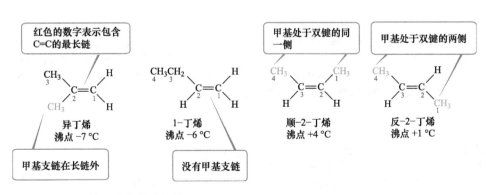

▲ 图 24.7　烯烃 C_4H_8 的 4 种结构异构体

⊖ 文中的（-ene）后缀表示烯烃的英文后缀，具体可参考表 24.6。

▲ 图 24.8 烯烃的顺反异构体 烯烃的几何异构体之所以存在，是因为碳碳双键旋转需要太多的能量以致在常温下不能发生

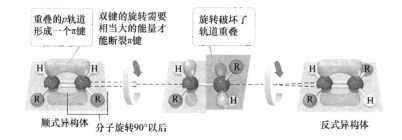

重叠的 p 轨道形成一个π键 ｜ 双键的旋转需要相当大的能量才能断裂π键 ｜ 旋转破坏了轨道重叠

顺式异构体 ｜ 分子旋转90°以后 ｜ 反式异构体

如果一种物质含有两个或两个以上双键，那么每个双键的位置都由一个前缀数字表示，名称的结尾也会改变，以确定双键的数量：二烯、三烯等等。例如，$CH_2=CH-CH_2-CH=CH_2$ 是 1,4- 戊二烯。

图 24.7 中右边的两个异构体甲基的相对位置不同。这两种化合物是**几何异构体**，它们具有相同的分子式，且基团的连接方式和次序相同，但它们的空间排列不同（见 23.4 节）。在顺式异构体中，两个甲基处于双键的同一侧，而在反式异构体中，两个甲基在相反的两侧。几何异构体具有不同的物理性质，在化学行为上也有明显的差异。

烯烃中的几何异构现象产生的原因是，与 C—C 键不同，C=C 键不能自由旋转。回想一下 9.6 节，两个碳原子之间的双键由 σ 和 π 键组成。图 24.8 显示了一个顺式烯烃。碳 - 碳键的轴、其与氢原子以及与烷基 (R) 的键都在一个平面上，p 轨道重叠形成的 π 键垂直于这个平面。如图 24.8 所示，碳 - 碳双键的旋转需要打断 π 键，这一过程需要相当大的能量（约 250kJ/mol）。由于碳 - 碳键的旋转不容易发生，烯烃的顺式异构体和反式异构体之间不易相互转化，因此，它们以不同的化合物存在。

 实例解析 24.3
画出异构体

画出直链戊烯，C_5H_{10} 的所有结构异构体和几何异构体。

解析

分析 要求我们画出五碳链烯烃的所有异构体（包括结构异构体和几何异构体）。

思路 因为化合物叫作戊烯而不是戊二烯或戊三烯，所以我们知道 5 个碳的碳链只含有一个碳 - 碳双键。因此，我们首先把双键放在链上的不同位置，记住链的两端都可以编号。在找到双键不同的特定位置后，我们考虑分子是否可以有顺反异构体。

解答

双键可以在第一个碳（1- 戊烯）或第二个碳（2- 戊烯）之后。因为链的两端都可以编号，因此，这是唯一的两种可能。从另一端给碳链编号可以看出我们可能错误地把 2- 戊烯叫做 3- 戊烯：

$$\overset{1}{C}=\overset{2}{C}-\overset{3}{C}-\overset{4}{C}-\overset{5}{C}$$

$$\overset{1}{C}-\overset{2}{C}=\overset{3}{C}-\overset{4}{C}-\overset{5}{C}$$

$$\overset{1}{C}-\overset{2}{C}-\overset{3}{C}=\overset{4}{C}-\overset{5}{C} \quad 重新编号为 \quad \overset{5}{C}-\overset{4}{C}-\overset{3}{C}=\overset{2}{C}-\overset{1}{C}$$

$$\overset{1}{C}-\overset{2}{C}-\overset{3}{C}-\overset{4}{C}=\overset{5}{C} \quad 重新编号为 \quad \overset{5}{C}-\overset{4}{C}-\overset{3}{C}-\overset{2}{C}=\overset{1}{C}$$

由于 1- 戊烯中的第一个 C 原子连着两个 H 原子，所以没有顺反异构体。而对于 2- 戊烯，有顺反异构体。因此，戊烯的三种异构体是：

（你应该确信顺 -3- 戊烯和顺 -2- 戊烯是一样的，反 -3- 戊烯和反 -2- 戊烯是一样的。而顺 -2- 戊烯和反 -2- 戊烯是正确的名称，因为它们的前缀编号更小。）

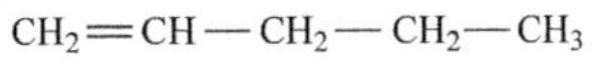

$CH_2 = CH - CH_2 - CH_2 - CH_3$
1-戊烯

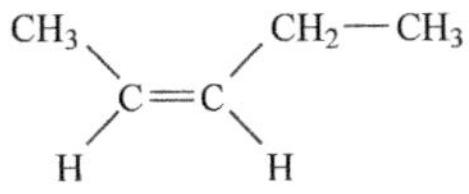

顺-2-戊烯

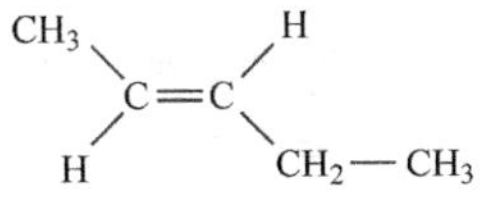

反-2-戊烯

▶ **实践练习 1**

下列哪个化合物不存在？

（a）1,2,3,4,5,6,7- 辛七烯　（b）顺 -2- 丁烷

（c）反 -3- 己烯　（d）1- 丙烯　（e）顺 -4- 癸烯

▶ **实践练习 2**

己烯，C_6H_{12}，有多少个直链异构体？

炔烃

炔烃是含有一个或多个 C≡C 三键的不饱和烃。最简单的炔是乙炔（C_2H_2，系统名称为乙炔），是一种活性很高的分子。当乙炔在氧乙炔火炬的氧气中燃烧时，火焰温度可达到约 3200K。由于炔烃通常具有很高的活性，所以它们在自然界中的分布不如烯烃那么广泛；然而，炔烃是许多工业过程的重要中间体。

炔烃命名是通过确定包含三键的最长连续链，并将对应烷烃名称的结尾由烷（-ane）改为炔（-yne）⊖，如实例解析 24.4 所示。

▶ **实例解析 24.4**

命名下列不饱和烃

命名下列化合物：

a)

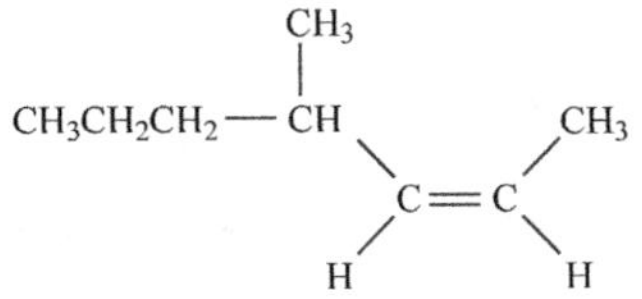

b) 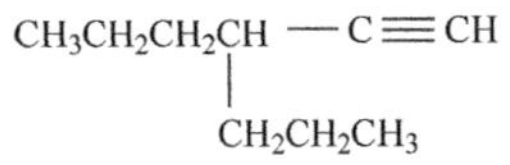 $CH_3CH_2CH_2CH - C≡CH$
      $CH_2CH_2CH_3$

解析

分析　已知烯烃和炔烃的结构简式，要求对其命名。

思路　在任何情况下，名称都是基于包含多重键的最长的连续碳链中碳原子的数量。在烯烃中必须指出是否顺反式异构，如果是，给出是哪种。

解答

（a）含有双键的最长的连续碳链是 7 个碳长，所以母烃是庚烯。因为双键始于 C_2（从靠近双键的一端开始编号），所以是 2- 庚烯。C_4 上有一个甲基，所以是 4- 甲基 -2- 庚烯。双键的几何构型为顺式（即烷基在双键同侧）。因此，全称是 4- 甲基 - 顺 -2- 庚烯。

（b）含有三键的最长的连续链有 6 个碳，所以

这个化合物是己炔的衍生物。三键在第一个碳后面（从右边开始编号），所以是 1- 己炔。己炔链上的支链含有三个碳原子所以它是一个丙基，由于取代基位于 C_3 上，所以该分子是 3- 丙基 -1- 己炔。

▶ **实践练习 1**

如果一个化合物含有两个碳 - 碳三键和一个碳 - 碳双键，它是什么化合物？

（a）烯烃　（b）二烯烃　（c）三烯烃

（d）烯二炔　（e）烯三炔

▶ **实践练习 2**

画出 4- 甲基 -2- 戊炔的结构简式。

⊖ 文中的（-yne）后缀表示烯烃的英文后缀，具体可参考表 24.6。

烯烃和炔烃的加成反应

碳氢化合物中碳 - 碳双键或三键的存在显著提高了烃类的化学反应活性。烯烃和炔烃最典型的反应是**加成反应**，即在形成多重键的两个原子上加一个反应物。一个简单的例子是乙烯和溴发生加成反应，生成 1,2- 二溴乙烷：

$$H_2C = CH_2 + Br_2 \longrightarrow H_2C - CH_2 \quad \underset{Br \quad Br}{\big| \quad \big|} \tag{24.1}$$

乙烯中的 π 键断裂，产生的两个电子和两个溴原子形成两个 σ 键。两个碳原子间的 σ 键被保留了下来。

烯烃与 H_2 加成生成烷烃：

$$CH_3CH = CHCH_3 + H_2 \xrightarrow{Ni,500°C} CH_3CH_2CH_2CH_3 \tag{24.2}$$

烯烃与 H_2 之间的反应为加氢反应，该反应在常温常压下不易发生。烯烃与 H_2 反应活性较弱的原因之一是 H_2 中键的稳定性。为了提高反应活性，必须将反应温度升高（500℃），并使用催化剂（如 Ni）来帮助 H—H 键断裂。我们将这些条件写在反应箭头上，表示必须达到上述条件反应才能发生反应。应用最广泛的催化剂是能够吸附 H_2 的细小金属颗粒（见 14.7 节）。

卤化氢和水也能与烯烃发生加成反应，比如乙烯分别与 HBr 和 H_2O 的反应：

$$CH_2 = CH_2 + HBr \longrightarrow CH_3CH_2Br \tag{24.3}$$

$$CH_2 = CH_2 + H_2O \xrightarrow{H_2SO_4} CH_3CH_2OH \tag{24.4}$$

与水的加成反应需要有强酸，例如 H_2SO_4 催化下才能发生。

炔烃的加成反应与烯烃的类似，如下例：

$$CH_3C \equiv CCH_3 + Cl_2 \longrightarrow \underset{\substack{CH_3 \qquad Cl}}{\overset{\substack{Cl \qquad CH_3}}{C = C}} \tag{24.5}$$

2-丁炔　　　　反-2,3-二氯-2-丁烯

$$CH_3C \equiv CCH_3 + 2Cl_2 \longrightarrow CH_3 - \underset{\substack{| \\ Cl}}{\overset{\substack{Cl \\ |}}{C}} - \underset{\substack{| \\ Cl}}{\overset{\substack{Cl \\ |}}{C}} - CH_3 \tag{24.6}$$

2-丁炔　　　　2,2,3,3-四氯丁烷

实例解析 24.5
预测加成反应的产物

写出 3– 甲基 –1– 戊烯加氢产物的结构简式。

解析

　　分析　要求预测某一特定烯烃加氢（与 H_2 反应）时形成的化合物，并写出该产物的结构简式。

　　思路　要确定产物的结构简式，必须先写出反应物的结构简式或 Lewis 结构式。在烯烃加氢过程中，H_2 加成到双键生成烷烃。

　　解答　由化合物的名称可知，有一个由 5 个 C 原子组成的链，一端有一个双键（C═C），C3 上有一个甲基：

$$CH_2 = CH - \underset{\substack{| \\ CH_3}}{CH} - CH_2 - CH_3$$

加氢反应—在双键的碳上加成两个氢原子—得到以下烷烃：

$$CH_3-CH_2-\overset{\overset{\displaystyle CH_3}{|}}{CH}-CH_2-CH_3$$

注解　这个烷烃中最长的链有 5 个碳原子；因此产物是 3- 甲基戊烷。

▶ 实践练习 1

2- 甲基丙烯的加氢反应产物是什么？

（a）丙烷　（b）丁烷　（c）2- 甲基丁烷

（d）2- 甲基丙烷　（e）2- 甲基丙炔

▶ 实践练习 2

某烯烃与 HCl 加成生成 2- 氯丙烷。该烯烃是什么？

深入探究　加成反应机理

随着人们对化学的理解不断加深，化学家们已经从简单地对发生的反应进行分类，发展到通过在实验和理论证据的基础上画出反应的各个步骤来解释它们是如何发生的。这些步骤的总和称为反应机理（见 14.6 节）。

例如，HBr 和烯烃之间的加成反应被认为是分两步进行的。第一步是速控步骤（见 14.6 节），HBr 进攻富电子的双键，将一个质子转移到双键碳上。例如，在 2- 丁烯与 HBr 反应中，第一步是

$$CH_3CH=CHCH_3 + HBr \longrightarrow \left[CH_3\overset{\delta+}{CH}=\underset{\underset{\displaystyle Br^{\delta-}}{|}}{CHCH_3} \right]$$

$$\longrightarrow CH_3\overset{+}{C}H-CH_2CH_3 + Br^- \qquad (24.7)$$

形成 π 键的电子对用来产生新的 C—H 键。

第二步，快速步骤，是把 Br⁻ 加成到带正电荷的碳上。溴离子向碳提供一对电子，形成 C—Br 键：

$$CH_3\overset{+}{C}H-CH_2CH_3 + Br^- \longrightarrow \left[CH_3\underset{\underset{\displaystyle Br^{\delta-}}{|}}{\overset{\delta+}{CH}}-CH_2CH_3 \right]$$

$$\longrightarrow CH_3\underset{\underset{\displaystyle Br}{|}}{CH}CH_2CH_3 \qquad (24.8)$$

由于速率控制步骤既涉及烯烃又涉及酸，所以反应速率为二阶反应，一阶为烯烃，一阶为溴：

$$速率 = -\frac{\Delta[CH_3CH=CHCH_3]}{\Delta t} = k[CH_3CH=CHCH_3][HBr]$$

$$(24.9)$$

反应的能量分布图如图 24.9 所示。第一个能垒表示第一步中的过渡态，第二个能垒表示第二步中的过渡态。能量最低处表示中间体，$CH_3\overset{+}{C}H-CH_2CH_3$ 和 Br^-。

为了在反应中显示电子的运动，化学家们经常用指向电子运动方向的弯曲箭头表示。例如，当 HBr 与 2- 丁烯加成时，电荷转移过程为：

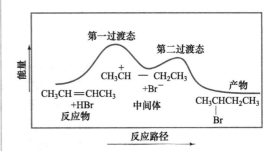

图例解析　假设能量的变化等于 ΔG 的变化，图 24.9 中的反应是否是自发的？

▲ 图 24.9　HBr 与 2- 丁烯加成反应的能量图　两个能垒值说明该反应为两步反应机理

芳香烃

最简单的芳香烃—苯（C_6H_6）及其他一些芳香烃如图 24.10 所示。苯是最重要的芳香烃，也是我们讨论的重点。当—C_6H_5 是一个化合物中的取代基时，它被称为**苯基**。

▲ 图 24.10　几种芳香族化合物的线型结构式和常用名称　芳香环由六边形表示，六边形内部有一个圆圈，表示离域 π 键。每个顶点代表一个碳原子。每个碳原子都连着另外 3 个原子——要么是 3 个碳原子，要么是 2 个碳原子和 1 个氢原子——所以每个碳原子都满足四键要求

离域稳定的 π 电子

　　如果你画 Lewis 结构，需要画一个环，它包含 3 个碳链双键和 3 个碳链单键（见 8.6 节）。因此，你可能认为苯类似于烯烃，反应活性很高。然而，苯和其他芳香烃比烯烃稳定得多，这是因为 π 电子在 π 轨道上是离域的（见 9.6 节）。

　　我们可以通过比较在苯、环己烯（1 个双键）和 1，4- 环己二烯（2 个双键）中加入氢生成环己烷时释放的能量来估计苯中 π 电子的稳定性：

$$\bigcirc + 3H_2 \longrightarrow \bigcirc \qquad \Delta H^\circ = -208\text{kJ/mol}$$

$$\bigcirc + H_2 \longrightarrow \bigcirc \qquad \Delta H^\circ = -120\text{kJ/mol}$$

$$\bigcirc + 2H_2 \longrightarrow \bigcirc \qquad \Delta H^\circ = -232\text{kJ/mol}$$

　　从第二个和第三个反应来看，每个双键加氢后释放的能量约为 118kJ/mol。苯相当于含有 3 个双键。因此，如果苯的行为就像"环己三烯"，也就是说，如果它的行为就像环上有 3 个孤立的双键，那么我们可以推测苯加氢时释放的能量是 -118 或 -354kJ/mol 的 3 倍。然而，实际释放的能量比这个小 146kJ，这表明苯比预想的三个双键更稳定。预期的氢化热（-354kJ/mol）与观测到的氢化热（-208kJ/mol）之差是由于 π 电子通过环周围延伸的 π 轨道的离域作用而稳定下来的结果。化学家称这种稳定能为*共振能*。

芳香烃的取代反应

　　虽然芳香烃是不饱和烃，但它们不容易发生加成反应。离域的 π 键使芳香族化合物的反应活性与烯烃和炔烃有很大不同。以苯为例，在一般条件下，其双键中不能发生 Cl_2 或 Br_2 的加成反应。相反，芳香烃相对容易发生**取代反应**。在取代反应中，分子中的一个氢原子被另一个原子或基团所取代。

例如，苯与硝酸和硫酸的混合物共热，苯环上的一个氢被硝基—NO$_2$取代：

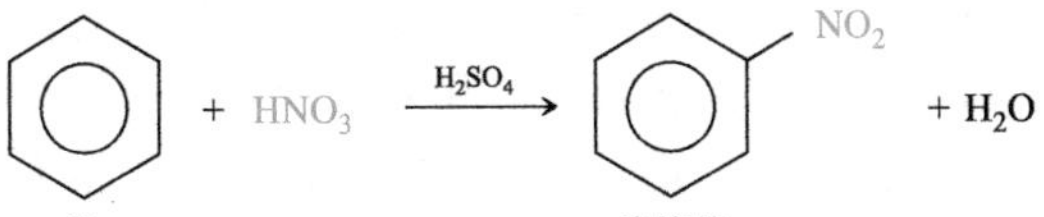

$$\text{苯} + HNO_3 \xrightarrow{H_2SO_4} \text{硝基苯} + H_2O \qquad (24.10)$$

增加酸的浓度及提高反应温度，硝化产物进一步发生取代反应：

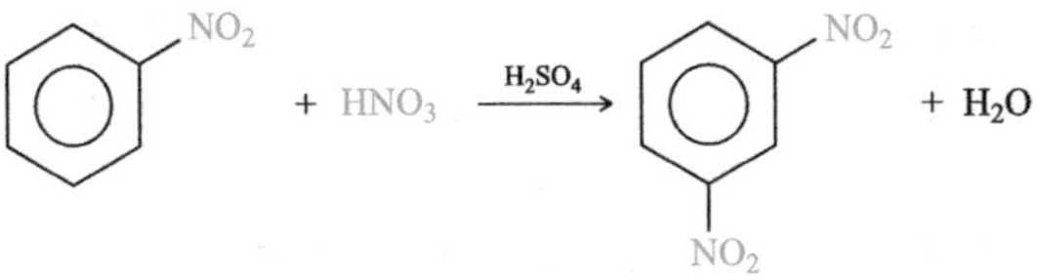

$$+ HNO_3 \xrightarrow{H_2SO_4} + H_2O \qquad (24.11)$$

其产物有三种异构体——1,2-二硝基苯（邻位异构体），1,3-二硝基苯（间位异构体）和 1,4-二硝基苯（对位异构体）：

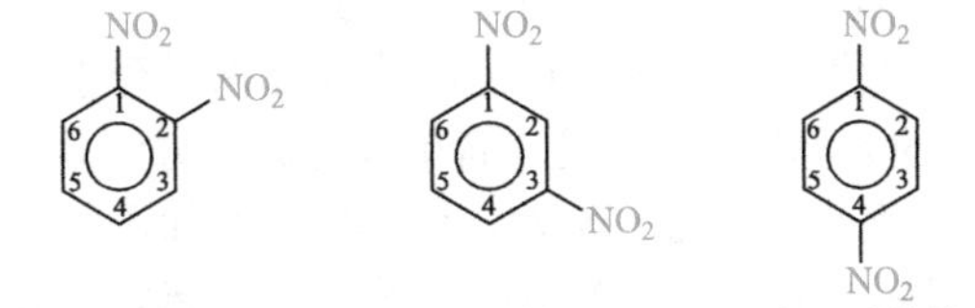

邻-二硝基苯	间-二硝基苯	对-二硝基苯
1,2-二硝基苯	1,3-二硝基苯	1,4-二硝基苯
熔点 118℃	熔点 90℃	熔点 174 ℃

在式（24.11）所示反应中，主要产物为间-二硝基苯。

苯的溴化反应是苯的另一种取代反应，该反应以 FeBr$_3$ 为催化剂：

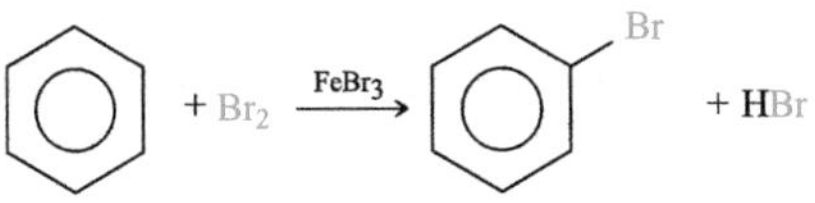

$$\text{苯} + Br_2 \xrightarrow{FeBr_3} \text{溴代苯} + HBr \qquad (24.12)$$

与之相类似的反应为 *Friedel–Crafts* 反应（付-克烷基化反应），在 AlCl$_3$ 作为催化剂的情况下，卤代烷与芳烃发生反应，烷基取代到芳香环上：

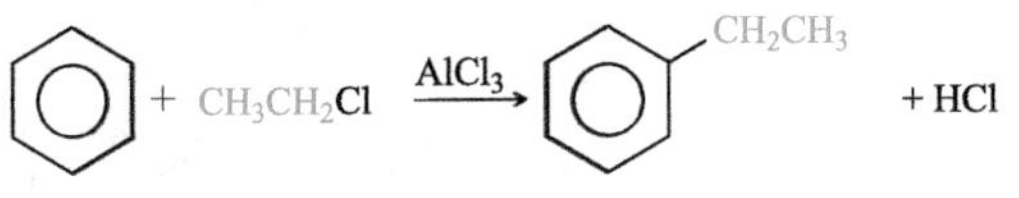

$$\text{苯} + CH_3CH_2Cl \xrightarrow{AlCl_3} \text{乙苯} + HCl \qquad (24.13)$$

▲ 想一想

芳香烃萘（见图 24.10）与硝酸和硫酸反应，生成两种只含有一个硝基取代基的化合物。画出这两种化合物的结构。

24.4 │ 有机官能团

烯烃的 C＝C 双键和炔烃的 C≡C 三键只是有机分子中众多官能团中的两个。如前所述，这些官能团都会发生特征反应，其他官能团也是如此。无论分子的大小和复杂程度如何，相同官能团往往都发生同样的反应。因此，有机分子的化学性质很大程度上取决于它所含的官能团。表 24.6 列出了最常见的官能团。注意，除了 C＝C 和 C≡C，其他官能团都含有或 O、N 或卤素原子 X。

我们把有机分子想象成是由官能团与一个或多个烷基键合而成的。由 C—C 和 C—H 键组成的烷基是分子中活性较低的部分。在描述有机化合物的一般特征时，化学家经常用 R 来表示烷基：甲基、乙基、丙基等等。例如，不含官能团的烷烃表示为 R—H，含官能团—OH 的醇表示为 R—OH。如果一个分子中有两个或两个以上不同的烷基，我们就用 R，R′，R″ 以此类推。

醇类

醇是可以看成是母体[⊖]烃分子中的一个或多个氢被官能团羟基（—OH）取代的化合物，官能团称为羟基或醇基。注意，在图 24.11 中，醇的名称以 -ol 结尾。简单醇的命名方法是将对应烷烃名称的最后一个字母 e（烷）改为 -ol（醇），例如乙烷变成乙醇。必要时，羟基（—OH）的位置由一个数字前缀指定，该数字前缀表示含有—OH 的碳原子的编号。图 24.12 显示了几种由乙醇为主要组成的商业产品。

由于 O—H 键是极性的，所以与烃类相比，醇更容易溶于极性溶剂中。由于—OH 官能团也能参与形成氢键。因此，醇的沸点比相应的母体烷烃的沸点要高。

▲ 图 24.12　日常醇　我们每天使用的许多产品——从外用酒精到发胶和抗冻剂一要么完全由酒精组成，要么主要由酒精组成

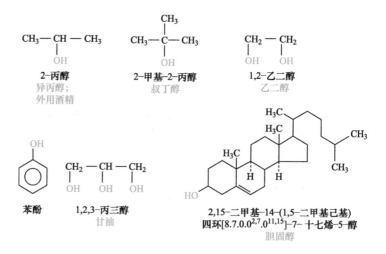

▲ 图 24.11　六种重要醇的结构简式　蓝色为常用名

─ 文中的（-ol）后缀表示醇的英文后缀，具体可参考表 24.6。

表 24.6 常见官能团

官能团	化合物类型	后缀	示例		系统名称（常用名称）
			结构式	球棍模型	
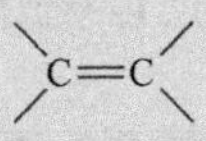 C=C	烯烃	烯（-ene）	（乙烯结构式）		乙烯
 —C≡C—	炔烃	炔（-yne）	 H—C≡C—H		乙炔
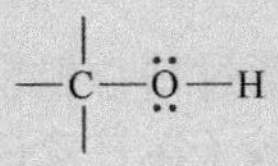 —C—Ö—H	醇类	醇（-ol）	（乙醇结构式）		乙醇
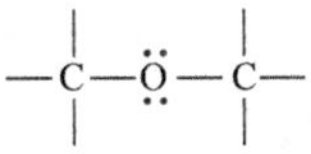 —C—Ö—C—	醚类	醚（ether-）	（二甲醚结构式）		二甲醚
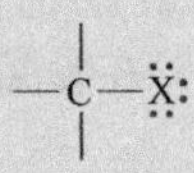 —C—Ẍ: (X=卤素)	卤代烷	卤化物（-ide）	（一氯甲烷结构式）		一氯甲烷
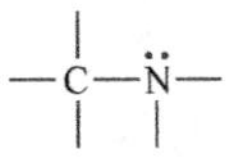 —C—N—	胺类	胺（-amine）	（乙胺结构式）		乙胺
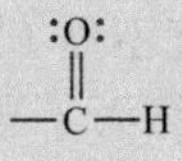 —C—H （:O:）	醛类	醛（-al）	（乙醛结构式）		乙醛
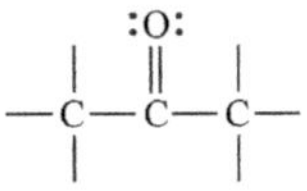 —C—C—C— （:O:）	酮类	酮（-one）	（丙酮结构式）		丙酮
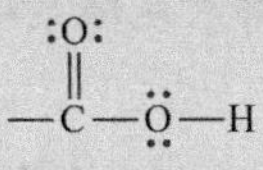 —C—Ö—H （:O:）	羧酸类	酸（-oic acid）	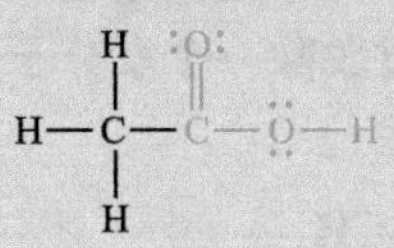 （乙酸结构式）	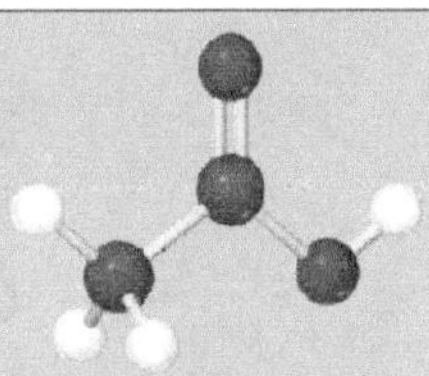	乙酸（醋酸）
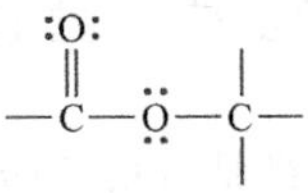 —C—Ö—C— （:O:）	酯类	酯（-oate）	（乙酸甲酯结构式）		乙酸甲酯
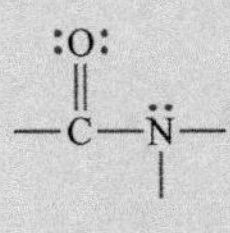 —C—N— （:O:）	酰胺类	酰胺（-amide）	（乙酰胺结构式）		乙酰胺

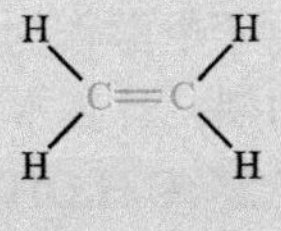

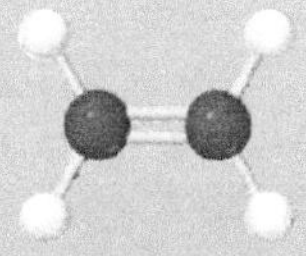

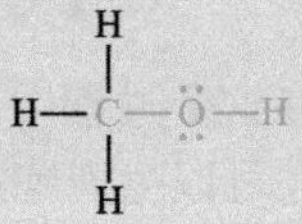

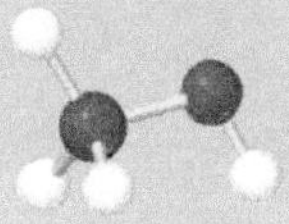

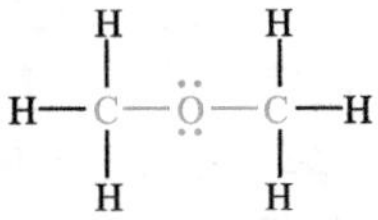

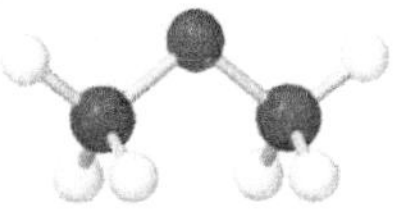

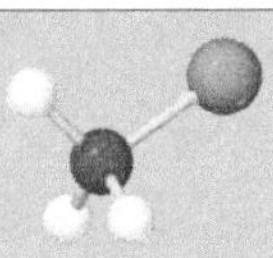

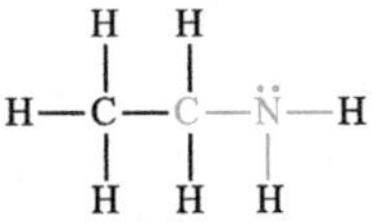

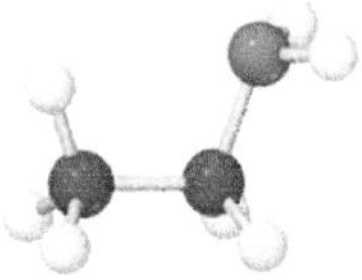

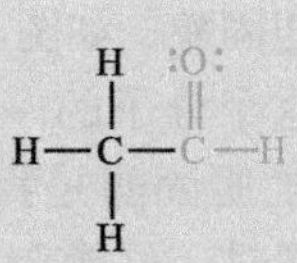

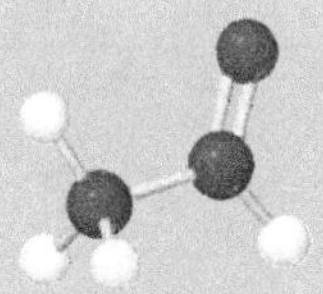

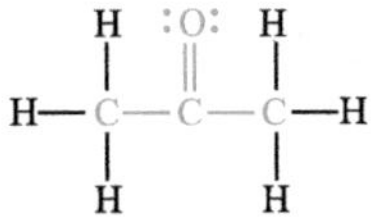

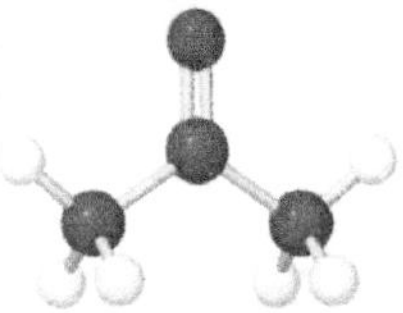

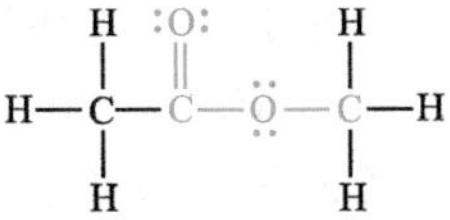

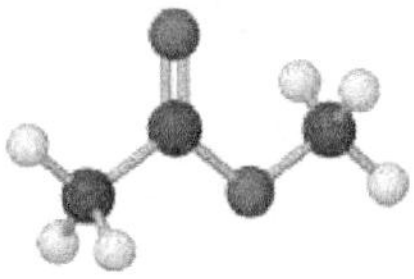

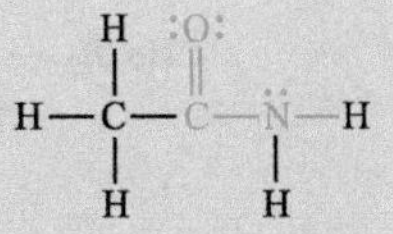

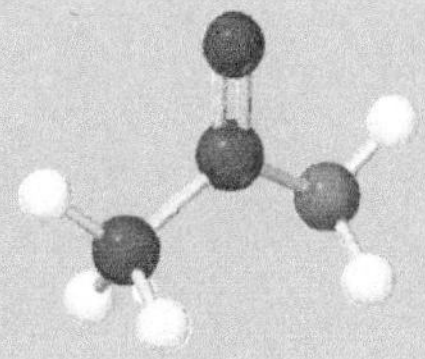

甲醇是最简单的醇类，它有许多工业用途，其大规模生产主要是通过在金属氧化物催化剂的存在下，在一定压力下加热一氧化碳和氢气产生的：

$$CO(g) + 2H_2(g) \xrightarrow[400°C]{200–300atm} CH_3OH(g) \tag{24.14}$$

由于甲醇作为一种汽车燃料具有很高的辛烷值，所以被用作汽油添加剂，且其本身可作为燃料使用。

乙醇 (C_2H_5OH) 是糖类和淀粉等碳水化合物发酵的产物。在没有空气的情况下，酵母菌将这些碳水化合物转化为乙醇和二氧化碳：

$$C_6H_{12}O_6(aq) \xrightarrow{\text{酵母菌}} 2C_2H_5OH(aq) + 2CO_2(g) \tag{24.15}$$

在这个过程中，酵母菌获得生长所需的能量。通过精心控制反应条件可以生产啤酒、葡萄酒和其他饮料，其中乙醇（在日常语言中称为"酒精"）是活性成分。

最简单的多羟基醇（含有一个以上羟基的醇）是 1，2- 乙二醇（乙二醇，$HOCH_2CH_2OH$），是汽车防冻剂的主要成分。另一种常见的多羟基醇 1,2,3- 丙三醇（甘油，$HOCH_2CH(OH)CH_2OH$）是一种粘性液体，易溶于水，在化妆品中用作皮肤柔软剂，在食品和糖果中用作保湿剂。

苯酚是羟基与芳环相连的化合物中最简单的化合物。芳香基最大的作用之一是使羟基的酸性大大增强。苯酚在水中的酸性大约是非芳香族醇的 100 万倍。即便如此，它也不是一个很强的酸（$K_a=1.3 \times 10^{-10}$）。工业上用苯酚制造塑料和染料，同时苯酚可用在咽喉喷雾剂中作局部麻醉剂。

胆固醇，如图 24.11 所示，是一种重要的生物化学醇。— OH 只构成这个分子的一小部分，所以胆固醇在水中溶解度不高（2.6g/L H_2O）。胆固醇是我们身体的基本和重要组成部分；然而，当其含量过高时，可能会从溶液中析出。沉淀在胆囊中形成晶体块，称为胆结石。它也可能沉淀在血管壁和动脉，从而导致高血压和其他心血管问题。

醚类

两个烃基连在一个氧上的化合物叫做醚。醚可以由两个醇分子通过脱除一个水分子形成。该反应由硫酸催化，并将水从体系中去移除：

$$CH_3CH_2 — OH + H — OCH_2CH_3 \xrightarrow{H_2SO_4} CH_3CH_2 — O — CH_2CH_3 + H_2O \tag{24.16}$$

两个分子相互作用同时脱除水的反应称为缩合反应。（见 12.8 节及 22.8 节）

乙醚和环状醚化合物四氢呋喃（如下图所示）都是有机反应的常用溶剂。乙醚曾被用作麻醉剂，但它有显著的副作用。

$$CH_3CH_2 — O — CH_2CH_3$$

乙醚

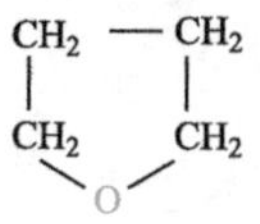

四氢呋喃(THF)

醛和酮

表 24.6 所列的官能团中有几个含有羰基，—C＝O。该官能团以及其碳原子上连接的原子构成了本节中我们要介绍的重要的官能团。

在醛类分子中，羰基碳上至少有一个氢原子：

$$\overset{\displaystyle O}{\underset{}{H-\overset{\|}{C}-H}} \qquad \overset{\displaystyle O}{\underset{}{CH_3-\overset{\|}{C}-H}}$$

甲醛　　　　　　**乙醛**
蚁醛　　　　　　　醋醛

在酮类分子中，羰基在碳链内，因此两侧都有碳原子：

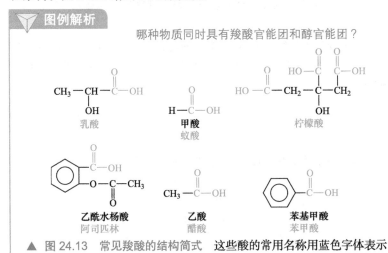

$CH_3-\overset{O}{\overset{\|}{C}}-CH_3$ 　 $CH_3-\overset{O}{\overset{\|}{C}}-CH_2CH_3$ 　

丙酮　　　　**2-丁酮**　　　　睾酮

醛类化合物的系统名称中含有醛（-al），酮类化合物的系统名称中含有酮（-one）[⊖]。注意，睾酮同时含有醇和酮官能团；由于酮官能团决定了分子性质。因此，睾酮首先被认为是酮，其次才是醇，从它的名字可以反映出其酮的性质。

自然界中发现的许多化合物都含有醛或酮官能团。香草和肉桂香料是天然的醛类物质。香芹酮的两个异构体赋予了留兰香叶和葛缕子特有的风味。

酮类化合物的反应活性比醛类化合物低，被广泛用作溶剂。丙酮是应用最广泛的酮类化合物，与水可完全混溶，并且能溶解多种有机溶剂。

羧酸和酯

羧酸含有*羧基*官能团，通常写为—COOH。（见 16.10 节）这些弱酸广泛分布于自然界中，在柑橘类水果中也很常见。（见 4.3 节）它们在制造聚合物中也发挥重要作用，可用于制造纤维、薄膜和涂料。图 24.13 给出了几种羧酸。

▼ **图例解析**

哪种物质同时具有羧酸官能团和醇官能团？

$$CH_3-\overset{}{\underset{OH}{CH}}-\overset{O}{\overset{\|}{C}}-OH \qquad H-\overset{O}{\overset{\|}{C}}-OH \qquad HO-\overset{O}{\overset{\|}{C}}-CH_2-\overset{}{\underset{OH}{C}}-CH_2$$

乳酸　　　　　　　**甲酸**　　　　　柠檬酸
　　　　　　　　　　蚁酸

乙酰水杨酸　　　　　　**乙酸**　　　　　**苯基甲酸**
阿司匹林　　　　　　　　醋酸　　　　　　苯甲酸

▲ 图 24.13　常见羧酸的结构简式　这些酸的常用名称用蓝色字体表示

⊖ 文中的（-al）后缀表示醛的英文后缀，（-one）后缀表示酮的英文后缀，具体可参考表 24.6。

许多羧酸的常用名称是基于它们的历史起源。例如，蚁酸首先是从蚂蚁中提取的；它的名字来源于拉丁词"蚂蚁"。

羧酸可由醇氧化而来。在适当的条件下，醛可以作为氧化的第一产物被分离出来，顺序如下：

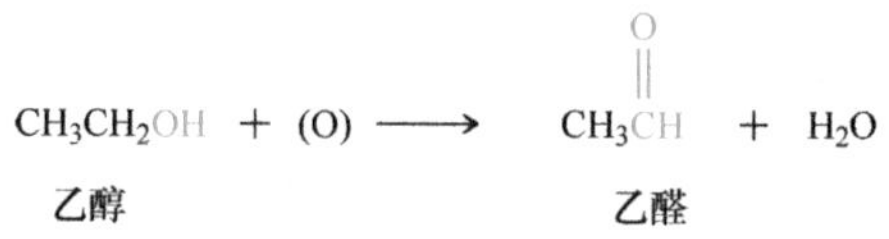

$$CH_3CH_2OH + (O) \longrightarrow CH_3\overset{\overset{O}{\|}}{C}H + H_2O \quad (24.17)$$
乙醇 乙醛

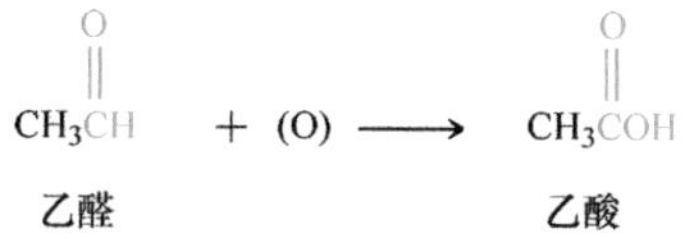

$$CH_3\overset{\overset{O}{\|}}{C}H + (O) \longrightarrow CH_3\overset{\overset{O}{\|}}{C}OH \quad (24.18)$$
乙醛 乙酸

其中（O）表示任何能够提供氧原子的氧化剂。乙醇在空气中氧化成醋酸，导致葡萄酒变酸，产生醋。

有机化合物的氧化过程与我们在第 20 章中研究的氧化反应有关。C—O 的数目通常被认为是表示类似化合物氧化程度的指标，而不是计算电子的数目。例如甲烷可以氧化成甲醇，然后是蚁醛（甲醛），然后是蚁酸（甲酸）：

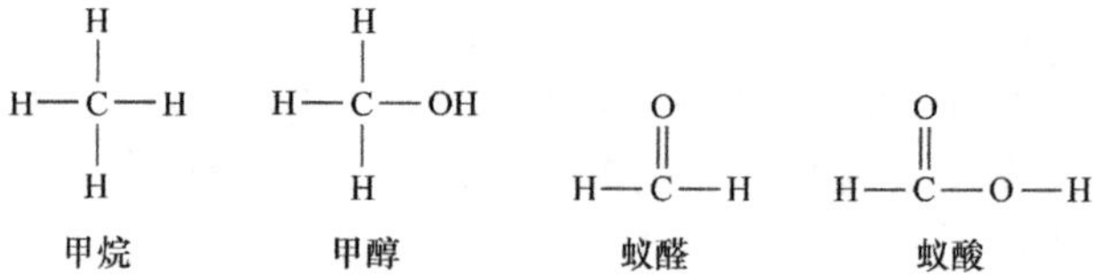

甲烷 甲醇 蚁醛 蚁酸

从甲醇到蚁酸，C—O 键数从 0 增加到 3（双键为 2）。如果你要考虑这些化合物中碳的氧化态，它的范围从甲烷中的 -4（H 为 +1）到蚁酸中的 +2，这与碳被氧化是一致的。任何有机化合物的最终氧化产物都是二氧化碳，它实际上是含碳化合物的燃烧产物（二氧化碳有 4 个 C—O 键，C 的氧化态为 +4）。

通过控制醇的氧化反应可以制备醛和酮。完全氧化会生成 CO_2 和 H_2O，就像燃烧甲醇一样：

$$CH_3OH(g) + \frac{3}{2}O_2(g) \longrightarrow CO_2(g) + 2H_2O(g)$$

通过使用空气、过氧化氢（H_2O_2）、臭氧（O_3）、重铬酸钾（$K_2Cr_2O_7$）等多种氧化剂，可控制部分氧化生成其他有机物，如醛和酮。

想一想

写出下列醇类化合物氧化产生的化合物的结构简式

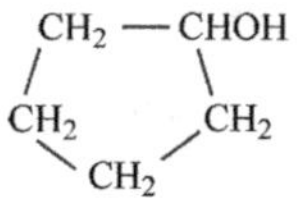

甲醇与一氧化碳在铑催化剂存在下反应也可产生乙酸：

$$CH_3OH + CO \xrightarrow{催化剂} CH_3\!-\!\overset{\displaystyle O}{\overset{\|}{C}}\!-\!OH \qquad (24.19)$$

实际上，这个反应并不是氧化反应，它涉及在—CH_3 和 —OH 之间插入一个一氧化碳分子。这种反应叫作*羰基化*。羧酸与醇发生缩合反应生成酯类：

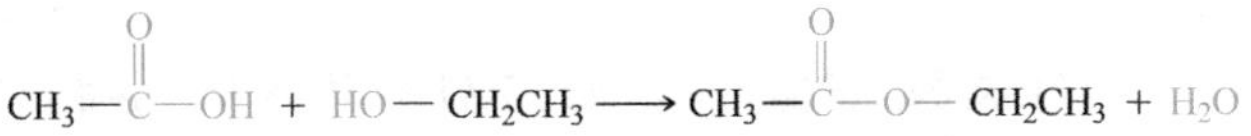

$$CH_3\!-\!\overset{\displaystyle O}{\overset{\|}{C}}\!-\!OH + HO\!-\!CH_2CH_3 \longrightarrow CH_3\!-\!\overset{\displaystyle O}{\overset{\|}{C}}\!-\!O\!-\!CH_2CH_3 + H_2O \qquad (24.20)$$
乙酸　　　　　　　乙醇　　　　　　　　乙酸乙酯

酯是羧酸的 H 原子被含碳基团取代的化合物：

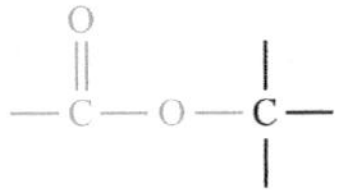

$$-\!\overset{\displaystyle O}{\overset{\|}{C}}\!-\!O\!-\!\overset{\displaystyle |}{\underset{\displaystyle |}{C}}\!-$$

> ⚠ **想一想**
>
> 醚和酯的区别是什么？

任何酯的名称都是由醇提供的烃基的名称加上由羧酸提供的基团的名称组成（酸的 -ic 替代为 -ate）[注]。例如，由乙醇（CH_3CH_2OH）和丁酸（$CH_3(CH_2)_2COOH$）组成的酯是

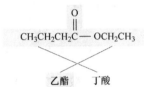

CH₃CH₂CH₂C — OCH₂CH₃
乙酯　　　丁酸

注意，化学式通常是先写酸的基团，这与酯的命名方式相反。另一个例子是乙酸异戊酯，由乙酸和异戊醇形成的酯。乙酸异戊酯闻起来像香蕉或梨。

$$(CH_3)_2CHCH_2CH_2\!-\!O\!-\!\overset{\displaystyle O}{\overset{\|}{C}}\!-\!CH_3$$
异戊基　　　　　　　乙酸

许多酯类，如乙酸异戊酯，具有怡人的气味，水果中令人愉悦的香味很大程度上取决于这类物质。

在水溶液中用酸或碱处理会使酯水解；也就是说，分子被分解成醇和羧酸或其阴离子：

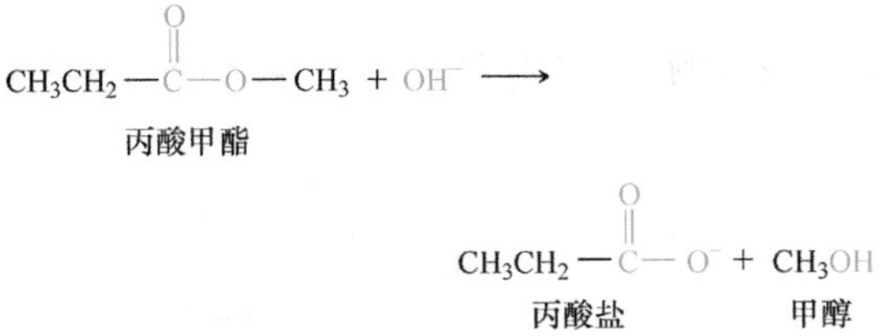

$$CH_3CH_2\!-\!\overset{\displaystyle O}{\overset{\|}{C}}\!-\!O\!-\!CH_3 + OH^- \longrightarrow$$
丙酸甲酯

$$\qquad (24.21)$$

$$CH_3CH_2\!-\!\overset{\displaystyle O}{\overset{\|}{C}}\!-\!O^- + CH_3OH$$
丙酸盐　　　　甲醇

在碱的存在下，酯的**水解**称为**皂化**，这个术语来自拉丁语，意

[注] 文中的（-ic）后缀表示酸的英文后缀，（-ate）表示酯的英文后缀，具体可参考表 24.6。

思是*肥皂*。天然存在的酯类包括脂肪和油脂，在制作肥皂时，动物脂肪或植物油要与强碱一起煮沸。合成的肥皂由长链羧酸盐（称为脂肪酸）的混合物组成，这种盐是在皂化反应中形成的。

实例解析 24.6
酯类的命名，并预测其水解产物

在碱性水溶液中，酯与氢氧根离子发生反应，形成相应的羧酸盐和醇。列出下列各酯的名称，并指出其在碱性条件下的水解产物。

(a) 苯环—$\overset{\overset{\text{O}}{\|}}{C}$—$OCH_2CH_3$

(b) $CH_3CH_2CH_2$—$\overset{\overset{\text{O}}{\|}}{C}$—$O$—苯环

解析

分析 已知两个酯，要求命名并预测它们在碱性溶液中水解（分解成醇和羧酸盐离子）时形成的产物。

思路 酯是由醇和羧酸之间的缩合反应形成的。要命名一个酯，我们必须分析它的结构，并确定形成它的醇和酸。

我们可以通过在与羧基（—COO）的 O 原子相连的烷基上加上一个 OH 来识别醇。同时通过在羧基的 O 原子上加一个 H 来识别酸。我们已经知道酯名称的第一部分是表示醇的部分，第二部分是表示酸的部分。该名称符合酯在碱中水解的过程，与碱反应生成醇和羧酸盐阴离子。

解答

（a）该酯由乙醇（CH_3CH_2OH）和苯甲酸（C_6H_5COOH）合成。因此它的名字叫苯甲酸乙酯。苯甲酸乙酯与氢氧根离子反应的离子方程为

苯环—$\overset{\overset{\text{O}}{\|}}{C}$—$OCH_2CH_3(aq)$ + $OH^-(aq)$ ⟶

苯环—$\overset{\overset{\text{O}}{\|}}{C}$—$O^-(aq)$ + $HOCH_2CH_3(aq)$

产物是苯甲酸盐离子和乙醇。

（b）该酯由苯酚（C_6H_5OH）和丁酸（$CH_3CH_2CH_2COOH$）合成。苯酚的残基叫做苯基。因此，这种酯被命名为苯基丁酸酯。苯基丁酸酯与氢氧根离子反应的净离子方程为：

$CH_3CH_2CH_2\overset{\overset{\text{O}}{\|}}{C}$—$O$—苯环 (aq) + $OH^-(aq)$ ⟶

$CH_3CH_2CH_2\overset{\overset{\text{O}}{\|}}{C}$—$O^-(aq)$ + HO—苯环 (aq)

产物是丁酸盐离子和苯酚。

▶ **实践练习 1**
对于一般的酯 $RC(O)OR'$，在碱性条件下哪个键会水解？
（a）R—C 键 （b）C=O 键 （c）C—O 键
（d）O—R' 键 （e）多于上述任何一种

▶ **实践练习 2**
写出丙醇与丙酸发生缩合反应生成酯的结构简式。

胺和酰胺

*胺*是一类化合物，可看作氨（NH_3）的一个或多个氢被烷基取代：

$CH_3CH_2NH_2$ 　　　 $(CH_3)_3N$ 　　　 苯环—NH_2

乙胺 　　　 三甲基胺 　　　 苯胺

胺是最常见的有机碱（见 16.7 节）。正如我们在第 16.8 节的化学应用中看到的，许多药物活性分子都是胺复合物：

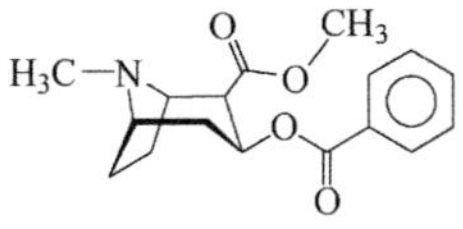

可卡因 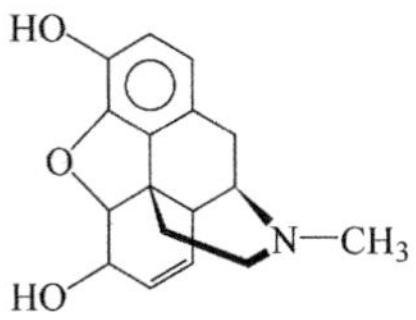　　　吗啡 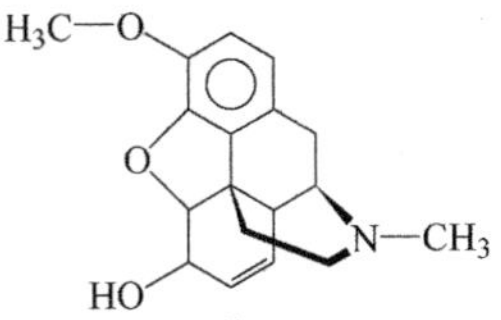　　　可待因

N 上至少连有一个 H 的胺与羧酸发生缩合反应生成**酰胺**，酰胺中羰基（—C＝O）与 N 相连（见表 24.6）：

$$CH_3\overset{O}{\overset{\|}{C}}-OH \;+\; H-N(CH_3)_2 \longrightarrow CH_3\overset{O}{\overset{\|}{C}}-N(CH_3)_2 \;+\; H_2O \qquad (24.22)$$

我们可以认为酰胺官能团是由羧酸衍生而来，—NRR′、—NH₂ 或 —NHR′ 取代了酸的 —OH，如下图所示：

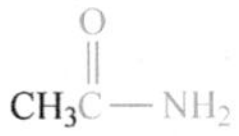

乙酰胺 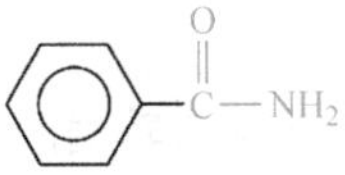　　　　　苯基甲酰胺　　　　N-(4-羟苯基)乙酰胺
　　　　　　　　苯甲酰胺　　　　　对乙酰氨基酚

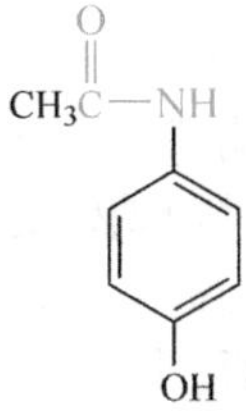

酰胺的连接方式

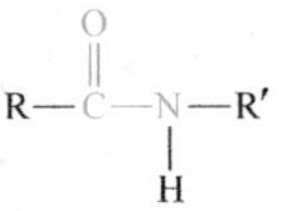

其中 —R 和 —R′ 是有机基团，酰胺是蛋白质中的重要功能官能团，我们将在 24.7 节中介绍。

24.5 | 有机化学中的手性

具有不能与其镜像重叠特性的分子称为**手性**分子（希腊语 cheir，"手"）（见 23.4 节）。*化合物中一个碳原子上含有 4 个不同基团，那么该化合物具有固有手性。含有 4 个不同基团的碳原子叫作手性中心*。例如，2-溴戊烷：

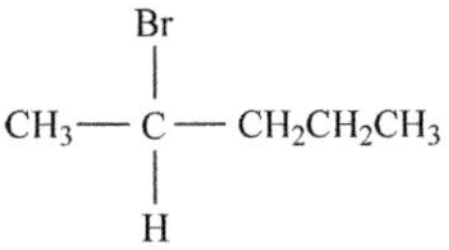

连在第二个碳上的 4 个基团都不一样，所以这个碳是手性中心。图 24.14 显示了这个分子的非重叠镜像。想象一下把分子从镜子的左边移到镜子的右边。并以各种可能的方式转动，你就会得出结论，它不能重叠在镜子右边的分子上。具有非重叠镜像的异构体称为*旋光异构体*，也可以称为*对映异构体*（见 23.4 节）。有机化学家使用 R 和 S 来区分这两种形式。我们暂时不讨论该表示方法的规则。

当对映体与非手性试剂作用时，对映体对中的两个分子具有

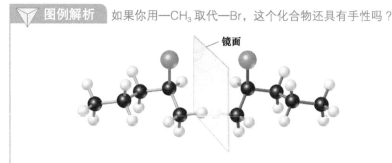

图例解析 如果你用—CH₃ 取代—Br，这个化合物还具有手性吗？

镜面

▲ 图 24.14 2-溴戊烷的两种对映体形式 镜像异构体不能彼此重叠

相同的物理性质和化学性质。只有在手性环境中它们的行为才会不同。手性物质的一个有趣的性质是其溶液可以使平面偏振光旋转，如 23.4 节所述。

手性在有机化合物中很常见。但是由于在常规反应中合成手性物质时，这两种对映体的产量完全相同，因此手性通常很难被观察到。产生的混合物称为*外消旋混合物*，由于两种对映体旋光方向相反，旋光度相互抵消，因此，外消旋体不能旋转偏振光（见 23.4 节）。

许多药物都是手性化合物。当药物作为外消旋混合物使用时，通常只有一种对映体具有有益的效果。而另一种是惰性的，或者几乎是惰性的，甚至可能有有害的影响。例如，药物 (R)-沙丁胺醇（见图 24.15a）是一种支气管扩张剂，用于缓解哮喘症状。对映体 (S)-沙丁胺醇不仅不能作为支气管扩张剂，而且会抵消 (R)-沙丁胺醇的作用。另一个例子，非类固醇镇痛药布洛芬是一种手性分子，通常作为外消旋混合物出售。然而，仅由活性更强的对映体 (S)-布洛芬组成的制剂（见图 24.15b）比外消旋混合物能更快地缓解疼痛和减少炎症。因此，这种药物的手性型式迟早会取代外消旋型式。

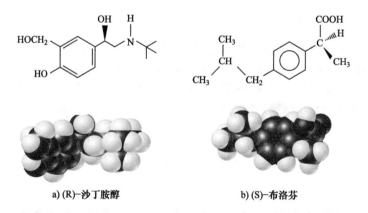

a) (R)-沙丁胺醇   b) (S)-布洛芬

▲ 图 24.15 (R)-沙丁胺醇和 (S)-布洛芬 a) 这种化合物是对映异构体中的一种，在哮喘患者中起支气管扩张剂的作用。(S)-沙丁胺醇，羟基指向下方，没有相同的生理作用。b) 在缓解疼痛和减轻炎症方面，这种对映体的能力远远超过 (R) 异构体。在 (R) 异构体中，右边碳上的—H 和—CH₃ 位置互换了

想一想

要使碳原子成为手性中心，其连接的四个基团需要满足什么条件？

24.6 | 生物化学简介

第 24.4 节中我们讨论了官能团，这些官能团能产生大量具有非常特殊化学反应活性的分子。这种特异性在生物化学中表现得最为明显，*生物化学*是生物有机体的化学。

在讨论特定的生化分子之前，我们做一些一般性的观察。生物学上许多重要的分子都是大分子，这是因为生物体通过从生物圈中易于获得的小的、简单的分子来构建生物大分子。由于大多数合成大分子的反应是吸热的，因此该过程需要吸收能量。这种能量的最终来源是太阳。动物基本上没有直接利用太阳能的能力，因此依赖植物的光合作用来满足它们的大部分能量需求（见 23.3 节）。

除了大量的能量需求外，生物体具有高度组织性。从热力学的角度来看，这种高度的组织性意味着，生命体系的熵要远远低于构成这些系统的物质的熵。因此，生命系统必须持续地对抗熵增加的自发趋势（见 19.3 节）。

在贯穿全文的"化学与生活"文章中，我们介绍了基本化学思想的一些重要的生化应用。本章的其余部分就生物化学的其他方面进行简要介绍。不过，你将看到一些模型。例如，氢键（见 11.2 节）对许多生物化学系统的功能至关重要，分子的几何结构（见 9.1 节）可以决定其生物学的重要性和活性。生命体系中的许多大分子是小分子的聚合物（见 12.8 节）。这些生物聚合物可分为三类：蛋白质、多糖（碳水化合物）和核酸。脂类是生命体系中另一类常见的分子，但它们通常是大分子，而不是生物聚合物。

24.7 | 蛋白质

蛋白质是所有生命体细胞中存在的大分子。人体约 50% 的干物质是蛋白质。有些蛋白质是动物组织的结构成分，它们是皮肤、指甲、软骨和肌肉的关键成分。有些蛋白质负责催化反应，运输氧气，作为激素调节特定身体过程，并执行其他任务。不管它们的功能是什么，所有的蛋白质在化学上都是相似的，都是由*氨基酸*小分子组成的。

氨基酸

氨基酸是一种含有胺基（—NH$_2$）和羧基（—COOH）官能团的分子。α- 氨基酸是构成蛋白质的基本物质，其中 α(alpha) 表示氨基位于紧邻羧酸基的碳原子上。因此，氨基和羧基之间总是有一个碳原子。

α- 氨基酸的通式表示如下

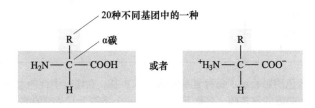

氨基酸的双电离形式，称为*两性离子*，通常在 pH 为中性的条件下占优势。这种形式是质子从羧基转移到胺基的结果（见 16.10 节：氨基酸的两性行为）。

氨基酸的区别取决于 R 基团的性质。在自然界存在的蛋白质中发现 22 种氨基酸，其中 20 种在人体中已发现，图 24.16 列出了这 20 种氨基酸。人体可以合成这 20 种氨基酸中的 11 种，并且其数量足以满足人体需要。另外 9 种必须从食物中获得，被称为*必需氨基酸*。

图例解析 当 pH 为 7 时，氨基酸的哪个基团带正电荷？

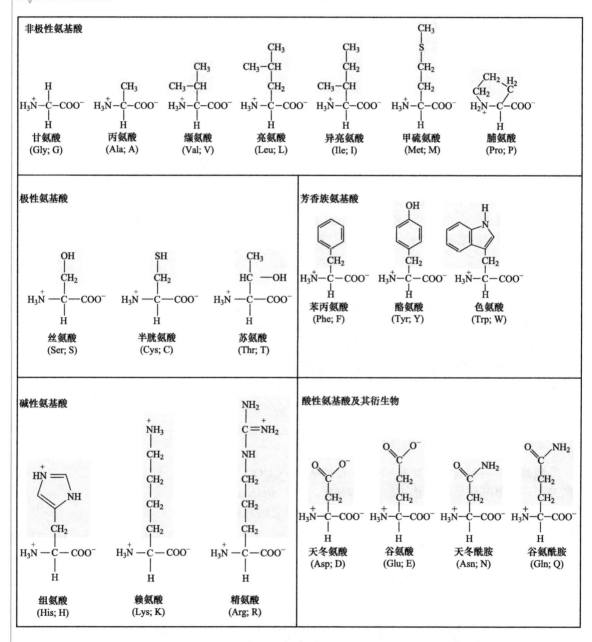

▲ 图 24.16 **人体中发现的 20 种氨基酸** 蓝色阴影显示了每种氨基酸的不同 R 基。在接近中性的水中，氨基酸以两性离子形式存在。粗体显示的氨基酸为必需的氨基酸。名称下面三个或一个字符为氨基酸的缩写

氨基酸的 α- 碳原子是氨基和羧基之间的碳原子，其连有四个不同的基团。因此氨基酸具有手性（甘氨酸除外，甘氨酸有两个氢原子连着 α- 碳）。由于历史原因，这两种对映体形式的氨基酸经常被标记为 D（来自拉丁语 *dexter*，"右"）和 L（来自拉丁语 *laevus*，"左"）。生物体内几乎所有的手性氨基酸都是 L 型。但是也有例外，如构成细菌细胞壁的蛋白质含有相当数量的 D 型异构体。

多肽和蛋白质

氨基酸通过酰胺键连接成蛋白质（见表 24.6）：

$$R-\overset{\displaystyle O}{\overset{\|}{C}}-\overset{}{\underset{H}{N}}-R \qquad (24.23)$$

由氨基酸形成的酰胺键称为**肽键**。肽键是由一个氨基酸的羧基与另一个氨基酸的氨基缩合反应而形成的。例如，丙氨酸和甘氨酸形成甘氨酰 - 丙氨酸：

$$H_3\overset{+}{N}-\overset{\displaystyle H}{\underset{\displaystyle H}{C}}-\overset{\displaystyle O}{\overset{\|}{C}}-O \quad + \quad H-\overset{\displaystyle H}{\underset{\displaystyle CH_3}{N}}-\overset{\displaystyle H}{\underset{\displaystyle CH_3}{C}}-\overset{\displaystyle O}{\overset{\|}{C}}-O^- \longrightarrow$$

甘氨酸 (Gly; G)　　　丙氨酸 (Ala; A)

$$H_3\overset{+}{N}-\overset{\displaystyle H}{\underset{\displaystyle H}{C}}-\overset{\displaystyle O}{\overset{\|}{C}}-\overset{}{\underset{\displaystyle H}{N}}-\overset{\displaystyle H}{\underset{\displaystyle CH_3}{C}}-\overset{\displaystyle O}{\overset{\|}{C}}-O^- \quad + \quad H_2O$$

甘氨酰–丙氨酸 (Gly-Ala; GA)

其命名首先命名为形成肽键提供羧基的氨基酸，其末端为酰（-yl）$^{\ominus}$；然后，命名提供氨基的氨基酸。使用图 24.16 所示的缩写，我们可以将甘氨酰 - 丙氨酸缩写为 Gly-Ala 或 GA。在这个符号中，未反应的氨基在左边，未反应的羧基在右边。

人工甜味剂天冬*甜素*（见图 24.17）是由天冬氨酸和苯丙氨酸组成的二肽的甲酯。

实例解析 24.7
画出三肽的结构简式

画出丙氨酰甘氨酰丝氨酸的结构式。

解析

分析 题目给了我们一种多肽的名称，要求写出它的结构式。

思路 通过名称可知，多肽由三种氨基酸——丙氨酸、甘氨酸和丝氨酸——连接而成，形成了一种三肽。注意，除了最后一个氨基酸丝氨酸外，每个氨基酸结尾为酰（-yl）。按照惯例，肽和蛋白质中的氨基酸序列是从氮端到碳端：第一个命名的氨基酸（在本例中是丙氨酸）有一个游离的氨基，最后一个命名的氨基酸（丝氨酸）有一个游离的羧基。

解答 我们首先将丙氨酸的羧基与甘氨酸的氨基结合形成肽键，然后甘氨酸的羧基与丝氨酸的氨基结合形成另一个肽键：

氨基 ⟶ 羧基

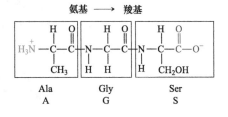

Ala　　　Gly　　　Ser
A　　　　G　　　　S

这个三肽可简写为 Ala-Gly-Ser 或 AGS

$\ominus$ 文中的（-yl）后缀表示酰的英文后缀，具体可参考表 24.6。

▶ **实践练习 1**

三肽 Arg-Asp-Gly 中有多少个氮原子？
（a）3　（b）4　（c）5　（d）6　（e）7

▶ **实践练习 2**

命名下列二肽并给出其简写的两种写法。

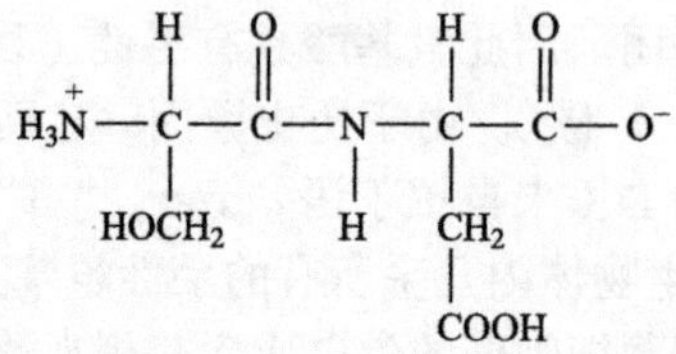

$$H_3\overset{+}{N}-\underset{\underset{HOCH_2}{|}}{\overset{H}{\underset{|}{C}}}-\overset{O}{\overset{\|}{C}}-\underset{\underset{H}{|}}{\overset{H}{\underset{|}{N}}}-\underset{\underset{\underset{COOH}{|}}{\overset{|}{CH_2}}}{\overset{H}{\underset{|}{C}}}-\overset{O}{\overset{\|}{C}}-O^-$$

　　多肽是由大量（> 30）氨基酸通过肽键连接在一起而形成的。蛋白质是线性的 (即无支链的) 多肽分子，分子量在 6000 ~ 5000 万之间。由于蛋白质中由多达 22 种不同的氨基酸连接在一起，且蛋白质可由数百种氨基酸组成，所以蛋白质中氨基酸的可能排列方式实际上是无限的。

蛋白质的结构

　　沿着蛋白质链从 "N 端"（即氨基端）到 "C 端"（羧酸端）的氨基酸序列被称为**一级结构**，赋予了蛋白质独特的性质。即使改变一个氨基酸也能改变蛋白质的生化特性。例如，镰状细胞性贫血是一种遗传性疾病，由血红蛋白蛋白链的单一替代引起。受影响的链包含 146 个氨基酸。当带有烃链侧链的氨基酸取代带有酸性官能团侧链的氨基酸时，会改变血红蛋白的溶解度，从而阻碍正常的血液流动（见 13.6 节，"镰状细胞性贫血"）。

　　生命有机体中的蛋白质不是长而灵活链的随机组合。相反，它是以分子间力为基础，链自组装成的结构，我们在第 11 章学到的这种自组装导致了蛋白质的**二级结构**，即蛋白质链的片段在空间中的伸展方式，如图 24.18 所示。

　　最重要和常见的二级结构排列之一是 **α- 螺旋**（α-helix）。α-螺旋是通过主链而非侧链上的氨基 H 原子和羰基 O 原子之间的氢键来稳定的。螺旋结构的螺距与螺径必须满足（1）没有键角张力，（2）形成氢键的—N—H 和毗连旋转的—C ═ O 官能团处于适当的位置。这种排列存在于链上的某些氨基酸，并不是沿着链的所有氨基酸都可以形成这种排列。大的蛋白质分子可能既包含 α- 螺旋排列的片段，也包含无规卷曲的片段。

　　蛋白质的另一种常见的二级结构是 **β- 折叠**（β-sheet）。β- 折叠是由两条或两条以上的肽链组成的，这些肽链的氢键是由一条链上的氨基 H 连接到另一条链上的羰基 O 形成。就像 α- 螺旋一样，β-折叠中的氢键是在肽骨架之间，而不是侧链之间。

　　△ **想一想**

　　如果你通过加热蛋白质来破坏分子内氢键，α – 螺旋结构和 β – 折叠结构哪个能够保持不变？

　　在溶液中蛋白质只有在特定形状时才具有生物活性。蛋白质形成其生物活性形状的过程称为折叠。蛋白质折叠后的形状——由所有的弯曲、扭结以及 α- 螺旋、β- 折叠或者无规卷曲部分所决定——

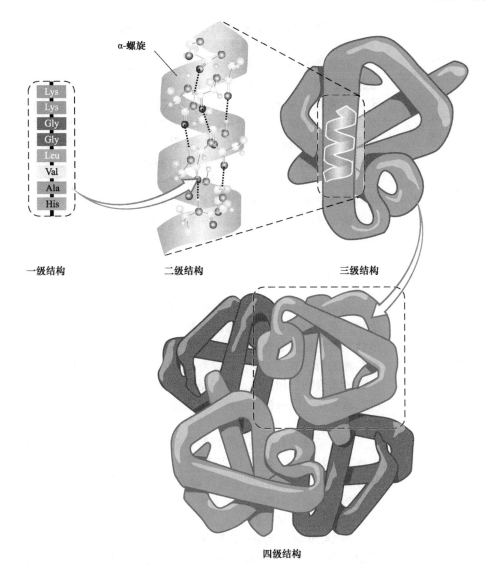

一级结构　　　　　二级结构　　　　　三级结构

四级结构

▲ 图 24.18　蛋白质的四级结构　氨基酸通过胺端到酸端之间的酰胺键连接，进而通过氢键形成 α-螺旋或 β-折叠的二级结构。这些二次结构在静电和范德华力作用下折叠成三级结构。许多蛋白质具有四级结构，即多个蛋白质分子结合形成二聚体、三聚体或四聚体（如图所示）

称为**三级结构**。

　　*球状蛋白*折叠成一个紧凑的近乎球形的形状。球状蛋白溶于水，并能在细胞内移动。具有非结构化功能。

　　如对抗外来物入侵，运输和储存氧气（血红蛋白和肌红蛋白），以及充当催化剂。*纤维蛋白*是第二类蛋白质。在这些物质中，长卷曲或多或少地平行排列，形成长纤维，且不溶于水。纤维蛋白为多种组织提供结构完整性和强度，是肌肉、肌腱和头发的主要成分。已知的最大蛋白质是肌肉蛋白质，含有超过 27000 个氨基酸。

　　蛋白质的三级结构是由多种不同的相互作用维持的。蛋白质链的特定折叠方式使其与其他折叠模式相比具有更低的能量（更稳定）排列。例如，水溶性球状蛋白的折叠方式是使非极性烃端卷曲在分子内，远离极性水分子。

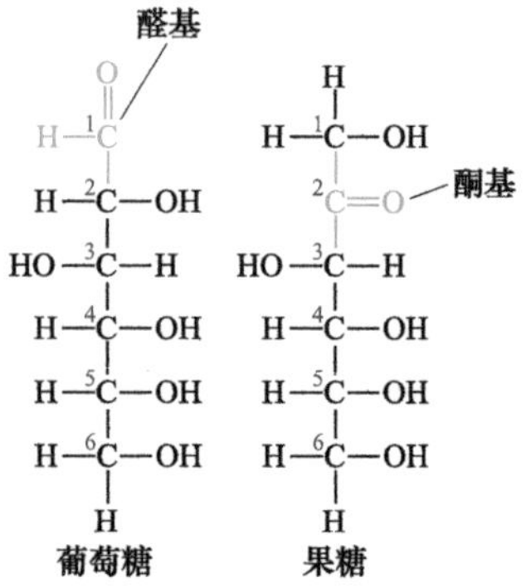

▲ 图 24.19　碳水化合物葡萄糖和果糖的线性结构

而大多数极性较强的酸性和碱性侧链都进入溶液中，通过离子 - 偶极、偶极 - 偶极或氢键与水分子相互作用。

有些蛋白质是由多个多肽链组装而成的。每条链都有其三级结构，两个或更多的三级结构单元可以聚合成更大的功能大分子。三级结构单元的进一步排列方式称为蛋白质的**四级结构**（见图 24.18）。例如，血红蛋白，红细胞的携氧蛋白，由四个三级单位组成。每个三级结构包含一个血红素，血红素是由一个铁原子与氧结合，如图 23.15 所示。四级结构中相互作用力与三级结构相同。

目前生物化学中最有趣的假设之一是，错误折叠的蛋白质可以导致传染性疾病。这些传染性错误折叠的蛋白质被称为朊病毒。最好的例子是朊病毒被认为是疯牛病的罪魁祸首，疯牛病可以传染给人类。

24.8 │ 碳水化合物

碳水化合物是一类重要的自然存在的物质，存在于植物和动物中。碳水化合物（"碳的水合物"）的名称来源于这类物质中大多数物质的经验公式可以写成 $C_x(H_2O)_y$，例如最丰富的碳水化合物葡萄糖的分子式为 $C_6H_{12}O_6$ 或者 $C_6(H_2O)_6$。碳水化合物并不是真正的碳的水合物。相反地，它们是多羟基醛和酮。例如，葡萄糖是一种六碳醛糖，而果糖是一种六碳酮糖，它们广泛存在于水果中（见图 24.19）。

葡萄糖分子具有醇和醛两种官能团，具有较长的柔性骨架，可形成六元环结构，如图 24.20 所示。事实上，在水溶液中只有一小部分葡萄糖分子以开环碳链的形式存在。虽然葡萄糖的环状结构经常画为平面，但由于环上 C 和 O 原子周围的四面体键角，因此，该分子实际上是非平面的。

图 24.20 显示葡萄糖的环状结构可以有两个相对的方向。在 α- 葡萄糖中，C_1 上的—OH 和 C_5 上的—CH_2OH 指向相反的方向，而在 β- 葡萄糖中它们指向相同的方向。

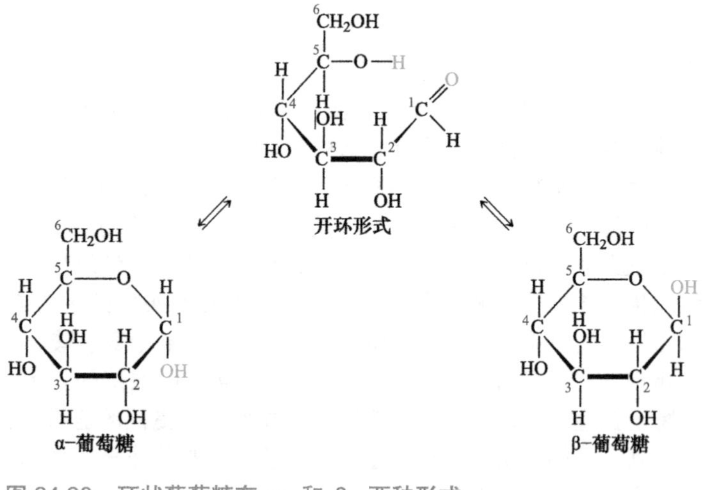

▲ 图 24.20　环状葡萄糖有 α - 和 β - 两种形式

虽然 α- 型和 β- 型之间的差异可能看起来很小，但它们具有巨大的生物影响，其中包括淀粉和纤维素性质的巨大差异。

果糖可以环化形成五元环或六元环。C_5 上的—OH 与 C_2 上羰基反应形成五元环：

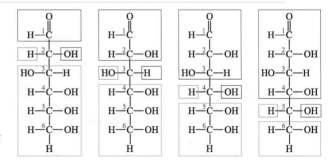

六元环是由 C_6 上的—OH 和 C_2 上羰基反应生成的。

实例解析 24.8

确定碳水化合物中的官能团及手性中心

（图 24.19）开环葡糖糖分子中有多少手性碳原子？

解析

分析　已知葡萄糖的结构，要求确定该分子中的手性碳原子数。

思路　每个手性碳原子需要连接四个不同的官能团（见 24.5 节），我们需要在葡萄糖分子中找出这样的碳原子。

解答　2,3,4,5 碳均有四个官能团连接：

因此，在葡糖糖分子中有四个手性碳原子。

▶ **实践练习 1**

在图 24.19 所示的开环葡萄糖中包含多少个手性碳原子？

（a）0　（b）1　（c）2　（d）3　（e）4

▶ **实践练习 2**

给 β- 葡萄糖中所含的官能团命名。

二糖

葡萄糖和果糖都是单糖，单糖不能被水解成更小的分子。两个单糖单元可以通过缩合反应连接在一起形成**二糖**。两种常见的二糖*蔗糖*和*乳糖*的结构如图 24.21 所示。

*糖*这个词使我们想到甜。所有的糖都是甜的，但是当我们品尝它们时，感觉到的甜味程度是不同的。蔗糖比乳糖甜六倍，比葡萄糖略甜，但只有果糖的一半甜。

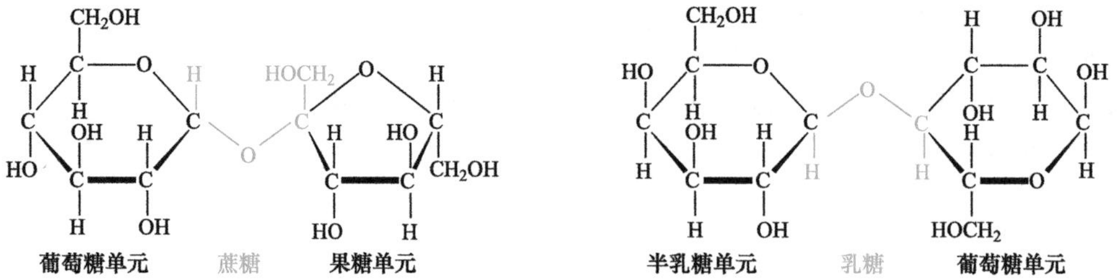

▲ 图 24.21　两种二糖

二糖可以在酸性催化剂的存在下与水反应（水解）形成单糖。当蔗糖水解，形成葡萄糖和果糖的混合物，称为*转化糖* [⊖]，比原来的蔗糖味道更甜。罐装水果和糖果中的甜糖浆主要是由添加的蔗糖水解而成的转化糖。

多糖

多糖是由许多单糖单元连接在一起组成的。最重要的多糖是淀粉、糖原和纤维素，它们都是由重复的葡萄糖单位形成的。

淀粉不是纯物质。这个术语是指在植物中发现的一组多糖。淀粉是植物种子和块茎中储存食物的主要方法。玉米、土豆、小麦和大米都含有大量的淀粉。这些植物产品是人类所需食物能量的主要来源。消化系统中的酶催化淀粉水解成葡萄糖。

淀粉分为直链淀粉和支链淀粉。图 24.22a 为直链淀粉结构。特别要注意的是，这些葡萄糖单位均为 α- 葡萄糖，桥接氧原子与一

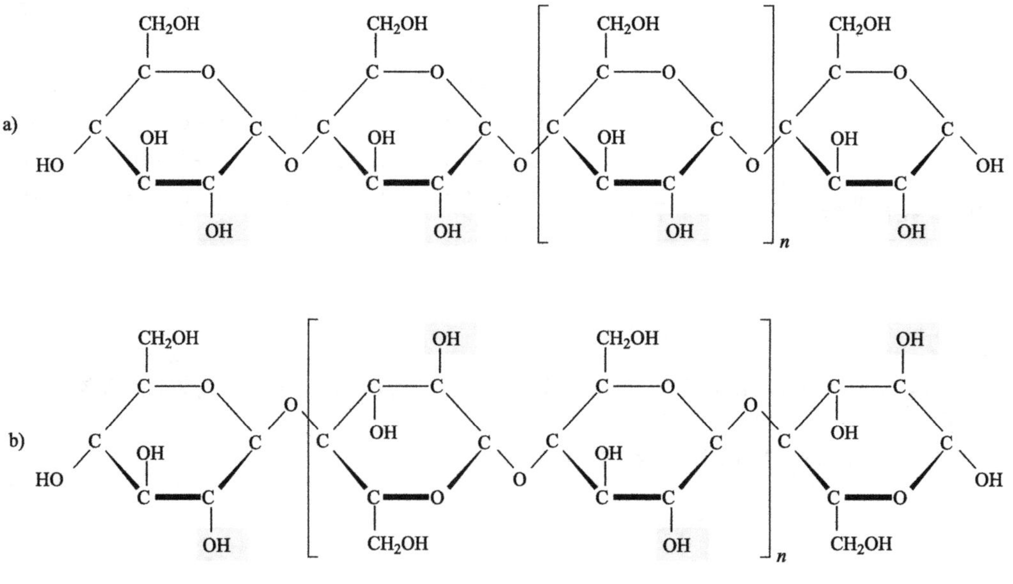

▲ 图 24.22　a）淀粉和 b）纤维素的结构　并未画出所有的氢原子

⊖ *转化糖*一词来源于偏振光在葡萄糖 - 果糖混合物作用下旋转方向与蔗糖溶液方向相反的现象。

CH_2OH 指向相反的方向。

糖原是动物体内合成的类淀粉物质。糖原分子的分子量从 5000 ~ 500 多万 amu 不等。糖原在体内起着能量储存的作用。主要存在于肌肉和肝脏中。在肌肉中，它是能量的直接来源；在肝脏中，它是葡萄糖的储存场所，有助于维持血液中葡萄糖水平的稳定。

纤维素 (见图 24.22b) 是植物的主要结构成分。木材的纤维素含量约为 50% ；棉花纤维几乎完全是纤维素。纤维素是由葡萄糖单位连接而成的直链，平均分子量超过 500000amu。乍一看，这种结构与淀粉非常相似。然而，在纤维素中，葡萄糖单位是 β - 葡萄糖，每个桥接氧原子与它左边环上的—CH_2OH 指向相同的方向。

由于在淀粉和纤维素中，单个葡萄糖单位之间的连接方式不同，因此，水解淀粉的酶不能水解纤维素。即使纤维素和淀粉单位质量的燃烧热是相同的，你也可能吃了一英磅纤维素却没有得到热量，相比之下，一英磅淀粉就代表了大量的热量摄入。淀粉水解为葡萄糖，最终被氧化并产生能量。而体内的酶不容易水解纤维素，所以它通过消化系统后几乎不变。含有纤维素酶的细菌可以水解纤维素。这些细菌存在于食草动物的消化系统中，比如牛，它们以纤维素为食物。

⚠ 想一想

你认为在糖原分子中是以哪种方式连接， α 还是 β ？

24.9 | 脂质

脂质是生物体用于长期储存能量（脂肪、油脂）和构成生物体结构（磷脂、细胞膜、蜡）的多种非极性生物分子。

脂肪

脂肪是从甘油和脂肪酸中提取的脂类。甘油是一种含有三个羟基的醇。脂肪酸是羧酸（RCOOH），其中 R 是含有 15~19 个碳原子长的烃链。如图 24.23 所示，甘油与脂肪酸发生缩合反应形成酯键。从图 24.23 可知，脂肪中三个脂肪酸分子与甘油结合，这三个脂肪酸可以是相同的，也可能是三种不同的脂肪酸。

含有饱和脂肪酸的脂质称为饱和脂肪，室温下通常为固体 (如黄油和起酥油)。不饱和脂肪的碳 - 碳链中含有一个或多个双键。我们学过的烯烃的顺式和反式命名法在此是适用的：反式脂肪 H 原子处于 C ═ C 双键的两侧，而顺式脂肪 H 原子处于 C ═ C 双键同侧。不饱和脂肪（如橄榄油和花生油）室温下通常为液体，在植物中更常见。例如，橄榄油的主要成分 (约 60 ~ 80%) 是油酸，顺 -$CH_3(CH_2)_7CH{=}CH(CH_2)_7COOH$。油酸是*单不饱和脂肪酸*的一个例子，这意味着链上只有一个 C ═ C 双键。相比之下，*多不饱和脂肪酸*链的 C ═ C 双键不止一个。

图例解析 脂肪分子的什么结构特征使它不溶于水？

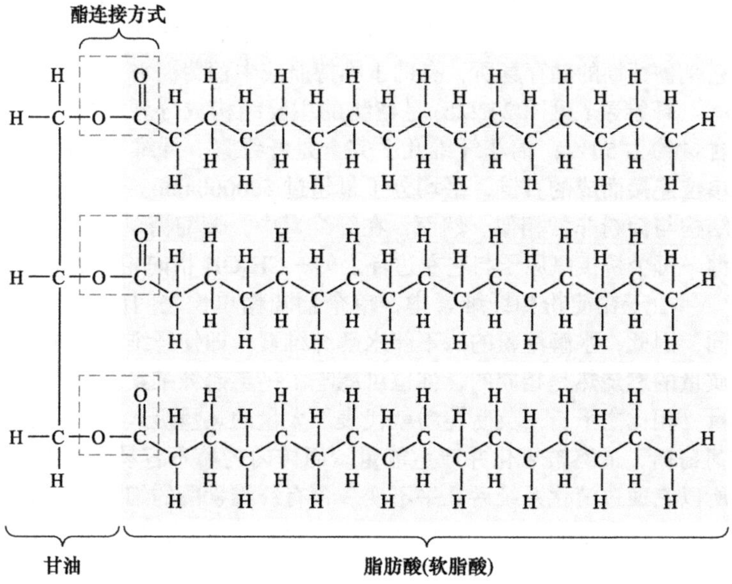

▲ 图 24.23 脂肪的结构

对人类来说，反式脂肪并不是必需的营养物质，这就是为什么一些政府开始禁止在食品中添加反式脂肪。那么，反式脂肪是如何进入我们的食物的呢？将不饱和脂肪（如油）转化为饱和脂肪（如起酥油）的过程叫做氢化（见 24.3 条）。反式脂肪是氢化过程的副产品之一。

一些对人体健康至关重要的脂肪酸必须从饮食中获得，因为人体新陈代谢无法合成。这些必需脂肪酸在离末端—CH_3 3 个或 6 个碳原子处含有 C＝C 双键。这些被称为 ω-3 和 ω-6 脂肪酸，其中 ω 指的是链上的最后一个碳（羧基碳被认为是第一个碳，或 α，—）。

磷脂

磷脂在化学结构上与脂肪相似，但只有两个脂肪酸与甘油连接。甘油的第三个醇基与磷酸结合（见图 24.24）。如图所示磷酸基团也可以附着在一个小的带电或极性基团上，如胆碱。磷脂的多样性是基于其连接的脂肪酸和与磷酸基团相连的基团之间的差异。

在水中，磷脂聚集在一起，带电荷的极性端指向水，而非极性端朝内。因此，形成磷脂双分子层是细胞膜的一个关键组成部分（见图 24.24）。

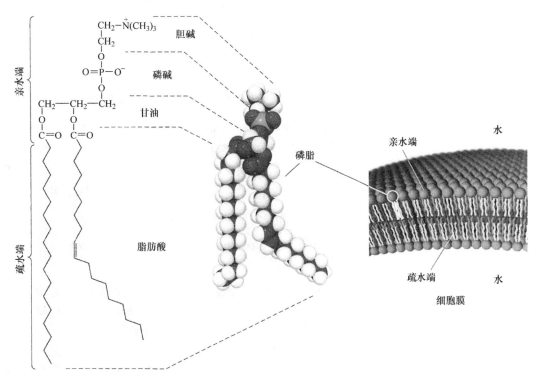

图例解析 为什么磷脂在水中形成双分子层而不是单分子层？

▲ 图 24.24　**磷脂和细胞膜的结构**　活细胞被包裹在典型的磷脂双层膜中。双层结构是由磷脂的疏水尾部的良好相互作用而稳定的，这些疏水尾部既指向细胞内的水，也指向细胞外的水，而带电的头部基团面对两个水环境

24.10 │ 核酸

　　核酸是一类生物高分子，是生物体遗传信息的化学载体。**脱氧核糖核酸（DNAs）**是一种分子量 600 万 ~ 1600 万 amu 的大分子。**核糖核酸（RNAs）**是较小的分子，分子量在 20000 ~ 40000amu 之间。DNA 主要存在于细胞核中，而 RNA 主要存在于细胞核外的*细胞质*中，细胞质是细胞膜包裹的非核物质。DNA 储存着细胞的遗传信息，并指定蛋白质的合成。RNA 将 DNA 储存的信息从细胞核携带到细胞质，这些信息在细胞质内用于蛋白质的合成。

　　核酸的单体为**核苷酸**，如图 24.25 示例所示，核苷酸由一个五碳糖、一个含氮的有机碱和一个磷酸基组成。

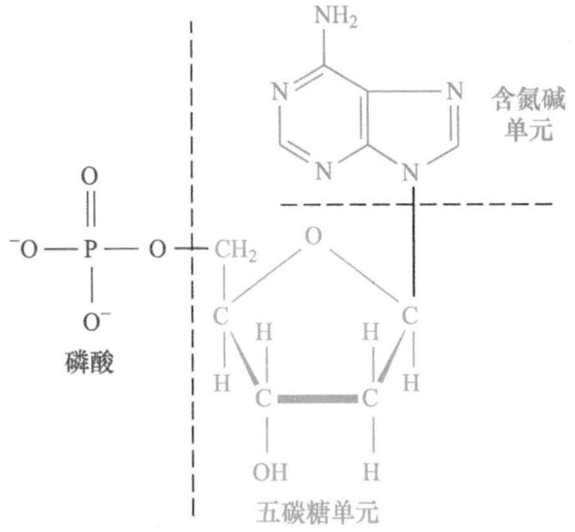

▲ 图 24.25　**一个核苷酸**　脱氧腺苷酸的结构，由磷酸形成的核苷酸，糖脱氧核糖和有机碱腺嘌呤构成

RNA 中的五碳糖是*核糖*，DNA 中的五碳糖是*脱氧核糖*：

核糖　　　　　　　脱氧核糖

脱氧核糖和核糖的不同之处在于，其 C2 处少了氧原子。

核酸中有五种含氮碱基：

腺嘌呤 (A)　　鸟嘌呤 (G)　　胞嘧啶 (C)　　胸腺嘧啶 (T)　　尿嘧啶 (U)
DNA　　　　　DNA　　　　　DNA　　　　　DNA　　　　　RNA
RNA　　　　　RNA　　　　　RNA

　　这里显示的前三个碱基同时存在于 DNA 和 RNA 中。胸腺嘧啶只存在于 DNA 中，尿嘧啶只存在于 RNA 中。在任何一种核酸中，每个碱基与五碳糖通过绿色氮原子连接。

　　RNA 和 DNA 是由一个核苷酸上的磷酸—OH 和另一个核苷酸上的糖—OH 缩合反应形成的*多核苷酸*。因此，多核苷酸链具有由交替的糖基和磷酸基团组成的骨架，其碱基作为侧链伸出链外（见图 24.26）。糖中的碳分别编号为 1'、2' 等，如图 24.26 所示。与蛋白质从 N 端到 C 端的氨基酸序列一样，核酸也有一个碱基序列，从磷酸 - 糖骨架末端的 5' 开始，一直到 3' 结束。

　　DNA 链以反向平行**双螺旋**结构盘绕在一起（见图 24.27a）。这两条链由碱基（用 T、A、C 和 G 表示）之间的引力连接在一起，这些引力包括色散力、偶极 - 偶极力和氢键（见 11.2 节）。如图 24.27b 所示，胸腺嘧啶和腺嘌呤的结构使它们成为氢键的理想配对。同样地，胞嘧啶和鸟嘌呤形成理想配对。我们称胸腺嘧啶和腺嘌呤是*互补*的，胞嘧啶和鸟嘌呤是*互补*的。因此，在双螺旋结构中，一条链上的每一个胸腺嘧啶与另一条链上的腺嘌呤相对，而每一个胞嘧啶与鸟嘌呤相对。双螺旋结构以及碱基互补原则是理解 DNA 如何发挥功能的关键。

　　这两条 DNA 链在细胞分裂过程中分开，在分开的 DNA 链上构建新的互补链（见图 24.28）。

　　这一过程产生了两个相同的双螺旋 DNA 结构，每个结构均包含一条来自原始结构的 DNA 链和一条新的 DNA 链。这种复制能够在细胞分裂时传递遗传信息。

▽ 图例解析

哪种顺序是正确的碱基顺序？ 1-2-3-4 还是 4-3-2-1？

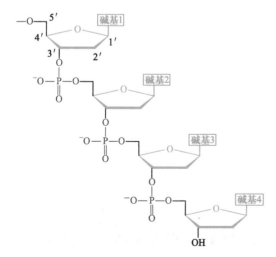

▲ 图 24.26　多核苷酸　因为每个核苷酸中的糖是脱氧核糖，因此这个多核苷酸就是 DNA

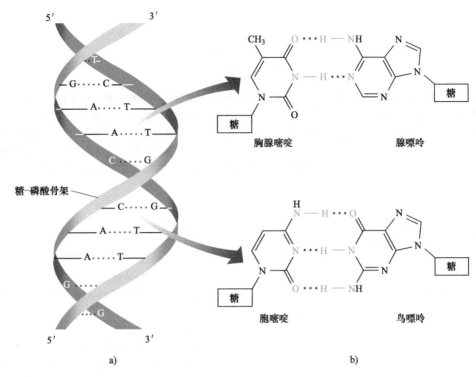

图例解析 下列两队互补碱基对，AT 碱基和 GC 碱基，哪对碱基对更难分离？

胸腺嘧啶   腺嘌呤

胞嘧啶   鸟嘌呤

a)   b)

▲ 图 24.27 DNA 和互补碱基对之间的键 a）DNA 双螺旋结构，一对带状物表示糖 - 磷酸盐骨架，虚线表示互补碱基之间的氢键。b）DNA 中互补碱基对的结构

DNA 的结构也是理解蛋白质合成，病毒感染细胞的方式，以及许多其他对现代生物学至关重要问题的关键。这些问题超出了本书的范围。当你学习生命科学的课程时，会学到很多这方面的知识。

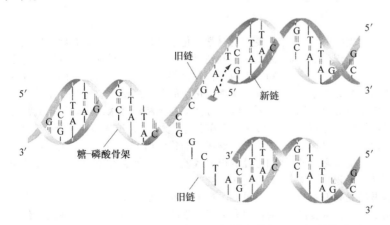

▲ 图 24.28 DNA 复制 原始的 DNA 双螺旋部分展开，新的核苷酸以互补的方式排列在每条链上。氢键帮助新的核苷酸与原来的 DNA 链对齐。当新的核苷酸通过缩合反应连接时，就会产生两个相同的双螺旋 DNA 分子

▶ 综合实例解析
概念综合

丙酮酸

$$
\underset{CH_3-\overset{\overset{O}{\|}}{C}-\overset{\overset{O}{\|}}{C}-OH}{}
$$

是由体内碳水化合物代谢形成。在肌肉活动过程中会变成乳酸。丙酮酸的酸解离常数为 3.2×10^{-3}。（a）为什么丙酮酸的酸解离常数比乙酸大？（b）假设肌肉组织中 pH 值为 7.4，初始酸浓度为 2×10^{-4}M，你认为丙酮酸主要以中性酸的形式还是游离离子的形式存在？（c）预测丙酮酸的溶解性？为什么，给出解释。（d）丙酮酸中每个碳原子的杂化方式是什么？（e）假设 H 原子为还原剂，写出丙酮酸还原为乳酸的平衡方程式（见图 24.13）。（虽然 H 原子在生物化学系统中并不存在，但生化还原剂通过释放氢来实现这种还原）。

解答

（a）丙酮酸的酸解离常数应略大于乙酸，因为丙酮酸 α 碳原子上的羰基对羧酸基团起吸电子作用。在 C—O—H 键体系中，电子从氢转移，使氢失去质子（见 16.10 节）。

（b）为了确定电离的程度，我们首先建立了电离平衡和平衡常数表达式。用 HPv 作为酸的符号，我们有

$$HPv \rightleftharpoons H^+ + Pv^-$$

$$K_a = \frac{[H^+][Pv^-]}{[HPv]} = 3.2 \times 10^{-3}$$

令 $[Pv^-] = x$。则未解离酸的浓度为 $2 \times 10^{-4} - x$。$[H^+]$ 的浓度为 4.0×10^{-8}M（pH 的反对数）。代入后得

$$3.2 \times 10^{-3} = \frac{\left(4.0 \times 10^{-8}\right)(x)}{\left(2 \times 10^{-4} - x\right)}$$

解 x 得

$$x = \left[Pv^-\right] = 2 \times 10^{-4} M$$

由酸的初始浓度可知所有的酸都解离了。正如我们预料的，因为酸的浓度非常低，酸的解离常数非常高。

（c）丙酮酸应溶于水，因为它含有极性官能团和少量烃成分。我们预测它溶于极性有机溶剂，特别是含氧溶剂。事实上，丙酮酸溶于水、乙醇和乙醚。

（d）甲基碳为 sp^3 杂化。羰基碳为 sp^2 杂化，因为与氧形成双键。与之类似，羧酸碳为 sp^2 杂化。

（e）这个反应的平衡方程式为

$$
\underset{CH_3\overset{\overset{O}{\|}}{C}COOH}{} + 2(H) \longrightarrow \underset{\underset{H}{|}}{\overset{\overset{OH}{|}}{CH_3CCOOH}}
$$

本质上讲，酮基官能团被还原为醇。

成功的策略 怎么办？

如果你正在看这里，说明你已经读到我们课本的结尾了。我们祝贺你为走到这一步所表现出的坚韧和奉献精神！

作为结语，我们以问题的形式给出最终的学习策略：你打算利用迄今为止在学习中获得的化学知识做什么？你们中的许多人将选修其他化学课程作为必修课程的一部分。对其他人来说，这将是你们最后一门正式的化学课程。无论你打算走哪条职业道路——无论是化学、生物医学领域、工程学、文科还是其他领域——我们都希望本书能提高你对身边化学的认识。你会发现，化学无处不在，从食品和药品到太阳能电池和体育器材。

我们也试着让你们感觉化学是一门动态的、不断变化的科学。化学家们合成新的化合物，发展新的反应，发现以前未知的化学性质，发现已知化合物的新应用，并完善理论。随着复杂性的新标准的发现，从基础化学的角度理解生物系统变得越来越重要。解决可持续能源和清洁水的全球性挑战需要许多化学工作者的努力。我们鼓励你申请研究项目，进而参与到迷人的化学研究世界中来。鉴于化学家们已经取得的成就，你可能会对他们仍然需要解决的问题感兴趣。

最后，希望大家喜欢使用这本教材。我们当然会把很多关于化学的想法分享给大家。我们坚信化学是一门核心科学，一门让所有了解它并从中受益的人受益的科学。

本章小结和关键术语

有机分子的一般特性（见 24.1 节）

本章介绍了**有机化学**，即研究含碳化合物（通常是含有碳 - 碳键的化合物）和**生物化学**，即研究生物体的化学。C—C 单键和 C—H 键的反应活性往往较低。那些具有高电子密度的键（如多重键或具有高电负性原子的键）往往是有机化合物中反应活性的位点。这些活性位点被称为**官能团**。

碳氢化合物简介（见 24.2 节）

最简单的有机化合物是碳氢化合物，它们只由碳和氢元素组成。碳氢化合物主要有四种：烷烃、烯烃、炔烃和芳香烃。**烷烃**只包含 C—C 键和 C—H 键。烯烃含有一个或多个 C=C 双键。**炔烃**包含一个或多个 C≡C 三键。**芳香族**含有由 σ 键和离域 π 键连接的碳原子形成的环状结构。烷烃是饱和烃；其他三类为不饱和烃。

烷烃可以形成直链、支链和环状排列。异构体是具有相同分子式但原子排列不同的物质。在**结构异构体**中，原子的成键排列不同。不同的异构体有不同的系统名称。烃类的命名是基于结构中最长的连续碳原子链。支链**烷基**的位置是通过沿着碳链编号来确定的。

具有环状结构的烷烃称为**环烷烃**。烷烃是相对稳定的，但是烷烃可以在空气中燃烧，其主要应用是作为一种能源，即燃烧产生热能。

烯烃、炔烃和芳香烃（见 24.3 节）

烯烃和炔烃的命名是基于含有多重键最长的连续碳原子链，多重键的位置由指定数字前缀标明。烯烃不仅具有结构异构性，而且具有几何异构性（顺反异构）。在几何异构体中，键是相同的，但分子的几何形状不同。由于烯烃中 C=C 双键旋转是受限制的，这也使烯烃的几何异构成为可能。

烯烃和炔烃中的多重 C—C 键很容易发生**加成反应**。酸的加成，如 HBr，其速控步骤为一个质子转移到烯烃或炔烃的一个碳原子上。芳香烃很难发生加成反应，但在催化剂存在下很容易发生**取代反应**。

有机官能团（见 24.4 节）

有机化合物的化学性质是由其官能团的性质决定的。本章介绍的官能团是

R—O—H　　R—C—H　　 C=C

醇　　　　醛　　　　烯

—C≡C—　　R—C—N　　R—N—R″（或H）

炔　　　　酰胺　　　　胺

R—C—O—H　　R—C—O—R′

羧酸　　　　　　酯

R—O—R′　　R—C—R′

醚　　　　　酮

R，R′ 和 R″ 代表烃类基团，例如甲基（CH_3）或苯基（C_6H_5）。

醇是含有一个或多个—OH 的烃类衍生物。**醚**是由两个醇分子通过缩合反应形成的。含有**羰基**（—C=O）的官能团包括**醛、酮、羧酸、酯和酰胺**。醛和酮可以通过某些醇的氧化反应产生。醛的进一步氧化产生羧酸。羧酸可以通过与醇发生缩合反应生成酯，也可以通过与胺缩合反应生成酰胺。酯在强碱作用下发生**水解（皂化）**反应。

有机化学中的手性（见 24.5 节）

具有不可重叠镜像的分子称为**手性**分子。手性分子的两种不可重叠形式称为**对映异构体**。在含碳化合物中，当与中心碳原子相连的四个基团都不同时，就会产生手性中心。许多存在于生命体中的分子，如氨基酸，都是手性的，它们在自然界中只以一种对映体形式存在。在人类医学中许多重要的药物都是手性的，而其对映体可能产生截然不同的生化作用。

生物化学简介，蛋白质（见 24.6 节和 24.7 节）

生命所必需的许多分子是天然大分子。它们由单体小分子构成。本节讨论了其中三种生物大分子：蛋白质、多糖（碳水化合物）和核酸。

蛋白质是**氨基酸**的聚合物。它们是构成动物体的主要物质。所有天然蛋白质都由 22 种氨基酸组成，其中 20 种是常见的。氨基酸由**肽键**连接而成。**多肽**是由许多氨基酸通过肽键连接而形成的聚合物。

氨基酸是手性物质。通常只有一种对映体具有生物活性。蛋白质结构由链中的氨基酸序列（**一级结构**）、链中的分子内相互作用（**二级结构**）和分子的整体形状（**三级结构**）决定。两个重要的二级结构是 **α - 螺旋**和 **β - 折叠**。蛋白质形成具有生物活性的三级结构的过程称为**折叠**。有时几个蛋白质聚集在一起形成**四级结构**。

碳水化合物和脂质（见 24.8 节和 24.9 节）

碳水化合物是多羟基醛和酮，它是植物的主要结构成分，也是植物和动物的能量来源。**葡萄糖**是最常见的**单糖**。两个单糖可以通过缩合反应连接在一起形成**二糖**。**多糖**是由许多单糖单元连接在一起组成的复杂碳水化合物。三种最重要的多糖是存在于植物中的**淀粉**，在哺乳动物中发现的**糖原**，以及同样存在于植物中的**纤维素**。

脂质是从甘油和脂肪酸衍生而来，包括脂肪和磷脂。脂肪酸可以是饱和的、不饱和的、顺式的或反式的，这取决于它们的化学式和结构。

核酸（见 24.10 节）

核酸是携带细胞繁殖所需的遗传信息生物大分子。它们通过控制蛋白质合成来控制细胞的生长。这些生物大分子的组成成分是**核苷酸**。

核酸有两种类型，**核糖核酸（RNA）**和**脱氧核糖核酸（DNA）**。这些物质由交替的磷酸盐和核糖或脱氧核糖基团的聚合骨架组成，糖分子上附着有机碱基。DNA 聚合物是一种双链螺旋（**双螺旋**）结构，由位于两条链上彼此相匹配的有机碱基之间的氢键连接在一起。特定碱基对之间的氢键是基因复制和蛋白质合成的关键。

学习成果　学习本章后，应该掌握：

- 区分烷烃、烯烃、炔和芳香族烃（见 24.2 节）
  相关练习：24.13、24.14
- 能够根据名称画出烃类结构，并根据结构为烃类命名（见 24.2 节和 24.3 节）
  相关练习：24.27、24.28
- 预测加成反应或取代反应的反应产物（见 24.3 节）
  相关练习：24.35、24.36
- 画出官能团的结构（烯、炔、醇、卤代烷、羰基、醚、醛、酮、羧酸、酯、胺、酰胺），并能从结构或名称中识别分子中的官能团（见24.4 节）
  相关练习：24.43-24.46
- 理解是什么使化合物具有手性，并能够识别手性物质（见 24.5 节）
  相关练习：24.57、24.58
- 识别氨基酸并了解它们是如何通过酰胺键形成

- 肽和蛋白质的（见 24.7 节）
  相关练习：24.59、24.60
- 了解蛋白质的一级、二级、三级和四级结构的差异（见 24.7 节）
  相关练习：24.65、24.66
- 根据分子的结构对其分类为糖类或脂类（见 24.8 节和 24.9 节）。
  相关练习：24.67、24.68
- 区分淀粉和纤维素的结构（见 24.8 节）
  相关练习：24.69、24.70
- 解释饱和脂肪和不饱和脂肪的区别（见 24.9 节）
  相关练习：24.73、24.74
- 解释核酸的结构和互补碱基在 DNA 复制中的作用（见 24.10 节）
  相关练习：24.77、24.78

本章练习

图例解析

24.1 下列所有结构的分子式均为 C_8H_{18}。哪些结构是相同的分子？（提示：回答这个问题的方法之一是确定每种结构的化学名称）（见 24.2 节）

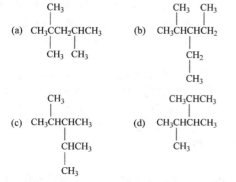

24.2 下列哪种分子是不饱和的？（见 24.3 节）

$CH_3CH_2CH_2CH_3$

(a)　　　　　　(b)

$$CH_3C\overset{\displaystyle O}{\overset{\|}{-}}OH \qquad CH_3CH=CHCH_3$$

(c)　　　　　　　　(d)

24.3 （a）下列分子哪个最容易发生加成反应？(b) 下列分子中哪些是芳香烃？(c) 哪个最容易发生取代反应？（见 24.3 节）

(i)

$$CH_3CH_2C\overset{\displaystyle O}{\overset{\|}{-}}OH$$

(ii)

(iii)

$$CH_3CH\overset{\displaystyle O}{\overset{\|}{-}}OH$$
$$\underset{NH_2}{|}$$

(iv)

24.4 （a）你认为下列哪种化合物的沸点最高？

（b）这些化合物中哪种氧化程度最高？（c）这些化合物中哪种是醚？（d）这些化合物中哪种是酯？（e）这些化合物中哪些是酮？（见 24.4 节）

$$\underset{(i)}{CH_3CH}\overset{O}{\underset{\|}{}} \qquad \underset{(ii)}{CH_3CH_2OH} \qquad \underset{(iii)}{CH_3C\equiv CH} \qquad \underset{(iv)}{HCOCH_3}\overset{O}{\underset{\|}{}}$$

24.5 写出下列化合物的系统名称，并指出其官能团，以及它是否具有手性。（见 24.2 节和 24.4 节）

$$\underset{\substack{|\\NH_3^+}}{\underset{(a)}{CH_3\underset{\substack{|\\CH_3}}{CH}CHC}}\overset{O}{\underset{\|}{}}C-O^-$$

(a)　　　(b)

$$\underset{(c)}{CH_3CH_2CH=CHCH_3} \qquad \underset{(d)}{CH_3CH_2CH_3}$$

24.6 从分子模型 i-v 中，选择一种物质：（a）可以水解成含葡萄糖溶液的物质；（b）可以形成两性离子；（c）是 DNA 中存在的四个碱基之一；（d）与酸反应生成酯；（e）是脂类。（见 24.6 节～24.10 节）

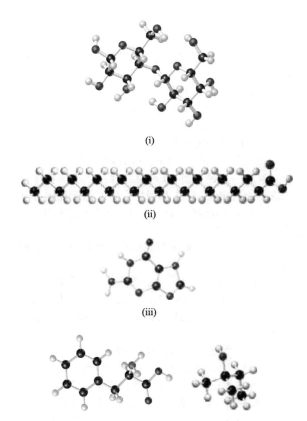

(i)

(ii)

(iii)

(iv)　　　(v)

碳氢化合物简介；
烃（见 24.1 节和 24.2 节）

24.7 判断对错。（a）丁烷含有 sp^2 杂化的碳。（b）环己烷是苯的另一种名称。（c）异丙基含有 3 个 sp^3 杂化的碳。（d）烯烃是炔烃的另一种名称。

24.8 判断对错（a）戊烷的摩尔质量比己烷高；（b）直链烃的直链烷基链越长，沸点越高；（c）炔基周围的局部几何构型是线性的；（d）丙烷有两种结构异构体。

24.9 预测下列分子中每个碳原子键角的理想值。指出每个碳的轨道杂化方式。

$$CH_3CCCH_2COOH$$

24.10 确定下列结构中分别具有（a）sp^3、（b）sp、（c）sp^2 杂化的碳原子。

$$N\equiv C-CH_2-CH_2-CH=CH-\underset{\substack{|\\H}}{\overset{\displaystyle C=O}{CHOH}}$$

24.11 指出下列烃类分子中分别包含多少碳原子：

（a）甲烷
（b）葵烷
（c）2- 甲基己烷
（d）新戊烷
（e）乙炔

24.12 判断对错：分子中单键越弱，发生反应的可能性就越大（与分子中强的单键相比）。

24.13 判断对错（a）烷烃中不含多重碳碳键；（b）环丁烷含有一个四元环；（c）烯烃含有 C＝C ；（d）炔烃含有 C≡C ；（e）戊烷是饱和烃，而 1- 戊烯是不饱和烃；（f）环己烷是芳香烃；（g）甲基的氢原子数比甲烷少一个。

24.14 下列化合物的结构特征是什么？（a）烷烃（b）环烷烃（c）烯烃（d）炔烃（e）饱和烃（f）芳香烃

24.15 给出下列化合物相应的系统名称或结构简式：

(a)
$$\underset{\substack{|\\H}}{H-\overset{\substack{CH_3\\|}}{C}}-\underset{\substack{|\\H}}{\overset{\substack{H\\|}}{C}}-\underset{\substack{|\\H}}{\overset{\substack{H\\|}}{C}}-\underset{\substack{|\\CH_3}}{\overset{\substack{H\\|}}{C}}-\underset{\substack{|\\H}}{\overset{\substack{H\\|}}{C}}-H$$

(b)
$$\underset{\substack{|\\CH_2\\|\\CH_3}}{CH_3CH_2CH_2CH_2CH_2CH_2\overset{\substack{CH_3\\|}}{CH}CH_2CHCH_3}$$

（c）2- 甲基庚烷

（d）4 乙基 -2,3- 二甲基辛烷

（e）1,2- 二甲基环己烷

24.16 给出下列化合物相应的系统名称或结构简式：

（a）

$$CH_3CH_2 \quad CH_2CH_3$$
$$CH_3CHCH_2CH$$
$$\quad | \quad \quad |$$
$$\quad CH_3 \quad CH_3$$

（b）

$$\quad \quad \quad CH_3$$
$$\quad \quad \quad |$$
$$CH_3CH_2CH_2CH_2OCH$$
$$\quad \quad \quad |$$
$$\quad \quad CH_3CHCH_2CH_3$$

（c）2,5,6- 三甲基壬烷

（d）4- 乙基 -5,6- 二甲基十二烷

（e）1- 乙基 -3- 甲基环己烷

24.17 给出下列化合物相应的系统名称或结构简式：

（a）

$$\quad CH_3CHCH_3$$
$$\quad \quad |$$
$$\quad CHCH_2CH_2CH_2CH_3$$
$$\quad |$$
$$\quad CH_3$$

（b）2,2- 二甲基戊烷

（c）4- 乙基 -1,1- 二甲基环己烷

（d）$(CH_3)_2CHCH_2CH_2C(CH_3)_3$

（e）$CH_3CH_2CH(C_2H_5)CH_2CH_2CH_3$

24.18 给出下列化合物相应的系统名称或结构简式：

(a) 3- 苯基戊烷

(b) 2,3- 二甲基己烷

(c) 3,3- 二甲基辛烷

(d) $CH_3CH_2CH(CH_3)CH_2CH(CH_3)_2$

（e）◇—CH₃

24.19 35% 庚烷和 65% 异辛烷混合物的辛烷值是多少？

24.20 描述两种提高含烷烃的汽油辛烷值的方法。

烯烃、炔烃和芳香烃（见 24.3 节）

24.21 （a）C_4H_6 是饱和烃还是不饱和烃？

（b）所有炔烃都是不饱和的吗？

24.22 （a）化合物 $CH_3CH = CH_2$ 是饱和烃还是不饱和烃？解释一下。（b）$CH_3CH_2CH = CH_3$ 错在哪里？

24.23 给出下列含有 5 个碳原子的烃类的分子式（a）烷烃（b）环烷烃（c）烯烃（d）炔烃。

24.24 给出下列含有 6 个碳原子的烃类的分子式（a）环烷烃（b）环烯烃（c）线型炔烃（d）芳香烃。

24.25 烯二炔是一类化合物，其中包括一些抗生素药物。画出一个含有 6 个碳的"烯二炔"的线性结构。

24.26 写出环烯烃的通式，即含有一个双键的环烃。

24.27 写出分子式为 C_6H_{10} 的两种烯烃和一种炔烃的结构简式。

24.28 画出 C_5H_{10} 的所有非环状结构异构体，并命名。

24.29 写出下列化合物的结构简式或根据结构简式命名：

（a）反 -2- 戊烯

（b）2,5- 二甲基 -4- 辛烯

（c）

（d）

$$\overset{Br}{\underset{Br}{\bigcirc}}$$

（e）

$$\quad \quad CH_2CH_3$$
$$\quad \quad |$$
$$HC \equiv CCH_2CCH_3$$
$$\quad \quad |$$
$$\quad \quad CH_3$$

24.30 写出下列化合物的结构简式或根据结构简式命名：

（a）4- 甲基 -2- 戊烯

（b）顺 -2,5- 二甲基 -3- 己烯

（c）邻二甲苯

（d）$HC \equiv CCH_2CH_3$

（e）反 -$CH_3CH = CHCH_2CH_2CH_2CH_3$

24.31 判断对错（a）戊烷的两个几何异构体是正戊烷和新戊烷。（b）烯烃在 C = C 双键周围可以有顺式和反式异构体。（c）炔烃在碳碳三键周围可以有顺式和反式异构体。

24.32 画出丁烯的所有结构异构体和几何异构体并命名。

24.33 指出下列分子是否具有几何异构体。如果有，画出其结构：（a）1,1- 二氯 -1- 丁烯，（b）2,4- 二氯 -2- 丁烯，（c）1,4- 二氯苯，（d）4,4- 二甲基 -2- 戊炔。

24.34 画出 2,4- 己二烯的三种几何异构体。

24.35 （a）判断对错：烯烃发生加成反应，芳香烃发生取代反应；（b）使用结构简式，写出 2- 戊烯与 Br_2 反应的平衡方程式，并命名产物。该反应为加成反应还是取代反应？（c）在 $FeCl_3$ 催化剂存在下，

写出 Cl_2 与苯反应生成对二氯苯的平衡方程式。该反应是加成反应还是取代反应？

24.36 使用结构简式，写出下列反应的平衡化学方程式：（a）环己烯加氢；（b）以 H_2SO_4 为催化剂，反 -2- 戊烯与 H_2O 加成反应（两种产物）；（c）2- 氯丙烷与苯在 $AlCl_3$ 存在下的反应。

24.37 （a）环丙烷经 HI 处理后，生成 1- 碘丙烷。类似的反应不会发生在环戊烷或环己烷上。解释为什么环丙烷能发生反应。（b）以苯和乙烯为仅有的有机试剂，给出一种制备乙苯的方法。

24.38 （a）检测烯烃是否存在的一个方法是加入少量溴，即红棕色液体颜色消失。但这种方法不能用于检测芳烃的存在，解释一下。（b）以苯为一种试剂，选择所需的其他试剂，写出产物为对溴乙苯的反应，并写出可能形成的副产物？

24.39 烯烃与 Br_2 加成的速率级数为 Br_2 的一阶速率和烯烃的一阶速率。这一信息是否表明烯烃与 Br_2 加成反应的机理与烯烃与 HBr 加成反应的机理是一样的？解释之。

24.40 画出环己烯与卤化氢发生加成反应时的中间体。

24.41 气态环丙烷的摩尔燃烧热为 -2089 kJ/mol；气态环戊烷是 -3317 kJ/mol，计算两种情况下，每个 $—CH_2$ 的燃烧热，并说明其差异。

24.42 十氢化萘（$C_{10}H_{18}$）的燃烧热为 -6286 kJ/mol，萘（$C_{10}H_8$）的燃烧热为 -5157 kJ/mol（两种情况下产物均为 $CO_2(g)$ 和 $H_2O(l)$）。结合附录 C 中的数据，计算萘的氢化热和共振能。

官能团和手性（见 24.4 节和 24.5 节）

24.43 （a）下列哪种化合物是醚？（b）哪种化合物是醇？（c）哪种化合物溶于水时会产生碱性溶液？（假设溶解度不是问题）。（d）哪种化合物是酮？（e）哪种化合物是醛？

i) $H_3C—CH_2—OH$

ii) $H_3C\underset{H}{\overset{H}{—N}}—CH_2CH=CH_2$

iii) （crown ether structure）

iv) （cyclopentadienone structure）

v) $CH_3CH_2CH_2CH_2CHO$

vi) $CH_3C≡CCH_2COOH$

24.44 确定下列化合物中的官能团：

(a) $H_3C—\overset{\overset{\displaystyle O}{\|}}{C}—O—CH_2CH_2CH_2CH_2CH_3$

(b) （benzene ring with Cl and OH substituents）

(c) （N,N-substituted amide structure with $CH_2CH_2CH_3$ and H_3C, H）

(d) （hexane chain structure）

(e) （alkene aldehyde chain with O）

(f) $CH_3CH_2CH_2CH_2$ —（C=O）— $CH_2CH_2CH_3$

24.45 画出下列分子结构式（a）一种与丙酮互为同分异构体的醛；（b）一种与 1- 丙醇互为同分异构体的醚。

24.46 （a）给出含有 4 个碳原子的环醚的经验式和结构式；（b）写出与（a）中化合物互为结构异构体的直链化合物的结构式。

24.47 羧酸的 IUPAC 名称是基于具有相同碳原子数的烃的名称。结尾是酸（-oic），就像在乙酸中一样，它是乙酸的 IUPAC 名称。画出下列酸的结构：（a）甲酸（b）戊酸（c）2- 氯 -3- 甲基癸酸

24.48 通过含有羰基碳链的碳原子数，可以系统地命名醛和酮。醛或酮的名称是基于相同碳原子数的烃。烃上的 1 个氢被 $—CHO$ 取代就是醛，烃上的 1 个氢被 $—CO—R'$ 取代就是酮。画出下列醛或酮的结构式：（a）丙醛（b）2- 戊酮（c）3- 甲基 -2- 丁酮（d）2- 甲基丁醛

24.49 写出由下列化合物发生缩合反应生成产物的结构简式，并命名：（a）苯甲酸与乙醇（b）乙酸与甲胺（c）乙酸与苯酚

24.50 写出由下列化合物反应生成产物的结构简式，并命名：（a）丁酸和甲醇（b）苯甲酸和 2- 丙醇（c）丙酸和二甲胺

24.51 用结构简式写出碱性条件下（a）丙酸甲酯（b）乙酸苯酯皂化（碱性水解）的平衡方程式。

24.52 用结构简式写出下列平衡方程式：（a）由相应的酸和醇生成丙酸丁酯；（b）苯甲酸甲酯在碱性条件下水解。

24.53 纯乙酸是一种粘性液体，与分子量相近的化合物相比，具有较高的熔点和沸点（16.7℃ 和 118℃）。请给出解释。

24.54 乙酸酐是由两个乙酸分子发生缩合反应脱除一个水分子而形成的。写出该过程的化学方程式，并给出乙酸酐的结构。

24.55 写出下列化合物的结构简式：（a）2- 戊醇（b）1,2- 丙二醇（c）乙酸乙酯（d）二苯酮（e）甲基乙酸乙酯

24.56 写出下列化合物的结构简式：(a) 2- 乙基 -1- 己醇 (b) 甲基苯丙酮 (c) 对 - 溴苯甲酸 (d) 丁乙醚 (e) N,N- 二甲基苯甲酰胺。

24.57 在 2- 溴 -2- 氯 -3- 甲基戊烷中有多少个手性碳原子？(a) 0，(b) 1，(c) 2，(d) 3，(e) 4 或以上

24.58 3- 氯 -3- 甲基己烷是手性分子吗？

生物化学简介：蛋白质（见 24.6 节和 24.7 节）

24.59 (a) 用 R 表示侧链，写出通用氨基酸的化学结构式；(b) 当氨基酸发生反应形成蛋白质时，是通过取代反应、加成反应还是缩合反应？(c) 画出蛋白质中连接氨基酸的键。该键的名称是什么？

24.60 判断对错 (a)。色氨酸是一种芳香氨基酸。(b) 赖氨酸在 pH 值 7 时带正电荷。(c) 天冬酰胺有两个酰胺键。(d) 异亮氨酸和亮氨酸是对映体。(e) 缬氨酸可能比精氨酸更易溶于水。

24.61 画出组氨酸与天冬氨酸发生缩合反应可能生成的两种二肽产物。

24.62 写出由相应的氨基酸生成甲硫酰胺 - 甘氨酸的化学方程式。

24.63 (a) 画出三肽甘酰胺 - 甘酰胺 - 组氨酸（Gly-Gly-His）的结构简式。(b) 甘氨酸和组氨酸可以合成多少种不同的三肽？用三个字母和一个字母简写氨基酸，给出每一个三肽的缩写。

24.64 (a) 下列三肽水解可得到哪些氨基酸？

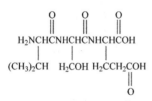

(b) 甘氨酸、丝氨酸和谷氨酸可以合成多少种不同的三肽？使用三个字母和一个字母简写氨基酸，给出这些三肽的缩写。

24.65 判断对错。(a) 蛋白质中氨基酸的序列，从胺端到酸端，称为蛋白质的一级结构；(b) α- 螺旋结构和 β- 折叠结构是蛋白质的四级结构；(c) 不可能有一个以上的蛋白质与另一个蛋白质结合，从而形成更高级的结构。

24.66 判断对错。(a) 在蛋白质的 α- 螺旋结构中，氢键存在于侧链（R 基团）之间；(b) 色散力，而不是氢键，将 β- 折叠结构结合在一起。

碳水化合物和脂质（见 24.8 节和 24.9 节）

24.67 判断对错。(a) 二糖是一种碳水化合物；(b) 蔗糖是一种单糖；(c) 所有碳水化合物分子式均为 $C_nH_{2m}O_m$。

24.68 (a) α- 葡萄糖和 β- 葡萄糖互为对映体吗？(b) 给出两分子葡萄糖通过 α 连接缩合成二糖的过程；(c) 给出两分子葡萄糖通过 β 连接缩合成二糖的过程。

24.69 (a) 纤维素的经验式是什么？(b) 构成纤维素的基本单位是什么？(c) 下列哪个键将纤维素中的基本单位连接起来：酰胺、酸、醚、酯或醇？

24.70 (a) 淀粉的经验式是什么？(b) 构成淀粉的基本单位是什么？(c) 淀粉中单位之间由什么键连接：酰胺、酸、醚、酯还是醇？

24.71 开链形式的 D- 甘露糖的结构简式如下：

$$
\begin{array}{c}
\text{O} \\
\|\\
\text{CH} \\
|\\
\text{HO—C—H} \\
|\\
\text{HO—C—H} \\
|\\
\text{H—C—OH} \\
|\\
\text{H—C—OH} \\
|\\
\text{CH}_2\text{OH}
\end{array}
$$

(a) 这个分子属于糖类吗？(b) 分子中有多少手性碳原子？(c) 画出该分子的六元环状结构。

24.72 开链形式的半乳糖结构简式如下：

$$
\begin{array}{c}
\text{O} \\
\|\\
\text{CH} \\
|\\
\text{H—C—OH} \\
|\\
\text{HO—C—H} \\
|\\
\text{HO—C—H} \\
|\\
\text{H—C—OH} \\
|\\
\text{CH}_2\text{OH}
\end{array}
$$

(a) 这个分子属于糖类吗？(b) 分子中有多少手性碳原子？(c) 画出该分子的六元环状结构。

24.73 判断对错。(a) 脂肪分子含有酰胺键；(b) 磷脂可以是两性离子；(c) 磷脂在水中形成双分子层，以使其疏水端相互作用，其极性端与水作用。

24.74 判断对错。(a) 由表 8.3 中键熔的数据可知，与 C—O 键和 O—H 键相比，分子中所含 C—H 键越多，储存能量越大；(b) 反式脂肪是饱和的；(c) 脂肪酸是长链羧酸；(d) 单不饱和脂肪酸链上有一个 C—C 单键，其余为 C = C 双键或 C ≡ C 三键。

核酸（见 24.10 节）

24.75 腺嘌呤和鸟嘌呤属于嘌呤；在其结构中含有两个环。胸腺嘧啶和胞嘧啶是嘧啶，其结构中只有一个环。请预测在水溶液中，嘌呤还是嘧啶具有更大的色散力。

24.76 核苷由 24.10 节所示的有机碱基组成，与核糖或脱氧核糖相连。画出由鸟嘌呤和脱氧核糖形成

的脱氧鸟苷的结构式。

24.77 如下所示分子的 DNA 序列是什么？

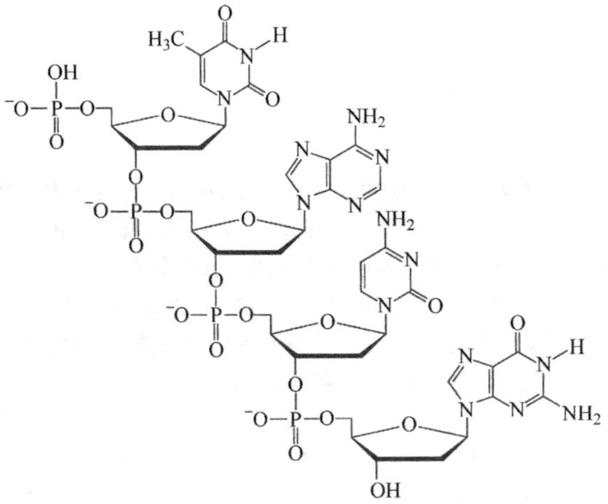

24.78 假如你在生物技术实验室工作，正在分析 DNA。你得到一个含有 12 对碱基对的短十二聚体 DNA 样本。（a）你的样本中腺嘌呤和胸腺嘧啶的比例必须是多少？（b）样本中胞嘧啶与鸟嘌呤的比例必须是多少？（c）假设 DNA 溶液中的抗衡离子是钠离子。每个十二聚物必须有多少钠离子？假设 5' 端磷酸盐各带 -1 个电荷。

24.79 假设一个 DNA 链包含一个片段，其碱基序列为 5'-GCATTGGC-3'。那么互补链的碱基序列是什么？

24.80 哪一种说法最能解释 DNA 和 RNA 之间的化学差异？（a）DNA 的糖 - 磷酸骨架中有两种不同的糖，而 RNA 只有一种。（b）胸腺嘧啶是 DNA 碱基之一，而 RNA 相应的碱基是胸腺嘧啶上去掉一个甲基。（c）RNA 的糖 - 磷酸盐骨架氧原子数少于 DNA 的。（d）DNA 形成双螺旋结构，但 RNA 不能。

附加练习

24.81 画出分子式为 C_3H_4O 的两种不同的结构简式。

24.82 含一个双键的五元直碳链有多少个结构异构体？含有两个双键的六元直碳链呢？

24.83 （a）画出 2- 戊烯的顺式和反式异构体的结构简式。（b）环戊烯是否存在顺反异构现象？为什么。（c）1- 戊炔有对映体吗？为什么。

24.84 如果一个分子是"烯 - 酮"，它必须含有哪些官能团？

24.85 确定下列分子中的官能团：

(a)

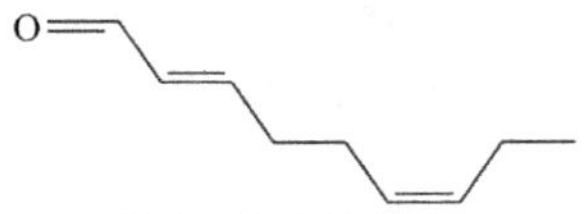

（黄瓜气味的来源）

(b)

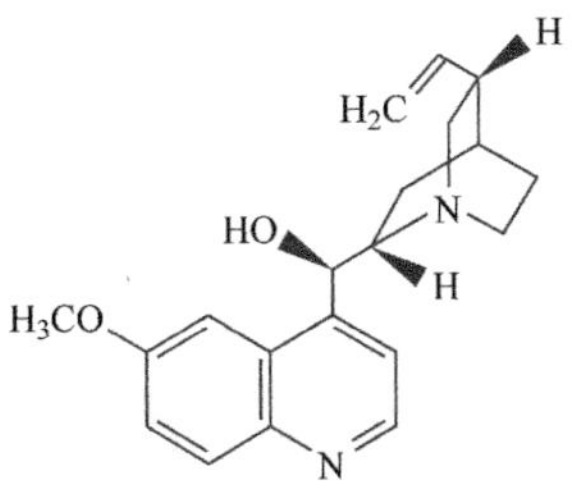

（奎宁——一种抗疟药物）

(c)

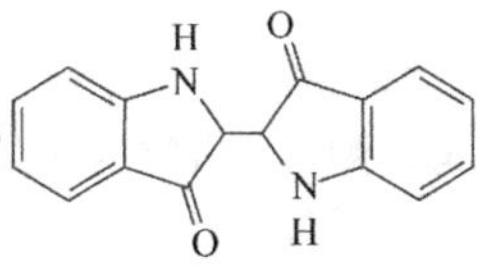

（靛蓝——一种蓝色染料）

(d)

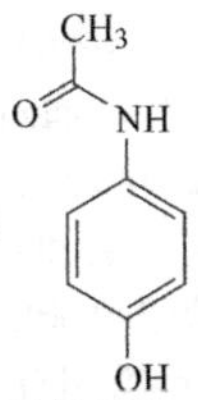

（乙酰氨基酚—又名泰诺）

24.86 对于 24.85 所示的分子，（a）哪种分子溶于水时会产生碱性溶液？（b）哪种溶于水时会产生酸性溶液？（c）哪种最易溶于水？

24.87 写出下列结构简式：（a）分子式为 $C_4H_8O_2$ 的酸；（b）分子式为 C_5H_8O 的环酮；（c）分子式为 $C_3H_8O_2$ 的二羟基化合物；（d）分子式为 $C_5H_8O_2$ 的环酯。

24.88 根据名称及下面的信息画出分子结构。（a）硝化甘油，亦称 1,2,3- 三硝基丙烷，炸药中的活性成分，也是治疗心脏病发作的药物（提示：硝基是硝酸的共轭碱）；（b）腐胺，又称 1,4- 二氨基丁烷，是产生腐烂鱼臭味的化合物；（c）环己酮，尼龙的前驱体；（d）1,1,2,2- 四氟乙烷，特氟隆的前驱体；（e）油酸，又称顺 -9- 辛酸，是一种单不饱和脂肪酸，存在于许多油脂中。画出正确的异构体。

24.89 吲哚浓度高时气味难闻，但高度稀释后会有令人愉快的花香。其结构为

該分子是平面的，所含氮为非常弱的碱，$K_b = 2 \times 10^{-12}$。通过上述信息如何证明吲哚分子是芳香族的。

24.90 确定下列分子中的官能团及其包含多少手性中心。

(a) $HOCH_2CH_2CCH_2OH$，含羰基 O

(b) $HOCH_2CHCCH_2OH$，含 OH 和羰基 O

(c) $HOCCHCHCH_2CH_5$，含 CH_3、NH_2 和羰基 O

24.91 下列肽中，哪些在 pH 值为 7 时带正电荷？（a）甘酰胺 - 丝酰胺 - 赖氨酸，（b）脯酰胺 - 亮酰胺 - 精氨酸，（c）苯丙酰胺 - 酪酰胺 - 天冬氨酸。

24.92 谷胱甘肽是一种存在于大多数活细胞中的三肽。部分水解得到半胱酰胺 - 甘氨酸和谷酰胺 - 半胱氨酸。谷胱甘肽可能有哪些结构？

24.93 单糖可以根据碳原子的数目（戊糖有 5 个碳，己糖有 6 个碳）和是否含有醛（aldo- 前缀，如醛多糖）或酮基（keto- 前缀，如酮多糖）来分类。用这种方法对葡萄糖和果糖进行分类。

24.94 DNA 链能与互补的 RNA 链结合吗？为什么。

综合练习

24.95 有四种化合物的样本：二甲醚、甲烷、二氟甲烷和乙醇。测得化合物的沸点分别为 −128℃，−52℃，−25℃ 和 78℃，但是遗失了样本标签。请做出以下预测：（a）哪种化合物沸点为 −128℃？（b）哪种化合物沸点为 −52℃？（c）哪种化合物沸点为 −25℃？（d）哪种化合物沸点为 78℃？

24.96 有一种未知的有机化合物，通过元素分析发现，按质量计，含碳 68.1%，氢 13.7%，氧 18.2%。且该物质微溶于水。通过控制氧化反应可将其转化为一种类似于酮的化合物，该产物按质量计，含有 69.7% 的碳、11.7% 的氢和 18.6% 的氧。推测两种或两种以上该有机化合物可能的结构。

24.97 分析发现一种有机化合物含有碳 66.7%，氢 11.2% 和氧 22.1%（质量分数）。该化合物沸点为 79.6℃。在 100℃ 和 0.970atm 下，其蒸汽的密度为 2.28g/L。该化合物含有羰基但不能氧化成羧酸。给出该化合物的结构。

24.98 有一种液体化合物，只含有碳和氢元素。在 1atm 下沸点为 49℃。经分析，其质量含碳 85.7%，含氢 14.3%。在 100℃ 和 735torr 下，其蒸汽的密度为 2.21g/L。向其己烷溶液中加入溴水，没有反应发生。该未知物是什么？

24.99 固体甘氨酸的标准生成自由能为 −369kJ/mol，而固体双甘氨肽的标准生成自由能为 −488kJ/mol。甘氨酸缩合形成双甘氨肽的 ΔG° 是多少？

24.100 一种含有一个氨基和一个羧基的典型氨基酸，如丝氨酸，可以以多种离子形式存在于水中。（a）给出在高 pH 和低 pH 条件下的存在形式；（b）氨基酸一般有两个 pK_a 值，一个在 2 ~ 3 之间，另一个在 9 ~ 10 之间。例如，丝氨酸的 pK_a 值为 2.19 和 9.21。以乙酸、氨等为模型，解释为什么有两种 pK_a 值；（c）谷氨酸是一种具有三个 pK_a 值的氨基酸：分别为 2.10、4.07 和 9.47。画出谷氨酸的结构，并将每个 pK_a 值与分子的相应部分对应；（d）用强碱滴定未知氨基酸，得到如下滴定曲线。该氨基酸可能是哪些氨基酸？

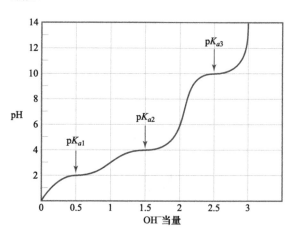

24.101　蛋白质核糖核酸酶 A 是天然的，或最稳定的形式，折叠成一个紧凑的球形：

天然核糖核酸酶A

（a）变性形式的蛋白质是一个延伸链。那么天然形式的自由能比变性形式低还是高？（b）从变性形式到折叠形式的过程中系统熵变符号是什么？（c）在天然形式下，该分子有 4 个—S—S—键，连接着链上的某些部分。预测一下，相对于没有任何—S—S—的折叠结构的自由能和熵，这 4 个键对天然结构的自由能和熵有什么影响？解释一下；（d）温和的还原剂将核糖核酸酶 A 中的 4 个—S—S—转化为八个—S—H 键。你预测这种转化对蛋白质的三级结构和熵有什么影响？（e）要形成—SH 键，核糖核酸酶 A 中必须存在哪些氨基酸？

24.102　单磷酸腺苷（AMP）的单阴离子是磷酸盐代谢的中间体：

$$A—O—\overset{\overset{O^-}{|}}{\underset{\underset{O}{||}}{P}}—OH \ = \ AMP\ —OH^-$$

其中 A= 腺苷。如果这个阴离子的 pK_a 为 7.21，那么在 pH7.4 的血液中，$[AMP—OH^-]$ 与 $[AMP—O^{2-}]$ 的比值是多少？

设计实验

如果两个或两个以上较小的多肽或蛋白质相互结合，形成更大的蛋白质结构，就会产生蛋白质的四级结构。这种结合是由氢键、静电和色散力导致的。这在前面已经介绍过。血红蛋白，一种用于运输血液中的氧分子的蛋白质，是一种具有四级结构的蛋白质。

血红蛋白是一个四聚体；它由四个较小的多肽，两个"α"和两个"β"组成。（这些名称并不意味着单个多肽中有 α- 螺旋或 β- 折叠的数量）。设计一组实验，证明血红蛋白是以一个四聚体而不是一个巨大的多肽链的形式存在。

数学运算

A.1 | 科学计数法

　　化学中使用的数字要么非常大，要么非常小。为了方便，这些数字可以用下列形式表示，

$$N \times 10^n$$

其中，N 是介于 1 和 10 之间的数字，n 是指数。下列是*科学计数法*，又称*指数计数法*的一些示例。

　　1200000 是 1.2×10^6（读作"一点二乘以十的六次方"）

　　0.000604 是 6.04×10^{-4}（读作"六点零四乘以十的负四次方"）

　　正指数，如第一个示例中所示，告诉我们一个数字需要乘以多少个 10，才能得到该数字长表达式：

$$1.2 \times 10^6 = 1.2 \times 10 \times 10 \times 10 \times 10 \times 10 \times 10\,(6\,个\,10)$$
$$= 1200000$$

　　也可以方便地将*正指数*看作小数点必须向左移动才能得到大于 1 小于 10 的数字的位数。例如，3450，将小数点向左移动三位，最后得到 3.45×10^3。

　　类似地，负指数是需要将一个数除以多少个 10，才能得到长表达式。

$$6.04 \times 10^{-4} = \frac{6.04}{10 \times 10 \times 10 \times 10} = 0.000604$$

　　可以方便地将*负指数*看作小数点必须向右移动才能得到大于 1 但小于 10 的数字的位数。例如，0.0048，将小数点向右移动三位，得到 4.8×10^{-3}。

　　在科学计数法中，小数点每右移一位，指数*减少* 1：
$$4.8 \times 10^{-3} = 48 \times 10^{-4}$$

　　同样，小数点每左移一位，指数*增加* 1：
$$4.8 \times 10^{-3} = 0.48 \times 10^{-2}$$

　　许多科学计算器都有一个标记为 EXP 或 EE 的键，用于以指数记数法输入数字。要在这种计算器上输入数字 5.8×10^3，按键顺序是

| 5 | · | 8 | EXP | （或 | EE | ） | 3 |

　　在一些计算器上，显示屏将显示 5.8，然后是一个空格，后面是指数 03。在另一些计算器上，显示 10 的 3 次幂。

　　输入负指数，使用标记为 "+/−" 的键。例如，要输入数字 8.6×10^{-5}，按键顺序为

| 8 | · | 6 | EXP | +/− | 5 |

　　以科学计数法输入数字时，如果使用 EXP 或 EE 按键，则不要输入 10。

　　在处理指数时，重要的是要记住 $10^0 = 1$。以下规则对于指数计算的运用很有用。

1. 加减法

用科学计数法表示的数字进行加减时，10 的幂必须相同。

$$(5.22 \times 10^4) + (3.21 \times 10^2) = (522 \times 10^2) + (3.21 \times 10^2)$$
$$= 525 \times 10^2 \text{（3 位有效数字）}$$
$$= 5.25 \times 10^4$$

$$(6.25 \times 10^2) - (5.77 \times 10^{-3}) = (6.25 \times 10^{-2}) - (0.577 \times 10^{-2})$$
$$= 5.67 \times 10^{-2} \text{（3 位有效数字）}$$

当使用计算器进行加法或减法运算时，不必担心有相同指数的数字，因为计算器会自动处理这个问题。

2. 乘法和除法

当以科学计数法表示的数字相乘时，指数相加；当以指数符号表示的数字相除时，分子的指数减去分母的指数。

$$(5.4 \times 10^2)(2.1 \times 10^3) = (5.4 \times 2.1) \times 10^{2+3}$$
$$= 11 \times 10^5$$
$$= 1.1 \times 10^6$$

$$(1.2 \times 10^5)(3.22 \times 10^{-3}) = (1.2 \times 3.22) \times 10^{5+(-3)} = 3.9 \times 10^2$$

$$\frac{3.2 \times 10^5}{6.5 \times 10^2} = \frac{3.2}{6.5} \times 10^{5-2} = 0.49 \times 10^3 = 4.9 \times 10^2$$

$$\frac{5.7 \times 10^7}{8.5 \times 10^{-2}} = \frac{5.7}{8.5} \times 10^{7-(-2)} = 0.67 \times 10^9 = 6.7 \times 10^8$$

3. 乘方和开根号

当以科学计数法表示的数字增大到幂数倍时，指数乘幂数。当以科学计数法表示的数字开根号时，指数除以开根号的数字。

$$(1.2 \times 10^5)^3 = 1.2^3 \times 10^{5 \times 3}$$
$$= 1.7 \times 10^{15}$$

$$\sqrt[3]{2.5 \times 10^6} = \sqrt[3]{2.5} \times 10^{6/3}$$
$$= 1.3 \times 10^2$$

科学计算器通常有标记为 x^2 和 $\sqrt{x}$ 的键，分别表示数字的平方和平方根。为了获得更高的幂或根，许多计算器会使用 y^x 和 $\sqrt[x]{y}$（或 INVy^x）键。例如，要在计算器上计算 $\sqrt[3]{7.5} \times 10^{-4}$，需要按 $\sqrt[x]{y}$ 键（或按 INV 键，然后按 $\sqrt[x]{y}$ 键），输入根 3，输入 7.5×10^{-4}，最后按 = 键。结果是 9.1×10^{-2}。

实例解析 1

使用科学计数法

在可能的情况下使用计算器进行以下操作：
（a）用科学计数法写出数字 0.0054。（b）$(5.0 \times 10^{-2}) + (4.7 \times 10^{-3})$（c）$(5.98 \times 10^{12})(2.77 \times 10^{-5})$
（d）$\sqrt[4]{1.75 \times 10^{-12}}$

解析

（a）将小数点右移三位，使 0.0054 转换为 5.4，所以指数为 −3：

$$5.4 \times 10^{-3}$$

科学计算器通常能用一到两次按键将数字转换成指数符号；"科学计数法"的"SCI"经常将数字转换成指数计数。请参阅使用说明书，了解如何在计算器上完成此操作。

（b）这些数字相加，必须将它们转换为相同的指数。

$$(5.0 \times 10^{-2}) + (0.47 \times 10^{-2}) = (5.0+0.47) \times 10^{-2}$$
$$= 5.5 \times 10^{-2}$$

（c）进行如下操作：

$$(5.98 \times 2.77) \times 10^{12-5} = 16.6 \times 10^7 = 1.66 \times 10^8$$

（d）要在计算器上执行此操作，应输入数字，按 $\sqrt[x]{y}$ 键（或 INV 和 y^x 键），输入 4，然后按 = 键。

结果是 1.15×10^{-3}。

▶ **实践练习**

执行如下操作：

（a）用科学计数法写出 67000，其结果用两位有效数字表示。

（b）$(3.378 \times 10^{-3}) - (4.97 \times 10^{-5})$

（c）$(1.84 \times 10^{15})(7.45 \times 10^{-2})$

（d）$(6.67 \times 10^{-8})^3$

A.2 | 对数

常用对数

如果 $N = a^x$（$a > 0$，$a \neq 1$），即 a 的 x 次方等于 N，那么数 x 叫作以 a 为底 N 的对数，特别地，我们称以 10 为底的对数为常用对数。例如，1000 的常用对数（写作 log1000）是 3，因为 10 的三次幂等于 1000。

$$10^3 = 1000，因此，\log 1000 = 3$$

更多的例子是

$$\log 10^5 = 5$$
$$\log 1 = 0 \ 因为 \ 10^0 = 1$$
$$\log^{-2} = -2$$

在这些例子中，常用的对数可以通过检验得到。但是不能通过检验得到如 31.25 这种数字的对数。31.25 的对数是满足以下关系的数字 x：

$$10^x = 31.25$$

大多数电子计算器都有一个标记为 LOG 的键，可用于读取对数。例如，在计算器上，通过输入 31.25 并按 LOG 键来获得 "log 31.25" 的值。我们得到以下结果：

$$\log 31.25 = 1.4949$$

请注意，31.25 大于 10（10^1）小于 100（10^2）。log31.25 的值相应地在 log 10 和 log 100 之间，也就是说，在 1 和 2 之间。

有效数字和常用对数

对于测量数据的常用对数，小数点后的位数等于原始数字中的有效数字位数。例如，如果 23.5 是测量的数（3 位有效数字），则 log23.5=1.371（小数点后 3 位有效数字）

反对数

确定与某个对数对应的数字的过程是获得*反对数*的过程。它与对数相反。例如，我们前面得知 log23.5=1.371。这意味着 1.371 的反对数等于 23.5。

$$\log 23.5 = 1.371$$

$$antilog1.371 = 23.5$$

计算数据的反对数的过程与计算 10 的这个数次幂的过程相同。

$$antilog1.371 = 10^{1.371} = 23.5$$

许多计算器都有一个标记为 10^x 的键，可以直接得到反对数。在另一些计算器上通过按标记为 INV（表示反向）的键，然后按 LOG 键得到反对数。

自然对数

基于数字 e 的对数或以 e 为底的对数（缩写为 ln）称为自然对数。数字的自然对数是必须提高到等于该数字的 e（其值为 2.71828…）的幂数。例如，10 的自然对数等于 2.303。

$$e^{2.303} = 10，因此 \ln10 = 2.303$$

计算器可能有一个标记为 LN 的键，能够得到自然对数。例如，要计算 46.8 的自然对数，输入 46.8 并按 LN 键。

$$\ln46.8 = 3.846$$

一个数的自然反对数是 e 的次幂得到相应的数。如果计算器可以计算自然对数，它也可以计算自然反对数。在某些计算器上，有一个标记为 e^x 的键，可以直接计算自然反对数；在另一些计算器上，需要先按 INV 键，然后按 LN 键。例如，1.679 的自然反对数由下式给出：

$$1.679 \text{ 的自然反对数} = e^{1.679} = 5.36$$

常用对数与自然对数的关系如下：

$$\ln a = 2.303\log a$$

注意，以 e 为底的自然对数是以 10 为底的自然对数的 2.303 倍。

使用对数进行数学运算

因为对数是指数，所以涉及对数的数学运算遵循指数的使用规则。例如 z^a 和 z^b（其中 z 是任意数）的乘积由下式给出

$$z^a \cdot z^b = z^{(a+b)}$$

同样地，乘积的对数（常用对数或自然对数）等于单个数的对数之和

$$\log ab = \log a + \log b \qquad \ln ab = \ln a + \ln b$$

对于对数的商

$$\log(a/b) = \log a - \log b \qquad \ln(a/b) = \ln a - \ln b$$

利用指数的性质，我们还可以推导出如下关系

$$\log a^n = n \log a \qquad \ln a^n = n \ln a$$
$$\log a^{1/n} = (1/n)\log a \qquad \ln a^{1/n} = (1/n)\ln a$$

pH 问题

在普通化学中，对数常见的一个应用是处理 pH 问题。pH 定义为 $-\log[H^+]$，其中 $[H^+]$ 是溶液的氢离子浓度（见 16.4 节）。下面的实例解析阐明了这种应用。

实例解析 2
使用对数

（a）氢离子浓度为 0.015M 溶液的 pH 值是多少？
（b）如果溶液的 pH 值为 3.80，其氢离子浓度是多少？

解析

（1）已知 [H^+] 的值。我们使用计算器的 LOG 键来计算 log[H^+] 的值。通过改变得到的值的符号来计算 pH 值。（取对数后一定要改变符号。）

$$[H^+] = 0.015$$

$$\log[H^+] = -1.82（2 位有效数字）$$

$$pH = -(-1.82) = 1.82$$

（2）为了得到给定的 pH 值下的氢离子浓度，我们必须取 −pH 的反对数。

$$pH = -\log[H^+] = 3.80$$

$$\log[H^+] = -3.80$$
$$[H^+] = \text{antilog}(-3.80) = 10^{-3.80} = 1.6 \times 10^{-4}M$$

▶ **实践练习**

执行以下操作：
（a）$\log(2.5 \times 10^{-5})$
（b）$\ln 32.7$
（c）$\text{antilog} -3.47$
（d）$e^{-1.89}$

A.3 | 一元二次方程

形式为 $ax^2 + bx + c = 0$ 的代数方程称为*一元二次方程*。这种方程的两个解由一元二次方程求根公式给出：

$$x = \frac{-b \pm \sqrt{b^2 - 4ac}}{2a}$$

现在的许多计算器可以用一次或两次按键来计算一元二次方程的解。大多数情况下，x 对应于溶液中一种化学物质的浓度。答案中有一个是正数，这正是你需要的数值，一个"负浓度"是没有物理意义的。

实例解析 3
使用一元二次方程求根公式

计算满足公式 $2x^2 + 4x = 1$ 的 x 值。

解析

为了解出给定的 x 方程，我们首先把它的形式转化为

$$ax^2 + bx + c = 0$$

然后使用一元二次方程求根公式。如果

$$2x^2 + 4x = 1$$

那么

$$2x^2 + 4x - 1 = 0$$

使用一元二次方程求根公式，其中 $a = 2$，$b = 4$，$c = -1$，我们有

$$x = \frac{-4 \pm \sqrt{4^2 - 4(2)(-1)}}{2 \times 2}$$

$$= \frac{-4 \pm \sqrt{16 + 8}}{4} = \frac{-4 \pm \sqrt{24}}{4} = \frac{-4 \pm 4.899}{4}$$

两个解为

$$x = \frac{0.899}{4} = 0.225 \text{ 和 } x = \frac{-8.899}{4} = -2.225$$

x 代表浓度，负值没有意义，所以 $x = 0.225$。

A.4 | 图表

通常表示两个变量之间相互关系最清晰的方法是用图表表示。通常，可以改变的变量，称为*自变量*，沿着水平轴（x 轴）显示。

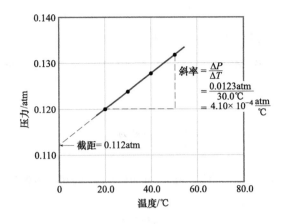

表 A.1　压力与温度的相互关系

温度 /℃	压力 /atm
20.0	0.120
30.0	0.124
40.0	0.128
50.0	0.132

▲ 图 A.1　压力与温度的关系图

随着自变量变化的变量，称为*因变量*，沿垂直轴（ *y* 轴）显示。例如，考虑一个实验，我们改变封闭气体的温度并测量其压力。自变量是温度，因变量是压力。通过本实验可以得到表 A.1 所示的数据。这些数据见图 A.1。温度和压力之间的关系是线性的。任何直线图形的方程都有以下形式

$$y = mx + b$$

其中，*m* 是直线的斜率；*b* 是与 *y* 轴的截距。在图 A.1 的情况下，我们可以说温度和压力之间的关系为

$$P = mT + b$$

其中，*P* 是以 atm 表示的压力；*T* 是以 ℃ 表示的温度。如图 A.1 所示，斜率为 4.10×10^{-4} atm/℃，截距——直线穿过 *y* 轴的一点——为 0.112atm。因此，这条线的方程是

$$P = \left(4.10 \times 10^{-4} \frac{atm}{℃} \right) T + 0.112atm$$

A.5 │ 标准偏差

标准偏差 *s*，是描述实验测定数据精密度的一种常用方法。我们将标准偏差定义为

$$s = \sqrt{\frac{\sum_{i=1}^{N}(x_i - \bar{x})^2}{N - 1}}$$

式中，*N* 是测量的次数；$\bar{x}$ 是测量值的平均数（也称为平均值），x_i 代表单个测量值。具有内置统计功能的电子计算器可以通过输入单个测量值直接计算 *s* 值。

s 越小表示精密度越高，这意味着数据在平均值周围的聚集度越高。标准偏差具有统计意义。如果进行大量测量，假设测量值只与随机误差有关，那么 68% 的测量值应该在一个标准偏差范围内。

实例解析 4

计算平均值和标准偏差

将糖中的碳含量测量四次，分别为：42.01%、42.28%、41.79% 和 42.25%。计算这些测量值的（a）平均值（b）标准偏差。

解析

（a）通过将测量值相加并除以测量次数得出平均值：

$$\bar{x} = \frac{42.01 + 42.28 + 41.79 + 42.25}{4} = \frac{168.33}{4} = 42.08(\%)$$

（b）使用前面的公式得出标准偏差：

$$s = \sqrt{\frac{\sum_{i=1}^{N}\left(x_i - \bar{x}\right)^2}{N-1}}$$

让我们把数据制成表格，这样 $\sum_{i=1}^{N}\left(x_i - \bar{x}\right)^2$ 的计算可以看得更清楚。

C/%	测量值和平均值之间的偏差 $(x_i - x)$/%	平方差，$(x_i - x)^2$
42.01	$42.01 - 42.08 = -0.07$	$(-0.07)^2 = 0.005$
42.28	$42.28 - 42.08 = 0.20$	$(0.20)^2 = 0.040$
41.79	$41.79 - 42.08 = -0.29$	$(-0.29)^2 = 0.084$
42.25	$42.25 - 42.08 = 0.17$	$(0.17)^2 = 0.029$

最后一列的和为

$$\sum_{i=1}^{N}\left(x_i - \bar{x}\right)^2 = 0.005 + 0.040 + 0.084 + 0.029 = 0.16(\%)$$

因此，标准偏差为

$$s = \sqrt{\frac{\sum_{i=1}^{N}\left(x_i - \bar{x}\right)^2}{N-1}} = \sqrt{\frac{0.16}{4-1}} = \sqrt{\frac{0.16}{3}} = \sqrt{0.053} = 0.23(\%)$$

根据这些测量结果，测量碳的百分比可以恰当地表示为 42.08% ± 0.23%。

B

水的性质

密度：　　　　　0℃ 0.99987g/mL

4℃ 1.00000g/mL

25℃ 0.99707g/mL

100℃ 0.95838g/mL

熔化热（焓）：　0℃ 6.008 kJ/mol

汽化热（焓）：　0℃ 44.94 kJ/mol

25℃ 44.02 kJ/mol

100℃ 40.67 kJ/mol

离子积常数，K_w：0℃ 1.14×10^{-15}

25℃ 1.01×10^{-14}

50℃ 5.47×10^{-14}

比热容：　　　　−3℃的冰 2.092J/(g·K) = 2.092J/(g·℃)

25℃的水 4.184J/(g·K) = 4.184J/(g·℃)

100℃的水蒸气是 1.841J/(g·K) = 1.841J/(g·℃)

不同温度下的蒸气压 /torr

$T/℃$	P	$T/℃$	P	$T/℃$	P	$T/℃$	P
0	4.58	21	18.65	35	42.2	92	567.0
5	6.54	22	19.83	40	55.3	94	610.9
10	9.21	23	21.07	45	71.9	96	657.6
12	10.52	24	22.38	50	92.5	98	707.3
14	11.99	25	23.76	55	118.0	100	760.0
16	13.63	26	25.21	60	149.4	102	815.9
17	14.53	27	26.74	65	187.5	104	875.1
18	15.48	28	28.35	70	233.7	106	937.9
19	16.48	29	30.04	80	355.1	108	1004.4
20	17.54	30	31.82	90	525.8	110	1074.6

298.15K（25℃）下常见物质的热力学常数

物质	ΔH_f° /(kJ/mol)	ΔG_f° /(kJ/mol)	S° /[J/(mol·K)]	物质	ΔH_f° /(kJ/mol)	ΔG_f° /(kJ/mol)	S° /[J/(mol·K)]
铝				$C_2H_2(g)$	226.77	209.2	200.8
Al(s)	0	0	28.32	$C_2H_4(g)$	52.30	68.11	219.4
$AlCl_3(s)$	−705.6	−630.0	109.3	$C_2H_6(g)$	−84.68	−32.89	229.5
$Al_2O_3(s)$	−1669.8	−1576.5	51.00	$C_3H_8(g)$	−103.85	−23.47	269.9
钡				$C_4H_{10}(g)$	−124.73	−15.71	310.0
Ba(s)	0	0	63.2	$C_4H_{10}(l)$	−147.6	−15.0	231.0
$BaCO_3(s)$	−1216.3	−1137.6	112.1	$C_6H_6(g)$	82.9	129.7	269.2
BaO(s)	−553.5	−525.1	70.42	$C_6H_6(l)$	49.0	124.5	172.8
铍				$CH_3OH(g)$	−201.2	−161.9	237.6
Be(s)	0	0	9.44	$CH_3OH(l)$	−238.6	−166.23	126.8
BeO(s)	−608.4	−579.1	13.77	$C_2H_5OH(g)$	−235.1	−168.5	282.7
$Be(OH)_2(s)$	−905.8	−817.9	50.21	$C_2H_5OH(l)$	−277.7	−174.76	160.7
溴				$C_6H_{12}O_6(s)$	−1273.02	−910.4	212.1
Br(g)	111.8	82.38	174.9	CO(g)	−110.5	−137.2	197.9
Br^-(aq)	120.9	−102.8	80.71	$CO_2(g)$	−393.5	−394.4	213.6
$Br_2(g)$	30.71	3.14	245.3	$CH_3COOH(l)$	−487.0	−392.4	159.8
$Br_2(l)$	0	0	152.3	铯			
HBr(g)	−36.23	−53.22	198.49	Cs(g)	76.50	49.53	175.6
钙				Cs(l)	2.09	0.03	92.07
Ca(g)	179.3	145.5	154.8	Cs(s)	0	0	85.15
Ca(s)	0	0	41.4	CsCl(s)	−442.8	−414.4	101.2
$CaCO_3$ (s, 方解石)	−1207.1	−1128.76	92.88	氯			
$CaCl_2(s)$	−795.8	−748.1	104.6	Cl(g)	121.7	105.7	165.2
$CaF_2(s)$	−1219.6	−1167.3	68.87	Cl^-(aq)	−167.2	−131.2	56.5
CaO(s)	−635.5	−604.17	39.75	$Cl_2(g)$	0	0	222.96
$Ca(OH)_2(s)$	−986.2	−898.5	83.4	HCl(aq)	−167.2	−131.2	56.5
$CaSO_4(s)$	−1434.0	−1321.8	106.7	HCl(g)	−92.30	−95.27	186.69
碳				铬			
C(g)	718.4	672.9	158.0	Cr(g)	397.5	352.6	174.2
C(s, 金刚石)	1.88	2.84	2.43	Cr(s)	0	0	23.6
C(s, 石墨)	0	0	5.69	$Cr_2O_3(s)$	−1139.7	−1058.1	81.2
$CCl_4(g)$	−106.7	−64.0	309.4	钴			
$CCl_4(l)$	−139.3	−68.6	214.4	Co(g)	439	393	179
$CF_4(g)$	−679.9	−635.1	262.3	Co(s)	0	0	28.4
$CH_4(g)$	−74.8	−50.8	186.3				

（续）

物质	ΔH_f° /(kJ/mol)	ΔG_f° /(kJ/mol)	S° /[J/(mol·K)]	物质	ΔH_f° /(kJ/mol)	ΔG_f° /(kJ/mol)	S° /[J/(mol·K)]
铜				$Li^+(aq)$	−278.5	−273.4	12.2
$Cu(g)$	338.4	298.6	166.3	$Li^+(g)$	685.7	648.5	133.0
$Cu(s)$	0	0	33.30	$LiCl(s)$	−408.3	−384.0	59.30
$CuCl_2(s)$	−205.9	−161.7	108.1	镁			
$CuO(s)$	−156.1	−128.3	42.59	$Mg(g)$	147.1	112.5	148.6
$Cu_2O(s)$	−170.7	−147.9	92.36	$Mg(s)$	0	0	32.51
氟				$MgCl_2(s)$	−641.6	−592.1	89.6
$F(g)$	80.0	61.9	158.7	$MgO(s)$	−601.8	−569.6	26.8
$F^-(aq)$	−332.6	−278.8	−13.8	$Mg(OH)_2(s)$	−924.7	−833.7	63.24
$F_2(g)$	0	0	202.7	锰			
$HF(g)$	−268.61	−270.70	173.51	$Mn(g)$	280.7	238.5	173.6
氢				$Mn(s)$	0	0	32.0
$H(g)$	217.94	203.26	114.60	$MnO(s)$	−385.2	−362.9	59.7
$H^+(aq)$	0	0	0	$MnO_2(s)$	−519.6	−464.8	53.14
$H^+(g)$	1536.2	1517.0	108.9	$MnO_4^-(aq)$	−541.4	−447.2	191.2
$H_2(g)$	0	0	130.58	汞			
碘				$Hg(g)$	60.83	31.76	174.89
$I(g)$	106.60	70.16	180.66	$Hg(l)$	0	0	77.40
$I^-(g)$	−55.19	−51.57	111.3	$HgCl_2(s)$	−230.1	−184.0	144.5
$I_2(g)$	62.25	19.37	260.57	$Hg_2Cl_2(s)$	−264.9	−210.5	192.5
$I_2(s)$	0	0	116.73	镍			
$HI(g)$	25.94	1.30	206.3	$Ni(g)$	429.7	384.5	182.1
铁				$Ni(s)$	0	0	29.9
$Fe(g)$	415.5	369.8	180.5	$NiCl_2(s)$	−305.3	−259.0	97.65
$Fe(s)$	0	0	27.15	$NiO(s)$	−239.7	−211.7	37.99
$Fe^{2+}(aq)$	−87.86	−84.93	113.4	氮			
$Fe^{3+}(aq)$	−47.69	−10.54	293.3	$N(g)$	472.7	455.5	153.3
$FeCl_2(s)$	−341.8	−302.3	117.9	$N_2(g)$	0	0	191.50
$FeCl_3(s)$	−400	−334	142.3	$NH_3(aq)$	−80.29	−26.50	111.3
$FeO(s)$	−271.9	−255.2	60.75	$NH_3(g)$	−46.19	−16.66	192.5
$Fe_2O_3(s)$	−822.16	−740.98	89.96	$NH_4^+(aq)$	−132.5	−79.31	113.4
$Fe_3O_4(s)$	−1117.1	−1014.2	146.4	$N_2H_4(g)$	95.40	159.4	238.5
$FeS_2(s)$	−171.5	−160.1	52.92	$NH_4CN(s)$	0.4	—	—
铅				$NH_4Cl(s)$	−314.4	−203.0	94.6
$Pb(s)$	0	0	68.85	$NH_4NO_3(s)$	365.6	−184.0	151
$PbBr_2(s)$	−277.4	−260.7	161	$NO(g)$	90.37	86.71	210.62
$PbCO_3(s)$	−699.1	−625.5	131.0	$NO_2(g)$	33.84	51.84	240.45
$Pb(NO_3)_2(aq)$	−421.3	−246.9	303.3	$N_2O(g)$	81.6	103.59	220.0
$Pb(NO_3)_2(aq)$	−451.9	—	—	$N_2O_4(g)$	9.66	98.28	304.3
$PbO(s)$	−217.3	−187.9	68.70	$NOCl(g)$	52.6	66.3	264
锂				$HNO_3(aq)$	−206.6	−110.5	146
$Li(g)$	159.3	126.6	138.8	$HNO_3(g)$	−134.3	−73.94	266.4
$Li(s)$	0	0	29.09				

（续）

物质	ΔH_f° /(kJ/mol)	ΔG_f° /(kJ/mol)	S° /[J/(mol·K)]	物质	ΔH_f° /(kJ/mol)	ΔG_f° /(kJ/mol)	S° /[J/(mol·K)]
氧				钪			
$O(g)$	247.5	230.1	161.0	$Sc(g)$	377.8	336.1	174.7
$O_2(g)$	0	0	205.0	$Sc(s)$	0	0	34.6
$O_3(g)$	142.3	163.4	237.6	硒			
$OH^-(aq)$	−230.0	−157.3	−10.7	$H_2Se(g)$	29.7	15.9	219.0
$H_2O(g)$	−241.82	−228.57	188.83	硅			
$H_2O(l)$	−285.83	−237.13	69.91	$Si(g)$	368.2	323.9	167.8
$H_2O_2(g)$	−136.10	−105.48	232.9	$Si(s)$	0	0	18.7
$H_2O_2(l)$	−187.8	−120.4	109.6	$SiC(s)$	−73.22	−70.85	16.61
磷				$SiCl_4(l)$	−640.1	−572.8	239.3
$P(g)$	316.4	280.0	163.2	$SiO_2(s，石英)$	−910.9	−856.5	41.84
$P_2(g)$	144.3	103.7	218.1	银			
$P_4(g)$	58.9	24.4	280	$Ag(s)$	0	0	42.55
$P_4(s，红)$	−17.46	−12.03	22.85	$Ag^+(aq)$	105.90	77.11	73.93
$P_4(s，白)$	0	0	41.08	$AgCl(s)$	−127.0	−109.70	96.11
$PCl_3(g)$	−288.07	−269.6	311.7	$Ag_2O(s)$	−31.05	−11.20	121.3
$PCl_3(l)$	−319.6	−272.4	217	$AgNO_3(s)$	−124.4	−33.41	140.9
$PF_5(g)$	−1594.4	−1520.7	300.8	钠			
$PH_3(g)$	5.4	13.4	210.2	$Na(g)$	107.7	77.3	153.7
$P_4O_6(s)$	−1640.1	—	—	$Na(s)$	0	0	51.45
$P_4O_{10}(s)$	−2940.1	−2675.2	228.9	$Na^+(aq)$	−240.1	−261.9	59.0
$POCl_3(g)$	−542.2	−502.5	325	$Na^+(g)$	609.3	574.3	148.0
$POCl_3(l)$	−597.0	−520.9	222	$NaBr(aq)$	−360.6	−364.7	141.00
$H_3PO_4(aq)$	−1288.3	−1142.6	158.2	$NaBr(s)$	−361.4	−349.3	86.82
钾				$Na_2CO_3(s)$	−1130.9	−1047.7	136.0
$K(g)$	89.99	61.17	160.2	$NaCl(aq)$	−407.1	−393.0	115.5
$K(s)$	0	0	64.67	$NaCl(g)$	−181.4	−201.3	229.8
$K^+(aq)$	−252.4	−283.3	102.5	$NaCl(s)$	−410.9	−384.0	72.33
$K^+(g)$	514.2	481.2	154.5	$NaHCO_3(s)$	−947.7	−851.8	102.1
$KCl(s)$	−435.9	−408.3	82.7	$NaNO_3(aq)$	−446.2	−372.4	207
$KClO_3(s)$	−391.2	−289.9	143.0	$NaNO_3(s)$	−467.9	−367.0	116.5
$KClO_3(aq)$	−349.5	−284.9	265.7	$NaOH(aq)$	−469.6	−419.2	49.8
$K_2CO_3(s)$	−1150.18	−1064.58	155.44	$NaOH(s)$	−425.6	−379.5	64.46
$KNO_3(s)$	−492.70	−393.13	132.9	$Na_2SO_4(s)$	−1387.1	−1270.2	149.6
$K_2O(s)$	−363.2	−322.1	94.14	锶			
$KO_2(s)$	−284.5	−240.6	122.5	$SrO(s)$	−592.0	−561.9	54.9
$K_2O_2(s)$	−495.8	−429.8	113.0	$Sr(g)$	164.4	110.0	164.6
$KOH(s)$	−424.7	−378.9	78.91	硫			
$KOH(aq)$	−482.4	−440.5	91.6	$S(s，菱形)$	0	0	31.88
铷				$S_8(g)$	102.3	49.7	430.9
$Rb(g)$	85.8	55.8	170.0	$SO_2(g)$	−296.9	−300.4	248.5
$Rb(s)$	0	0	76.78	$SO_3(g)$	−395.2	−370.4	256.2
$RbCl(s)$	−430.5	−412.0	92	$SO_4^{2-}(aq)$	−909.3	−744.5	20.1
$RbClO_3(s)$	−392.4	−292.0	152				

（续）

物质	ΔH_f° /(kJ/mol)	ΔG_f° /(kJ/mol)	S° /[J/(mol·K)]	物质	ΔH_f° /(kJ/mol)	ΔG_f° /(kJ/mol)	S° /[J/(mol·K)]
$SOCl_2$ (l)	−245.6	—	—	钒			
H_2S (g)	−20.17	−33.01	205.6	V(g)	514.2	453.1	182.2
H_2SO_4(aq)	−909.3	−744.5	20.1	V(s)	0	0	28.9
H_2SO_4 (l)	−814.0	−689.9	156.1	锌			
钛				Zn(g)	130.7	95.2	160.9
Ti(g)	468	422	180.3	Zn(s)	0	0	41.63
Ti(s)	0	0	30.76	$ZnCl_2$(s)	−415.1	−369.4	111.5
$TiCl_4$(g)	−763.2	−726.8	354.9	ZnO (s)	−348.0	−318.2	43.9
$TiCl_4$ (l)	−804.2	−728.1	221.9				
TiO_2(s)	−944.7	−889.4	50.29				

D

水的平衡常数

表 D.1　25℃时酸的解离常数

物质	成分	K_{a1}	K_{a2}	K_{a3}
乙酸	CH_3COOH（或 $HC_2H_3O_2$）	1.8×10^{-5}		
砷酸	H_3AsO_4	5.6×10^{-3}	1.0×10^{-7}	3.0×10^{-12}
亚砷酸	H_3AsO_3	5.1×10^{-10}		
抗坏血酸	$H_2C_6H_6O_6$	8.0×10^{-5}	1.6×10^{-12}	
苯甲酸	C_6H_5COOH（或 $HC_7H_5O_2$）	6.3×10^{-5}		
硼酸	H_3BO_3	5.8×10^{-10}		
丁酸	C_3H_7COOH（或 $HC_4H_7O_2$）	1.5×10^{-5}		
碳酸	H_2CO_3	4.3×10^{-7}	5.6×10^{-11}	
氯乙酸	$CH_2ClCOOH$（或 $HC_2H_2O_2Cl$）	1.4×10^{-3}		
氯甲酸	$HClO_2$	1.1×10^{-2}		
柠檬酸	$HOOCC(OH)(CH_2COOH)_2$（或 $H_3C_6H_5O_7$）	7.4×10^{-4}	1.7×10^{-5}	4.0×10^{-7}
氰酸	$HCNO$	3.5×10^{-4}		
甲酸	$HCOOH$（或 $HCHO_2$）	1.8×10^{-4}		
偶氮氢酸	HN_3	1.9×10^{-5}		
氢氰酸	HCN	4.9×10^{-10}		
氢氟酸	HF	6.8×10^{-4}		
铬酸氢离子	$HCrO_4^-$	3.0×10^{-7}		
过氧化氢	H_2O_2	2.4×10^{-12}		
硒酸氢离子	$HSeO_4^-$	2.2×10^{-2}		
硫化氢	H_2S	9.5×10^{-8}	1×10^{-19}	
次溴酸	$HBrO$	2.5×10^{-9}		
次氯酸	$HClO$	3.0×10^{-8}		
次碘酸	HIO	2.3×10^{-11}		
碘酸	HIO_3	1.7×10^{-1}		
乳酸	$CH_3CH(OH)COOH$（或 $HC_3H_5O_3$）	1.4×10^{-4}		
丙二酸	$CH_2(COOH)_2$（或 $H_2C_3H_2O_4$）	1.5×10^{-3}	2.0×10^{-6}	
亚硝酸	HNO_2	4.5×10^{-4}		
草酸	$(COOH)_2$（或 $H_2C_2O_4$）	5.9×10^{-2}	6.4×10^{-5}	
高碘酸	H_5IO_6	2.8×10^{-2}	5.3×10^{-9}	
苯酚	C_6H_5OH（或 HC_6H_5O）	1.3×10^{-10}		
磷酸	H_3PO_4	7.5×10^{-3}	6.2×10^{-8}	4.2×10^{-13}
丙酸	C_2H_5COOH（或 $HC_3H_5O_2$）	1.3×10^{-5}		
焦磷酸	$H_4P_2O_7$	3.0×10^{-2}	4.4×10^{-3}	2.1×10^{-7}
亚硒酸	H_2SeO_3	2.3×10^{-3}	5.3×10^{-9}	
硫酸	H_2SO_4	强酸	1.2×10^{-2}	
亚硫酸	H_2SO_3	1.7×10^{-2}	6.4×10^{-8}	
酒石酸	$HOOC(CHOH)_2COOH$（或 $H_2C_4H_4O_6$）	1.0×10^{-3}		

表 D.2 25℃下碱的解离常数

物质	成分	K_b
氨	NH_3	1.8×10^{-5}
苯胺	$C_6H_5NH_2$	4.3×10^{-10}
二甲胺	$(CH_3)_2NH$	5.4×10^{-4}
乙胺	$C_2H_5NH_2$	6.4×10^{-4}
肼	H_2NNH_2	1.3×10^{-6}
羟胺	$HONH_2$	1.1×10^{-8}
甲胺	CH_3NH_2	4.4×10^{-4}
吡啶	C_5H_5N	1.7×10^{-9}
三甲胺	$(CH_3)_3N$	6.4×10^{-5}

表 D.3 化合物在 25℃下的溶度积常数

物质	成分	K_{sp}	物质	成分	K_{sp}
碳酸钡	$BaCO_3$	5.0×10^{-9}	氟化铅（Ⅱ）	PbF_2	3.6×10^{-8}
铬酸钡	$BaCrO_4$	2.1×10^{-10}	硫酸铅（Ⅱ）	$PbSO_4$	6.3×10^{-7}
氟化钡	BaF_2	1.7×10^{-6}	硫化铅（Ⅱ）①	PbS	3×10^{-28}
草酸钡	BaC_2O_4	1.6×10^{-6}	氢氧化镁	$Mg(OH)_2$	1.8×10^{-11}
硫酸钡	$BaSO_4$	1.1×10^{-10}	碳酸镁	$MgCO_3$	3.5×10^{-8}
碳酸镉	$CdCO_3$	1.8×10^{-14}	草酸锰	MgC_2O_4	8.6×10^{-5}
氢氧化镉	$Cd(OH)_2$	2.5×10^{-14}	碳酸锰（Ⅱ）	$MnCO_3$	5.0×10^{-10}
硫化镉①	CdS	8×10^{-28}	氢氧化锰（Ⅱ）	$Mn(OH)_2$	1.6×10^{-13}
碳酸钙（方解石）	$CaCO_3$	4.5×10^{-9}	硫化锰（Ⅱ）①	MnS	2×10^{-53}
铬酸钙	$CaCrO_4$	4.5×10^{-9}	氯化亚汞（Ⅰ）	Hg_2Cl_2	1.2×10^{-18}
氟化钙	CaF_2	3.9×10^{-11}	碘化亚汞（Ⅰ）	Hg_2I_2	$1.1 \times 10^{-1.1}$
氢氧化钙	$Ca(OH)_2$	6.5×10^{-6}	硫化汞（Ⅱ）①	HgS	2×10^{-53}
磷酸钙	$Ca_3(PO_4)_2$	2.0×10^{-29}	碳酸镍（Ⅱ）	$NiCO_3$	1.3×10^{-7}
硫酸钙	$CaSO_4$	2.4×10^{-5}	氢氧化镍（Ⅱ）	$Ni(OH)_2$	6.0×10^{-16}
氢氧化铬（Ⅲ）	$Cr(OH)_3$	6.7×10^{-31}	硫化镍（Ⅱ）①	NiS	3×10^{-20}
碳酸钴（Ⅱ）	$CoCO_3$	1.0×10^{-10}	溴酸银	$AgBrO_3$	5.5×10^{-13}
氢氧化钴（Ⅱ）	$Co(OH)_2$	1.3×10^{-15}	溴化银	$AgBr$	5.0×10^{-13}
硫化钴（Ⅱ）①	CoS	5×10^{-22}	碳酸银	Ag_2CO_3	8.1×10^{-12}
溴化铜（Ⅰ）	$CuBr$	5.3×10^{-9}	氯化银	$AgCl$	1.8×10^{-10}
碳酸铜（Ⅱ）	$CuCO_3$	2.3×10^{-10}	草酸银	Ag_2CrO_4	1.2×10^{-12}
氢氧化铜（Ⅱ）	$Cu(OH)_2$	4.8×10^{-20}	碘化银	AgI	8.3×10^{-17}
硫化铜（Ⅱ）①	CuS	6×10^{-37}	硫酸银	Ag_2SO_4	1.5×10^{-5}
碳酸亚铁（Ⅱ）	$FeCO_3$	2.1×10^{-11}	硫化银①	Ag_2S	6×10^{-51}
氢氧化亚铁（Ⅱ）	$Fe(OH)_2$	7.9×10^{-16}	碳酸锶	$SrCO_3$	9.3×10^{-10}
氟化镧	LaF_3	2×10^{-19}	硫化锡（Ⅱ）①	SnS	1×10^{-26}
碘酸镧	$La(IO_3)_3$	7.4×10^{-14}	碳酸锌	$ZnCO_3$	1.0×10^{-10}
碳酸铅（Ⅱ）	$PbCO_3$	7.4×10^{-14}	氢氧化锌	$Zn(OH)_2$	3.0×10^{-16}
氯化铅（Ⅱ）	$PbCl_2$	1.7×10^{-5}	草酸锌	ZnC_2O_4	2.7×10^{-8}
铬酸铅（Ⅱ）	$PbCrO_4$	2.8×10^{-13}	硫化锌①	ZnS	2×10^{-25}

①表示溶液中有 $MS(s) + H_2O(l) \rightleftharpoons M^{2+}(aq) + HS^-(aq) + OH^-(aq)$

E

25℃下标准还原电位

半反应	$E^°/V$	半反应	$E^°/V$
$Ag^+(aq) + e^- \longrightarrow Ag(s)$	+0.80	$2\,H_2O(l) + 2e^- \longrightarrow H_2(g) + 2OH^-(aq)$	−0.83
$AgBr(s) + e^- \longrightarrow Ag(s) + Br^-(aq)$	+0.10	$HO_2^-(aq) + H_2O(l) + 2e^- \longrightarrow 3OH^-(aq)$	+0.88
$AgCl(s) + e^- \longrightarrow Ag(s) + Cl^-(aq)$	+0.22	$H_2O_2(aq) + 2H^+(aq) + 2e^- \longrightarrow 2H_2O(l)$	+1.78
$Ag(CN)_2^-(aq) + e^- \longrightarrow Ag(s) + 2\,CN^-(aq)$	−0.31	$Hg_2^{2+}(aq) + 2e^- \longrightarrow 2Hg(l)$	+0.79
$Ag_2CrO_4(s) + 2e^- \longrightarrow 2\,Ag(s) + CrO_4^{2-}(aq)$	+0.45	$2Hg^{2+}(aq) + 2e^- \longrightarrow Hg_2^{2+}(aq)$	+0.92
$AgI(s) + e^- \longrightarrow Ag(s) + I^-(aq)$	−0.15	$Hg^{2+}(aq) + 2e^- \longrightarrow Hg(l)$	+0.85
$Ag(S_2O_3)_2^{3-}(aq) + e^- \longrightarrow Ag(s) + 2\,S_2O_3^{2-}(aq)$	+0.01	$I_2(s) + 2e^- \longrightarrow 2I^-(aq)$	+0.54
$Al^{3+}(aq) + 3e^- \longrightarrow Al(s)$	−1.66	$2IO_3^-(aq) + 12H^+(aq) + 10e^- \longrightarrow I_2(s) + 6H_2O(l)$	+1.20
$H_3AsO_4(aq) + 2H^+(aq) + 2e^- \longrightarrow H_3AsO_3(aq) + H_2O(l)$	+0.56	$K^+(aq) + e^- \longrightarrow K(s)$	−2.92
$Ba^{2+}(aq) + 2e^- \longrightarrow Ba(s)$	−2.90	$Li^+(aq) + e^- \longrightarrow Li(s)$	−3.05
$BiO^+(aq) + 2\,H^+(aq) + 3e^- \longrightarrow Bi(s) + H_2O(l)$	+0.32	$Mg^{2+}(aq) + 2e^- \longrightarrow Mg(s)$	−2.37
$Br_2(l) + 2e^- \longrightarrow 2\,Br^-(aq)$	+1.07	$Mn^{2+}(aq) + 2e^- \longrightarrow Mn(s)$	−1.18
$2BrO_3^-(aq) + 12H^+(aq) + 10e^- \longrightarrow Br_2(l) + 6H_2O(l)$	+1.52	$MnO_2(s) + 4H^+(aq) + 2e^- \longrightarrow Mn^{2+}(aq) + 2H_2O(l)$	+1.23
$2CO_2(g) + 2\,H^+(aq) + 2e^- \longrightarrow H_2C_2O_4(aq)$	−0.49	$MnO_4^-(aq) + 8H^+(aq) + 5e^- \longrightarrow Mn^{2+}(aq) + 4H_2O(l)$	+1.51
$Ca^{2+}(aq) + 2e^- \longrightarrow Ca(s)$	−2.87	$MnO_4^-(aq) + 2H_2O(l) + 3e^- \longrightarrow MnO_2(s) + 4OH^-(aq)$	+0.59
$Cd^{2+}(aq) + 2e^- \longrightarrow Cd(s)$	−0.40	$HNO_2(aq) + H^+(aq) + e^- \longrightarrow NO(g) + H_2O(l)$	+1.00
$Ce^{4+}(aq) + e^- \longrightarrow Ce^{3+}(aq)$	+1.61	$N_2(g) + 4\,H_2O(l) + 4\,e^- \longrightarrow 4OH^-(aq) + N_2H_4(aq)$	−1.16
$Cl_2(g) + 2e^- \longrightarrow 2\,Cl^-(aq)$	+1.36	$N_2(g) + 5\,H^+(aq) + 4\,e^- \longrightarrow N_2H_5^+(aq)$	−0.23
$2\,HClO(aq) + 2\,H^+(aq) + 2e^- \longrightarrow Cl_2(g) + 2H_2O(l)$	+1.63	$NO_3^-(aq) + 4H^+(aq) + 3e^- \longrightarrow NO(g) + 2H_2O(l)$	+0.96
$ClO^-(aq) + H_2O(l) + 2e^- \longrightarrow Cl^-(aq) + 2OH^-(aq)$	+0.89	$Na^+(aq) + e^- \longrightarrow Na(s)$	−2.71
$2\,ClO_3^-(aq) + 12H^+(aq) + 10e^- \longrightarrow Cl_2(g) + 6H_2O(l)$	+1.47	$Ni^{2+}(aq) + 2e^- \longrightarrow Ni(s)$	−0.28
$Co^{2+}(aq) + 2e^- \longrightarrow Co(s)$	−0.28	$O_2(g) + 4H^+(aq) + 4e^- \longrightarrow 2H_2O(l)$	+1.23
$Co^{3+}(aq) + e^- \longrightarrow Co^{2+}(aq)$	+1.84	$O_2(g) + 2H_2O(l) + 4e^- \longrightarrow 4OH^-(aq)$	+0.40
$Cr^{3+}(aq) + 3e^- \longrightarrow Cr(s)$	−0.74	$O_2(g) + 2H^+(aq) + 2e^- \longrightarrow H_2O_2(aq)$	+0.68
$Cr^{3+}(aq) + e^- \longrightarrow Cr^{2+}(aq)$	−0.41	$O_3(g) + 2H^+(aq) + 2e^- \longrightarrow O_2(g) + H_2O(l)$	+2.07
$Cr_2O_7^{2-}(aq) + 14H^+(aq) + 6e^- \longrightarrow 2Cr^{3+}(aq) + 7H_2O(l)$	+1.33	$Pb^{2+}(aq) + 2e^- \longrightarrow Pb(s)$	−0.13
$CrO_4^{2-}(aq) + 4H_2O(l) + 3e^- \longrightarrow Cr(OH)_3(s) + 5\,OH^-(aq)$	−0.13	$PbO_2(s) + HSO_4^-(aq) + 3H^+(aq) + 2e^- \longrightarrow PbSO_4(s) + 2H_2O(l)$	+1.69
$Cu^{2+}(aq) + 2e^- \longrightarrow Cu(s)$	+0.34	$PbSO_4(s) + H^+(aq) + 2e^- \longrightarrow Pb(s) + HSO_4^-(aq)$	−0.36
$Cu^{2+}(aq) + e^- \longrightarrow Cu^+(aq)$	+0.15	$PtCl_4^{2-}(aq) + 2e^- \longrightarrow Pt(s) + 4Cl^-(aq)$	+0.73
$Cu^+(aq) + e^- \longrightarrow Cu(s)$	+0.52	$S(s) + 2H^+(aq) + 2e^- \longrightarrow H_2S(g)$	+0.14

（续）

半反应	E°/V	半反应	E°/V
$CuI(s) + e^- \longrightarrow Cu(s) + I^-(aq)$	−0.19	$H_2SO_3(aq) + 4\,H^+(aq) + 4e^- \longrightarrow S(s) + 3H_2O(l)$	+0.45
$F_2(g) + 2e^- \longrightarrow 2F^-(aq)$	+2.87	$HSO_4^-(aq) + 3H^+(aq) + 2e^- \longrightarrow H_2SO_3(aq) + H_2O(l)$	+0.17
$Fe^{2+}(aq) + 2e^- \longrightarrow Fe(s)$	−0.44	$Sn^{2+}(aq) + 2e^- \longrightarrow Sn(s)$	−0.14
$Fe^{3+}(aq) + e^- \longrightarrow Fe^{2+}(aq)$	+0.77	$Sn^{4+}(aq) + 2e^- \longrightarrow Sn^{2+}(aq)$	+0.15
$Fe(CN)_6^{3-}(aq) + e^- \longrightarrow Fe(CN)_6^{4-}(aq)$	+0.36	$VO_2^+(aq) + 2H^+(aq) + e^- \longrightarrow VO^{2+}(aq) + H_2O(l)$	+1.00
$2H^+(aq) + 2e^- \longrightarrow H_2(g)$	0.00	$Zn^{2+}(aq) + 2e^- \longrightarrow Zn(s)$	−0.76

第 18 章

18.1（a）体积大于 22.4L（b）错误。1mol 理想气体在 50km 和 85km 处的相对体积取决于两个高度的温度和压力。从图 18.1 可以看出，气体在 85km 处的体积要比在 50km 处的体积大得多。（c）我们推测在热层、平流层顶附近和低海拔的对流层，气体表现得更像理想气体。

18.3（a）a= 对流层，0 ~ 10km；b= 平流层，12 ~ 50km；c= 中层，50 ~ 85km（b）臭氧在对流层中的污染物，在平流层可吸收紫外辐线紫外线辐射（c）图中是对流层（d）图中只有 c 区与北极光有关，假设平流层和中间层之间在 50km 处有一个狭窄的"边界"（e）A 区地表附近水汽浓度最大，且随海拔高度降低。在 B 区和 C 区，水的单键易受光解，因此在这些区域，水的浓度可能很低。具有强双键的 CO_2 在 B 区和 C 区的相对浓度增加，因为它不易被光解。**18.5** 太阳 **18.7** $CO_2(g)$ 在海水中溶解形成 $H_2CO_3(aq)$。海洋的碱性 pH 值促使 $H_2CO_3(aq)$ 电离形成 $HCO_3^-(aq)$ 和 $CO_3^{2-}(aq)$。在正确的环境下，碳作为 $CaCO_3(s)$（海贝、珊瑚、粉笔）从海洋中去除。随着碳的去除，更多的 $CO_2(g)$ 溶解，以维持复杂和相互作用的酸碱平衡和沉淀平衡。**18.9** 地面上，井口石油气和硫化氢的蒸发，废水池中挥发性石油产品和有机化合物的蒸发，以及水池的泄漏和溢出是潜在的污染源。地下，石油气和压裂液体可以迁移到地下水，包括深层和浅层含水层。**18.11**（a）温度分布（b）对流层，0 ~ 12km；平流层，12 ~50km；中层，50 ~ 85km；热层，85 ~ 110km **18.13**（a）O_3 分压为 3.0×10^{-7}atm(2.2×10^{-4}torr)。（b）7.3×10^{15} O_3 分子 /1.0L 空气 **18.15** 8.7×10^{16}CO 分子 /1.0L 空气 **18.17**（a）570nm（b）可见电磁辐射 **18.19**（a）光解离是一个键的断裂，从而产生两个中性物种。光电离是光子吸收足够的能量来发射电子，产生离子和发射电子。（b）氧的光电离需要 1205kJ/mol，光解离只需要 495kJ/mol。在较低的海拔高度，高能短波太阳辐射已经被吸收。在 90km 以下，氧气浓度的增加和长波辐射的可用性导致光解过程占主导地位。**18.21**（a）145nm 的波长在电磁光谱的紫外部分。（b）1mol 145nm 光子的能量为 826 kJ。这超过了光解离氧气的能量，但还不足以光电离氧气。**18.23** 臭氧消耗反应仅涉及 O_3、O_2 或 O（氧化态 =0），不涉及氧原子氧化态的变化。涉及 ClO 和一种氧化态为零的氧物种的反应确实涉及氧原子氧化态的变化。**18.25**（a）氯氟烃是含有氯、氟和碳的化合物，而氢氯烃是含有氢、氟和碳的化合物。氢氟烃含有氢而不是氯氟烃中的氯。（b）氢氟烃对臭氧层的危害可能比氟氯烃小，因为它们的光解不会产生催化破坏臭氧的氯原子。**18.27**（a）光子断裂 C—F 键的最大波长为 247nm。光子断裂 C—Cl 键的最大波长为 365nm。（b）我们认为 C—F 键在低层大气中的光解是不显著的。（C—Cl 键的光解作用非常显著。）

18.29 $2 NO_2(g)+ H_2O(l) \rightleftharpoons HNO_2 + HNO_3(aq)$；

$2 NO(g)+ O_2 + 2H_2O(l) \rightleftharpoons HNO_2(aq) + HNO_3$

18.31（a）$H_2SO_4(aq) + CaCO_3(s) \longrightarrow CaSO_4(s) + H_2O(l) + CO_2(g)$（b）$CaSO_4$ 与酸性溶液的反应要小得多，因为它需要一个强酸性溶液来使平衡向右移动：$CaSO_4(s)+2H^+(aq) \rightleftharpoons Ca^{2+}(aq)+2HSO_4^-(aq)$。$CaSO_4$ 可以保护 $CaCO_3$ 不受酸雨的侵蚀，但它不能提供石灰石的结构强度。**18.33**（a）紫外线（b）357kJ/mol（c）表 8.3 中的平均 C—H 键能为 413kJ/mol。CH_2O 中的 C—H 键能 357kJ/mol 小于"平均"C—H 键能。

（d）

$$
\overset{\displaystyle :\!\overset{\displaystyle :O:}{\|}}{H - C - H} + h\nu \longrightarrow \overset{\displaystyle :\!\overset{\displaystyle :O:}{\|}}{H - C\cdot} + H\cdot
$$

18.35（a）$235 W/m^2$。四种方式向大气转移能量：表面辐射、蒸发、吸收太阳辐射和对流加热，表面辐射贡献最大，且对流加热最小。（b）在 $519W/m^2$ 的大气中，$324W/m^2$ 被辐射回到表面，百分比为 62.4%。**18.37** 0.099 M Na^+

18.39（a）3.22×10^3g H_2O（b）最后温度为 43.4℃。

18.41 4.361×10^5g CaO **18.43** 总阳离子电荷为 5.866 = 5.9C；总阴离子电荷为 5.847 = 5.8C。这两个数字的第三位有效数字在变化。这并不奇怪，因为各种离子的物质的量浓度都给出了两个有效数字。**18.45** 引发反渗透所需的最小压力大于 5.1 atm。

18.47（a）$CO_2(g)$、HCO_3^-、$H_2O(l)$、SO_4^{2-}、NO_3^-、HPO_4^{2-}、$H_2PO_4^-$（b）$CH_4(g)$，$H_2S(g)$，$NH_3(g)$，$PH_3(g)$。**18.49** 25.1 g O_2 **18.51** 0.42 mol $Ca(OH)_2$，0.18 mol Na_2CO_3 **18.53**（a）三卤甲烷是水氯化的副产品；它们含有一个中心碳原子与一个氢原子和三个卤素原子结合。

（b）

H   H
| |
Cl — C — Cl   Cl — C — Br
| |
Cl   Cl

18.55 一个过程中步骤越少，产生的废物就越少。步骤较少的工艺在工艺现场以及随后的废物清理或处置所需的能源较少。**18.57**（a）H_2O（b）防止浪费比处理浪费好；原子经济；减少有害化学合成；预防事故，安全生产；催化和节能设计。原材料应该是可再生的。**18.59**（a）根据标准 5、7 和 12，水作为溶剂。（b）根据标准 6、12 和 1，反应温度为 500K。（c）根据标准 1、3 和 12，氯化钠作为副产物。

18.64 将式 18.7 和式 18.9 乘以系数 2。把这两个方程加到第三个方程，$O(g) + O(g) \longrightarrow O_2(g)$。2 Cl(g) 和 2ClO(g) 从得到的方程的每一侧消除，得到式 18.10。**18.67**（a）CFC 具有 C—Cl 键和 C—F 键。在 HFC 中，C—Cl 键被 C—H 键取代。（b）平流层中的寿命是重要的，因为平流层中含卤素分子存在的时间越长，它就越有可能遇到具有足够能量的光来解离碳 - 卤素键。游离卤素原子是破坏臭氧层的有害因素。（c）氢氟碳化合物（HFCs）已经取代了氟氯烃（CFCs），因为能够断裂 C—F 键的可见光很少能到达 HCF 分子。在平流中，F 原子比 Cl 原子更不可能被光解产生。（d）HFCs

作为 CFCs 替代品的主要缺点是它们是强温室气体。

18.69（a）$CH_4(g)+ 2 O_2(g) \longrightarrow CO_2(g)+ 2 H_2O(g)$
（b）$2 CH_4(g)+ 3 O_2(g) \longrightarrow 2 CO_2(g)+ 4 H_2O(g)$
（c）9.5L 干燥空气 18.73 7.1×10^8 m² 18.75（a）CO_3^{2-} 是相对强碱，在水溶液中产生 OH^-。如果 $[OH^-(aq)]$ 足以使 $Mg(OH)_2$ 的反应熵超过 K_{sp}，则固体将沉淀。（b）在这些离子浓度下，$Q > K_{sp}$ 且 $Mg(OH)_2$ 沉淀。18.79（a）2.5×10^7ton CO_2, 4.2×10^5ton SO_2（b）4.3×10^5 ton $CaSO_3$

18.82（a）$H—\ddot{O}—H \longrightarrow H\cdot + \cdot \ddot{O}—H$
（b）258nm（c）总反应为 $O_3(g)+O(g) \longrightarrow 2O_2(g)$。$OH(g)$ 是整个反应的催化剂，因为它被消耗，然后再生。18.84 第一步熔变为 $-141kJ$，第二步熔变为 $-249kJ$，总反应熔变为 $-390kJ$。

18.87（a）速率 $= k[O_3][H]$（b）$k_{avg} = 1.13 \times 10^{44} M^{-1}s^{-1}$ 18.91（a）过程 (i) 既不涉及有毒光气反应物，也不涉及副产物 HCl，因此更环保。（b）反应 (i)：CO_2 中的 C 与 sp 杂化呈线型关系；$R—N=C=O$ 中的 C 与 sp 杂化呈线型关系；聚氨酯单体中的 C 与 sp^2 杂化呈三角平面关系。反应 (ii)：$COCl_2$ 中的 C 与 sp^2 杂化呈三角平面；$R—N=C=O$ 中的 C 与 sp 杂化呈线型；聚氨酯单体中的 C 与 sp^2 杂化呈三角平面。
（c）促进异氰酸酯形成的最绿色方法是从反应混合物中除去副产物，水或 HCl。

第 19 章

19.1（a）

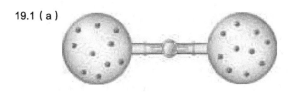

（b）混合理想气体的 $\Delta H=0$。因为系统的无序度增加，所以 ΔS 是正的。（c）这一过程是自发的，因此是不可逆的。（d）由于 $\Delta H=0$，该过程不影响周围环境的熵。19.4 ΔH 和 ΔS 均为正值。化学反应的净变化是五个蓝 - 蓝键断裂。断键的熔总是正的，产物中气体分子的数量是原来的两倍，所以对这个反应的 ΔS 是正的。19.7（a）在 300K，$\Delta G=0$ 时，系统处于平衡状态。（b）在高于 300K 的温度下，反应是自发的。19.10（a）正确（b）错误（c）错误（d）错误（e）正确 19.11 自发：a, b, c, d；非自发：e 19.13（a）正确，假设正向和逆向过程发生在相同的条件下。（b）错误（c）错误（d）正确（e）错误 19.15（a）吸热（b）高于 100℃（c）低于 100℃（d）在 100℃ 19.17（a）温度是一个状态函数，因此温度变化不取决于路径。（b）否。恒温过程发生。（c）否。ΔE 是一个状态函数。19.19（a）在固体和液体处于平衡的温度和压力条件下，冰块可以可逆地融化。（b）否，我们知道 $\Delta H=0$ 是状态函数，熔化是吸热的。无论冰块是可逆融化还是不可逆融化，该过程的 $\Delta H=0$ 不为零。19.21（a）正确（b）错误（c）正确（d）错误 19.23（a）熵增加。（b）89.2 J/K 19.25（a）错误（b）正确（c）错误 19.27（a）正（b）$\Delta S = 1.02$ J>K（c）只要膨胀是等温的，则无需指定计算 ΔS 的温度。19.29（a）是，膨胀是自发的。（b）当理想气体膨胀到真空中时，它没有什么可以"推回"，因此未做功。数学上，$w = -P_{ext}\Delta V$。由于气体膨胀成真空，

$P_{ext}=0$, $w = 0$。（c）气体膨胀的"驱动力"是熵的增加。
19.31（a）温度升高会为系统产生更多微观状态。（b）体积的减少会减少系统的可得到的微观状态。（c）从液体到气体，可得到的微观状态的数量增加。19.33（a）ΔS 为正。（b）系统的 S 在 19.11（a），（b）和（e）中明显增加；在 19.11（c）中明显减少。系统（d）是不确定的。
19.35（a）和（c）的熵增加，（b）的熵减少。19.37（a）错误（b）正确（c）错误（d）正确 19.39（a）$Ar(g)$（b）$He(g)$1.5 atm（c）15.0L 的 1 mol $Ne(g)$（d）$CO_2(g)$ 19.41（a）$\Delta S < 0$（b）$\Delta S > 0$（c）$\Delta S < 0$（d）$\Delta S \approx 0$

19.43

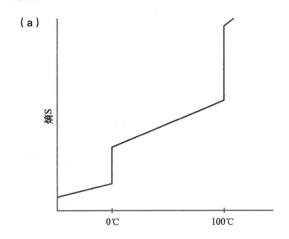

（b）沸水在 100℃ 时的熵变比在 0℃ 时融化的冰大得多。19.45（a）$C_2H_6(g)$（b）$CO_2(g)$19.47（a）$Sc(g)$ 在 25℃ 时具有更大的标准熵。$Sc(s)$, 34.6J/mol · K；$Sc(g)$174.7J/mol · K。（b）$NH_3(g)$ 在 25℃ 时具有更大的标准熵。$NH_3(g)$, 192.5J/mol · K；$NH_3(aq)$, 111.3J/mol · K（c）$O_3(g)$ 在 25 ℃ 时具有更大的标准熵。$O_2(g)$,205.0J/K；$O_3(g)$237.6J/K。（d）C（石墨）在 25℃ 时具有更大的标准熵。C（金刚石）,2.43J/mol·K；C（石墨）, 5.69J/mol · K。

19.49 对于具有类似结构的元素，原子越重，在给定温度下的振动频率越低。这意味着在特定温度下可以获得更多的振动，从而使较重元素的绝对熵更大。19.51（a）$\Delta S° = -120.5J/k$。$\Delta S°$ 是负的，因为产物中的气体摩尔数更少。（b）$\Delta S°=+176.6J/K$。$\Delta S°$ 是正的，因为在产物中有更多摩尔的气体。（c）$\Delta S° = +152.39J/K$。由于产物含有更多的总粒子和更多的气体分子。（d）$\Delta S° = +92.3J/K$。由于产物中含有更多摩尔的气体，因此 $\Delta S°$ 为正。19.53（a）是的。$\Delta G = \Delta H - T\Delta S$（b）不自发。如果 ΔG 为正，则该过程是非自发的。（c）否。反应速率与 ΔG 之间没有关系。19.55（a）放热（b）$\Delta S°$ 为负；反应导致无序性降低。（c）$\Delta G° = -9.9kJ$。（d）如果所有反应物和产物均处于其标准状态，则在该温度下，反应在正向自发。

19.57（a）$\Delta H° = -537.22$ kJ, $\Delta S° = 13.7$ J/K, $\Delta G° = -541.40$ kJ, $\Delta G° = \Delta H° - T\Delta S° = -541.31kJ$
（b）$\Delta H° = -106.7$ kJ, $\Delta S° = -142.2$J/K, $\Delta G° = -64.0kJ$, $\Delta G° = \Delta H° - T\Delta S° = -64.3kJ$
（c）$\Delta H° = -508.3$ kJ, $\Delta S° = -178$ kJ, $\Delta G° = -465.8kJ$, $\Delta G° = \Delta H° - T\Delta S° = -455.1kJ$。由于列表的热力学数据中的

实验不确定度，导致 $\Delta G°$ 值的差异。(d) $\Delta H° = -165.9kJ$，$\Delta S° = 1.4kJ$，$\Delta G° = -166.2kJ$，$\Delta G° = \Delta H° - T\Delta S° = -166.3kJ$ 19.59 (a) $\Delta G° = -140.0kJ$，自发 (b) $\Delta G° = +104.70kJ$，非自发 (c) $\Delta G° = +146kJ$，非自发 (d) $\Delta G° = -156.7kJ$，自发 19.61 (a) $2C_8H_{18}(l) + 25O_2(g) \longrightarrow 16\ CO_2(g) + 18\ H_2O(l)$ (b)，因为 ΔS 为正，$\Delta G°$ 大于 $\Delta H°$。19.63 (a) 正向反应在低温下是自发的，但在高温下变得非自发。(b) 在所有温度下，正向反应都是非自发的。(c) 正向反应在低温下是非自发的，但在高温下是自发的。19.65 $\Delta S > 60.8J/k$ 19.67 (a) $T = 330K$ (b) 非自发 19.69 (a) $\Delta H° = 155.7kJ$，$\Delta S° = 171.4kJ$。由于 $\Delta S°$ 为正，随着温度的升高，$\Delta G°$ 变得更为负。(b) $\Delta G° = 19kJ$。在标准条件下，在 800K (c) $\Delta G° = -15.7kJ$，该反应不是自发的。在 1000 K 的标准条件下，反应是自发的。

19.71 (a) $T_b = 79°C$ (b) 摘自《化学与物理手册》，第 74 版，$T_b = 80.1°C$。这些值非常接近，小差异是由于 $C_6H_6(g)$ 偏离理想行为以及沸点测量和热力学数据的实验不确定性造成的。

19.73 (a) $C_2H_2(g) + \dfrac{5}{2} O_2(g) \longrightarrow 2CO_2(g) + H_2O(l)$
(b) $1molC_2H_2$ 燃烧产生 $-1299.5kJ$ 的热量 (c) $1mol\ C_2H_2$ 的 $w_{最大} = -1235.1kJ$ 19.75 (a) ΔG 减少；变得更负。(b) ΔG 增加；变得更为正值。(c) ΔG 增加；变得更为正值。19.77 (a) $\Delta G° = -5.40kJ$ (b) $\Delta G = 0.30kJ$ 19.79 (a) $\Delta G° = -16.77kJ$，$K = 870$ (b) $\Delta G° = 8.0kJ$，$K = 0.039$ (c) $\Delta G° = -497.9kJ$，$K = 2 \times 10^{87}$ 19.81 $\Delta H° = 269.3kJ$，$\Delta S° = 0.1719kJ/K$ (a) $P_{CO_2} = 6.0 \times 10^{-39}$ atm (b) $P_{CO_2} = 1.6 \times 10^{-4}$ atm

19.83 (a) $HNO_2(aq) \rightleftharpoons H^+(aq) + NO_2^-(aq)$ (b) $\Delta G° = 19.1kJ$ (c) 平衡时 $\Delta G = 0$ (d) $\Delta G = -2.7kJ$ 19.85 (a) 热力学量 T、E 和 S 是状态函数。(b) 数量 q 和 w 取决于所采用的路径。(c) 状态之间只有一条可逆路径。(d) $\Delta E = q_{可逆} + w_{最大}$，$\Delta S = q_{可逆}/T$。

19.94 (a) $\dfrac{1}{2}N_2(g) + \dfrac{3}{2}H_2(g) \longrightarrow NH_3(g)$；$C(s) + \dfrac{1}{2}O_2(g) \longrightarrow CO(g)$ (b) 在第一个反应中，$\Delta G°_f$ 将比 $\Delta H°_f$ 正值大（负值小）。(c) 在条件 (iii)，当 $\Delta S°_f$ 为负时的情况下。19.99 (a) 葡萄糖在体内的氧化，$\Delta G° = -2878.8kJ$，$K = 5 \times 10^{504}$；葡萄糖厌氧分解，$\Delta G° = -228.0kJ$，$K = 9 \times 10^{39}$ (b) 在标准条件下，葡萄糖在体内的氧化可获得更大的最大功，因为 $\Delta G°$ 为更小的负值。19.103 (a) 丙酮，$\Delta S°_{蒸发} = 88.4\ J/mol \cdot K$；二甲醚，$\Delta S°_{蒸发} = 86.6J/mol \cdot K$；乙醇，$\Delta S°_{蒸发} = 110J/mol \cdot K$；辛烷，$\Delta S°_{蒸发} = 86.3J/mol \cdot K$；吡啶，$\Delta S°_{蒸发} = 90.4J/mol \cdot K$。乙醇不服从 Trouton 规则。(b) 氢键（在乙醇和其他液体中）导致在液体状态下更有序，但在蒸发时熵比会增大。含有氢键作用的液体可能是特鲁顿规则的例外。(c) 由于强氢键相互作用，水很可能不服从特鲁顿规则。$\Delta S°_{蒸发} = 109.0J/mol \cdot K$。(d) C_6H_5Cl 的 $\Delta H_{蒸发} \approx 36kJ/mol$ 19.110 (a) 对于任何给定的总压，两种气体的物质的量相等的条件可以在任何温度下实现。对于 1atm 的单个气体压力和 2atm 的总压力，混合物在 328.5K 或 55.5°C 下处于平衡状态。(b) 333.0K 或 60°C (c) 374.2K 或 101.2°C

第 20 章
20.1 在这个类比中，电子类似于质子（H^+）。氧化还原反应可以看作是电子转移反应，酸碱反应可视为质子转移反应。氧化剂本身被还原；它们获得电子。强氧化剂类似于强碱。20.3 (a) 该反应代表氧化反应。(b) 该电极是电池的阳极。(c) 当中性原子失去价电子时，产生的阳离子半径小于中性原子半径。20.7 (a) $\Delta G°$ 符号为正。(b) 平衡常数小于 1。(c) 不。基于该反应的电化学电池不能对周围环境做电功。20.10 (a) 锌是阳极。(b) 氧化银电池的能量密度与镍镉电池基本相当。这两种电池的电极材料和电池电位的摩尔质量是最相似的。

20.13 (a) 氧化是失去电子。(b) 电子出现在产物的一侧（右侧）。(c) 氧化剂是被还原的反应物。(d) 氧化剂是促进氧化的物质；它是氧化剂。20.15 (a) 正确 (b) 错误 (c) 正确 20.17 (a)(i) 反应物：I，+5；O，-2；C，+2；O，-2。产物：I，0；C，+4；O，-2 (ii) 总转移电子数为 10。(b)(i) 反应物：Hg，+2；N，-2；H，+1。产物：Hg，0；N，0；H，+1。(ii) 转移的电子总数为 4。(c)(i) 反应物：H，+1；S，-2；N，+5；O，-2。产品：S，0；N，+2；O，-2；H，+1；O，-2。(ii) 转移的电子总数为 6。20.19 (a) 没有氧化还原 (b) 碘被氧化，从 -1 到 +5；氯被还原，从 +1 到 -1。(c) 硫被氧化，从 +4 到 +6；氮被还原，从 +5 到 +2。

20.21 (a) $TiCl_4(g) + 2Mg(l) \longrightarrow Ti(s) + 2MgCl_2(l)$
(b) $Mg(l)$ 被氧化；$TiCl_4(g)$ 被还原。
(c) $Mg(l)$ 是还原剂；$TiCl_4(g)$ 是氧化剂

20.23 (a) $Sn^{2+}(aq) \longrightarrow Sn^{4+}(aq) + 2e^-$，氧化反应
(b) $TiO_2(s) + 4H^+(aq) + 2e^- \longrightarrow Ti^{2+}(aq) + 2H_2O(l)$，还原反应
(c) $ClO_3^-(aq) + 6H^+(aq) + 6e^- \longrightarrow Cl_2(aq) + 3H_2O(l)$，还原反应
(d) $N_2(g) + 8H^+(aq) + 6e^- \longrightarrow 2NH_4^+(aq)$，还原反应
(e) $4OH^-(aq) \longrightarrow O_2(g) + 2\ H_2O(l) + 4e^-$，氧化反应
(f) $SO_3^{2-}(aq) + 2OH^-(aq) \longrightarrow SO_4^{2-}(aq) + H_2O(l) + 2e^-$ 氧化反应
(g) $N_2(g) + 6H_2O(l) + 6e^- \longrightarrow 2NH_3(g) + 6OH^-(aq)$，还原反应
20.25 (a) $Cr_2O_7^{2-}(aq) + I^-(aq) + 8H^+(aq) \longrightarrow 2Cr^{3+}(aq) + IO_3^-(aq) + 4H_2O(l)$；氧化剂 $Cr_2O_7^{2-}$；还原剂，I^-
(b) $4MnO_4^-(aq) + 5CH_3OH(aq) + 12H^+(aq) \longrightarrow 4Mn^{2+}(aq) + 5HCOOH(aq) + 12H_2O(aq)$；氧化剂 MnO_4^-；还原剂，CH_3OH
(c) $I_2(s) + 5OCl^-(aq) + H_2O(l) \longrightarrow 2IO_3^-(aq) + 5Cl^-(aq) + 2H^+(aq)$；氧化剂，$OCl^-$；还原剂，$I_2$
(d) $As_2O_3(s) + 2NO_3^-(aq) + 2H_2O(l) + 2H^+(aq) \longrightarrow 2H_3AsO_4(aq) + N_2O_3(aq)$；氧化剂，$NO_3^-$；还原剂，$As_2O_3$
(e) $2MnO_4^-(aq) + Br^-(aq) + H_2O(l) \longrightarrow 2MnO_2(s) + BrO_3^-(aq) + 2OH^-(aq)$；氧化剂，$MnO_4^-$；还原剂，$Br^-$
(f) $Pb(OH)_4^{2-}(aq) + ClO^-(aq) \longrightarrow PbO_2(s) + Cl^-(aq) + 2OH^-(aq) + H_2O(l)$；氧化剂，$ClO^-$；还原剂，$Pb(OH)_4^{2-}$
20.27 (a) 错误 (b) 正确 (c) 正确
20.29 (a) $Fe(s)$ 被氧化，$Ag^+(aq)$ 被还原 (b) $Ag^+(aq) + e^- \longrightarrow Ag(s)$；$Fe(s) \longrightarrow Fe^{2+}(aq) + 2e^-$ (c) $Fe(s)$ 为阳极，$Ag(s)$ 为阴极。(d) $Fe(s)$ 为负；$Ag(s)$ 为正。(e) 电子从铁电极（-）流向银电极（+）。(f) 阳离子向 $Ag(s)$ 阴极迁移；阴离子向 $Fe(s)$ 阳极迁移。20.31 (a) 1 伏特是向 1 库仑电荷提供 1J 能量所需的势能差。(b) 是的。

所有的原电池都会发生自发的氧化还原反应，产生正的电位或电动势

20.33（a）$2H^+(aq) + 2e^- \longrightarrow H_2(g)$（b）$H_2(g) \longrightarrow 2H^+(aq) + 2e^-$（c）标准氢电极，SHE，是一种氢电极，其成分在标准条件下，1atm下为1M $H^+(aq)$和$H_2(g)$，使得$E° = 0V$。（c）SHE中的铂箔用作惰性电子载体和固体反应表面。

20.35（a）$Cr^{2+}(aq) \longrightarrow Cr^{3+}(aq) + e^-$；$Tl^{3+}(aq) + 2e^- \longrightarrow Tl^+(aq)$（b）$E°_{red} = 0.78V$

（c）

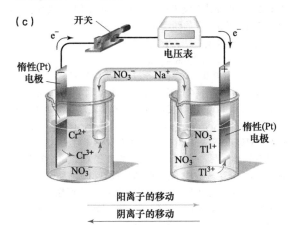

20.37（a）$E° = 0.82V$（b）$E° = 1.89V$（c）$E° = 1.21V$（d）$E° = 0.62V$ 20.39（a）$3Ag^+(aq) + Cr(s) \longrightarrow 3Ag(s) + Cr^{3+}(aq)$，$E° = 1.54V$（b）其中两个组合的$E$值相等：

$2Ag^+(aq) + Cu(s) \longrightarrow 2Ag(s) + Cu^{2+}(aq)$，$E° = 0.46V$；

$3Ni^{2+}(aq) + 2Cr(s) \longrightarrow 3Ni(s) + 2Cr^{3+}(aq)$，$E° = 0.46V$

20.41（a）阳极，锡；阴极，铜。（b）铜电极在铜被电镀时获得质量，锡电极在锡被氧化时失去质量。（c）$Cu^{2+}(aq) + Sn(s) \longrightarrow Cu(s) + Sn^{2+}(aq)$。（d）$E° = 0.48V$ 20.43（a）$Mg(s)$（b）$Ca(s)$（c）$H_2(g)$（d）$IO_3^-(aq)$ 20.45（a）$Cl_2(aq)$，氧化剂（b）$MnO_4^-(aq)$，酸性，氧化剂（c）$Ba(s)$ 还原剂（d）$Zn(s)$，还原剂 20.47（a）$Cu^{2+}(aq) < O_2(g) < Cr_2O_7^{2-}(aq) < Cl_2(g) < H_2O_2(aq)$（b）$H_2O_2(aq) < I^-(aq) < Sn^{2+}(aq) < Zn(s) < Al(s)$ 20.49 Al 和 $H_2C_2O_4$ 20.51（a）$2Fe^{2+}(aq) + S_2O_6^{2-}(aq) + 4H^+(aq) \longrightarrow 2Fe^{3+}(aq) + 2H_2SO_3(aq)$；$2Fe^{2+}(aq) + N_2O(aq) + 2H^+(aq) \longrightarrow 2Fe^{3+}(aq) + N_2(g) + H_2O(l)$；$Fe^{2+}(aq) + VO_2^+(aq) + 2H^+(aq) \longrightarrow Fe^{3+}(aq) + VO^{2+}(aq) + H_2O(l)$

（b）$E° = -0.17V$，$\Delta G° = 33kJ$；$E° = -2.54V$，$\Delta G° = 4.90 \times 10^2 kJ$；$E° = 0.23V$，$\Delta G° = -22kJ$

（c）$K = 1.8 \times 10^{-6} = 10^{-6}$；$K = 1.2 \times 10^{-86} = 10^{-86}$；$K = 7.8 \times 10^3 = 8 \times 10^3$ 20.53 $\Delta G° = 21.8kJ$，$E°_{cell} = -0.113V$

20.55（a）$E° = 0.16V$，$K = 2.54 \times 10^5 = 3 \times 10^5$（b）$E° = 0.28V$，$K = 2.93 \times 10^9 = 3 \times 10^9$（c）$E° = 0.44V$，$K = 2.40 \times 10^{74} = 10^{74}$ 20.57（a）$K = 9.8 \times 10^2$（b）$K = 1 \times 10^6$（c）$K = 1 \times 10^9$ 20.59 $w_{max} = 1.3 \times 10^2 kJ/mol$ Sn；$8.3 \times 10^4 J/75.0g$ Sn

20.61（a）在能斯特方程中，如果所有反应物和产物都在标准条件下，则$Q = 1$。（b）是。能斯特方程适用于非标准条件下的电池电动势，因此它必须适用于298K以外的温度。要求在298K以外的温度下$E°$的值。在第二项中，T有一个变量。如果使用方程式20.18的简写形式，则需要0.0592以外的系数。

20.63（a）E减少（b）E减少（c）E减少（d）不变 20.65（a）$E° = 0.48V$（b）$E = 0.52V$（c）$E = 0.46V$ 20.67（a）$E = 0.46V$（b）$E = 0.37V$。

20.69（a）电极室为$[Zn^{2+}] = 1.00 \times 10^{-2}M$的为阳极。（b）阳极室中$E° = 0$（c）$E = 0.0668V$（d）在阳极室$[Zn^{2+}]$增加；在阴极室$[Zn^{2+}]$减少。20.71 $E° = 0.76V$，pH = 1.6 20.73（a）464g PbO_2（b）在阳极上转移$3.74 \times 10^5 C$ 20.75（a）阳极（b）$E° = 3.50V$（c）电池的电动势，3.5V，正是（b）部分中计算的标准电池电动势。（d）在环境条件下，$E \approx E°$，因此$\log Q \approx 1$。假设E的值与温度相对恒定，则能斯特方程中第二项的值在37℃时约为零，且$E \approx 3.5 V$。20.77（a）电池电动势将具有较小的值。（b）NiMH电池使用$ZrNi_2$等合金作为阳极材料。这消除了与镉（一种有毒重金属）相关的使用和处置问题。20.79（a）当电池充满电时，阴极中元素的摩尔比为：0.5mol Li^+：0.5mol Co^{3+}：0.5mol Co^{4+}：2mol O^{2-}。这种材料是$LiCoO_2$（b）完全放电的情况下输送的4.9×10^3℃的电。20.81（a）氢燃料电池中的自发反应是氢气加上氧气生成水。

（b）$E° = 1.23V$ 20.83（a）阳极：$Fe(s) \longrightarrow Fe^{2+}(aq) + 2e^-$；阴极：$O_2(g) + 4H^+(aq) + 4e^- \longrightarrow 2H_2O(l)$（b）$2Fe^{2+}(aq) + 3H_2O(l) + 3H_2O(l) \longrightarrow Fe_2O_3 \cdot 3H_2O(s) + 6H^+(aq) + 2e^-$；$O_2(g) + 4H^+(aq) + 4e^- \longrightarrow 2H_2O(l)$ 20.85（a）Mg被称为"牺牲阳极"，因为它比管道金属具有更负的$E°_{red}$，并且当两者耦合时优先氧化。它是为了保存管子而牺牲的。（b）Mg^{2+}的$E°_{red}$为$-2.37V$，比包括Fe和Zn在内的大多数金属都要更小。20.87（a）$+3$（b）$+8/3$ 或 $+2.67$（c）2Fe(Ⅲ)和1Fe(Ⅱ) 20.89（a）电解是一个由外部能源驱动的电化学过程。

（b）根据定义，电解反应是非自发的。（c）$2Cl^-(l) \longrightarrow Cl_2(g) + 2e^-$（d）当NaCl水溶液经过电解时，由于$H_2O$优先还原成$H_2$因此不形成金属钠（g）20.91（a）236g Cr(s)（b）2.51 A，因此不形成金属钠 20.93（a）$4.0 \times 10^5 g$ Li（b）驱动电解所需的最低电压为$+4.41V$。20.95金的活性低于铜，因此更难氧化。当铜和金的混合物通过电解精炼时，铜在阳极上氧化，但混合物中的金没有被氧化，因此铜在阳极上沉积，可供收集。

20.97（a）$2Ni^+(aq) \longrightarrow Ni(s) + Ni^{2+}(aq)$

（b）$3MnO_4^{2-}(aq) + 4H^+(aq) \longrightarrow 2MnO_4^-(aq) + MnO_2(s) + 2H_2O(l)$（c）$3H_2SO_3(aq) \longrightarrow S(s) + 2HSO_4^-(aq) + 2H^+(aq) + H_2O(l)$（d）$Cl_2(aq) + 2OH^-(aq) \longrightarrow Cl^-(aq) + ClO^-(aq) + H_2O(l)$

20.99（a）$E° = 0.682V$，自发（b）$E° = -0.82V$，非自发（c）$E° = 0.93V$，自发（d）$E° = 0.19V$，自发 20.103 $k = 2 \times 10^6$

20.106（a）与氢氧化物（OH$^-$）和乙醇（R—OH）中的O相似，硫醇（R—SH）中S的氧化数为-2。（b）类比过氧化物中的O（—O—O—），二硫化物（—S—S—）中S的氧化数为-1。（c）S的氧化数变为正，硫醇被氧化。（d）将一个二硫化物转化为两个硫醇的过程与（c）部分所述的过程相反。为了减少二硫化物，必须在溶液中加入还原剂。（e）当两个硫醇（R—SH）反应形成二硫化物（R—S—S—R）时，H原子可能在氧化剂起作用之前被除去。

20.109 所需电量为3×10^4kWh 20.114（a）$E° = -0.03V$（b）阴极：$Ag^+(aq) + e^- \longrightarrow Ag(s)$；阳极：$Fe^{2+}(aq) \longrightarrow$

$Fe^{3+}(aq)+e^-$（c）ΔS°=148.5 J。由于 ΔS° 为正，ΔG° 将变为负，且 E° 将随着温度的升高而变为正。**20.117** AgSCN 的 K_{sp} 为 $1.0 \times 10^{12}=10^{12}$

第 21 章

21.1（a）^{24}Ne；外部；通过核衰变降低中子与质子的比率（b）^{32}Cl；外部；通过正电子发射或轨道电子俘获（c）^{108}Sn 增加中子与质子的比率；外部；通过正电子发射或轨道电子俘获（d）^{216}Po 增加中子与质子的比率；外部；$Z \geqslant 84$ 的核通常通过发射衰变。

21.6（a）7min（b）$0.1min^{-1}$（c）30%（3/10）样品 12min 后残留（d）$^{88}_{41}$Nb **21.7**（a）$^{10}_{5}$B，$^{11}_{5}$B；$^{12}_{6}$C，$^{13}_{6}$C，$^{14}_{7}$N，$^{15}_{7}$N，$^{16}_{8}$O，$^{17}_{8}$O，$^{18}_{8}$O，$^{19}_{9}$F（b）$^{14}_{6}$C（c）$^{11}_{6}$C，$^{13}_{7}$N，$^{15}_{8}$O，$^{18}_{9}$F（d）$^{11}_{6}$C **21.9**（a）$^{56}_{24}$Cr，24 个质子，32 个中子（b）$^{193}_{81}$Tl；81 个质子，112 个中子（c）$^{38}_{18}$Ar；18 个质子，20 个中子 **21.11**（a）$^{1}_{0}$n（b）$^{4}_{2}$He 或 α（c）$^{0}_{0}\gamma$ 或 γ

21.13（a）$^{90}_{37}$Rb $\longrightarrow$ $^{90}_{38}$Sr + $^{0}_{-1}$e

（b）$^{72}_{34}$Se+$^{0}_{-1}$e（轨道电子）$\longrightarrow$ $^{72}_{33}$As

（c）$^{76}_{36}$Kr $\longrightarrow$ $^{76}_{35}$Br+$^{0}_{1}$e

（d）$^{226}_{88}$Ra $\longrightarrow$ $^{222}_{86}$Rn+$^{4}_{2}$He

21.15（a）$^{211}_{82}$Pb $\longrightarrow$ $^{211}_{83}$Bi + $^{0}_{-1}\beta$（b）$^{50}_{25}$Mn $\longrightarrow$ $^{50}_{24}$Cr + $^{0}_{1}$e（c）$^{179}_{74}$W + $^{0}_{-1}$e $\longrightarrow$ $^{179}_{73}$Ta（d）$^{230}_{90}$Th $\longrightarrow$ $^{226}_{88}$Ra + $^{4}_{2}$He

21.17 7α 射线，4β 射线 **21.19**（a）正电子发射（对于低原子数而言，正电子发射比电子捕获更为常见）（b）β 射线（c）β 射线（d）β 射线 **21.21**（a）$^{40}_{19}$K，放射性，奇质子，奇中子；$^{39}_{19}$K，稳定，20 个中子是一个幻数（b）$^{208}_{83}$Bi，放射性，奇质子，奇中子；$^{209}_{83}$Bi，稳定，126 个中子是一个幻数（c）$^{65}_{28}$Ni，放射性，高的中子质子比；$^{58}_{28}$Ni 稳定，偶质子，偶中子 **21.23**（a）$^{4}_{2}$He（c）$^{40}_{20}$Ca（e）$^{126}_{82}$Pb**21.25** 说法（a）是最优解。

21.27 说法（b）是最优解

21.29（a）$^{252}_{98}$Cf + $^{10}_{5}$B $\longrightarrow$ 3 $^{1}_{0}$n + $^{259}_{103}$Lr

（b）$^{2}_{1}$H + $^{3}_{2}$He $\longrightarrow$ $^{4}_{2}$He + $^{1}_{1}$H

（c）$^{1}_{1}$H + $^{11}_{5}$B $\longrightarrow$ 3 $^{4}_{2}$He

（d）$^{122}_{53}$I $\longrightarrow$ $^{122}_{54}$Xe + $^{0}_{-1}$e

（e）$^{59}_{26}$Fe $\longrightarrow$ $^{0}_{-1}$e + $^{59}_{27}$Co

21.31（a）$^{238}_{92}$U + $^{4}_{2}$He $\longrightarrow$ $^{241}_{94}$Pu + $^{1}_{0}$n

（b）$^{14}_{7}$N + $^{4}_{2}$He $\longrightarrow$ $^{17}_{8}$O + $^{1}_{1}$H

（c）$^{56}_{26}$Fe + $^{4}_{2}$He $\longrightarrow$ $^{60}_{29}$Cu + $^{0}_{-1}$e

21.33（a）正确（b）错误（c）正确 **21.35** 当手表使用了 50 年后，只剩下 6% 的氚。刻度盘将会调暗 94%。

21.37 源头必须在 2.18 或 26.2 个月后更换；这对应到 2018 年 8 月。**21.39**（a）在 5.0min 内发射 1.1×10^{11}α 粒子（b）9.9m Ci **21.41** $k = 1.21 \times 10^{-4}yr^{-1}$；$t = 4.3 \times 10^3$ yr **21.43** $k = 5.46 \times 10^{-10}$ yr^{-1}；$t = 3.0 \times 10^9$ yr **21.45** 9×10^6kJ **21.47** $\Delta m = 0.2414960$ amu，$\Delta E = 3.604129 \times 10^{-11}J/^{27}$Al 核，$8.044234 \times 10^{13}J/100g^{27}$Al **21.49**（a）核质量：^{2}H，2.013553 amu；^{4}He，4.001505 amu；^{6}Li，6.0134771 amu（b）核结合能：^{2}H，3.564×10^{-13}J；^{4}He，4.5336×10^{-12}J；^{6}Li，5.12602×10^{-12}J；（c）结合能/核子：^{2}H，1.782×10^{-13}J/核；^{4}He，1.1334×10^{-12}J/核；^{6}Li，8.54337×10^{-13}J/核。（d）在三种同位素中，^{4}He 具有最大的核结合能；这种异常在图 12.12 中很明显。结合能/核的变化趋势与图中的曲线一致。**21.51**（a）1.71×10^5kg/d（b）2.1×10^8g ^{235}U **21.53**（a）核（b）^{51}V 的核结合能最大。

21.55（a）NaI 是碘的良好来源，因为碘占其质量的很大比例；它在水溶液中完全分解成离子，以 I^-(aq) 的形式存在的碘是可移动的，可立即用于生物吸收。（b）摄入后立即放置在甲状腺附近的盖革计数器将记录背景，然后逐渐增加信号，直到甲状腺中碘的浓度达到最大值。随着时间的推移，碘 -131 衰变，信号减弱。（c）放射性碘将在大约 107 天内衰变为原来含量的 0.01%。**21.57**（a）核电厂燃料要求的特性（ⅱ）和（ⅳ）。（b）^{235}U **21.59** 核反应堆中的控制棒调节中子通量，以保持反应链的自我维持，并防止反应堆堆芯过热。它们由吸收中子的硼或镉等物质组成。

21.61（a）$^{2}_{1}$H +$^{2}_{1}$H $\longrightarrow$ $^{3}_{2}$He + $^{1}_{0}$n

（b）$^{239}_{92}$U + $^{1}_{0}$n $\longrightarrow$ $^{133}_{51}$Sb + $^{98}_{41}$Nb +9 $^{1}_{0}$n

21.63 $\Delta m = 0.006627g/mol$；$\Delta E = 5.956 \times 10^{11}$J= 5.956×10^8kJ/mol $^{1}_{1}$H **21.65**（a）沸水反应堆（b）快速中子增殖反应堆（c）气冷反应堆 **21.67** 氢提取：RCOOH + · OH$^-$ $\longrightarrow$ RCOO· +H$_2$O；脱质子：RCOOH+OH$^-$ $\longrightarrow$ RCOO$^-$+H$_2$O。羟基自由基对生命系统的毒性更大，因为它与有机体。另一方面，氢氧化物离子 OH$^-$，在缓冲电池环境中很容易被中和。OH$^-$ 的酸碱反应通常比 OH 自由基引发的氧化还原反应链对生物体的破坏性小得多。**21.69**（a）5.3×10^8dis/s，5.3×10^8Bq（b）6.1×10^2mrad，6.1×10^{-3}Gy（c）5.8×10^3mrem，5.8×10^{-2}Sv

21.72 $^{210}_{82}$Pb **21.74**（a）$^{36}_{17}$Cl $\longrightarrow$ $^{36}_{18}$Ar + $^{0}_{-1}$e

（b）^{35}Cl 和 ^{37}Cl 都有奇数个质子，但都有偶数个中子。^{36}Cl 有奇数个质子和中子，所以它比其他两种同位素更不稳定。

21.76（a）$^{6}_{3}$Li + $^{56}_{28}$Ni $\longrightarrow$ $^{62}_{31}$Ga

（b）$^{40}_{20}$Ca + $^{248}_{96}$Cm $\longrightarrow$ $^{147}_{62}$Sm + $^{141}_{54}$Xe

（c）$^{88}_{38}$Sr + $^{84}_{36}$Kr $\longrightarrow$ $^{116}_{46}$Pd + $^{56}_{28}$Ni

（d）$^{40}_{20}$Ca + $^{238}_{92}$U $\longrightarrow$ $^{70}_{30}$Zn + 4$^{1}_{0}$n + 2$^{102}_{41}$Nb

21.82 ^{7}Be，8.612×10^{-13}J/核；^{9}Be，1.035×10^{-12}J/核；^{10}Be：1.042×10^{-12}J/核。^{9}Be 和 ^{10}Be 的结合能/核非常相似；^{10}Be 的结合能/核稍高。

21.88 1.4×10^4kgC$_8$H$_{18}$

第 22 章

22.1 说法（c）是正确的。**22.3** 分子（b）和（d）将具有如图所示的结构。**22.6** 图表显示了 6A 组族元素的（c）密度趋势。沿着该主族下去，原子质量比原子体积（半径）增长得快，密度也增加。**22.9** 左边的化合物，具有张力的三元环，通常是反应性最强的。偏离理想键角越大，分子的反应活性就越大，反应也就越普遍。**22.11** 金属：（b）Sr，（c）Mn，（e）Na；非金属：（a）P，（d）Se，（f）Kr；类金属：无。**22.13**（a）O（b）Br（c）Ba（d）O（e）CO（f）Br **22.15** 说法（b）和（d）是正确的。

22.17（a）NaOCH$_3$(s)+H$_2$O(l) $\longrightarrow$ NaOH(aq) + CH$_3$OH(aq)

（b）CuO(s) + 2HNO$_3$(aq) $\longrightarrow$ Cu(NO$_3$)$_2$(aq) + H$_2$O(l)

（c）WO$_3$(s) + 3H$_2$(g) $\xrightarrow{\Delta}$ W(s) + 3H$_2$O(g)

（d）4NH$_2$OH(l) + O$_2$(g) $\longrightarrow$ 6H$_2$O(l) + 2N$_2$(g)

（e）Al$_4$C$_3$(s) + 12H$_2$O(l) $\longrightarrow$ 4Al(OH)$_3$(s) + 3CH$_4$(g)

22.19（a）$^{1}_{1}$H，氕；$^{2}_{1}$H，氘；$^{3}_{1}$H，氚（b）按自然丰度降低：氕＞氘＞氚（c）氚 $^{3}_{1}$H 具有放射性。（d）$^{3}_{1}$H $\longrightarrow$ $^{3}_{2}$He + $^{0}_{-1}$e **22.21** 与 1A 族其他元素一样，氢只有一个价电子，最常见的氧化数是 +1。

22.23（a）$NaH(s) + H_2O(l) \longrightarrow NaOH(aq) + H_2(g)$

（b）$Fe(s) + H_2SO_4(aq) \longrightarrow Fe^{2+}(aq) + H_2(g) + SO_4^{2-}(aq)$

（c）$H_2(g) + Br_2(g) \longrightarrow 2HBr(g)$

（d）$2\,Na(l) + H_2(g) \longrightarrow 2NaH(s)$

（e）$PbO(s) + H_2(g) \xrightarrow{\Delta} Pb(s) + H_2O(g)$

22.25（a）离子（b）分子（c）金属 22.27 汽车燃料通过燃烧反应产生能量。氢的燃烧是剧烈放热的，它的唯一产物，水，是一种非污染物。22.29 氙的电离能比氩低；因为价电子对原子核的吸引力不如氩强，所以它们更容易被激发到原子能与氟形成键的状态。此外，氙的体积更大，更容易容纳一个扩张的八重态电子。

22.31（a）$Ca(OBr)_2$，Br，+1（b）$HBrO_3$，Br，+5（c）XeO_3，Xe，+6（d）ClO_4^-，Cl，+7（e）HIO_2，I，+3（f）IF_5；I，+5；F，−1

22.33（a）铁氯酸盐（III），Cl，+5;（b）氯乙酸，Cl，+3（c）六氟化氙，F，−1（d）五氟化溴；Br，+5；F，−1（e）四氟化氙氧化物，F，−1（f）碘酸，I，+5 22.35（a）范德华分子间吸引力随原子中电子数的增加而增大。（b）F_2 与水反应：$F_2(g) + H_2O(l) \longrightarrow 2HF(g) + O_2(g)$。也就是说，氟是一种很强的氧化剂，不能存在于水中。（c）HF 具有强度较大的氢键。（d）氧化能力与电负性有关。电负性和氧化能力按给定顺序降低。

22.37（a）$2HgO(s) \xrightarrow{\Delta} 2Hg(l) + O_2(g)$

（b）$2Cu(NO_3)_2(s) \xrightarrow{\Delta} 2CuO(s) + 4NO_2(g) + O_2(g)$

（c）$PbS(s) + 4O_3(g) \longrightarrow PbSO_4(s) + 4O_2(g)$

（d）$2ZnS(s) + 3O_2(g) \longrightarrow 2ZnO(s) + 2SO_2(g)$

（e）$2K_2O_2(s) + 2CO_2(g) \longrightarrow 2\,K_2CO_3(s) + O_2(g)$

（f）$3O_2(g) \xrightarrow{h\nu} 2O_3(g)$

22.39（a）酸性（b）酸性（c）两性（d）碱性

22.41（a）H_2SeO_3，Se，+4（b）$KHSO_3$，S，+4（c）H_2Te，Te，−2（d）CS_2，S，−2（e）$CaSO_4$，S，+6（f）CdS，S，−2（g）ZnTe，Te，−2

22.43（a）$2Fe^{3+}(aq) + H_2S(aq) \longrightarrow 2Fe^{2+}(aq) + S(s) + 2H^+(aq)$

（b）$Br_2(l) + H_2S(aq) \longrightarrow 2Br^-(aq) + S(s) + 2\,H^+(aq)$

（c）$2MnO_4^-(aq) + 6H^+(aq) + 5H_2S(aq) \longrightarrow 2Mn^{2+}(aq) + 5S(s) + 8H_2O(l)$

（d）$2NO_3^-(aq) + H_2S(aq) + 2H^+(aq) \longrightarrow 2NO_2(aq) + S(s) + 2H_2O(l)$

22.45

（a）

$$\left[\ddot{\text{O}} - \text{Se} - \ddot{\text{O}} \right]^{2-}$$

三角锥体

（b）

$$\ddot{\text{Cl}} - \text{S} - \text{S} - \ddot{\text{Cl}}$$

弯曲（围绕 S–S 键自由旋转）

（c）

$$\ddot{\text{O}} - \text{S} - \ddot{\text{Cl}} , \ \text{O} - \text{H}$$

四面体（围绕 S）

22.47（a）$SO_2(s) + H_2O(l) \rightleftharpoons H_2SO_3(aq) \rightleftharpoons H^+(aq) + HSO_3^-(aq)$

（b）$ZnS(s) + 2HCl(aq) \longrightarrow ZnCl_2(aq) + H_2S(g)$

（c）$8SO_3^{2-}(aq) + S_8(s) \longrightarrow 8\,S_2O_3^{2-}(aq)$

（d）$SO_3(aq) + H_2SO_4(l) \longrightarrow H_2S_2O_7(l)$

22.49（a）$NaNO_2$, +3（b）NH_3, −3（c）N_2O, +1（d）NaCN, −3（e）HNO_3, +5（f）NO_2, +4（g）N_2, 0（h）BN, −3

22.51

（a）$\ddot{\text{O}} = \text{N} - \ddot{\text{O}} - \text{H} \longleftrightarrow \ddot{\text{O}} - \text{N} = \ddot{\text{O}} - \text{H}$

分子围绕中心的氧原子和氮原子弯曲，这四个原子不必是共面的。最右边的形式没有使形式电荷最小化，在实际成键过程中没有那么重要。N 的氧化态是 +3。

（b）

$$\left[\ddot{\text{N}} = \text{N} = \ddot{\text{N}} \right] \longleftrightarrow \left[\text{N} \equiv \text{N} - \ddot{\text{N}} \right] \longleftrightarrow \left[\ddot{\text{N}} - \text{N} \equiv \text{N} \right]$$

分子是线性的。N 的氧化态为 −1/3。

（c）

$$\left[\begin{array}{c} \text{H} \quad \text{H} \\ | \quad | \\ \text{H} - \text{N} - \text{N} : \\ | \quad | \\ \text{H} \quad \text{H} \end{array} \right]^+$$

左边氮的几何形状是四面体，右边是三角锥体。N 的氧化态是 −2。

（d）

$$\left[\begin{array}{c} \ddot{\text{O}} : \\ | \\ \ddot{\text{O}} - \text{N} = \ddot{\text{O}} \end{array} \right]$$

离子呈三角平面形，有三种等效的共振形式，N 的氧化态为 +5

22.53（a）$Mg_3N_2(s) + 6H_2O(l) \longrightarrow 3Mg(OH)_2(s) + 2\,NH_3(aq)$

（b）$2NO(g) + O_2(g) \longrightarrow 2NO_2(g)$，氧化还原反应

（c）$N_2O_5(g) + H_2O(l) \longrightarrow 2H^+(aq) + 2NO_3^-(aq)$

（d）$NH_3(aq) + H^+(aq) \longrightarrow NH_4^+(aq)$

（e）$N_2H_4(l) + O_2(g) \longrightarrow N_2(g) + 2H_2O(g)$，氧化还原反应

22.55（a）$HNO_2(aq) + H_2O(l) \longrightarrow NO_3^-(aq) + 2e^-$

（b）$N_2(g) + H_2O(l) \longrightarrow N_2O(aq) + 2H^+(aq) + 2e^-$

22.57（a）H_3PO_3，+3（b）$H_4P_2O_7$，+5（c）$SbCl_3$，+3（d）Mg_3As_2，+5（e）P_2O_5，+5（f）Na_3PO_4，+5

22.59（a）磷是一个比氮大的原子，磷具有能量可利用的三维轨道，这些轨道参与了键合，但氮没有。（b）H_3PO_2 中只有一个氢与氧结合。另外两种物质直接与磷结合，不易电离。（c）PH_3 是比 H_2O 弱的碱，因此在 H_2O 存在下向 PH_3 中添加 H^+ 的任何尝试都会导致 H_2O 质子化。（d）白磷中的 P_4 分子比红磷中的链具有更强张力的键角，从而使白磷更具活性。

22.61（a）$2Ca_3PO_4(s) + 6SiO_2(s) + 10C(s) \longrightarrow P_4(g) + 6CaSiO_3(l) + 10CO(g)$

（b）$PBr_3(l) + 3H_2O(l) \longrightarrow H_3PO_3(aq) + 3HBr(aq)$

（c）$4PBr_3(g) + 6H_2(g) \longrightarrow P_4(g) + 12HBr(g)$

22.63（a）HCN（b）$Ni(CO)_4$（c）$Ba(HCO_3)_2$（d）CaC_2（e）K_2CO_3

22.65（a）$ZnCO_3(s) \xrightarrow{\Delta} ZnO(s) + CO_2(g)$

（b）$BaC_2(s) + 2H_2O(l) \longrightarrow Ba^{2+}(aq) + 2OH^-(aq) + C_2H_2(g)$

（c）$2C_2H_2(g) + 5O_2(g) \longrightarrow 4CO_2 + (g) + 2H_2O(g)$

（d）$CS_2(g) + 3O_2(g) \longrightarrow CO_2(g) + 2SO_2(g)$

（e）$Ca(CN)_2(s) + 2HBr(aq) \longrightarrow CaBr_2(aq) + 2HCN(aq)$

22.67（a）$2CH_4(g) + 2NH_3(g) + 3O_2(g) \xrightarrow{800°C} 2HCN(g) + 6H_2O(g)$

（b）$NaHCO_3(s) + H^+(aq) \longrightarrow CO_2(g) + H_2O(l) + Na^+(aq)$

（c）$2BaCO_3(s) + O_2(g) + 2SO_2(g) \longrightarrow 2BaSO_4(s) + 2CO_2(g)$

22.69（a）H_3BO_3，+3（b）$SiBr_4$，+4（c）$PbCl_2$，+2（d）$Na_2B_4O_7 \cdot 10H_2O$，+3（e）B_2O_3，+3（f）GeO_2，+4

22.71（a）锡（b）碳、硅和锗（c）硅 22.73（a）四面体（b）正硅酸可能采用图 22.32（b）所示的单链硅酸盐链结构。硅氧比是正确的，每个硅有两个末端氧原子，可以容纳与酸的每个硅原子相关联的两个氢原子。22.75（a）2个 Ca^{2+}（b）2个 OH^- 22.77（a）二硼烷具有连接两个 B 原子的桥联 H 原子，乙烷的结构是 C 原子直接结合，没有桥联原子。（b）B_2H_6 是一种缺电子分子。六价电子对都参与了 B—H σ 键合，因此满足 B 八隅体规则的唯一方法是使桥连 H 原子如图 22.35 所示。（c）氢化物一词表明通常 B_2H_6 中的 H 原子比共价结合的 H 原子的电子密度大。22.79（a）错误（b）正确（c）错误（d）正确（e）正确（f）正确（g）错误 22.82（a）SO_3（b）Cl_2O_5（c）N_2O_3（d）CO_2（e）P_2O_5 22.85（a）PO_4^{3-}，+5；NO_3^-，+5，（b）NO_3^{3-} 的 Lewis 结构为：

$$\left[\begin{array}{c} \ddot{\underset{\displaystyle}{\text{:O:}}} \\ \text{:}\ddot{\text{O}}\text{—N—}\ddot{\text{O}}\text{:} \\ \ddot{\underset{\displaystyle}{\text{:O:}}} \end{array} \right]^{3-}$$

N 上的形式电荷是 +1，每个 O 原子上的形式电荷是 -1。四个电负性氧原子撤回电子密度，使氮缺乏。由于 N 最多可以形成四个键，它不能与一个或多个 O 原子形成 π 键来恢复电子密度，就像 PO_4^{3-} 中的 P 原子那样。此外，短的 N—O 距离将导致 O 原子受空间排斥作用的紧密四面体。

22.91（a）$1.94 \times 10^3 g\ H_2$（b）$2.16 \times 10^4 L\ H_2$（c）$2.76 \times 10^5 kJ$ 22.93（a）$-285.83 kJ/mol\ H_2$；$-890.4 kJ/mol\ CH_4$（b）$-141.79 kJ/g\ H_2$；$-55.50 kJ/g\ CH_4$（c）$1.276 \times 10^4\ kJ/m^3\ H_2$；$3.975 \times 10^4 kJ/m^3\ CH_4$

22.95（a）$[HClO_4] = 0.036M$（b）$pH = 1.4$

22.98（a）$SO_2(g) + 2H_2S(aq) \longrightarrow 3S(s) + 2H_2O(l)$ 或 $8SO_2(g) + 16H_2S(aq) \longrightarrow 3S_8(s) + 16H_2O(l)$（b）$4.0 \times 10^3\ mol = 9.7 \times 10^4 L\ H_2S$（c）生成 $1.9 \times 10^5 g\ S$

22.100 H—O 的平均键焓为 463kJ；H—S 为 367kJ．：H—Se 为 317kJ，H—Te 为 267kJ。H—X 键的热焓在这一系列中逐渐下降。这个缺陷的起源可能是从 X 开始的轨道尺寸的增加，氢 1s 轨道必须与之重叠。

22.103 二甲基肼每克产生 0.0369mol 气体反应物，而甲基肼每克产生 0.0388mol 气体反应物。甲基肼的推力稍大一些。

22.104（a）$3B_2H_6(g) + 6NH_3(g) \longrightarrow 2(BH)_3(NH)_3(l) + 12H_2(g)$；$3LiBH_4(s) + 3NH_4Cl(s) \longrightarrow 2(BH)_3(NH)_3(l) + 9H_2(g) + 3LiCl(s)$
（b）

（c）$2.40g(BH)_3(NH)_3$

第 23 章

23.2

（a）配位数为 4（b）配位构型为平面正方形（c）氧化态为 +2。23.6 分子 1），3）和 4）是手性的，因为它们的镜像不能叠加在原始分子上。23.8（a）图 4）（b）图 1）（c）图 3）（d）图 2）23.11 镧系收缩解释了趋势（c）。镧系元素收缩是指当穿过镧系元素并越过它们时，由于有效核电荷的积累，原子尺寸减小的现象。这反映了原子尺寸从第 5 周期到第 6 周期过渡元素的预期增加。23.13（a）Ti^{2+}、$[Ar]3d^2$（b）Ti^{4+}、$[Ar]$（c）Ni^{2+}、$[Ar]3d^8$（d）Zn^{2+}、$[Ar]3d^{10}$ 23.15（a）Ti^{3+}、$[Ar]3d^1$（b）Ru^{2+}、$[Kr]4d^6$（c）Au^{3+}、$[Xe]4f^{14}5d^8$（d）Mn^{4+}、$[Ar]3d^3$ 23.17（a）顺磁性材料中的未配对电子使其弱地被磁场吸引。23.19 图中所示为一种自旋不对准的材料，其旋转方向与外加磁场方向一致。这是一种顺磁材料。23.21（a）主价与氧化数大致相同。氧化数是一个比离子电荷更宽泛的术语，但 Werner 的配合物含有金属离子，其中阳离子电荷和氧化数相等。（b）配位数是现代术语中的二价态。（c）NH_3 可以作为配体，因为它有一个非共享的电子对，而 BH_3 没有。配体是金属与配体相互作用中的 Lewis 碱。因此，它们必须至少有一个非共享电子对。

23.23（a）+2（b）6（c）1mol 配合物会产生 2 mol AgBr 沉淀。23.25（a）配位数 =4，氧化数 =+2（b）5，+4（c）6，+3（d）5，+2（e）6，+3（f）4，+2 23.27（a）单齿配体

（b）单齿配体

（c）单齿或双齿配体

（d）不太可能作为配体

23.29（a）邻菲啰啉，邻菲啰啉，为二齿（b）草酸，$C_2O_4^{2-}$，为二齿（c）乙二胺四乙酸，EDTA，为六齿。这是一个不常见的，配位数为 6 的复杂的配体。（d）乙二胺，en，是

双齿的。23.31（a）乙腈（CH_3CN）（b）氢化物离子（H^-）（c）一氧化碳（CO）23.33 错误。配体不是典型的双齿配体。整个分子是平面的，两个 N 原子两边的苯环阻止它们以正确的方向进行螯合。23.35（a）$[Cr(NH_3)_6](NO_3)_3$（b）$[Co(NH_3)_4CO_3]_2SO_4$（c）$[Pt(en)_2Cl_2]Br_2$（d）$K[V(H_2O)_2Br_4]$（e）$[Zn(en)_2][HgI_4]$ 23.37（a）四胺二氯铑（Ⅲ）氯化物（b）六氯钛酸钾（Ⅳ）（c）四氯氧钼（Ⅵ）（d）四水（草酸）铂（Ⅳ）溴化物 23.39（a）配合物 1、2 和 3 可以有几何异构体；它们都有顺反异构体。（b）由于亚硝酸盐配体的存在，配合物 2 可具有键合异构体。（c）配合物 3 的顺式几何异构体可以有光学异构体（d）配合物 1 可以有配位层异构体。它是唯一一种也可以是配体的反离子配合物。

23.41 能。对于形状为 MA_2B_2 的四面体配合物，不存在结构或立体异构体。该配合物必须与顺式和反式几何异构体呈平面正方形。23.43（a）结构独特，无其他异构体（b）两种几何异构体，分别为 180° 和 90°Cl—Ir—Cl 角的反式和顺式异构体（c）三种几何异构体；分别为 180° 和 90°Cl—Fe—Cl 角的反式和顺式异构体；顺式异构体有对映体 23.45（a）非手性（b）非手性（c）手性，具有光学异构体 23.47（a）蓝色（b）$E=3.26 \times 10^{-19}$ J/光子（c）$E = 196$ kJ/mol 23.49（a）抗磁性。Zn^{2+}，[Ar] $3d^{10}$。没有未配对的电子。（b）抗磁性。Pd^{2+}，[Kr] $4d^8$。具有 8 个 d 电子的平面正方形配合物通常是抗磁性的，特别是与重金属中心类似的 Pd。（c）顺磁性。V^{3+}，[Ar] $3d^2$。在任何 d 轨道能级图中，这两个 d 电子都是不成对的。23.51 d 轨道波瓣指向配体的电子比 d 轨道波瓣不指向配体的电子具有更高的能量。

23.53（a）

（b）d^1 络合物的 Δ 量级和 d-d 跃迁的能量相等。（c）Δ=220 kJ/mol 23.55（a）两种矿物均含有 Cu^{2+}，[Ar]$3d^9$。（b）蓝铜矿可能具有较大的 Δ。它吸收橙色可见光，其波长比孔雀石吸收的红光短。23.57（a）Ti^{3+}、d^1（b）Co^{3+}、d^6（c）Ru^{3+}、d^5（d）Mo^{5+}、d^1（e）Re^{3+}、d^4 23.59 正确。弱场配体导致一个小的 Δ 值和一个小的 d- 轨道分裂能。如果络合物的分裂能小于在轨道上电子成对所需的能量，则络合物是高自旋的。

23.61（a）Mn，[Ar]$4s^23d^5$；Mn^{2+}，[Ar]$3d^5$；1 个不成对电子

（b）Ru，[Kr]$5s^14d^7$；Ru^{2+}，[Kr]$4d^6$；0 个未配对电子

（c）Rh，[Kr]$5s^14d^8$；Rh^{2+}，[Kr]$4d^7$；1 个未配对电子

23.63 本练习中的所有配合物均为六配位八面体。

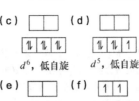

（a）d^4，高自旋　（b）d^5，高自旋　（c）d^6，低自旋　（d）d^5，低自旋　（e）d^3　（f）d^8

23.65

高自旋

23.69 $[Pt(NH_3)_6]Cl_4$；$[Pt(NH_3)_4Cl_2]Cl_2$；$[Pt(NH_3)_3Cl_3]Cl$；$[Pt(NH_3)_2Cl_4]$；$K[Pt(NH_3)Cl_5]$

23.73

（a）

dmpe 和 en 都是双齿配体，分别通过 P 和 N 结合。由于磷的电负性比氮小，dmpe 的电子对给体和 Lewis 碱比 en 强。dmpe 创造了一个更强的配位场，而且在光谱化学系列上更高。从结构上看，dmpe 的体积比 en 大。M—P 键比 M—N 键长，dmpe 中 P 原子上的两个—CH_3 比 en 中 N 原子上的 H 原子产生更多的空间位阻。（b）钼的氧化态为零。（c）PP 表示双齿 dmpe 配体。

光学异构体

23.76（a）铁（b）镁（c）铁（d）铜 23.78（a）五羰基合铁（0）（b）铁的氧化态必须为零。（c）两种。一种异构体的 CN 位于轴向位置，另一种异构体的 CN 位于中心位置

23.80

（a）

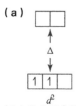

（b）这些配合物是有色的，因为晶体场分裂能 Δ 在电磁光谱的可见部分。λ=hc/Δ 的可见光被络合物吸收，促进一个 d 电子进入一个更高能量的 d 轨道。剩下的波长被反射或传输；这些波长的组合就是我们看到的颜色。（c）[V(H₂O)₆]³⁺ 将以更高的能量吸收光，因为它的 Δ 大于 [VF₆]³⁻。H₂O 位于光谱化学系列的中间，导致比 F⁻ 一个弱场配体更大的 Δ。

23.82 [CO(NH₃)₆]³⁺，黄色；[CO(H₂O)₆]²⁺，粉色；[CoCl₄]²⁻，蓝色

23.87（a）

$$\left[\begin{array}{c} \overset{O}{\underset{C}{}} \\ NC \quad Fe \quad CN \\ NC \quad \quad CN \\ \underset{C}{\overset{}{}} \\ O \end{array} \right]^{2-}$$

（b）二羰基四氰基铁酸钠（Ⅱ）（c）+2，6 d 电子（d），我们认为配合物是低自旋的。氰化物（和羰基）在光谱化学系列中含量很高，这意味着络合物将有一个大的 Δ 分裂，具有低自旋络合物的特征。

23.93（a）是的，两种配合物中 Co 的氧化态都是 +3。（b）化合物 A 的配位层外有 SO₄²⁻ 和配位 Br⁻，因此它与 BaCl₂(aq) 而不是 AgNO₃(aq) 形成沉淀。化合物 B 的配位层外有 Br⁻ 和配位 SO₄²⁻ 所以它与 AgNO₃(aq) 而不是 BaCl₂(aq) 形成沉淀。（c）化合物 A 和 B 是同分异构体。（d）这两种化合物都是强电解质。

23.96 化学式为 [Pd(NC₅H₅)₂Br₂]。这是 Pd(Ⅱ) 的电中性平面正方形络合物，Pd(Ⅱ) 是一种非电解质，其溶液不导电。因为偶极矩为零，所以一定是反式异构体。**23.98** 47.3 mg Mg²⁺/L，53.4 mg Ca²⁺/L

23.100 ΔE=3.02×10⁻¹⁹J/ 光子，λ=657nm。该配合物在可见光下约 660nm 处吸收，呈蓝绿色。

第 24 章

24.1 结构（c）和（d）是同一分子。**24.7**（a）错误（b）错误（c）正确（d）错误 **24.9** 从给出结构公式右侧编号，C1 具有三角平面电子域几何结构、120° 键角和 sp² 杂化；C2 和 C5 具有四面体电子域几何结构、109° 键角和 sp³ 杂化；C3 和 C4 具有线性电子域结构、180° 键角和 sp 杂化。**24.11**（a）1（b）10（c）7（d）5（e）2 **24.13**（a）正确（b）正确（c）错误（d）错误（e）正确（f）错误（g）正确 **24.15**（a）2- 甲基己烷（b）4- 乙基 -2,4- 二甲基癸烷（c）CH₃CH₂CH₂CH₂CH₂CH(CH₃)₂（d）CH₃CH₂CH₂CH₂CH(CH₂CH₃)CH(CH₃)CH(CH₃)₂（e）

（结构图） 或 （结构图）

24.17（a）2,3- 二甲基庚烷（b）CH₃CH₂CH₂C(CH₃)₃
（c）

（环己烷结构图）

（d）2,2,5- 三甲基己烷（e）甲基环丁烷 **24.19** 65
24.21（a）不饱和（b）是的，所有炔烃都不饱和。
24.23（a）CH₃CH₂CH₂CH₂CH₃、C₅H₁₂
（b）

（环戊烷结构图），C₅H₁₀

（c）CH₂＝CHCH₂CH₂CH₃，C₅H₁₀
（d）HC≡CCH₂CH₂CH₃，C₅H₈
24.25 一种可能的结构是 CH≡C—CH＝CH—C≡CH
24.27 至少有 46 种与式 C₆H₁₀ 相同的结构异构体。其中一些是

（结构图） CH₃CH₂CH₂CH₂C≡CH   CH₃CH₂CH₂C≡CCH₃

（结构图）

24.29
（a）

（2-戊烯顺式结构图）

（b）

CH₃CH₂CH₂—C＝CH—CH₂—CH—CH₃ （带 CH₃ 支链）

（c）顺 -6- 甲基 -3- 辛烯（d）对二溴苯（e）4,4- 二甲基 1- 己炔 **24.31**（a）正确（b）正确（c）错误
24.33（a）无
（b）

（C=C 结构图，两个 ClH₂C 与 H 的两种异构体）

（c）无（d）无
24.35（a）正确（b）

CH₃CH₂CH＝CH—CH₃ + Br₂ ⟶ CH₃CH₂CH(Br)CH(Br)CH₃
　　2-戊烯　　　　　　　　　　　2,3-二溴戊烷

这是一个加成反应。

（c）

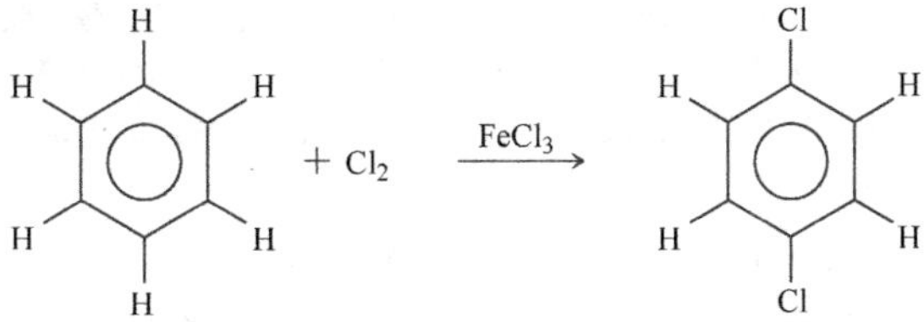

$C_6H_6 + Cl_2 \xrightarrow{FeCl_3} C_6H_4Cl_2$

这是一个取代反应。

24.37（a）环丙烷环中的 C—C—C 60° 键角有很大张力使键容易断裂，环打开。在五元环和六元环中没有类似情况。

（b）$C_2H_4(g)+HBr(g) \longrightarrow CH_3CH_2Br(l)$；

$C_6H_6(l) + CH_3CH_2Br(l) \xrightarrow{AlCl_3} C_6H_5CH_2CH_3(l) + HBr(g)$

24.39 是一样的，这一信息表明（但不能证明）反应以同样的方式进行。两个速率定律在反应物中都是一级速率定律，总体上都是二级速率定律，说明每个反应物的速率决定步骤中的活化络合物是双分子的，每个反应物都含有一个分子。这通常表明两种机制是相同的，但并不排除不同的快速步骤或不同的基元步骤顺序的可能性。

24.41 环己烷中 CH_2 的 $\Delta H_{comb}/mol = 696.3kJ$，而环戊烷中为 663.4kJ。由于 C_3H_6 含有应变环，因此环丙烷的 $\Delta H_{comb}/CH_2$ 更大。当燃烧发生时，应变环被释放，储存的能量被释放。

24.43（a）（iii）（b）（i）（c）（ii）（d）（iv）（e）（v）

24.45（a）丙醛：

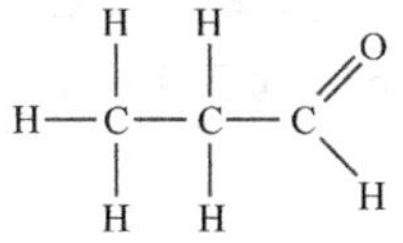

（b）乙基甲醚：

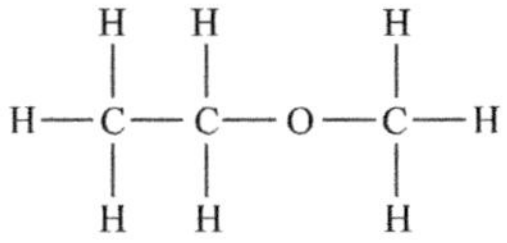

24.47

（a）

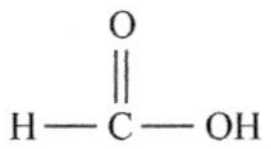

（b）

或

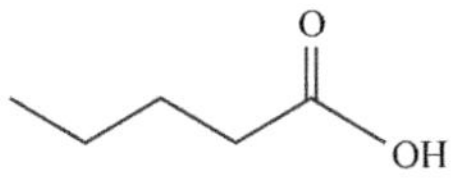

（c）

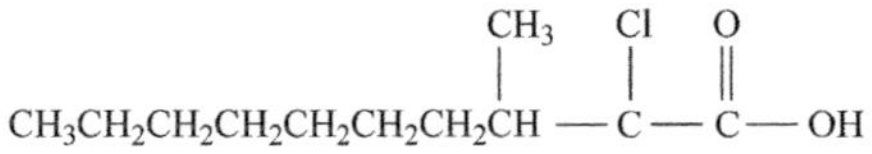

或

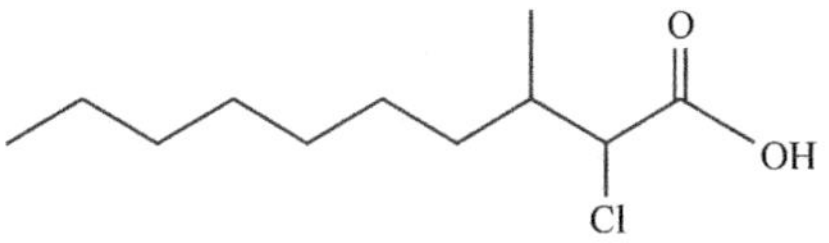

24.49

（a）

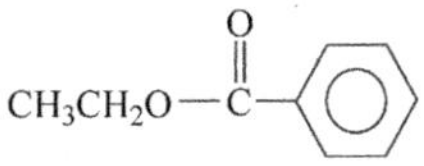

苯甲酸乙酯

（b）

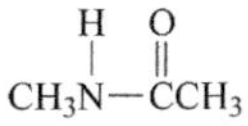

N—甲基乙酰胺

（c）

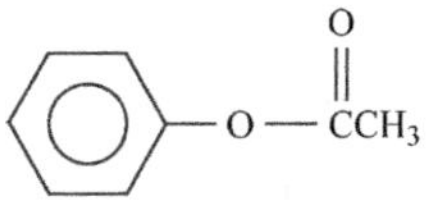

苯乙酸

24.51（a）

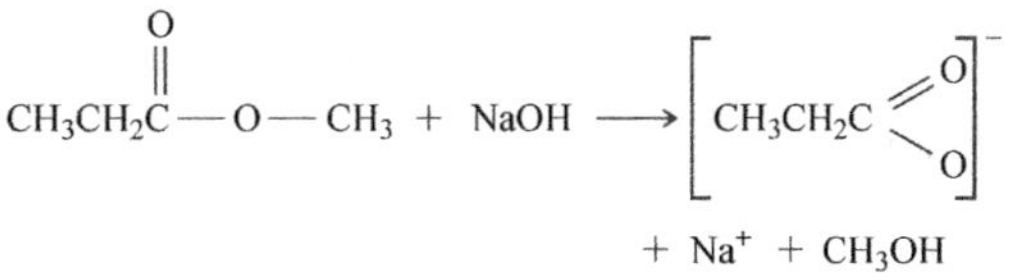

CH_3CH_2C—O—$CH_3 + NaOH \longrightarrow [CH_3CH_2C \underset{O}{\overset{O}{\diagup}}]^- + Na^+ + CH_3OH$

（b）

CH_3C—O— + NaOH $\longrightarrow [CH_3C \underset{O}{\overset{O}{\diagup}}]^- + Na^+$ + OH

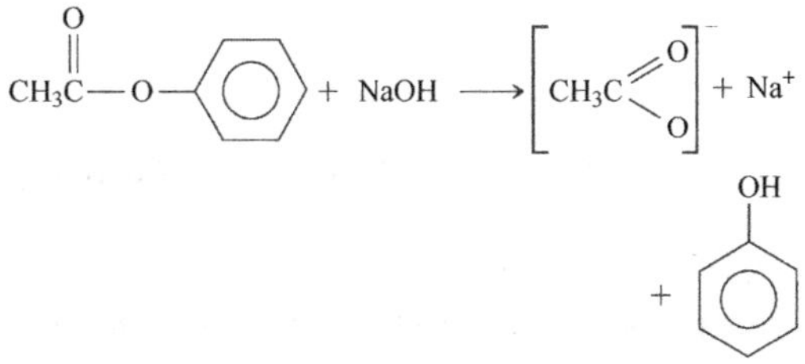

24.53 高熔点和高沸点是块状物质中分子间作用力强的指标。纯乙酸中同时存在—OH 和—C═O，因此我们得出结论，它是一种强氢键物质。纯醋酸的熔点和沸点都比水的熔点和沸点高，我们都知道水是一种氢键很强的物质，支持了这个结论。

24.55（a）$CH_3CH_2CH_2CH(OH)CH_3$（b）$CH_3CH(OH)CH_2OH$

（c）

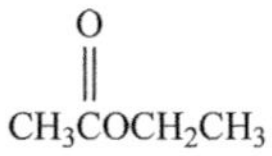

$CH_3CCH_2CH_3$

（d）

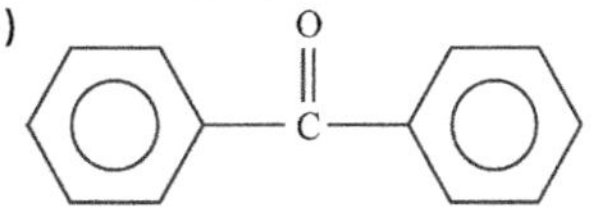

（e）$CH_3OCH_2CH_3$

24.57（c）分子中有两个手性碳原子。

24.59（a）

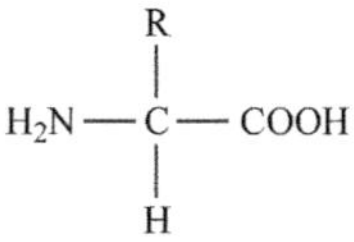

H_2N—C—$COOH$（带 R 和 H）

（b）在蛋白质形成过程中，氨基酸在一个分子的氨基和另一个分子的羧酸基之间发生缩合反应，形成酰胺键。（c）蛋白质中连接氨基酸的键称为肽键。下图用粗体显示。

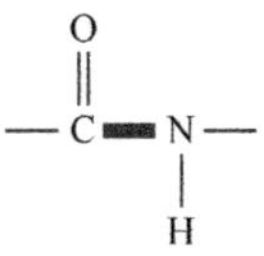

$-C$═$N-$（带 O 和 H）

24.61

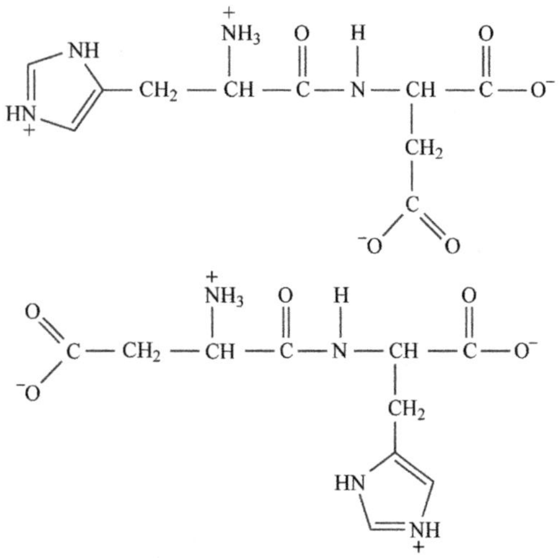

物纤维素的基本单位。(c)醚键连接纤维素中的基本单位。

24.71（a）是。(b)四个。在线性形式的甘露糖中，醛基碳是C1。碳原子2、3、4和5是手性的，因为它们各自携带四个不同的基团。(c)α（左）和β（右）两种形式都是可能的。

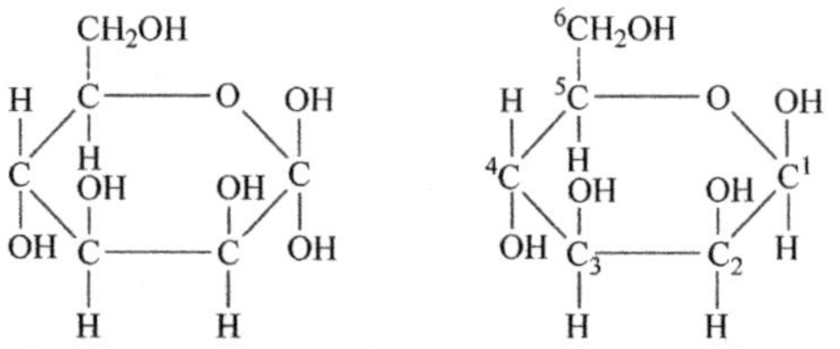

24.73（a）错误（b）正确（c）正确

24.75 嘌呤在水溶液中具有比嘧啶更大的色散力，具有更大的电子云和摩尔质量。

24.77 5′- TACG - 3′ 24.79 5′ - GCATTGGC - 3′ 的互补链为 3′ - CGTAACCG - 5′。

24.81

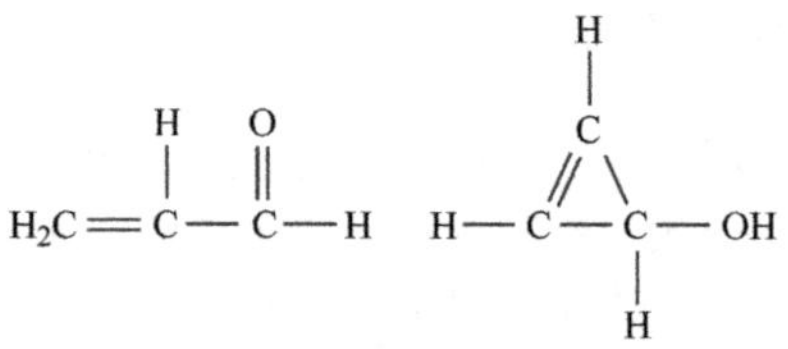

24.63（a）

H₃N⁺CH₂CNHCH₂CNHCHCO⁻ （结构式）

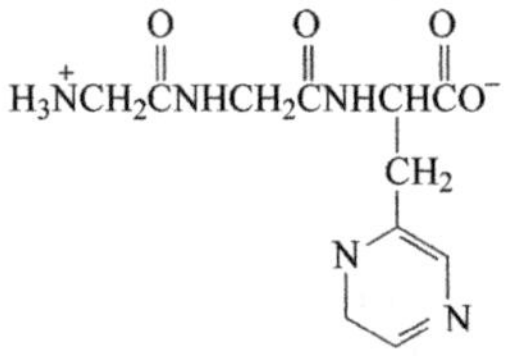

（b）三个三肽是可能的：Gly-Gly-His，GGH；Gly-HisGly，GHG；His-Gly-Gly，HGG 24.65（a）正确（b）错误（c）错误

24.67（a）正确（b）错误（c）正确 24.69（a）纤维素的经验式为 $C_6H_{10}O_5$。（b）葡萄糖的六元环形式是构成聚合

24.90（a）1个酮和2个醇官能团；无手性中心（b）1个酮和3个醇官能团；1个手性中心（c）1个羧酸和1个胺官能团；两个手性中心 24.95（a）甲烷（b）二氟甲烷（c）二甲醚（d）乙醇 24.99 $\Delta G° = 13$kJ

部分想一想答案

第18章

第3页我们猜测氦在更高的海拔相对丰富，因为地球的重力场会对较重的氩原子施加更大的向下的力。因此，大气中氦氩比在对流层中要高。第6页光电离使电子从原子或分子中发射出来，从而形成阳离子。它通常不会导致键的断裂。第8页从它们的路易斯结构我们预测了 O_2 和 O_3 的键序分别为2和1.5。键强度随着键序的增加而增加，因此我们预计 O_2 中的 O—O 键会更强。其中，氯在整个反应中既不是产物也不是反应物，但它的存在确实加速了反应。第13页 SO_3 第14页 NO_2 光解成 NO 和 O；O 原子与大气中的 O_2 反应生成臭氧，臭氧是光化学烟雾的关键成分。第17页更高的湿度意味着空气中有更多的水。水吸收红外光，我们感觉到热。太阳落山后，白天被加热的地面重新辐射出热量。在湿度较高的地方，这种能量会被水吸收，然后在一定程度上被重新辐射回地球，与湿度较低的地方相比，会导致温度升高。第18页从相图上你可以看到，从固态到气态，我们需要低于水的临界点。因此，为了升华水，我们需要低于 0.006atm 的压力。在这个压力下，一系列的温度都会起到升华的作用，最与环境相关的温度是 $-50℃ \sim 0℃$。第22页氮和磷。第27页使用催化剂，反应总是更快，因此运行能耗更低。此外，使用催化剂，反应可能在较低的温度下容易发生，也消耗较少的能源。因为反应的副产物可以用来合成额外的反应物，原则上不浪费原子。第30页反应前为 sp；反应后为 sp^2。

第19章

第44页没有。仅仅因为系统恢复到原来的状态并不意味着周围环境也恢复到原来的状态，所以它不一定是可逆的。第46页 ΔS 不仅取决于 q，还取决于 $q_{可逆}$。尽管有许多可能的路径可以将系统从初始状态带到最终状态，但在两个状态之间始终只有一条可逆的等温路径。因此，无论状态之间的路径如何，均只有一个特定值。第49页因为生锈是一个自发的过程，所以 $\Delta S_{整体}$ 必须是正的。因此，环境的熵必须增加，而且这种增加必须大于系统的熵减少。第51页 $S=0$，基于方程 19.5 和 ln 1=0 第52页没有氢原子与其他原子相连，所以它们不能经历振动运动。第59页 $\Delta S_{环境}$ 始终增加。为了简单起见，假设过程是等温的。在等温过程中，周围环境的熵的变化是 $\Delta S_{环境} = \dfrac{-q_{系统}}{T}$。因为反应是放热的，$-q_{系统}$ 是一个正数。因此，$\Delta S_{环境}$ 是一个正数，周围环境的熵增加。第60页在任何自发过程中，整体的熵都会增加。

（b）在任何恒温自发过程中，系统的自由能降低。第62页指出热力学量所指的过程是在标准条件下发生的，如表19.2所示。第65页沸点以上，蒸发是自发的，并且 $\Delta G < 0$。因此，$\Delta H-T\Delta S < 0$，和 $\Delta H < T\Delta S$。因此 $T\Delta S$ 在数量上更大。第68页不是，K 是平衡时产物浓度与反应物浓度的比值；K 可以很小，但不为零。

第20章

第85页 O 首先被赋予 −2 的氧化数。N 必须有一个 +3 的氧化数，氧化数之和等于 −1，即为离子的电荷。第88页电子应该出现在两个半反应中，但将两个半反应加和后不再出现电子。第95页是的。在标准条件下，标准电池电动势为正的氧化还原反应是自发进行的。第96页 $Cl_2(g)$ 的大气压和 $Cl^-(aq)$ 的 $1M$ 浓度第99页 Ni 第103页 Sn^{2+} 第118页 Al、Zn。两者都比 Fe 更容易氧化。

第21章

第137页质量数减少了 4。第139页 β 衰变第143页从图 21.3 我们可以看到这四种元素中的每一种都只有一个稳定的同位素，从它们的原子序数我们可以看到它们都有奇数个质子。考虑到中子和质子数为奇数的稳定同位素的稀有性，我们预计每种同位素将拥有偶数个中子。从它们的原子量我们可以看出情况是这样的：F（10个中子）、Na（12个中子）、Al（14个中子）和 P（16个中子）第149页也是双倍的。每秒分解的次数与原子或放射性同位素的数目成正比。第152页任何依赖于分子质量的过程，如气体渗出率（见 10.8 节）第155页表 21.7 中的值只反映原子核的质量，而原子质量是原子核和电子的质量之和。所以 ^{56}Fe 的原子质量比原子核质量大 $26 \times m_e$。第156页不能质量数在 100 左右的稳定核是最稳定的核。伴随着能量的释放，它们不能形成一个更稳定的原子核。第165页吸收剂量等于 $0.10J \times (1rad/1 \times 10^{-2}J)=10$ rads。有效剂量是通过将吸收剂量乘以相对生物有效性（RBE）因子来计算的，对于 α 辐射，RBE 因子为 10。因此，有效剂量为 100rems。

第22章

第179页不是。N_2 中有一个三键。为了形成 P_2，P 确实形成了三键。第181页 H^-，氢化物。第182页除了 H_2，其他都是 +1，因为 H_2 中 H 的氧化态是 0。第188页 Cl_2 为 0；Cl^- 为 −1；ClO^- 为 +1。第189页它们都应该很强，因为它们的中心卤素都处于 +5 氧化态。我们需要查一下氧化还原电位，看看哪个离子，BrO_3^- 或 ClO_3^- 具有更大的还原电位。还原电位较大的离子是较强的氧化剂。在此基础上，BrO_3^- 是较强的氧化剂（酸中的标准还原电位为 +1.52V，而 ClO_3^- 为 +1.47V）。**第 191 页** HIO_3 **第 194 页** $SO_3(g) + H_2O(l) \longrightarrow H_2SO_4(l)$ **第 193 页** (a) +5 (b) +3 **第 201 页** 在 PF_3 中，磷处于 +3 氧化态。在这种氧化态下，与水的反应产生与磷的氧化酸，即 H_3PO_3。因此，该反应类似于式 22.48，该方程式还显示了三卤化物与水反应。**第 205 页** $CO_2(g)$ **第 210 页** 硅是元素，Si。二氧化硅是 SiO_2。硅酮是具有 O—Si—O 主链和 Si 上有烃基的聚合物。**第 210 页** +3

第 23 章

第 223 页 Sc 的半径最大。**第 225 页** 因为钛只有 4 个价电子，所以你必须去掉一个核电子才能产生 Ti^{5+} 离子。**第 226 页** 距离越大，自旋 - 自旋相互作用越弱。是的，它是 Lewis 酸碱相互作用；金属离子是 Lewis 酸（电子对受体）。**第 233 页** H_2O 中的非成键电子对都位于同一个原子上，这使得这两对电子不可能给予同一个金属原子。作为一种螯合剂，非成键电子对需要位于两个互不相连的原子上，而这些原子之间没有相互连接。**第 233 页** 双齿 **第 240 页** 不是，氨不能发生键异构，唯一能与金属配位的原子是氮。**第 240 页** 不是，三角平面分子不能表现出几何异构性。**第 243 页** (b) 偏振光通过物质时的旋转方式。**第 245 页** (a) Co [Ar] $4s^2\ 3d^7$. (b) Co^{3+} [Ar] $3d^6$. 假设五个 d 轨道的能量相同，Co 原子有三个未配对电子，Co^{3+} 离子有四个未配对电子。**第 247 页** 因为 Ti（IV）离子具有 [Ar] $3d^0$ 电子结构，所以没有能吸收可见光光子的 d-d 跃迁。**第 250 页** d^4、d^5、d^6、d^7。**第 252 页** 因为配体位于 xy 平面，d_{xy} 轨道上的电子比 d_{xz} 和 d_{yz} 轨道上的电子受到更多的排斥，d_{xy} 轨道上的电子叶瓣位于 xy 平面上。

第 24 章

第 267 页 C ═ N，因为它是极性双键。C—H 和 C—C 键相对不活跃。（C ═ N 双键无需完全断裂即可反应。）**第 269 页** 两个 C—H 键和两个 C—C 键**第 270 页** 异构体具有不同的性质，如表 24.3 所示（例如，不同的熔点和不同的沸点）。**第 273 页** 是，因为环丙烷张力更大。**第 275 页** 在由 5 个碳原子和 1 个双键组成的线性链中，4 种可能的 C ═ C 键位置中只有两个明显不同。**第 281 页**

第 286 页 $(CH_2)_4CHO$ **第 287 页** 乙醚的通式为 ROR'，而酯为 $RCOOR'$。如果羰基化或氧化乙醚，你可以得到一个酯。**第 290 页** 四个官能团互不相同**第 294 页** 不是，通过加热打破蛋白质中 N—H 和 —O ═ C 基团之间的氢键，导致 α-螺旋结构松弛、β-片状结构分离。**第 299 页** C—O—C 连接的 α 形式。糖原是身体的能量来源，这意味着身体的酶必须能够将其水解成糖。这些酶只作用于具有 α 键的多糖。

部分图例解析答案

第 18 章

图 18.1 中层顶约 85km。图 18.3 大气吸收了大部分太阳辐射。图 18.4 (c) UV 图 18.5 峰值约为 5×10^{12} 分子 /cm³。如果我们用阿伏加德罗常数把分子换算成物质的量，换算系数为 1000cm³ = 1000mL = 1L，我们发现臭氧浓度在峰值时为 8×10^{-9}mol/L。图 18.8 二氧化硫排放的主要来源位于美国东部，盛行风的排放方向为向东。图 18.10 $CaSO_3(s)$ 图 18.12 地球表面吸收 492W/m²。其中 390W/m² 或 79% 辐射回大气。图 18.14 斜率的增加与大气中二氧化碳的增加速度相对应，这可能是全球化石燃料燃烧量不断增加的结果。图 18.16 海水蒸发、淡水蒸发、陆地蒸发和蒸腾。图 18.17 随着水温下降，其密度增加。因此，密度随着深度的增加而增加（注意，压力也会增加，这也会导致密度的增加）。图 18.21 降低溶解铁和锰的浓度，去除 H_2S 和 NH_3，并降低细菌水平。

第 19 章

图 19.1 是的，鸡蛋的势能随着下落而降低。图 19.2 液态水冻结形成冰是放热的。图 19.3 可逆过程，温度变化 δT 必须是无穷小的。图 19.5 因为最终体积小于烧瓶 A 体积的两倍。最终压力将大于 0.5atm。图 19.8 H_2O 分子还有两个独立的旋转运动：

图 19.9 因为冰是水分子最坚硬的相，图 19.11 由于新键的形成，分子数量减少。图 19.12 在相变过程中，温度保持不变，但随着分子的自由度和运动程度的增加，熵变大。图 19.13 基于三个分子的显示，根据这一观察，每个 C 的添加使 S° 增加 40-45 J/mol·K，我们可以预测 S°（C_4H_{10}）为 310-315J/mol·K。附录 C 证实了这是一个很好的预测 S°（C_4H_{10}）= 310.0J/mol·K。图 19.14 自发 图 19.15 如果我们绘制反应历程与自由能的关系图，则等自由能处于自由能的最低点，如图所示。反应是"下坡"的，直到达到最小值。

第 20 章

图 20.1 放热。图 20.2 如文中所示，高锰酸钾离子的浓度降低了。乙酸根，$C_2O_4{}^{2-}$，作为还原剂。图 20.3 蓝色是由 Cu^{2+}（aq）引起的。随着该离子的减少，形成 Cu(s)，其浓度降低，蓝色褪去。图 20.4 锌被氧化，因此用作电池的阳极。图 20.5 以两种方式维持电平衡：离子迁移到半电池中，离子通过盐桥迁移出去。图 20.9 当电池工作时，当 H^+ 耗尽时，阴极半电池中的 H^+ 降低至 H_2。正的钠离子被拉到半电池中以保持溶液中的电平衡。图 20.11 是的。图 20.13 变量 n 是过程中转移的电子物质的量。图 20.14 阴极。图 20.19 阴极由 $PbO_2(s)$ 组成，因为每个氧的氧化态为 -2，铅在该化合物中的氧化态必须为 +4。图 20.20 Zn。图 20.21 Co^{3+}。氧化数随电池电量的增加而增加。图 20.24 $O_2(g)+4H^++4e^- \longrightarrow 2H_2O(g)$。图 20.25 氧化剂 $O_2(g)$ 来自空气。图 20.29 0V

第 21 章

图 21.1 从图 21.1 看到，含有 70 个质子的原子核的稳定带大约有 102 个中子。图 21.2 $^{234}_{90}$Th $\longrightarrow$ $^{234}_{91}$Pa $+ ^{0}_{-1}$e 图 21.3 只有具有偶数个质子的元素具有三种同位素：He、Be 和 C。请注意，这三种元素是具有偶数原子序数。因为它们很轻，中子数的任何变化都会显著地改变中子 / 质子比。这有助于解释为什么他们没有更稳定的同位素。图 21.3 中奇数个质子具有两个以上的稳定同位素。图 21.6 6.25g，在一个半衰期之后，放射性物质的量将下降到 25.0g。在两个半衰期之后，放射性物质的量将下降到 12.5g。在三个半衰期之后，放射性物质的量将下降到 6.25g。图 21.7 植物通过光合作用将 $^{14}CO_2$ 转化为含碳糖。当哺乳动物吃这些植物时，它们会代谢糖，从而将 ^{14}C 摄入"它们的身体"。图 21.8 γ 射线。X 射线和 γ 射线都由高能电磁辐射组成，而 α 射线和 β 射线都是粒子流。图 21.9 电离能检测取决于辐射引起气体原子电离的能力。图 21.14 两侧的质量数相等。请记住，这并不意味着在反应过程中失去了质量，这看起来是能量释放的结果。图 21.15 16，8 个中子中的每个都会分裂成另一个铀 235 核，并释放出另外两个中子。图 21.16 在不超临界的情况下是临界的，以便控制能量的释放。图 21.23 α 射线在身体外的危险性较小，因为它们不能穿透皮肤，一旦进入身体，它们对附近的任何细胞都会造成极大的伤害。

第 22 章

图 22.5 右边的烧杯更热。图 22.6 HF 最稳定，SbH_3 最不稳定。图 22.8 在 CCl_4 中溶解度更高，颜色更深。图 22.9 CF_2 图 22.12 不。图 22.14 基于这种结构，是的，它会有偶极矩。事实上，如果查一下，

过氧化氢的偶极矩比水的大！**图 22.19** S 是 +2 价的，如果是 SO_4^{2-}，中心原子 S 的价态是 +6，对于硫化物，S 的价态是 -2。**图 22.21** 亚硝酸盐**图 22.22** 更长。（在 N_2 中有一个三键）**图 22.24** 氮氧双键。**图 22.26** 两种化合物中的 P 原子周围的电子域是四面体的，在 P_4O_{10} 中，P 原子周围电子域中的电子都是成键的，在 P_4O_6 中，P 原子周围的电子域中有一个电子不参与成键。**图 22.31** 最低温度应为硅的熔点；加热线圈的温度不应太高，以防硅棒开始在加热线圈区域外熔化。

第 23 章

图 23.3 不。在经过 8B 族时，半径先减小后变平，然后增大，而在过渡金属系列中从左向右移动时，有效核电荷稳步增加。**图 23.4** Zn^{2+}。**图 23.5** 过渡金属离子中的 $4s$ 轨道总是空的，因此本表中所示的所有离子都有空的 $4s$ 轨道。对于那些失去了所有价电子的离子来说，$3d$ 轨道是空的：Sc^{3+}、Ti^{4+}、V^{5+}、Cr^{6+} 和 Mn^{7+} **图 23.6** 电子自旋方向倾向于与磁场方向一致。**图 23.8** 没有。如果你从八面体的一个顶点上的 Cl^- 开始，然后通过将第二个 Cl^- 放在其他五个顶点上生成结构，你将得到一个反式异构体的复合物和四个与本图所示的顺式异构体等效的复合物。**图 23.9** Fe 的配位数和氧化态在这个反应中都没有改变。**图 23.10** 实线表示出页面平面的键合。虚线代表一个进入页面平面的边。

图 23.13 卟啉中的 20 个碳原子，都有 sp^2 杂化。**图 23.15** 配位数为 6。血红素中的蓝色原子是氮原

子。**图 23.16** 峰值为 660nm。**图 23.20** 左侧络合物是铁 $Fe(NH_3)_5(NO_2)^{2+}$ 和五胺硝基（Ⅲ）离子。右边络合物是 $Fe(NH_3)_5(ONO)^{2+}$ 和五胺亚硝基铁（Ⅲ）离子。**图 23.21** 顺式异构体。**图 23.24** 更大，因为氨水可以置换水。**图 23.26** 峰值在波长上保持在相同的位置，但其吸光度会降低。**图 23.28** $d_{x^2-y^2}$ 和 d_{z^2}，**图 23.29** 使用关系式 $E = hc/\lambda$ 将波长 495nm 的光转换成焦耳能量。**图 23.30** 吸收峰将移到吸收绿光的较短波长，复合离子的颜色将变为红色。更大的偏移会将吸收峰移到光谱的蓝色区域，颜色会变成橙色。**图 23.34** 只有 $d_{x^2-y^2}$ 直接指向配体

第 24 章

图 24.1 四面体。**图 24.2** — OH 是极性的，因为 —CH_3 是非极性的。因此，添加 CH_3 将（a）降低物质在极性溶剂中的溶解度，并且（b）增加其在非极性溶剂中的溶解度。**图 24.5** C_nH_{2n}，因为没有 —CH_3，每个碳有两个氢。**图 24.7** 只有一个。**图 24.9** 是的，是自发的**图 24.13** 乳酸和柠檬酸。**图 24.14** 不是，因为没有一个 C 具有四个不同的基团。**图 24.16** 标记为"碱性氨基酸"，它们有碱性的侧基，在 pH=7 时质子化**图 24.17** 2。**图 24.23** 非极性长的烃链。**图 23.24** 磷脂的极性部分与水相互作用，而非极性部分与其他非极性物质相互作用并不与水作用。**图 24.26** 1-2-3-4。**图 24.27** GC，因为每个碱基有三个氢键位点，而 AT 只有两个。

部分实例解析答案

第 18 章

实例解析 18.1

实践练习 2：3.0×10^{-3} torr

实例解析 18.2

实践练习 2：127nm

实例解析 18.3

实践练习 2：$2.0 \times 10^4 g CO_2$ 或 $20 kg CO_2$

第 19 章

实例解析 19.1

实践练习 2：错，在这个温度下，相反的过程是自发的

实例解析 19.2

实践练习 2：−163J/K

实例解析 19.3

实践练习 2：不是

实例解析 19.4

实践练习 2：(a) 在标准状态下 1mol 的 SO_2，(b) 在标准状态下 2mol 的 NO_2

实例解析 19.5

实践练习 2：180.39J/K

实例解析 19.6

实践练习 2：$\Delta G^\circ = -14.7 kJ$；反应自发进行。

实例解析 19.7

实践练习 2：−800.7kJ

实例解析 19.8

实践练习 2：更负

实例解析 19.9

实践练习 2：

(a) $\Delta H^\circ = -196.6 kJ$，$\Delta S^\circ = -189.6 JK$；(b) $\Delta G^\circ = -120.8 kJ$

实例解析 19.10

实践练习 2：330 K

实例解析 19.11

实践练习 2：−26.0kJ/mol

实例解析 19.12

实践练习 2：$\Delta G^\circ = -106.4 kJ/mol$，$K = 4 \times 10^{18}$

第 20 章

实例解析 20.1

实践练习 2：Al(s) 是还原剂；MnO_4^- 是氧化剂

实例解析 20.2

实践练习 2：$Cu(s) + 4H^+(aq) + 2 NO_3^-(aq) \longrightarrow Cu^{2+}(aq) + 2NO_2(g) + 2H_2O(l)$

实例解析 20.3

实践练习 2：$2 Cr(OH)_3(s) + 6ClO^-(aq) \longrightarrow 2CrO_4^{2-}(aq) + 3 Cl_2(g) + 2 OH^-(aq) + 2 H_2O(l)$

实例解析 20.4

实践练习 2：(a) 第一反应发生在阳极，第二反应发生在阴极。(b) 随着反应的进行，Zn 被氧化形成 Zn^{2+}，因此锌电极失去质量。(c) 铂电极不参与反应，阴极处的反应产物都不是固体，因此铂电极质量不发生变化。(d) 铂阴极是正极。

实例解析 20.5

实践练习 2：−0.40V

实例解析 20.6

实践练习 2：2.20V

实例解析 20.7

实践练习 2：(a) $Co \longrightarrow Co^{2+} + 2e^-$；(b) +0.50V

实例解析 20.8

实践练习 2：$Al(s) > Fe(s) > I^-(aq)$

实例解析 20.9

实践练习 2：(b) 和 (c) 反应是自发进行的。

实例解析 20.10

实践练习 2：+77kJ/mol

实例解析 20.11

实践练习 2：将会增加

实例解析 20.12

实践练习 2：pH = 4.23（使用附录 E 的数据获得 E° 保留三位有效数字）

实例解析 20.13

实践练习 2：(a) 阳极是半电池，在其中 $[Zn^{2+}] = 3.75 \times 10^{-4} M$。(b) 电池电动势为 0.105V.

实例解析 20.14

实践练习 2：(a) Mg 的质量为 30.2g，(b) $3.97 \times 10^3 s$

第 21 章

实例解析 21.1

实践练习 2：$^{212}_{84}Po$

实例解析 21.2

实践练习 2：$^{15}_8O \longrightarrow {}^{15}_7N + {}^{0}_{-1}e$

实例解析 21.3

实践练习 2：(a) α 射线，(b) β^- 射线

实例解析 21.4

实践练习 2：$^{16}_8O(P,\alpha)^{13}_7N$

实例解析 21.5

实践练习 2：3.12%

实例解析 21.6

实践练习 2：2200 年

实例解析 21.7

实践练习 2：15.1%

实例解析 21.8

实践练习 2：$-3.19 \times 10^{-3} g$

第 22 章

实例解析 22.1

实践练习 2：（a）Cs，（b）Cl，（c）C，（d）Sb

实例解析 22.2

实践练习 2：$NaH(s)+H_2O(l) \longrightarrow NaOH(aq)+H_2(g)$

实例解析 22.3

实践练习 2：三角形双锥体，线型

实例解析 22.4

实践练习 2：$2Br^-(aq)+Cl_2(aq) \longrightarrow Br_2(aq)+2Cl^-(aq)$

实例解析 22.5

实践练习 2：$5N_2O_4(l)+4N_2H_3CH_3(l) \longrightarrow 9N_2(g)+4CO_2(g)+12H_2O(g)$

实例解析 22.6

实践练习 2：6−

第 23 章

实例解析 23.1

实践练习 2：$3[Co(H_2O)_6]^{2+}$ 和 2 个 Cl^-

实例解析 23.2

实践练习 2：零

实例解析 23.3

实践练习 2：（a）硝酸三胺溴化钼（Ⅳ），（b）四铜铵（Ⅱ），（c）$Na[Ru(H_2O)_2(C_2O_4)_2]$

实例解析 23.4

实践练习 2：2 个

实例解析 23.5

实践练习 2：不对，因为络合物是平面的。但是这种络合离子确实有几何异构体（例如，Cl 和 Br 配体可以是顺式或反式）。

实例解析 23.6

实践练习 2：绿色，因为它吸收了绿色的互补色，红色

实例解析 23.7

实践练习 2：$[Co(NH_3)_5Cl]^{2+}$ 是紫色的，这意味着它必须吸收光谱中黄色和绿色区域之间边界附近的光。$[Co(NH_3)_6]^{3+}$ 是橙色的，这意味着它吸收蓝光。因为黄绿色光子的能量比蓝色光子低（波长更长），

所以，Δ 值比 $[Co(NH_3)_5Cl]^{2+}$ 更小。这一预测与光谱化学系列是一致的，因为 Cl^- 配体处于光谱化学系列的低端。因此，用 Cl^- 代替 NH_3 应该使 Δ 的值变小。

实例解析 23.8

实践练习 2：不，如果配合物是高自旋的，而且所有的四面体配合物都是高自旋的，就不可能有一个具有部分填充 d 轨道的反磁配合物。

第 24 章

实例解析 24.1

实践练习 2：2，4− 二甲基成烷

实例解析 24.2

实践练习 2：

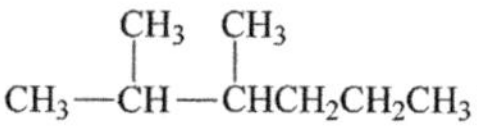

$CH_3-CH-CHCH_2CH_2CH_3$ 或 $CH_3CH(CH_3)CH(CH_3)CH_2CH_2CH_3$

实例解析 24.3

实践练习 2：5（1- 己烯、顺式 -2- 己烯、反式 -2- 己烯、顺式 -3- 己烯、反式 -3- 己烯）

实例解析 24.4

实践练习 2：

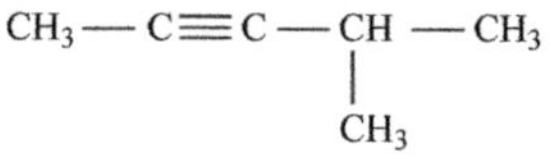

实例解析 24.5

实践练习 2：丙烯

实例解析 24.6

实践练习 2：

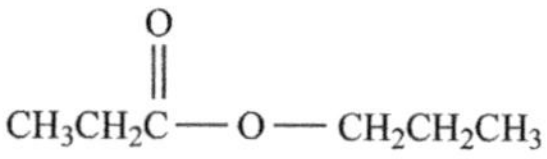

实例解析 24.7

实践练习 2：丝氨酸；Ser-Asp,SD

实例解析 24.8

实践练习 2：醇、醚